Werner Nachtigall

Biomechanik

Gefördert durch die

Deutsche
Bundesstiftung
Umwelt

Postfach 17 05 · 49007 Osnabrück

Werner Nachtigall

Biomechanik

Grundlagen
Beispiele
Übungen

Mit zahlreichen Abbildungen

Die Deutsche Bibliothek – CIP-Einheitsaufnahme
Ein Titeldatensatz für diese Publikation ist bei
Der Deutschen Bibliothek erhältlich.

Der Verlag Vieweg ist ein Unternehmen der Fachverlagsgruppe BertelsmannSpringer.

www.vieweg.de

Konzeption und Layout des Umschlags: Ulrike Weigel, www.CorporateDesignGroup.de
Druck und buchbinderische Verarbeitung: Hubert & Co., Göttingen
Gedruckt auf säurefreiem Papier
Printed in Germany

ISBN 3-528-03926-4

Inhalt

Bildtafeln

Hinweis: An den Randstreifen der Seiten wird auf die Bildtafeln („T") mit Seitenzahlen („p") hingewiesen

Vorbemerkungen

Vorwort des Autors

Diese Zusammenstellung hat sich aus einführenden Lehrveranstaltungen (Vorlesung und Übungen) für meine Studenten der Technischen Biologie und Bionik entwickelt. Sie mag ganz allgemein für Biowissenschaftler interessant sein, die sich erstmals Problemen der Biomechanik nähern wollen.

Physikalische Randbedingungen beherrschen die belebte Welt bis in die kleinsten Details. Physikalisch-technische Ansätze können damit auch helfen, wichtige Facetten des So-Seins von Lebewesen besser zu verstehen.

Beide Gesichtspunkte sind hier am Beispiel der Mechanik dargestellt, aus der - mit Ausnahme der Kinematik - alle für die Biowissenschaften wesentlichen Aspekte gebracht werden. Aus dem Bereich der Energetik sind einige Aspekte mit aufgenommen (Abschnitt 15), ohne die Probleme des Wärmehaushalts und der Lokomotion bei Tieren nicht zu verstehen sind; sie ergänzen die reine Biomechanik.

T 1
p 19

Die Darstellung ist so einfach wie möglich gehalten. Sie wendet sich wie gesagt an Biowissenschaftler. Für diese sind die physikalischen Disziplinen ja nicht Selbstzweck. Sie sind vielmehr faszinierende Randwissenschaften; ohne sie kämen wir Biologen ebenso so wenig weiter wie ohne die chemischen Fächer. Zum Einarbeiten reichen konventionelle Ansätze, also beispielsweise Differenzen- statt Differentialansätze. Integralansätze sind nur an wenigen Stellen aus Vergleichsgründen eingefügt. Vektoransätze beschränken sich auf die Vektoraddition von Kräften.

In diesem Buch werden alle grundlegend wichtigen Größen definiert und durch einfache Beispiele verdeutlicht. Im Inhaltsverzeichnis sind diese Begriffe zusammen mit ihren Abkürzungen in der Reihenfolge der Besprechung angegeben, in Abbildung 1-3 mit zusätzlichen Angaben der Einheiten in alphabetischer Reihenfolge. Wo es sinnvoll erscheint, ist das Zusammenwirken von Größen und Begriffen im allgemeinen Text und in den Aufgaben mit angesprochen. Der Leser möge dies alles durchaus auch als Propädeutikum verstehen. Es soll ihm das Rekapitulieren, Einarbeiten und Einüben der Grundlagen der Mechanik ermöglichen. Insofern ist der Untertitel weniger zu verstehen als „Grundlagen der Biomechanik" sondern vielmehr als „Grundlagen für die Biomechanik". Mit diesen Grundlagenkenntnissen sollte es dann nicht schwer fallen, einerseits die biomechanischen Beispiele dieses Buchs und biomechanische Arbeiten aus der Literatur zu verstehen, andererseits selbst Schritte auf diesem Gebiet zu versuchen.

Nach der Definition einer Größe, gegebenenfalls einigen erklärenden Bemerkungen, der Angabe der Dimension und der Einheit folgt ein möglichst einfaches physikalisches Zahlenbeispiel. Darauf folgt in der Regel ein biologisches Beispiel. Die Beispiele sind seitlich markiert. Wo es nötig erschien, sind weitere Beispiele und Übungen eingefügt, die stärker ins Detail gehen und weitestgehend aus dem Bereich der Biowissenschaften stammen. Die durchgerechneten, durchwegs einfachen Beispiele sollen helfen, die auch heute noch vorhandene Scheu des Biowissenschaftlers vor Formelansätzen abzubauen und diese Sichtweisen einzuüben. Die ausführlichen Lösungsangaben ermöglichen eine Selbstkontrolle.

Wo es sinnvoll erschien ist jeweils ein Beispiel mit einer Abbildung gekoppelt. Die Abbildungen sind mit Verbindungsstrichen, die Übungen mit Schrägstrichen kapitelweise durchnumeriert. Abb. 5-2 und Ü 5/3 bedeuten die 2. Abbildung und die 3. Übung von Kapitel 5. Seitlich angegeben sind Seiten-Hinweise auf Bildtafeln („T").

Dieses Buch geht nur an einer einzigen Stelle tiefer auf bestimmte Problemstellungen ein, nämlich auf den Insektenflug. Pars pro toto führt es dabei die Betrachtung von grundlegenden Fragestellungen zum Vergleich mit dem gegenwärtigen Ist-Zustand der Forschung.

Für die Durchsicht und für mancherlei Hinweise auf Schrägformulierungen, Rechenfehler und nicht zu Ende durchdachte Ansätze danke ich Herrn Dipl. Ing. M. Glander und meinen Studenten. Die Ansätze und Lösungen, auch aller Übungsaufgaben, stammen aber von mir, und so gehen alle noch vorhandenen Fehler und Unstimmigkeiten alleine auf mein Konto.

In ganz ungewöhnlicher Weise hat mir meine Doktorandin, Frau Dipl. Biol. M. Junge geholfen. Man kann ohne Übertreibung sagen, daß die Umsetzung von Vorlesung und Übungen in eine Buchform ohne sie kaum zustande gekommen wäre. Ihre akribisch-kritische Art hat nicht nur kleinere und größere Fehler entlarvt, sondern mich auch gezwungen, nicht ausgereifte oder nicht zu Ende gedachte Ansätze, Gliederungen und Querbeziehungs-Hinweise neu zu durchdenken und besser und praktikabler abzustimmen. Die förderliche Kritik von Herrn Kollegen W. Bürger/Theoretische Mechanik Karlsruhe („zuviel Mechanik - zu wenig Bio") hat zu einer prinzipiellen Überarbeitung und Ergänzung der Erstfassung geführt.

Für die Vorlesungen wurden jeweils Inhaltsblätter und Kurzdarstellungen ausgearbeitet und ausgeteilt, die Frau I. Stein und Frau I. Schwarz dankenswerterweise geschrieben haben; die dafür und für die Übungsaufgaben vorgesehenen Illustrationen hat Frau A. Gardezi gezeichnet und damit die graphische Basis gelegt, die nun auch dieser Zusammenstellung in Buchform zugute kommt. Das graphische Feingefühl, mit dem sie meine Schmierskizzen umgesetzt hat, kam auch der hier gewählten und ausgeführten einheitlichen Layoutform zugute. Auch hier kann man sagen, daß ohne die Mitarbeiter die Übertragung der Lehrveranstaltungen in eine angemessene Buchform wohl schwerlich gelungen wäre und ohne Frau Gardezi die angemessene Illustrierung schon gar nicht.

Zu danken ist schließlich der Deutschen Bundesstiftung Umwelt, die es dem Verlag ermöglicht hat, das Buch zu einem noch halbwegs studentenfreundlichen Preis herauszubringen. Die Zusammenarbeit mit den Verlagsmitarbeitern war sehr angenehm.

Abschließend noch ein Hinweis. Wer sich näher mit Biomechanik befassen will, kommt ohne ein gutes Lehrbuch der Technischen Mechanik nicht aus. Ich verstehe die vorliegende Darstellung auch als Brücke, über die sich der Biowissenschaftler an ein solches Fachbuch herantasten kann, und ermuntere ausdrücklich dazu. Persönlich gefällt mir besonders gut das Lehrbuch von Hering, Martin, Stohrer. Ich selbst habe ein einführendes Buch, das die Brücke zu einem Fachlehrbuch der Technischen Mechanik schlägt, schmerzhaft vermißt, als ich seinerzeit als Biologiestudent begonnen habe, mich in die Technische Physik einzuarbeiten. Vielleicht habe ich gerade deshalb versucht, für die heutige Studentengeneration eine solche Einführung selbst zu schreiben. Wenn Biologen der Umwelt nützen wollen - und welcher Biologe wollte das nicht - werden sie in Zukunft verstärkt mit Ingenieuren reden und mit ihnen zusammenarbeiten müssen. Auch dafür, denke ich, kann diese Einführung nützlich sein.

Werner Nachtigall Saarbrücken, im Frühjahr 2000

Vorwort der Sponsoren

Führt man sich die globale Umweltsituation vor Augen, wird die dringende Notwendigkeit deutlich, einen tiefgreifenden Wandel von Wirtschaft und Gesellschaft im Sinn einer nachhaltigen Entwicklung zu vollziehen. Bereits 1997 machte das Bundesministerium für Umwelt, Naturschutz und Reaktorsicherheit darauf aufmerksam, daß „menschliches Leben und Wirtschaften an einem Punkt angelangt ist, an dem es Gefahr läuft, sich seiner eigenen natürlichen Grundlagen zu berauben“.

Dieser Entwicklung muß entschieden begegnet werden, sollen sich die hieraus resultierenden Probleme nicht weiter verschärfen. Schon in der Vergangenheit hat sich gezeigt, daß langfristiger Wohlstand nicht ohne Einbeziehung ökologischer Betrachtungen erreicht werden kann. Um diesen Problemen in Zukunft verantwortlich Rechnung zu tragen, wird es nicht genügen, bei derzeit bekannten Problemlösungen zu verharren. Vielmehr ist die Menschheit gefordert, über das Konzept der *best available technology* hinaus innovative, auf die Anforderungen der Praxis abgestimmte Problemlösungen zu eruieren.

Dabei kommt der innovationsträchtigen Querschnittsdisziplin der Bionik, die „Konstruktion, Verfahren und Evolutionsprinzipien der belebten Natur für die Technik nutzbar macht“ (W. Nachtigall), eine besondere Bedeutung zu. Aufgrund ihrer zahlreichen Anwendungsfelder und dem breiten Methodenspektrum, welches aus der Verbindung der Disziplinen Technik und Biologie resultiert, bietet sie ein vielversprechendes Problemlösungspotential. Dies wird deutlich in allen Teilgebieten bionischer Forschung, Entwicklung und praktischer Umsetzung, wie auch dem marktwirtschaftlich hochinteressanten Gebiet der Biotechnologie. Auch die Biotechnologie stellt eine Integration vieler Disziplinen dar und interagiert ihrerseits mit vielen Wissenschafts- und Technikbereichen, womit auch sie beispielhaft für bionische Forschung und Entwicklung steht.

Eben in dieser interdisziplinären Herangehensweise, die die konventionellen Grenzen klassischer Wissenschaftsbereiche schon seit langem überwunden hat, ist die Faszination und das enorme Potential der Bionik zu sehen.

Dem Leitbild einer nachhaltigen Entwicklung sieht sich auch die Deutsche Bundesstiftung Umwelt, Osnabrück, eine der größten Umweltstiftungen weltweit, verpflichtet, die die Herausgabe des vorliegenden Buchs unterstützt hat. Sie ist eine Einrichtung des bürgerlichen Rechts, deren Geburtsstunde im Jahr 1990 in eine Zeit des historischen Umbruchs fiel. Mit der deutsch/deutschen Wiedervereinigung sahen sich Umwelt- und Naturschützer der geeinten Republik vor Aufgaben gestellt, deren Dimensionen nur schwer begreif- und handhabbar schienen. Mit dem Ziel, praxisrelevante und nachhaltige Problemlösungen zu schaffen, nahm die Umweltstiftung diese Herausforderung an und leistet seither ihren Beitrag zur Bewältigung bestehender beziehungsweise zukünftig zu vermeidender Umweltbelastungen.

In diesem Zusammenhang wurden auch zahlreiche Vorhaben unterstützt, die sich mit der Implementierung innovativer umweltbiotechnologischer Verfahren und Produkte befassen. Darüber hinaus wurden aber auch Vorhaben gefördert, die ureigenste bionische Themenstellungen aufgegriffen haben. Hier soll nur das Vorhaben „Extrem unverschmutzbare biologische Oberflächen: Charakterisierung und Übertragung auf eine technische Anwendung“ (AZ 10898) genannt sein (vergl. p. 187 dieses Buchs), welches unter Federführung von Prof. Dr. Wilhelm Barthlott, Bonn, durchgeführt wurde. Prof. Dr. Barthlott wurde darüberhinaus für seine hervorragenden wissenschaftlichen Leistungen auf dem Gebiet der Technischen Biologie und Bionik, insbesondere für seine Arbeiten zum Lotuseffekt und dessen Übertragung in technische Anwendungen, mit dem Deutschen Umweltpreis 1999 ausgezeichnet.

Um insbesondere jüngere Studentengenerationen für die Realisierung bionischer Ansätze zu begeistern, sind Lehrbücher, wie das hier vorliegende, bestens geeignet. Insbesondere dann, wenn sie von Prof. Dr. Werner Nachtigall einem der Väter der Technischen Biologie und Bionik, konzipiert und verfaßt sind. Biomechanik - das ist eine der zentralen Schnittstellen, an denen sich Biowissenschaftler und Ingenieure bei technischen Forschungen und Umsetzungen aus dem Bereich der Technischen Biologie und Bionik begegnen. Von den Leistungen und Potentialen dieser Disziplinen überzeugt, freuen sich die Deutsche Bundesstiftung Umwelt und das Zentrum für Umweltkommunikation der Deutschen Bundesstiftung Umwelt gGmbH (ZUK), die Herausgabe des vorliegenden Buchs, das für Studenten der Biowissenschaften und der Technischen Biologie und Bionik geschrieben worden ist, unterstützen zu können.

Osnabrück, im April 2000

Dr. Stefanie Heiden
Deutsche Bundesstiftung
Umwelt

Dr. Rainer Erb
Zentrum für Umweltkommunikation der
Deutschen Bundesstiftung Umwelt gGmbH

A ALLGEMEINES

1 Größen, Gleichungen, Schreibweisen

1.1 Grundgrößen der Physik

An der Basis jeder physikalischen Disziplin stehen Grundgrößen, die man auch als Basisgrößen oder Ausgangsgrößen bezeichnet. So gibt es drei Grundgrößen der Mechanik sowie vier Grundgrößen für die anderen physikalischen Disziplinen. Jede physikalische Größe ist in den gängigen Sprachen durch ein Wort oder eine Wortverbindung definiert und wird mit einem - im allgemeinen international festgelegten - Symbol (Buchstabe) gekennzeichnet .

Leider sind die Symbole trotz Normierung (DIN 1304, ISO/R 31) nicht selten mehrfach belegt, da es mehr physikalische Größen als Buchstaben gibt. In solchen Fällen sollten die (hier verwendeten) international empfohlenen Zeichen bevorzugt werden.

Jede physikalische Größe besitzt eine Dimension, unter der man eine rein qualitative Bezeichnung der Größenart versteht, und für die Großbuchstaben üblich sind. Die Einheit der Größen ist im SI-System (système internationale des unités) verbindlich definiert; die Abkürzungssymbole für die Einheiten sind vorgegeben.

	Größe	Symbol	Dimension	Si-Einheit	Abkürzung der Einheit
①	Länge (length)	s	L	Meter	m
②	Masse (mass)	m	M	Kilogramm	kg
③	Zeit (time)	t	T	Sekunde	s

Abb. 1-1: Grundgrößen der Mechanik. Zur Definition der Einheiten s. Lb. der Physik.

Die drei Grundgrößen der Mechanik stehen in Abbildung 1-1, die vier Grundgrößen der übrigen Disziplinen in Abbildung 1-2. Die im Englischen verwendeten Bezeichnungen sind in Klammern beigefügt. Dimensionsangaben werden in der vorliegenden Zusammenstellung auf mechanische Betrachtungen beschränkt und zwar aus pragmatischen Gründen: für andere Größen sind Dimensionsabkürzungen nicht üblich. Man verwendet dafür üblicherweise die Einheiten, formuliert also Einheitengleichungen statt Dimensionsgleichungen, vergl. Abschnitt 1.4 (s. Abb. 1.3), so auch in diesem Buch. Trotzdem geht es dabei immer um *Dimensions*betrachtungen (Abschnitt 1.4).

In der Praxis wird eine physikalische Größe stets als Produkt aus Maßzahl und Einheit angegeben.

	Größe	Formelzeichen	Einheit	Abkürzung der Einheit
④	Elektrische Stromstärke (strength of current)	I	Ampère	A
⑤	Thermodynamische Temperatur (temperature)	ϑ (oft als T bezeichnet)	Kelvin	K
⑥	Lichtstärke (light intensity)	I_v	Candela	cd
⑦	Stoffmenge (quantity)	n	Mol	mol

Abb. 1-2: Grundgrößen der nicht-mechanischen physikalischen Disziplinen. Zur Definition der Einheiten s. Lb. der Physik.

1.2 Hier verwendete zusammengesetzte Größen

Aus den insgesamt sieben in der Biomechanik wichtigen Grundgrößen läßt sich jede beliebige in der Physik verwendete Größe multiplikativ zusammensetzen. Es multiplizieren sich dabei auch die Einheiten und die Dimensionen. Die in diesem Buch verwendeten zusammengesetzten Größen sind in Abbildung 1-3 aufgelistet.

Größe	Formelzeichen	Einheit	Bemerkung
Arbeit	W	Nm	1 Nm $\hat{=}$ 1 J $\hat{=}$ 1 Ws
Auftriebsbeiwert	c_A	-	$c_A = F_A / (A \cdot q)$
Auftriebskraft	F_A	N	$F_A = c_A \cdot A \cdot q$
Ausdehnungskoeffizient	α	K^{-1}	$m \cdot m^{-1} \cdot K^{-1} = K^{-1}$
Austauschrate, respiratorische	RA	-	$RA = \dot{V}_{CO2} / \dot{V}_{O2}$
Beiwert des induzierten Widerstands	c_{Wi}	-	$c_{Wi} = F_{wi} / (A \cdot q)$
Beschleunigung	a	$m\,s^{-2}$	
Biegeelastizitätsmodul	E_b	$N\,m^{-2}$	$E_b = \sigma_b / \varepsilon$
Biegemoment	M_b	N m	$M_b = F_b \cdot s$; $M_b = \sigma_b \cdot W$
Biegespannung	σ_b	$N\,m^{-2}$	$\sigma_b = F_b / A$; $\sigma_b = M_b / W$
Biegesteifigkeit	C	$N\,m^2$	$C = E_b \cdot I$
Brennwert	B	$J\,g^{-1}$	
Coriolisbeschleunigung	a_c	$m\,s^{-2}$	
Corioliskraft	F_c	N	
Dehnung, Längsdehnung	ε	-	$\varepsilon = \Delta l / l_0$
Dehnungszahl	α	$N^{-1}m^2$	$\alpha = E^{-1}$
Dichte oder spezifische Masse	ρ	$kg\,m^{-3}$	$\rho = m\,V^{-1}$
Drehimpuls	L	J s	$kg\,m^2\,s^{-1} = N\,m\,s = J\,s$
Drehmoment	M	N m	
Drehmomentenstoß	Mt	J s	$kg\,m^2\,s^{-1} = N\,m\,s = J\,s$
Drehzahl	n	s^{-1}	
Druck	p	$N\,m^{-2}$	$N\,m^{-2} = Pa$
Druck, dynamischer;	q	$N\,m^{-2}$	s. Staudruck
Druck, hydrostatischer, osmotischer	p_{hydr}, p_{osm}	$N\,m^{-2}$	$N\,m^{-2} = Pa$
Durchmesser	d	m	d = 2 r (r Radius)
Elastizitätsmodul	E	$N\,m^{-2}$	$E = \sigma / \varepsilon$

Energie	W	J	Nm = J
Fläche	A	m^2	
Flächenträgheitsmoment	I	m^4	$I = A \cdot r^2$
Fliehkraft	F_f	N	
Fluidität		$N^{-1} m^2 s^{-1}$	$1/\eta$ (η dyn. Zähigkeit)
Frequenz	f	s^{-1}	
Frequenz, reduzierte	ν	-	$\nu = \omega / t$ (t Flügeltiefe)
Geschwindigkeit	v	$m\,s^{-1}$	
Geschwindigkeitsamplitude	v_{max}	$m\,s^{-1}$	$v_{max} = y_{max} \cdot \omega$
Gewichtskraft, Gewicht	F_g	N	$F_g = m \cdot g$ (g Erdbeschl.)
Gleitzahl	ε	-	$\varepsilon = F_W / F_A = c_W / c_A$
Impuls	J	N s	$kg\,m\,s^{-1} = N\,s$
Kompressibilität	κ	$F^{-1} A$	$\kappa = (\Delta V / V) / \Delta p$
Kompressionsmodul	K	$F\,A^{-1}$	$K = \kappa^{-1}$
Kraft	F	N	$kg\,m\,s^{-2} = N$
Kraftstoß	Ft	N s	$kg\,m\,s^{-1} = N\,s$
Kreisfrequenz	ω	s^{-1}	$\omega = 2\,\pi \cdot f$
Länge	l	m	(Grundgröße)
Längenänderung	Δl	m	$\Delta l = l - l_0$
Längen-Durchmesser-Verhältnis	l/d	-	
Leistung	P	W	$N\,m\,s^{-1} = W$
Masse	m	kg	(Grundgröße)
Massenträgheitsmoment	J	$kg\,m^2$	$J = m\,r^2$
Normalkraft	F_N	N	$F_N = C_N \cdot A_q$
Oberflächendruck	p_o	$N\,m^{-2}$	(s. Druck)
Oberflächenenergie	W_o	J	
Oberflächenspannung	σ	$J\,m^{-1}$	$\sigma = 2\,\Delta W_0 / \Delta A$
Poisson-Zahl	μ	-	$\mu = 1/\nu$ (ν Querdehn.zahl)
Periode	T	s	($\equiv$ Schwingungsdauer)
Querdehnung	ε_q	-	$\varepsilon_q = \Delta d / d_0$
Querdehnungszahl	ν	-	$\nu = E_q / \varepsilon$
Quotient, respiratorischer	RQ	-	$RQ = \dot{V}_{CO2} / \dot{V}_{O2}$
Radialkraft	F_r	N	
Radius	r	m	r = ½ d (Kreis)
Raumwinkel	Ω	sterad	
Reduzierte Frequenz	ν	-	(s. Frequenz, reduziert)
Reibungskraft, Reibung	F_r	N	
Respiratorischer Quotient	RQ	-	(s. Quotient, Respirator.)
Reynoldszahl	Re	-	$Re = v \cdot l / \nu$
Rohrreibungszahl	λ	-	
Saugspannung	S_S	$N\,m^{-2}$	
Scherspannung	τ	$N\,m^{-2}$	
Schlankheitsgrad	λ	-	$\lambda = s / i$
Schubmodul	G	$N\,m^{-2}$	$G = \tau / \gamma$ (γ Verform. winkel)
Schubspannung	τ		
Schwingungsdauer	T	s	($\equiv$ Periode)
Seitenverhältnis	λ	-	$\lambda = A / b^2$ (b Spannweite)
Seitkraft	F_S	N	$F_S = c_S \cdot A \cdot q$
Seitkraftbeiwert	c_S	-	$c_S = F_S / (A \cdot q)$
Sicherheitsfaktor	S	-	$S = \sigma / \sigma_{zul}$
Spannung	σ	$N\,m^{-2}$	

Staudruck	q	$N\,m^{-2}$	$q = ½ \cdot \rho \cdot v^2$
Strahlungskoeffizient	C	$W\,m^{-2}K^{-4}$	
Streckung	Λ	-	$\Lambda = \lambda^{-1} = b^2 / A$
Strouhal-Zahl	St	-	$St = f_w \cdot d / v_\infty$
Temperatur	ϑ	K, °C	
Torsionsmodul	G_t	-	
Torsionsspannung	τ_t	$N\,m^{-2}$	
Trägheitsradius	i	m	$i = \sqrt{I/A}$
Turgor oder Turgordruck	p_T	$N\,m^{-2}$	
Umfang	U	m	$U = 2 \cdot r \cdot \pi$
Verkürzung	Δl	m	$\Delta l = l - l_0$
Viskosität	η	$N\,m^{-2}\,s$	$1\,N\,m^{-2}\,s = 1\,Pa\,s = 1$ Poise
Volumen	V	m^3	
Volumenausdehnungskoeffizient	γ	K^{-1}	$m^3\,m^{-3}\,K^{-1} = K^{-1}$
Wandspannung	S_W	$N\,m^{-2}$	
Wärme, Wärmemenge	Q	J	1 J = 1 W s = 0,2388 cal
Wärmedurchgangskoeffizient	k	$W\,m^{-2}K^{-1}$	
Wärmekapazität, molare	c_m	$J\,mol^{-1}K^{-1}$	$c_m = c_s \cdot$ Molmasse
Wärmekapazität, spezifische	c_s	$J\,kg^{-1}\,K^{-1}$	
Wärmekapazität, volumenbezogene	c_v	$J\,m^{-1}\,K^{-3}$	
Wärmeleistung	Φ	W	$\Phi = Q / t$
Wärmeleitkoeffizient	λ	$W\,m^{-1}K^{-1}$	$\lambda = q\,s / \Delta\vartheta$
Wärmemenge	Q	J	(identisch Wärmeenergie)
Wärmeproduktionsleistung	Φ_{prod}	W	$\Phi_{prod} = Q_{prod} / t$
Wärmespeicherkapazität	Q	J	$Q = c \cdot m \cdot \Delta\vartheta$
Wärmestrom	Φ	W	(identisch Wärmeleistung)
Wärmestromdichte	q	$W\,m^{-2}$	$q = \Phi / A$
Wasserpotential	ψ	$N\,m^{-2}$	$\Delta\psi = \Delta p_h - \Delta p_{osm}$
Wasserwert	WW	kg	s. 15.1.6
Wegstrecke, Strecke	s	m	
Wellenlänge	λ	m	
Wellenzahl	k	m^{-1}	$k = 2\,\pi / \lambda$
Wert, osmotischer	p_{osm}^*	$N\,m^{-2}$	
Wichte oder spezifisches Gewicht	γ	$N\,m^{-3}$	$\gamma = F_g\,V^{-1}$
Widerstand, induzierter	F_{Wi}	N	$F_{Wi} = c_{Wi} \cdot A \cdot q$
Widerstandsbeiwert	c_W	-	$c_W = F_W / (A \cdot q)$
Widerstandskraft, Widerstand	F_W	N	$F_W = c_W \cdot A \cdot q$
Widerstandsmoment	W	m^3	$W = M_b / \sigma_b$
Winkel	α	°, rad	1 rad = 57,3°
Winkelbeschleunigung	α	$rad\,s^{-2}$	
Winkelgeschwindigkeit	ω	$rad\,s^{-1}$	(vergl. Kreisfrequenz)
Wirbelablösungsfrequenz	f_W	s^{-1}	
Wirkungsgrad	η	-	$\eta = P_{abgegeben} / P_{zugeführt}$
Zähigkeit, dynamische	η	$N\,m^{-2}\,s$	(s. Viskosität)
Zähigkeit, kinematische	ν	$m^2\,s^{-1}$	$\nu = \eta / \rho$
Zeit	t	s	(Grundgröße)
Zirkulation	Γ	$m^2\,s^{-1}$	$\Gamma = \oint \vec{v}_\Gamma\,d\vec{s}$
Zug	$-p$	$N\,m^{-2}$	(s. Druck)

Abb. 1-3 In der vorliegenden Darstellung verwendete zusammengesetzte Größen der Physik, aufgelistet in alphabetischer Reihenfolge.

1.3 Präfixe

Zur Vermeidung der Zehnerpotenz-Schreibweise sind Präfixe für die Formulierung dezimaler Vielfacher oder dezimaler Teile von Maßeinheiten üblich. Für die vorliegende Darstellung werden nur die in Abbildung 1-4 zusammengestellten Präfixe verwendet.

Zehnerpotenz	Präfix	Abkürzung	Beispiel
10^9	Giga-	G	Gigapascal, GPa
10^6	Mega-	M	Meg(a)ohm, MΩ
10^3	Kilo-	k	Kilowatt, kW
10^{-1}	Dezi-	d	Deziliter, dl
10^{-2}	Zenti-	c	Zentimeter, cm
10^{-3}	Milli-	m	Millijoule, mJ
10^{-6}	Mikro-	μ	Mikronewton, μN
10^{-9}	Nanno-	n	Nannometer, nm

Abb. 1-4: In der vorliegenden Darstellung verwendete Präfixe.

1.4 Gleichungen und Konstanten

Man unterscheidet (unter anderem) Größengleichungen und Einheitengleichungen. Eine Größengleichung wäre etwa

$$\rho = m\,V^{-1}$$

(ρ Dichte, m Masse, V Volumen).

Man kann die Gleichung auch in Dimensionsform schreiben, nämlich „Dimension $\rho = M\,L^{-3}$. Eine Einheitengleichung wäre etwa

$$1\ \mathrm{N} = 1\ \mathrm{kg\ m\ s^{-2}}$$

(N Newton, kg Kilogramm, m Meter, s Sekunden).

Dimensionsbetrachtungen sind deshalb wesentlich, weil sie eine gute Möglichkeit zum Test dafür bieten, ob ein Ansatz prinzipiell korrekt ist: Bei physikalischen Gleichungen muß zu beiden Seiten dieselbe Dimension stehen.

Konstanten können dimensionslos sein, also reine Zahlen darstellen, oder dimensionsbehaftet. Zu Gleichungen, Dimensionsbetrachtungen und Konstanten einige Beispiele.

Beispiel 1:

Bei einem umströmten Körper ist (für nicht zu kleine Reynoldszahlen) die Widerstandskraft F_W, kurz Widerstand genannt, proportional der Stirnfläche A des Körpers, der Dichte ρ des umströmenden Fluids und dem Quadrat der Relativgeschwindigkeit v^2 zwischen Körper und Fluid:

$$F_W \sim A \cdot \tfrac{1}{2} \cdot \rho \cdot v^2$$

Der Proportionalitätsfaktor dieser Beziehung heißt Widerstandsbeiwert c_W.

Physikalische Gleichung:

$$F_W = c_W \cdot A \cdot \tfrac{1}{2} \cdot \rho \cdot v^2$$

Dimensionsgleichung:

$$M\,L\,T^{-2} = L^2\,M\,L^{-3}\,(L\,T^{-1})^2 = M\,L\,T^{-2}$$

Da die Dimensionen von F_W und von $A \cdot \frac{1}{2} \cdot \rho \cdot v^2$ identisch sind, muß c_W ein dimensionsloser Beiwert sein.

Einheitengleichung:

$$(\mathrm{kg\,m\,s^{-2}} = \mathrm{N}) = \mathrm{m}^2 \cdot \mathrm{kg\,m^{-3}}\,(\mathrm{m\,s^{-1}})^2 = (\mathrm{kg\,m\,s^{-2}} = \mathrm{N})$$

Auf beiden Seiten müssen für jede Kenngröße die gleichen Einheiten stehen, z. B. immer kg, nicht einmal kg und einmal g.

Beispiel 2:

Das zweite Fick'sche Diffusionsgesetz besagt, daß (für die Einheit des Druckgefälles und bei gegebener Temperatur) der zeitliche Massenfluß (hier angesetzt als die Zahl der sekündlich fließenden Mole $\Delta n/t$) der Durchsatzfläche A und der Konzentrationsdifferenz Δc direkt proportional, der Diffusionsstrecke s jedoch umgekehrt proportional ist. Mit der Abkürzung D für den Diffusionsbeiwert ergeben sich die folgenden Gleichungen:

Physikalische Gleichung:

$$\frac{\Delta n}{t} = D \cdot A \cdot \Delta c \cdot s^{-1}$$

Dimensionsgleichung:

Die Aufstellung einer Dimensionsgleichung ist für diesen wie für die meisten folgenden Ansätze nicht ohne weiteres möglich; es gibt keine vereinbarten Dimensionskürzel für die Konzentration c. Man verwendet statt dessen lieber die Einheitengleichung.

Einheitengleichung:

$$\mathrm{mol\,s^{-1}} = \mathrm{Einheit}_D \cdot \mathrm{m}^2 \cdot (\mathrm{mol\,m^{-3}}) \cdot \mathrm{m}^{-1}$$

Daraus folgt: $\mathrm{Einheit}_D = \mathrm{m}^2\,\mathrm{s}^{-1}$

Der Diffusionsbeiwert D besitzt also die unanschauliche (gekürzte) Dimension „Fläche pro Zeit“ mit der Einheit „Quadratmeter pro Sekunde“. So eine Dimension gibt vielleicht Sinn beim Produktivitätsansatz für einen Schreiner, der eine bestimmte Anzahl von Quadratmetern Spanplatten pro Stunde Arbeitszeit zurechtschneidet. Aber was bedeutet eigentlich die Einheit von D, gleich 1 $m^2\ s^{-1}$?

Aus dem nicht gekürzten Ansatz

$$1\ \text{mol}\ s^{-1} \cdot m^{-2} \cdot \text{mol}^{-1}\ m^3 \cdot m$$

ergibt sich:

Aus einer Lösung von 1 mol m^{-3} gegenüber reinem Wasser (0 mol m^{-3}) diffundiert in 1 s die Stoffmenge 1 mol über eine Strecke von 1 m und durch eine Fläche von 1 m^2.

Im biologischen Bereich sind zumindest die Diffusionsflächen viel größer als 1 m^2 (Lungenalveolen$_{\text{Mensch}}$: $A \approx 65\ m^2$) und die Diffusionsstrecken sehr viel kleiner als 1 m (Alveolenmembran$_{\text{Mensch}}$: $s \approx 1\ \mu m$). Man kann also bereits dadurch relativ kleine Diffusionsbeiwerte erwarten:

Für die Sauerstoffdiffusion in der Lunge des Menschen gilt:

$$D = 2{,}2 \cdot 10^{-7}\ m^2\ s^{-1}$$

Beispiel 3:

Man findet beispielsweise in Lehrbüchern die folgende Bezeichnung für den osmotischen Druck p_{osm}:

Physikalische Gleichung:

$$p_{osm} = R \cdot T \cdot \Delta c \cdot z$$

(R Allgemeine Gaskonstante (8,31441 J $\text{mol}^{-1}\ K^{-1}$), T Absolute Temperatur (K), Δc Konzentrationsdifferenz (mol m^{-3}), z Zerfallszahl (dimensionslos))

Trägt die abgeleitete Größe p_{osm} ihren Namen zurecht, hat sie tatsächlich die Dimension eines Drucks p (also die Dimension „Kraft pro Fläche", $F\ A^{-1}$)?

Aus den bei Beispiel 2 genannten Größen wird direkt die Einheitengleichung formuliert.

$$\text{Einheit } p_{osm} = J\ \text{mol}^{-1}\ K^{-1}\ K\ \text{mol}\ m^{-3} = J\ m^{-3}$$

Die Druckeinheit kann man unterschiedlich angeben:

$$1\ Pa = 1\ N\ m^{-2} = 1\ N\ m\ m^{-3} = 1\ J\ m^{-3}$$

Die zugehörige Dimension p_{osm} ist, wie an der Einheitengleichung erkennbar, die eines Drucks. Der Ansatz ist also dimensionsmäßig richtig. Die Größe p_{osm} kann deshalb zu anderen Drücken addiert oder von ihnen subtrahiert werden. So geht beispielsweise der kolloidosmotische Druck $p_{k\ osm}$ in den Nierenkapillaren subtraktiv in die Berechnung des effektiven Filtrationsdrucks $p_{effektiv}$ im Nierenkörperchen ein:

$$p_{effektiv} = p_{Nierenkapillaren} - p_{Kapselraum} + p_{k\ osm\ Nierenkapillaren}$$

Es gibt zahlreiche weitere Beispiele.

Dimensionsbetrachtungen „zwischendurch" sind sehr anzuraten. Für rein mechanische Probleme kann man sie mit den Dimensionen L, M, T ansetzen. In anderen Fällen sind die Dimensionsangaben nicht üblich; man arbeitet statt dessen mit den Einheiten und sollte dann besser von „Einheitenanalysen" sprechen. Mit solchen Analysen kommt man rasch auf Ansatzfehler, insbesondere auch auf falsche Annahmen bei der Einbeziehung dimensionsbehafteter Konstanten.

1.5 Schreibweisen

Einheiten sollen sorgfältig geschrieben werden; es kann zu Verwechslungen führen, wenn man die Buchstaben einer Einheit nicht klar trennt oder klar zusammenschreibt:

$1\ m\ s^{-1}$ (ein Meter pro Sekunde)
$1\ ms^{-1}$ (Kehrwert einer Millisekunde)

Einheiten sollen an sich nicht in Klammern geschrieben werden, doch kann auch dies zu Verwechslungen führen. Wenn man Einheiten in Gleichungen mitschreibt, sollten sie in eckige Klammer gesetzt werden, aber in der Handschrift verschleifen diese unweigerlich. Deshalb werden hier gleich runde Klammern verwendet; nur beim Ergebnis steht keine Klammer:

$$3\ (m) \cdot 5\ (m^2) = 15\ m^3$$

Konsequenterweise müssen bei Exponenten-Schreibweise Maßzahl und Einheit in eine eigene Klammer, will man den Exponenten nicht zweimal schreiben:

$$a = 12\ (m) \cdot (2(s))^{-2} = 3\ m\ s^{-2}$$

oder: $a = 12\ (m) \cdot 2^{-2}\ (s)^{-2}$ oder $\frac{12\,(m)}{(2\,(s))^2}$

Bei Umrechnungsfaktoren innerhalb einer Gleichung können die Einheiten im Zweifelsfall mit angeschrieben werden, was auch eine sofortige Dimensionsprobe ermöglicht:

$$3\ (m\ s^{-1}) = 3\ (m\ s^{-1}) \cdot 0{,}001\ (km\ m^{-1}) \cdot 3\,600\ (s\ h^{-1}) = 10{,}8\ km\ h^{-1}$$

Bei „gängigen" Faktoren kann man sich das freilich sparen:

$$3\ (m\ s^{-1}) = 3 \cdot 3{,}6\ (km\ h^{-1}) = 10{,}8\ km\ h^{-1}$$

B ZUR MECHANIK DER FESTEN KÖRPER

2 Länge und abgeleitete Größen; Winkel

2.1 Länge l, Wegstrecke oder Strecke s

(Dimension: L; Einheit: m)

Die Länge l eines Gegenstands bestimmt man durch Anlegen eines geeichten Vergleichsmaßstabs und Abzählen der Einheiten.

Die Wegstrecke s ist die kürzeste Verbindung zwischen zwei Punkten.

Beispiel *(Abb. 2-1)**:** *Die Wegstrecke s zwischen Absprungspunkt P_1 (x_1 = 1; y_1 = 1) und Landepunkt P_2 (x_2 = 3; y_2 = 2) eines Collembolen beträgt:*

$$l = \sqrt{(x_2 - x_1)^2 + (y_2 - y_1)^2} =$$

$$= \sqrt{(3\,\text{cm} - 1\,\text{cm})^2 + (2\,\text{cm} - 1\,\text{cm})^2} =$$

$$= \sqrt{4\,\text{cm}^2 + 1\,\text{cm}^2} = 2{,}24\,\text{cm}$$

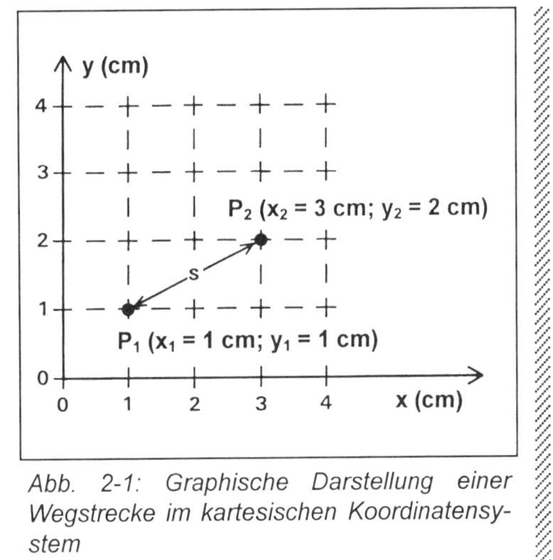

Abb. 2-1: Graphische Darstellung einer Wegstrecke im kartesischen Koordinatensystem

2.2 Längenänderung: Verlängerung, Verkürzung Δl

(Dimension: L; Einheit: m)

Die Längenänderung Δl ist die Differenz zwischen der Endlänge l eines Körpers und der Ausgangslänge l_0 (vergl. Abb. 2-2).

$$\Delta l = l - l_0$$

Für $l < l_0$ wird Δl negativ: Verkürzung. Für $l > l_0$ wird Δl positiv: Verlängerung. Längenänderungen sind besonders augenscheinlich bei Wachstumsvorgängen.

2.3 Dehnung ε

(Dimensionslose Kenngröße)

Unter Belastung verlängert sich ein Festkörper. Der Quotient aus Verlängerung Δl und Ausgangslänge l_0 wird als Dehnung ε bezeichnet:

$$\varepsilon = \frac{\Delta l}{l_0} = \frac{l - l_0}{l_0}$$

Als Quotient gleichnamiger Größen ist die Dehnung somit eine dimensionslose Größe. Sie wird als Verhältniszahl in Bruchteilen von 1 oder in % der Ausgangslänge l_0 angegeben.

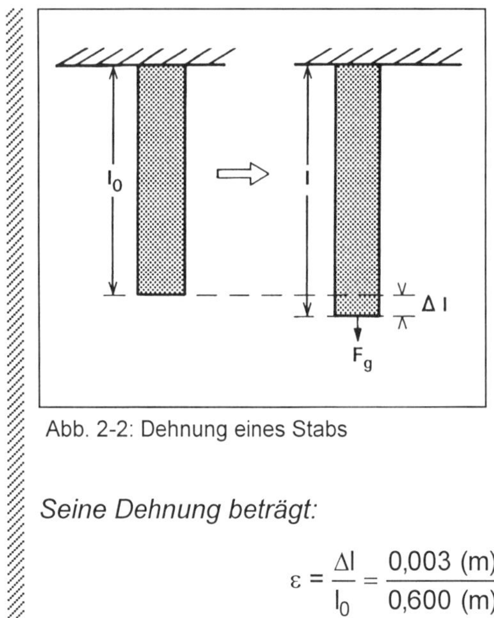

Abb. 2-2: Dehnung eines Stabs

Beispiel *(Abb. 2-2)* ***:*** *Wenn ein in eine Dehnungsapparatur eingespanntes Stück einer Liane der Ausgangslänge l_0 = 60,0 cm unter der Wirkung einer Kraft in Pfeilrichtung auf die Endlänge l = 60,3 cm gedehnt worden ist, so beträgt seine Verlängerung Δl:*

$$\Delta l = l - l_0 =$$

$$= 0{,}603\ (\text{m}) - 0{,}600\ (\text{m}) = 0{,}003\ \text{m};$$

Seine Dehnung beträgt:

$$\varepsilon = \frac{\Delta l}{l_0} = \frac{0{,}003\ (\text{m})}{0{,}600\ (\text{m})} = 0{,}005 \ \hat{=}\ 0{,}5\ \%$$

Wenn sich beispielsweise der Umfang U eines Baums durch tagesperiodische Druckerhöhung von U_0 auf U vergrößert, spricht man von Tangentialdehnung:

$$\varepsilon_U = \frac{U - U_0}{U_0} = \frac{\Delta U}{U}$$

2.4 Querdehnung ε_q, Querdehnungszahl ν, Poissonzahl μ

(Dimensionslose Kenngröße).

Wenn man einen Stab dehnt, schnürt er sich seitlich ein. Wenn man ihn staucht, weicht er seitlich auseinander. Kenngröße für dieses Verhalten ist die Querdehnung ε_q Sie ist analog der Dehnung ε definiert, bezieht sich aber nicht auf die Länge l sondern auf den Durchmesser d:

$$\varepsilon_q = \frac{d_0 - d}{d_0} = \frac{\Delta d}{d_0}$$

Das Verhältnis von Querdehnung ε_q und (Längen)Dehnung ε wird als Querdehnungszahl ν bezeichnet.

$$\nu = \frac{\varepsilon_q}{\varepsilon}$$

Typische ν Werte: V2A-Stahl: 0,28,

Gummi: 0,5,

Die Angabe solcher Werte ohne Zusatzinformation ist nur sinnvoll bei isotopen Materialien. Das sind solche deren molekulare und/oder makroskopische Struktur in allen Richtungen gleiche Längen-Spannungs-Abhängigkeiten erwarten läßt. Dementsprechend wäre Gußeisen ein isotopes Material, Walzstahl (mit seiner walzbedingten Vorzugsrichtung) aber nicht.

Biologische Materialien können in kleinen Dimensionen isotrop sein, z. B. kleine Kuben, aus Kalkschalen herausgeschnitten. Insgesamt betrachtet besitzen sie aber in der Regel eine Vorzugsrichtung, z. B. die gesamte Kalkschale. Die Konstruktion kann damit auf eine effizientere Materialnutzung ausgerichtet sein. Besonders auffallend ist dies bei Holz, dessen Fasern stets in Hauptbelastungsrichtung verlaufen.

Die ε_q- oder ν- Werte zu kennen kann wichtig sein. Wenn man die Querdehnung behindert - etwa durch Ummantelung, Umschnürung, Bewehrung - kann man die Tragfähigkeit eines Materials deutlich steigern, insbesondere dann, wenn es einen niederen E- Modul (Abschnitt 7.3) aufweist (vergl. Bandscheiben, Grashalme, in der Technik etwa Gummi-Lager).

Der Kehrwert der Querdehnungszahl ν heißt Poissonzahl μ:

$$\mu = \nu^{-1}$$

2.5 Fläche A

(Dimension: L^2; Einheit: m^2)

Die Fläche A ist eine von der Größe „Länge l" abgeleitete Größe

Flächige Gebilde vernachlässigbarer Dicke gibt es kaum im Pflanzenreich, etwa Algenthalli. Flächen sind fast immer Querschnittsflächen oder „abgewickelte Oberflächen".

Beispiel *(Abb. 2-3): Ein ausgetrockneter Roggenhalm habe einen mittleren Außendurchmesser von* d_a = *4,1 mm und einen mittleren Innendurchmesser von* d_i *= 3,7 mm. Welche Fläche nimmt das tragende biologische Material ein?*

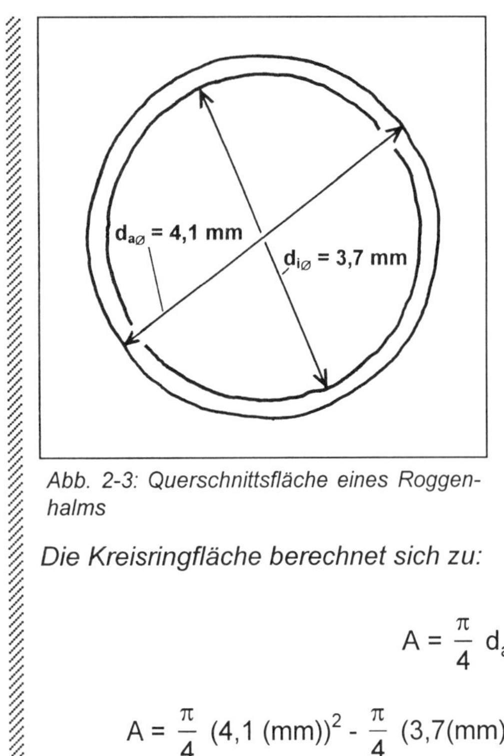

Abb. 2-3: Querschnittsfläche eines Roggenhalms

Die Kreisringfläche berechnet sich zu:

$$A = \frac{\pi}{4} d_a^2 - \frac{\pi}{4} d_i^2$$

$$A = \frac{\pi}{4} (4{,}1\,(\mathrm{mm}))^2 - \frac{\pi}{4} (3{,}7(\mathrm{mm}))^2 = 2{,}45\,(\mathrm{mm}^2) = 2{,}45 \cdot 10^{-6}\,\mathrm{m}^2.$$

2.6 Längen-Durchmesser-Verhältnis l/d, Schlankheitsgrad λ

Intuitiv würde man das Längen-Durchmesser-Verhältnis eines langezogenen zylinderischen Körpers als dessen „Schlankheitsgrad" bezeichnen. Dieser Begriff (λ) ist aber in der Baumechanik anders festgelegt (s. u.). Man sollte deshalb zum Unterschied tatsächlich vom l/d-Verhältnis sprechen.

Für einen Baumstamm-Abschnitt von 1 m Länge und 0,1 m Durchmesser ergibt sich hierfür der dimensionslose Wert

$$l/d = \frac{1(m)}{0{,}1(m)} = 10$$

Wenn das Gebilde ein langgezogener Kegelstumpf ist wie ein Fabrikschornstein oder ein schön gewachsener Buchenstamm oder ein Getreidehalm, könnte man ja den mittleren Durchmesser $d_\varnothing$ als Bezugsgröße nehmen.

Für den schlanksten Fabrikschornstein der Welt, die 1927 erbaute **Halsbrücker Esse** bei Freiberg in Sachsen, ergäbe sich so der Wert:

T 3B p 48

$$l/d_\varnothing = \frac{140\,(m)}{5{,}5\,(m)} = 25{,}5$$

Der Münchner Fernsehturm erreicht

$$l/d_\varnothing = \frac{219\,(m)}{12\,(m)} = 24.$$

Ein extrem langgezogener Roggenhalm ist dagegen sehr viel schlanker

$$l/d_\varnothing = \frac{1{,}5\,(m)}{0{,}03\,(m)} = 500\,.$$

Die baustatische Definition des Schlankheitsgrades λ als Maß für die „Schlankheit“ einer Hochbaukonstruktion ist komplizierter. Sie lautet:

$$\lambda = \frac{l}{\sqrt{I / A_0}}$$

(l Länge, I Flächenträgheitsmoment, vergl. Abschnitt 5.5, A_0 Basisfläche).

Der Ausdruck $\sqrt{I/A}$ hat die Dimension $\sqrt{L^4\ /L^2}$ = L, und so ist auch der baustatische Schlankheitsgrad als Quotient gleichdimensionierter Größen eine dimensionslose Größe. Leider entspricht der Absolutwert des Wurzelausdrucks nicht dem Durchmesser, sondern ist kleiner. Somit ist der technische Schlankheitsgrad größer als der Wert l/d, der der Anschauung entspricht. Für den oben genannten Baumstamm-Abschnitt mit l/d = 10 rechnet sich der Wurzelausdruck zu

$$\sqrt{\frac{I}{A}} = \sqrt{\frac{4{,}91 \cdot 10^{-6}\,(m^4)}{7{,}85 \cdot 10^{-3}\,(m^2)}} = 0{,}025\,m$$

und damit wird λ zu

$$\frac{1\,(m)}{0{,}025\,(m)} = 40.$$

Für sehr langgezogenen technische oder biologische Gebilde spielt der „Grenzschlankheitsgrad" eine große Rolle bei Knickvorgängen (vergl. Abschnitt 7.9). Er gibt an, wie schlank ein Körper bei gegebenen Randbedingungen noch sein darf, ohne daß die Gefahr des Ausknickens besteht.

Beispiel: Schlankheit und Schlankheitsgrade von Gräsern *(Wisser, Wisser und Nachtigall 1986). Gräser besitzen dem Augenschein nach hohe Schlankheiten bzw. Schlankheitsgrade. Für drei charakteristische Gräser wurden Höhen-Dicken-Quotienten h/d bestimmt, und zwar (1) für den geringsten Halmdurchmesser* d_{min}*, (2) für den größten Halmdurchmesser* d_{max} *sowie (3) für den durchschnittlichen Halmdurchmesser* $(d_{min} + d_{max})/2$*. Des weiteren wurden Knick-Schlankheitsgrade für den Euler-Fall 1 (spezifische Knicklänge s = 2 h)*

$$\lambda_{Knick} = s \sqrt{\frac{I_p}{A}}^{\,-1}$$

berechnet.

Da die Flächenträgheitsmomente I ebenso wie die Querschnitte A über die Halmlänge variieren - wurden wiederum für deren größte und den geringste Werte die Knick-Schlankheitsgrade $\lambda_{Knick\ 1}$ *bzw.* $\lambda_{Knick\ 2}$ *angegeben.*

T 5D
p 66

Die Werte variieren beträchtlich. Für das ***Pfeifengras*** *Molinia coerulea reichen sie von etwa 250 für (2) bis etwa 5000 für* $\lambda_{Knick\ 2}$.

Dies ergibt bei etwa 1,5 mm mittlerer Dicke und $(h/d)_2 = 413$ *eine mittlere Absoluthöhe (Halm + Ähre) von*

$$h = 413 \cdot 1{,}5 = 620 \text{ mm}.$$

Mit

$$\lambda_{Knick\ 2} = 5027 \ (I_{p\ Sklerenchym} = 0{,}008 \text{ mm}^4 \text{ und } A_{Sklerenchym} = 0{,}1 \text{ mm}^2)$$

ergibt sich dagegen eine theoretische Knick-Höhe von

$$h = 710 \text{ mm}.$$

(Das Gras Molinia coerulea wächst etwa h = 500-900 mm hoch).

2.7 Volumen V

(Dimension: L^3; Einheit m^3)

Das Volumen V ist eine von der Grundgröße „Länge l" abgeleitete Größe.

Beispiel: *Eine hundertblütige Orchidee erzeugt pro Blüte etwa 10^6 kugelförmige Samen von durchschnittlich d = 5 µm Durchmesser. Welches Gesamtvolumen V an biologischem Material (in mm^3 und m^3) hat die Orchidee dissipiert?*

Das Volumen berechnet sich zu:

$$V = 10^2 \cdot 10^6 \cdot \frac{4}{3} \pi \left(\frac{5\ (\mu m)}{2}\right)^3 = 6{,}545 \cdot 10^9\ \mu m^3 =$$

$$= 6{,}545\ mm^3 = 6{,}545 \cdot 10^{-9}\ m^3.$$

2.8 Winkel α

(Einheit: rad)

Die SI-Einheit des Winkels α ist der Radiant (Abkürzung rad). Die Einheit 1 rad bezeichnet den ebenen Winkel, der von zwei vom Mittelpunkt des Einheitskreises (Radius 1 m) ausgehenden Strahlen gebildet wird, die einen Kreisbogensegment von der Länge 1 m einschließen (Abb. 2-4A).

Der Umfang des Einheitskreises beträgt $2 \cdot \pi \cdot 1$ (m) = 6,28 (m). Auf dem Kreisumfang läßt sich die Strecke 1 (m) also 6,28 mal abwickeln. Der Vollwinkel des Kreise (360°) entspricht also 6,28 rad. Das rad ist eine dimensionslose Verhältnisgröße zweier Längen.

Die klassiche Einheit Grad (°) ist zwar nicht SI-konform, wird aber nach wie vor häufig verwendet und wird sich wohl auch nicht verdrängen lassen.

Umrechnungsfaktoren:

$$1°(\text{Winkelgrad}) = 60'\ (\text{Minuten}) = 3600''\ (\text{Sekunden});$$

$$1° = \frac{2\pi}{360} \text{rad} = 1{,}74533 \cdot 10^{-2}\ \text{rad};$$

$$1\ \text{rad} = \frac{360}{2\pi} = 57{,}29578° \approx 57{,}30°$$

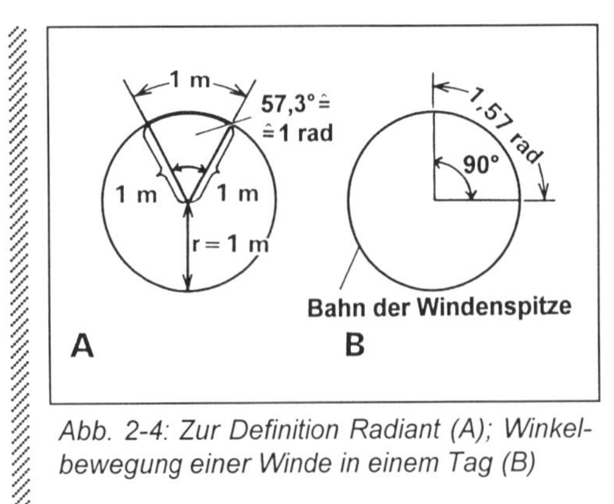

Abb. 2-4: Zur Definition Radiant (A); Winkelbewegung einer Winde in einem Tag (B)

Beispiel *(Abb. 2-4 B)****:*** *Eine Windenpflanze, deren Spitze - von oben besehen - eine kreisförmige Bewegung ausführt, verwinde sich in einem Tag um 90°.*

Dem entsprechen:

$$90° \cdot 1{,}74533 \cdot 10^{-2}\ (\text{rad Grad}^{-1}) =$$

$$= 1{,}57\ \text{rad}.$$

2.9 Raumwinkel Ω

(Einheit: sterad, sr)

Die SI-Einheit des Raumwinkels Ω ist der Steradiant („sterad"). Der Steradiant ist das Verhältnis des durch einen Kegel ausgeschnittenen Kugelflächensegments A zum Quadrat des Kugelradius r. Die Spitze des Kegels befindet sich im Mittelpunkt der Kugel.

$$\Omega = \frac{A}{r^2}$$

Die Einheit 1 sterad entspricht dem Raumwinkel, unter dem sich der Kegel öffnen muß, um auf der Oberfläche O einer Kugel mit dem Radius r = 1 m die Fläche A = 1 m^2 einzuschließen (Abb. 2-5).

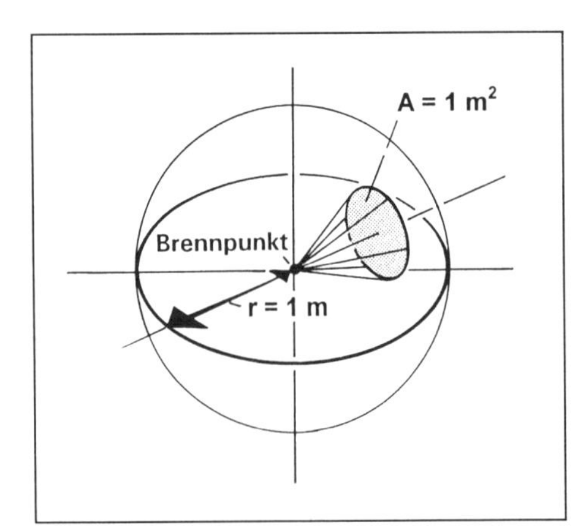

Abb. 2-5: Zur Definition des Steradiant

$$1\ \text{sr} = \frac{A}{r^2} = \frac{1\ \text{m}^2}{1\ \text{m}^2}$$

Die Oberfläche A einer Kugel vom Radius r = 1 m beträgt

$$A = 4\,\pi \cdot 1^2\ (\text{m}^2) = 12{,}56\ \text{m}^2,$$

die der Halbkugel entsprechend 6,28 m^2.

Der Raumwinkel Ω, unter dem die ganze Kugelfläche betrachtet wird, lautet somit:

$$\Omega = \frac{A}{r^2} = \frac{12{,}56\ (m^2)}{1^2\ (m^2)} = 12{,}56\ sr$$

Für die Halbkugel entspricht der Raumwinkel Ω = 6,28 sr. Wie im folgenden gezeigt, läßt sich der Öffnungswinkel des obengenannten Kegels auch als Raumwinkel im Gradmaß berechnen:

$$A = 2\,\pi \cdot r \cdot h = 2\,\pi \cdot r\,(r - \cos\alpha \cdot r)$$

$$-\frac{1}{r}\left(\frac{A}{2\,\pi \cdot r} - r\right) = \cos\alpha$$

$$-\frac{1}{2\,\pi} \cdot \frac{A}{r^2} + 1 = \cos\alpha$$

$$-\frac{1}{2\,\pi} \cdot \Omega\,(sr) + 1 = \cos\alpha$$

$$\text{inv.}\cos\left(-\frac{1}{2\,\pi} \cdot \Omega\,(sr) + 1\right) = \alpha$$

$$2\,\text{inv.}\cos\left(-\frac{1}{2\,\pi} \cdot \Omega\,(sr) + 1\right) = \Omega\,(°)$$

Für Ω = 1 sr berechnet sich somit im Gradmaß für den Öffnungswinkel Ω (°) des Kegels:

$$\Omega = 2\ \text{inv.}\ \cos\left(-\frac{1}{2\,\pi} + 1\right) = 65{,}54° = 1\ sr$$

Beispiel *(vergl. Abb. 2-5)**:** Welchem Raumwinkel entspricht der Lichtkegel einer Sammellinse, der in 10 cm Entfernung vom Brennpunkt eine Fläche von 250 cm^2 auf der Kugel ausleuchtet? (Umgekehrter Strahlengang einer Sammellinse)*

Der Lichtkegel strahlt unter dem folgenden Raumwinkel Ω :

$$\Omega\,(sr) = \frac{A}{r^2} = \frac{250\ (cm^2)}{(10\ (cm))^2} = \frac{250\ (cm^2)}{100\ (cm^2)} = 2{,}5\ \frac{(cm^2)}{(cm^2)} = 2{,}5\ sr.$$

Im Gradmaß entspricht das einem Winkel von:

$$2\ \text{inv.}\ \cos\left(-\frac{1}{2\,\pi} \cdot 2{,}5\ (sr) + 1\right) = 105{,}957° \approx 106°$$

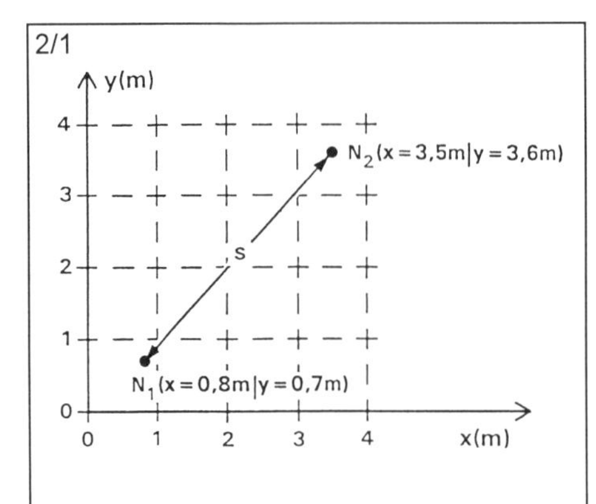

ÜBUNGSAUFGABEN

Ü 2/1: In einem abgesteckten Areal befinden sich die Ausgänge N von zwei Ameisennestern in den Positionen N_1 (x = 0,8 m / y = 0,7 m) und N_2 (x = = 3,5 m / y = 3,6 m). Welches ist die geringstmögliche Entfernung s zwischen beiden?

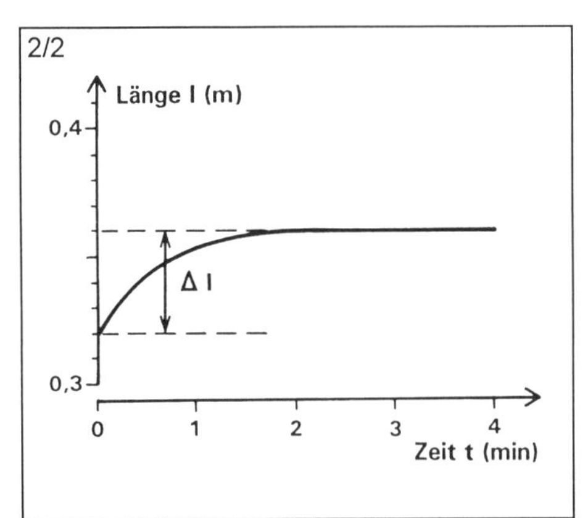

Ü 2/2: Ein Sehnenband aus dem Ligamentum nuchae des Pferdes zeigt unter definierter Belastung den in der Abbildung dargestellten Dehnungsverlauf. Wie groß ist seine Verlängerung Δl und seine Dehnung ε? (ε in %)

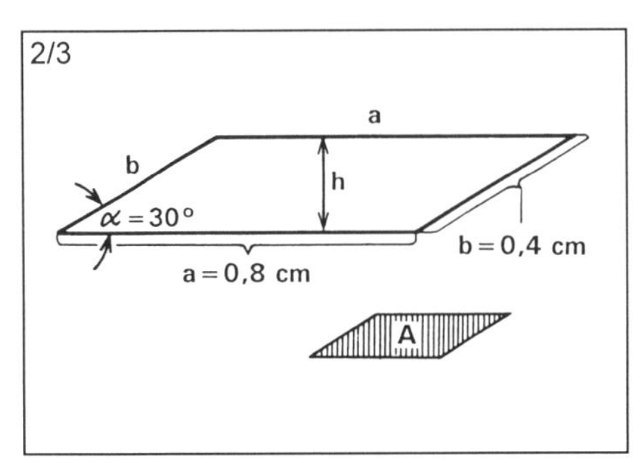

Ü 2/3: Die Rechteckfläche $A = a \cdot b = 0{,}8\ (cm) \cdot 0{,}04\ (cm) = 0{,}32\ cm^2$ einer flächigen Sehne wird beim Laufen nach der Abbildung zu einem Parallelogramm verformt. Wie groß ist die Fläche A bei $\alpha = 30°$? (A in m^2)

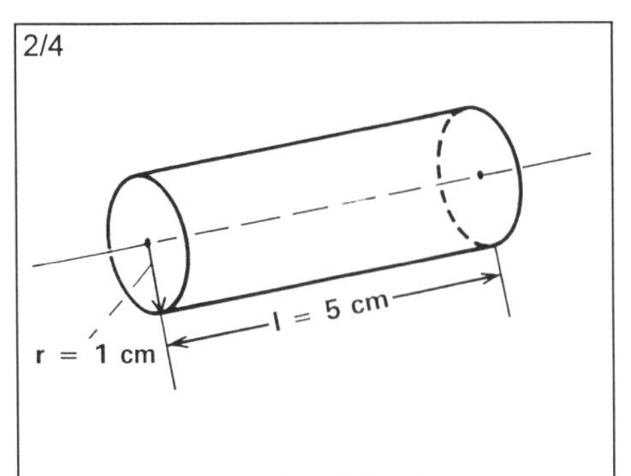

Ü 2/4: Wie groß ist das Volumen V eines zylinderförmigen Aortenausschnitts des Menschen mit dem Radius r = 1 cm und der Länge l = 5 cm?

Ü 2/5: Um welchen Wert $\Delta\alpha$ ändert sich der **Femur-Tibia-Winkel** α der nach der Abbildung abspringenden Heuschrecke vom Startbeginn bis zum Abheben? ($\Delta\alpha$ in rad)

T 7
p 160

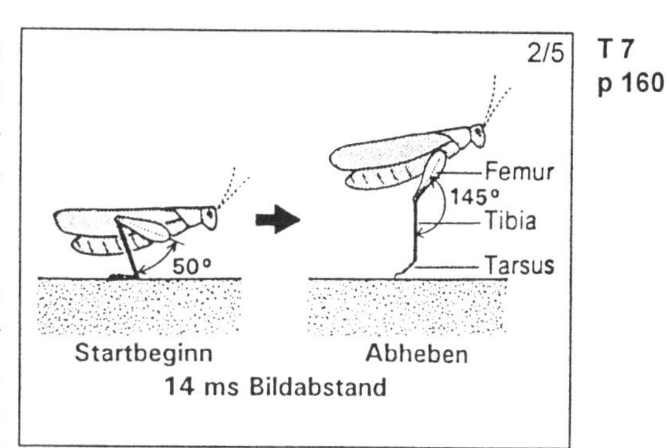

Ü 2/6: Eine punktförmige radioaktive Strahlenquelle bestrahlt einen (in erster Näherung kugelförmigen) Menschenkopf vom Radius r = 10 (cm) aus l = = 5 (m) Abstand. Welchen Raumwinkel Ω bildet der zugehörige Strahlenkegel? Man geht dabei davon aus, daß die Kreisoberfläche des Strahlungskegels eben ist.

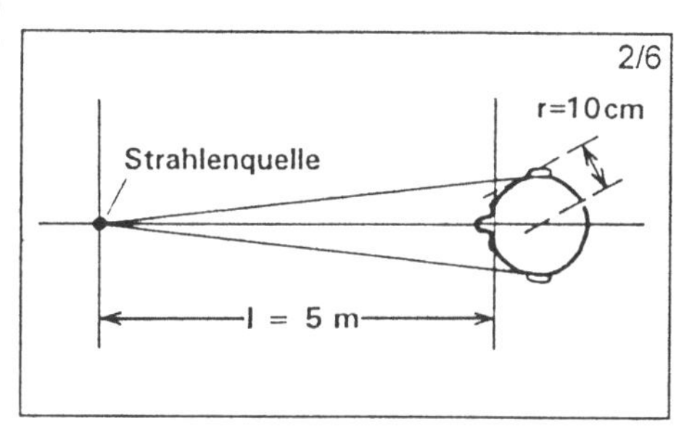

Dächte man sich die Strahlenquelle im Schädelzentrum, würde sie die Oberfläche unter welchem Winkel bestrahlen?

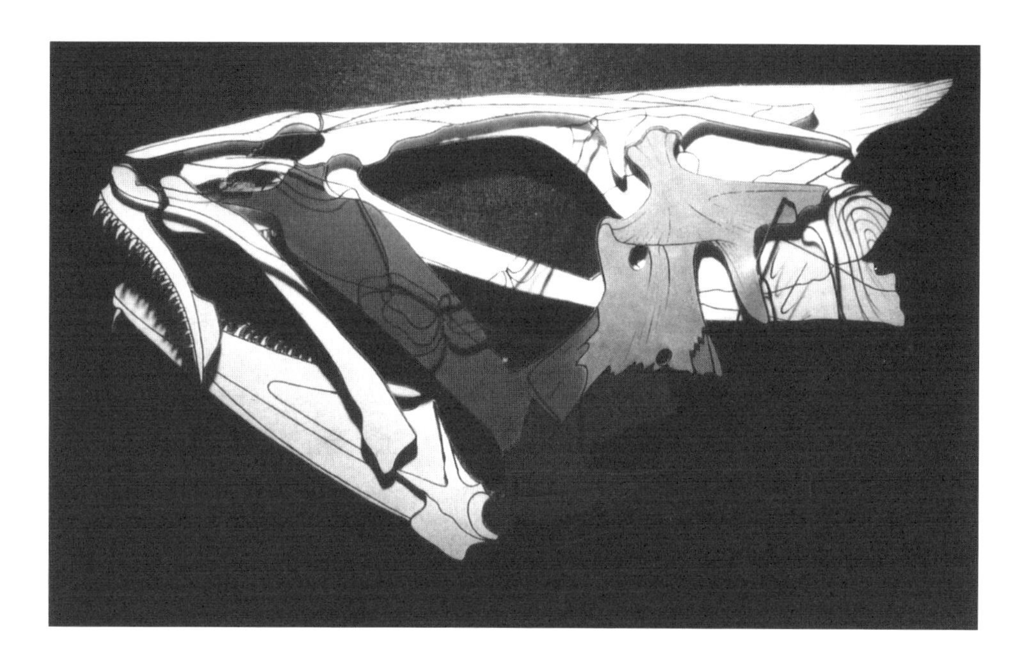

Bildtafel 1: **Maulkinematik.** Bei allen sogenannten „kinematischen Schädeln", insbesondere von Fischen (hier), Waranen, Schlangen und Vögeln, arbeiten Knochen nach dem Prinzip kinematischer Ketten zwangsläufig zusammen. Ergebnisse in Nachtigall 1974. (Foto: Nachtigall, nach einem Museumspräparat)

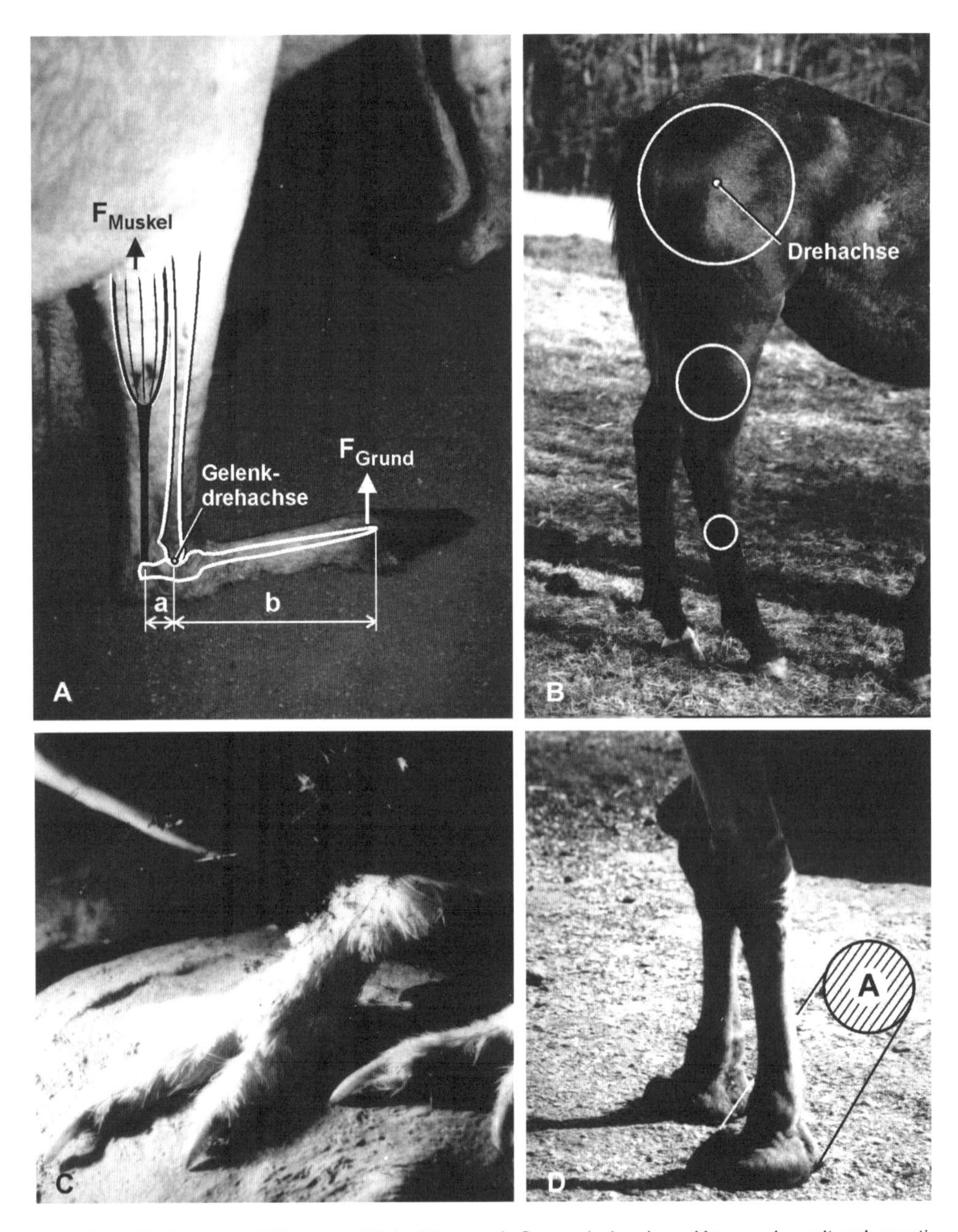

Bildtafel 2: **Beine und Füße von Wirbeltieren.** A Sprungbein eines Känguruhs mit schematischer Einzeichnung von Muskeln und Skelettelementen. Das „Absprungmoment“ $M_1 = F_{Grund} \cdot b$ muß entgegengesetzt gleich sein dem „Antriebsmoment“ $M_2 = F_{Muskel} \cdot a$. Da b << a, muß gelten $F_{Muskel} >> F_{Grund}$. Wegen der großen „Hebelübersetzung“ arbeitet der Muskel zur Erzeugung des Absprungmoments mit geringer Verkürzung, aber unter Aufbietung einer sehr hohen Zugkraft. B Das Massenträgheitsmoment eines Pferdebeins ist relativ klein, weil die Hauptantriebsmuskeln nahe der Gelenkdrehachse lokalisiert sind. Vergl. Ü 5/3, p. 66. C Alpenschneehühner tragen befiederte Füße. Sie vergrößern damit ihre Kontaktfläche A, wodurch der Druck $p = F_g \cdot A^{-1}$ des Körpergewichts F_g auf die Schneeoberfläche reduziert wird. D In entsprechender Weise reduzieren Kamele und Dromedare den Druck auf lockerem Wüstensand durch außerordentlich weitgespreizte Hufe mit großer Auflagefläche A. (Fotos: Nachtigall)

3 Zeit und aus Zeit und Weg zusammengesetzte Größe

3.1 Zeit t

(Dimension: T; Einheit: s)

Die Zeit t ist eine der drei Grundgrößen der Mechanik.

In der Meßpraxis werden häufig Zeitdifferenzen Δ t zwischen verschiedenen Zeitpunkten t_1, t_2... während eines Meßvorgangs bestimmt:

$$\Delta t = t_2 - t_1$$

Bei Vorgängen, die sich in gleichen Zeitabständen wiederholen, bezeichnet man die für das Durchlaufen eines Zyklus benötigte Zeit als Periode T oder Schwingungsdauer T . Die Schwingungsdauer T eines Massenpendels der Länge l berechnet sich zu:

$$T\,(s) = 2\,\pi\,\sqrt{\frac{l\,(m)}{g\,(m\,s^{-2})}}$$

(g Erdbeschleunigung)

3.2 Frequenz f, Drehzahl n, Kreisfrequenz ω

(Dimension: T^{-1}; Einheit s^{-1}, bei periodischen Schwingungen auch Hz („Hertz")).

Als Frequenz f bezeichnet man bei periodisch wiederholten Vorgängen die Anzahl N der Vorgänge pro Zeitabschnitt Δt:

$$f = \frac{N}{\Delta t}\ (s^{-1})$$

Bei Rotationsvorgängen bezeichnet man als Drehzahl n die Zahl der Umdrehungen pro Zeitabschnitt Δt:

$$n = \frac{\text{Zahl der Umdrehungen}}{\Delta t}\ (s^{-1})$$

Als Kreisfrequenz ω wird das Produkt aus Kreisumfang des Einheitskreises und Frequenz f bezeichnet:

$$\omega = 2\,\pi\,f\ (\text{rad}\ s^{-1})$$

Bemerkung: Der Begriff „Kreisfrequenz" wird meist als Synonym zur Winkelgeschwindigkeit ω (s. 3.6) gebraucht und kennzeichnet den im Einheitskreis pro Sekunde überstrichenen Winkel, gemessen in rad.

Beispiel: *Bei einer Periodendauer von $T = 1{,}23 \cdot 10^{-8}$ s beträgt die Frequenz f des Hochfrequenz-Wechselfelds eines Kernspinresonanz-Tomographen:*

$$f = \frac{1}{T} = 8{,}20 \cdot 10^{-7}\ \text{Hz} = 82\ \text{MHz}$$

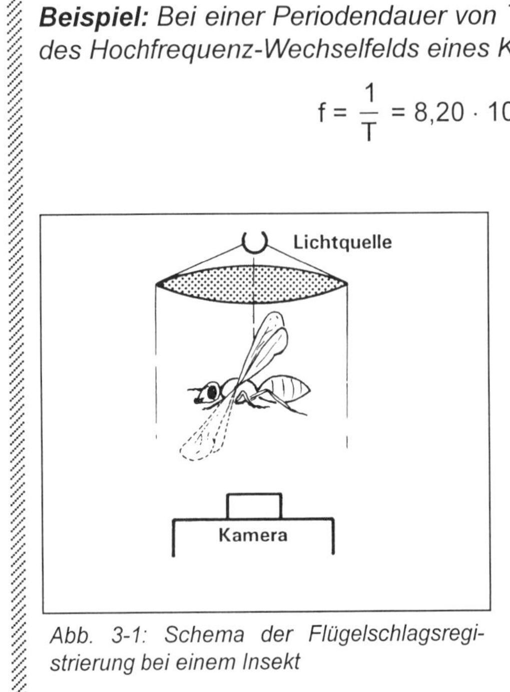

Abb. 3-1: Schema der Flügelschlagsregistrierung bei einem Insekt

Beispiel *(Abb. 3-1): Eine hochfrequenzkinematographische Aufnahme mit 8400 Bildern pro Sekunde ergebe beim Bienenwolf (Philanthus triangulus) die Zahl von 56 Bildern vom Flügeldurchlauf durch einen oberen Umkehrpunkt des Flügels bis zum nächsten. Welches war die Flügelschlagfrequenz?*

$$f = 56 \cdot \frac{1}{8400}\ (\text{s}) = \frac{1}{0{,}006}\ (\text{s}) = 150\ \text{s}^{-1}$$

Die reduzierte Frequenz ν ist die auf eine charakteristische Länge bezogene Kreisfrequenz ω. Beim periodisch schlagenden Insektenflügel kann als charakteristische Länge beispielsweise die Flügeltiefe t genommen werden:

$$\nu = \frac{\omega}{t}$$

Die reduzierte Frequenz ν spielt eine Rolle bei der Frage, ob man eine Strömung in der Praxis als zeitlich invariant („stationär") betrachten kann oder nicht so betrachten darf. Über stationäre Strömungen informiert der Abschnitt 9.1; auf die Bedeutung der reduzierten Frequenz wird in diesem Buch nur hingewiesen.

3.3 Geschwindigkeit v

(Dimension: $L\,T^{-1}$; Einheit: $m\,s^{-1}$)

Die Geschwindigkeit v ist die erste Ableitung des Wegs s nach der Zeit t. In der Meßpraxis berechnet man sie nach:

$$v = \frac{\Delta s}{\Delta t} = \frac{s_2 - s_1}{t_2 - t_1}$$

Sie ist also eine von Weg und Zeit abgeleitete Größe.

Beispiel: *Ein gleichförmig bewegter Körper, der zum Zeitpunkt t_1 = 10 s eine Strecke von s_1 = 100 m, zum Zeitpunkt t_2 = 20 s eine Strecke von s_2= 200 m von einem Referenzort entfernt ist, besitzt eine Geschwindigkeit von:*

$$v = \frac{200\,(m) - 100\,(m)}{20\,(s) - 10\,(s)} = \frac{100\,(m)}{10\,(s)} = 10\,m\,s^{-1}$$

Beispiel*(Abb. 3-2)****:*** *Ein bei Windstille zum Beutegreifen sturzfliegender Wanderfalke (Falco peregrinus) verliert in 1,5 s eine Höhe h = 65 m. Wie groß ist seine ungefähre vertikale Sturzgeschwindigkeit in km h^{-1}, wenn er unter einem Winkel von α = 60° zur Horizontalen abwärts fliegt?*

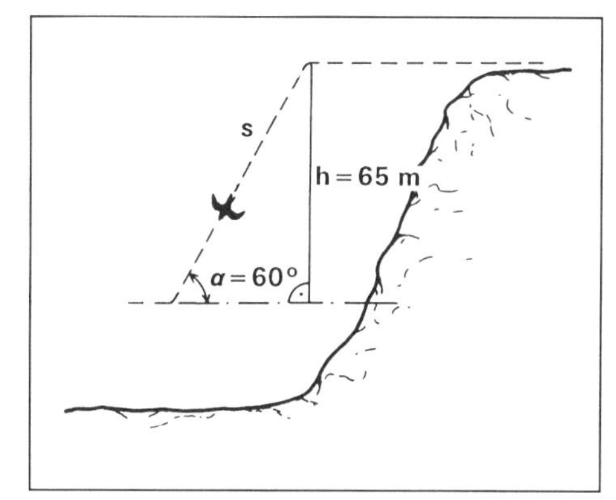

Abb. 3-2: Sturzfliegender Wanderfalke

$$s = \frac{h}{\sin\alpha} = \frac{65\,(m)}{\sin 60°} = \frac{65\,(m)}{0{,}87} \approx 74{,}71 m$$

$$v = \frac{\Delta s}{\Delta t} = \frac{74{,}71(m)}{1{,}5\,(s)} = 49{,}80\,m\,s^{-1} = 179{,}31 km\,h^{-1}$$

Bemerkung: Wanderfalken sind mit Sturzgeschwindigkeiten bis vielleicht etwa 250 km/h die schnellsten Vertreter des Tierreichs.

3.4 Winkelgeschwindigkeit ω

(Dimension: T^{-1}; Einheit: ° s^{-1} oder rad s^{-1})

Die Winkelgeschwindigkeit ω ist eine Kenngröße für Drehbewegungen, definiert als der in der Zeiteinheit t überstrichene Winkel α eines zentrifugalgerichteten Strahls. Die Winkelgeschwindigkeit ω ist das Produkt aus dem Kreisumfang und der Anzahl n der Kreisdurchläufe pro Sekunde (= Drehzahl n):

$$\omega = 2 \cdot \pi \cdot n$$

Umrechnungsfaktor:

$$1°\,s^{-1} = 60'\,s^{-1} = 3600''\,s^{-1} = \frac{\pi}{180\,rad\,s^{-1}} =$$

$$= 1{,}745329 \cdot 10^{-2}\,rad\,s^{-1} = 1{,}05\,rad\,min^{-1} = 62{,}83\,rad\,h^{-1} = 1508\,rad\,d^{-1}$$

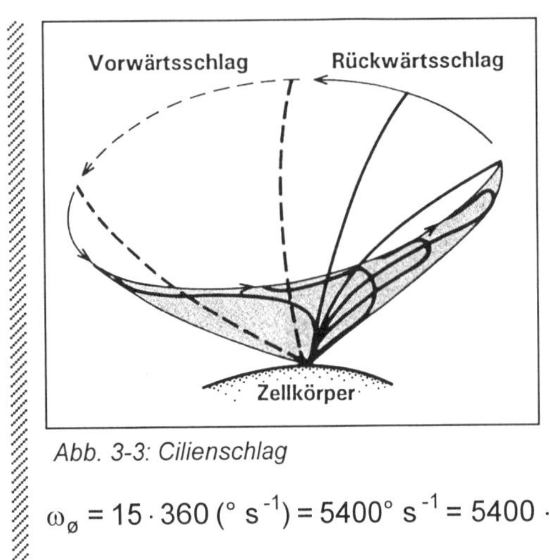

Abb. 3-3: Cilienschlag

Beispiel*(Abb. 3-3)*: *Ein Cilie aus dem Kiemenepithel einer Muschel bewegt sich helical etwa auf einem Kegelmantel, so daß sie in der Draufsicht kreisförmig zu rotieren scheint. Wie hoch ist in dieser Projektion ihre mittlere Winkelgeschwindigkeit* $\omega_{\varnothing}$ *(in rad* s^{-1}*) bei 15 Rotationsschwingungen pro Sekunde?*

$\omega_{\varnothing} = 15 \cdot 360\ (°\ s^{-1}) = 5400°\ s^{-1} = 5400 \cdot 1{,}745329 \cdot 10^{-2}\ \text{rad}\ s^{-1} = 94{,}25\ \text{rad}\ s^{-1}$

3.5 Schwingungen und Wellen

Betrachtet seien hier harmonische Schwingungen

3.5.1 Kennzeichnung einer harmonischen Schwingung

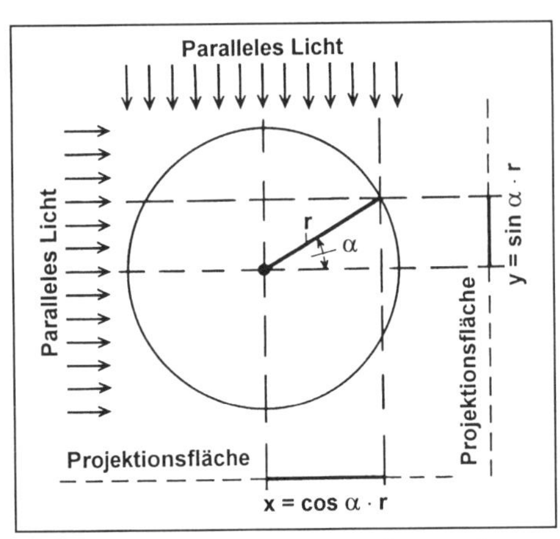

Abb. 3-4: Parallelprojektion eines rotierenden Zeigers auf zwei senkrecht zueinander stehenden Achsen

Die in der Physik übliche Schwingungskennzeichnung läßt sich am besten verstehen, wenn man sie auf das Bild eines rotierenden Zeigers zurückführt. Läßt man einen solchen Zeiger in einem Kreis (Radius r; Umfang $U = 2 \cdot r \cdot \pi$) gegen den Uhrzeigersinn rotieren, und projiziert man dabei seine Länge mit parallelem Licht auf eine nach Abbildung 3-4 orientierte vertikale und eine horizontale Tangente, so wird jede dieser Projektionsgrößen im Umdrehungsrhythmus zwischen 0 und r schwanken. Nach den Sinus-Cosinus-Beziehungen betragen die nach Abb. 3-4 skizzierten Projektionslängen

$$y(\alpha) = r \cdot \sin\alpha = y_{max} \cdot \sin\alpha$$

$$x(\alpha) = r \cdot \cos\alpha = y_{max} \cos\alpha.$$

Im Einheitskreis ist $r = y_{max} = x_{max} = 1$, und die jeweilige Projektionsgröße y ist somit für jeden Winkel α gleich der entsprechenden Winkelfunktion.

Es ist im Grunde gleichgültig, ob man eine harmonische Schwingung über den Sinus- oder Cosinusansatz formuliert, man muß nur das Auftreten negativer Vorzeichen bei verschiedenen Quadranten (vergl. Lb. der Trigonometrie) beachten. Die erstere Möglichkeit sei hier weiter betrachtet.

***Beispiel** (Abb. 3-5): Ein Thunfisch bewegt seine Schwanzflosse der Länge l = 30 cm relativ zur Mittellinie um maximal jeweils 30° nach beiden Seiten. Wie groß ist der Abstand a der Schwanzflossenspitze von der Mittellinie bei Maximalauslenkung?*

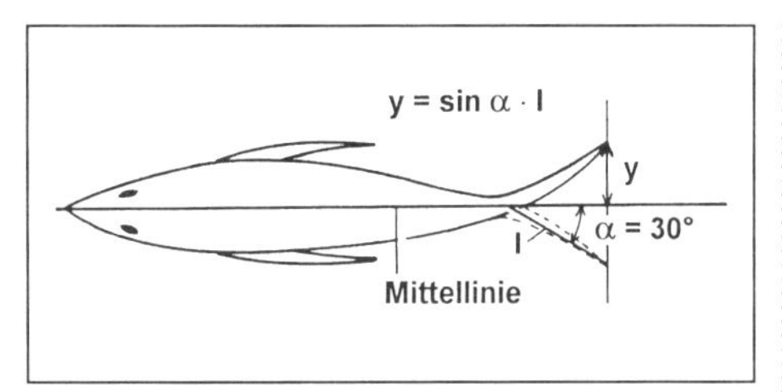

Abb. 3-5: Schwanzflossenschwingung eines Thunfischs

$$y(\alpha) = l \cdot \sin\alpha =$$

$$= 0{,}3\,(\text{m}) \cdot \sin 30° = 0{,}3\,(\text{m}) \cdot 0{,}50 = 0{,}15\ \text{m}.$$

Betrachtet man die Projektionsgröße y als Zeitfunktion, so muß man erst den für den gegebenen Zeitabschnitt Δt die gegebene Zeit t_i sich einstellenden Winkel α berechnen und dann wie bisher vorgehen:

$$y(t) = y_{max} \cdot \sin(\alpha(t_i))$$

Den Winkel $\alpha(t_i)$ kann man wie folgt erhalten: Während der Umlaufszeit (Periodendauer) T (s) werden 360°, bzw. 2 π rad überstrichen. Daraus ergibt sich die Winkelgeschwindigkeit ω zu

$$\omega = \frac{360\,(°)}{T\,(s)} \quad bzw. \quad \frac{2 \cdot \pi\,(rad)}{T\,(s)}.$$

In der Zeit Δt werden überstrichen:

$$\frac{360\,(°)}{T\,(s)} \cdot t_i \quad bzw. \quad \frac{2 \cdot \pi\,(rad)}{T\,(s)} \cdot t_i$$

Das Produkt $\omega \cdot \Delta t$ (Winkelgeschwindigkeit mal Zeit) entspricht einem Winkel. Somit ergibt sich:

$$y(t) = y_{max} \cdot \sin(\omega \cdot \Delta t)$$

Beispiel: *Die im vorhergehenden Beispiel angesprochene Fischflosse schwinge mit einer Periodendauer von T = 0,6 s. Wie groß ist y zum Zeitpunkt 0,1 s nachdem die Flosse der Länge l = 0,3 m die Mittellinie durchlaufen hat?*

Lösung 1 *(gerechnet in Winkelgraden):*

$$\omega = \frac{360\ (^\circ)}{0{,}6\ (s)} = 600\ (^\circ\ s^{-1})$$

$$y_{0,1\ s} = 0{,}3\ (m) \cdot \sin\ (600\ (^\circ\ s^{-1}) \cdot 0{,}1\ (s)) = 0{,}26\ m$$

Lösung 2 *(gerechnet im Bogenmaß):*

$$\omega = \frac{2 \cdot \pi}{T} =$$

$$= \frac{2 \cdot \pi}{0{,}6\ s} = 10{,}5\ (rad\ s^{-1})$$

Lösung 3 *(Proportion, gerechnet in Winkelgraden):*

$$360\ (^\circ) : 0{,}6\ (s) = x\ (^\circ) : 0{,}1\ (s)$$

Nach Δt = 0,1 s ist der Drehwinkel α:

$$\alpha = \frac{360\ (^\circ) \cdot 0{,}1\ (s)}{0{,}6\ (s)} = 60^\circ$$

Damit ist

$$y_{0,1\ s} = 0{,}3\ (m) \cdot \sin 60^\circ = 0{,}26\ m.$$

Bislang wurde vorausgesetzt, daß Meßbeginn ($t_o = 0$) und Durchlaufen der 0° Abszisse (Abb. 3-6 A) zusammenfallen. Dies wird im allgemeinen aber nicht der Fall sein.

Angenommen, man betrachtet zwei Schwingungen (A) und (B) eines mit der Drehzahl n = 2 (s^{-1}) umlaufenden Zeigers. Die Schwingung (A) durchläuft zum Zeitpunkt t = 0 den 0°-Winkel ($\varphi_{t=0} = 0^\circ$; Abb. 3-4 (A)). Die Schwingung (B) befindet sich zum Zeitpunkt t = 0 bei $\varphi_{t=0} = 30^\circ$ (Abb. 3-6 (B)). Die beiden Schwingungen befinden sich also „außer Phase". Die Schwingung (B) eilt der Schwingung (A) um den Phasenwinkel $\Delta\varphi$ = 30° voraus.

Für die Schwingung (A) gilt: $y(t) = y_{max} \cdot \sin \omega t$

Für die Schwingung (B) gilt: $y(t) = y_{max} \cdot \sin(\omega t + \Delta\varphi)$

mit $\Delta\varphi = +30°$

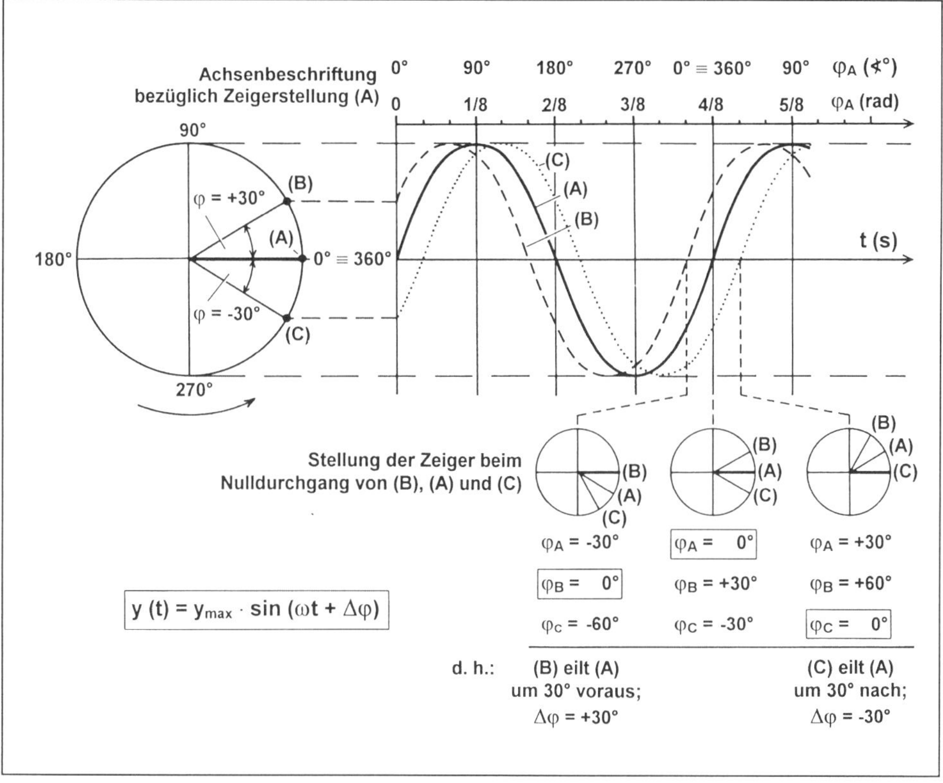

Abb. 3-6: Zuordnung einer Sinuskurve zum Umlauf des Zeigers in einem Einheitskreis, wobei der Meßbeginn (t = 0) nicht mit dem Durchlauf der Nullabszisse (Stellung A) zusammenfällt, (mittlere Teilzeichnung) oder nicht zusammenfällt (linke und rechte Teilzeichnung). Kennzeiche die Kerbenausformungen, die sicher zur Reduktion hoher Kerbspannungs-Spitzen beitragen, ähnlich

(Da ωt und $\Delta\varphi$ jeweils Winkel darstellen, kann man beide additiv behandeln.)

Die Abbildung 3-6 (C) zeigt analog, daß die Schwingung (C) der Schwingung (A) nacheilt; in diesem Fall beträgt $\Delta\varphi = -30°$,

allgemein:

$$y(t) = y_{max} \cdot \sin(\omega t + \Delta\varphi).$$

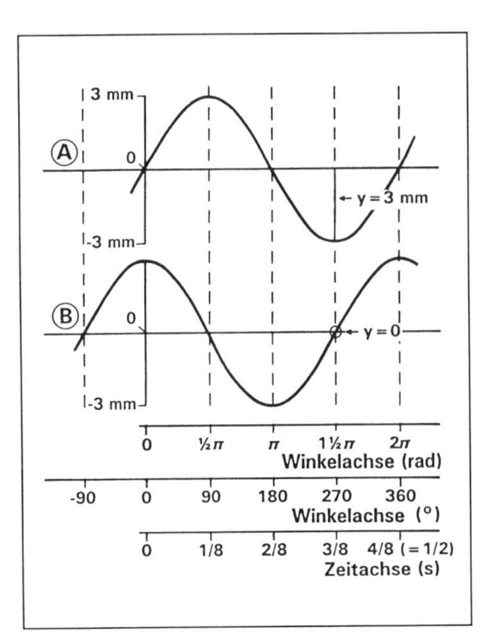

Auf die ebengenannte Weise kann man auch Sinus- und Cosinusschwingung in Beziehung setzen. So eilt die Cosinus-Schwingung nach Abb. 3-7 B der entsprechenden Sinus-Schwingung nach Abb. 3-7 A um ein Viertel der Periodendauer voraus; der Nullphasenwinkel der Cosinus-Schwingung gegenüber der Sinus-Schwingung beträgt + 90° im Gradmaß, $\pi/2$ im Bogenmaß.

Abb. 3-7: Vergleich der Phasenlagen einer Sinusschwingung $y(t) = y_{max} \cdot \sin \cdot \omega t$ (A) und einer Cosinusschwingung $x(t) = x_{max} \cdot \cos \omega t$; vergl. Abb. 3-8

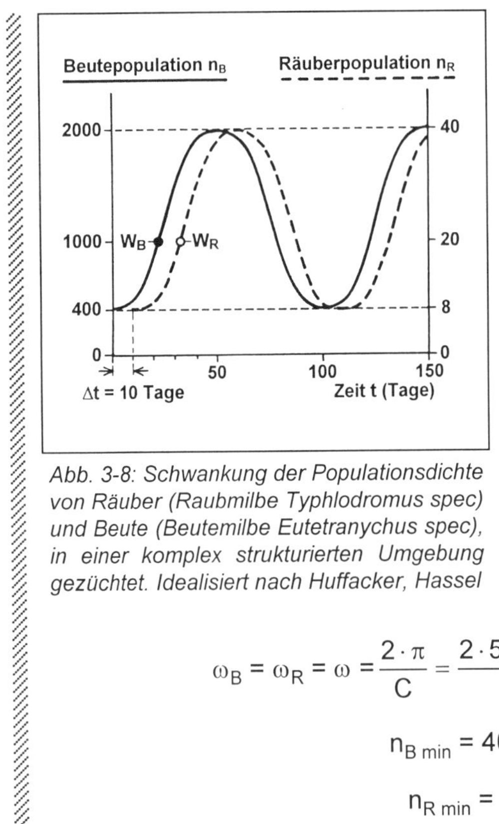

Abb. 3-8: Schwankung der Populationsdichte von Räuber (Raubmilbe Typhlodromus spec) und Beute (Beutemilbe Eutetranychus spec), in einer komplex strukturierten Umgebung gezüchtet. Idealisiert nach Huffacker, Hassel

Beispiel *(Abb. 3-8): Die Abbildung zeigt eine über Sinusfunktionen idealisierte Approximation der Populationsschwankungen einer Räuber-Beute-Beziehung von Milben. Wie erkennbar „ziehen die Räuber R den Populationsschwankungen der Beute B nach" und erreichen ihr Populationsmaximum 10 Tage später.*

Mit

$$n_{B\,max} = 2000,$$

$$n_{R\,max} = 40,$$

$$C_B = C_R = C = 100 \text{ Tage},$$

$$\omega_B = \omega_R = \omega = \frac{2 \cdot \pi}{C} = \frac{2 \cdot 57{,}2958}{C} = 1{,}14592 \text{ Tage}^{-1,}$$

$$n_{B\,min} = 400 \text{ für } t = 0,$$

$$n_{R\,min} = 8 \text{ für } t = 0$$

lauten die Gleichungen:

$$n_B\,(t) = n_{B\,max} \cdot \sin \omega t + 400 = 2000 \cdot \sin 1{,}14592 \cdot t + 400;$$

$$n_R\,(t) = n_{R\,max} \cdot \sin \omega t + 8 = 40 \cdot \sin 1{,}14592 \cdot t + 8$$

Wird n_R (t) auf n_B (t) bezogen, so lautet die entsprechende Gleichung:

$$n_R\,(t) = n_{R\,max} \cdot \sin (\omega t + \Delta t) + 8 = 40 \cdot \sin (1{,}14592\,t + 10) + 8$$

- *Nach wie vielen Tagen haben Beute und Räuber ihr Populationsmaximum erreicht, ausgehend vom Minimum der Beutepopulation?*

$$t_{max\,B} = \frac{T}{2} = \frac{100}{2} = 50 \text{ Tage;}$$

$$t_{max\,R} = \frac{T}{2} + 10 = 50 + 10 = 60 \text{ Tage}$$

- *Nach wie vielen Tagen nehmen Beute und Räuber am stärksten zu (Wendepunkt W!), ausgehend vom Minimum der Beutepopulation?*

$$t_{W\,B} = \frac{T}{4} = \frac{100}{4} = 25 \text{ Tage;}$$

$$t_{W\,R} = \frac{T}{4} + 10 = 25 + 10 = 35 \text{ Tage}$$

- *Wie groß sind die Maximalpopulationen rechnerisch?*

$$n_{B\,max} = 2000 \cdot \sin 1{,}14592 \cdot 50 + 400 = 2083$$

$$n_{R\,max} = 40 \cdot \sin 1{,}14592 \cdot 60 + 8 = 45$$

oder

$$40 \cdot \sin (1{,}14592 \cdot 50 + 10) + 8 = 45$$

- *Wie groß sind die Populationen zu dem Zeitpunkt der stärksten Zunahme (an den Wendepunkten), also nach 25 bzw. 35 Tagen?*

$$n_B = 2000 \cdot \sin 1{,}14592 \cdot 25 + 400 = 1359$$

$$n_R = 40 \cdot \sin 1{,}14592 \cdot 35 + 8 = 34$$

oder

$$n_R = 40 \cdot \sin (1{,}14592 \cdot 25 + 10) + 8 = 33$$

3.5.2 Kennzeichnung von harmonischen (linearen) Wellen im Vergleich mit harmonischen Schwingungen

Es werden zur Kennzeichnung von harmonischen Wellen dieselben Kenngrößen wie zur Kennzeichnung von (ungedämpften) Schwingungen verwendet. Dazu kommen - zur Charakterisierung der räumlichen Ausbreitung der Wellen - die Begriffe Wellenlänge λ und Ausbreitungsgeschwindigkeit v. Den Vergleich einer Schwingung mit einer Welle zeigt Abb. 3-9.

Bei der Schwingung ändert sich der Momentanwert y periodisch mit der Zeit:

$$y\,(t) = y_{max} \cdot \sin\,(\omega t + \Delta y)$$

Bei der Welle gibt es zwei Abhängigkeiten. Einerseits ändert sich y zu einer bestimmten Zeit t periodisch mit dem Abstand s vom Erregungszentrum und wiederholt sich in gleichen Abständen λ. Andererseits ändert sich y bei einem bestimmten Abstand s periodisch mit der Zeit t:

$$y\,(t, s)$$

Wegen der Doppelabhängigkeit muß rechts des Gleichheitszeichens neben der Zeitkoordinaten t noch eine Ortskoordinate x stehen:

$$y\,(x, t) = y_{max} \cdot \sin\,(\omega \cdot t \pm k\,x + \Delta\varphi)$$

Die Konstante $k = \frac{2\,\pi}{\lambda}$ heißt Wellenzahl (Dimension: L^{-1}, Einheit: m^{-1}).

Die Kenngröße λ heißt Wellenlänge;

$$\lambda = \frac{v}{f};$$

$$v = \lambda \cdot f$$

(v Ausbreitungsgeschwindigkeit, Fortschrittsgeschwindigkeit; f Frequenz)

Ein Minuszeichen bedeutet, daß die Welle „nach rechts“ (in Richtung größerer x-Werte) läuft; mit einem Pluszeichen ergibt sich entgegengesetzte Laufrichtung. Das Produkt

$$y_{max}\,(m) \cdot \omega\,(s^{-1})$$

heißt Geschwindigkeitsamplitude v_{max} eines Teilchens.

Für festgehaltenes x vereinfacht sich die Wellengleichung zur Schwingungsgleichung

$$y\,(t) = y_{max} \sin\,(\omega t + \Delta\varphi_1) \text{ (Abb. 3-9 A).}$$

Für festgehaltenes t vereinfacht sich die Wellengleichung zum Momentbild einer Welle

$$y\ (x) = y_{max} \cdot \sin\ (k \cdot x - \Delta\varphi_2).$$

Der erstgenannte Fall gilt zum Beispiel, wenn eine Schallwelle auf das (ortsfeste) Trommelfell trifft und dort eine Schwingung mit der Frequenz f erregt.

$$f = \frac{\omega_{Welle}}{2 \cdot \pi}$$

Der letztgenannte Fall ergibt sich als „Blitzlichtaufnahme" einer Welle (Abb. 3-9 B).

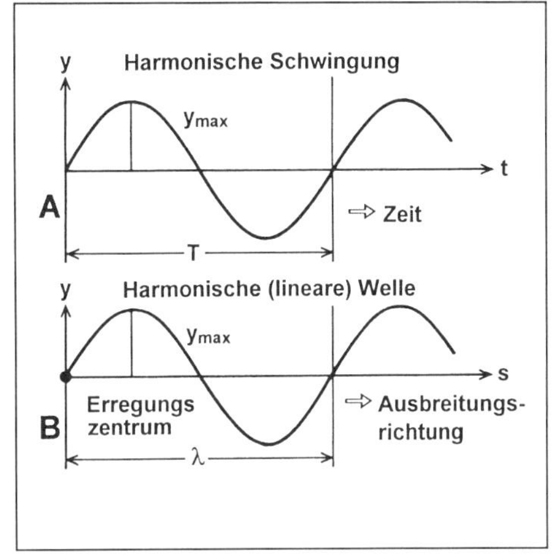

Abb. 3-9: Kennzeichnung einer Welle (B), verglichen mit einer Schwingung (A)

Beispiel *(Abb. 3-10)***:** *Eine ebene Schallwelle in Luft ist durch die Gleichung*

$$y = 5 \cdot 10^{-4}\ (m) \cdot \sin\ (630{,}25\ \pi\ (s^{-1}) \cdot t\ (s) - 6\ (m^{-1}) \cdot x\ (m))$$

gekennzeichnet. Wie groß sind Wellenlänge λ, Frequenz f, Fortpflanzungsgeschwindigkeit c und Geschwindigkeitsamplitude v_{max} eines Teilchens?

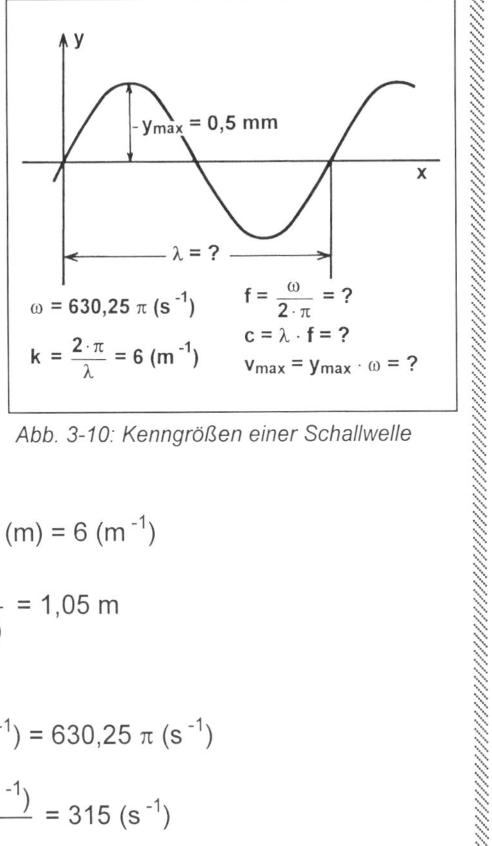

Abb. 3-10: Kenngrößen einer Schallwelle

Wellenlänge λ:

Mit $$k\ (m^{-1}) = \frac{2 \cdot \pi}{\lambda}\ (m) = 6\ (m^{-1})$$

wird $$\lambda = \frac{2 \cdot \pi}{6\ (m^{-1})} = 1{,}05\ m$$

Frequenz f:

Mit $$\omega\ (s^{-1}) = 2 \cdot \pi \cdot f\ (s^{-1}) = 630{,}25\ \pi\ (s^{-1})$$

wird $$f = \frac{630{,}25 \cdot \pi\ (s^{-1})}{2 \cdot \pi} = 315\ (s^{-1})$$

Fortschrittsgeschwindigkeit v:

Mit $$\lambda\ (m) = \frac{v\ (m\ s^{-1})}{f\ (s^{-1})}$$

wird $$v\ (m\ s^{-1}) = \lambda\ (m) \cdot f\ (s^{-1}) =$$

$$= 1{,}05\ (m) \cdot 315\ (s^{-1}) = 330{,}75\ (m\ s^{-1})$$

$$v_{max} = y_{max} \cdot \omega\ (s^{-1}) =$$

$$= 5 \cdot 10^{-4}\ (m) \cdot 630{,}25 \cdot \pi\ (s^{-1}) = 0{,}99\ m\ s^{-1}$$

3.6 Beschleunigung a

(Dimension: L T^{-2}; Einheit: m s^{-2})

Die Beschleunigung a ist die erste Ableitung der Geschwindigkeit v nach der Zeit t beziehungsweise die zweite Ableitung des Wegs s nach der Zeit. In der Meßpraxis berechnet man sie nach:

$$a = \frac{\Delta v}{\Delta t} = \frac{v_2 - v_1}{t_2 - t_1}$$

Sie ist also eine von Geschwindigkeit v und Zeit t und damit von Weg s und Zeit t abhängige Größe.

Die Erdbeschleunigung g beträgt:

$$g = 9{,}81\ m\ s^{-2};$$

für sehr genaue Rechnungen sind die geographische Breite und weitere Kommastellen zu berücksichtigen; für Überschlagsrechnungen reichen 10 m s^{-2}.

Beispiel: *Ein Körper, der zum Zeitpunkt t_1 = 10 s die Geschwindigkeit v_1 = 20 m s^{-1}, zum Zeitpunkt t_2 = 18 s die Geschwindigkeit v_2 = 120 m s^{-1} besitzt, hat zwischen diesen beiden Zeiten die Beschleunigung a erfahren. Wie groß ist diese absolut und in Einheiten der Erdbescheinigung?*

$$a = \frac{120\ (m\ s^{-1}) - 20\ (m\ s^{-1})}{18\ (s) - 10\ (s)} = \frac{100\ (m\ s^{-1})}{8\ (s)} = 12,\ 5\ m\ s^{-2}$$

$$\frac{12{,}5\ (\mathrm{m\ s^{-2}})}{9{,}81\ (\mathrm{m\ s^{-2}})} = 1{,}27$$

Die Beschleunigung von 12,5 m s^{-1} entspricht dem 1,27-fachen der Erdbeschleunigung g.

***Beispiel** (Abb. 3-11): In Hochfrequenzfilmaufnahmen mit 100 Bildern pro Sekunde und einer Einzelbildbelichtungszeit von 1/4000 s liegt ein Schnellkäfer (Elateride) in einem Bild noch rückenwärts am Boden, befindet sich im Folgebild aber bereits in der Luft; ein weißer, auf seinem Körper aufgebrachter Punkt erscheint auf diesem Folgebild als 7 mm langer Wischer. Welche Beschleunigung (in Einheiten der Erdbeschleunigung) hat der Käfer erfahren?*

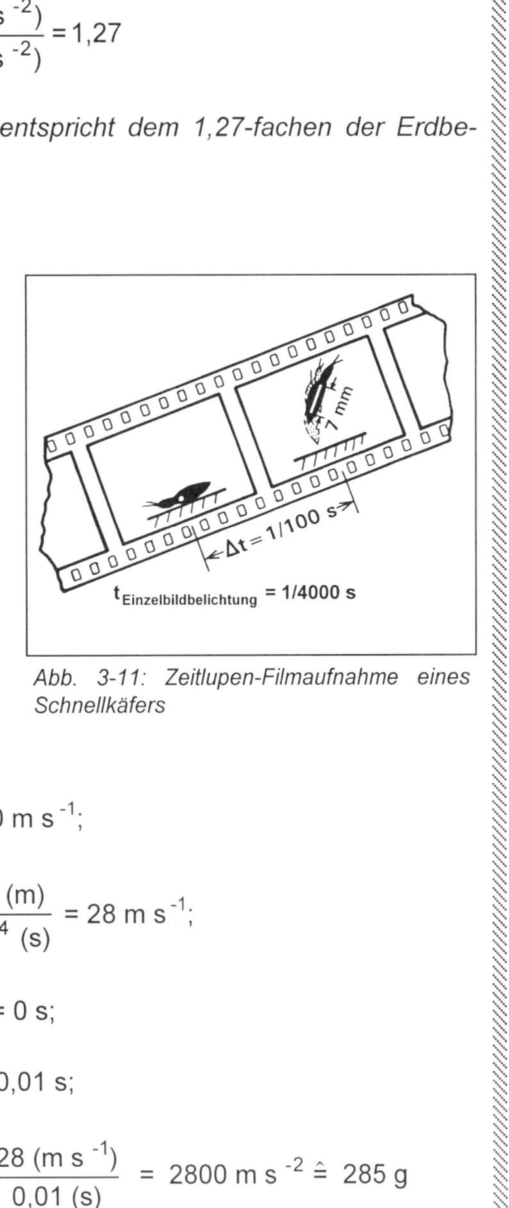

Abb. 3-11: Zeitlupen-Filmaufnahme eines Schnellkäfers

$$v_1 = 0\ \mathrm{m\ s^{-1}};$$

$$v_2 = \frac{7 \cdot 10^{-3}\ (\mathrm{m})}{2{,}5 \cdot 10^{-4}\ (\mathrm{s})} = 28\ \mathrm{m\ s^{-1}};$$

$$t_1 = 0\ \mathrm{s};$$

$$t_2 = 0{,}01\ \mathrm{s};$$

$$a = \frac{28\ (\mathrm{m\ s^{-1}}) - 0\ (\mathrm{m\ s^{-1}})}{0{,}01\ (\mathrm{s}) - 0\ (\mathrm{s})} = \frac{28\ (\mathrm{m\ s^{-1}})}{0{,}01\ (\mathrm{s})} = 2800\ \mathrm{m\ s^{-2}} \hat{=} 285\ g$$

Diese Beschleunigung erscheint riesenhaft. (Ein Düsenjägerpilot kann bereits bei 3 g kurzfristig ohnmächtig werden). Im Tierreich kommen bei **Sprüngen** aber noch höhere Beschleunigungen vor, bis etwa 500 g. Der Abschuß mikroskopisch kleiner Penetranten (Durchschlagskapseln) von Süßwasserpolypen erfolgt sogar mit 40 000 g (!).

T 7
p 159

3.7 Winkelbeschleunigung α

(Dimension: T^{-2}; Einheit: $° \, s^{-1}$ oder $rad \, s^{-1}$)

Die Winkelbeschleunigung α ist eine Drehbewegungs-Kenngröße. Sie ist die erste Ableitung der Winkelgeschwindigkeit ω nach der Zeit t; in der Meßpraxis berechnet sie sich nach

$$\alpha = \frac{\Delta \omega}{\Delta t}$$

Man kann aus der Winkelbeschleunigung α bei gegebenem Drehabstand r die Tangentialbeschleunigung α_{tang} berechnen, wie das folgende Beispiel zeigt.

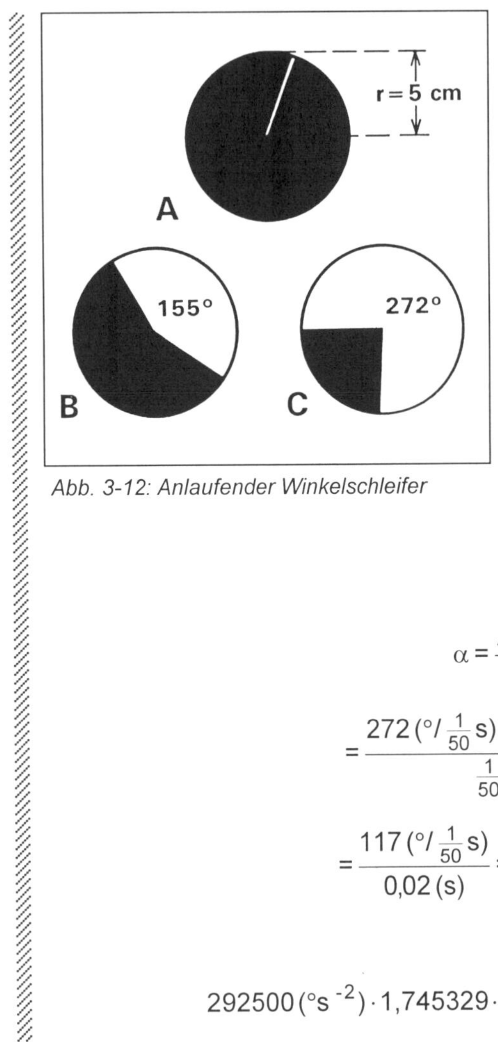

Abb. 3-12: Anlaufender Winkelschleifer

***Beispiel** (Abb. 3-12): Ein anlaufender Winkelschleifer von 5 cm Radius mit schwarz gespritzter Schleifscheibe wird mit der Videokamera (mit 50 Halbbildern pro Sekunde und einer Belichtungszeit von je 1/50 s) aufgenommen. Eine weiße Radialmarke auf der Schleifscheibe (A) beschreibt auf dem ersten bewegten Bild (B) einen hellen Winkelsektor von 155°, auf dem zweiten (C) von 272°. Welches ist die ungefähre Start-Winkelbeschleunigung in $° \, s^{-2}$ und $rad \, s^{-2}$, und welcher Tangentialbeschleunigung a_{tang} (in Einheiten von g) entspricht dies am Rand der Schleifscheibe?*

$$\alpha = \frac{\Delta \omega}{\Delta t} =$$

$$= \frac{272\,(°/\tfrac{1}{50}\,s) - 155\,(°/\tfrac{1}{50}\,s)}{\tfrac{1}{50}\,(s)} =$$

$$= \frac{117\,(°/\tfrac{1}{50}\,s)}{0{,}02\,(s)} = 292500\,(°s^{-2})$$

$$292500\,(°s^{-2}) \cdot 1{,}745329 \cdot 10^{-2}\,(rad/°) = 51505\,rad\,s^{-2}$$

Pro Grad abgewickelter Umfangsanteil:

$$\frac{2 \cdot 0{,}05\,(\mathrm{m}) \cdot \pi}{360^\circ} = 8{,}726646 \cdot 10^{-4}\ \mathrm{m}/^\circ$$

Tangentialbeschleunigung:

$$a_{\mathrm{tangential}} = 8{,}726646 \cdot 10^{-4}\ (\mathrm{m}/^\circ) \cdot 292500\ (^\circ\ \mathrm{s}^{-2}) =$$

$$= 255{,}25\ (\mathrm{m\ s}^{-2}) \approx 26\ \mathrm{g}.$$

3.8 Coriolis-Beschleunigung a_c

(Dimension: LT^{-2}; Einheit: $\mathrm{m\ s}^{-2}$)

Wenn sich ein Körper der Masse m auf einer mit der Winkelgeschwindigkeit ω kreisenden Unterlage mit der Geschwindigkeit v radial bewegt, so tritt eine nach ihrem Entdecker (vergl. 4.4.5) benannte Coriolis-Beschleunigung a_c in Gegenrichtung auf:

$$a_c = 2 \cdot v \cdot \omega$$

***Beispiel** (Abb. 3-13): Welche Coriolis-Beschleunigung a_c erfährt eine mit v = 60 km h^{-1} südwärts senkrecht zum Äquator der Erde fliegende Stockente und wohin ist diese Beschleunigung gerichtet?*

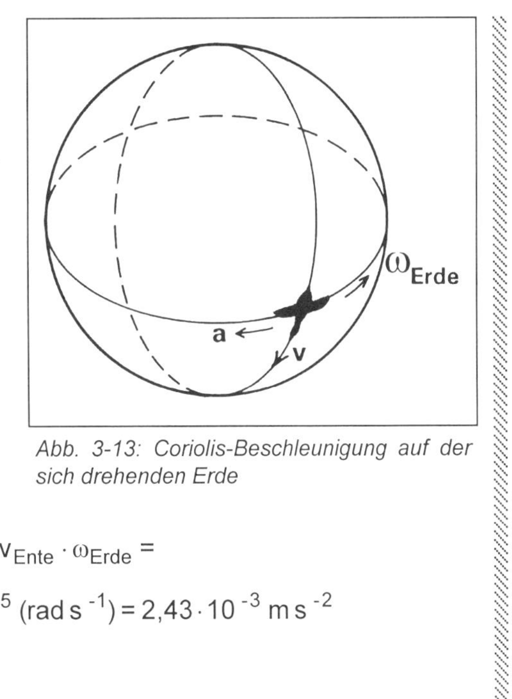

Abb. 3-13: Coriolis-Beschleunigung auf der sich drehenden Erde

$$\omega_{\mathrm{Erde}} = \frac{2\pi}{24\,\mathrm{h}} = 7{,}27 \cdot 10^{-5}\ (\mathrm{rad\ s}^{-1})$$

$$v_{\mathrm{Ente}} = 60\ \mathrm{km\,h}^{-1} = 16{,}7\ \mathrm{m\,s}^{-1}$$

$$a_{c\,\mathrm{Ente}} = 2 \cdot v_{\mathrm{Ente}} \cdot \omega_{\mathrm{Erde}} =$$

$$= 2 \cdot 16{,}7\,(\mathrm{m\,s}^{-1}) \cdot 7{,}27 \cdot 10^{-5}\ (\mathrm{rad\,s}^{-1}) = 2{,}43 \cdot 10^{-3}\ \mathrm{m\,s}^{-2}$$

Beschleunigungsrichtung: westwärts

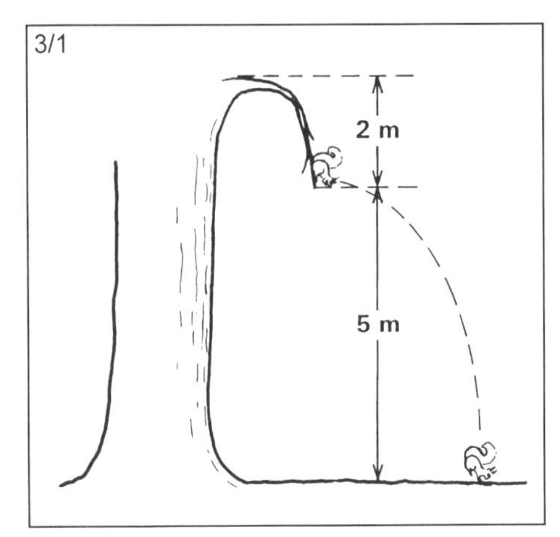

Übungsaufgaben:

Ü 3/1: Ein Eichhörnchen (*Sciurus vulgaris*) schwingt an einem 2 m langen herabhängenden Ast und läßt sich dann aus einer Höhe von 5 m schräg zu Boden fallen. Mit welcher Frequenz schwingt es und nach welcher Zeit berührt es den Boden (Luftwiderstand vernachlässigt)?

T 17C
p 320

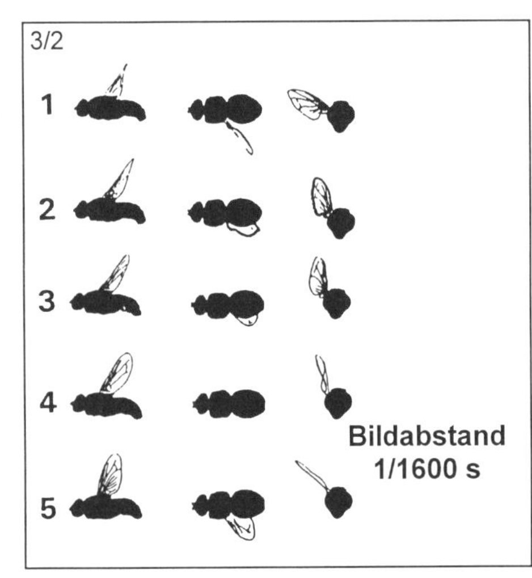

Ü 3/2: Nach Nachtigall (1966) rotiert eine Glanzfliege (Phormia regina) am **oberen Umkehrpunkt** ihre Flügel sehr rasch supinatorisch in etwa um die Längsachse. Aus der Zeitlupen-Filmaufnahme mit 1600 Bildern pro Sekunde kann man abschätzen, daß die Schlagbewegung einen Moment nahezu stoppt (Teilbilder 2→3), während der Flügel in der Folge (Teilbilder 3→5) rasch rotiert wird. Welche Winkelgeschwindigkeit ω und welche Winkelbeschleunigung α kann man für diese letztere Rotation abschätzen?

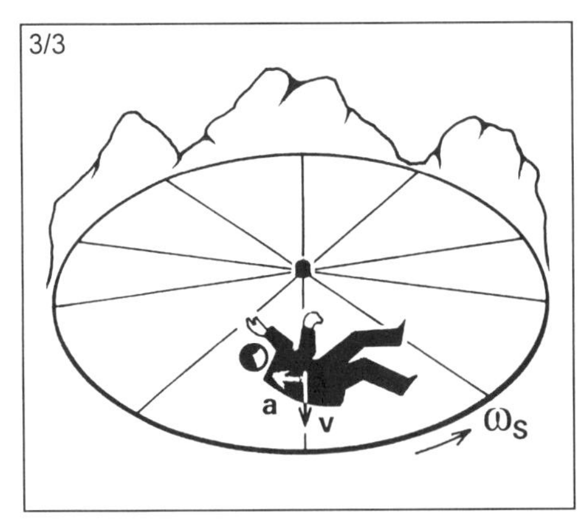

Ü 3/3: Welche Coriolis-Beschleunigung erfährt eine mit v = 1,5 m s^{-1} auf einer mit 360°/5 s oder 72° s^{-1} rotierenden Jahrmarktsscheibe tangential wegrutschende Person?

4 Masse und Kraft

4.1 Masse m

(Dimension: M; Einheit: kg)

Die Masse m ist eine Grundeigenschaft eines jeden Körpers, weil dieser sich aus massenbehafteten Elementarteilchen zusammensetzt. Sie ist eine der drei Grundgrößen der Mechanik.

Einige typische Tiermassen sind in Abb. 4-1 zusammengestellt.

Zwerggrundel	Sommergoldhähnchen	Haustaube	Komodowaran	Grizzly	Blauwal
0,2 g	4 g	330 g	165 kg	1,2 t	136 t

Abb. 4-1: Beispiele für Massen von Wirbeltieren (Bemerkung: Die Zwerggrundel, *Pandaka pygmea*, ist nach Flindt (1986) mit 11 mm Länge der kleinste Fisch und das kleinste Wirbeltier)

4.2 Dichte oder spezifische Masse ρ

(Dimension: $M\,L^{-3}$; Einheit: $kg\,m^{-3}$)

Die Dichte ρ ist definiert als der Quotient aus Masse m und Volumen V.

$$\rho = \frac{m}{V}$$

Einige typische Beispiele für die Dichte von Organen des Menschen sind in Abb. 4-2 dargestellt (Einheit: $g\,cm^{-3}$).

Fettgewebe	Nerven	Muskeln	Knochen	Körper gesamt
0,928	1,035	1,058	1,936	1,043

Abb. 4-2: Dichte von Organen (Beispiel Mensch)

4.3 Kraft F

(Dimension: MLT^{-2}, Einheit: $kg\,m\,s^{-2} = N$)

Die Kraft $$F = m \cdot a$$

ist als Produkt aus Masse m und Beschleunigung a eine von der Masse, der Länge und der Zeit abgeleitete Größe.

Kräfte werden vektorielle als Pfeilsymbole dargestellt. Über Grundprinzipien der Vektordarstellung informiert die Abbildung 4-3.

Skalare und Vektoren

Skalare sind ungerichtete Größen. Sie sind durch das Kennzeichen „Größe" eindeutig zu beschreiben. Zu den Skalaren gehören zum Beispiel die Größen Masse und Arbeit.

Vektoren sind gerichtete Größen, die durch die drei Kennzeichen „Angriffspunkt", „Richtung" und „Größe" eindeutig zu beschreiben sind. Zeichnerisch wird ein Vektor durch ein Pfeilsymbol dargestellt. Sein Beginn fällt mit dem Angriffspunkt zusammen (wobei der Beginn eines ersten Vektors in einem Vektordiagramm gerne in den Ursprung eines Koordinatensystems gelegt wird). Seine Richtung kann im Bezug auf ein Koordinatensystem gesetzt werden (wobei etwa ein Winkel zu einer Bezugsachse gewählt werden kann). Seine Länge ist der Größe proportional (wobei eine Maßstabsangabe nötig ist).

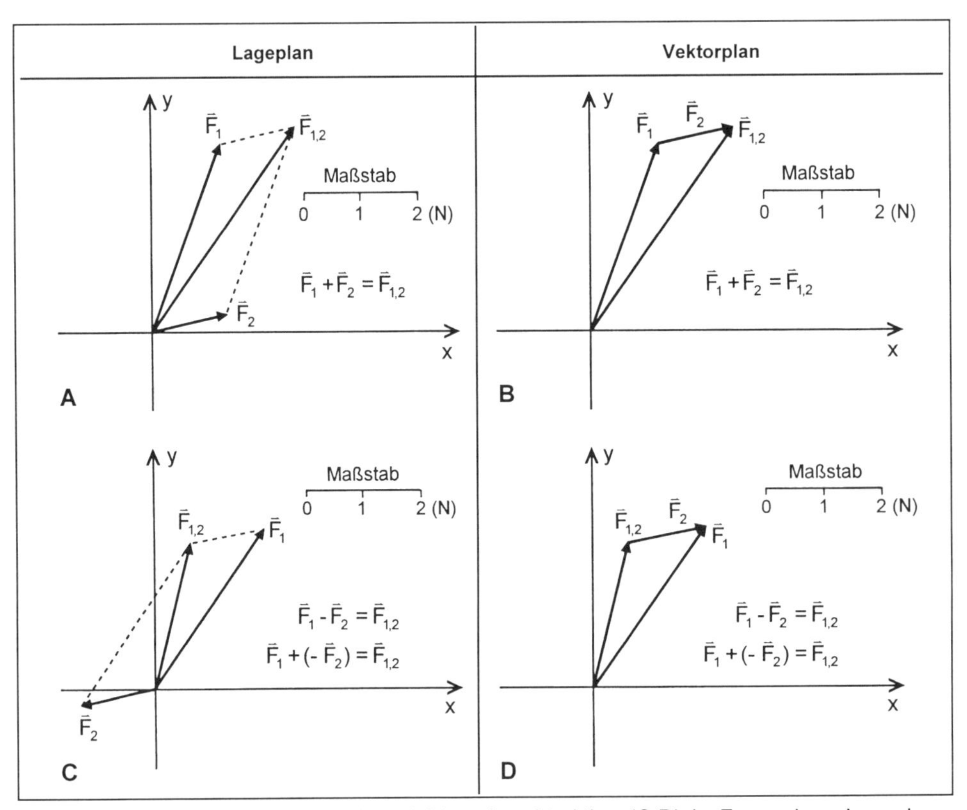

Abb. 4-3: Graphische Vektoraddition (A,B) und -subtraktion (C,D) in Form eines Lageplans (A,C) und eines Vektorplans (B,D)

Vektoren können durch ein übergezeichnetes Pfeilsymbol als solche gekennzeichnet werden (z.B. Kraftvektor $\vec{F}$), in der Praxis wird allerdings meist darauf verzichtet.

T 18
p 367
In dieser einführenden Darstellung werden lediglich **zeichnerische Vektoradditionen** - für die Zusammensetzung von Kraftkomponenten - benutzt. Man

kann sie in Form eines Lageplans oder eines Vektorplans durchführen, wie die Abbildung 4-3 verdeutlicht, die wohl selbsterklärend ist.

Je nach der Art der Beschleunigung lassen sich Kräfte unterschiedlicher Art formulieren.

Es gibt auch sogenannte „Scheinkräfte“, die keine physikalische Ursache haben, und die nur in mitbewegten, beschleunigten Bezugssystemen auftreten. Sie sind somit wohl für einen mitbewegten Beobachter, nicht aber für einen außerhalb des Bewegungssystems ruhenden Beobachter wahrnehmbar. Es sind dies die Trägheitskraft (im linear beschleunigten Bewegungssystem) und die Fliehkraft sowie Corioliskraft (im rotierenden Bewegungssystem). Zu Näherem vergl. Lb. der Physik.

4.3.1 Gewichtskraft F_g

Die Gewichtskraft $F_g = m\,g$, die ein Körper auf der Erde in Richtung auf den Erdmittelpunkt hin erfährt, ist das Produkt aus seiner Masse m und der Fallbeschleunigung g der Erde („Erdbeschleunigung“). Auf 5 Kommastellen angegeben, ergibt sich ein mittlerer Wert für die Erdbeschleunigung von

$$g = 9{,}80665 \text{ m s}^{-2} \text{ für } 45° \text{ n.Br und Meereshöhe.}$$

Üblicherweise wird mit $g = 9{,}81 \text{ m s}^{-2}$ gerechnet. (Dabei entsteht ein Fehler von 0,034 %; für sehr genaue Rechnungen ist die Abhängigkeit der Erdbeschleunigung von der geographischen Breite und der Meereshöhe zu berücksichtigen; s. das folgende Beispiel). Ist für Überschlagsrechnungen ein Fehler von 2 % zulässig, so kann man auch mit $g = 10 \text{ m s}^{-2}$ rechnen.

Beispiel: *Ein Mensch von m = 70 kg Körpermasse hat auf der Erdoberfläche ein Gewicht (eine Gewichtskraft) von etwa*

$$F_g = m \cdot g = 70 \text{ (kg)} \cdot 9{,}81 \text{ (m s}^{-2}\text{)} = 686{,}7 \text{ N.}$$

Spielt die Abnahme der Erdbeschleunigung mit zunehmendem Abstand von der Erdoberfläche eine wesentliche Rolle im biologischen Bereich? Dazu das folgende Beispiel.

Beispiel (Abb. 4-4): Was wiegt eine Andengans (Chloephaga melanoptera) von m = 3,0 kg Körpermasse auf Meereshöhe und auf 3.500 m Höhe über dem Meer bei 20° s.Br.?

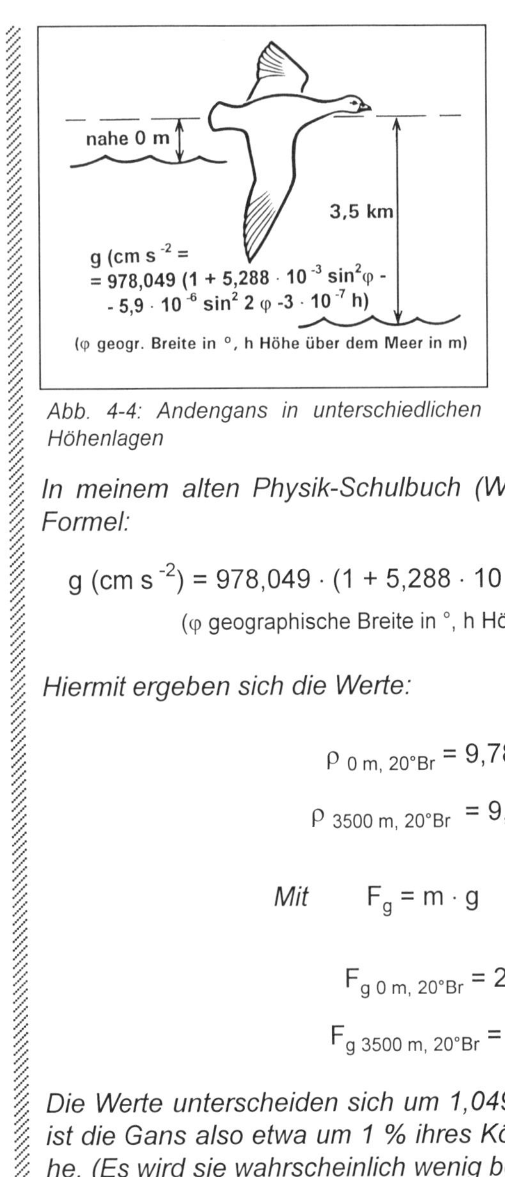

Abb. 4-4: Andengans in unterschiedlichen Höhenlagen

In meinem alten Physik-Schulbuch (Westphal 1948) findet sich die folgende Formel:

$$g\,(\text{cm s}^{-2}) = 978{,}049 \cdot (1 + 5{,}288 \cdot 10^{-3} \sin^2 \varphi - 5{,}9 \cdot 10^{-6} \sin^2 2 - 3 \cdot 10^{-7}\, h)$$

(φ geographische Breite in °, h Höhe über dem Meeresspiegel in m)

Hiermit ergeben sich die Werte:

$$\rho_{0\,\text{m},\,20°\text{Br}} = 9{,}786516278 \text{ m s}^{-2}$$

$$\rho_{3500\,\text{m},\,20°\text{Br}} = 9{,}776246764 \text{ m s}^{-2}$$

Mit $F_g = m \cdot g$ *ergibt sich* F_g.

$$F_{g\,0\,\text{m},\,20°\text{Br}} = 29{,}35954883 \text{ N}$$

$$F_{g\,3500\,\text{m},\,20°\text{Br}} = 29{,}32874029 \text{ N}$$

Die Werte unterscheiden sich um 1,0493533 %. In 2,5 km Höhe bei 20° Breite ist die Gans also etwa um 1 % ihres Körpergewichts leichter als auf Meereshöhe. (Es wird sie wahrscheinlich wenig bekümmern.)

4.3.2 Trägheitskraft F_t

Ein Körper, der seinen Bewegungszustand ändert, erfährt nach Newton aufgrund seiner Masse m eine Kraft F. Die Änderung des Bewegungszustands ist nur durch das Wirken einer Beschleunigung a möglich. Wirkt die Beschleunigung a auf einen Körper, der sich im Zustand der Ruhe oder der gleichförmigen geradlinigen Bewegung befindet, so erfährt dieser die Trägheitskraft

$$F_t = - m \cdot a.$$

Die Trägheitskraft ist der wirkenden Beschleunigung stets entgegengesetzt gerichtet. In der Praxis läßt man die Richtungsbezeichnung gerne weg; es interessiert im wesentlichen der Absolutwert der Trägheitskraft (s. das nächste Beispiel).

Beispiel: *Bei einem Aufprall mit einer Bremsverzögerung von 100 m s^{-2} entwickelt ein Autofahrer von 65 kg Körpermasse (Gewicht 588,6 N) eine Trägheitskraft von etwa*

$$F_t = 65\ (\text{kg}) \cdot 100\ (\text{m s}^{-2}) = 6500\ \text{N}.$$

Diese entspricht dem 11-fachen seines Körpergewichts, eine Kraft die der Sicherheitsgurt aushalten muß.

Beispiel *(Abb. 4-5): Eine Wanderheuschrecke (Locusta migratoria) von 0,9 g Körpermasse entwickelt bei* ***Startsprung*** *eine Beschleunigung von 30 g. Mit welcher Kraft katapultiert sie sich hoch; welchen Vielfachen des Körpergewichts entspricht diese Kraft, und in welche Richtung wirkt sie?*

$$F_t = m \cdot a =$$

$$= 0{,}9 \cdot 10^{-3}\ (\text{kg}) \cdot 30 \cdot 9{,}81\ (\text{m s}^{-2}) =$$

$$= 2{,}65 \cdot 10^{-1}\ \text{kg m s}^{-2} = 0{,}265\ \text{N}.$$

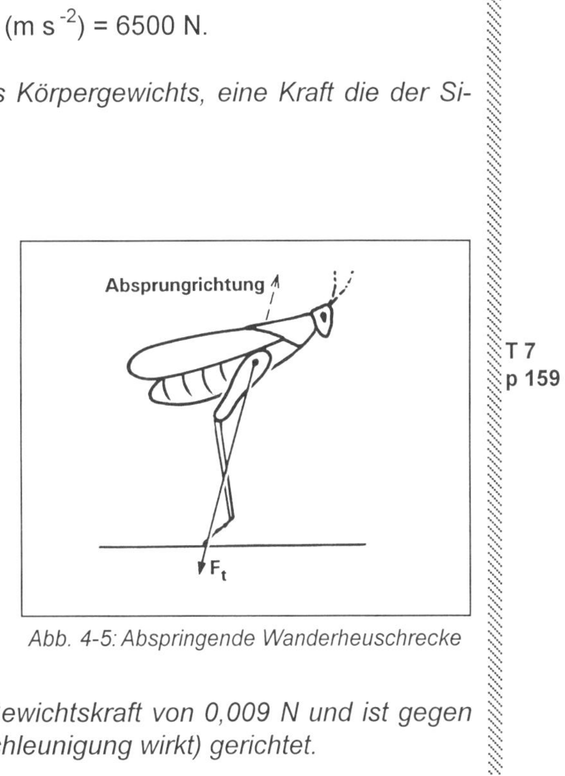

Abb. 4-5: Abspringende Wanderheuschrecke

Diese Kraft entspricht der 30-fachen Gewichtskraft von 0,009 N und ist gegen die Sprungrichtung (in die die Startbeschleunigung wirkt) gerichtet.

T 7
p 159

4.3.3 Radialkraft F_{rad} und Fliehkraft F_f

Die Radialkraft oder Zentripetalkraft F_{rad} zwingt einen Körper auf eine krummlinige Bahn, bei Drehbewegungen auf eine Kreisbahn.

Sie ist gleich dem Produkt aus seiner Masse m und der Radialbeschleunigung a_r.

$$F_{rad} = m \cdot a_r$$

$$a_r = \frac{v^2}{r} = \omega^2 \cdot r$$

(v Tangentialgeschwindigkeit, r Kurvenradius bei krummlinigen Bewegungen bzw. Drehradius bei Drehbewegungen, ω Winkelgeschwindigkeit)

Damit ergibt sich:

$$F_{rad}\,(\mathrm{N}) = m\,(\mathrm{kg}) \cdot (v\,(\mathrm{m\,s^{-1}}))^2 \cdot (r\,(\mathrm{m}))^{-1} =$$

$$= m\,(\mathrm{kg}) \cdot \omega^2\,(\mathrm{s^{-1}})^2 \cdot r\,(\mathrm{m})$$

Die Radialkraft ist zum Krümmungsmittelpunkt des betrachteten Kurvenabschnitts (dem momentanen Drehzentrum) bzw. zur Drehachse (bei Drehbewegungen) hin gerichtet.

Die Fliehkraft oder Zentrifugalkraft

$$F_f = m \cdot v^2 \cdot r^{-1} = m \cdot \omega^2 \cdot r$$

ist eine Trägheitskraft. Sie ist vom Krümmungsmittelpunkt des betrachteten Kurvenabschnitts bzw. der Drehachse weg, radial nach außen gerichtet. Je nach der Wahl des Bezugssystems (s. Beispiele) wird man also F_{rad} oder F_f ansetzten bzw. erhalten. Die beiden Kräfte sind zwar stets entgegengesetzt gleich groß, doch ist F_f nicht die Gegenkraft für F_{rad} (vergl. Lb. der Mechanik).

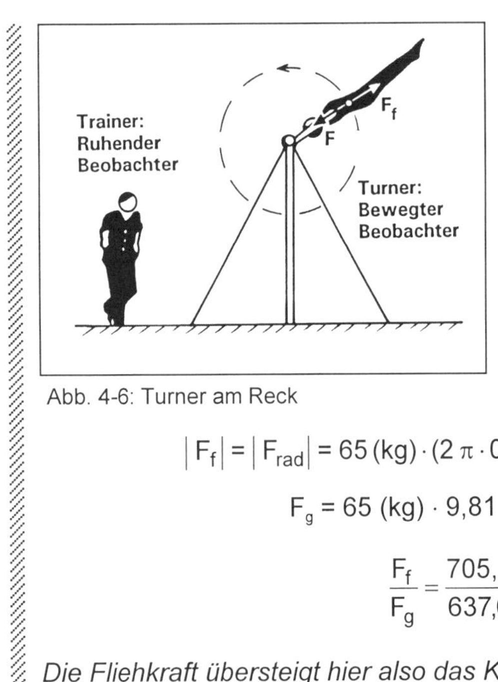

Abb. 4-6: Turner am Reck

***Beispiel** (Abb. 4-6)**:** Der Schwerpunkt eines Turners der Masse m = 65 kg, der am Reck eine Riesenfelge ausführt, liege 1,1 m vom Drehpunkt an der Reckstange entfernt. Welche Fliehkraft F_f (bzw. entgegengesetzt gleiche Radialkraft F_{rad}) wirkt, wenn sich der Turner mit 0,5 Umdrehungen pro Sekunde dreht und wie groß ist diese, bezogen auf das Körpergewicht F_g?*

$$|F_f| = |F_{rad}| = 65\,(\mathrm{kg}) \cdot (2\,\pi \cdot 0{,}5\,(\mathrm{s^{-1}}))^2 \cdot 1{,}1\,(\mathrm{m}) = 705{,}68\,\mathrm{N}$$

$$F_g = 65\,(\mathrm{kg}) \cdot 9{,}81\,(\mathrm{m\,s^{-1}}) = 637{,}65\,\mathrm{N};$$

$$\frac{F_f}{F_g} = \frac{705{,}68\,\mathrm{N}}{637{,}65\,\mathrm{N}} = 1{,}1$$

Die Fliehkraft übersteigt hier also das Körpergewicht etwas.

Beispiel: *Ein Auto von m = 1 t Gesamtmasse, das mit v = 100 km h^{-1} eine Kurve in Gestalt eines Kreissegments vom Radius r = 50 m durchfährt, erfährt eine Fliehkraft*

$$F_f = 1000\ (kg) \cdot (100\ (km\ h^{-1}) \cdot 1000\ (\ m\ km^{-1}) \cdot 3600\ (s\ h^{-1}))^2 \cdot (100\ (m))^{-1} =$$

$$= 7716\ N = 7{,}72\ kN.$$

Diese dürfte die tangential gerichtete Reibung zwischen Reifen und Straße bereits überschreiten, so daß das Auto wohl aus der Kurve getragen wird.

4.3.4 Corioliskraft F_c

Die nach ihrem Entdecker G.G. Coriolis (1792-1843) benannte Kraft

$$F_c = m \cdot a_c = m \cdot (2 \cdot v \cdot \omega)$$

tritt beispielsweise auf, wenn sich ein Körper auf einer mit der Winkelgeschwindigkeit ω kreisenden Unterlage mit der Geschwindigkeit v zur Drehachse hin (nach innen) oder von der Drehachse weg (nach außen) bewegt. (Allgemein: Eine Corioliskraft tritt auf, wenn die Richtung der Vektoren von v und ω nicht parallel verlaufen). Das Produkt

$$a_c = 2 \cdot v\ (m\ s^{-1}) \cdot \omega\ (s^{-1})$$

heißt Coriolisbeschleunigung a_c (s. Abschnitt 3.8). Die Corioliskraft ist hilfreich beispielsweise zur Erklärung des Foucault'schen Pendels und der Ablenkung Nord-Süd-gerichteter Ausgleichswinde (Passatwinde) auf der Erde. Auch Zugvögel, die eine Nord-Süd-Richtung fliegen, sind Corioliskräften unterworfen. Die Corioliskraft und die Coriolisbeschleunigung stehen stets senkrecht zur Richtung sowohl der Drehachse als auch der Geschwindigkeit v.

Beispiel: *Ein Mensch rotiert auf einem Drehschemel im Uhrzeigersinn und streckt aus der Rotation die Hände aus. Die Coriolis-Kraft wird den Experimentator dann in Bezug auf den Stuhl, von oben gesehen, gegen den Uhrzeigersinn verdrehen - man versuche es!*

Dieses Beispiel läßt sich nicht quantifizieren, wenngleich Corioliskräfte bei schnellen Bewegungen auch im biologischen Bereich ständig auftreten. Das folgende Beispiel ist technisch relevant.

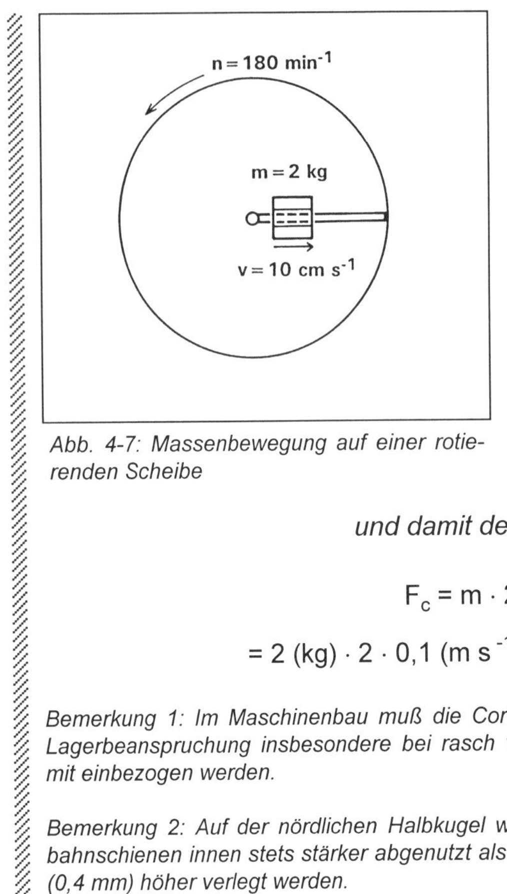

Abb. 4-7: Massenbewegung auf einer rotierenden Scheibe

Beispiel *(Abb. 4-7): Ein Gleitstück G der Masse m = 2 kg, das auf einer Stange, die radial auf einer mit n = 180 min $^{-1}$ rotierenden Scheibe S angebracht ist und mit der Geschwindigkeit v = 10 cm s $^{-1}$ nach außen bewegt wird, unterliegt der Winkelgeschwindigkeit*

$$\omega = 2 \cdot \pi \cdot f =$$

$$= 2 \cdot \pi \cdot \frac{180}{60} \, (s^{-1}) = 6 \cdot \pi \, (s^{-1})$$

und damit der Corioliskraft

$$F_c = m \cdot 2 \cdot v \cdot \omega =$$

$$= 2 \, (kg) \cdot 2 \cdot 0{,}1 \, (m \, s^{-1}) \cdot 6 \, \pi \, (s^{-1}) = 7{,}54 \, (N).$$

Bemerkung 1: Im Maschinenbau muß die Corioliskraft bei der Auslegung der Führungs- und Lagerbeanspruchung insbesondere bei rasch verschobenen und rotierenden Maschinenteilen mit einbezogen werden.

Bemerkung 2: Auf der nördlichen Halbkugel werden die - polwärts gerichtet - rechten Eisenbahnschienen innen stets stärker abgenutzt als die linken. Sie müssen deshalb um ein weniges (0,4 mm) höher verlegt werden.

4.3.5 Reibungskraft oder Reibung F_r

4.3.5.1 Haft- und Gleitreibung

Auch die Reibung F_r ist eine Kraft. Sie entsteht, wenn ein Körper gegen einen anderen verschoben wird. Sie ist gleich der senkrecht auf die Berührungsfläche wirkenden Kraft (Normalkraft F_N), multipliziert mit einem dimensionslosen Reibungskoeffizienten μ. Sie ist, wie schon Leonardo da Vinci gezeigt hat, unabhängig von der Größe der Berührungsfläche und von der Bewegungsgeschwindigkeit.

$$F_r = F_N \cdot \mu$$

Bei horizontaler Berührungsfläche ist F_N gleich F_g und damit:

$$F_r = F_g \cdot \mu$$

Man unterscheidet Haftreibung (Haftreibungskoeffizient μ_0), wenn ein Körper erst in Gleitbewegung gesetzt wird, und Gleitreibung (Gleitreibungskoeffizient μ), wenn ein Körper bereits im Zustand des Gleitens ist. Die entsprechenden Reibungskräfte sind

$$F_r = F_N \cdot \mu_0 \quad \text{und} \quad F_r = F_N \cdot \mu.$$

Im allgemeinen gilt:

$$\mu < \mu_0$$

Bei Tieren sind **Reibungskräfte** insbesondere wichtig für das Sitzen auf abschüssigen Strecken und das Laufen auf schwach strukturiertem („rutschigem") Untergrund und anderen Fortbewegungen.

T 18
p 367

Mangels bekannter Reibungskoeffizienten im biologischen Bereich, werden die Zusammenhänge an technischen Beispielen erläutert.

***Beispiel** (Abb. 4-8): Ein Arbeiter setzt einen Stahlblock des Gewichts 10^3N auf einen Stahlboden ($\mu_{0\ Stahl\ auf\ Stahl}$ = 0,15; $\mu_{Stahl\ auf\ Stahl}$ = 0,09) in Bewegung und zieht ihn dann weiter. Welche Zugkraft muß er beim In-Bewegung-Setzen und beim Weiterziehen in Bewegungsrichtung des Stahlblocks aufbringen? Auf welchen Prozentsatz würde sich die Gleitreibung mindestens verringern, wenn die Berührungsfläche gut eingeölt worden wäre ($\mu_{Stahl/Öl/Stahl}$ < 0,01)?*

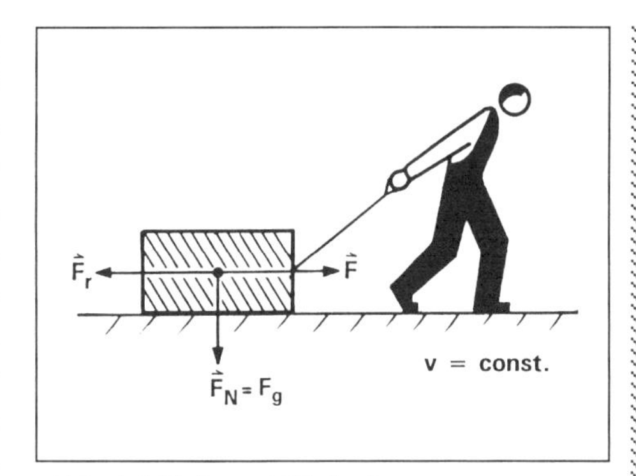

Abb. 4-8 Haft- und Gleitreibung

Er muß in Bewegungsrichtung des Stahlblocks beim In-Bewegung-Setzen eine Zugkraft von

$$|\vec{F}| = |\vec{F}_r| = F_N \cdot \mu_0 = 10^3\ (N) \cdot 0{,}15 = 150\ N$$

aufwenden, beim Weiterziehen dann nur noch

$$|\vec{F}| = |\vec{F}_r| = F_N \cdot \mu = 10^3\ (N) \cdot 0{,}09 = 90\ N.$$

Nach dem Einölen vermindert sich die Zugkraft auf höchstens

$$|\vec{F}| = |\vec{F}_r| = 10^3\ (N) \cdot 0{,}01 = 10\ N.$$

In Gelenken der Wirbeltiere, beispielsweise unserem Hüftgelenk, sind die Belastungen oft groß und die Berührungsflächen relativ klein. Es resultieren relativ hohe Drücke (vergl. Abschnitt 7.1), die eine gute Gelenkschmierung erfordern. Dafür sorgen Gelenkflüssigkeiten im Zusammenwirken mit „saugfähigen" Knorpelbelägen. Die Reibung kann dadurch weit geringer sein als in analogen technischen Gelenken mit technischen Schmierstoffen. Absolutwerte enthält die Übungsaufgabe Ü 4/4. Die Zusammenhänge können hier nicht näher erläutert werden.

4.3.5.2 Anmerkung zur Rollreibung

Rollreibung spielt nur im technischen Bereich eine Rolle; sie wird hier der Vollständigkeit halber angeführt.

Rollreibung entsteht, wenn ein runder Körper vom Radius r auf einer Unterlage abrollt:

$$F_r = F_N \cdot \mu_r \cdot r^{-1}$$

(μ_r Rollreibungskoeffizient)

Bemerkung: Da in der Definitionsgleichung für die Rollreibung eine Länge im Nenner steht, ist μ_r (im Gegensatz zu μ_0 und μ) ein dimensionsbehafteter Koeffizient; er besitzt die Dimension L.

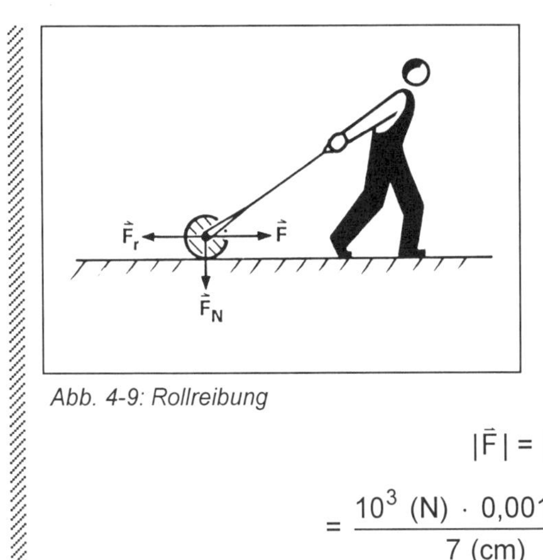

Abb. 4-9: Rollreibung

***Beispiel** (Abb. 4-9): Ein Arbeiter zieht einen Stahlzylinder von 7 cm Radius und vom Gewicht 10^3 N auf einem Stahlboden ($\mu_{r\ Stahl\ auf\ Stahl}$ = 0,001 cm). Welche Kraft F muß er in Bewegungsrichtung aufbringen?*

Er muß in Bewegungsrichtung der Rolle die folgende Kraft aufbringen:

$$|\vec{F}| = |\vec{F}_r| =$$

$$= \frac{10^3\ (N) \cdot 0{,}001\ (cm)}{7\ (cm)} = 0{,}14\ N$$

Bemerkung: Rollreibungen spielen bei Achslagern (Kugellager, Nadellager) eine große Rolle. Diese Reibungskräfte können durch geeignete Materialien und Formgebungen besonders gering gehalten werden. Analoge biologische Gelenke (z. B. Kugelgelenk) sind unter dem Gesichtspunkt der Rollreibung bisher kaum betrachtet worden.

4.3.6 Widerstandskraft oder Widerstand F_W

Schließlich entspricht auch der umgangssprachliche Begriffe „Widerstand" eine Kraft, F_W. Sie berechnet sich nach der Druckdefinition (vergl. Abschnitt 7.1) „Druck = Kraft pro Fläche" als Produkt aus Druck p und Bezugsfläche A:

$$F_W = p \cdot A$$

Die Kraft, die sich beispielsweise beim Eindrücken einer gekochten Kartoffel dem drückenden Daumen entgegensetzt, ist ein solcher Widerstand.

In der Biomechanik ist der Strömungswiderstand besonders bedeutsam:

$$F_W\,(N) = q\,(N\,m^{-2}) \cdot A\,(m^2)$$

Der strömungsmechanische Druck heißt hier Staudruck

$$q = \frac{1}{2}\,\rho \cdot v^2$$

(ρ Dichte, v Ausströmgeschwindigkeit).

Wie man durch Einheiten-Einsetzen leicht zeigen kann, hat q die Dimension eines Drucks, Einheit $N\,m^{-2}$).

Auf den Strömungswiderstand wird in Abschnitt 10.2.2 ausführlich eingegangen.

4.4 Wichte oder spezifisches Gewicht γ

(Dimension $ML^{-2}\,T^{-2}$; Einheit: $kg\,m^{-2}\,s^{-2} = N\,m^{-3}$)

Die Wichte ist als Quotient von Gewicht F_g und Volumen V eine von der Masse, der Länge und der Zeit abgeleitete Größe.

$$\gamma = \frac{F_g}{V}$$

Sie entspricht dem Produkt aus Dichte ρ und Erdbeschleunigung g:

$$\gamma = \frac{m \cdot g}{V} = \rho \cdot g$$

Beispiel: *Welche Wichte (in mN cm^{-3}) besitzt eine Biene der Körpermasse 100 mg, wenn ihr Körpervolumen 0,3 ml aufweist?*

$$\frac{F_g}{V} = \frac{m_b \cdot g}{V} =$$

$$= \frac{100\,(\text{mg}) \cdot 9{,}81(\text{m s}^{-2})}{0{,}3\,(\text{cm}^3)} =$$

$$= \frac{100 \cdot 10^{-3}(\text{g}) \cdot 9{,}81(\text{m s}^{-2})}{0{,}3\,(\text{cm}^3)} =$$

$$= \frac{9{,}81 \cdot 10^{-1}\,(\text{mN})}{0{,}3\,(\text{cm}^3)} = 3{,}27\,\text{mN cm}^{-3} = 3270\,\text{N m}^{-3}$$

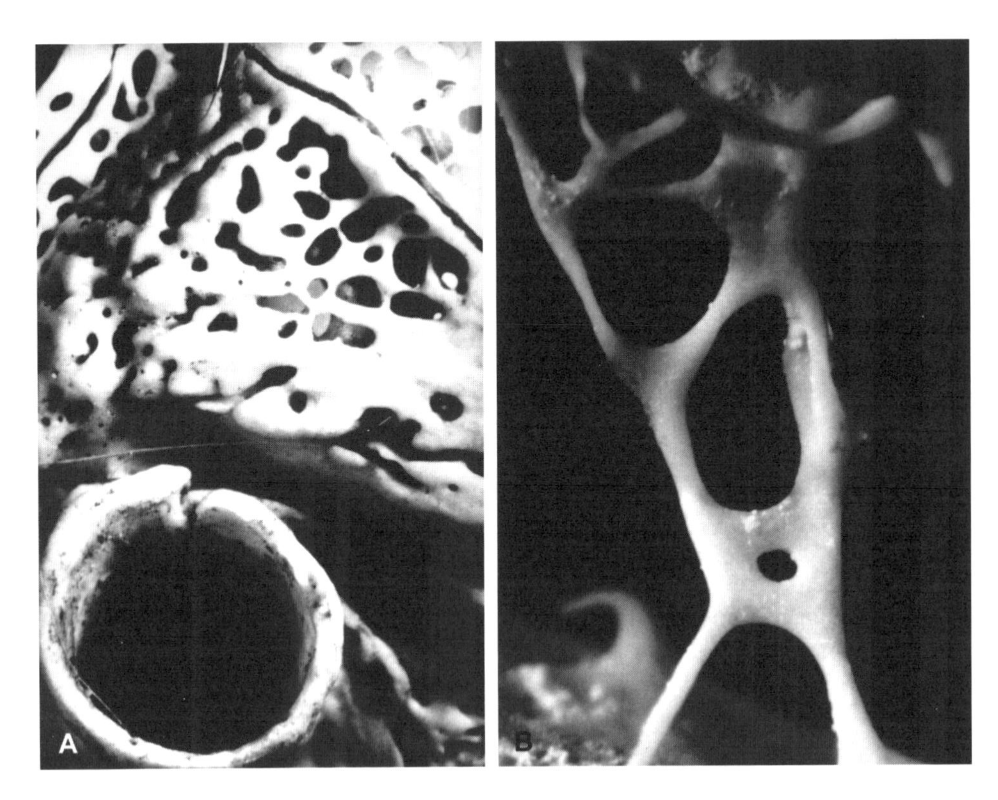

Bildtafel 3: **Knochenleichtbau.** A Ausschnitt aus dem leicht gebauten, perforierten Schädeldach eines jungen Feldhasen, *Lepus europaeus*. Kreis: Knochenspange, die das Trommelfell trug. B Einzelne Spongiosa-Bälkchen aus einem Fisch-Knochen. Man beachte die Kerbenausformungen, die sicher zur Reduktion hoher Kerbspannungs-Spitzen beitragen, ähnlich wie die Ausformung einer „Baumzwiesel" (vergl. Bildtafel 8 B und die zugehörige erweiterte Legende p. 391. Foto: Nachtigall)

Übungsaufgaben:

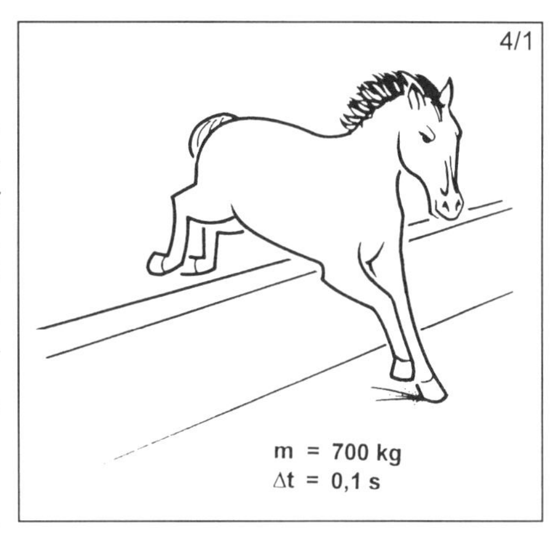

Ü 4/1: Ein Pferd der Körpermasse m_b = = 700 kg kommt nach dem Sprung über eine Hürde mit dem linken Vorderhuf zuerst auf und bremst damit seine Aufkomm-Geschwindigkeit von $v_2 = 7\ m\ s^{-1}$ auf $v_1 = 5\ m\ s^{-1}$ ab, bevor durch Aufsetzen des rechten Vorderlaufs stärker gebremst wird. Welche Trägheitskraft F_t wirkt dabei auf das linke Vorderbein?

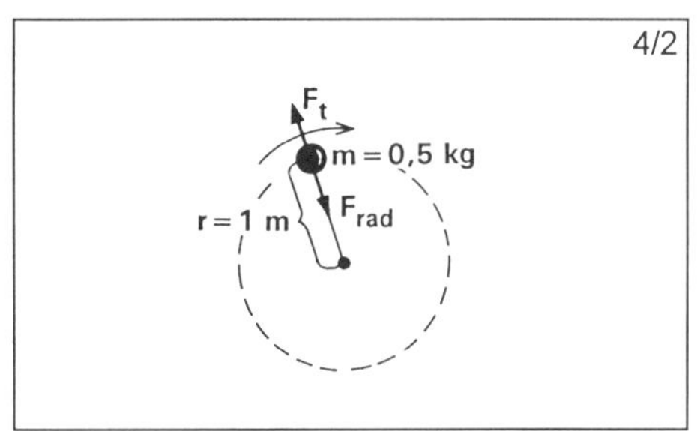

Ü 4/2: Welche Fliehkraft F_f bzw. entgegengesetzte gleiche Radialkraft F_{rad} erfährt eine Kugel der Masse m = 0,5 kg, die an einer Schnur auf einer Kreisbahn von 1 m Radius mit 1 Umdrehung pro Sekunde geschleudert wird?

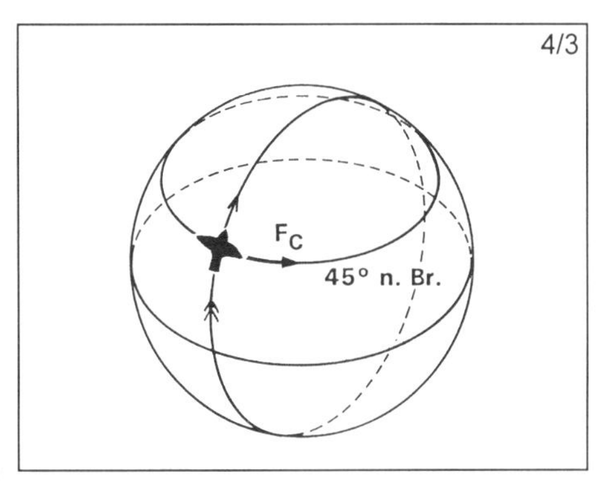

Ü 4/3: Eine Gartengrasmücke (Sylvia borin) der Körpermasse m = 20 g fliegt mit einer Geschwindigkeit von 50 km h^{-2} von Süden nach Norden. Welcher Corioliskraft F_c (in N und in % des Körpergewichts) unterliegt sie auf 45° n. Br., und in welche Richtung wirkt diese Kraft?

Wie groß ist die Coriolisbeschleunigung (in m s^{-2} und in Prozent der Erdbeschleunigung), und in welche Richtung wirkt sie?

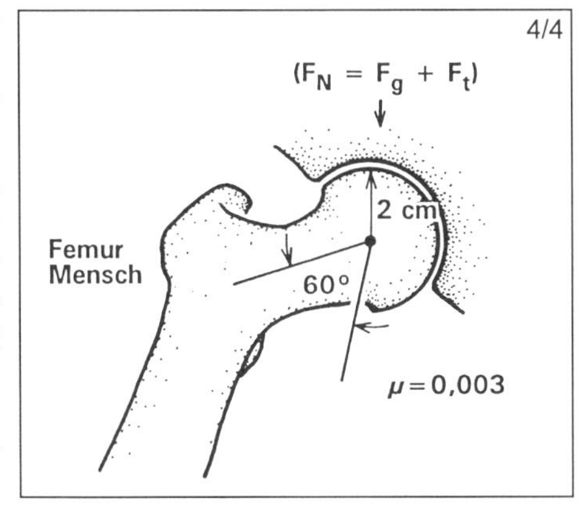

Ü 4/4: Gleitreibungskoeffizienten μ knorpelüberzogener Wirbeltiergelenke liegen typischerweise um 0,003. Wenn ein Mensch von 70 kg Körpermasse eine Treppenstufe steigt, verkippt sich der Femurkopf im Acetabulum um etwa 60°. Die Belastung beträgt, da zusätzlich zur Gewichtskraft F_g noch Trägheitskräfte auftreten, etwa 1,6 F_g. Wie groß ist in etwa die Gleitreibungskraft im Gelenk?

Was schließen Sie aus der Größe dieser Kraft?

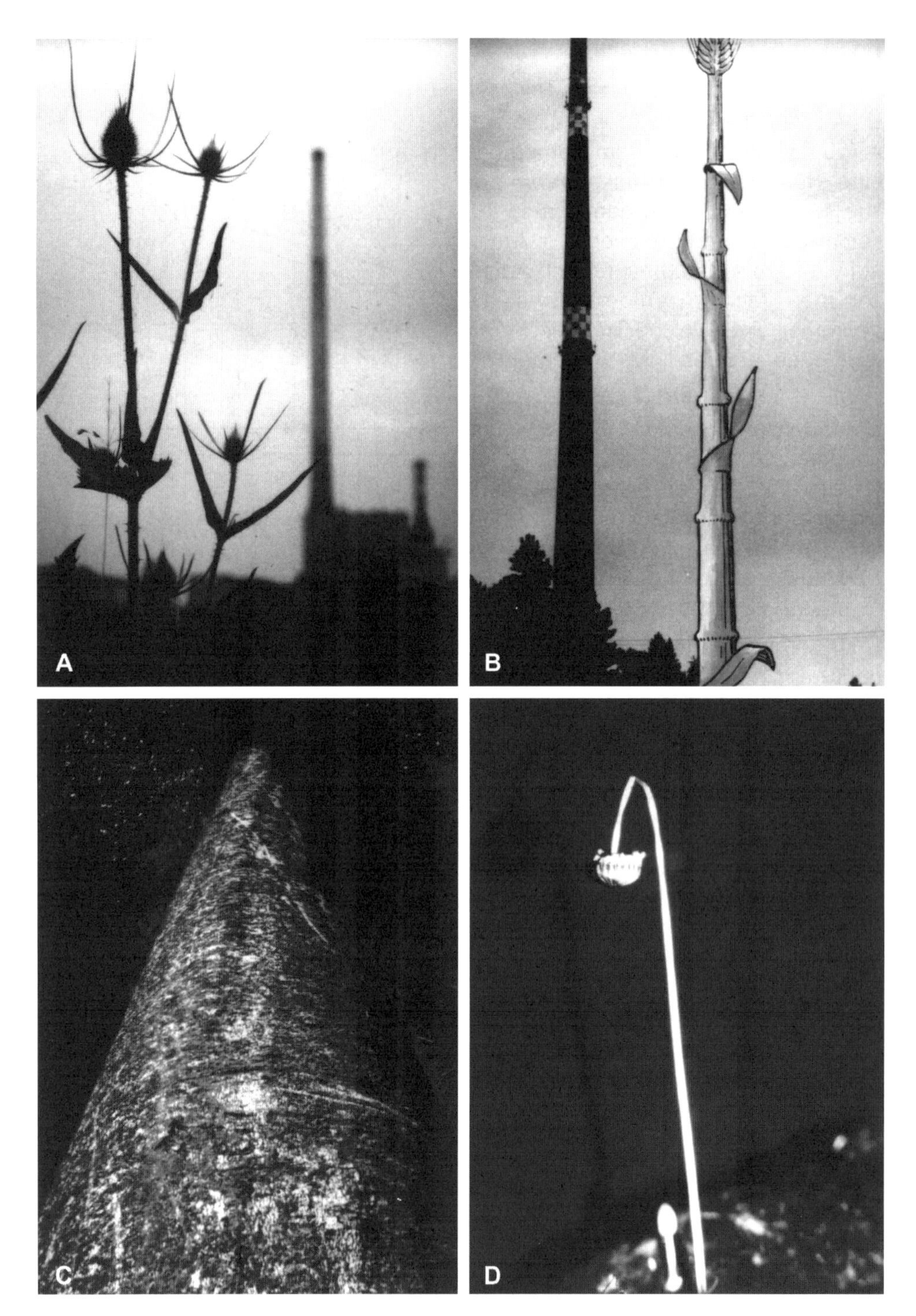

Bildtafel 4: **Hochbaukonstruktionen und Schlankheit.** A (Kleinere) Pflanzen besitzen in der Regel eine höhere Schlankheit als „lineare", technische Konstruktionen. B Der schlankste Fabrikschornstein der Welt und ein gleichhoher „Riesengetreidehalm". C Großer Baum → geringere Schlankheit. D Kleiner Pilz → hohe Schlankheit. Ausführliche Legende p. 391 (Fotos: Nachtigall. Zeichnung in B: Gardezi)

5 Momente

5.1 Hebel„gesetze“ und Momente

Das Hebel„gesetz“, gerne an einer ungleicharmigen Balkenwaage demonstriert, (vergl. Abb. 5-1 A) besagt, daß der Balken in Ruhe verharrt, wenn bezüglich seines Drehpunkts die Beziehung gilt

$$\text{Kraft} \cdot \text{Kraftarm} = \text{Last} \cdot \text{Lastarm}.$$

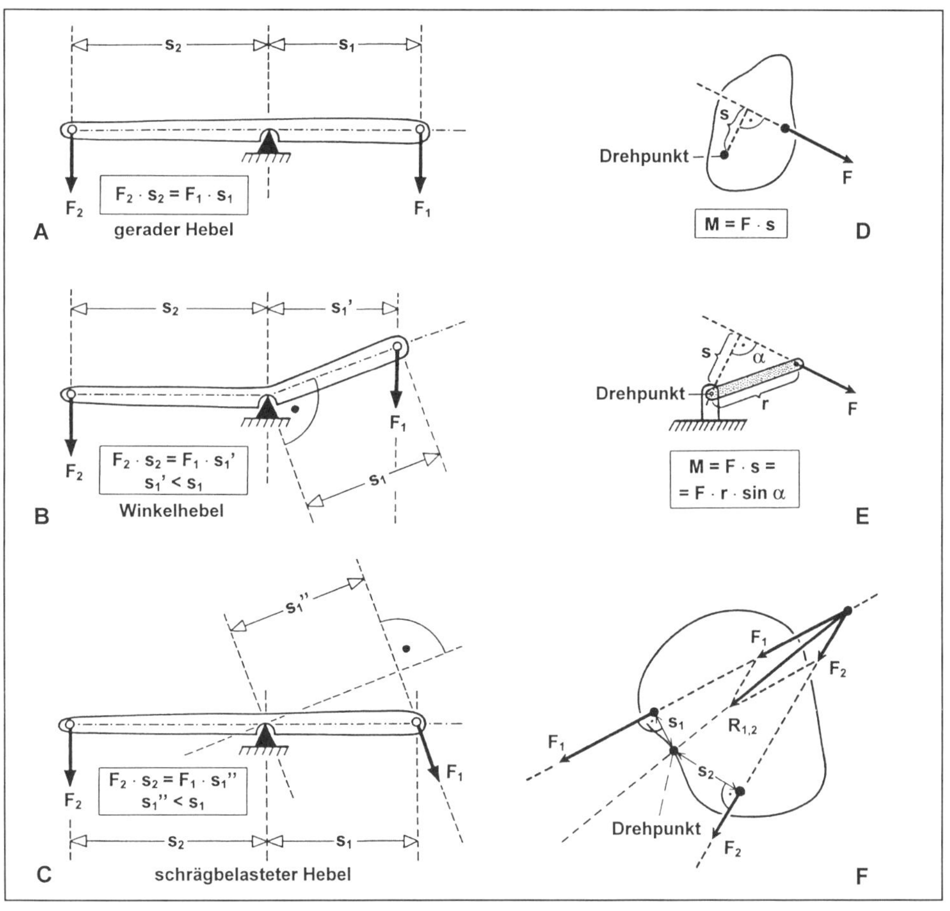

Abb. 5-1: Gleichgewichtsbedingungen und Momente an Hebeln. A-C Drei typische Fälle. D, E Senkrechter Drehabstand s. F Die beiden Kräfte F_1, F_2 werden längs ihrer Wirklinie bis in deren Schnittpunkt verschoben. Die Wirklinie der resultierenden Kraft $F_{res\ 1+2}$ verläuft durch den Drehpunkt des Körpers. Die Momente $M_1 = F_1 \cdot s_1$ und $M_2 = F_2 \cdot s_2$ sind entgegengesetzt gleichgroß. Der Körper dreht sich nicht.

In der Terminologie von Abbildung 5-1 A (gerader Hebel):

$$F_1 \cdot s_1 = F_2 \cdot s_2$$

Mit $M = F \cdot s$ kann man schreiben $M_1 = M_2$ oder $\sum M = 0$.

Ein Körper verharrt also in Bezug auf eine Drehachse in Ruhe (oder im Zustand der gleichförmigen Drehung), wenn die Summe aller an ihn angreifenden Momente, vorzeichenrichtig betrachtet, gleich Null ist. Die „Hebelgesetze" sind nur eine spezielle Formulierung dieser allgemeinen Beziehung.

Im **biologischen Bereich** sind „Kraftarme" oft sehr klein, „Lastarme" vergleichsweise groß. Es bedarf dann großer Muskelkräfte um relativ kleine Lasten im Gleichgewicht zu halten (vergl. Abb. 5-2). Skelettmuskeln sind denn auch vielfach auf die Erzeugung großer Kräfte bei kleinen Kontraktionswegen ausgelegt.

T 2A p 20

In der belebten Welt gibt es kaum Beispiele für gerade Hebel (Abb. 5-1 A); häufig sind dagegen abgewinkelte Hebel (Abb. 5-1 B), schrägbelastete Hebel (Abb. 5-1 C) und Kombinationen davon. Wichtig ist, daß als *physikalischer Hebelarm* einer wirkenden Kraft stets der *senkrechte Abstand* zwischen der Wirklinie der Kraft und dem Drehpunkt einzusetzen ist (Abb. 5-1 D). Der physikalische Hebelarm muß mit dem *morphologischen Hebelarm* (Bauform) nicht unbedingt übereinstimmen (Abb. 5-1 E)!

Wenn der nach Art eines Hebels betrachtete Körper in Ruhe ist, die „Momente ausgeglichen sind", muß die Resultierende aller angreifenden Kräfte durch den Drehpunkt gehen (Abb. 5-1 F). Wäre dem nicht so, würde über den senkrechten Drehabstand der Resultierenden ja weiterhin ein drehendes Moment erzeugt.

5.2 Drehmoment M

(Dimension: $ML^2 T^{-2}$; Einheit: Nm)

Das Drehmoment ist als Produkt von Kraft F und Länge l ein von der Masse, der Länge und der Zeit abgeleitete Größe.

$$M = F \cdot l$$

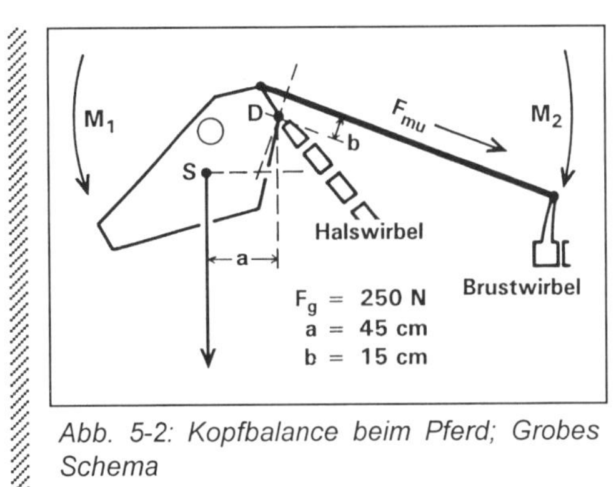

Abb. 5-2: Kopfbalance beim Pferd; Grobes Schema

***Beispiel** (Abb. 5-2): Wie groß ist die Kraft F_{mu}, mit der die Nackenmuskeln eines Pferds den nach der Abbildung exzentrisch aufgehängten Kopf eines Pferdes im Gleichgewicht halten?*

(Grobes Schema: Tatsächlich besteht der Halteapparat aus mehreren Muskeln)

Im Gleichgewichtsfall muß das linksdrehende Moment

$$M_1 = F_g \cdot a =$$
$$= 250\ (N) \cdot 4{,}5\ (m) = 112{,}5\ Nm$$

durch das rechtsdrehenden Moment

$$M_2 = F_{mu} \cdot b = F_{mu}\ (N) \cdot 0{,}15\ (m)$$

kompensiert werden. Vorzeichenfrei geschrieben:

$$M_1 = M_2$$
$$112{,}5\ Nm = F_{mu}\ (N) \cdot 0{,}15\ (m)$$

Daraus folgt:

$$F_{mu} = \frac{112{,}5\ (Nm)}{0{,}15\ (m)} = 750\ N$$

Bemerkung: Tatsächlich sind die Abhängigkeiten wegen der Verteilung der Muskelansatzstellen, schrägverlaufender Muskelzüge, nicht punktförmige Einlenkungen und unterschiedlicher Muskelaktivierung komplex, doch führt das Grobschema immerhin zur Abschätzung $F_{mu} \approx 1kN$.

Die an einem mit konstanter Winkelgeschwindigkeit ω rotierenden Propellerblatt angreifenden tangentialen Widerstandskräfte kann man gedanklich durch eine einzige derartige Kraft F_t ersetzen, die etwa bei ¾ der Blattlänge angreift. Sie betrage 1,4 kN. Sie erzeugt (vergl. die Abb. 5-3 A) ein (im Uhrzeigersinn gerichtetes) Drehmoment M von

$$M = 1{,}4\ (kN) \cdot 0{,}75\ (m) = 1{,}05\ (kN\ m).$$

Dieses muß mit dem entgegengesetzt gerichteten (antreibenden) Motorendrehmoment im Gleichgewicht stehen (Momentengleichgewicht; vergl. vorhergehendes Beispiel). Würde sich das Motorendrehmoment erhöhen, so würden sich auch ω und dann F_t und

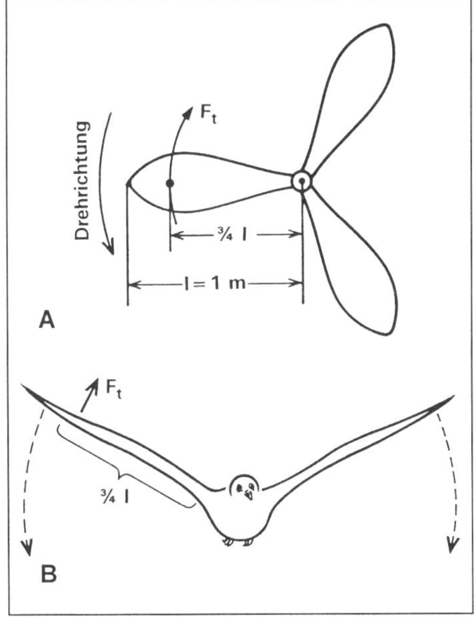

Abb. 5-3: Drehmoment an einem Propellerblatt (A) und an einem Vogelflügel (B)

M erhöhen, bis die Momente wieder im Gleichgewicht sind und der Propeller wieder mit konstanter - nun größerer Winkelgeschwindigkeit läuft.

T 15A
p 318

Analoge Verhältnisse herrschen in der **mittleren Abschlagphase** eines fliegenden Vogels (Abb. 5-3 B), die ebenfalls in etwa mit konstanter Winkelgeschwindigkeit abläuft.

5.3 Biegemoment M_b

(Dimension: $M\,L^2\,T^{-2}$; Einheit: Nm)

Das Biegemoment ist definiert als Produkt aus der angreifenden Kraft F und ihrem senkrechten Abstand l von der Biegeachse.

$$M_b = F \cdot l$$

Bemerkung: Das Biegemoment M_b entspricht dem Produkt aus Widerstandsmoment W (Abschnitt 5.7) und Biegespannung σ_b (Abschnitt 7.1.3).

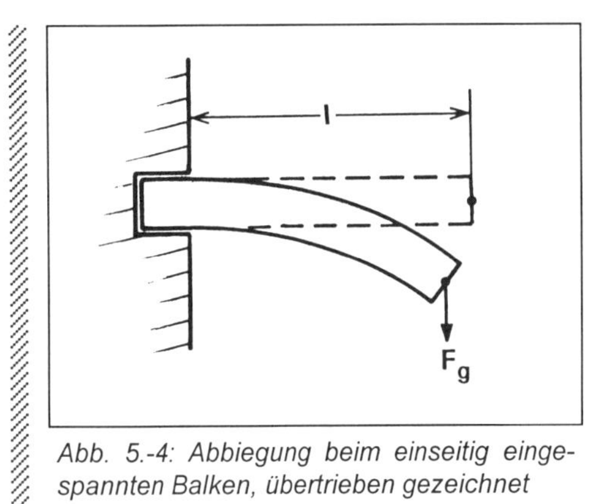

Abb. 5.-4: Abbiegung beim einseitig eingespannten Balken, übertrieben gezeichnet

Beispiel *(Abb. 5-4)****:*** *Ein einseitig eingespannter und im Abstand l = 120 cm von der Einspannung durch die Gewichtskraft F_g = 95 N belasteter Balken erfährt (an seiner Einspannstelle) ein Biegemoment*

$$M_b = F \cdot l = 95\ (N) \cdot 1{,}2\ (m) = 114\ Nm.$$

Derartige Biegemomente treten beispielsweise im Stamm von Bäumen auf, die eine exzentrische Krone besitzen oder unter einseitiger Windlast stehen Für einen exzentrisch belasteten Knochen gilt im Prinzip das gleiche, doch sind die Verhältnisse hier nicht so übersichtlich (keine definierten Einspannstellen).

5.4 Massenträgheitsmomente J

(Dimension: M L^2; Einheit: kg m^2)

Das Massenträgheitsmoment J ist definiert als:

$$J_x = \int l_x^2 \cdot dm$$

(dm: infinitesimal kleines Massenelement, l_x : Abstand von dm zur Bezugsachse)

Im Realfall ist die Lösung des Integrals oft schwierig, und man rechnet deshalb mit definierten Massenelementen m.

Das Massenträgheitsmoment J_x läßt sich somit definieren als Summe der Produkte von Einzelmassen m_i und den Quadraten ihrer zugehörigen Abstände l_i von einer Bezugsachse x.

$$J_x = \sum (l_{xi}^2 \cdot m_i)$$

Massenträgheitsmomente spielen eine wichtige Rolle, wenn Körper gedreht oder tordiert werden.

Große Massenträgheitsmomente bedeuten großen Widerstand gegen Biegungen oder Torsionen. Ein System, daß in Biege- oder Torsionsschwingungen versetzt werden soll, bedarf einer höheren Antriebsleistung, wenn es ein größeres Massenträgheitsmoment besitzt.

Die Bezugsachsen entsprechen immer denjenigen neutralen Querschnittsfasern, um die gebogen (Biegung, Knickung) oder verdreht wird (Torsion).

5.4.1 Axiales Massenträgheitsmoment

Bei Biegungen um eine Achse x spricht man vom axialen Massenträgheitsmoment J_x bzw. J_y.

***Beispiel** (Abb. 5-5): Das axiale Massenträgheitsmoment der in der Abbildung dargestellten Holzleiste (ρ_{Holz} = 600 kg m^{-3}) bezüglich der Achse x beträgt für die Anordnung „hochkant“:*

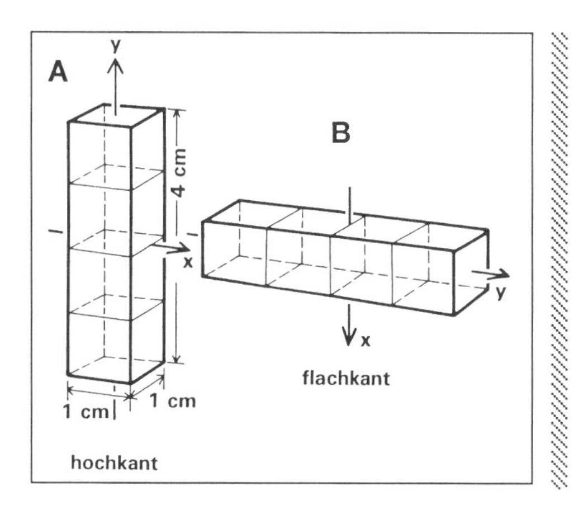

Abb. 5-5: Axiales Massenträgheitsmoment eines „hochkant“ (A) und „flachkant“ (B) gelagerten Balkens

$$J_x = 2 \cdot (0{,}6\ (g) \cdot (1{,}5\ cm)^2) + 2 \cdot (0{,}6\ (g) \cdot (0{,}5\ cm)^2) =$$

$$= 3\ (g\ cm^2) = 3 \cdot 10^{-7}\ kg\ m^2$$

Für die Anordnung B („flachkant") gilt:

$$J_y = 8\ (0{,}3\ (g) \cdot (0{,}5\ (cm))^2) = 0{,}6\ g\ cm^2 = 6 \cdot 10^{-8}\ kg\ m^2$$

T 2B
p 20

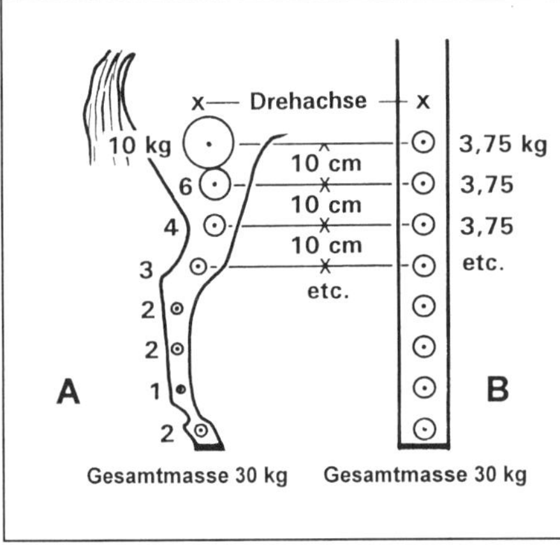

Abb. 5-6: Massenverteilung und Massenträgheitsmoment eines Fohlenbeins (A) im Vergleich mit einem Denkbeispiel (B). Prinzipskizze

***Beispiel** (Abb. 5-6)**:** Wie groß ist, grob abgeschätzt, das axiale Massenträgheitsmoment eines **Fohlenbeins**, dessen Massenverteilung man in etwa nach Art der Abb. 5-6 A annehmen kann? Welchen Vorteil kann diese Anordnung im Vergleich mit einer gleichmäßigen Massenverteilung nach Art der Abb. 5-6 B haben? (Gleiche Gesamtmassen)*

(A)

$$J_x = 0{,}1\ (m)^2 \cdot 10\ (kg) + 0{,}2^2 \cdot 6 + 0{,}3^2 \cdot 4 + 0{,}4^2 \cdot 3 + 0{,}5^2 \cdot 2 + 0{,}6^2 \cdot 2 +$$

$$+ 0{,}7^2 \cdot 1 + (0{,}8\ (m))^2 \cdot 2\ (kg) =$$

$$= 0{,}1\ (kg\ m^2) + 0{,}24 + 0{,}36 + 0{,}48 + 0{,}5 + 0{,}72 + 0{,}49 + 1{,}28\ (kg\ m^2) = 4{,}17\ kg\ m^2.$$

(B)

$$J_x = 7{,}65\ kg\ m^2$$

Bei schnell laufenden Säugern werden die Antriebsmuskeln für die Beinbewegung nahe deren Drehachse angeordnet, wodurch das Massenträgheitsmoment des Beins möglichst klein gehalten wird. Die Kräfte dieser Muskeln werden durch leichte und lange Sehnen übertragen. Dies bedeutet eine Energieersparnis für den Antrieb der Beinschwingung.

Bemerkung zu den beiden letzteren Beispielen: Es handelt sich um grobe Demonstrationsansätze. Für genaue Bestimmung wird man eine größere Zahl von Flächenelementen oder einen Integrationsansatz wählen. Immerhin geben schon grobe derartige Flächenaufgliederungen ganz gute Näherungen. Dies wird am analog zu formulierenden Flächenträgheitsmoment I (Abschnitt 5.5) gezeigt.

5.4.2 Polares Massenträgheitsmoment J_p

Bei Torsionen um eine Achse spricht man vom polaren Massenträgheitsmoment.

Beispiel *(Abb. 5-7):* ***Für*** *die Anordnung nach der Abbildung betragen die polaren Massenträgheitsmomente des Holzzylinders (ρ = 600 kg m^{-3}):*

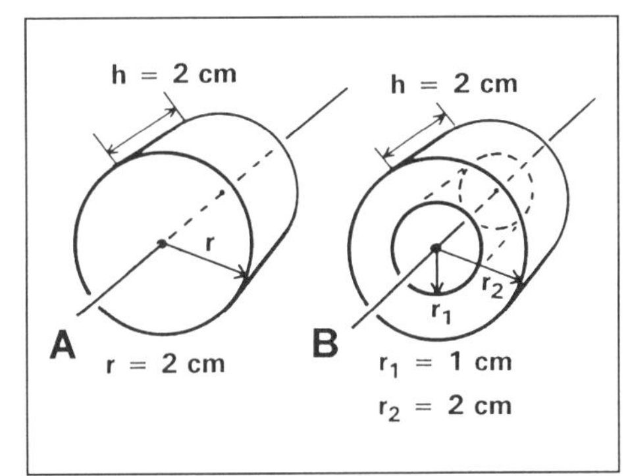

Abb. 5-7: Zum polaren Massenträgheitsmoment eines massiven Zylinders (A) und eines hohlen Zylinders (B)

ad A:

$$J_p = \frac{m}{2} \cdot r^2$$

$$m = \rho \cdot h \cdot \pi \cdot r^2 =$$

$$600\ (\text{kg m}^{-3}) \cdot 0{,}02\ (\text{m}) \cdot \pi \cdot (0{,}02\ (\text{m}))^2 = 15{,}08\ \text{g}$$

$$J_p = \frac{1{,}508 \cdot 10^{-3}\ (\text{kg})}{2} \cdot (0{,}02\,(\text{m}))^2 = 3{,}016 \cdot 10^{-6}\ \text{kg m}^2$$

ad B:

$$J_p = \frac{m}{2} \cdot (r_2^2 + r_1^2)$$

$$m = \rho \cdot h \cdot \pi \cdot (r_2^2 - r_1^2) = 11{,}31\ \text{g}$$

$$J_p = \frac{1{,}131 \cdot 10^{-2}\ (\text{kg})}{2} \cdot \left((0{,}02\,(\text{m}))^2 + (0{,}01\,(\text{m}))^2\right) = 2{,}828 \cdot 10^{-6}\ \text{kg m}^2$$

5.5 Flächenträgheitsmoment I

(Dimension: L^4; Einheit: m^4)

Das Flächenträgheitsmoment ist eine nur von Längen abhängige Größe. Der Begriff Flächen„trägheits"moment ist als sprachliche Analogie zum Begriff „Massenträgheitsmoment" (vergl. Abschnitt 5.4) zu verstehen und hat mit dem physikalischen Trägheitsbegriff nichts zu tun.

T 6
p 110

5.5.1 Axiales Flächenträgheitsmoment I_x

Das axiale Flächenträgheitsmoment I_x, bezogen auf die Achse x, ist definiert als:

$$I_x = \int l_x^2 \, dA$$

(dA: infinitesimal kleines Flächenelement, l_x: Abstand von dA zur Bezugsachse x)

Im Realfall ist die Lösung des Integrals oft schwierig und man rechnet deshalb mit definierten Flächenelementen A_i.

Das Flächenträgheitsmoment I_x läßt sich somit definieren als Summe aus den Produkten der Einzelflächen A_i und den Quadraten ihrer zugehörigen Abstände l_i von einer Bezugsachse x (vergl. Abb. 5-8 A):

$$I = \sum (l_{xi}^2 \, A_i)$$

Analog dem Massenträgheitsmoment (vergl. Abschnitt 5.4) unterscheidet man beim Balken die axialen Flächenträgheitsmomente I_x und I_y.

Für die Biegung um die Bezugsachse y (vergl. Abb. 5-8 B) gilt somit die analoge Formulierung:

$$I_y = \int y^2 \cdot dA$$

oder

$$I_y = \sum (l_{yi}^2 \cdot \, A_i)$$

Ein großes axiales Flächenträgheitsmoment I_x bzw. I_y bedeutet großen inneren Widerstand gegen Biegung um die Achse x bzw. die Achse y.

In der Praxis kann man die Flächenträgheitsmomente wie angegeben über konkrete Flächeneinheiten und deren Abstände oder durch analytische Integralansätze bestimmen. Die Lösungen der analytischen Ansätze stehen für die gängigsten geometrischen Konfigurationen in technischen Tabellen. Wegen der Kompliziertheit biologischer Strukturen sind die technischen Tabellen oft nicht anwendbar. Man weicht dann auf die erstgenannte Methode aus. Wie die folgenden Beispiele zeigen, führt auch eine relativ grobe derartige „Abzählbetrachtung“ zu einer recht guten Annäherung an die analytisch exakten Werte.

Beispiel *(Abb. 5-8)***:** *Ein Balken hat eine Querschnittsfläche von*

$$A = \text{Höhe } h \cdot \text{Breite } b = = 40\,(\text{cm}) \cdot 10\,(\text{cm}).$$

Wie groß ist sein axiales Flächenträgheitsmoment bei Hochkantstellung (A) und bei Querlage (B)? (Bezugsachsen jeweils mittig).

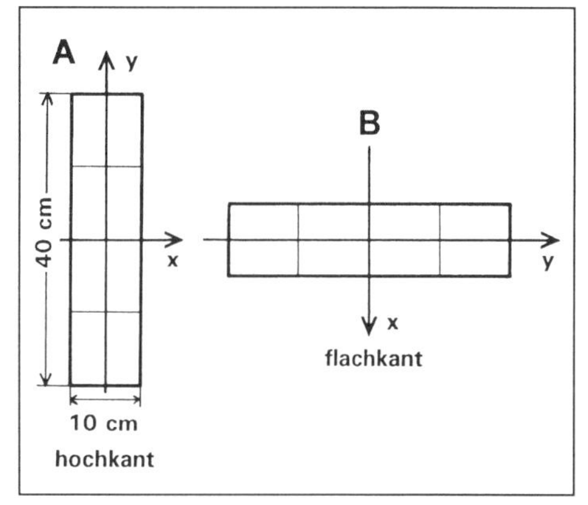

Abb. 5-8: Zu den axialen Flächenträgheitsmomenten eines Balkens in Hochkantstellung (A) und Flachkantstellung (B)

Analytische Lösung:
Bezugsachse ist die x-Achse

$$I_x = \int_{z=-h/2}^{z=h/2} y^2 \cdot dA = \frac{b \cdot h^3}{12}$$

$$I_x = \frac{0{,}1(\text{m}) \cdot (0{,}4\,(\text{m}))^3}{12} = 5{,}33 \cdot 10^{-4}\,\text{m}^4$$

für b in y-Achsenrichtung und h in y-Achsenrichtung.

Bezugsachse ist die y-Achse

$$I_y = \frac{h \cdot b^3}{12}$$

$$I_y = \frac{0{,}4\,(\text{m}) \cdot (0{,}1(\text{m}))^3}{12} = 3{,}33 \cdot 10^{-5}\,\text{m}^4$$

für b in x-Achsenrichtung und h in y-Achsenrichtung.

Numerische Lösung:
Bezugsachse ist die x-Achse:

$$I_x = \sum l_{xi}^2 \cdot A_i$$

Der Balkenquerschnitt sei in 4 gleiche Flächensegmente A eingeteilt mit einer Kantenlänge von 0,1 m · 0,1 m. Jedes Segment hat danach eine Fläche A von:

$$A = 0{,}1\ \text{m} \cdot 0{,}1\ \text{m} = 0{,}01\ \text{m}^2.$$

$$l_{x1} = \overline{SS}_{x1} = 5\ \text{cm}$$

$$l_{x2} = \overline{SS}_{x2} = 15\ \text{cm}$$

$$l_{x3} = \overline{SS}_{x-1} = -5\ \text{cm}$$

$$l_{x4} = \overline{SS}_{x-2} = -15\ \text{cm}$$

$$I_x = \overline{SS}_{x1}^{\,2} \cdot A + \overline{SS}_{x2}^{\,2} \cdot A + \overline{SS}_{x-1} \cdot A + \overline{SS}_{x-2} \cdot A =$$

$$= 0{,}05^2 \cdot 0{,}01 + 0{,}15^2 \cdot 0{,}01 + (-0{,}05)^2 \cdot 0{,}01 + (-0{,}15)^2 \cdot 0{,}01 =$$

$$= 5{,}00 \cdot 10^{-4}\ \text{m}^4$$

Bezugsachse ist die y-Achse:

$$I_y = \sum l_{yi}^{\,2} \cdot A_i$$

Der Balkenquerschnitt sei in 2 gleiche Flächensegmente A eingeteilt mit einer Kantenlänge von 0,05 m · 0,4 m. Jedes Segment hat danach eine Fläche A von:

$$A = 0{,}05\ \text{m} \cdot 0{,}4\ \text{m} = 0{,}02\ \text{m}^2$$

$$l_{y1} = \overline{SS}_{y1} = 2{,}5\ \text{cm}$$

$$l_{y2} = \overline{SS}_{y-1} = -2{,}5\ \text{cm}$$

$$I_y = 0{,}025^2 \cdot 0{,}02 + (-0{,}025)^2 \cdot 0{,}02 = 2{,}50 \cdot 10^{-5}\ \text{m}^4$$

Die Übereinstimmung mit den analytischen Werten ist bei dieser sehr groben Flächenaufteilung bereits bemerkenswert. Eine Aufteilung in noch mehr und damit kleinere Flächeneinteilung würde eine noch genauere Übereinstimmung ergeben.

Bemerkung: Das Flächenträgheitsmoment I_y ist also rund 16 mal geringer als das Flächenträgheitsmoment I_x. Das hohe Flächenträgheitsmoment I_x ergibt sich , wenn der Balken hochkant belastet wird. Man belastet unsymmetrische Balkenstrukturen im Bau deshalb stets hochkant.

***Beispiel** (Abb. 5-9): Die Abbildung zeigt ein Denkbeispiel aus der Pflanzenbiomechanik. Dem biegeunsteifen Gewebe (punktiert) des Pflanzensprosses gebe man in Gedanken einen Stützzylinder biegesteifen Sklerenchyms (gestrichelt) von 1 cm Radius, also 3,14 cm² Querschnittsfläche (A). Bei gleichbleibender Querschnittsfläche aus Sklerenchym soll dieses nun die Form eines **Rohres** annehmen, das immer weiter nach außen verlegt wird (B, C). In der Abbildung sind die nach den angegebenen Formeln berechneten axialen Flächenträgheitsmomente eingetragen.*

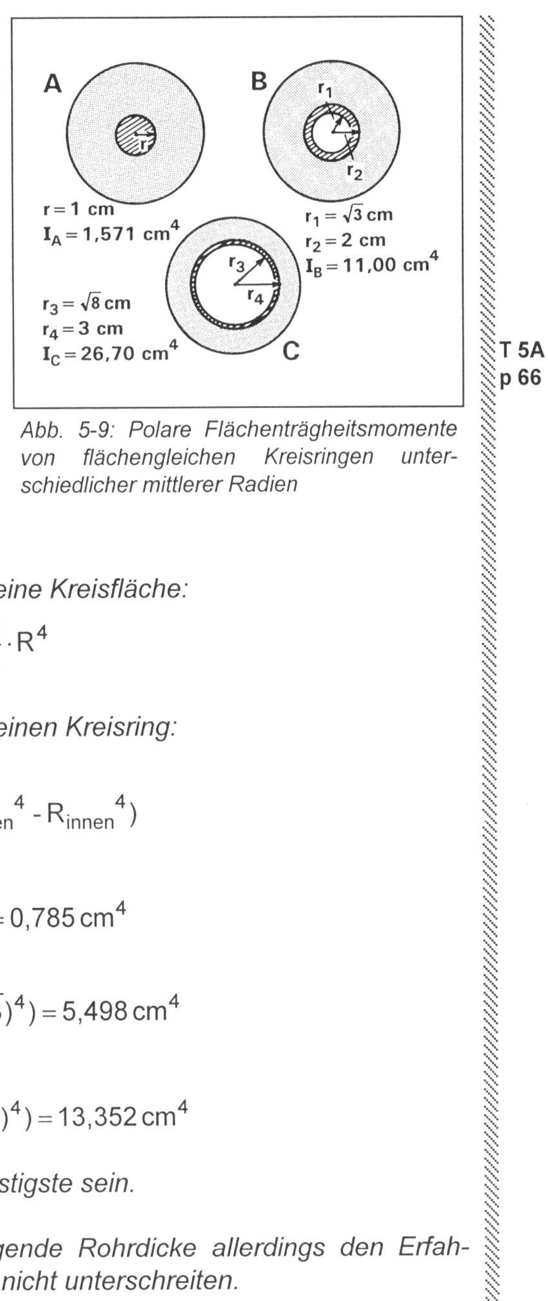

Abb. 5-9: Polare Flächenträgheitsmomente von flächengleichen Kreisringen unterschiedlicher mittlerer Radien

T 5A p 66

Flächenträgheitsmoment berechnet für eine Kreisfläche:

$$I = \frac{\pi}{4} \cdot R^4$$

Flächenträgheitsmoment berechnet für einen Kreisring:

$$I = \frac{\pi}{4} \cdot (R_{außen}{}^4 - R_{innen}{}^4)$$

$$I_A = \frac{\pi}{4} \cdot 1^4 = 0{,}785\,\text{cm}^4$$

$$I_B = \frac{\pi}{4} \cdot (2^4 - (\sqrt{3})^4) = 5{,}498\,\text{cm}^4$$

$$I_C = \frac{\pi}{4} \cdot (3^4 - (\sqrt{8})^4) = 13{,}352\,\text{cm}^4$$

Da $I_C > I_B > I_A$, wird die Lage C die günstigste sein.

Wegen Beulungsgefahr sollte die tragende Rohrdicke allerdings den Erfahrungswert „1/7 des Rohrdurchmessers" nicht unterschreiten.

5.5.2 Polares Flächenträgheitsmoment I_p

Beim polaren Flächenträgheitsmoment I_p verwendet man den Abstand r_i zwischen einer Kreisringfläche A_i und einer zentralen Bezugsachse p (Abb. 5-9; r_4

ist gegf. der kleinere Radius). Die Kenngröße I_p berechnet sich zu:

$$I_y = \int r_i^2 \cdot dA$$

oder

$$I_y = \sum (r_i^2 \cdot A_i)$$

Ein großes polares Flächenträgheitsmoment bedeutet großen inneren Widerstand gegen Torsion um die zentrale Bezugsachse. (Vergl. Massenträgheitsmoment, Abschnitt 5-4.)

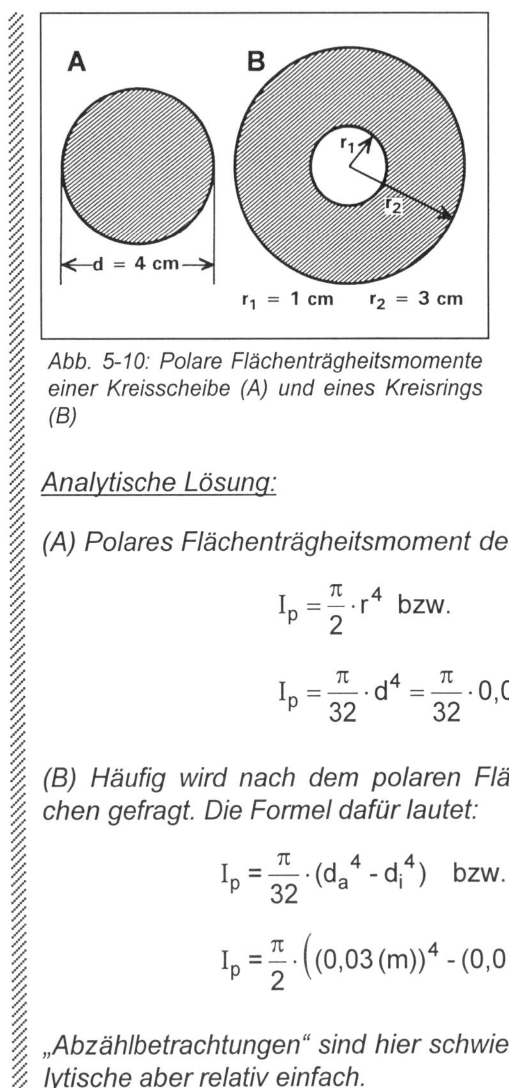

Abb. 5-10: Polare Flächenträgheitsmomente einer Kreisscheibe (A) und eines Kreisrings (B)

Beispiel *(Abb. 5-10)**:** (A) Wie groß ist das polare Flächenträgheitsmoment der in der Teilabbildung (A) schraffiert gezeichneten Kreisfläche (Durchmesser d = 4 cm)? (B) Ein Kreisring habe den Innenradius r_1 = 1 cm und den Außenradius r_2 = 3 cm. Wie groß ist sein polares Flächenträgheitsmoment?*

Analytische Lösung:

(A) Polares Flächenträgheitsmoment der Kreisfläche für d = 4 cm:

$$I_p = \frac{\pi}{2} \cdot r^4 \text{ bzw.}$$

$$I_p = \frac{\pi}{32} \cdot d^4 = \frac{\pi}{32} \cdot 0{,}04^4 = 2{,}513 \cdot 10^{-7} m^4$$

(B) Häufig wird nach dem polaren Flächenträgheitsmoment von Kreisringflächen gefragt. Die Formel dafür lautet:

$$I_p = \frac{\pi}{32} \cdot (d_a^4 - d_i^4) \quad \text{bzw.} \quad I_p = \frac{\pi}{2} \cdot (r_a^4 - r_i^4)$$

$$I_p = \frac{\pi}{2} \cdot \left((0{,}03\,(m))^4 - (0{,}01(m))^4\right) = 1{,}257 \cdot 10^{-6}\ m^4$$

„Abzählbetrachtungen" sind hier schwieriger und werden nicht vorgestellt, analytische aber relativ einfach.

5.6 Trägheitsradius i

(Dimension: L; Einheit: m).

Dieser Begriff stammt aus der Statik. Er hat mit Trägheit genauso wenig zu tun wie das Flächenträgheitsmoment, ist aber wie dieses aus der Dynamik der Drehbewegung sprachlich übernommen.

Der Trägheitsradius bezeichnet den Abstand desjenigen Punktes von der Bezugsachse (Drehachse in der Dynamik bzw. Biegeachse in der Statik), in dem man sich die gesamte Körpermasse m als „reduzierte Masse" bzw. die gesamte Körperfläche A als „reduzierte Fläche" vereinigt vorstellen kann, ohne daß sich das Massenträgheitsmoment J bzw. das Flächenträgheitsmoment I ändert. Da dieser Begriff biomechanisch keine sonderliche Rolle spielt, wird er in dieser Einführung nur kurz erwähnt.

5.7 Widerstandsmoment W

(Dimension: L^3; Einheit: $m^4 \cdot m^{-1} = m^3$)

Das Widerstandsmoment W ist der Quotient aus einem Flächenträgheitsmoment I_x bzw. I_p und der maximalen Ausdehnung y_{max} des Körpers senkrecht zur Bezugsachse x („Randfaserabstand") bzw. dem maximalen Radius r_{max}.

Man unterscheidet das axiale Widerstandsmoment W_x bzw. W_y und das polare Widerstandsmoment W_p.

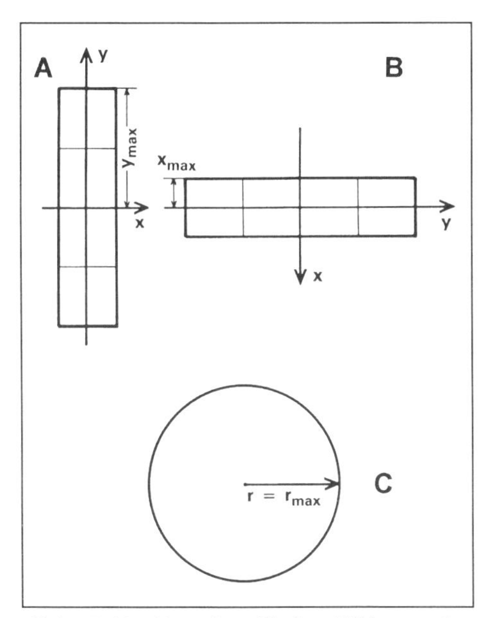

Abb. 5-11: Zum Begriff des Widerstandsmoments

Bei der Biegung um die x-Achse lautet die Formel für das (axiale) Widerstandsmoment W_x (Abb. 5-11 A):

$$W_x = \frac{I_x}{|y_{max}|}$$

Analog lautet die Formel für das (axiale) Widerstandsmoment W_y (Abb. 5-11 B):

$$W_y = \frac{I_y}{|x_{max}|}$$

Bei Torsion um eine Drehachse lautet das (polare) Widerstandsmoment:

$$W_p = \frac{I_p}{r_{max}}$$

Der Radius r_{max} ist der Abstand der Randfaser zur Neutralachse (Abb. 5-11 C).

Ein hohes Widerstandsmoment bedeutet eine Verlagerung der Flächenelemente, die dem Körper einen großen Widerstand gegen Biegung bzw. Torsion verleihen, nach außen.

Bemerkung: Das Widerstandsmoment W entspricht dem Quotienten aus Biegemoment M_b (→ Abschnitt 5.3) und Biegespannung σ_b (→ Abschnitt 7.1.3).

Beispiel: *Die Widerstandsmomente W der vier Flächenschnitte von Abb. 5-8 A, B und Abb. 5-10 A, B betragen:*

$$W_y = \frac{I_y}{|x_{max}|} = \frac{5{,}33 \cdot 10^{-4}(m^4)}{0{,}2\,(m)} = 2{,}66 \cdot 10^{-3}\ m^3;$$

$$W_x = \frac{I_x}{|y_{max}|} = \frac{3{,}33 \cdot 10^{-5}(m^4)}{0{,}05\,(m)} = 6{,}66 \cdot 10^{-4}\ m^3;$$

$$W_{p\ \text{Kreisfläche}} = \frac{I_p}{r_{max}} = \frac{2{,}51 \cdot 10^{-7}(m^4)}{0{,}02\,(m)} = 1{,}26 \cdot 10^{-5}\ m^3;$$

$$W_{p\ \text{Kreisring}} = \frac{I_p}{r_{max}} = \frac{1{,}26 \cdot 10^{-6}(m^4)}{0{,}03\,(m)} = 4{,}20 \cdot 10^{-5}\ m^3.$$

Beispiel: *Die drei Widerstandsmomente von Abb. 5-9 A, B, C berechnen sich zu:*

$$W_A = \frac{I_A}{r} = \frac{0{,}785\,(cm^4)}{1\,(cm)} = 0{,}785\,cm^3;$$

$$W_B = \frac{I_B}{r_2} = \frac{5{,}498\,(cm^4)}{2\,(cm)} = 2{,}749\,cm^3;$$

$$W_C = \frac{I_C}{r_4} = \frac{13{,}352\,(cm^4)}{3\,(cm)} = 4{,}451\,cm^3$$

Flächenträgheitsmomente I und Widerstandsmomente W sind sehr wichtig bei Festigkeitsbetrachtungen, wie im nächsten Abschnitt dargestellt wird. Wenn man die Berechnung von Biegespannungen σ anstrebt, spielen diese Kenngrößen zusammen mit den Biegemomenten M eine große Rolle: Nach der Biege-Hauptgleichung berechnet sich die Biegespannung σ als Quotient aus Biegemoment M und Widerstandsmoment W (Abschnitt 7.1.3). Das Widerstandsmoment W wiederum berechnet sich, wie dargestellt, als Quotient aus Flächenträgheitsmoment I und Randfaserabstand y_{max} (Abschnitt 5.7). Um die Berechnung von I und W kommt man also nicht herum, und deshalb wurde diese hier etwas eingeübt.

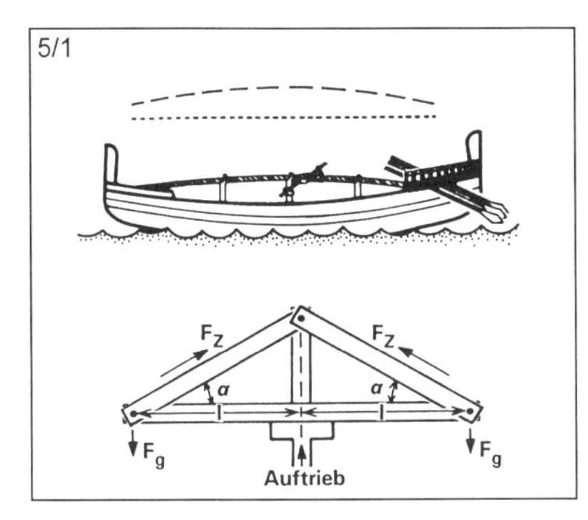

Übungsaufgaben:

Ü 5/1: Wie kann der Seilzug in dem abgebildeten Schema eines altägyptischen Schiffs - das üblicherweise gerade an Bug und Heck schwer beladen worden ist - verstanden werden? (vergl. dazu die untenstehende „Ersatz-Balkenkonstruktion").

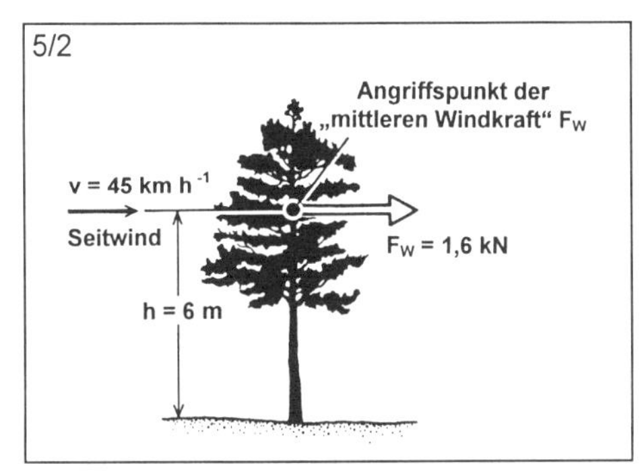

Ü 5/2: Ein Baum ist Seitwind nach Art der Abbildung ausgesetzt. Wie groß ist sein Biegemoment an der Basis? Wie groß ist sein Sicherheitsfaktor S gegen diese Biegung, wenn es bei einem Moment von $1,3 \cdot 10^5$ Nm an der Basis zum Bruch käme?

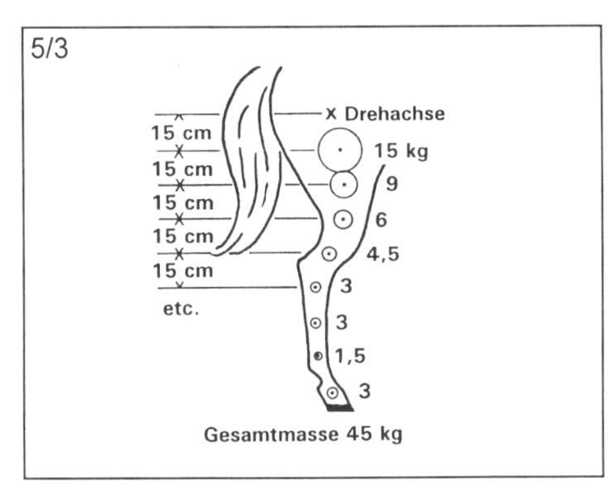

Ü 5/3: Das in Abbildung 5-6 betrachtete Fohlen ist zu einem mittelgroßen Pferd herangewachsen. Abstände und Massen haben sich jeweils um den Faktor 1,5 vergrößert. Wie groß ist nun das Massenträgheitsmoment seines Hinterbeins?

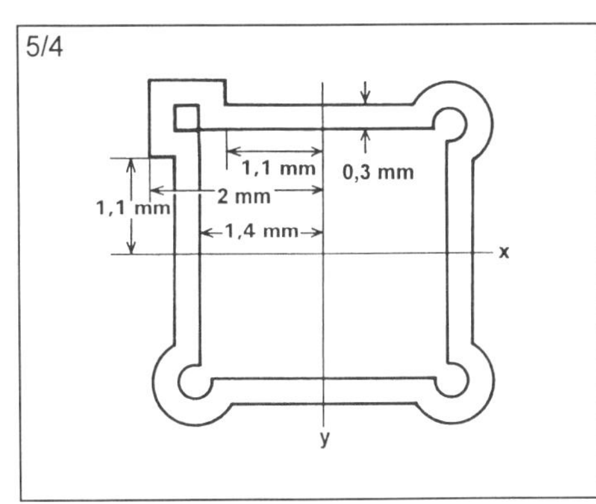

Ü 5/4: Das tragende Sklerenchym einer Nessel (z.B. Taubnessel, *Lamium album*) kann man in seiner Geometrie nach dem nebenstehenden Schema annähern. Wie groß wäre danach in etwa das Flächenträgheitsmoment I_x und das Widerstandsmoment W_x?

(Bemerkung: Um eine „Abzählung von Flächenelementen zu vereinfachen, kann man - ohne einen großen Fehler zu machen - die Kreisausschnitte durch Ausschnitte eines Quadrats ersetzen; vergl. links oben)

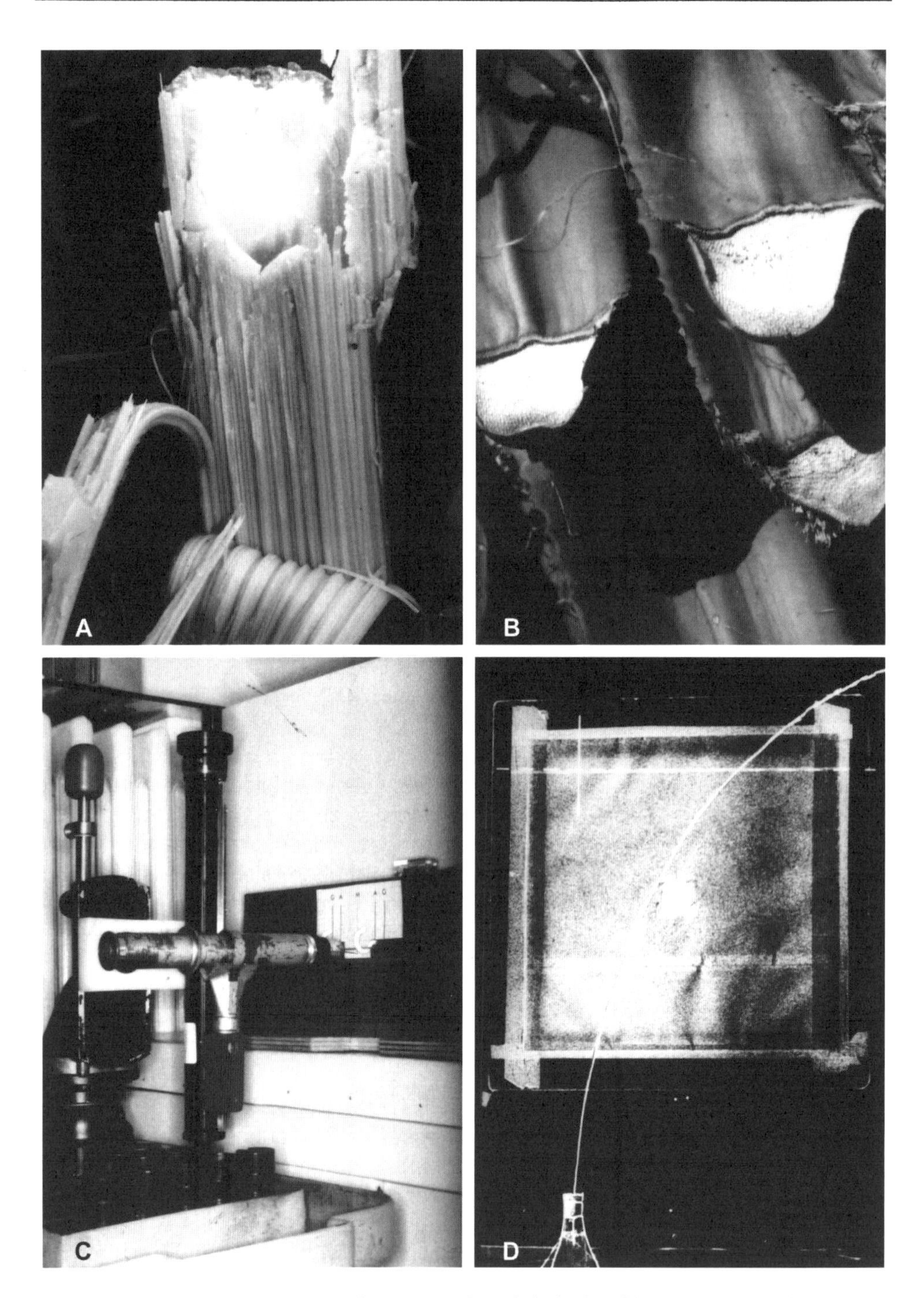

Bildtafel 5: **Biegesteifigkeit bei Pflanzen.** A Der Schaft des Riesenbärenklau, *Heracleum montegazzianum*, ein wandständig ausgeschäumtes Hohlrohr mit Sklerenchymmantel hohen Flächenträgheitsmoments. B Abgeschnittene Agavenblätter. C Messung des Elastizitätsmoduls eines Grashalms durch Biegebelastung (vergl. Abb. 7-5, p. 124). D Abbiegung eines ca. 1 m langen Lolch-Grases, *Lolium perenne* im Windkanal bei v = 8 m s^{-1}. Resultate in Nachtigall, Wisser, Wisser 1986; Kesel, Labisch 1996. (Fotos: A, B Nachtigall, C, D Wisser)

6 Arbeit, Leistung, Impuls

Auch in der Biomechanik spielen die Kenngrößen Arbeit, Leistung und Impuls eine zentrale Rolle. Die mit der Nahrung zugeführte chemische Energie wird zum Beispiel von den Muskel-Aktoren mit einem gewissen Wirkungsgrad in nutzbare mechanische Energie umgewandelt. Wird diese in einer gewissen Zeit ausgegeben, ergibt sich eine bestimmte mechanische Leistung. Diese gilt es zu nutzen, beispielsweise für das Fliegen. Die nicht verwertbare Energie wird als Wärme frei. Diese gilt es loszuwerden, beispielsweise durch konvektive Wärmeabfuhr. Beide Aspekte stellen hohe Anforderungen an die „Konstruktion Organismus"; es wird darüber im Detail zu sprechen sein.

Zunächst seien die Begriffe Arbeit bzw. Energie und Leistung betrachtet, dann Quotienten zweier Leistungen (Wirkungsgrade). Darauf aufbauend wird der Impulsbegriff besprochen; einige zugeordnete Beispiele leiten dann zur Fluidmechanik über.

6.1 Arbeit (Energie), Leistung und Wirkungsgrad

Zunächst sei der (einfachste) Spezialfall angenommen, daß Kraftrichtung und Verschieberichtung zusammenfallen (vergl. Abb. 6-2 A).

Arbeit W (Dimension $ML^2\,T^{-2}$; Einheit Nm = J)

Die Arbeit W ist als Produkt von Kraft F und Weglänge s eine aus den Grundgrößen Masse, Länge und Zeit zusammengesetzte Größe:

$$W = F \cdot s$$

Beispiel *(Abb. 6.2A): Zieht man eine Kiste an einem horizontalen Seil mit der (durch eine in das Seil eingebaute Federwaage meßbare) Kraft von F = 50 N über die Strecke von s = 20 m über den Boden, so hat man eine Arbeit aufgebracht von*

$$W = 50\ (N) \cdot 20\ (m) = 1000\ Nm = 1\ kJ.$$

Energie W

Als Energie bezeichnet man die Fähigkeit, Arbeit zu leisten. Die Kenngrößen **Arbeit** und **Energie** sind dimensionsgleich. Der Zusammenhang zwischen diesen beiden Begriffen läßt sich anhand einer Spiralfeder verdeutlichen.

Zur Dehnung der Feder auf eine gewisse Länge benötigt man eine gewisse *Arbeit* („Spannarbeit"; vergl. Abb. zu Ü 6/5). Die somit gedehnte Feder besitzt dann eine gleichgroße elastische *Energie*. Erlaubt man ihr, sich wieder zusammenzuziehen, so kann sie diese *Energie* (unter gewissen Umwandlungsverlusten) als irgendwie nutzbare mechanische *Arbeit* wieder abgeben. Gleiches gilt im Prinzip für ein Sehnenband. Nur sind bei diesen die Umwandlungsverluste weitaus größer.

Arbeit bzw. Energie	Faktor 1	Faktor 2
6.1.1 a Reibungsarbeit $W_r = F_r \cdot s$	Reibungskraft F_r (N)	Weg s (m)
6.1.1 b Verschiebearbeit $W_v = F \cdot s$	Kraft F (N) (absolut gleich der Reibungskraft)	Weg s (m)
6.1.2 a Hubarbeit, potentielle Energie $W_h = F_g \cdot h$	Gewicht $F_g = m\,g$ (N)	Hubhöhe h (m)
6.1.2 b Arbeit auf reibungsfreier schiefer Ebene $W_s = F_g \cdot h$	Gewichtskomponente $F_g \cdot \sin\alpha$	Verschiebestrecke $s = h/\sin\alpha$
6.1.3 a Spannarbeit $W_s = F \cdot l$	Spannkraft F (N)	Weg l (m)
6.1.3 b Formänderungsarbeit, elastische Energie $W_e = V \cdot \sigma \cdot \varepsilon$	Volumen V (m^3)	Spannung σ ($N\,m^{-2}$) · Dehnung ε (-)
6.1.4 Beschleunigungsarbeit, kinetische Energie $W_k = ½\,m \cdot v^2$	Masse m (kg)	Halbes Geschwindigkeitsquadrat $½\,v^2$ $(m\,s^{-1})^2$
6.1.5 Rotationsenergie $W_{rot} = ½\,J \cdot \omega^2$	Massenträgheitsmoment J ($kg\,m^2$)	Halbes Winkelgeschwindigkeitsquadrat ω^2 $(s^{-1})^2$
6.1.6 Oberflächenenergie $W_O = A \cdot \sigma$	Fläche A (m^2)	Oberflächenspannung σ ($N\,m^{-1}$)
6.1.7 Druck-Volumen-Arbeit $W_{pV} = p \cdot V$	Druck p ($= N\,m^{-2} = Pa$)	Volumen V (m^3)
6.1.8 Produktion $W_p = P \cdot t$	Produktionsleistung P ($Nm\,s^1 = J\,s^{-1} = W$)	Zeit t (s)
6.1.9 Elektrische Arbeit $W_{el} = q \cdot E$	Ladung q (Cb = A s)	elektrisches Potential E ($kg\,m^2\,s^{-3}\,A^{-1}$)
6.1.10 Chemische Arbeit $W_{chem} = n \cdot \mu$	Molzahl n (-)	Chemisches Potential μ ($J\,mol^{-1}$)

Abb. 6-1: Zusammenstellung biomechanisch wesentlicher Formulierungen der zusammengesetzten Größe Arbeit bzw. Energie (linke Spalte), zu verstehen als Produkt zweier Faktoren, eines „Kapazitätsfaktors" 1 und eines „Intensitätsfaktors" 2

Die im Bereich der Biomechanik wesentlichen Formulierungsmöglichkeiten der Kenngröße Arbeit bzw. Energie sind in Abbildung 6-1 zusammengestellt. Die

Kenngröße wird dabei jeweils als Produkt zweier Faktoren dargestellt. Wichtig ist, daß dieses Produkt jeweils die Dimension $ML^2\ T^{-2}$ besitzt und somit in den Einheiten Nm, gleich J, angegeben werden kann. Beispielsweise hat das Produkt aus Druck p und Volumen V (Abschnitt 6.1.7) oder Ladung und elektrischem Potential (Abschnitt 6.1.9) die Dimension einer Arbeit bzw. Energie. Auch die thermodynamische Kenngröße Wärme (vergl. Abschnitt 15) hat die Dimension einer Energie.

Alle Kenngrößen, die diese Dimension besitzen, können als Anteile einer Gesamtarbeit additiv behandelt werden.

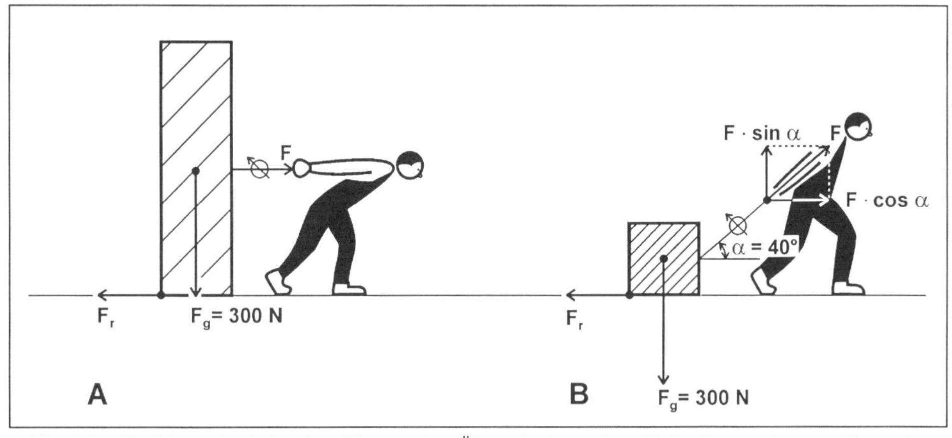

Abb. 6-2: Ein Mensch zieht eine Kiste unter Überwindung der Gleitreibung. A vom Menschen aufzuwendende Kraft F parallel zum Boden wirkend. B Kraft F schräg zum Boden wirkend

Wenn die Richtung der Kraft F und des Wegs s nicht zusammenfallen (vergl. Abb. 6-2 B) muß man den allgemeinen Ansatz verwenden: (hier in Differenzenschreibweise und ohne Vektorsymbole angegeben):

$$\Delta W = F \cdot \cos \alpha \cdot \Delta s$$

(α Winkel zwischen den Richtungen von F und s)

In Worten: Wirkt die in Richtung von s weisende Komponente F cos α einer Kraft F auf einen Körper und verschiebt ihn dabei um die Strecke Δs, so hat diese Kraft F die physikalische Arbeit $W = (F \cdot \cos \alpha) \cdot \Delta s$ verrichtet.

Kräfte F und Bewegungsrichtungen s sind gerichtete Größen, Vektoren. Arbeiten beziehungsweise Energien W sind als innere Produkte der beiden Vektoren „Kraft" und „Bewegungsrichtung" ungerichtete Größen, Skalare. Zur Berechnung dieser Skalare sind die Richtungen der zugrundeliegenden vektoriellen Größen zu betrachten. Wenn die beiden Richtungen von Kraft und Bewegung nicht übereinstimmen, ist die in Bewegungsrichtung weisende Kraftkomponente zu bestimmen und in die Grundgleichungen einzusetzen.

Bemerkung: Implizit sind bei solchen Betrachtungen stets gleichförmige, unbeschleunigte Bewegungen gemeint. Hierbei ist die antreibende Kraft F entgegengesetzt gleich der „die Bewegung behindernden" Kraft F*. Die letztere läßt sich meist unschwer berechnen und kann dann nach |F| = |F*| gegebenenfalls in die Grundgleichung eingesetzt werden (vergl. dazu das erste Beispiel von Abschnitt 6.1.1).

Leistung P (Dimension $ML^2\,T^{-3}$; Einheit $\frac{Nm}{s} = \frac{J}{s} = W$)

Die Leistung P ist der Quotient aus Arbeit W und Zeit t. Man kann sie auch als Produkt von Kraft und Geschwindigkeit verstehen:

$$P = \frac{W}{t} = \frac{F \cdot s}{t} = F \cdot v$$

$$(\text{Geschwindigkeit } v = \frac{s}{t})$$

***Beispiel** (Abb. 6-2B): Zieht man die im letztgenannten Beispiel genannte Kiste mit einer Kraft von F = 50 N in 40 s über die Strecke von s = 20 m, so ist dafür eine Leistung einzusetzen von*

$$P = \frac{W}{t} =$$

$$= \frac{1000\,(Nm)}{40\,(s)} = 25\ J\,s^{-1} = 25\ W.$$

Anders ausgedrückt: Wenn man die Kiste wie angegeben bewegt, zieht man sie mit der Geschwindigkeit

$$v = \frac{20\,(m)}{40\,(s)} = 0{,}5\ (m\,s^{-1}).$$

Die dafür einzusetzende Leistung beträgt

$$P = F \cdot v = 50\ (N) \cdot 0{,}5\ (m\,s^{-1}) = 25\ J\,s^{-1} = 25\ W.$$

Bemerkung: Betrachtet wird hier die mittlere Leistung, definiert als Quotient aus der Gesamtarbeit, die in einer Gesamtzeit verrichtet wird.

Wirkungsgrad η

Als Wirkungsgrad η bezeichnet man den Quotienten aus den beiden Leistungen $P_{abgegeben}$ und $P_{zugeführt}$, die von einem System abgegeben werden und die ihm zugeführt worden sind. Mißt man über gleiche Gesamtzeiten, und sind die beiden Leistungen in diesen Zeiträumen invariabel, so ergibt sich der Wirkungsgrad auch als Quotient aus den beiden Gesamtarbeiten $W_{abgegeben}$ und $W_{zugeführt}$, die von einem System abgegeben werden und die ihm zugeführt worden sind.

Die Differenz zwischen der abgegebenen Leistung und der zugeführten Leistung heißt Verlustleistung oder Leistungsverlust $P_{verloren}$. Der dimensionslose Wirkungsgrad kann zwischen 0 und 1 liegen.

$$\eta = \frac{P_{abgegeben}}{P_{zugeführt}} = \left(\frac{W_{abgegeben}}{W_{zugeführt}}\right)_{\text{für } t = \text{const}}$$

Bemerkung: Betrachtet werden hier die mittleren Wirkungsgrade, definiert als Quotienten aus den Gesamtleistungen, die einem System während einer gegebenen Zeit zugeführt bzw. von ihm abgegeben werden.

Beispiel *(Abb. 6-3): Welchen Wirkungsgrad η besitzt eine Bohrmaschine, die eine elektrische Leistung von 500 W aus dem Netz zieht und eine Wellenleistung von 350 W abgibt, also mit einer Verlustleistung von 150 W arbeitet?*

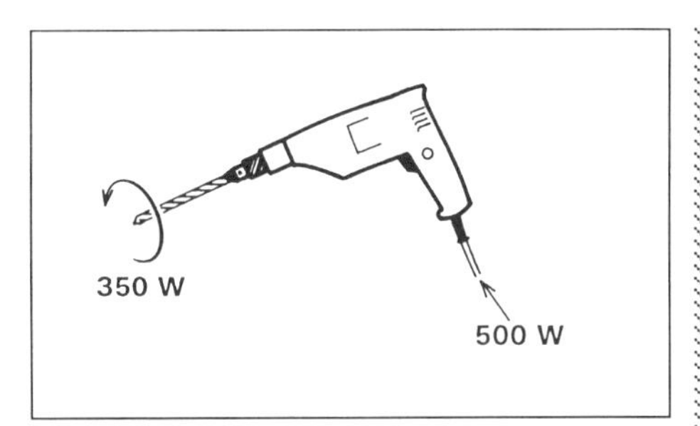

Abb. 6-3: Bohrmaschinen-Wirkungsgrad

$$\eta = \frac{350\,(W)}{500\,(W)} = \left(\frac{350\,(J)}{500\,(J)}\right)_{1s} = 0{,}7 \mathrel{\hat{=}} 70\,\%$$

70 % der elektrischen Leistung werden in mechanische Leistung umgesetzt und 100 % - 70 % = 30 % gehen als Abwärme verloren.

In der Biologie werden Wirkungsgrade häufig formuliert, beispielsweise, wenn es um die Feststellung geht, wie viele Prozent der Energie einer im Muskel verbrannten Treibstoffmenge noch als Nutzarbeit zur Verfügung stehen. Der „Muskelwirkungsgrad" der Flugmuskulatur von Tauben beträgt beispielsweise 20 bis 25 %. Das heißt, 80 bis 75 % der im Fett-Treibstoff gebundenen chemischen Energie kann nicht in mechanische Flugarbeit umgesetzt werden, sondern wird als Wärme frei. Günstiger scheint die Situation bei Fischen zu sein, wie das nächste Beispiel zeigt.

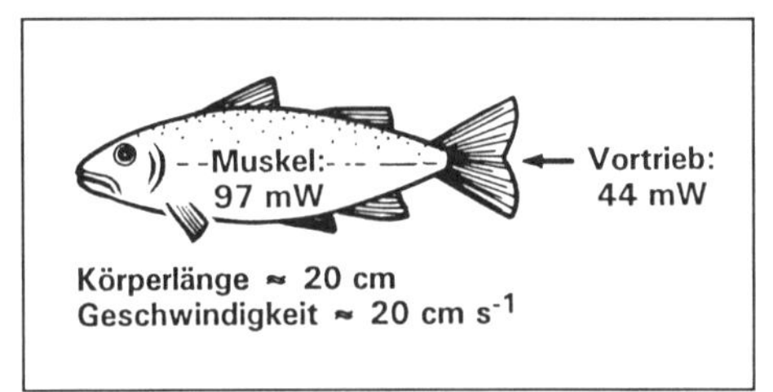

Abb. 6-4: Gesamtwirkungsgrad des Schwimmens einer Forelle. Messungen, die die hier genannten Werte ergeben haben, wurden von R. Blickhan während seiner Habilitati- t2 = EINBETTEN Equation.3 (9,81 (m s-2)

Beispiel *(Abb. 6-4): Welchen Gesamtwirkungsgrad erreicht eine kleine Forelle von etwa 20 cm Körperlänge, die mit einer Geschwindigkeit von 20 cm s^{-1} schwimmt, bei einer Stoffwechselleistung P_m = 97 mW und einer mechanischen Antriebsleistung P_{mech} = 44 mW?*

$$\eta = \frac{P_{mech}}{P_m} = \frac{44\,(mW)}{97\,(mW)} = 0{,}45 \mathrel{\hat{=}} 45\,\%$$

Bemerkung: Hier ist der Gesamtwirkungsgrad des Muskelmotors und seines angekoppelten Antriebssystems gemeint, dessen Leistungseingang die im Stoffwechsel bereitgestellte chemische Leistung, und dessen nutzbarer Ausgang die zum Vorwärtsschwimmen nötige Schubleistung ist. Man beachte die außerordentlich geringe Schubleistung für die doch nicht unbeachtliche Geschwindigkeit.

Sind mehrere Systeme hintereinandergeschaltet, so multiplizieren sich deren Teilwirkungsgrade zu einem Gesamtwirkungsgrad

$$\eta_{ges} = \eta_1 \cdot \eta_2 \cdot \ldots \cdot \ldots \cdot \eta_n.$$

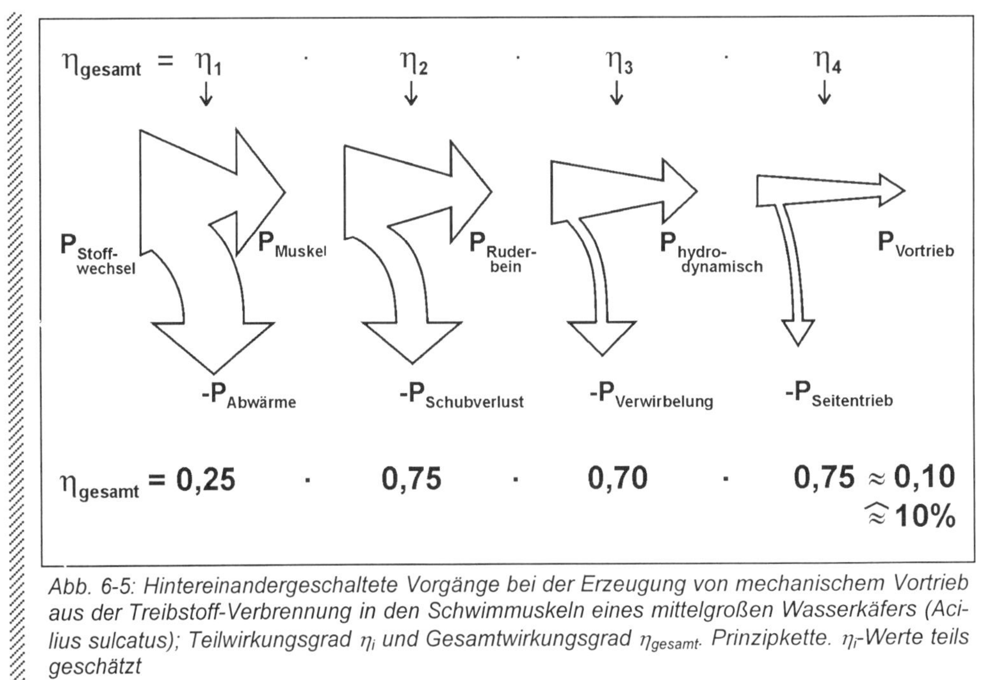

Abb. 6-5: Hintereinandergeschaltete Vorgänge bei der Erzeugung von mechanischem Vortrieb aus der Treibstoff-Verbrennung in den Schwimmuskeln eines mittelgroßen Wasserkäfers (Acilius sulcatus); Teilwirkungsgrad η_i und Gesamtwirkungsgrad η_{gesamt}. Prinzipkette. η_i-Werte teils geschätzt

Beispiel *(Abb. 6-5): Nach Rechnungen und Abschätzungen aus meiner lange zurückliegenden Doktorarbeit (Nachtigall 1960), die in der Abbildung für einen schwimmenden Wasserkäfer dargestellt sind, verkleinert sich die Stoffwechselenergie stufenweise so, daß der Gesamtwirkungsgrad kaum größer als 10 % ist.*

6.1.1 Reibungsarbeit W_r bzw. Verschiebearbeit W_v; Verschiebeleistung P_v

Wird ein Gegenstand unter Überwindung seiner Reibung gegenüber dem Boden verschoben, so kann man die dazu nötige Arbeit nach gusto als Reibungs- oder Verschiebearbeit bezeichnen und mit W_r oder W_v abkürzen; es handelt sich um ein und denselben Vorgang. Für die Leistung ist nur der Begriff „Verschiebeleistung" gebräuchlich.

Beispiel *(Abb. 6-2 A,B): Eine große, wenig beladene und eine kleine, stark beladene Kiste von jeweils F_g = 300 N Gewicht werden nach Art der Abbildung mit der konstanten Geschwindigkeit $v = 1\ m\ s^{-1}$, auf mittelglattem Grund (Gleitreibungskoeffizient μ = 0,5) über 10 m horizontal gezogen. Wie sind Kräfte, Arbeiten und Leistungen zu kennzeichnen?*

In beiden Fällen berechnet sich die (geschwindigkeitsunabhängige!) Reibungskraft F_r nach Abschnitt 4.3.5 zu

$$F_r = F_g \cdot \mu =$$

$$= 300\ (N) \cdot 0{,}5 = 150\ N.$$

Fall A. *F sei die Kraft, die der ziehende Mensch auf die Kiste übertragen muß. Nach Abb. 6-2 A weist diese Kraft in Bewegungsrichtung, und es gilt*

$$F = -F_r \qquad \textit{absolut formuliert} \qquad |F| = |F_r|.$$

Hierbei wäre also F die antreibende Kraft, - F_r = |F| wäre die „Bewegung behindernde Kraft", vergl. die letztgenannte Bemerkung. Schaltete man einen Kraftmesser in das Zugseil, so würde dieser eine Kraft F = 150 N anzeigen.

Die Arbeit beträgt

$$W_r \textit{ bzw. } W_v = |F_r| \cdot s = 150\ (N) \cdot 10\ (m) = 1500\ Nm.$$

Die Leistung beträgt

$$P = \frac{W}{t} =$$

$$= \frac{1500\,(Nm)}{10\,(s)} = 150\ W$$

oder

$$|F_r| \cdot v =$$

$$= 150\ (N) \cdot 1\ (m\ s^{-1}) = 150\ N\ m\ s^{-1} = 150\ W.$$

Fall B. *F sei wieder die Kraft, die der ziehende Mensch aufbringen muß. Aufgrund der geometrischen Verhältnisse wirkt nach Abb. 6-2 B nun aber nur die Komponente F cos α in Bewegungsrichtung. Diese muß entgegengesetzt gleich sein der Reibungskraft F_r .Die zur Überwindung der Reibung nötige Antriebskraft F cos α ist selbstredend dieselbe wie bei A, nämlich gleich 150 N. Der ziehende Mensch muß nun aber eine größere Kraft*

$$F = \frac{150\,(N)}{\cos 40°} = \frac{150\,(N)}{0{,}77} = 195{,}81\ N$$

aufbringen. Schaltete man einen Kraftmesser in das Zugseil, so würde dieser eine Kraft von 195,81 N anzeigen.

Von der Kraft F leistet nur die Komponente F · cos α physikalisch nutzbare Verschiebearbeit; die Komponente F · sin α trachtet die schwere Kiste vorne anzuheben, schafft dies aber nicht (vertikaler Weg = 0) und leistet damit auch keine Arbeit im physikalischen Sinn. (Allerdings reduziert sie das Gewicht der Kiste etwas, wodurch sich theoretisch auch deren Reibungskraft ändert, aber so beckmesserisch genau wollen wir das hier nicht nehmen.)

Demnach beträgt auch im Fall B die physikalische Arbeit

$$W_r \text{ bzw. } W_v = 1500\ J$$

und die physikalische Leistung

$$P_v = 150\ W,$$

doch müßte der ziehende Mensch dafür in der Zeiteinheit mehr Stoffwechselenergie einsetzen, das heißt also eine größere Stoffwechselleistung aufbringen. Überlegungen dieser Art werden weiter unten nochmals aufgegriffen.

Das nächste Beispiel handelt ebenfalls von Reibungs- bzw. Verschiebearbeit und der zugehörigen Leistung. Es betrifft einen genialistischen Klassiker der Meßtechnik, an dem man auch heute noch viel lernen kann. Der Schlußabschnitt dieses Beispiels greift nochmals den bereits besprochenen Begriff des Wirkungsgrads auf.

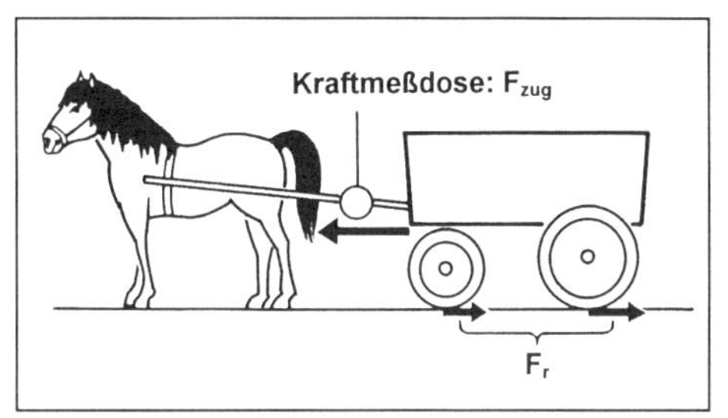

Abb. 6-6: Verschiebeleistung beim Ziehen eines Wagens

Beispiel *(Abb. 6-6, 6-7): Die mechanische Leistung P_{mech} beim Ziehen eines Pferdewagens mit der Geschwindigkeit v über die Strecke s kann man berechnen, wenn die horizontale Zugkraft F_{zug} des Pferdes über einen Kraftmesser und die Fahrgeschwindigkeit v = s/t über eine Stoppuhr (→ t) und eine abgesteckte Strekke (→ s) bestimmbar ist. Für v = const. muß diese Zugkraft F_{zug} entgegengesetzt gleich sein der gesamten Reibungskraft F_r zwischen Wagenrädern und Straße; beziehungsweise Wagenrädern und Achsen (Abb.6-6).*

Mit F_{zug} = 220 N, s = 100 m und t = 25,32 s ergibt sich:

$$P = \frac{|F_{zug}| \cdot s}{t} = \frac{|F_r| \cdot s}{t} =$$

$$= \frac{220\,(N) \cdot 100\,(m)}{25{,}32\,(s)} = 869\,N\,m\,s^{-1} = 869\,W$$

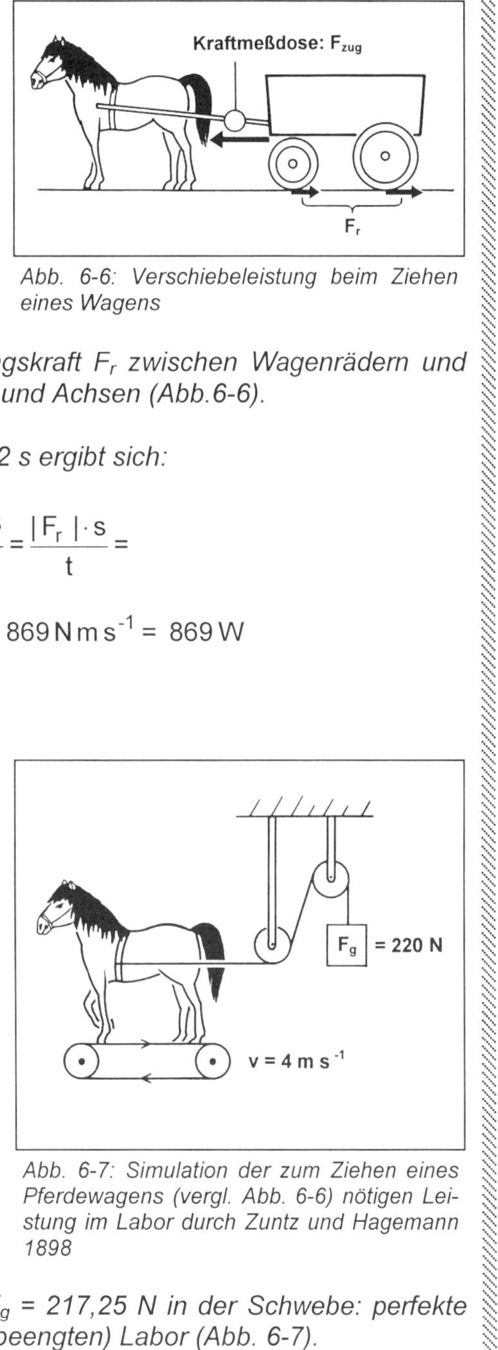

Abb. 6-7: Simulation der zum Ziehen eines Pferdewagens (vergl. Abb. 6-6) nötigen Leistung im Labor durch Zuntz und Hagemann 1898

Auf diesen Rechenwert kamen Experimentatoren im ausgehenden 19. Jahrhundert auch durch einen ebenso einfachen wie gut durchdachten Laboransatz, bei dem letztlich gar nichts mehr verschoben worden ist: Zuntz und Hagemann haben sich 1898 ein ortsfestes Verfahren ausgedacht. Statt s = 100 m in t = 25 s zurückzulegen, das heißt also mit der Eigengeschwindigkeit v = 100 (m)/25 (s) = 4 m s^{-1} dahinzutraben, läuft das Pferd „ortsfest" (was praktikabler ist) auf einem Laufband der Bandgeschwindigkeit v_{Band}. = 4 m s^{-1}. Statt den Wagen hinterherzuziehen und dabei die Reibungskraft F_r = 217,25 N zu überwinden, hält es über Rollen ein Gewicht F_g = 217,25 N in der Schwebe: perfekte Simulation eines Geländevorgangs im (beengten) Labor (Abb. 6-7).

Im Laborversuch wurde dem Pferd damals also ebenfalls eine mechanische Leistung von 869 W abverlangt:

$$P_{mech} = F_g \cdot v_{Band} = 217{,}25\ (N) \cdot 4\ (m\ s^{-1}) = 869\ W$$

Weshalb hatte man diese Untersuchungen gemacht, und wofür wurde das Pferd auf diese mechanische Leistung P_{mech} eingestellt? Man brauchte sie für die Berechnung des (Brutto-)Wirkungsgrads η_{Brutto}, der definiert ist als Quotient aus dieser mechanischen Leistung P_{mech} und der gesamten Stoffwechselleistung P_m:

$$\eta_{Brutto} = \frac{P_{mech}}{P_{m\,ges}}$$

Die letztere ist über Sauerstoffverbrauchsmessungen (vergl.. Abschnitt 15.5.5) zu 3773 W bestimmt worden. Zuntz und Hagemann erhielten bereits vor rund 100 Jahren den Wert:

$$\eta_{Brutto} = \frac{P_{mech}}{P_{m\,ges}} = \frac{869\,(W)}{3773\,(W)} = 0{,}234 \approx 23\ \%$$

Mit heutigen Verfahren kommt man etwa auf den gleichen Wert.

6.1.2 Hubarbeit W_h, potentielle Energie W_{pot}; Hubleistung P_h

6.1.2.1 Senkrechtes Hochsteigen, Hochheben, Hochziehen

Beim senkrechten Hochsteigen hebt man sein Körpergewicht gegen die Erdanziehung an und leistet damit Hubarbeit.

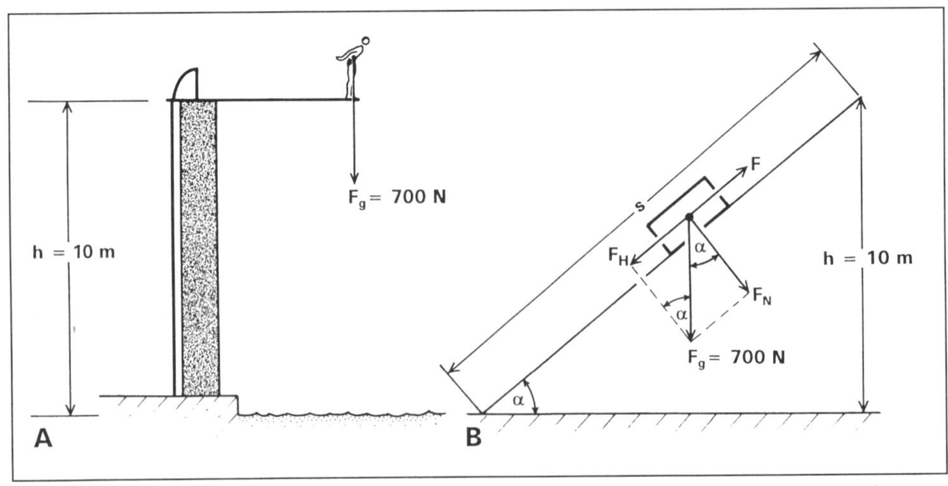

Abb. 6-8: Hubarbeit und Energie der Lage. A beim senkrechten Anheben, B beim schrägen Anheben (vergl. den Text)

Beispiel *(Abb. 6-8 A): Eine Turmspringer des Gewichts* $F_g = 700$ *N steigt in 35 s bis zum 10 m-Brett (Abb. 6-8A). Er hat damit gegen seine Gewichtskraft* F_g *die folgende Hubarbeit aufgewendet:*

$$W_h = F_g \cdot h =$$

$$= 700\ (N) \cdot 10\ (m) = 7000\ Nm = 7000\ J = 7\ kJ$$

(h Hubhöhe über dem Wasserspiegel).

Sein Körper besitzt nun, auf h = 0 bezogen, eine Energie der Lage oder potentielle Energie von $W_{pot} = 7$ *kJ.*

Springt er, so setzt er W_{pot} *in Bewegungsenergie oder kinetische Energie* W_{kin} *um und erreicht auf Wasserspiegelhöhe (unter kleinen Verlusten wegen des Luftwiderstands) wieder (knapp)* $W_{kin} = 7$ *kJ. Diese kinetische Energie wird durch Beschleunigungsvorgänge des Wassers (Spritzen beim Eintauchen) und durch Abbremsvorgänge nach dem Eintauchen (Reibung und Verwirbelungen) „vernichtet", das heißt in Wärme umgesetzt.*

Die Hubleistung des Springers beträgt

$$P_h = \frac{7000\,(J)}{35\,(s)} = 200\ J\ s^{-1} = 200\ W.$$

6.1.2.2 Hochziehen auf schiefer Ebene

Mit den Kenndaten des letzten Beispiels sei folgende Beispielsüberlegung gemacht.

Beispiel *(Abb. 6-8 B): Würde man einen Körper von F = 700 N Gewicht auf einer reibungsfrei gedachten schiefen Ebene unter dem Neigungswinkel* α*, also über die Strecke* $s = h/\sin\alpha$ *in 35 s auf die Höhe h = 10 m hochziehen (Abb. 6-8 B), so benötigte man dafür eine gegen die Hangabtriebskraft gerichtete gleichgroße Kraft F:*

$$|F| = |F_h| = |F_g \sin\alpha|$$

Die Arbeit wäre mit

$$W = \frac{F_g \cdot \sin\alpha \cdot h}{\sin\alpha} = F_g \cdot h =$$

$$= 700\ (N) \cdot 10\ (m) = 7000\ N$$

so groß wie im letzten Beispiel angegeben. Auch die Leistung wäre gleichgroß mit

$$P = \frac{7000\,(N)}{35\,(s)} = 200\ W.$$

Arbeit und Leistung sind also nur abhängig von der Höhendifferenz, nicht von der Art, wie diese erreicht wird. Für die Leistung, gilt das natürlich nur, wenn die Steigzeit auf unterschiedlichen Wegen dieselbe ist.

Der Leistung bei Bewegung auf einer schiefen Ebene entspricht auch die sogenannte Steigleistung, wie sie für den Lauf eine Treppe hinauf (Abb. 6-9 A) oder auf einem schräggeneigten Laufband (Abb. 6-9 B) aufzuwenden ist. In die Leistungsberechnung geht auch hier die vertikale Höhendifferenz h ein; es kommt nur auf diese an, nicht auf die Art, wie sie - beispielsweise über schräge Ebenen oder sonst irgendwie - erreicht wird.

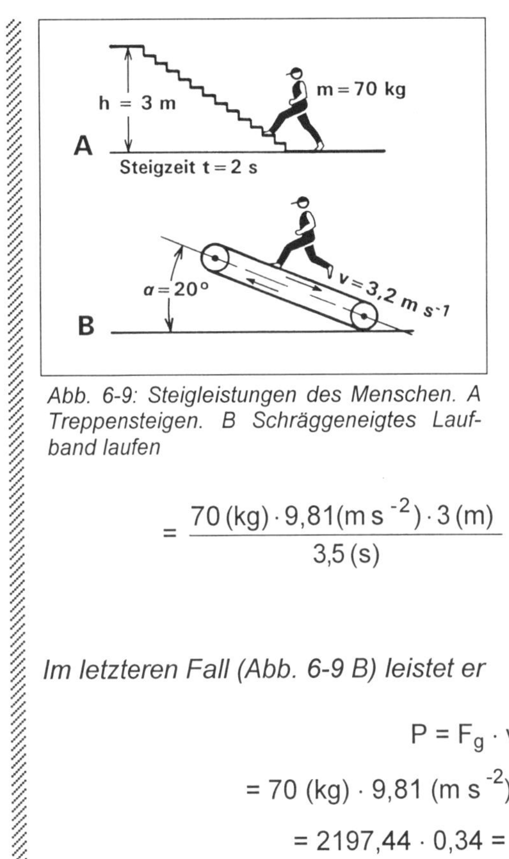

Abb. 6-9: Steigleistungen des Menschen. A Treppensteigen. B Schräggeneigtes Laufband laufen

***Beispiel** (Abb.6-9): Welche Steigleistung muß ein Mensch der Körpermasse m = 70 kg entwickeln, wenn er in t = 3,5 s die Stufen einer Stockwerkshöhe (3 m) hinaufläuft, oder wenn er mit v = 3,2 m s^{-1} auf einem unter α = 20° geneigten Laufband trainiert?*

Im ersten Fall (Abb. 6-9 A) leistet er

$$P = \frac{F_g \cdot h}{t} =$$

$$= \frac{70\,(kg) \cdot 9{,}81 (m\,s^{-2}) \cdot 3\,(m)}{3{,}5\,(s)} = 588{,}60\ kg\ m^2\ s^{-2} \approx 590\ W.$$

Im letzteren Fall (Abb. 6-9 B) leistet er

$$P = F_g \cdot v \cdot \sin\alpha =$$

$$= 70\,(kg) \cdot 9{,}81\,(m\,s^{-2}) \cdot 3{,}2\,(m\,s^{-1}) \cdot \sin 20° =$$

$$= 2197{,}44 \cdot 0{,}34 = 747{,}13\ W \approx 748\ W.$$

Bemerkung 1: Die Sinusabhängigkeit besagt, daß der Mensch bei $\alpha = 0°$, also bei horizontalem Laufband, gar keine Steigleistung entwickelt ($\sin 0° = 0$); im theoretischen Fall eines vertikalen Laufbands ($\sin 90° = 1$) ergibt sich mit $v = h/t$ wieder der Definitionsansatz

$$P_h = F_g \cdot v = F_g \cdot \frac{h}{t}.$$

Bemerkung 2: Leistungen der genannten Größe können trainierte Menschen sehr kurzfristig abgeben, wie Ergometertests ergeben haben.

Bemerkung 3: In der Praxis verwendet man Laufbandergometer, die nach dem Prinzip von Abbildung 6-9 B funktionieren, und Fahrradergometer, bei denen gegen eine variabel eingestellte Friktions- oder Wirbelstrombremse „angearbeitet" werden muß. Im letzteren Fall würde die Gewichtskraft also durch eine andersartige Kraft ersetzt.

Nun zur Gegenbetrachtung, dem Herabgleiten auf einer - diesmal reibungsbehafteten - schiefen Ebene. Betrachtet sei ein Eisbärjunges von F_g = 300 N Körpergewicht. Von jungen Eisbären weiß man ja aus Fernsehfilmen, daß sie gerne Eishänge spielerisch herunterrutschen Den Gleitreibungskoeffizienten $\mu_{Fell/Eis}$ schätze ich hierfür mal auf 0,1.

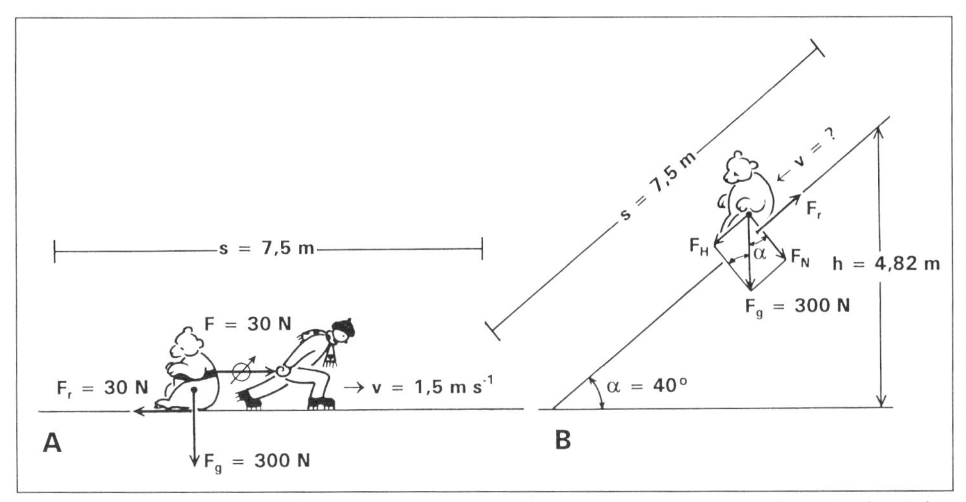

Abb. 6-10: Eisbärjunges. A Gedankenversuch: Ziehen auf reibungsbehafteter horizontaler Ebene. B Gelegentlich Realität: Rutschpartie auf reibungsbehafteter schiefer Ebene

***Beispiel** (Abb. 6-10): Zieht man im Gedankenversuch ein solches Tier auf horizontaler Eisebene mit einer konstanten Geschwindigkeit von $v = 1{,}5\ m\ s^{-1}$ über $s = 7{,}5\ m$ (Abb. 6-10A), so muß man nach Abschnitt 6.1.1 zur Überwindung der Reibungskraft*

$$F_r = F_N \cdot \mu = 300\ (N) \cdot 0{,}1 = 30\ N$$

eine entgegengesetzt gerichtete Kraft von F = 30 N aufbringen, eine Arbeit von

$$W_r = 30\ (N) \cdot 7{,}5\ (m) = 225\ Nm$$

aufwenden und eine Leistung von

$$P_r = 30\ (N) \cdot 1{,}5\ (m\ s^{-1}) = 45\ W$$

einsetzen.

Rutscht der kleine Eisbär eine s = 7,5 m lange, unter α = 40° geneigte schiefe Eisebene hinunter (Abb. 9-10 B), so herrschen folgende Verhältnisse.

Die Reibungskraft F_r beträgt nun (vergl. Abschnitt 4.3.6)

$$F_r = F_N \cdot \mu = F_g \cos\alpha \cdot \mu = 300\ (N) \cdot 0{,}77 \cdot 0{,}1 = 22{,}98\ N.$$

Diese muß, soll die Gleitgeschwindigkeit konstant sein, von der entgegengesetzt gerichteten Hangabtriebskraft F_H gerade kompensiert werden, die sich berechnet zu

$$F_H = F_g \cdot \sin\alpha = 300\ (N) \cdot 0{,}64 = 192{,}84\ N.$$

Da $F_H >> F_r$ wird der kleine Eisbär beschleunigen. Würde dadurch die Gleitreibungskraft ansteigen, so würde der Bär so lange beschleunigen, bis er eine Geschwindigkeit erreicht hat, bei der die Bedingung gilt $F_H = -F_r$. Mit dieser - dann konstanten - Geschwindigkeit würde er weiter abwärts rutschen. (Eine Überschlagsbetrachtung ergibt allerdings, daß die Arktis so lange Rutschstrekken, daß sich eine konstante Geschwindigkeit einstellen könnte, für ihre Eisbären wohl nicht parat hat.)

Woher nimmt der Eisbär beim Abwärtsrutschen seinen Antrieb? Zunächst muß er zum Ausgangspunkt des Rutschvergnügens kommen, also irgendwie die Höhe h = s · sin α = 4,82 m erklimmen. Er muß dazu eine Hubarbeit von

$$W_H = F_g \cdot h = 1446{,}27\ Nm$$

aufwenden und besitzt dann eine potentielle Energie von 1446,27 Nm. Diese baut er beim Abwärtsrutschen graduell ab; sie liefert ihm den Antrieb. Für die gesamte Rutschstrecke von s = 7,5 m muß er zur Überwindung der Gleitreibung gerade wieder die Arbeit von

$$W = F_H \cdot s = F_g \cdot \sin\alpha \cdot \frac{h}{\sin\alpha} = F_g \cdot h = 1446{,}27\ Nm$$

aufwenden, die er vorher als potentielle Energie „angespart" hat. Er hat das gesamte Rutschvergnügen „energetisch selbst finanziert".

Bemerkung: Es gibt in der Biologie auch gute Beispiele für „Fremdfinanzierung". Ein vollgefressener afrikanischer Geier von m = 14 kg Masse, der aus einer Höhe von 2 km zum Gleitflug ansetzt - der im übrigen dem Herabrutschen auf einer schiefen Ebene prinzipiell gleicht, Abschnitt 11.7 - muß vorher eine Energie von

$$W_h = 14\ (kg) \cdot 9{,}81\ (m\ s^{-2}) \cdot 2000\ (m) = 2{,}74 \cdot 10^2\ kJ$$

„angespart" haben. Wenn irgend möglich, steigt er nicht mit aktivem Flügelschlag so hoch, sondern läßt sich, mit gespreizten Flügeln in einer Thermikblase kreisend, von aufsteigenden Luftmassen hochtragen. Er läßt sich seine Gleitarbeit vorher also letztlich von der Sonne „fremdfinanzieren".

Allerdings: Ganz ohne Eigenarbeit geht es auch nicht. Auch das Ruhig-**Gespreizthalten** der Flügel kostet Energie („Haltearbeit" - keine Arbeit im physikalischen, wohl aber im stoffwechselphysiologischen Sinn, vergl. Abb. 6-11). Sie beträgt aber deutlich weniger als 10 % der Hubarbeit - Abschnitt 6.1.2.3.

T 11B p 269

Abschließend noch eine Leistungsbetrachtung zum Eisbärenbeispiel, das sich, bedenkt man es recht, als erstaunlich weittragend erweist.

Angenommen, der Bär klettert in t_1 = 60 s bis zur Höhe h = 4,82 hinauf und rutscht dann in t_2 = 6 s die schiefe Ebene hinab. Dann hat er zum Aufsteigen die Leistung

$$P_1 = \frac{W_h}{t_1} = \frac{1446{,}27\,(\mathrm{Nm})}{60\,(\mathrm{s})} \approx 24\,\mathrm{W}$$

aktiv aufgebracht, beim Abwärtsrutschen die Leistung

$$P_2 = \frac{1446{,}27\,(\mathrm{Nm})}{6\,(\mathrm{s})} \approx 240\,\mathrm{W}$$

passiv abgegeben. (Er kann mit der letzteren Leistung nichts anfangen; die Leistung ist letztlich als Wärmeabgabeleistung nicht mehr nutzbar).

Unser Eisbär ist also ein „Leistungswandler". Er ist damit einem technischen Rammbär analog, der in längerer Zeit (→ geringe Leistung) hochgezogen wird und in kurzer Zeit (→ hohe Leistung) wieder herabfällt. Beim Rammbär wird die letztere Leistung allerdings zum Gutteil in „Rammleistung" umgesetzt.

6.1.2.3 Physikalische Arbeit und physiologische „Haltearbeit" oder „Tragearbeit"

Das folgende Beispiel über den Transport eines Koffers soll insbesondere auch die Tatsache aufzeigen, daß die physikalische Definition der Arbeit gelegentlich zu einem physikalisch-physiologischen Paradoxon führt. Es wird die allgemeine Definition $W = F \cdot \Delta s \cdot \cos\alpha$ verwendet. Das Beispiel ist hier eingeordnet, weil es Hubarbeit (Abschnitt 6.1.2) und Reibungs- bzw. Verschiebearbeit (Abschnitt 6.1.1) mit einbezieht.

Beispiel *(Abb. 6-11): Man hat einen Rollenkoffer von F_g = 200 N Gewicht über die Strecke s = 100 m zu transportieren (Abb.6-11). Welche physikalische Arbeit muß man verrichten, wenn man ihn zunächst um 0,4 m anhebt, dann 60 m trägt und schließlich, weil man dadurch ermüdet ist, die letzten 40 m unter α = 30° (vergl. Abb. 6-11) rollt? (Rollreibungskoeffizienten μ_R = 0,06).*

Der Koffer wird in 0,5 s angehoben und über die angegebene Strecken in 180 s getragen und in 35 s gerollt. Wie groß sind die dafür auszugebenden physikalischen Leistungen?

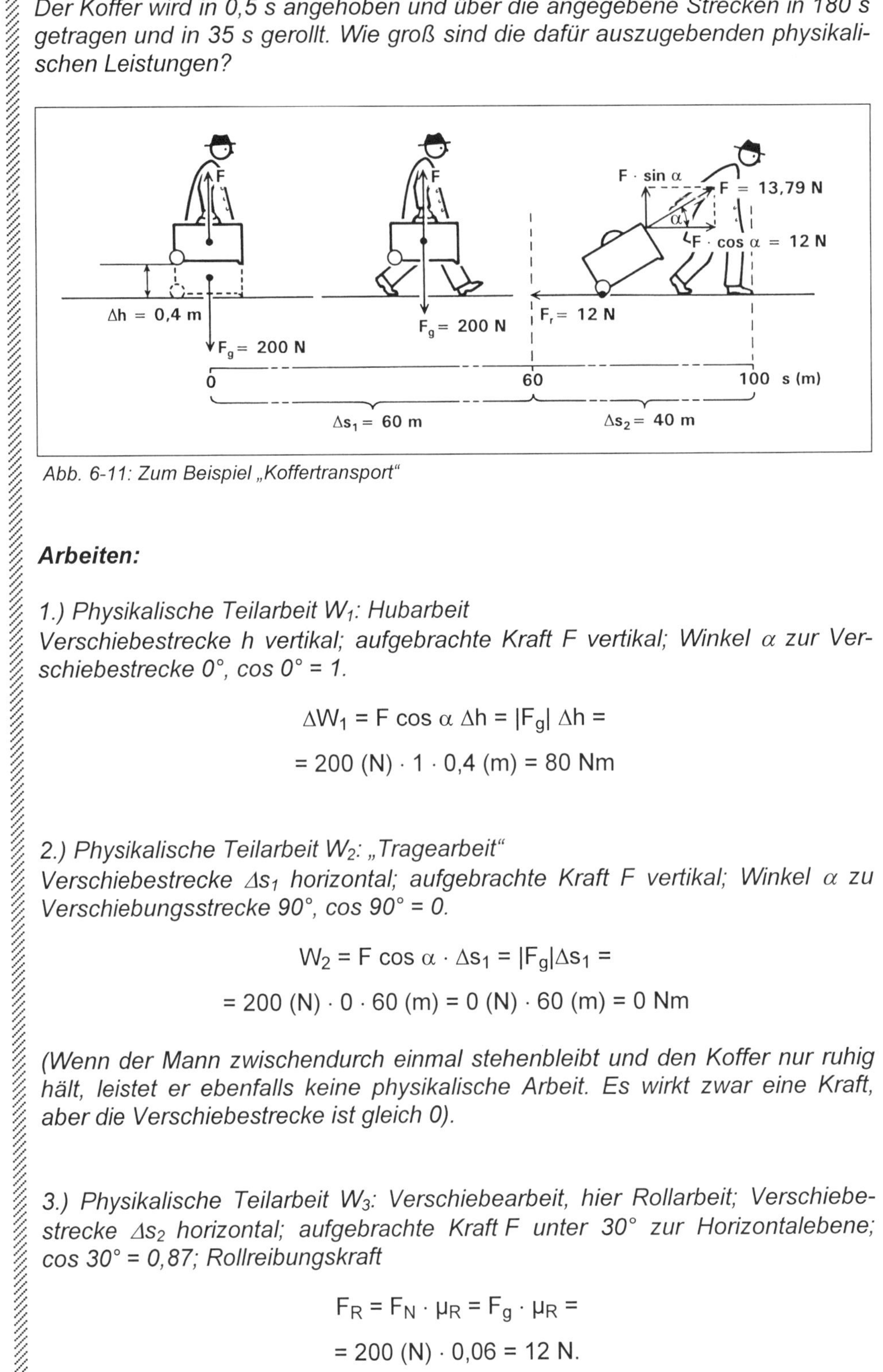

Abb. 6-11: Zum Beispiel „Koffertransport"

Arbeiten:

1.) Physikalische Teilarbeit W_1: Hubarbeit
Verschiebestrecke h vertikal; aufgebrachte Kraft F vertikal; Winkel α zur Verschiebestrecke 0°, cos 0° = 1.

$$\Delta W_1 = F \cos\alpha \, \Delta h = |F_g| \, \Delta h =$$

$$= 200 \text{ (N)} \cdot 1 \cdot 0{,}4 \text{ (m)} = 80 \text{ Nm}$$

2.) Physikalische Teilarbeit W_2: „Tragearbeit"
Verschiebestrecke Δs_1 horizontal; aufgebrachte Kraft F vertikal; Winkel α zu Verschiebungsstrecke 90°, cos 90° = 0.

$$W_2 = F \cos\alpha \cdot \Delta s_1 = |F_g| \Delta s_1 =$$

$$= 200 \text{ (N)} \cdot 0 \cdot 60 \text{ (m)} = 0 \text{ (N)} \cdot 60 \text{ (m)} = 0 \text{ Nm}$$

(Wenn der Mann zwischendurch einmal stehenbleibt und den Koffer nur ruhig hält, leistet er ebenfalls keine physikalische Arbeit. Es wirkt zwar eine Kraft, aber die Verschiebestrecke ist gleich 0).

3.) Physikalische Teilarbeit W_3: Verschiebearbeit, hier Rollarbeit; Verschiebestrecke Δs_2 horizontal; aufgebrachte Kraft F unter 30° zur Horizontalebene; cos 30° = 0,87; Rollreibungskraft

$$F_R = F_N \cdot \mu_R = F_g \cdot \mu_R =$$

$$= 200 \text{ (N)} \cdot 0{,}06 = 12 \text{ N.}$$

$$W_3 = F \cdot \cos\alpha \cdot \Delta s_2 = |F_R| \cdot \Delta s_2 =$$

$$= 13{,}79\ (N) \cdot 0{,}87 \cdot 40\ (m) = 12\ (N) \cdot 40\ (m) = 480\ Nm.$$

Die Summe der drei Arbeitsanteile beträgt 560 N.

Leistungen:

1.) Physikalische Teilleistung P_1:

$$P_1 = \frac{W_1}{t_1} = \frac{80\,(N\,m)}{0{,}5\,(s)} = 160\,W$$

2.) Physikalische Teilleistung P_2:

$$P_2 = \frac{W_2}{t_2} = \frac{0\,(N\,m)}{180\,(s)} = 0\,W$$

3.) Physikalische Teilleistung P_3:

$$P_3 = \frac{W_3}{t_3} = \frac{480\,(N\,m)}{35\,(s)} = 13{,}71 W$$

Bemerkung 1: Am anstrengendsten (größte mechanische Leistungsabgabe) ist das Hochheben des Koffers (P_1), aber das belastet ja nur Sekundenbruchteile. Erstaunlicherweise (?) leistet man, physikalisch besehen, beim Koffertragen (P_2) und ebenso beim Kofferhalten nichts; vergl. dazu die Bemerkung 3. Überraschend gering ist die für das Kofferrollen benötigte Leistung P_3. Auf glattem Boden und bei ausgefuchsten Radlagern betrüge sie vielleicht nur 7 W. Wenn eine Seniorin am Bahnsteig einen Reisekoffer hinter sich herrollt, kann man getrost zuschauen; helfen muß man beim Hochheben zum Wagenabteil!

Bemerkung 2: Eine Summenbildung ist bei solchen Leistungsbetrachtungen nicht sehr sinnvoll, da es sich um getrennte Vorgänge mit jeweils bestimmten Bezugszeiten handelt.

Bemerkung 3: Unter den angegebenen Bedingungen ist die *physikalische Haltearbeit* W_2 tatsächlich gleich Null, trotzdem ermüdet das Kofferhalten beziehungsweise Tragen bekanntlich. Die *„physiologische Haltearbeit"* ist aber keineswegs gleich Null, und wenn man einen Menschen mit und ohne einen schweren Koffer laufen läßt, kann man im ersteren Fall wegen größerer Muskelaktivität einen höheren Sauerstoffverbrauch (höhere Stoffwechselleistung P_m, vergl. Abschnitt 15.5.4) messen. Wenn man *physiologische* Leistungsberechnungen macht, sind solche Anteile, die dem *physikalischen* Arbeitsbegriff nicht entsprechen, also mit einzubeziehen!

Bei den bisher betrachteten Formen der Arbeit hatte die betrachtete Kraft F Arbeit gegen ortsunabhängige Kräfte geliefert und war damit konstant geblieben; für Abschnitt 6.1.1 galt $F = -F_r$, für Abschnitt 6.1.2 galt $F = -F_g$. Trägt man die

Kraft jeweils über den Weg s auf - man spricht dann von Arbeitsdiagrammen -, so ergeben sich Rechteckdarstellungen (Abb. 6-12 A,B); die Arbeit entspricht jeweils der eingeschlossenen Rechteckfläche.

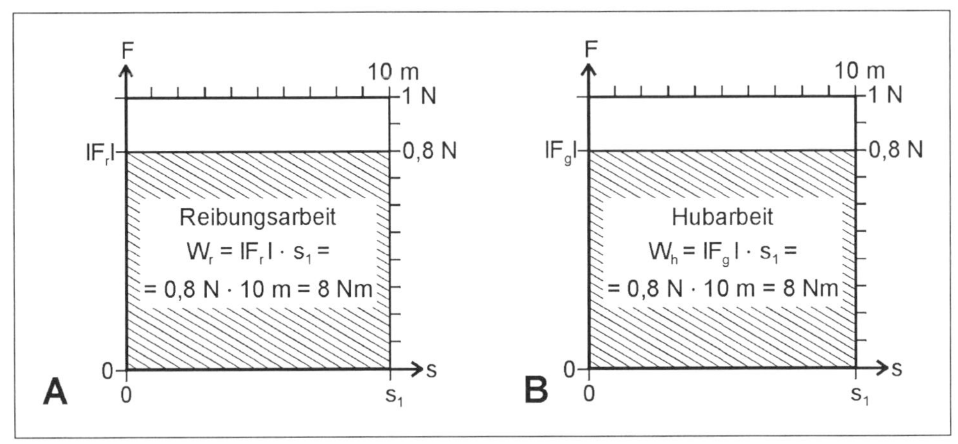

Abb. 6-12: Arbeitsdiagramme. A für den Fall der Reibungsarbeit (vergl. Abschnitt 6.1.1), B für den Fall der Hubarbeit (vergl. Abschnitt 6.1.2)

Bei der im folgenden Abschnitt 6.1.3 geschilderten Verformungsarbeit - etwa für die Dehnung einer Spiralfeder - ist das nicht der Fall. Hier leistet die betrachtete Kraft F Arbeit gegen eine (ortsabhängige) Rückstellkraft, die mit stärkerer Federdehnung linear ansteigt.

6.1.3 Spannarbeit W_s oder Formänderungsarbeit, elastische Energie W_e

Der Dehnung einer Spiralfeder, das heißt ihrer Verlängerung um die Strecke Δ_s unter der Kraft F, entspricht eine Arbeit $W = F\ \Delta_s$, die wohl auch als Spannarbeit bezeichnet wird. Die Feder ändert dabei ihre Form. Allgemein kann man deshalb auch von einer Formänderungsarbeit sprechen. Die Abkürzung W_e soll auf die hierbei auftretenden „elastischen" Effekte hinweisen. Die übliche Bezeichnung „elastische Energie" ist freilich sprachlich nicht sehr glücklich; „Energien" sind halt nicht elastisch".

Bei einer gedehnten Spiralfeder liegen dehnende Kraft F, Rückstellkraft $F_{rück}$ und Dehnungsweg s zwangsläufig „auf einer Linie"; der Winkel α zwischen Kraft und Weg ist gleich Null, und mit cos 0° = 1 gilt

$$W = F \cdot s \cdot \cos\alpha = F \cdot s,$$

in Integralschreibweise

$$W = \int F \cdot d \cdot s$$

(„Arbeit ist das Wegintegral der in Wegrichtung wirkenden Kraft").

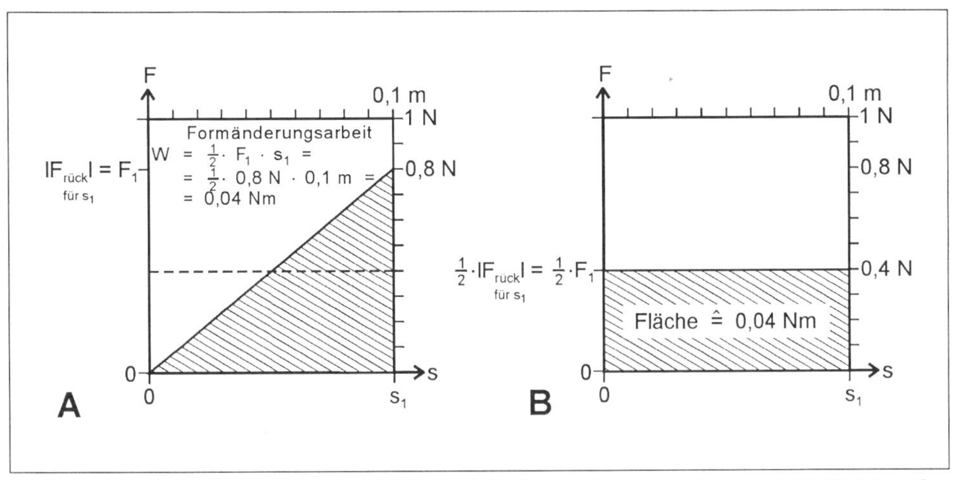

Abb. 6-13: Arbeitsflächen für die gedehnte Spiralfeder. A Arbeitsdiagramm. B Gleichgroße Fläche, gebildet mit der konstanten Kraft ½ · F_1

Bei ideal elastischen Federn mit einer linearen F-s-Kennlinie (Abb. 6-13 A) erfolgt die Federdehnung unter der Kraft F gegen eine Rückstellkraft $F_{rück}$, die jeweils linear proportional dem momentanen Federweg s ist:

$$F_{rück} = -c\, s$$

(c Proportionalitätsfaktor („Federkonstante"), gleich der Steigung $\Delta F/\Delta s$ der F-s-Kennlinie)

In jeder Stellung hält die Kraft F der Rückstellkraft $F_{rück}$ das Gleichgewicht:

$$F = -F_{rück}$$

Für s = 0 ist F = 0; für s = s_1 werde nach linearem Anstieg F_1 erreicht. Damit entspricht die Formänderungsarbeit anschaulich der Dreiecksfläche „unter der Kennlinie" (Abb. 6-13 A):

$$W = \frac{1}{2} \cdot F \cdot s$$

Die Anschauung zeigt ja (Abb. 6-13 B), daß man eine gleiche Arbeitsfläche mit einer halb so großen, aber konstanten Kraft erhalten würde (vergl. dazu die Rechteckflächen von Abb. 6-12 A, B);

$$\frac{1}{2} \cdot (F_1 \cdot s_1) = (\frac{1}{2} \cdot F_1) \cdot s_1.$$

Mit zunehmender Dehnung s der Feder nimmt die aufzuwendende Verformungsarbeit W_e quadratisch zu. Das kann man zeigen, wenn man die Rückstellkraft über die Federkonstante c formuliert:

$$W_e = \int F \cdot d \cdot s = \int -F_{rück} \cdot d \cdot s = \int c \cdot s \cdot d \cdot s = \frac{1}{2} \cdot c \cdot s^2$$

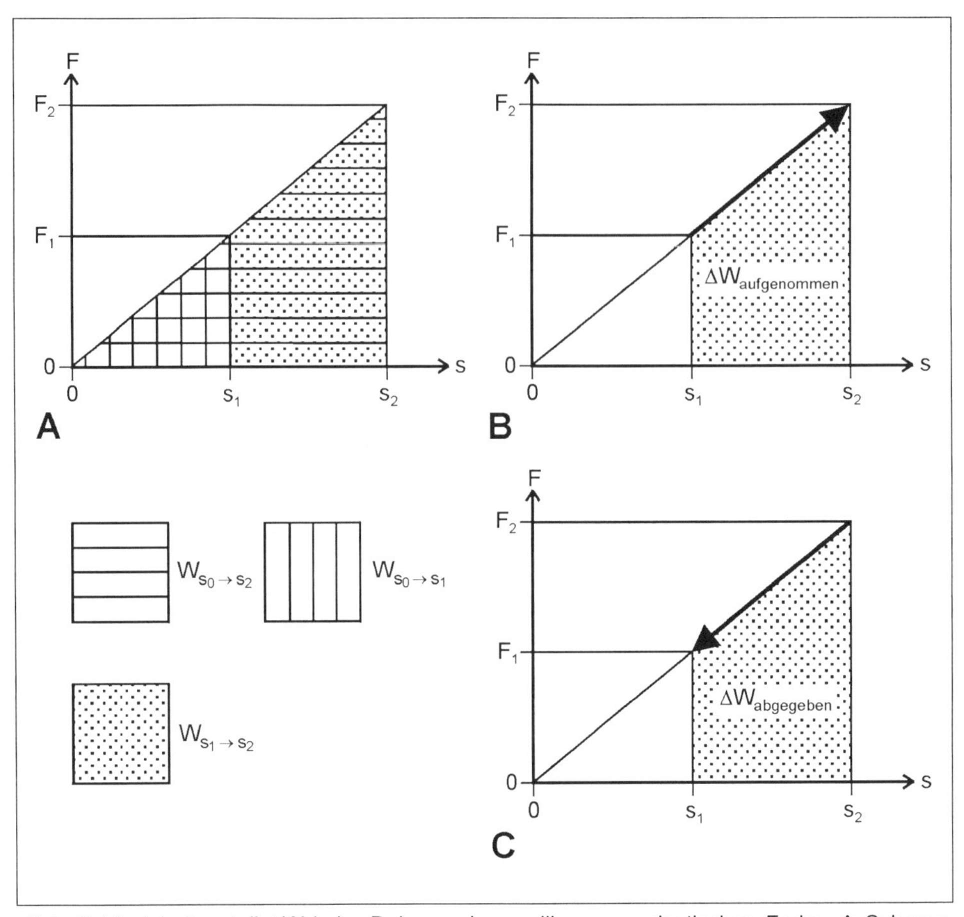

Abb. 6-14: Arbeitsanteil ΔW beim Dehnen einer vollkommen elastischen Feder. A Schema (vergl. den Text). B Beim Spannen von s_1 auf s_2 aufgenommener Arbeitsanteil $\Delta W_{aufgenommen}$. C Beim folgenden Entspannen von s_2 auf s_1 wieder abgegebener Arbeitsanteil $\Delta W_{abgegeben}$

Dehnt man eine mit F_1 bis s_1 vorgespannte Feder unter Aufwendung einer höheren Kraft F_2 bis s_2 ein Stück weiter, so muß man dazu einen Arbeitsanteil ΔW_e aufwenden (Abb. 6-14A):

$$\Delta W_e = W_{s_0 \to s_2} - W_{s_0 \to s_1} = W_{s_1 \to s_2} = \frac{1}{2}\,(s_2^2 - s_1^2)$$

Ist die Feder unter Aufwendung von ΔW bis s_2 weiter gespannt, so erhält sie nun eine gleichgroße, zusätzliche elastische Energie ΔW_e. (Abb. 6-14B). Gibt man ihr die Möglichkeit, sich wieder bis s_1 zu entspannen, so kann sie bei vollkommener Elastizität den gespeicherten Energiebetrag ΔW_e vollständig wieder abgeben und gegebenenfalls einen Anteil in nutzbare Arbeit umsetzen (Abb. 6-14C).

In der Praxis arbeitet man zur Bestimmung von Arbeitsflächen weniger mit Kraft F und Weg s als mit Spannung σ (englisch: stress; N m^{-2}) und Dehnung ε (englisch: strain; Einheit m m^{-1}). Die Begriffe werden in Abschnitt 7.1 besprochen, müssen hier aber vorab benutzt werden.

Die Dimension des Produkts $\sigma\ \varepsilon$ (entsprechend einer Fläche in Abb. 6-15) beträgt

$$\frac{F}{L^2} \cdot \frac{L}{L} = \frac{W}{L^3} = \frac{W}{V}.$$

Eine Fläche in Abb. 6-15 kennzeichnet also eine auf das Volumen V bezogene Arbeit W.

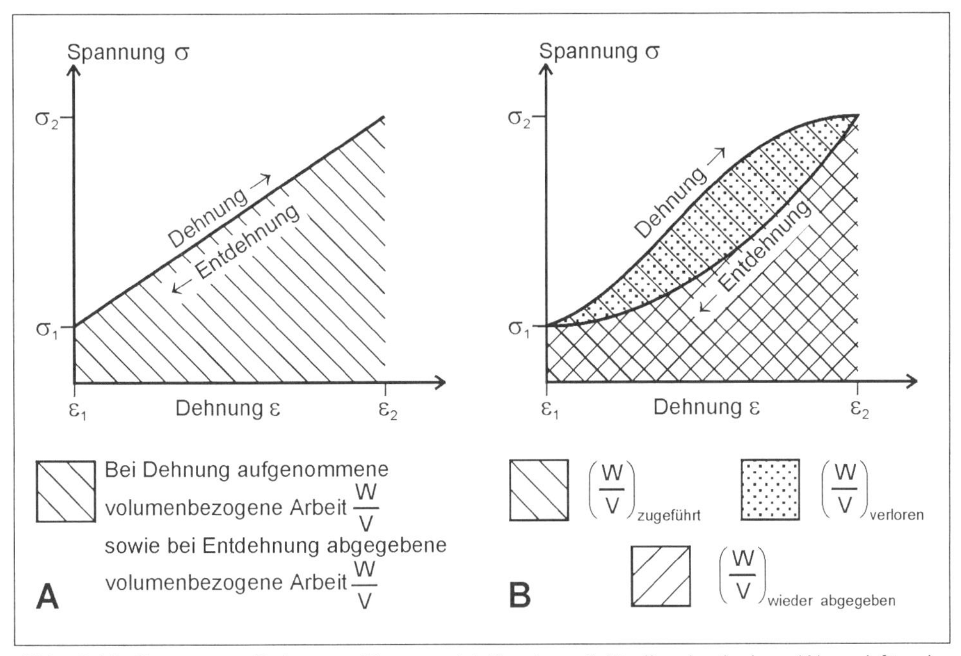

Abb. 6-15: Spannungs-Dehnungs-Kurven $\sigma(\varepsilon)$ für ein vollständig elastisches (A) und für ein teilelastisches Material (B); zur volumenbezogenen Arbeit W/V vergl. den Text

Multiplizierte man diese volumenbezogene oder volumenspezifische Arbeit W/V mit dem Volumen V des betrachteten Objekts, so erhielte man wieder die physikalisch definierte Arbeit W (vergl. Abb. 6-1). Ginge man gleich von einem Körper des Volumens 1 aus, so erhielte man Werte, die numerisch gleich einer entsprechenden physikalischen Arbeit sind. Damit sind Flächen im F-s-Diagramm und im σ-ε-Diagramm vergleichbar.

Meist interessiert man sich jedoch für Wirkungsgrade. Man bildet dann die Quotienten zweier Arbeiten beziehungsweise volumenbezogenen Arbeiten. Damit erhält man in jedem Fall sowieso die gleichen Zahlenwerte. Solche Wirkungsgradbetrachtungen sind, ergänzend zum Abschnitt 6.1, im nächsten Beispiel dargestellt.

Phänomene der Formänderungsarbeit wurden am einfachen Beispiel einer vollständig elastischen (im Hooke'schen Bereich gedehnten) Spiralfeder relativ ausführlich dargestellt, weil sie eine Basis bilden für Untersuchungen dehnbarer (aber nie vollständig elastischer und damit nicht so leicht zu formulierender) Systeme in Botanik und Zoologie.

Ein - theoretisch - vollkommen elastischer Körper, der bei der Dehnung ε_1 die Spannung σ_1, bei der Dehnung ε_2 die Spannung σ_2 aufweist, wird bei der Dehnung („Verformung") von ε_1 auf ε_2 die volumenspezifische Arbeit

$$\frac{W_e}{V} = \frac{1}{2} \cdot \Delta\sigma \cdot \Delta\varepsilon = \frac{1}{2} \cdot (\sigma_2 - \sigma_1) \cdot (\varepsilon_2 - \varepsilon_1)$$

benötigen, d.h. aufnehmen (Dreiecksfläche in Abb. 6-15 A). Bei der Entdehnung wird er diese Arbeit vollständig wieder abgeben.

Der elastische Wirkungsgrad beträgt dann - jedenfalls theoretisch -

$$\eta = \frac{(\frac{W}{V})_{abgegeben}}{(\frac{W}{V})_{zugeführt}} = \frac{\text{Fläche ▨}}{\text{Fläche ▧}} = 1$$

Ein teilelastisches Material wird für die Dehnung eine gewisse volumenspezifische Arbeit $(W/V)_{zugeführt}$ aufnehmen, bei der Entdehnung aber nur zum Teil als $(W/V)_{abgegeben}$ wieder in Form von nutzbarer Arbeit zur Verfügung stellen. Der Rest $(W/V)_{verloren}$, entsprechend der von der Dehnungs- und Entdehnungskurve des Arbeitsdiagramms eingeschlossenen Fläche (Abb. 6-15 B), geht als Wärme verloren.

Der elastische Wirkungsgrad beträgt

$$\eta = \frac{(W/V)_{abgegeben}}{(W/V)_{zugeführt}} = \frac{\text{Fläche ▨}}{\text{Fläche ▧}} = \frac{\text{Fläche ▨}}{\text{Fläche ▨} + \text{Fläche ⬚}} \leq 1$$

In der Pflanzenbiomechanik spielt die Verformungsarbeit als „Biegearbeit" (Biegeschwingung eines Blatts im Wind) und als „Torsionsarbeit" (Verdrillungs-Schwingung eines Baumstammes bei exzentrisch zur Längsachse angreifender Windlast) eine große Rolle. In der Biomechanik der Tiere geht es beispielsweise um Dehnung und Entdehnung von Bindegewebe oder elastischer Ligamente, die als Dämpfungselemente eine möglichst große „elastische Energie" aufnehmen und möglichst vollständig - das heißt unter geringstmöglichen Energieverlusten - wieder abgeben sollen. Dazu im nächsten Beispiel eine Originalmessung.

Beispiel *(Abb. 6-16): Ker (1980) gibt für die Plantaris-Sehne eines Schafs von 50 kg Körpermasse, die mit einer Frequenz von 1,1 Hz rhythmisch gedehnt und entdehnt worden ist, die nebenstehende Abbildung. Wie groß ist unter diesen Bedingungen in etwa der elastische Wirkungsgrad der Sehne?*

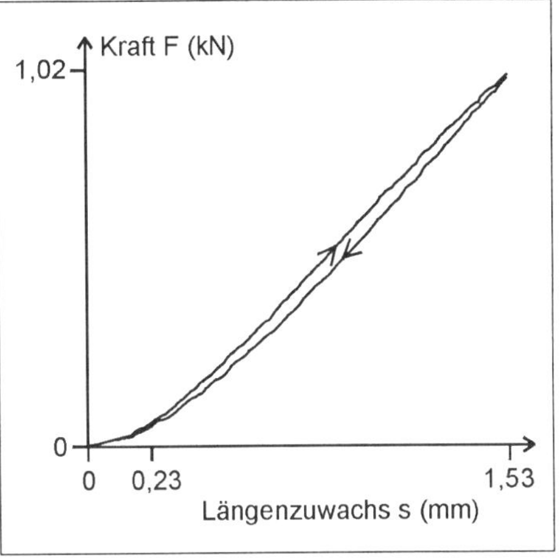

Abb. 6-16:Arbeitsdiagramm einer Schaf-Sehne. vergl. den Text. Basierend auf Ker (1980)

Es fällt auf, daß die eingeschlossene Fläche klein ist, bezogen auf die Flächen „unter den Kurven"; der elastische Wirkungsgrad $\eta_{elastisch}$ müßte ziemlich groß sein. Da man zur Berechnung von $\eta_{elastisch}$ Quotienten bilden muß, sind die Einheiten gleichgültig. Man kann beispielsweise gleich in Quadratmillimetern „auf der Zeichnung" oder in beliebigen anderen Flächeneinheiten auszählen, unbeschadet der Koordinatenangaben.

Mit den Symbolen von Abbildung 6-15B finde ich auf der mir vorliegenden Vergrößerung:

$$\left(\frac{W}{V}\right)_{zugeführt} = 1650\,\text{mm}^2; \quad \left(\frac{W}{V}\right)_{abgegeben} = 1525\,\text{mm}^2$$

$$\eta_{elastisch} = \frac{\left(\frac{W}{V}\right)_{abgegeben}}{\left(\frac{W}{V}\right)_{zugeführt}} = \frac{1525\ (\text{mm}^2)}{1650\ (\text{mm}^2)} = 0{,}92 = 92\,\%$$

oder

$$\eta_{elastisch} = \frac{\left(\frac{W}{V}\right)_{abgegeben}}{\left(\frac{W}{V}\right)_{abgegeben} + \left(\frac{W}{V}\right)_{verloren}} = \frac{1525}{1525+125} = 0{,}92 = 92\,\%$$

Bemerkung: Für ein biologisches Material ist dies ein beachtlich hoher elastischer Wirkungsgrad; üblicherweise liegen derartige Wirkungsgrade unter 0,90. Das höchstelastische Material im Tierreich - Resilin, ein kautschukartig vernetztes Protein -, erreicht bei $f \geq 50\ s^{-1}$ einen Wert von $\eta_{elastisch} \approx 0{,}96$, absorbiert also pro Zyklus nur etwa 4 % der hineingesteckten Energie als Wärme.

Wegen ihrer grundlegenden Wichtigkeit für ein Verständnis von Arbeit und Leistung gerade auch im biomechanischen Bereich wurden die bisherigen Abschnitte 6.1.1 bis 6.1.3 ausführlich dargestellt.

Die übrigen in Abbildung 6-1 aufgeführten Möglichkeiten werden im folgenden nur kurz gefaßt und ohne Ableitungen zusammengestellt.

6.1.4 Beschleunigungsarbeit W_b; kinetische Energie W_{kin}

Setzt man eine zunächst ruhende Masse (deren Lagerung reibungsfrei gedacht ist) in Bewegung, beschleunigt man sie also, so bedarf es dazu einer Kraft F, die die Trägheitskraft F_t der Masse kompensiert, die also gegen diese Kraft Arbeit leistet. Die Kraft F ist gleich dem Produkt aus der Masse m und der aufgewandten Beschleunigung a:

$$F = -F_t = m\,a$$

und die zur Beschleunigung vom Ruhezustand (v = 0) auf die Geschwindigkeit v benötigte Beschleunigungsarbeit beträgt

$$W_b = \frac{1}{2}\, m \cdot v^2$$

Auch Differenzen ΔW_b lassen sich berechnen, wie das folgende Beispiel zeigt.

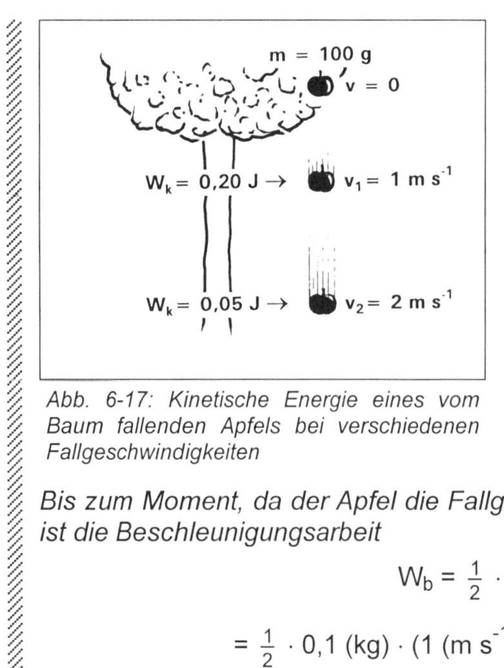

Abb. 6-17: Kinetische Energie eines vom Baum fallenden Apfels bei verschiedenen Fallgeschwindigkeiten

***Beispiel** (Abb. 6-17): Läßt man den berühmten 100 g-Apfel vom Baum fallen, so wirkt gegen seine Trägheitskraft F_t seine Gewichtskraft*

$$F_g = m \cdot g =$$

$$= 0{,}1\ (\mathrm{kg}) \cdot 9{,}81\ (\mathrm{m\ s^{-2}}) = 0.981\ \mathrm{N}.$$

Diese beschleunigt ihn und leistet dabei Beschleunigungsarbeit.

Bis zum Moment, da der Apfel die Fallgeschwindigkeit $v_1 = 1\ \mathrm{m\ s^{-1}}$ erreicht hat, ist die Beschleunigungsarbeit

$$W_b = \frac{1}{2} \cdot m \cdot v_1^2 =$$

$$= \frac{1}{2} \cdot 0{,}1\ (\mathrm{kg}) \cdot (1\ (\mathrm{m\ s^{-1}}))^2 = 0{,}05\ \mathrm{Nm} = 0{,}05\ \mathrm{J}$$

eingesetzt worden. In diesem Moment besitzt der Apfel die kinetische Energie $W_k = 0{,}05$ J.

Einen Moment später habe der Apfel die Fallgeschwindigkeit $v_2 = 2\ m\ s^{-1}$ erreicht. Welche Beschleunigungsarbeit ist nötig gewesen, ihn von v_1 auf v_2 weiter zu beschleunigen?

$$\Delta W_b = \frac{1}{2} \cdot m \cdot (v_2^2 - v_1^2) =$$

$$= \frac{1}{2} \cdot 0{,}1\ (kg) \cdot ((2\ m\ s^{-1})^2 - (1\ (m\ s^{-1})^2) = 0{,}15\ J$$

Im Moment, da v_2 erreicht ist, besitzt der Apfel die kinetische Energie

$$W_{kin} = \frac{1}{2} \cdot 0{,}1\ (kg) \cdot (2\ (m\ s^{-1}))^2 = 0{,}20\ J.$$

(Probe: 0,05 J + 0,15 J = 0,20 J).

Auch Fluidmassen zu beschleunigen kostet Energie. Eine Rolle spielen diesbezügliche Überlegungen beispielsweise in der Herzmechanik.

***Beispiel:** In Lehrbüchern der Physiologe kann man lesen, daß sich die Herzarbeit aus Druck-Volumen-Arbeit und Beschleunigungsarbeit zusammensetzt. Für die Druck-Volumen- Arbeit eines Menschenherzen wird im Beispiel zu Abschnitt 6.1.7 ein Wert von etwa 1 J berechnet werden, und es steht dort, daß man die Beschleunigungsarbeit vernachlässigen kann. Ist das so?*

Das Herz beschleunigt in der Aorta (aus dem linken Ventrikel), ebenso wie in der Arteria pulmonalis (aus dem rechten Ventrikel) eine Auswurfsmenge von jeweils etwa 70 ml jeweils von $v_1 = 0$ auf $v_2 \approx 60\ cm\ s^{-1}$ (doppelte Beschleunigungsarbeit, im Vergleich mit einem Einzelventrikel).

Für Überschlagsrechnungen kann man die spezifische Masse von Wasser einsetzen.

$$W_{b\ ges} = 2 \cdot \frac{1}{2} \cdot m \cdot v_2^2 =$$

$$= 0{,}07\ (kg) \cdot (0{,}6\ (m\ s^{-1}))^2 = 0{,}02520\ J.$$

Die Beschleunigungsarbeit beträgt also nur 2,5 % der Druck-Volumen-Arbeit und kann damit tatsächlich vernachlässigt werden.
Ebenso wie für das Beschleunigen eines Körpers Arbeit aufzuwenden ist, wird beim Verzögern eine entsprechende Energie freigesetzt. Stark verzögert wird beispielsweise beim Aufsprung eines Tiers. Die plötzlich freiwerdende Energie muß „abgefangen" werden, sonst können beispielsweise Extremitätenknochen brechen. Beim Aufsprung auf sehr deformierbarem Boden (etwa einer Sandschüttung: Weitsprung bei Sportveranstaltungen!) kann ein Teil der freiwerdenden Energie dazu benutzt werden, den Untergrund zu deformieren. Beim Aufsprung auf Hartboden wird die Energie durch die Dehnung von Bändern, Sehnen, Muskeln oder durch die Stauchung mechanischer (Fußgewölbe) oder hy-

draulischer und quasihydraulischer Systeme (Flüssigkeitsräume, in denen die Organe „schwimmen"; Fettpolster) abgefangen.

Beispiel: *Ein 700 kg schweres Pferd setzt nach einem Sprung mit beiden Vorderbeinen auf und reduziert damit seine Geschwindigkeit in 1/5 s von 5 m s^{-1} auf Null. Welche Energie wird dabei frei und welche Leistung wird abgegeben? (Analog werden „Bremsleistungen" bei Autos angesetzt).*

$$W = \frac{1}{2} \cdot 700\,(k) \cdot ((5\,(m\,s^{-1}))^2 - (0\,(m\,s^{-1})^2) = 8750\text{ J.}$$

$$P = \frac{8750\,(J)}{0{,}2\,(s)} = 43750\text{ W} = 43{,}75\text{ kW}$$

Bemerkung 1: Wegen der quadratischen Abhängigkeit der kinetischen Energie - die sich in der Wucht eines Aufpralls widerspiegelt - von der Geschwindigkeit, ist Geschwindigkeitsreduktion beim Autofahren ein wichtiger Überlebensfaktor.

Bemerkung 2: Aufprallschäden werden entweder über die freigesetzte kinetische Energie W_{kin} oder den abgegebenen Impuls J (Abschnitt 6.3) formuliert. Die beiden Ansätze sind vergleichbar (m Masse)) über

$$W_{kin} = \frac{J^2}{2m}.$$

6.1.5 Rotationsenergie W_{rot}, Rotationsleistung P_{rot}

Für rotierende Kreiszylinder gilt:

$$W_{rot} = \frac{1}{2} \cdot J \cdot \omega^2 = m \cdot r^2 \cdot \pi^2 \cdot f^2$$

(J Massenträgheitsmoment, ω Winkelgeschwindigkeit, m Masse, r Drehradius, f Drehfrequenz)

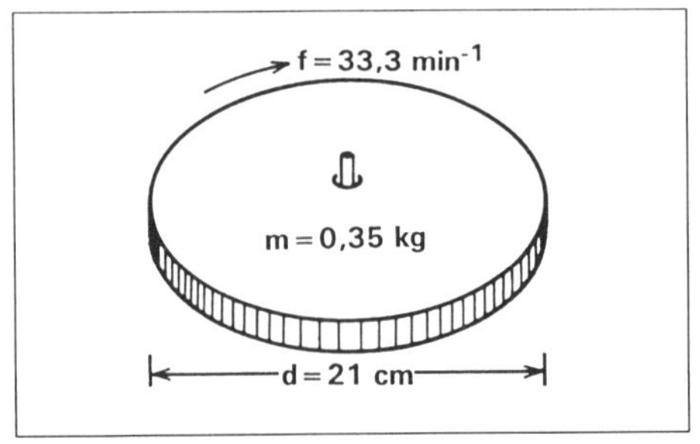

Abb. 6-18: Rotationsenergie eines Plattentellers

Beispiel *(Abb. 6-18): Wie groß ist die Rotationsenergie des Plattentellers (einer professionellen Anlage) von m = 0,35 kg Masse und d = 21 cm Durchmesser bei der klassischen Drehfrequenz von f = 33,3 min^{-1}?*

$$W_{rot} = 0{,}35\ (kg) \cdot (0{,}105\ m)^2 \cdot 3{,}14^2 \cdot (\frac{33{,}3}{60}(s^{-1}))^2 =$$
$$= 0{,}01173\ kg\ m^2\ s^{-2} \text{ oder } J = 11{,}75\ mJ.$$

Die Rotationsleistung P_{rot} kann als Produkt von Drehzahl (Dimension: T^{-1}) und Drehmoment M (Dimension: F L) angesetzt werden;

$$P = 2\,\pi \cdot n \cdot M.$$

***Beispiel** (Abb. 6-19): Welche Leistung erbringt ein Motor, der bei einer Drehzahl von $n = 3600\ min^{-1}$ ein Drehmoment von M = 3 Nm erzeugen kann?*

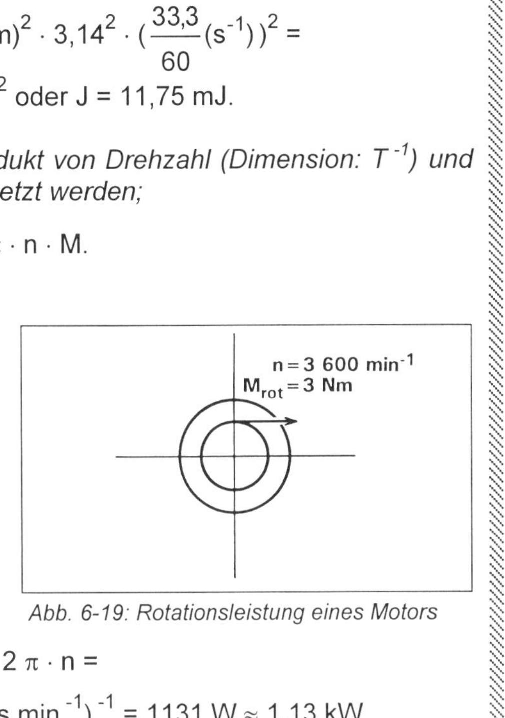

Abb. 6-19: Rotationsleistung eines Motors

$$P = M \cdot 2\,\pi \cdot n =$$
$$= 3\ Nm \cdot 2\,\pi \cdot 3600\ min^{-1}\ (60\ s\ min^{-1})^{-1} = 1131\ W \approx 1{,}13\ kW$$

Rotationsenergie und Rotationsleistung sind hier aus Vollständigkeitsgründen mit angegeben. In der Biologie sind diese Kenngrößen weniger relevant, etwa für Leistungsberechnungen absinkender Drehflügler-Samen oder in der Sportbiomechanik für den Reckschwung.

6.1.6 Oberflächenarbeit, Oberflächenenergie W_O

Dehnt sich an der Oberfläche um den Wert A gegen die ihr eigene Oberflächenspannung σ aus, so muß dazu die Oberflächenarbeit

$$W_O\ (N\ m) = A\ (m^2) \cdot \sigma\ (N\ m^{-1})$$

aufgewendet werden. Die durch den Einsatz dieser Arbeit gespannte Oberfläche besitzt nun eine gleichgroße Oberflächenenergie, die sie gegebenenfalls wieder abgeben und damit in mechanische Arbeit umwandeln kann.

Bemerkung 1: Vorzeichen sind hier nicht betrachtet; formal müßte die aufgegebene Arbeit, die dem System verloren geht, ein negatives Vorzeichen erhalten.

Bemerkung 2: Die Kenngröße „Oberflächenspannung" (Dimension: $F\ L = M\ L^2\ T^2$) und Oberflächeneffekte sind in Abschnitt 8.7 detaillierter besprochen.

Beispiel: *Ein kugelförmiger wachsender Algengamet von 50 µm Durchmesser dehnt sich gegen die Spannung seiner Plasmamembran um 10 % ihrer Oberfläche aus. Welche Arbeit ist dazu aufzuwenden* ($\sigma_{Plasma\ im\ Wasser} \approx 10^{-3}$ N m^{-1})?

$$W = 1{,}1 \cdot (25 \cdot 10^{-6}\ (m))^2 \cdot 4\,\pi \cdot 10^{-3}\ (N\ m^{-1}) = 8{,}6 \cdot 10^{-12}\ J$$

6.1.7 Druck-Volumen-Arbeit W_{pV}, Druck-Volumen-Leistung P_{pV}

Das Produkt aus Druck p und Volumen V besitzt die Dimension einer Arbeit. Man nennt sie Druck-Volumen-Arbeit W_{pV}; sie berechnet sich zu

$$W_{pV}\ (N\ m) = p\ (N\ m^{-2}) \cdot V\ (m^{-3}).$$

Der Ansatz dieser Arbeit ist insbesondere für die Berechnung von Pumparbeiten und Pumpleistungen wichtig, beispielsweise für diejenigen des Herzens des Menschen.

Beispiel *(Abb. 6-20): Welche Arbeit verrichtet das Herz des Menschen und welche ungefähre Leistung gäbe es bei 60 Schlägen pro Minute ab, wenn man nach Lehrbuchauskunft in der Auswurfphase für den Aortendruck 100 Torr und für den Druck in der Arteria pulmonalis 15 Torr annehmen kann und wenn jeweils 70 ml Blut ausgeworfen werden? (Die Beschleunigungsarbeit ist vernachlässigbar; sie wurde im Beispiel 2 zu Abschnitt 6.1.4 angesetzt).*

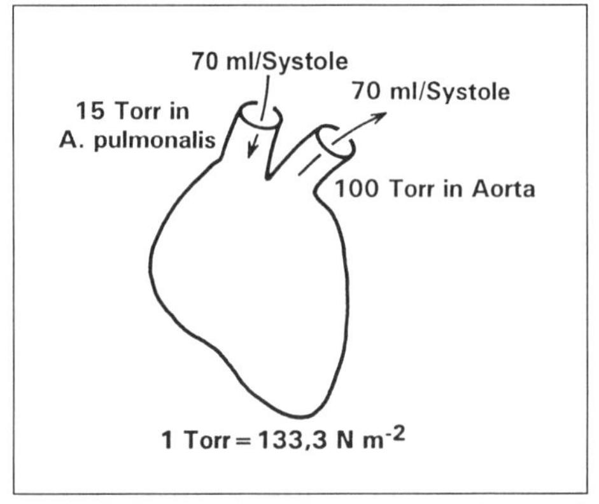

Abb. 6-20: Druck-Volumen-Verhältnisse auf der Höhe der Systole beim Herzen des Menschen

Die in dem auskunftsgebenden Lehrbuch noch verwendete Druckeinheit 1 Torr = 1 mm Hg entspricht 133 N m^{-2} oder Pa.

$$W_{pV\ linker\ Ventrikel} = p \cdot V = 100\ (Torr) \cdot 70\ (cm^3) =$$

$$= 100 \cdot 133{,}3\ (N\ m^{-2}) \cdot 70 \cdot 10^{-6}\ (m^3) = 0{,}93\ (Nm = 0{,}93\ J)$$

$$W_{pV\ rechter\ Ventrikel} = 0{,}93 \cdot \frac{15}{100}\ (J) = 0{,}14\ J$$

$$W_{pV\ gesamt} = 0{,}93\ (J) + 0{,}14 = (J) = 1{,}07\ J = 1\ J$$

Die Pumpleistung P_{pv} beträgt danach

$$P_{pv} = \frac{1{,}07\,(J)}{1\,(s)} = 1{,}07\,W \approx 1\,W$$

Bemerkung: Man kann sich das gut merken, die Herzarbeit und Herzleistung des Menschenherzens entspricht größenordnungsmäßig 1 J und 1 W. Wie gering ist letztlich diese Dauerleistung, die das Herz ein Leben lang abgibt um den Blutkreislauf zu erhalten? 1 W = 12V · 0,08 A, entspricht der Leistung, die ein 12 Volt-Taschenlampenbirnchen, durch das ein Strom von 0,08 Ampère fließt, umsetzt! Eine mickrige 25-W-Tischlampenbirne setzt eine Leistung um wie 25 Menschenherzen zusammen. Im Vergleich mit solchen Alltagswerten gehen physiologische Werte erst ins Gefühl. Daß das Herz den komplexen Blutkreislauf mit dieser kleinen Leistung aufrecht erhalten kann, grenzt an ein Wunder und ist auch nur zu verstehen, wenn man etwa 12 Mechanismen zur Verringerung des Strömungswiderstands im Kreislauf einbezieht, die alle beim Säuger verwirklicht sind (vgl. Lehrbücher der Physiologie).

6.1.8 Produktion W_p

In der Wirtschaft, Landwirtschaft und Ökologie werden produktionstechnische oder produktionsbiologische Kenngrößen, die die Dimension einer Energie aufweisen, häufig als Produkte von Leistung und Zeit angesetzt:

$$W\,(J = Ws) = P\,(W) \cdot t\,(s).$$

Solche Kenngrößen sind beispielsweise die verbrauchte elektrische Energie oder die in Biomasse gespeicherte chemische Energie.

***Beispiel** (Abb. 6-21): Ein Haushalts-Heizlüfter leistet 2 kW. Was kostet es für einen ganzen Tag Laufzeit bei einem Tarif von 0,4 DM/kWh?*

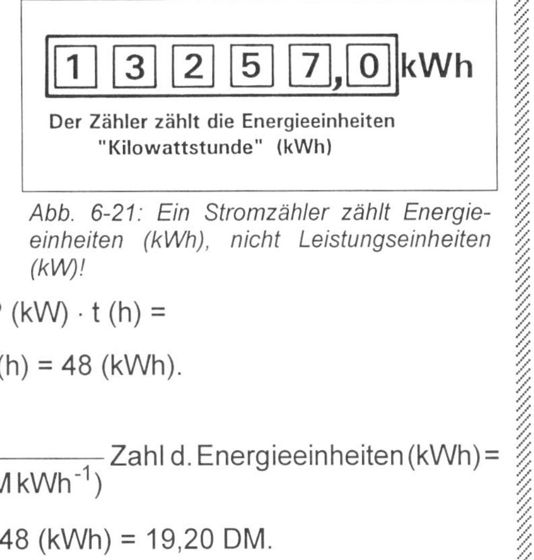

Abb. 6-21: Ein Stromzähler zählt Energieeinheiten (kWh), nicht Leistungseinheiten (kW)!

$$W\,(kWh) = P\,(kW) \cdot t\,(h) =$$

$$= 2\,(kW) \cdot 24\,(h) = 48\,(kWh).$$

$$\text{Gesamtkosten (DM)} = \frac{\text{Kosten}}{\text{Energieeinheit (DM kWh}^{-1})}\ \text{Zahl d. Energieeinheiten (kWh)} =$$

$$= 0{,}40\,(DM\,kWh^{-1}) \cdot 48\,(kWh) = 19{,}20\,DM.$$

Bemerkung: Das Elektrizitätswerk interessiert sich nur für die Zahl der verbrauchten Energieeinheiten pro Abrechnungszeitraum (jede kostet z.B. 40 Pfennig), nicht aber dafür, in welcher Zeit diese innerhalb des Abrechnungszeitraumes verbraucht werden - Nachtspeicherstrom mit geringerem Tarif ausgenommen.

In der Landwirtschaft und in der angewandten ökologischen Forschung kann man durch Integration einer Produktions-Zeit-Funktion den Energie-Zuwachs in der Biomasse bestimmen.

Der ökologische Begriff „Produktion" wird nicht einheitlich verwendet. Ich folge hier der Definition: Die Produktion eines Flächenareals bedeutet einen Energiezuwachs des Areals (gespeichert in zusätzlicher Biomasse) pro Zeiteinheit (Dimension Leistung, Einheit z.B. kW)

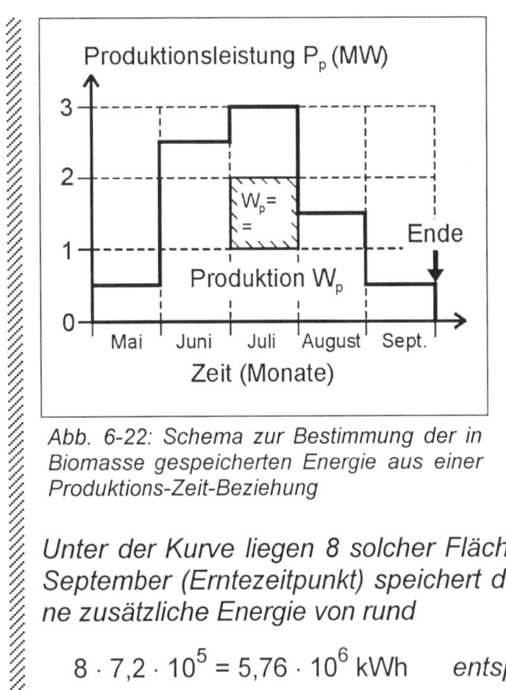

Abb. 6-22: Schema zur Bestimmung der in Biomasse gespeicherten Energie aus einer Produktions-Zeit-Beziehung

Beispiel *(Abb. 6-22): Welche Energie (in GWh) speichert ein Flächenareal in der aberntbaren Biomasse, wenn (über Strahlungsmessung und bioenergetischer Rechnung) die in der Abbildung schematisch dargestellte Produktions-Zeit-Kurve bestimmt werden konnte? (In den Werten soll der Energie-Selbstverbrauch des Pflanzguts bereits enthalten sein).*

Die gestrichelte Flächeneinheit entspricht einer Produktion von

$$10^3 \text{ (kW)} \cdot (30 \cdot 24 \text{ (h)}) = 7{,}2 \cdot 10^5 \text{ kWh.}$$

Unter der Kurve liegen 8 solcher Flächeneinheiten. Von Anfang Mai bis Ende September (Erntezeitpunkt) speichert die Nutzfläche in ihrer Biomasse also eine zusätzliche Energie von rund

$8 \cdot 7{,}2 \cdot 10^5 = 5{,}76 \cdot 10^6$ kWh *entsprechend* 5,76 GWh *(Grobansatz!)*

6.1.9 Elektrische Arbeit W_{el}

Für den Transport eines Mols elektrisch geladener Teilchen (Ionen) der Wertigkeit Z gegen eine elektrische Potential E muß die elektrische Arbeit

$$W_{el} \text{ (J)} = Z(-) \cdot E \text{ (V)} \cdot F \text{ (Cb)}$$

aufgewendet werden; sie geht dem System verloren (F Faraday-Konstante).

Ionen werden vielfach durch biologische Membranen transportiert, wobei die Membranspannung von etwa 70 mV überwunden werden muß.

Beispiel: *Welcher elektrischen Arbeit entspricht der Transport von 1 Mol einwertiger Ionen durch eine biologische Membran gegen ein elektrisches Potential von 70 m V?*

Ein Moläquivalent (Atomgewicht/Wertigkeit) transportiert 96,489 Cb (Faraday-Konstante F); Wertigkeit Z = 1; damit ergibt sich:

$$W_{el}\,(J) = Z \cdot E\,(V) \cdot F\,(Cb) =$$

$$= 10^{-3} \cdot 1 \cdot 0{,}07\,(V) \cdot 96489\,(Cb) = 6{,}75\ J$$

6.1.10 Chemische Arbeit W_{chem}

Sollen n Mole einer gelösten Substanz von der Konzentration c_1 in die höhere Konzentration c_2 überführt werden, so ist dafür die folgende chemische Arbeit aufzuwenden.

$$W_{chem} = n \cdot R \cdot T \cdot \ln \frac{c_2}{c_1}$$

(R allgemeine Gaskonstante = 8,31441 J mol^{-1} K^{-1}, T absolute Temperatur (K))

Für die Verdoppelung der Konzentration von 1 mol eines Stoffs bei Zimmertemperatur (20°C) bedarf es also einer chemischen Arbeit von:

$$W_{chem} = 1\,(mol) \cdot 8{,}31441\,(J\ mol^{-1}\ K^{-1}) \cdot (273 + 20\,(K)) = 2426\ J = 2{,}44\ kJ$$

Bemerkung: Aus der nach dem II. Hauptsatz der Thermodynamik möglichen Gleichsetzung der elektrischen Arbeit (s. Abschnitt 6.1.8) für den Transport von einem Moläquivalent einwertiger Ionen gegen das bei der Ladungstrennung auftretende elektrische Potential E und der osmotischen Überführung eines Mols gegen das Konzentrationsgefälle von c_1 auf c_2 bei Zimmertemperatur (s. diesen Abschnitt) kann man die in der Physiologie so wesentliche Nernst-Gleichung formulieren (Vorzeichen nicht betrachtet):

$$Z \cdot E \cdot F = R : T : \ln \frac{c_2}{c_1}$$

$$E = \frac{R \cdot T}{Z \cdot F} \cdot \ln \frac{c_2}{c_1} = \frac{R \cdot T}{Z \cdot F} \cdot 2{,}3 \log \frac{c_2}{c_1} = 0{,}0577 \log \frac{c_2}{c_1}\,(V) \text{ oder } 58 \log \frac{c_2}{c_1}\,(mV)$$

$$\text{Einheitenprobe: } \frac{J\,K}{K\,Cb} = \frac{J}{Cb} = \frac{Ws}{As} = \frac{VA}{A} = V.$$

Zur Bedeutung der Nernst-Gleichung s. Lb. der Neurophysiologie.

6.2 Impuls J und Kraftstoß F · t

(Dimension: MLT^{-1}; Einheit kg m s^{-1})

Der Impuls ist als Produkt aus Masse m und Geschwindigkeit v eine von der Masse, der Länge und der Zeit abgeleitete Größe

$$J = m \cdot v$$

Dimensionsgleich ist das Produkt

$$F \cdot t$$

Die Wirkung einer Kraft F über einen Zeitabschnitt t wird als Kraftstoß bezeichnet. Impuls (englisch: momentum) und Kraftstoß (englisch: impulse) sind vektorielle Größen. Sie hängen wie folgt zusammen: War der Impuls eines Körpers vor der Wirkung eines (gleichgerichteten) Kraftstoßes gleich J_1, so ist er nach dessen Wirkung auf J_2 erhöht: Ein Kraftstoß F t führt zu einer Impulsänderung:

$$\Delta J = J_2 - J_1.$$

Bleibt die Kraft F während der Kontaktzeit t unverändert, so gilt

$$J = m \cdot v = F \cdot t.$$

(Ändert sich die Kraft während der Kontaktzeit, muß man ein Zeitintegral ansetzen, aber die Dimensionen bleiben dieselben). Daraus folgt in Worten:

Die zeitliche Änderung eines Impulses und damit die Änderung der Geschwindigkeit einer Masse (die selbst im allgemeinen ja konstant bleibt) entspricht einer Kraft. Mit noch anderen Worten: Ein System kann eine Kraft erzeugen, wenn es in der Lage ist, eine Impulsänderung auszuüben, das heißt, einer Masse in der Zeiteinheit eine Geschwindigkeitsänderung aufzuprägen, beispielsweise diese Masse in der Zeiteinheit auf eine höhere Geschwindigkeit zu beschleunigen.

Diese beim ersten Lesen sicher unanschaulichen, aber gerade auch in der belebten Welt außerordentlich weitreichenden Beziehungen sind in den folgenden Beispielen näher verdeutlicht, von denen das letzte zur Strömungsmechanik überleitet. Die beiden ersten Beispiele stammen zwar nicht aus dem Bereich der belebten Welt, stellen aber klassische Näherungen dar, die an dieser Stelle nicht fehlen dürfen.

***Beispiel** (Abb. 6-23): In der Aussparung einer senkrechten Platte nach Art der Abbildung liegt ein Bolzen. Er besitzt die Masse m = 100 g, die Geschwindigkeit $v_1 = 0$ und den Impuls $J_1 = 0$. Eine an einem Faden schwingende Kugel trifft ihn zum Zeitpunkt t_1 mit einer Kraft von 50 N. Die Kugel stößt 10 ms später (Zeitpunkt t_2) an die Platte, während der Bolzen mit der Geschwindigkeit v_2 weggeschleudert wird. Elastische Zentralstöße seien vorausgesetzt. Der Kraftstoß ist dann*

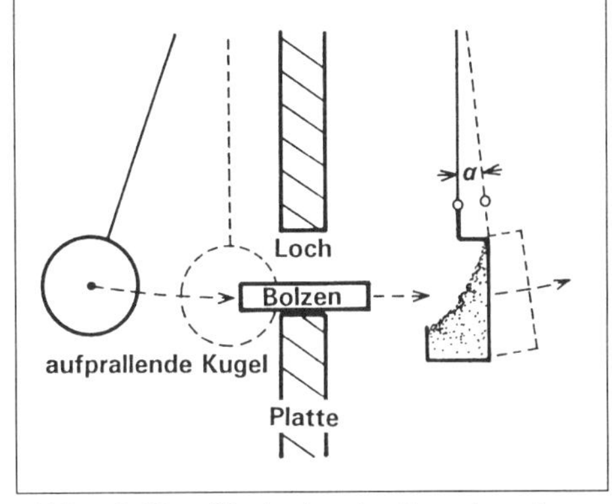

Abb. 6-23: (Gedanken-) Experiment zu Kraftstoß und Impuls

$$F \cdot \Delta t = F \cdot (t_2 - t_1) =$$

$$50\ N \cdot (10\ (ms) - 0\ (ms)) = 50\ (N) \cdot 10^{-2}\ (s) = 0{,}50\ Ns.$$

Ebensogroß ist die Impulsänderung

$$\Delta J = J_2 - J_1 = J_2 - 0 = J_2 = 0{,}50\ Ns.$$

Da $J_2 = m \cdot v_2$ *ist die Abschleudergeschwindigkeit für den Bolzen*

$$v_2 = \frac{J_2}{m} =$$

$$= \frac{0{,}50\ (Ns)}{100\ (g)} = \frac{0{,}50\ (kg\ m\ s^{-1})}{0{,}1\ (kg)} = 5{,}0\ m\ s^{-1}.$$

Mit dem gleichen Impuls von 0,5 Ns treffe der Bolzen auf eine schräge Sandschüttung der Masse 1 kg in einem Blechwinkel, der an einem Faden der Länge l = 2 m von der Decke hängt („ballistisches Pendel"). Dieses System wird dabei um den Winkel $\alpha = 6°$ ausgelenkt. Aus der Auslenkung kann man den Impuls und die Geschwindigkeit des auftreffenden Bolzens bestimmen.

Nach dem Impulserhaltungssatz gilt

$$J_{Bolzen} = J_{bolzenbeladenes\ Pendel};$$

$$m_{Bolzen} \cdot v_{Bolzen} = (m_{Pendel} + m_{Bolzen}) \cdot v_{Pendel}$$

Die Pendelgeschwindigkeit v_{Pendel} kann man nach

$$\sqrt{2 \cdot g \cdot h} \quad oder \quad \sqrt{2 \cdot g \cdot l \cdot (1 - \cos \alpha)}$$

bestimmen. (h Steighöhe des Pendels, l Pendellänge, α Auslenkwinkel).

Dann gilt

$$J_{Bolzen} = (m_{Pendel} + m_{Bolzen}) \cdot \sqrt{2\,g \cdot l \cdot (1 - \cos\alpha)}$$

und

$$v_{Bolzen} = \frac{m_{Pendel} + m_{Bolzen}}{m_{Bolzen}} \cdot \sqrt{2\,g \cdot l \cdot (1 - \cos\alpha)}$$

Damit wird

$$J_{Bolzen} = (1\,(kg) + 0{,}1\,(kg))\sqrt{2 \cdot 9{,}81(m\,s^{-2}) \cdot 2\,(m)\,(1 - \cos 6^\circ)} = 0{,}51\ Ns$$

und

$$v_{Bolzen} = \frac{0{,}51(Ns)}{0{,}1(kg)} = 5{,}10\ m\,s^{-1}.$$

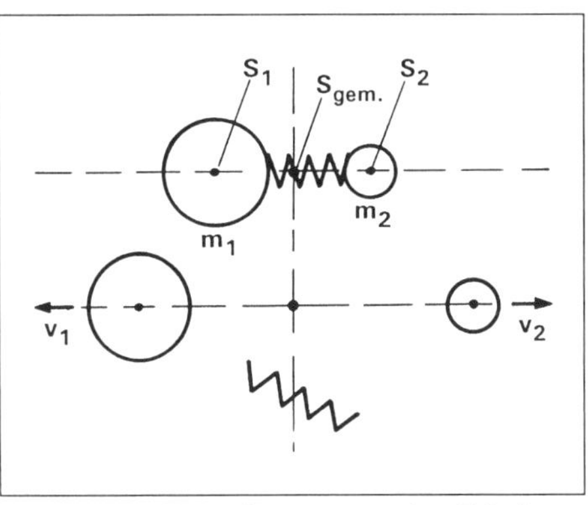

Abb. 6-24: Zum Gesetz von der Erhaltung des Impulses und zum Schwerpunktsatz

Beispiel *(Abb. 6-24): Zwei Kugeln der Masse m_1 und m_2 mit den Schwerpunkten s_1 und s_2 und dem gemeinsamen Schwerpunkt S_{gem} werden durch eine (massenlos gedachte) gespannte Feder auf Abstand gehalten. Sobald sich die Spannung ausgleichen kann, drückt die Feder die Kugeln mit den Geschwindigkeiten v_1 und v_2 auseinander. Wie sind die Impulsverhältnisse, und wohin bewegt sich S_{gem}?*

Nach dem Gesetz von der Erhaltung des Impulses bleibt die Summe der Impulse aller Teile eines Systems konstant, solange keine äußeren Kräfte einwirken. Für das hier betrachtete System gilt im Ruhefall

$$m_1 \cdot v_1 + m_2 \cdot v_2 = 0,$$

im Bewegungsfall

$$m_1 \cdot v_1 = - m_2 \cdot v_2.$$

Die Kugel mit der kleineren Masse fliegt also mit der größeren Geschwindigkeit weg.

Nach dem Schwerpunktsatz ändert sich dabei die Lage des gemeinsamen Schwerpunkts S_{gem} nicht; im vorliegenden Fall bleibt sie raumfest erhalten.

Bemerkung1: Ein bekanntes Beispiel zum letzteren Satz ist die in viele „Sternschnuppen“ explodierende Sylvesterrakete oder das Schrapnell-Geschoß

Bemerkung 2: Aus Impulsbetrachtungen lassen sich die Stoßgesetze ableiten. S. dazu ein Lehrbuch der Physik; vergl. auch Ü 6/10.

***Beispiel** (Abb. 6-25): Eine Haustaube (Masse 330 g) fliegt mit einer Geschwindigkeit von 46,80 km h^{-1} nahe ihrer „typischen Reisegeschwindigkeit“ horizontal nordwärts. Sie wird von einem großen Wanderfalken-Weibchen (Masse 950 g), das im steilen Sinkflug mit angelegten Flügeln unter 45° zur Horizontalen von hinten-oben anstürzt, geschlagen. Die Sturzfluggeschwindigkeit entspreche der bisher bestimmten Maximalgeschwindigkeit von 154,40 km h^{-1} (Radarmessungen von Kestenholz und Kestenholz 1998). Welchen Impuls besitzen Taube und Wanderfalke vor der Kollision (vgl. Abb. 6-25), und in welche Richtung und Geschwindigkeit wird sich das System Falke+Taube nach der Kollision bewegen?*

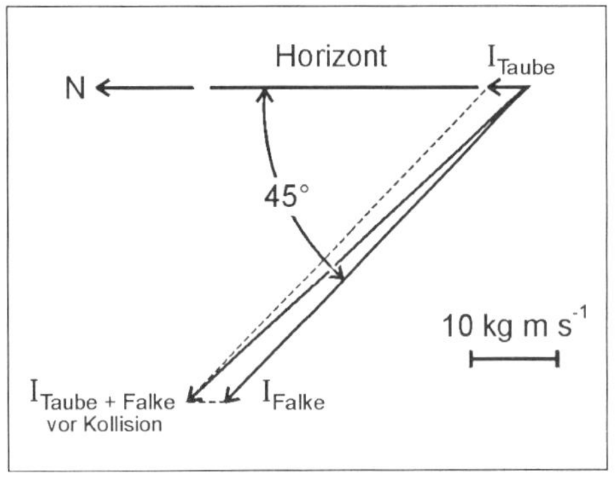

Abb. 6-25: Stoß einer Haustaube durch einen Wanderfalken

Nebenfrage: Welche kinetische Energie besitzt der Falke beim Aufprall, und wie wird sich dieser äußern?

$$J_{Taube} = m_{Taube} \cdot v_{Taube} = 0{,}33\ (\text{kg}) \cdot 13\ (\text{m s}^{-1}) = 4{,}29\ \text{kg m s}^{-1},$$

horizontal nordwärts gerichtet;

$$J_{Falke} = m_{Falke} \cdot v_{Falke} = 0{,}95\ (\text{kg}) \cdot 54\ (\text{m s}^{-1}) = 51{,}30\ \text{kg m s}^{-1},$$

unter 45° schräg zum Horizont nordwärts gerichtet.

Die Größe und Richtung des Gesamtimpulses kann man aus dem maßstäblich gezeichneten Parallelogramm der Abbildung 6-25 entnehmen oder auch berechnen.

Ablesbar ist:

$$J_{Falke+\ Taube\ vor\ Kollision} \approx 54\ \text{kg m s}^{-1},$$

unter 41° nordwärts gerichtet.

Berechnung:

Nach den Winkelverhältnissen bei Parallelogrammen und nach dem Cosinussatz für ebene Dreiecke berechnet sich (in den angegebenen Einheiten)

$$J_{\text{Falke + Taube vor Kollision}} = \sqrt{J_{\text{Taube}}^{2} + J_{\text{Falke}}^{2} - 2\,J_{\text{Taube}} \cdot J_{\text{Falke}} \cdot \cos 135^\circ} =$$

$$= \sqrt{2961{,}3\,\text{kg}^2\text{m}^2\text{s}^{-2}} = 54{,}42\,\text{kg m s}^{-1}.$$

Das Ergebnis verwundert nicht: Da J_{Falke} deutlich größer ist als J_{Taube}, kann sich $J_{Falke + Taube}$ sowohl der Größe wie der Richtung nach sehr von J_{Falke} unterscheiden.

Nach dem Impulserhaltungssatz müssen die Impulse vor und nach der Kollision gleich sein. Das System Falke + Taube bewegt sich nach der Kollision in der Richtung des vorherigen Gesamtimpulses für die Taube und den Falke, aber - wegen der nun größeren Masse - mit geringerer Geschwindigkeit:

$$v_{\text{Falke + Taube nach Kollision}} = \frac{J_{\text{Falke+Taube}}}{m_{\text{Falke}} + m_{\text{Taube}}} = \frac{54{,}42\,(\text{kg m s}^{-1})}{1{,}28\,(\text{kg})} = 42{,}52\,\text{m s}^{-1}$$

Die kinetische Energie des aufprallenden Falken beträgt

$$E_{kin} = \frac{1}{2}\,m \cdot v^2 =$$

$$= \frac{1}{2} \cdot 0{,}95\,(\text{kg}) \cdot (54\,(\text{m s}^{-1}))^2 = 1385{,}10\,\text{J} \approx 1{,}4\,\text{kJ}$$

Das mag man gar nicht glauben, vergleicht man mit „Alltagserfahrungen". Ein Klinker-Ziegelstein wiegt 5 kg. Wenn er einem aus h = 1 m Höhe auf die Füße fällt

$$(\text{Aufprallgeschwindigkeit } v = \sqrt{2 \cdot g \cdot h} = 4{,}43\,\text{m s}^{-1})$$

und die Fußknochen bricht, besitzt er eine vergleichsweise geringe kinetische Energie von E_{kin} = 50 J. Das erscheint paradox, aber der Falke gibt ja diese große Energie nicht in kurzer Zeit ab wie der auf den festen Boden aufprallende Ziegelstein. Das vergleichsweise leichte Ziel „weicht mit aus" und der Falke behält den größten Teil seiner Bewegungsenergie. Trotzdem: Allein schon aus Gründen der Steuerbarkeit der „Flügelbombe Falke" ist anzunehmen, daß der Greif in einiger Entfernung vor dem Ziel seine maximal mögliche Geschwindigkeit reduziert. Auf jeden Fall wird die Taube wohl allein schon durch den Aufprallschock getötet.

Bemerkung: In der Bemerkung 2 zu Abschnitt 6.1.4 wurde die folgende Beziehung zwischen kinetischer Energie und Impuls angegeben: $W_K = J^2/(2 \cdot m)$. Für den Falke berechnet sich damit der obige Wert

$$W_K = \frac{51{,}30\,(\text{kg m s}^{-1})^2}{2 \cdot 0{,}95\,(\text{kg})} = 1385{,}10\,\text{J}$$

Beispiel *(Abb. 6-26): Schwirrfliegende Vögel erzeugen einen Hubstrahl. Wir haben die Geschwindigkeitsverteilung im Hubstrahl von Blumenfledermäusen gemessen (Nachtigall, et al., im Druck) und das Meßgerät mit einem „Modellvogel" der folgenden Art eingeeicht.*

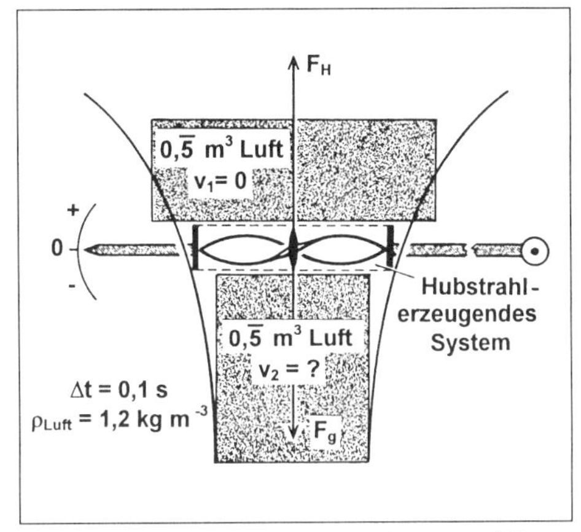

Abb. 6-26: Gedankenbeispiel zum „aktiven Schweben" eines Systems

Als hubstrahlerzeugendes System wurde ein an einem langen Hebelarm kippbar gelagerter Mantelpropeller des Eigengewichts F_g = 20 N horizontal in der Luft schwebend gehalten. Es erfaßt dafür ruhende Luft (Dichte $\rho \approx$ 1,2 kg m^{-3}, Geschwindigkeit v_1 = 0) und beschleunigt sie in einer gewissen Zeit auf die Abwärtsgeschwindigkeit v_2. Angenommen, das sekündlich erfaßte Luftvolumen beträgt 0,5 m^3, und die Beschleunigungszeit beträgt 0,1 s. Wie groß muß v_2 sein?

Die vertikal aufwärts gerichtete Reaktionskraft, der Hub F_H, muß entgegengesetzt gleich sein der Gewichtskraft F_g und der zeitlichen Impulsänderung $\Delta J/\Delta t$:

$$F_H = |F_g| = \frac{\Delta J}{\Delta t} = \frac{J_2 - J_1}{\Delta t} = \frac{J_2 - 0}{\Delta t} = \frac{m_{Luft} \cdot v_2}{\Delta t} = \frac{V_{Luft} \cdot \rho_{Luft} \cdot v_2}{\Delta t};$$

$$v_2 = \frac{20\,(\mathrm{kg\,m\,s^{-2}}) \cdot 0{,}1(\mathrm{s})}{0{,}5\,(\mathrm{m^3}) \cdot 1{,}2\,(\mathrm{kg\,m^{-3}})} = 3{,}00\ \mathrm{m\,s^{-1}}$$

6.3 Drehimpuls L und Drehmomentenstoß M · t

(Dimension: $ML^2\,T^{-1}$, Einheit kg $m^2\,s^{-1}$ = Nm s = Js)

Der Drehimpuls

$$L = J \cdot s = m \cdot v \cdot s$$

ist als Produkt aus Impuls J und Länge s eine von der Masse, der Länge und der Zeit abgeleitete Größe.

Dimensionsgleich ist das Produkt

$$L = J \cdot \omega = J \cdot 2 \cdot \pi \cdot n$$

(J Massenträgheitsmoment (kg m^2), ω Kreisfrequenz (s^{-1}), n Drehfrequenz (s^{-1}).

Der Drehimpuls ist damit auch proportional zur Winkelgeschwindigkeit der Drehbewegung; die „Proportionalitätskonstante" ist das Massenträgheitsmoment.

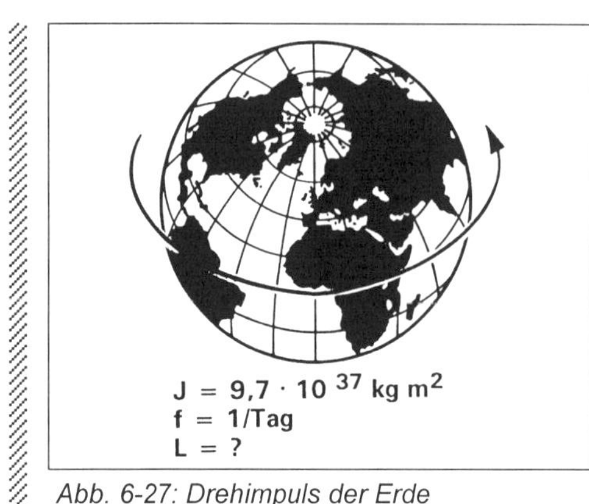

Abb. 6-27: Drehimpuls der Erde

***Beispiel** (Abb. 6-27): Der Drehimpuls der Erde beträgt*

$$L = 2 \cdot J \cdot \pi \cdot f$$

$$J = 9{,}7 \cdot 10^{37}\ (\text{kg m}^2);$$

$$f = \frac{1}{24\,\text{h}} = 1{,}15 \cdot 10^{-5}\ \text{s}^{-1}$$

$$L = 2 \cdot 9{,}7 \cdot 10^{37}\ (\text{km m}^2) \cdot \pi \cdot 1{,}15 \cdot$$

$$\cdot\ 10^{-5}\ (\text{s}^{-1}) \approx 7 \cdot 10^{33}\ \text{kg m}^2\ \text{s}^{-1} \text{ oder J s.}$$

In Analogie zum Impuls (dessen zeitliche Änderung einer Kraft entspricht, Abschnitt 6.3) entspricht die zeitliche Änderung des Drehimpulses einem Drehmoment, und zwar demjenigen, das eine äußere Kraft F über den Drehradius r bewirkt:

$$\frac{\Delta L}{\Delta t} = M = F \cdot r$$

Drehimpuls L und Drehmomentenstoß $M \cdot t$ hängen wie folgt zusammen. War der Drehimpuls eines Körpers vor der Wirkung eines gleichgerichteten Drehmomentenstoßes $M \cdot \Delta t$ gleich L_1, so ist er nach dessen Wirkung auf L_2 erhöht; ein Drehmomentenstoß $M \cdot \Delta t$ führt zu einer Drehimpulsänderung

$$\Delta L = L_2 - L_1.$$

Der Satz von der Erhaltung des Drehimpulses ist dem Satz von der Erhaltung des Impulses (vergl. Abb. 6-24) analog.

Mit $\Delta L = J \cdot \Delta\omega$ = Drall

und $M_{res} \cdot \Delta t$ = Antrieb

(durch das resultierende Moment aller äußeren Kräfte) kann man den Impulssatz wie folgt ausdrücken:

$$J \cdot \Delta\omega = M_{res} \cdot \Delta t.$$

In Worten: Wirkt der Antrieb und damit M_{res} während des Zeitabschnitts Δt, so muß sich die Winkelgeschwindigkeit um $\Delta\omega$ erhöhen und damit der Drall steigen.

***Beispiel:** Auf eine konstant sich drehende Scheibe mit dem Massenträgheitsmoment $J = 10$ kg m^2, die mit 1 Umdrehungen pro Sekunde rotiert, wirkt 0,5 s lang tangential ein beschleunigendes äußeres Moment von 0,1 kN m. Mit wie vielen Umdrehungen pro Sekunde rotiert die Scheibe danach?*

$$J \cdot \omega_2 - J \cdot \omega_1 = M_{res}\,\Delta t$$

$$J \cdot \omega_1 = 10\,(kg\,m^2) \cdot 2\,\pi \cdot 1\,(s^{-1}) = 62{,}83\ Nm\,s$$

$$M_{res} \cdot \Delta t = 100\,(Nm) \cdot 0{,}5\,(s) = 50\ Nm\,s$$

$$\omega_2 = \frac{50\,(Nm\,s) + 62{,}83\,(Nm\,s)}{10\,(kg\,m^2)} = 11{,}28\ s^{-1}$$

$$n = \frac{\omega}{2 \cdot \pi} = 1{,}80\ s^{-1}$$

Im letztgenannten Beispiel stellt die sich drehende Scheibe in Bezug auf Rotation kein abgeschlossenes System dar, weil auf sie „von außen" ein beeinflussendes Moment wirken konnte.

Über den Satz von der Erhaltung des Drehimpulses kann man aber auch in rotationsbezüglich abgeschlossenen Systemen „von innen" eine Drehung induzieren (oder die Änderung eines Drehvorgangs vorbeiführen). Ein solches System stellt zum Beispiel eine Katze im freien Fall dar. Dazu das nächste Beispiel.

Beispiel *(Abb. 6-28): Ein Katzenkörper (Symbol K) habe ein Massenträgheitsmoment von* $J_K = 1{,}2 \cdot 10^{-1}\ kg\ m^2$*, der Schwanz (Symbol S) ein Massenträgheitsmoment* $J_S = 6 \cdot 10^{-3}\ kg\ m^2$*. Wenn man die Katze an den Beinen hochhält und dann rückabwärts fallen läßt, wird sie ihren Schwanz rotieren lassen und damit ihren Körper in Gegenrichtung drehen. Angenommen sie kann den Schwanz mit 10 Umdrehungen pro Sekunde rotieren lassen. (Winkelgeschwindigkeit* $\omega_S = 20\ \pi$ *(rad* s^{-1}*) entsprechend 3600°* s^{-1}*). Nach welcher Zeit hat sie dann den Körper soweit gedreht, daß sie auf den Pfoten landet?*

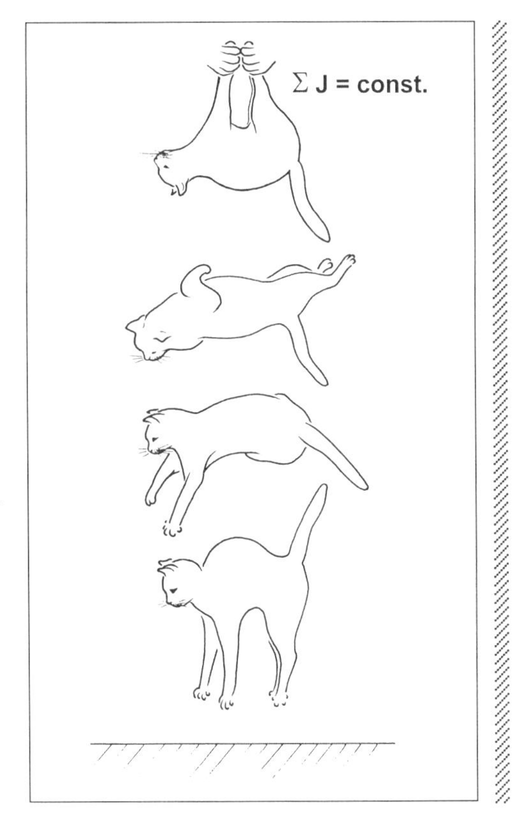

Abb. 6-28: Umdrehen einer rückenabwärs fallenden Katze durch clevere Nutzung des Impulssatzes (umgezeichnet nach D. Morris 1995)

Der Gesamtdrehimpuls ist zu Beginn gleich Null. Wenn der Schwanz zum Beispiel nach links rotiert, muß der Rumpf nach rechts rotieren, damit der Gesamtdrehimpuls weiter gleich Null bleibt (Satz von der Erhaltung des Drehimpulses).

Drehimpuls Katze $L_K = \omega_K \cdot J_K$

Drehimpuls Schwanz $L_S = \omega_S \cdot J_S$

Drehimpuls $L_K + L_S = 0$ bzw. $L_K = - L_S$

und damit $\omega_K \cdot J_K = - \omega_S \cdot J_S$,

absolut $| \omega_K \cdot J_K | = | -\omega_S \cdot J_S |$.

Daraus

$$W_K = \frac{J_S}{J_K} \cdot \omega_S =$$

$$= \frac{6 \cdot 10^{-3}\ (\text{kg}\,\text{m}^2)}{1{,}2 \cdot 10^{-1}\ (\text{kg}\,\text{m}^2)} \cdot \omega_S = 0{,}05 \cdot \omega_S = 0{,}05 \cdot 20\,\pi = \pi\ (\text{rad s}^{-1})$$, *entsprechend*

$$0{,}05 \cdot 3600°\ \text{s}^{-1} = 180\ \text{s}^{-1}.$$

Der Körper dreht sich also gerade in 1 s um die geforderten 180°.

Bemerkung: Sieht man vom Luftwiderstand ab, so fällt die Katze nach den Fallgesetzen in dieser einen Sekunde immerhin über die Strecke

$$s = \frac{1}{2} \cdot g \cdot t^2 = \frac{1}{2} \cdot 9{,}81\ (\text{m s}^{-2}) \cdot (1\ \text{s})^2 \approx 5\ \text{m}.$$

Das Experiment wäre also, wenn die Bezugsdaten stimmen (ich habe sie aus Horwarth 1992) nicht eben ratsam.)

Übungsaufgaben:

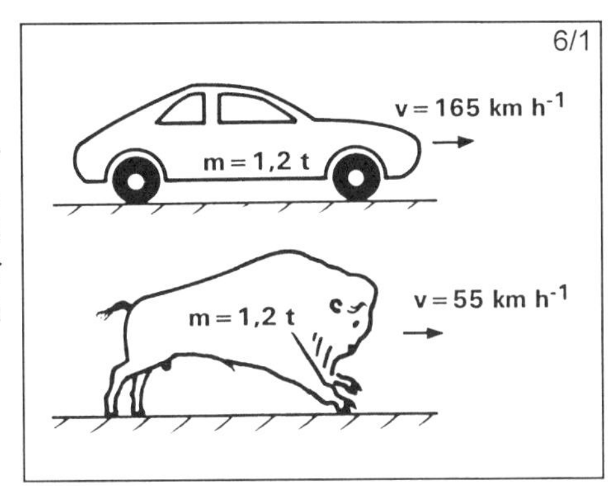

Ü 6/1: Wie groß ist die kinetische Energie P_k eines PKW der Masse m = 1,2 t, der mit v = 165 km h^{-1} fährt und eines Bisons von gleicher Körpermasse, der mit seiner Höchstgeschwindigkeit von 55 km h^{-1} rennt?

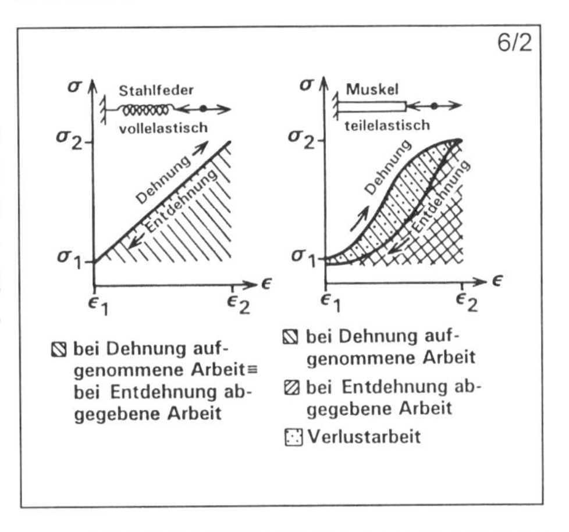

Ü 6/2: Wie groß ist - allgemein - die Verformungsarbeit W_e für die Dehnung der Stahlfeder und des Gummibands (Modell für einen Muskel) nach der Abbildung von ε_1 auf ε_2? Welche Arbeit wird jeweils bei der Entdehnung zurückgegeben?

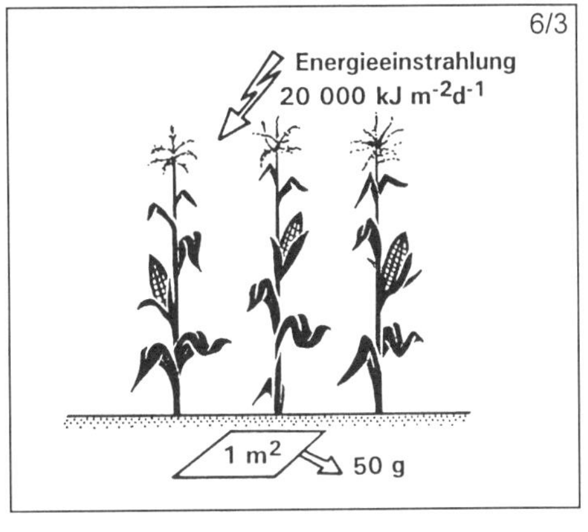

Ü 6/3: Ein Maisfeld nutzt die flächenbezogene Sonnen-Strahlungsleistung (bei uns etwa 20000 kJ m^{-2} d^{-1}) zur Produktion von etwa 50 g Kohlenhydrat (Brennwert ca. 16 kJ g^{-1}) pro Quadratmeter Bodenfläche und Tag. Welche Energie kann diese Flächeneinheit in einer Stunde (gemittelt) speichern, und wie groß ist der Gesamtwirkungsgrad η_{ges}?

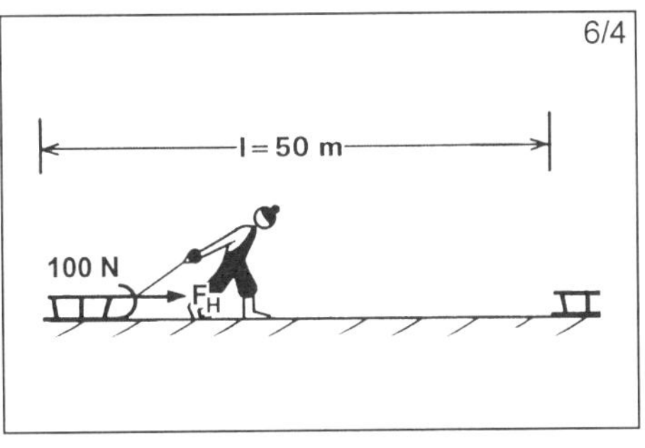

Ü 6/4: Welche Horizontalkraft F und welche Verschiebungsleistung P_v muß jemand aufbringen, der auf einem zugefrorenen See bei konstanter Geschwindigkeit in 30 s einen Schlitten von 100 N Gewicht über 50 m zieht? ($\mu_{\text{Stahl gegen Eis}}$ = 0,014)

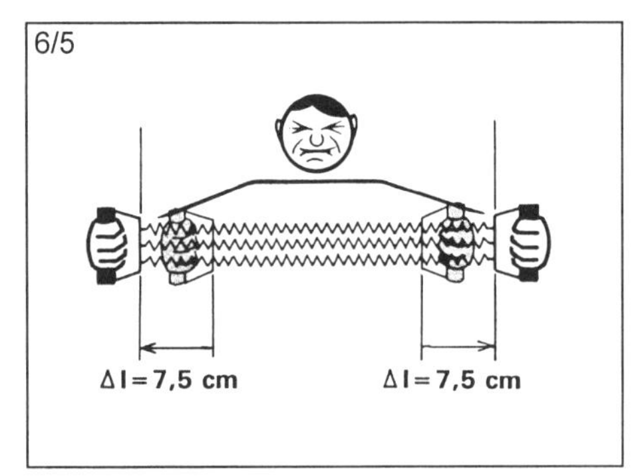

Ü 6/5: Wie groß ist die Spannarbeit beim Spannen eines Expanders mit F = 30 N über s = 15 cm?

6/6

Δh = 12,5 m

m = 0,8 t
t = 20 s

Ü 6/6: Welche Hubleistung P_h muß der Motor eines Schiffkrans (theoretisch) erbringen, der einen Zirkuselefanten mit einer Masse m = 4,5 t in 20 s um eine Höhendifferenz von Δh = 12,5 m anheben soll?

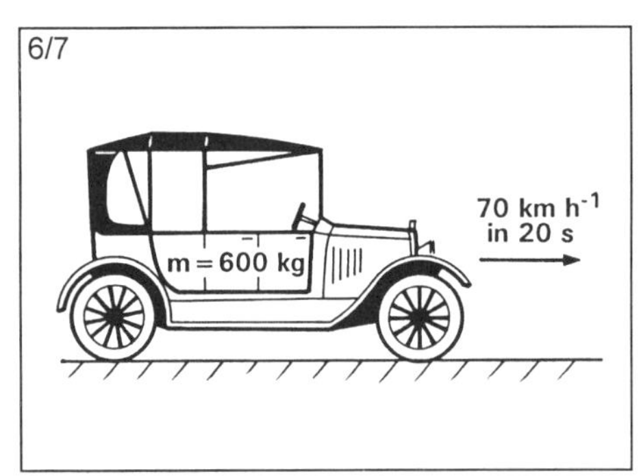

Ü 6/7: Eine Ford Lizzy von 600 kg Masse beschleunigt in 20 s von 0 auf 70 km h^{-1}. Wie groß mußte die Antriebskraft $F_{Antrieb}$ (mindestens) sein? Welche mechanische Leistung P_{mech} in PS benötigte das Auto zum Fahren mit einer konstanten Geschwindigkeit von v = 70 km h^{-1} mit dieser Antriebskraft? (Annahme: Bei dieser Geschwindigkeit wird die Antriebskraft durch den Luftwiderstand und andere Verlustanteile gerade kompensiert). Mit welchem Motorenwirkungsgrad arbeitete das Auto, wenn der Motor zur Erzeugung dieser Antriebskraft in der Minute 30 g Benzin (Energiedichte 35 kJ g^{-1}) verbrannte?

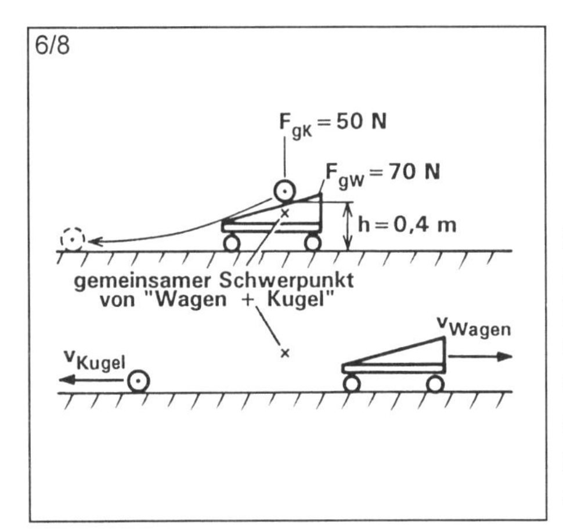

Ü 6/8: Von einem Wagen des Eigengewichts 70 N rollt auf einer schiefen Ebene eine Kugel des Gewichts 50 N über die Fallhöhe h = 40 cm ab. Welche Geschwindigkeit v wird dem Wagen durch den erfolgenden "Rückstoß" mitgeteilt (Reibung und Vorzeichen brauchen nicht betrachtet werden)?

Ü 6/9: Eine Gartengrasmücke (Sylvia borin) mit einer typischen Körpermasse von m = 20 g fliegt mit ihrer typischen Fluggeschwindigkeit von 45 km h^{-1}. Wie groß ist ihr „Flugimpuls“?

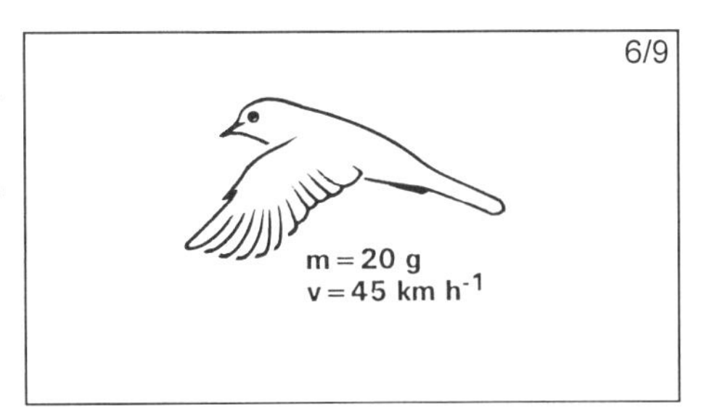

Ü 6/10: Die in Ü 6/8 genannte Grasmücke prallt auf eine auf Sandboden abgestellte dicke Glasscheibe von m = 100 kg, die sich beim Aufprall unelastisch in ihrem Sandbett verschiebt. Welche Verschiebungsgeschwindigkeit resultiert und welche Energie (in % der ursprünglichen Bewegungsenergie) verliert der anfliegende Vogel?

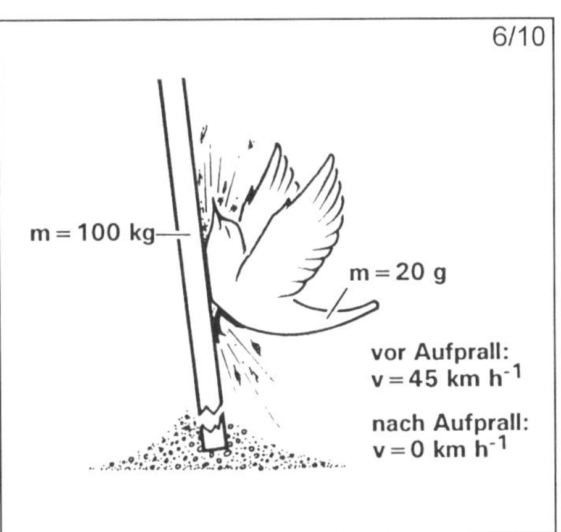

Ü 6/11: Inwieweit kann eine Eistänzerin ihren Drehimpuls steigern, wenn sie bei einer Pirouette die Arme anzieht, und wie groß ist die Steigerung ihrer Drehfrequenz n (in s^{-1} und in % von n vor dem Armanziehen) bei Gültigkeit der Daten der Abbildung (Reibungseffekte seien vernachlässigbar)?

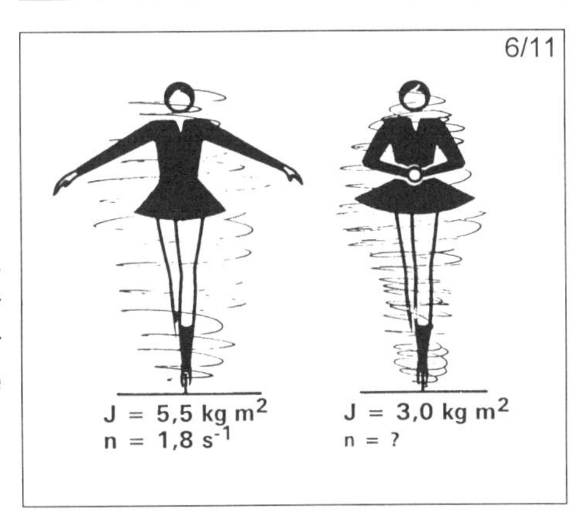

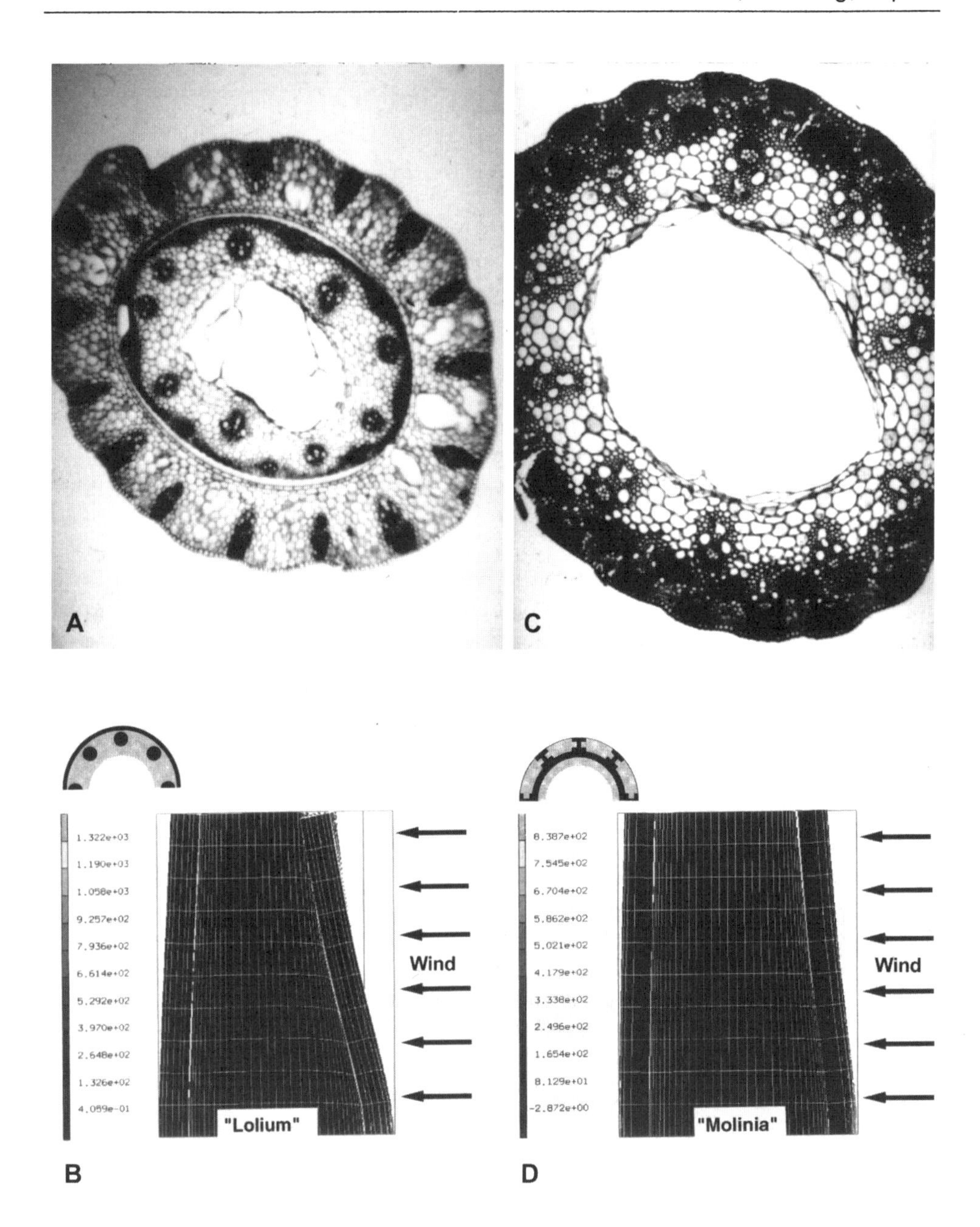

Bildtafel 6: **Grashalmquerschnitte und FEM-Rechnungen.** A, B Ein „ursprüngliches" Gras, der Taumellolch, *Lolium perenne*. Er besitzt Knoten; Blattscheiden (in Teilabbildung A erkennbar) umhüllen den darüberliegenden röhrenförmigen Halmteil. Der reine Halm (Modell im Einschaltbild bei B) verformt sich bei seitlicher Windlast deutlich zu einer Biegeellipse. Dies führt leicht zu irreversibler Abknickung. B, C Ein „hochentwickeltes" Gras, das Pfeifengras, *Molinia coerulea*. Das Gras besitzt keine oberirdischen Knoten. Die sklerenchymatische Versteifung (Teilabbildung C) erzeugt gleiche Biegesteifigkeit mit verringertem Bauaufwand. Der Halm (Modell in Einschaltbild bei D, gleiche Kollenchym-Sklerenchym-Anteile wie im Einschaltbild bei B) verformt sich bei gleichartiger seitlicher Windbelastung weit weniger stark, obgleich er sogar geringeres (!) Flächenträgheitsmoment besitzt als L.p. Resultate in Kesel, Labisch 1996 (Fotos: Wisser, Grafiken: Kesel)

7 Druck, Spannung, Festigkeit

7.1 Druck p, Zug -p, Spannung σ

7.1.1 Druck und Zug, p, -p

(Dimension: $FL^{-2} = ML^{-1} T^{-2}$; Einheit: Nm = Pa (Pascal))

Der Druck ist als Quotient aus Kraft F und Fläche A eine von der Masse, der Länge und der Zeit abgeleitete Größe.

$$p = \frac{F}{A}$$

Bei gegebener Kraft F kann der Druck p durch eine besonders große **Bezugsfläche** A verringert werden. Als Zug wird negativer Druck bezeichnet.

T 2C,D
p 20

7.1.2 Druck- und Zug-, Normal- und Tangentialspannungen σ_d, σ_t, σ_n, σ_t

Mechanische Spannungen werden als Reaktion auf Drücke oder Züge in Festkörpern erzeugt. Man spricht von positiver Spannung als Folge eines Drucks, negativer Spannung als Folge eines Zugs.

Greift eine Kraft schräg an einer Fläche A an, so kann man sie in eine Komponente senkrecht zu dieser Fläche (Normalkomponente F_n) und eine in der Fläche verlaufende Komponente (Tangentialkomponente F_t) zerlegen. Die erstere induziert eine Normalspannung

$$\sigma_n = \frac{F_n}{A} ,$$

die letztere eine Tangentialspannung

$$\sigma_t = \frac{F_t}{A} .$$

Spricht man nur allgemein von „einer Spannung σ“, so ist damit stets die Normalspannung σ_n gemeint.

Die Tangentialspannung spielt als Scherspannung τ bei Scherungsvorgängen (Abschnitt 7.5.2) und als Schubspannung τ beim strömungsmechanischen Reibungswiderstand (Abschnitt 8.2) eine wichtige Rolle.

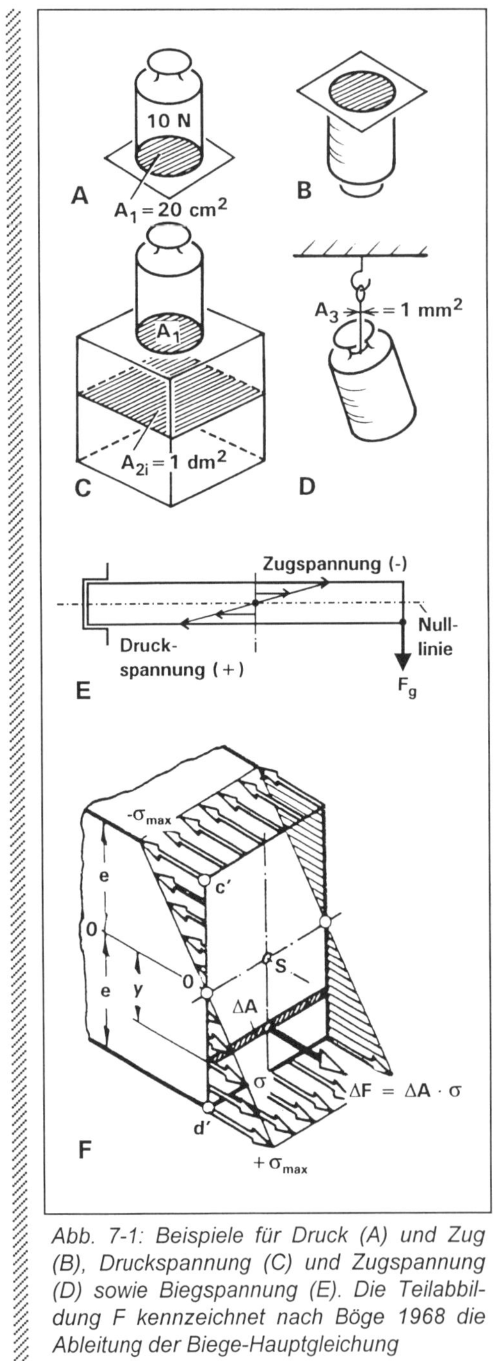

Abb. 7-1: Beispiele für Druck (A) und Zug (B), Druckspannung (C) und Zugspannung (D) sowie Biegspannung (E). Die Teilabbildung F kennzeichnet nach Böge 1968 die Ableitung der Biege-Hauptgleichung

***Beispiel** (Abb. 7-1): Ein aufgelegtes 10 N-Gewichtsstück mit einer runden Auflagefläche von A_1 = 20 cm² (A) induziert unter sich einen Druck von:*

$$\frac{10\ \text{N}}{20\ \text{cm}^2} = \frac{10\ \text{N}}{20 \cdot 10^{-4}\ \text{m}^2} =$$

$$= 5 \cdot 10^3\ \text{N m}^{-2}\ \textit{oder}\ 5\ \text{k Pa}$$

Aufgeklebt und umgedreht (B) erzeugt es an der Klebefläche einen Zug von 5 k Pa.

Aufgesetzt auf eine Säule von 1 dm² Querschnittsfläche (C) induziert das Gewicht auf jeder Höhe dieser Säule (im i-ten Querschnitt, Fläche A_{2i}) eine positive Spannung (Druckspannung) von:

$$\sigma_d \frac{10\ \text{N}}{1\text{dm}^2} = \frac{10\ \text{N}}{1 \cdot 10^{-2}\ \text{m}^2} = 10^3\ \text{N m}^{-2}$$

oder 1 kPa.

Obwohl die Bezugsfläche A_{2i} für die Spannung größer ist als die Grundfläche A_1 des Gewichts „verteilt sich die Belastung" bereits in infinitesimalem Abstand so, daß σ_d an jeder Stelle von A_{2i} gleich ist.

An einem Faden von A_3 = 1 mm² *Querschnittsfläche aufgehängt (D) erzeugt das Gewicht eine negative Spannung (Zugspannung) von:*

$$\sigma_z = \frac{10\ \text{N}}{1\ \text{mm}^2} = \frac{10\ \text{N}}{10^{-6}\ \text{m}^2} = 10^7\ \text{N m}^{-2}$$

oder 10 Mpa

Auch fluidstatische Lasten (z.B. „Wassersäulen") erzeugen in gleicher Weise Drücke. Im beweglichen Fluid selbst können keine Spannungen entstehen, wohl aber in einem „fluidstatisch komprimierten" Festkörper.

***Beispiel** (Abb. 7-2): Welchen Druck erfährt ein schwimmblasentragender Fisch in 15 m Wassertiefe an der Schwimmblasenwand?*

Der hydrostatische Druck beträgt

$$15 \text{ m WS} = \frac{15}{1{,}02 \cdot 10^{-4}} \text{ Pa} =$$

$$= 1{,}47 \cdot 10^{5} \text{ Pa} = 147 \text{ kPa}.$$

Er wirkt in unveränderter Größe auch auf die Schwimmblasenwand.

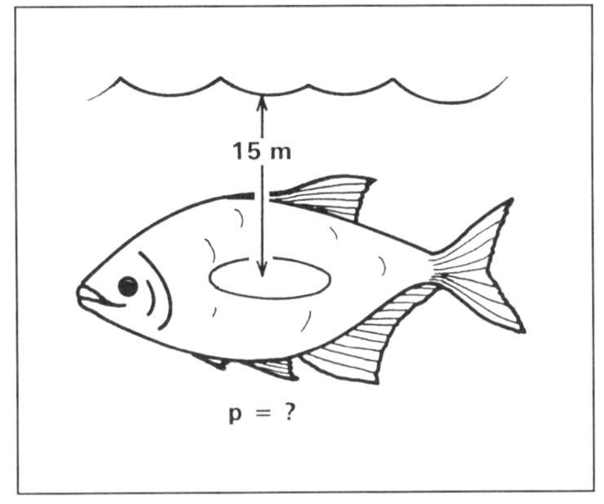

Abb. 7-2: Fisch unter hydrostatischem Druck

Bemerkung: In alten Atmosphäreneinheiten wären das 1,47 atm „Überdruck", soviel wie in einem Autoreifen. Zur Kompensation dieses Drucks muß die Gasdrüse der Schwimmblase soviel Gas sezernieren, daß in der Blase ein gleichgroßer Gegendruck erzeugt wird.

Drücke sind gerade auch in der Fluidmechanik ausschlaggebend wichtige Kenngrößen. Im Abschnitt 9.3 wird näher darauf eingegangen.

7.1.3 Biegespannung σ_b

Bei Biegebelastungen entstehen Biegespannungen, auf der Druckseite Biege-Druckspannungen oder einfach Druckspannungen (+ betrachtet), auf der Zugseite Biege-Zugspannungen oder einfach Zugspannungen (- betrachtet). Man zeichnet sie vereinbarungsgemäß in Richtung der Balkenlängsachse (Abb. 7-1 E). Bei geometrisch symmetrischen und materialtechnisch homogenen Balken gehen die + Spannungen in der Mittellinie in die - Spannungen über. Die Mittellinie selbst ist frei von Biegespannungen. Die größten Biegespannungen („Biegebeanspruchungen" genannt) wirken in der Randfaser.

Wie die Abbildung 7-1 F verdeutlicht, gilt für die Biegespannung σ_b an einer beliebigen Stelle eines Biegebalken-Querschnitts die Proportion

$$\sigma_b : \sigma_{max} = y : e$$

(σ_{max} Randspannung, y Abstand des betrachteten Flächenelements ΔA, in dem die Kraft $\Delta F = \Delta A \cdot \sigma$ wirkt, von der (belastungsfreien) Mittelfaser, e Abstand der Randfaser von der Mittelfaser).

Für eine beliebige Faser i gilt dann

$$\sigma_b = \sigma_{b\,max}\, y\, e^{-1}.$$

Jeder Flächenanteil der betrachteten Querschnittsfläche überträgt die Kraft

$$\Delta F = \Delta A \cdot \sigma_b.$$

Diese erzeugt über ihren Hebelarm y ein „Innen-Drehmoment";

$$\Delta M_i = \Delta F \cdot y = \Delta A \cdot \sigma_b \cdot x = \Delta A \cdot \sigma_{b\,max} \cdot y^2 \cdot e^{-1}.$$

Der Statiker Böge formuliert die Konsequenz wie folgt: „Die Summe dieser kleinen Innenmomente des ganzen Querschnitts müssen dem einwirkenden Biegemoment M_b das Gleichgewicht halten:

$$M_b = \Sigma\, \Delta M_i = \frac{\sigma_{max}}{e}\, \Sigma\, \Delta A\, y^2$$

Der Summenausdruck $\Sigma\, \Delta A\, y$ entspricht dem axialen Flächenträgheitsmoment I, der Ausdruck I / e dem axialen Widerstandsmoment W. Setzen wir noch für σ_{max} die Beziehung der Biegespannung σ_b ein, so erhalten wir

$$M_b = \sigma_b \frac{I}{e} = \sigma_b \cdot W$$

und damit die Biege-Hauptgleichung

$$\text{Biegespannung} = \frac{\text{Biegemoment}}{\text{Widerstandsmoment}};$$

$$\sigma_b = \frac{M_b}{W}.$$

Je nach den Erfordernissen kann die Biege-Hauptgleichung umgestellt werden zur Berechnung des erforderlichen Querschnitts, der vorhandenen Spannung oder des maximal zulässigen Biegemoments.

Beispiel: *Der freie Abschnitt des horizontal eingespannten Balkens nach Abbildung 7-1 E sei 1 m lang und von quadratischem Querschnitt; Kantenlänge a = = 3 cm. Welche Biegespannung σ_b (in N mm $^{-2}$) herrscht in der Balkenmitte (x = 50 cm) im Abstand von 1 cm von der neutralen Mittellinie, wenn der Balken endständig mit der Gewichtskraft F_g = 10 N belastet wird? Wie groß ist an der betrachteten Stelle der Sicherheitsfaktor gegen Biegebruch des Balkens bei periodischer Auslenkung, wenn die zulässige Biege-Wechselfestigkeit $\sigma_{bW\,zul}$ = = 160 N mm $^{-2}$ ist?*

$$\text{Biegemoment } M_{bx} = 10\ (\text{N}) \cdot 0{,}5\ (\text{N}) = 5\ \text{N m}$$

$$\text{Flächenträgheitsmoment } I_x = \frac{a^4}{12} = \frac{(0{,}03\ (\text{m}))^4}{12} = 6{,}80 \cdot 10^{-8}\ (\text{m}^4)$$

$$\text{Randfaserabstand } e = \frac{a}{2} = \frac{0{,}03\ (\text{m})}{2} = 0{,}015\ (\text{m})$$

$$\text{Widerstandsmoment } W = \frac{I_x}{e} = \frac{6{,}80 \cdot 10^{-8}\ (\text{m}^4)}{1{,}50 \cdot 10^{-2}\ (\text{m})} = 4{,}53 \cdot 10^{-6}\ \text{m}^3$$

$$\text{Biegespannung } \sigma_b = \frac{M_b}{W} = \frac{5\ (\text{Nm})}{4{,}53 \cdot 10^{-6}\ (\text{m}^3)} = 1{,}10 \cdot 10^6\ \text{N m}^{-2}$$

In anderen Einheiten:

$$\text{Biegespannung } \sigma_b = 1{,}1 \cdot 10^{-3}\ \text{kN mm}^{-2} = 1{,}1\ \text{N mm}^{-2}$$

Der Sicherheitsfaktor ist

$$S = \frac{\sigma_{bW\,zul}}{\sigma_b} = \frac{160\ (\text{N mm}^{-2})}{1{,}1\ (\text{N mm}^{-2})} = 145;$$

der Lastfall ist also gänzlich unproblematisch.

Bemerkung : Der Sicherheitsfaktor S ist in Abschnitt 7.2.3 näher gekennzeichnet.

Bemerkung: Der Begriff „Biege-Wechselfestigkeit“ ist einer der vielen Begriffe der Materialkunde zur Spezifizierung des Begriffs „Festigkeit“, der in dieser allgemeinen Form nichtssagend ist (vergl. Abschnitt 7.2.2)

7.2 Festigkeitsbetrachtungen

7.2.1 Beanspruchung

Als Beanspruchungen bezeichnet man vereinbarungsgemäß die größten an einem Bauteil auftretenden Drücke (→ Druckbeanspruchung), Züge, (→ Zugbeanspruchung) und Spannungen (der Begriff „Spannungsbeanspruchung“ ist nicht üblich; mit „Beanspruchung“ allgemein wird aber meist die größte Spannung bezeichnet, wie sie häufig in Randfasern von Körpern auftritt).

7.2.2 Festigkeit

Im allgemeinen Sprachgebrauch ist der Begriff „Festigkeit" nicht klar definiert. Man merkt das sofort, wenn man versucht, einen vernünftigen Begriff für das „Gegenteil von fest" zu finden. Im technischen Bereich kennzeichnet die „Festigkeit" eines Werkstoffs oder eines Bauteils eine Spannung, nämlich diejenige Spannung, die er oder es unter bestimmten Randbedingungen aushält. „Festigkeit an sich" gibt es demnach nicht. Doch gibt es beispielsweise Druck-, Zug-, Biege- und Torsionsfestigkeit, und zwar solche gegen einmalige „zügige" Beanspruchung (eine Probe wird langsam „zügig" bis zur Zerstörung belastet) oder gegen unterschiedliche periodische Beanspruchungen. Der Techniker unterscheidet somit eine ganze Reihe von Festigkeitsarten.

In der Biomechanik spielen Festigkeitsüberlegungen besonders bei angewandten Fragestellungen eine Rolle, so für Holz und Bambus als Baustoffe, und hier geht es vor allem um Druck-, Zug- und Biegefestigkeit im statischen Sinne.

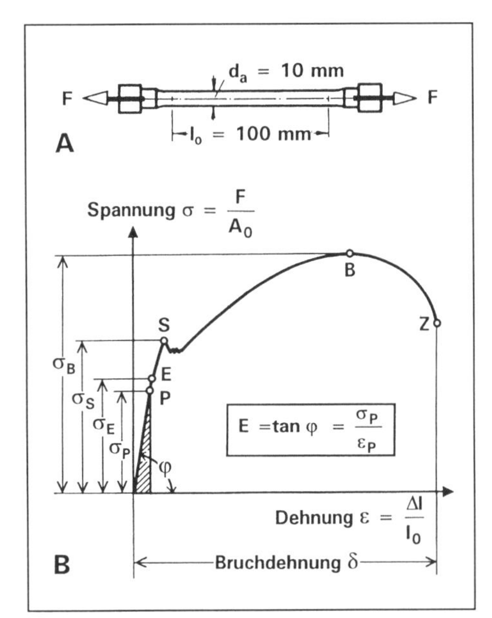

Abb. 7-3: Genormter Zugstab (A) und leicht schematisiertes Spannungs-Dehnungs-Diagramm für einen weichen Stahl (B). Abkürzungen: Vergl. den Text. (In Anlehnung an Böge 1968)

Die gängige materialtechnische Kenngröße ist die Zugfestigkeit σ_{zb}. Ein genormter Zugstab des Ausgangsquerschnitts A_0 (Abb. 7-3 A) wird in einer Zerreißmaschine bis zum Zerreißen beim Überschreiten einer gewissen Maximalkraft F_{max} gedehnt. Dabei wird jeweils die Spannung σ und die Dehnung ε registriert; σ wird über ε ausgeplottet (Abb. 7-3 B). Bei dieser Prozedur schnürt sich der Stab etwas ein; dies wird aber nicht berücksichtigt. Die Zugfestigkeit σ_{zb}, also die größte, kurz vor dem Bruch (Suffix b) auftretende Zugspannung (Suffix z), ist definiert als:

$$\sigma_{zb} = \frac{\text{Bruchlast}}{\text{Ausgangsquerschnitt}} = \frac{F_{max}}{A_0}$$

Die Abbildung 7-3 B zeigt ein leicht schematisiertes σ-ε-Diagramm für einen weichen Stahl. Man kann daran eine Reihe typischer Grenzen und zugeordneter Spannungen ablesen. (Das an sich korrekte Suffix z wird im allgemeinen weggelassen, also zum Beispiel σ_b statt σ_{zb}):

P: Proportionalgrenze; σ_p Festigkeit im linearen Bereich der σ-ε-Kennlinie („elastischer Bereich")

E: Elastizitätsgrenze; σ_e Festigkeit bei Überschreiten des elastischen Bereichs

S: Streckgrenze; σ_s Streckfestigkeit
B: Bruchgrenze; σ_b Bruchfestigkeit
Z: Zerreißgrenze; σ_z Zerreißfestigkeit

Die Bruchfestigkeit σ_b.ist in der Praxis nur dann von Nutzen, wenn der Werkstoff im Spannungs- Dehnungs- Diagramm keine Streckgrenze S mit der entsprechenden Spannung σ_s erkennen läßt. Technisch wichtiger ist die zulässige Spannung σ_{zul}. Als eigentlicher, praktisch bedeutsamer Festigkeitswert, wie er in Materialtabellen erscheint, liegt sie deutlich unter σ_s. Für Ruhebelastungen kann man im Stahlbau im Durchschnitt mit 60% rechnen;

$$\sigma_{zul} = 0{,}6 \cdot \sigma_s.$$

Diese Grenze mag man im technischen Konstruktionswesen aber ungern ausreizen. Man rechnet vielmehr mit Sicherheitsfaktoren S > 1.

7.2.3 Sicherheitsfaktor S

Mit diesem Begriff definiert der Techniker „Festigkeit" als Produkt $S \cdot \sigma_{zul}$. Die S-Werte stellen Erfahrungswerte da, hängen von der Festigkeitsart ab und liegen etwa zwischen 1 und 4, für Stähle mindestens bei 1,2. Für den Stahlwerkstoff ST52 gelten beispielsweise folgende (Zug-) Festigkeitswerte:

$$\sigma_{bruch} = 520 \text{ N mm}^{-2}$$
$$\sigma_s = 320 \text{ N mm}^{-2}$$
$$\sigma_{zul} = 0{,}6 \cdot 320 = 192 \text{ N mm}^{-2}$$

Im Maschinenbau wird mit Mindestfestigkeiten von

$$S \cdot \sigma_{zul} = 1{,}2 \cdot \sigma_{zul}$$

gerechnet; im vorliegenden Fall wären das

$$1{,}2 \cdot 192 \text{ N mm}^{-2} = 230 \text{ N mm}^{-2}.$$

7.3 Elastizitätsmodul E

(Dimension: $FA^{-1} = ML^{-1}\,T^{-2}$, Einheit N m^{-2})

7.3.1 Definition, Messung, Interpretation

Als Elastizitätsmodul („E-Modul", E) bezeichnet man den Quotienten aus Spannung σ (s. Abschnitt 7.1) und Dehnung ε (Abschnitt 2.3). Da ε dimensionslos ist, hat E die Dimension von σ:

$$E = \frac{\sigma}{\varepsilon}$$

Der Elastizitätsmodul E ist eine außerordentlich bedeutsame und häufig benutzte Materialkenngröße. Die Pflanzenbiomechanik reitet ihn fast zu Tode. Gerade auch für den physikalisch interessierten Biologen ist es wichtig, ein Gefühl für diese Kenngröße zu bekommen. Mit dem sogenannten gesunden Menschenverstand kommt man da nicht weit, denn ein hoher E-Modul bedeutet nun gerade **keine** hohe Elastizität.

Am besten macht man sich die Verhältnisse durch eine Betrachtung mit Einheiten klar. Wenn ein angehängtes Gewicht von F_g = 1 N auf eine Querschnittsfläche A = 1 m^2 wirkt, so ergibt sich die Spannung

$$\sigma = \frac{F_g}{A} = \frac{1\,N}{1\,m^2} = 1\,N\,m^{-2} = 1\,Pa.$$

Existiert ein Spannungs-Dehnungs-Diagramm des betrachteten Werkstoffs (z.B. Abb. 7-3 B für weichen Stahl), so kann man den E-Modul an der Proportionalitätsgrenze P ablesen zu

$$E = \frac{\sigma_p}{\varepsilon_p} = \tan\varphi.$$

Für einen weichen Stahl kann man aus einer älteren Tabelle entnehmen:

$$\sigma_p = 14\,kp\,mm^{-2}$$

$$\varepsilon_p = 1‰$$

Damit berechnen sich

$$E = \frac{14\,(kp\,mm^{-2})}{0{,}001} = 14000\,kp\,mm^{-2} \approx 1{,}4 \cdot 10^5\,N\,mm^{-2} \approx$$
$$\approx 1{,}4 \cdot 10^2\,kN\,mm^{-2} \approx 1{,}4 \cdot 10^{11}\,N\,m^{-2} \text{ oder Pa} \approx$$
$$\approx 1{,}4 \cdot 10^2\,GN\,m^{-2} \text{ oder Gpa.}$$

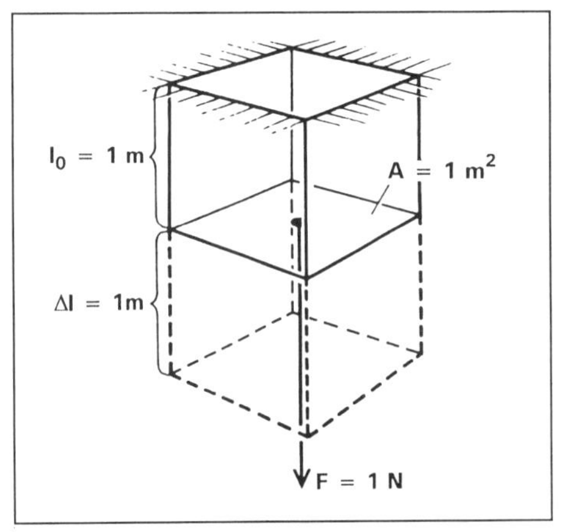

Abb. 7-4: Zur Veranschaulichung eines E-Moduls von 1 Pa („gedachte leichte Zuckerwatte")

In technischen Tabellen sind alle die genannten Einheiten gebräuchlich; am häufigsten findet man kN mm^{-2}, gleich GN m^{-2}, gleich GPa.

Dehnt sich dabei die Probe auf eine Länge l, die dem Doppelten der Ausgangslänge l_0 entspricht (Abb. 7-4), so beträgt die Dehnung ε:

$$\varepsilon = \frac{\Delta l}{l_0} =$$

$$= \frac{l - l_0}{l_0} = \frac{2\,l_0 - l_0}{l_0} = \frac{l_0}{l_0} = 1$$

Der E-Modul ist in diesem Fall numerisch gleich der Spannung:

$$E = \frac{1\,(\text{Pa})}{1\,(\text{-})} = 1\ \text{Pa}$$

Mit anderen Worten: Der E-Modul entspricht der Spannung σ, die bei der Dehnung $\varepsilon = 1$ (d.h. bei einer Dehnung um 100% der Ausgangslänge) resultiert.

Nun ist das reichlich formal; man kennt nur wenige Materialien, die die Dehnung auf das Doppelte oder Dreifache vertragen (halbflüssige UHU-Fäden vielleicht). Unter der Wirkung von einem lächerlichen Newton (soviel wiegt eine 100-g-Portion Leberkäs) und bei einer riesigen Querschnittsfläche von 1 m^2 läßt sich wohl kein Material tatsächlich auf das Doppelte verlängern (leichte Zukkerwatte vielleicht). Einen E-Modul von 1 Pa wird es also in der Praxis nicht geben. Stets wird die Dehnung relativ klein sein, und da dieser kleine Wert im Nenner der Definitionsgleichung für den E-Modul steht, wird dieser für praktische Fälle recht groß werden.

Vielleicht kommt es der Anschauung mehr entgegen, wenn man die Spannungs-Dehnungs-Beziehung wie folgt formuliert:

Die Spannung σ ist der Dehnung ε (im elastischen Materialbereich) direkt linear proportional. Macht man aus dieser Proportion eine Gleichung, so muß man einen Proportionalitätsfaktor einführen. Dieser Proportionalitätsfaktor ist der E-Modul:

$$\sigma = E \cdot \varepsilon$$

Die Spannung ist jeweils E-mal größer als die Dehnung.

Genau das eben Formulierte besagt das Hooke'sche Gesetz, das man gerne an Spiralfedern demonstriert; die Dehnung ist proportional der Belastung (Abb. 6-15). Das nämliche kann man aber auch an Blattfedern demonstrieren; hier ist die Biegung proportional der Belastung, und auch hier ist ein E-Modul der Proportionalitätsfaktor. In der Pflanzenbiomechanik benutzt man gerne derartige Biegebelastungen, um E-Moduli zu bestimmen.

Die Zahlenwerte der E-Moduli für technische und biologische Materialien sind aus den oben skizzierten Gründen durchweg sehr hoch. Um mit den großen Zahlen zurechtzukommen, werden sie meist in GPa angegeben:

$$1\,200\,000\,000\ \text{N m}^2 = 1{,}2\ \text{GPa}$$

Die Zahlenwerte für kN mm^{-2}, GN m^{-2} und GPa sind, wie erwähnt, gleich groß. Die oft riesigen Werte für den Elastizitätsmodul E bedeuten, daß bei den meisten Materialien eine nur sehr geringe Dehnung ε eine bereits sehr große Spannung σ induziert. Schon eine bescheidene Dehnung kann also dazu führen, daß die induzierte Spannung die Materialfestigkeit (in unserem Fall die

Zugfestigkeit σ_{zb}, abgekürzt geschrieben σ_b) überschreitet, so daß die Probe im Zugversuch reißt. Man darf sich also nicht wundern, daß die Werte für die Zugfestigkeit technischer und biologischer Materialien viel kleiner sind als deren Elastizitätsmoduli.

Ein Material, das bereits bei geringer Dehnung reißt, heißt „spröde oder brüchig“ (englisch: brittle), eines, das größere Dehnung verträgt, bezeichnet man als „zäh“ (englisch: tough).

Lassen sie uns noch ein wenig auf dem gerade pflanzenbiomechanisch so wichtigen Begriff des Elastizitätsmodul herumreiten und vier Beispiele überlegen: einen „halbflüssigen UHU-Faden“ (Querschnittsfläche 10 mm²) und zudem drei Zylinder verschiedener Materialien von den Ausmaßen eines Baumstammabschnitts (Zylinder von 1 m Länge und 10 cm Durchmesser; Querschnittsfläche $7{,}85 \cdot 10^{-3}$ m²).

Beispiel 1: *UHU-Faden*

Die Dehnung ε sei 100% bei einer Belastung mit F_g = 1 N. Der Querschnitt des UHU-Fadens beträgt A = 10 mm. Damit ergeben sich für die Spannung σ und die Dehnung ε folgende Werte:

$$\sigma = \frac{1\ (\mathrm{N})}{10\ (\mathrm{mm}^2)} = \frac{1\ (\mathrm{N})}{10^{-5}\ (\mathrm{m}^2)} = 10^5\ \mathrm{Pa};$$

$$\varepsilon = \frac{1\ (\mathrm{m})}{1\ (\mathrm{m})} = 1$$

Der Elastizitätsmodul für diesen halbflüssigen UHU-Faden berechnet sich zu:

$$E = \frac{\sigma}{\varepsilon} = \frac{10^5\ (\mathrm{Pa})}{1} = 0{,}0001\ \mathrm{G\ Pa}$$

Unter stärkerer Belastung dehnt sich der Faden immer weiter. Wegen seiner großen Dehnungsfähigkeit ist er eine Zeitlang „einfach nicht kaputtzukriegen“ - und reißt schließlich doch, etwa bei der 300 % seiner Ausgangslänge.

Beispiel 2: *Silikonkautschuk*

Die Dehnung ε sei 1,27% bei einer Belastung mit F_g = 1000 N. Für die Baumstamm-Dimension ergeben sich:

$$\sigma = \frac{1000\ (\mathrm{N})}{7{,}85 \cdot 10^{-3}\ (\mathrm{m}^2)} = 127\,388{,}5\ \mathrm{N\ m}^{-2};$$

$$\varepsilon = \frac{12{,}7\ (\text{mm})}{1000\ (\text{mm})} = 0{,}0127;$$

$$E = \frac{\sigma}{\varepsilon} = \frac{127\,388{,}5\,(\text{N m}^{-2})}{0{,}0127} = 10^{7}\ \text{N m}^{-2} = 0{,}01\ \text{G Pa}$$

Unter stärkerer Belastung dehnt sich die Kautschuksäule immer weiter und reißt schließlich bei etwa 150% ihrer Ausgangslänge.

Beispiel 3: *Ein Baumstamm-Abschnitt*

Die Dehnung ε sei 0,04 ‰ bei Belastung mit F_g = 3000 N.

$$\sigma = \frac{3000\ (\text{N})}{7{,}85 \cdot 10^{-3}\ (\text{m}^2)} = 382165{,}6\ \text{N m}^{-2};$$

$$\varepsilon = \frac{0{,}04\ (\text{mm})}{1000\ (\text{mm})} = 0{,}00004;$$

$$E = \frac{\sigma}{\varepsilon} = \frac{382\,166\,(\text{N m}^{-2})}{0{,}00004} = 9{,}55 \cdot 10^{9}\ \text{N m}^{-2} = 9{,}55\ \text{G Pa}.$$

Trotz beachtlicher Belastung (Masse ungefähr ein Drittel einer Tonne!) dehnt sich der Baumstamm nur um einen kaum meßbaren Betrag. Bei welcher Zuglast und bei welcher Dehnung wird er brechen?

Mitteltrockenes Fichtenholz hat eine Zugfestigkeit σ_{zb} von etwa 100 N mm^{-2} = 10^8 N m^{-2}. Dem entspricht eine Bruchlast F von:

$$F_b = \sigma_b \cdot A = 10^{8}\ (\text{N m}^{-2}) \cdot 7{,}85 \cdot 10^{-3}\ (\text{m}^2) = 785\,000\ \text{N}$$

Dies entspricht etwa dem 260-fachen der gewählten Probebelastung, die damit noch keineswegs kritisch war.

Die Bruchdehnung ε_b dieses Fichtenholzes wäre:

$$\varepsilon_{\text{Bruch}} = \sigma_{\text{Bruch}} \cdot E^{-1} = \frac{10^{8}\ (\text{N m}^{-2})}{9{,}55 \cdot 10^{9}\ (\text{N m}^{-2})} = 0{,}01 \text{ oder etwa } 1\ \%$$

Bei einer Anfangslänge l_0 = 1000 mm *gilt also:*

$$\varepsilon = \frac{\Delta l}{l_0} = \frac{l - l_0}{l_0}$$

Daraus resultiert:

$$l = \varepsilon \cdot l_0 + l_0 = 0{,}01 \cdot 1000\ (\text{mm}) + 1000\ (\text{mm}) = 1010\ \text{mm}$$

Bei Dehnung auf 1010 mm, d.h. um 10 mm oder 1% der Ausgangslänge wäre die Bruchdehnung erreicht; der Stamm würde zerreißen.

Holz ist damit erstaunlich zugfest (theoretisch jedenfalls; im praktischen Zugversuch reißt er im allgemeinen bei weit geringerer Last an den Lasteinleitungsstellen). Es ist aber im Vergleich mit den vorher genannten Materialien reichlich „unelastisch", weil es schon bei Dehnung um ein Hundertstel seiner Länge zerreißt. Es ist „nicht leicht kaputt zu machen" im Hinblick auf die großen Zuglasten, die es verträgt, aber „leicht kaputtzumachen" im Hinblick auf die geringen Dehnungen, die es verträgt. All dies besagt ein relativ hoher E-Modul!

***Beispiel 4:** V2A-Stahlzylinder*

Die Dehnung sei 0,653 ‰ bei einer Belastung mit $F_g = 10^6$ N. Für die Baumstamm-Dimensionen ergeben sich für die Spannung σ und die Dehnung ε folgende Werte:

$$\sigma = \frac{10^6\ (\text{N})}{7{,}85 \cdot 10^{-3}\ (\text{m}^2)} = 127\ 388\ 535\ \text{N m}^{-2}.$$

$$\varepsilon = \frac{0{,}653\ (\text{mm})}{1000\ (\text{mm})} = 0{,}000653.$$

Der Elastizitätsmodul E berechnet sich zu:

$$E = \frac{\sigma}{\varepsilon} = \frac{127\,388\,535\,(\text{N m}^{-2})}{0{,}000\,653} = 195\ 000 \cdot 10^6\ \text{N m}^{-2} \text{ oder } 195\ \text{GPa}.$$

Die Bruchspannung σ_b für diesen Zylinder beträgt:

$$\sigma_b = 700 \cdot 10^6\ (\text{N m}^{-2}).$$

Daraus berechnet sich die Bruchlast F_b zu:

$$F_b = \sigma_b \cdot A = 700 \cdot 10^6\ (\text{N m}^{-2}) \cdot 7{,}85 \cdot 10^{-3}\ (\text{m}^2) = 5\ 599\ 000\ \text{N}.$$

Dies ist das 5,5-fache der Probelast.

Die Bruchdehnung ε_b berechnet sich zu

$$\varepsilon_b = \frac{700 \cdot 10^6\ (\text{N m}^{-2})}{195\ 000 \cdot 10^6\ (\text{N m}^{-2})} = 0{,}00359.$$

Die Bruchlänge l_b beträgt:

$$l_b = 0{,}00359 \cdot 1000\ (\text{mm}) + 1000\ (\text{mm}) = 1003{,}59\ \text{mm}$$

Der hochfeste Stahlzylinder zerreißt (theoretisch) bereits, wenn er um 3,59 mm, d.h. um 0,36% seiner Länge gedehnt wird. Erstaunlicherweise verträgt er nur eine geringere Dehnung als Holz (!).

Zusammenfassend zeigen die Beispiele also:

Ein höherer E-Modul kennzeichnet „unelastischeres" das heißt bei gegebener Belastung sich weniger stark dehnendes Material. (Sprachlich wäre es also eigentlich besser, den Elastizitätsmodul „Unelastizitätsmodul" zu nennen.)

Was im Übrigen die Zugfestigkeit anbelangt: Hölzer kommen im Vergleich mit guten Stählen gar nicht so schlecht weg; sie liegen, grob gesagt, nur um eine Größenordnung darunter. In der Baupraxis werden sie allerdings möglichst nur druckbelastet.

7.3.2 Dehnungszahl α

(Dimension: $M^{-1} L^3 T^2$; Einheit: $m^2 N^{-1} = Pa^{-1}$).

Den Kehrwert des Elastizitätmoduls nennt man Dehnungszahl α:

$$\alpha = \frac{1}{E}$$

Was hier für Dehnungen ausgeführt worden ist, gilt auch für (geringfügige) Stauchungen. Theoretisch ergeben sich für Dehnung und Stauchung die gleichen Zahlenwerte. Benutzt man dagegen Biegeexperimente zur Bestimmung des Elastizitätsmodul, - man nennt ihn dann Biegeelastizitätsmodul E_b (Abb. 7-5 im nächsten Abschnitt) -, so können sich leicht unterschiedliche Zahlenwerte ergeben.

7.3.3 Biegeelastizitätsmodul E_b

(Dimension: $FA^{-1} = ML^{-3} T^{-2}$; Einheit $N\ m^{-2} = Pa$).

Die Größen E und E_b unterscheiden sich nur insofern, als E aus Dehnungsversuchen, E_b aus Biegeversuchen bestimmt wird. Untersucht man den Elastizitätsmodul einer Materialprobe einmal durch Zug (oder auch Druck) und einmal durch Biegung, so bekommt im Fall homogener, isotroper und relativ zäher Werkstoffe im allgemeinen gut übereinstimmende Werte, so daß man für Biegeberechnungen die aus den gängigen Zugversuchen bekannten Elastizitätsmoduli E einsetzen kann. Diese Kriterien erfüllen technische Werkstoffe, die nicht zu spröde sind (zum Beispiel Stähle). Für sprödere Werkstoffe wie Gußeisen und für biologische Materialien, die sehr komplex und inhomogen sein können, gilt das nicht unbedingt. Man kennzeichnet deshalb E-Moduli, die aus Biegeversuchen ermittelt worden sind, zur Klarstellung als E_b.

Wie Abschnitt 7.5 zeigt, enthält die Kenngröße „Biegesteifigkeit" den Biegeelastizitätsmodul E_b als Faktor. Wenn man bei Biege-Berechnungen mit E- statt mit E_b-Werten rechnet, muß man sich gegebenenfalls auf eine gewisse Abweichung einstellen.

T 5C
p 66

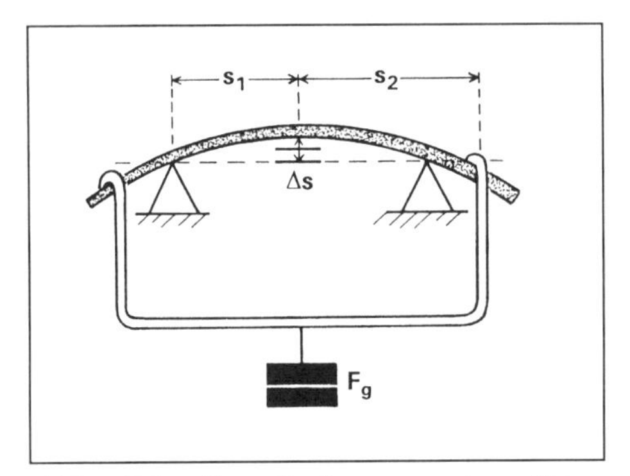

Abb. 7-5: Zur Bestimmung des Bieg-Elastizitätsmoduls E_b von Gräsern. (Basierend auf Wisser 1986, AG Nachtigall)

Biegeversuche zu **E_b-Bestimmung** für Gräser haben wir beispielsweise wie folgt durchgeführt (Abb.7-5).

Unter Beobachtung mit einem Horizontalmikroskop mit Okularmikrometer wurde ein zweiseitig im Abstand $2s_1$ gelagerter Grashalm über eine symmetrisch im Abstand s_2 außen angehängte Brücke mit zentralen Gewichten F_g belastet. Es resultierte eine zentrale Auslenkung um die Strecke Δ s. Nach dem Sekantensatz beträgt der Krümmungsradius r:

$$r = \frac{1}{2}\, s_1 \cdot \Delta\, s^2$$

Daraus berechnet sich die mittlere Biegesteifigkeit C zu:

$$C = r \cdot s_2 \cdot F_g$$

Diese kann gleichgesetzt werden mit ihrem Rechenwert aus dem Definitionsansatz

$$C = E \cdot I$$

(s. Abschnitt 7.4; I Flächenträgheitsmoment, vorher bestimmt nach Abschnitt 5.4).

Aus $$r \cdot s_2 \cdot F_a = E \cdot I$$

folgt $$E = \frac{r \cdot s_2 \cdot F_a}{I}.$$

Die Dimension stimmt, wie eine Einheitenbetrachtung zeigt:

$$m \cdot m \cdot N \cdot m^{-4} = N\, m^{-2} = Pa$$

Für einen mittleren Halmabschnitt des Pfeifengrases *Molinia coerulea* haben wir die folgenden Werte bestimmt:

$$C = 1{,}96 \cdot 10^{-3}\ N\ m^2,$$

$$E_b = 1{,}9 \cdot 10^6\ N\ m^{-2}$$

Aus Zugversuchen resultierten mit dem gleichen Objekt im Mittel

$$E_Z = 2{,}2 \cdot 10^6\ N\ m^{-2}.$$

Die beiden Mittelwerte für E_b und E_Z stimmen in diesem Fall in etwa überein. Das mag in diesem Beispiel Zufall sein, aber man sollte in jedem Fall diese beiden Werte auseinander halten und dann in den Ansätzen klar kennzeichnen.

7.4 Biegesteifigkeit C

(Dimension: $F\ L^2 = M\ L^3\ T^{-3}$; Einheit: $N\ m^2$).

Als Biegesteifigkeit oder Krümmungssteifigkeit C bezeichnet man das Produkt aus Elastizitätsmodul für Biegung E_B ($N\ m^{-2}$) und Flächenträgheitsmoment I (m^4):

$$C = E_b \cdot I\ (N\ m^2)$$

Die Größe E_b ist eine Materialkonstante; höhere Werte bedeuten, daß sich eine Materialprobe unter der Wirkung eines gegebenen Moments weniger durchbiegt. Die Größe I ist eine materialunabhängige geometrische Konstante. Ist sie größer, so kennzeichnet sie eine Körper (oder Querschnitts-) Form, die sich unter der Wirkung eines gegebenen Moments weniger verbiegt.

Es ist also ganz vernünftig, wenn man zur Kennzeichnung der Biegesteifigkeit - der Fähigkeit einer Form, gegenüber Biegeeinflüssen unempfindlich zu reagieren, das heißt sich wenig abbiegen zu lassen - die beiden Größen multipliziert. Man kombiniert damit geschickterweise Material- und Formeigenschaften, die zur Aufrechterhaltung einer guten Formstabilität gegenüber der Wirkung von Biegeeinwirkungen Hand in Hand gehen. Bei Leichtbauten kann man gute C-Werte beispielsweise durch **Ausschäumung** erreichen.

T 5A,B
p 66

Beispiel: *Der oben betrachtete Baumstamm-Abschnitt einer Fichte hatte ein Elastizitätsmodul von*

$$E = 9{,}55 \cdot 10^9\ N\ m^{-2}$$

(Beispiel 3 zu Abschnitt 7.2).

Sein axiales Flächenträgheitsmoment berechnet sich nach der Kreisflächen-

Formel für einen Durchmesser von 10 cm zu

$$I_x = I_y = 4{,}91 \cdot 10^{-6}\ m^4.$$

Der Baumstamm besitzt somit eine Biegesteifigkeit gegen Biegung um die Achse x oder y von

$$C = E_b \cdot I \approx E \cdot I = 4{,}69 \cdot 10^4\ N\ m^2.$$

Das nimmt man so zur Kenntnis; es sagt aber nur im Vergleich etwas.

Angenommen, einer gleichdimensionierter Erlen-Stamm hätte einen kleineren C-Wert. Er wäre dann biegungsempfindlicher und würde, als Bauholz irgendwo eingebaut und biegebelastet, vielleicht nicht ausreichen, während der Fichtenstamm vielleicht gerade ausreicht.

Auch wenn man ihn in Abhängigkeit von anderen Kenngrößen aufträgt, kann der C-Wert wichtige Materialeigenschaften verraten. In Arbeiten über Pflanzenbiomechanik werden oft derartige Kennlinien publiziert. Für Berechnungen bedient man sich mit Vorteil der ***Finite-Elemente****- Methode (FEM).*

T 6
p 110

7.5 Sonstige Kenngrößen und Moduli

7.5.1 Kompressibilität κ und Kompressionsmodul K

Drückt man beispielsweise einen kugelförmigen Körper unter Wasser, so wirkt allseitig (praktisch) die gleiche hydrostatische Druckdifferenz Δp, die die Kugel zusammendrücken, d.h. ihr Volumen zu verkleinern sucht.

Als Kompressibilität κ (Dimension: $(FL^{-2})^{-1} = F^{-1} L^2$) bezeichnet man die relative (d.h. auf das Ausgangsvolumen V_0 bezogene) Volumenänderung pro Einheit der Druckänderung:

$$\kappa = \frac{\frac{\Delta V}{V_0}}{\Delta p}\ (Pa^{-1})$$

Der Kehrwert der Kompressibilität heißt Kompressionsmodul K (Dimension: $F\ L^{-2}$):

$$|K| = |\kappa^{-1}|$$

Der Kompressionsmodul hat also die Dimension eines Drucks (wie der E-Modul).

7.5.2 Scherspannung τ und Schubmodul G

Unter der Wirkung einer tangentialen Zugkraft F_{tang} tritt an der Berührungsfläche A zweier verbundener Bauteile (z.B. zweier flächig verlöteter Bleche, vergl. Ü 7/7) eine Scherspannung (Dimension: F L^{-2}) auf

$$\tau = \frac{F_{tang}}{A}.$$

Verformt sich ein würfelförmiger Körper, zum Beispiel ein Gelatinewürfel (vergl. Ü 7/8) unter der Wirkung einer Tangentialkraft F_{tang} um den Winkel γ, so berechnet sich sein Schubmodul (Dimension F L^{-2}) zu

$$G = \frac{\tau}{\gamma}.$$

Der Winkel γ wird im Bogenmaß in die Gleichung eingesetzt (!).

Sowohl Scherspannung wie Schubmodul haben also die Dimension eines Drucks, wie der Kompressionsmodul und wie der E-Modul.

7.5.3 Torsionsspannung τ_t und Gleitmodul G_t

Die Torsionsspannung (Verdrehspannung) τ_t verhält sich zur Biegespannung σ_b sozusagen wie das polare Widerstandsmoment W_p zum axialen Widerstandsmoment W_x. Analog der Biege-Hauptgleichung (Abschnitt 7.1.3) gilt die Torsions-Hauptgleichung:

$$\text{Torsionsspannung} = \frac{\text{Drehmoment}}{\text{polares Widerstandsmoment}}$$

$$\tau_t = \frac{M_t}{W_p}$$

Man kann sie nach dem erforderlichen Querschnitt (mit $\tau_{t\,zul}$), der vorhandenen Spannung oder dem maximal zulässigen Drehmoment (mit $\tau_{t\,zul}$) auflösen.

Analog der Zugspannung $\sigma = \frac{\Delta l}{l_0} \cdot E$ bei Zugbelastungen,

in die der Elastizitätsmodul E eingeht, berechnet sich die Torsionsspannung τ_t bei Torsionsbelastungen eines Zylinders bei tangential eingreifender Kraft zu

$$\tau_t = \frac{\alpha}{l} \cdot G_t$$

(α Verdrehungswinkel in der Querschnittsebene einzusetzen im Bogenmaß (!), l Länge des Zylinders (m), G_z Torsionsmodul (N m^{-2}))

Beispiel: *Ein l = 1 m langer und d = 20 cm dicker Stahlzylinder des Werkstoffs St 42 (G_t = 80 000 N mm^{-2}) hält eine Torsionsspannung von τ_{zul} = 170 N mm^{-2} aus. Um welchen Winkel darf man ihn um die Längsachse verdrehen, wenn diese Toleranz ausgereizt werden soll?*

$$\alpha_{zul}\,(°) = \frac{\tau_{zul}\,(\mathrm{N\,m^{-2}}) \cdot l\,(\mathrm{m})}{G\,(\mathrm{N\,m^{2}}) \cdot r\,(\mathrm{m})} \cdot 57{,}3\,(°) =$$

$$= \frac{170 \cdot 10^6\,(\mathrm{N\,m^{-2}}) \cdot 1\,(\mathrm{m})}{80\,000 \cdot 10^6\,(\mathrm{N\,m^{-2}}) \cdot 0{,}1\,(\mathrm{m})} \cdot 57{,}3\,(°) = 1{,}22\,°.$$

Ansätze dieser Art können relevant sein für Berechnungen zur Torsionsbeanspruchung von Baumstämmen mit exzentrischer Krone unter Windlast.

7.6 Der einseitig eingespannte Balken

Die „klassische" Annährung an statische, insbesondere baustatische Probleme geschieht in technischen Vorlesungen üblicherweise über den einseitig horizontal eingespannten Balken mit am freien Ende angreifender Gewichtskraft. Und so soll ein solcher Balken auch hier betrachtet werden. Die Sichtweisen und Vereinbarungen der Abschnitte 7.5 und 7.6 reichen bereits für ein prinzipielles Verständnis von Momenten- und Spannungsflächen in biomechanischen Darstellungen aus.

7.6.1 Biegemomentenverteilung

Betrachtet man einen solchen in eine etwas zu große Öffnung „schlampig" horizontal eingespannten Balken als Hebel mit einer Drehachse am unteren Einspannpunkt (Abb. 7-6A), so gilt für den Gleichgewichtsfall

$$M_1 = F_g \cdot l;$$

$$M_2 = F_{A2} \cdot l_{A2};$$

$$|M_1| = |M_2| = |M_{max}|.$$

In Worten: Das im Uhrzeigersinn drehende Moment M_1 aus der am freien Ende wirkenden Gewichtskraft und ihrem senkrecht dazu verlaufenden Drehabstand muß (entgegengesetzt) gleich groß sein dem gegen den Uhrzeigersinn drehenden Moment M_2 aus Anschlagskraft und ihrem senkrecht dazu verlaufenden Drehabstand. Diese beiden entgegengesetzt gleichgroßen Momente sind gleichzeitig die maximal auftretenden Momente.

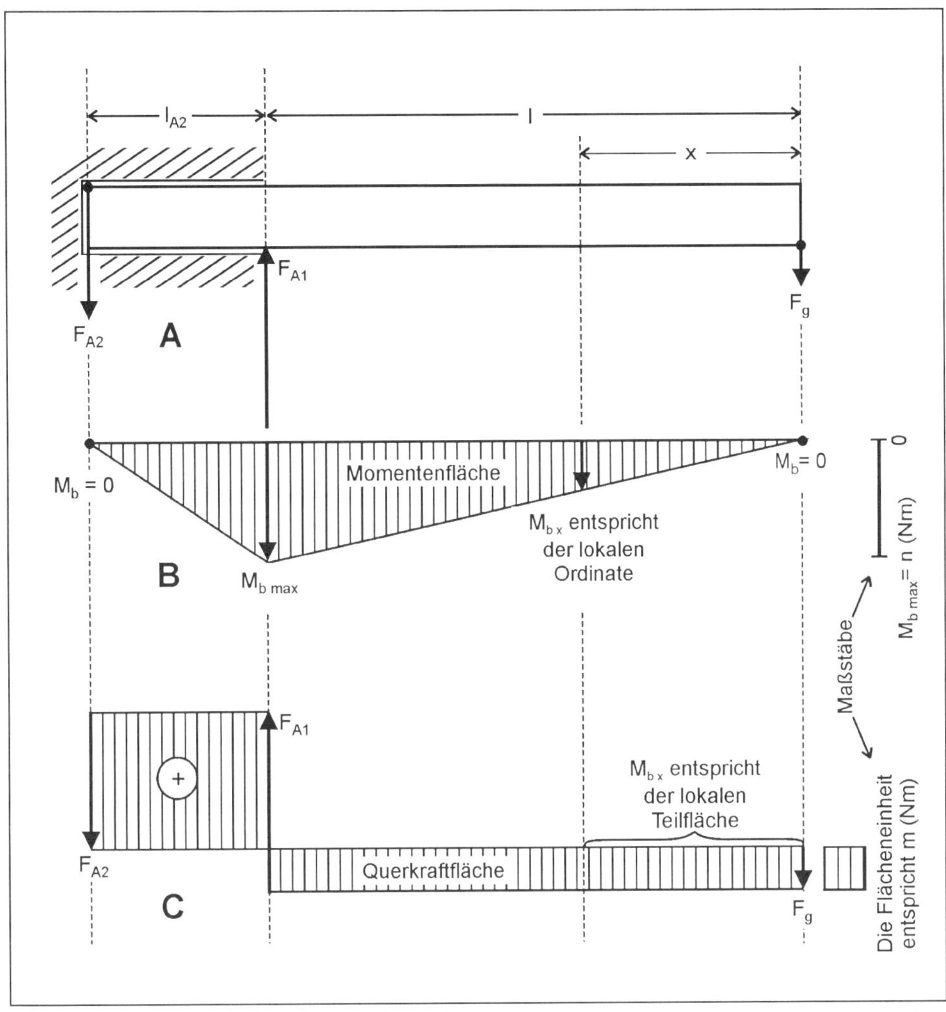

Abb. 7-6: Der einseitig eingespannte Balken (A) sowie seine Momentendarstellung als Momentenfläche (B) und als Querkraftfläche (C)

Des weiteren muß den beiden Kräften F_g und F_{A1} an der Drehachse von einer Unterstützungskraft F_{A1} das Gleichgewicht gehalten werden:

$$|F_{A2}| = |F_g| + |F_{A2}|$$

In jedem Abstand $x \leq l$ vom freien Ende erzeugt die Gewichtskraft F_g ein Moment

$$M_x = F_g \cdot x \leq M_{max}.$$

Dieses nimmt linear von 0 am Angriffspunkt F_g bis M_{max} an der Drehachse zu. Analoges gilt (in der Zeichnung spiegelbildlich) für die Anschlagskraft; ihr Moment nimmt linear von 0 am Angriffspunkt von F_{A2} bis M_{max} an der Drehachse zu.

Ist der Balken fest eingespannt, so kann er sich nicht mehr nach Art eines Hebels bewegen bzw. nach Art eines drehbaren Waagebalkens ins Gleichgewicht gebracht werden, sondern nur noch abgebogen werden. Die Drehachse wird eine virtuelle (gedachte) Achse. Die genannten Beziehungen gelten aber nach wie vor; die Momente M nennt man nun Biegemomente M_b.

Trägt man vereinbarungsgemäß die lokalen Biegemomente M_{bx} als Vektoren senkrecht zur Balkenlängsachse auf, so ergibt sich eine dreieckförmige Fläche mit $M_{bx\ max}$ als Dreieckshöhe. Man nennt diese Fläche **Momentenfläche**, auch **Seileckfläche** (Abb. 7-6 B). Zusammen mit einem anzugebenden Längenmaßstab kann man daraus für jede Stelle des Balkens das lokale Biegemoment M_{bx} ablesen.

Üblich ist auch eine weitere Darstellungsmöglichkeit der Momentenverhältnisse, die **Querkraftfläche** (Abb. 7-6 C). Geht man von Angriffspunkt von F_g um gleiche Strecken x - in der Orientierung der Abbildung - nach links, so vergrößert sich die negativ angegebene Querkraftfläche um gleiche Flächenanteile $F_g \cdot x$.

Analoges gilt (in der Zeichnung spiegelbildlich) für die positiv angegebene Querkraftfläche. Beim Momentengleichgewicht müssen die gesamte positive und die gesamte negative Querkraftfläche gleich groß sein. Zusammen mit einem anzugebenden Flächenmaßstab kann man daraus für jede Stelle des Balkens das lokale Biegemoment M_{bx} ablesen.

Die Momentendarstellungen über die Momentenfläche und über die Querkraftfläche sind prinzipiell gleichwertig. Das lokale Biegemoment M_{bx} entspricht im ersteren Fall der lokalen Ordinate $F_g \cdot x$, im letzteren Fall der lokalen Teilfläche $F_g \cdot x$.

7.6.2 Biegespannungsverteilung

Der nach Art der Abbildung 7-6 A und 7-6 B eingespannte und belastete Balken ist an jeder (gedachten) Querschnittsfläche den in Abschnitt 7.1 (Abb. 7-1 E) gekennzeichneten Biegespannungen unterworfen. Mit größerem senkrechten Abstand x vom Angriffspunkt der endständig angreifenden Gewichtskraft F_g nehmen die Spannungen (in jedem betrachteten Abstand von der Mittellinie) von 0 bis auf einen Maximalwert linear zu. Dieser Maximalwert liegt in der Ebene der Einspannstelle. Für den eingespannten Teil des Balkens gilt sinngemäß Spiegelbildliches.

Üblicherweise wird die Verteilung der Spannungen in der Randfaser betrachtet (Abb. 7-7 B), weil diese am größten und damit am gefährlichsten sind. Wenn der Balken bricht, dann von außen nach innen. Die größten Randfaserspannungen $\sigma_{b\ max}$ liegen in der Ebene der Einspannstelle. Wenn der Balken bricht, dann also an der Einspannstelle von oben-außen nach innen: Zugspannungen hält er weniger aus als Druckspannungen.

Vereinbarungsgemäß trägt man die in Abbildung 7-7 A in Richtung der Balkenlängsachse gezeichneten Biegespannungen zur Konstruktion der Biegespannungsfläche senkrecht zur Längsachse auf, damit sie sich in eng benachbarten Querschnitten nicht zeichnerisch überlappen. Zusammen mit einem anzugebenden Längenmaßstab kann man aus der lokalen Höhe der Spannungsfläche für jede Stelle des Balkens die lokale Biegespannung ablesen.

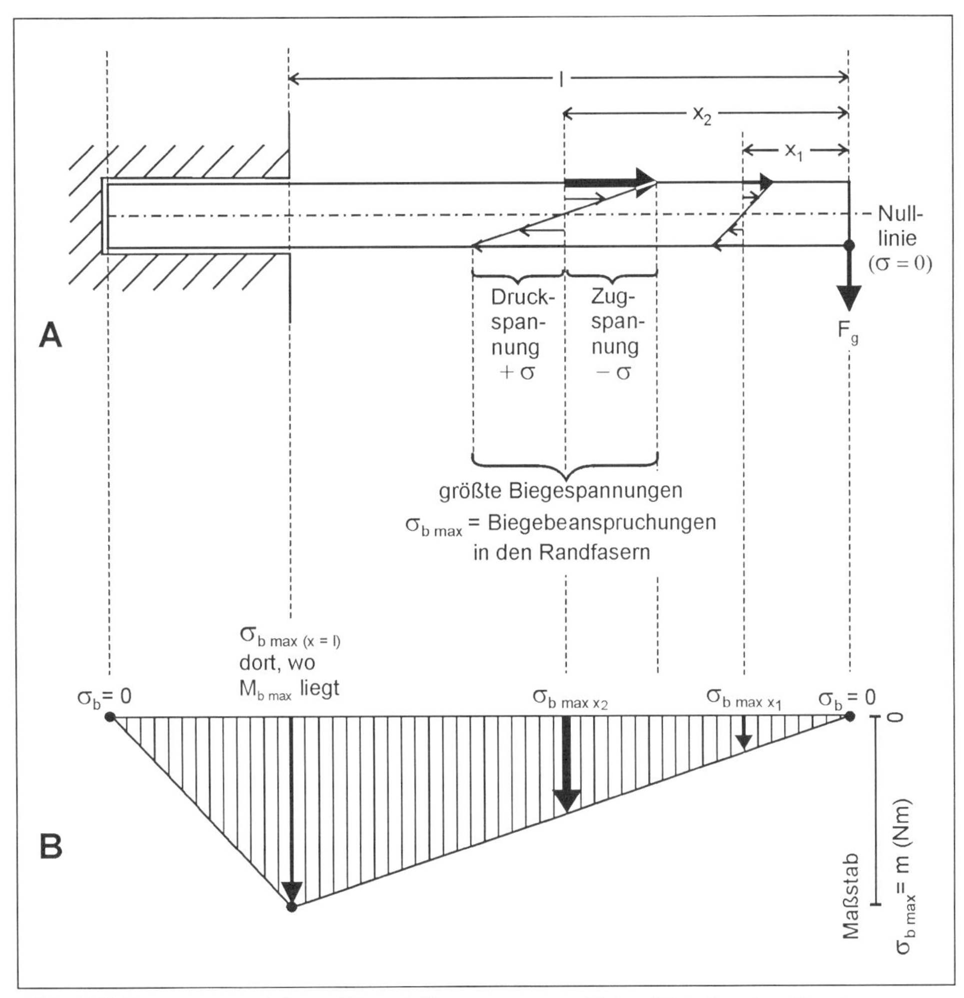

Abb. 7-7: Spannungsverteilung (A) und Biegespannungsfläche (B) beim einseitig eingespannten Balken

7.6.3 Zusammenhänge zwischen Biegespannung σ_{bx}, Biegemoment M_{bx} und Widerstandsmoment W_x; Ausformung

An dem Modell des einseitig eingespannten Balken oder Trägers kann man sich einen Aspekt klar machen, den die Natur meisterhaft beherrscht: die Ausformung (Ausmagerung, Spannungsanpassung).

Es kommt leicht vor, daß ein tragendes Bauteil eine bestimmte zulässige Spannung σ_{zul} stellenweise gut aushält, an anderen Stellen aber für diese Spannung entweder zu dick konstruiert ist (Materialverschwendung) oder zu dünn (Bruchgefahr). Ideal wäre es, wenn ein solches Teil an allen Stellen den gleichen Spannungen unterworfen wäre. Es hätte dann keine „präformierten Schwachstellen", an denen es vorzugsweise brechen könnte.

Ist ein Träger an einer Stelle zu dick, an einer anderen zu dünn, kann man einerseits Material zuführen, andererseits Material wegnehmen, bis er an jeder Stelle die „richtige" Dicke hat, das heißt diejenige Bezugsfläche, mit der die dort wirkende Spannung auf σ_{zul} eingestellt wird. Man nennt diesen Vorgang Ausformung.

Die Abbildung 7-8 zeigt das Prinzip anhand des bisher betrachteten einseitig horizontal eingespannten homogenen Balkens mit endständiger Punktlast. Im nicht optimierten Fall ist er überall gleich dick, besitzt also das gleiche Widerstandsmoment W. Damit ist er in der Spitzenregion für das dort wirkende geringe Biegemoment M_b jedenfalls zu dick (Biegespannung $\sigma_b < \sigma_{zul}$), in der Basisregion vielleicht zu dünn (möglicherweise $\sigma_b > \sigma_{zul}$). Der in der Abbildung 7-8 vorgestellte Ansatz für die ideale Ausformung führt für den Träger zu einer Unterseitenkontur in Form einen quadratischen Parabel. Nun verlaufen M_{bx} und W_x parallel, so daß σ_{bx} überall gleich ist (und im vorliegenden Fall gerade den zulässigen Wert $\sigma_{zul.}$ erreicht): „Körper gleicher Biegespannung" oder „Körper gleichen Widerstands gegen Biegung".

T 3B p 48

Viele Knochen, auch **Spongiosa-Bälkchen**, entsprechen in ihrer Ausformung genau diesem Ansatz.

7.7 Beispiele für Belastungsfälle

In der Abbildung 7-9 sind drei typische Belastungsfälle an einer am unteren Ende eingemauerten, zylindrischen und materialhomogenen Säule aufgezeigt. Belastungen von Knochen ordnen sich überwiegend nahe diesen Grundtypen ein, die damit auch helfen die statische Konstruktionsprinzipien von Knochen zu verstehen.

Abb. 7-8: Zusammenhänge zwischen Biegespannung σ_{bx}, Biegemoment M_{bx} und Widerstandsmoment W_x als Funktion des Abstands x bei einem einseitig eingespannten Balken (Träger) mit Endlast (Punktlast); Ausformung →

$$\sigma_{b\,x} = \frac{M_{b\,x}}{W_x} \qquad (N\,m^{-2}) = (\frac{Nm}{m^3})$$

Günstigerweise soll ein Träger so ausgeformt werden, daß überall gilt:

$\sigma_{b\,x}$ = const., wenn $\frac{M_{b\,x}}{W_x}$ = const.; Verlauf $M_{b\,x}$ ist gegeben; Verlauf W_x muß eingestellt werden:

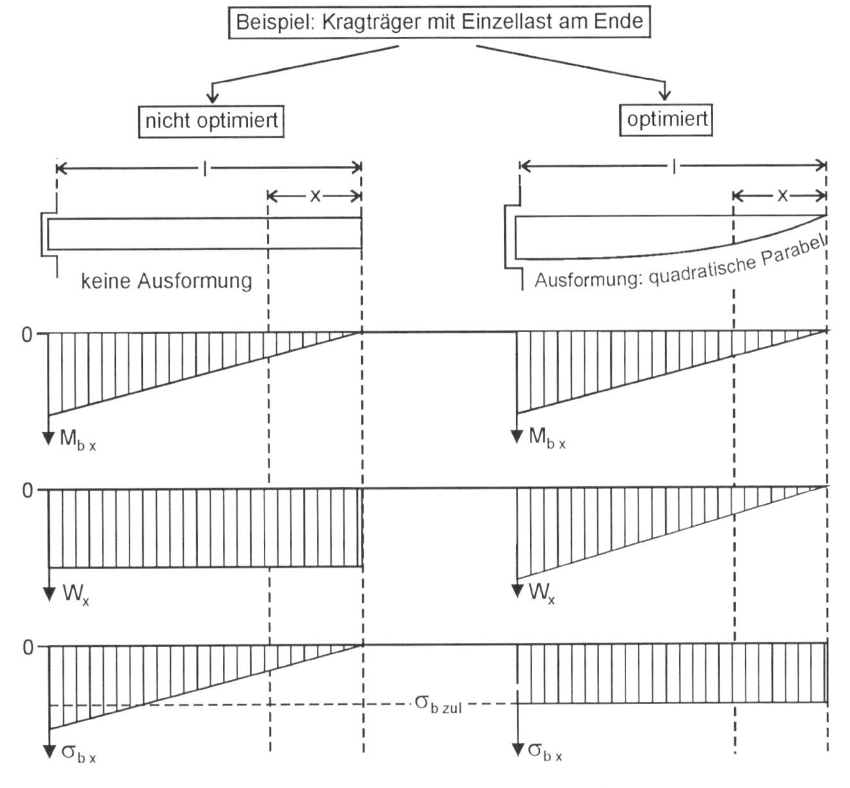

Für Trägerquerschnitt (b, h) gilt: $W = \frac{1}{6} \cdot b \cdot h^2$

Proportionsansatz: $\frac{M_{b\,max}}{M_{b\,x}} = \frac{W_{max}}{W_x}$; $\frac{F \cdot l}{F \cdot x} = \frac{\frac{1}{6} \cdot b \cdot h_{max}^2}{\frac{1}{6} \cdot b \cdot h_x^2}$; $\frac{l}{x} = \frac{h_{max}^2}{h_x^2}$; $h_x = h_{max}\sqrt{\frac{x}{l}}$:

Ausformung nach Art einer quadratischen Parabel

x	1 l	0,75 l	0,5 l	0,25 l	0
h_x	1 h_{max}	0,87 h_{max}	0,71 h_{max}	0,5 h_{max}	0 h_{max}

***Beispiel 1** (Abb. 7-9 oben): Zentrische („zentrale“) achsenparallele Belastung.*

In jeder betrachteten Querschnittsfläche herrschen nur Druckspannungen σ_{dx}. Biegespannungen σ_b treten nicht auf.

Die Druckspannungsfläche ist ein langgezogenes Rechteck.

Bemerkung: Wie bereits für Abbildung 7-7 dargestellt trägt man zur Konstruktion der Spannungsflächen die Randspannungen vereinbarungsgemäß senkrecht zur Längsachse des betrachteten Teils auf, damit sie sich zeichnerisch nicht überlappen.

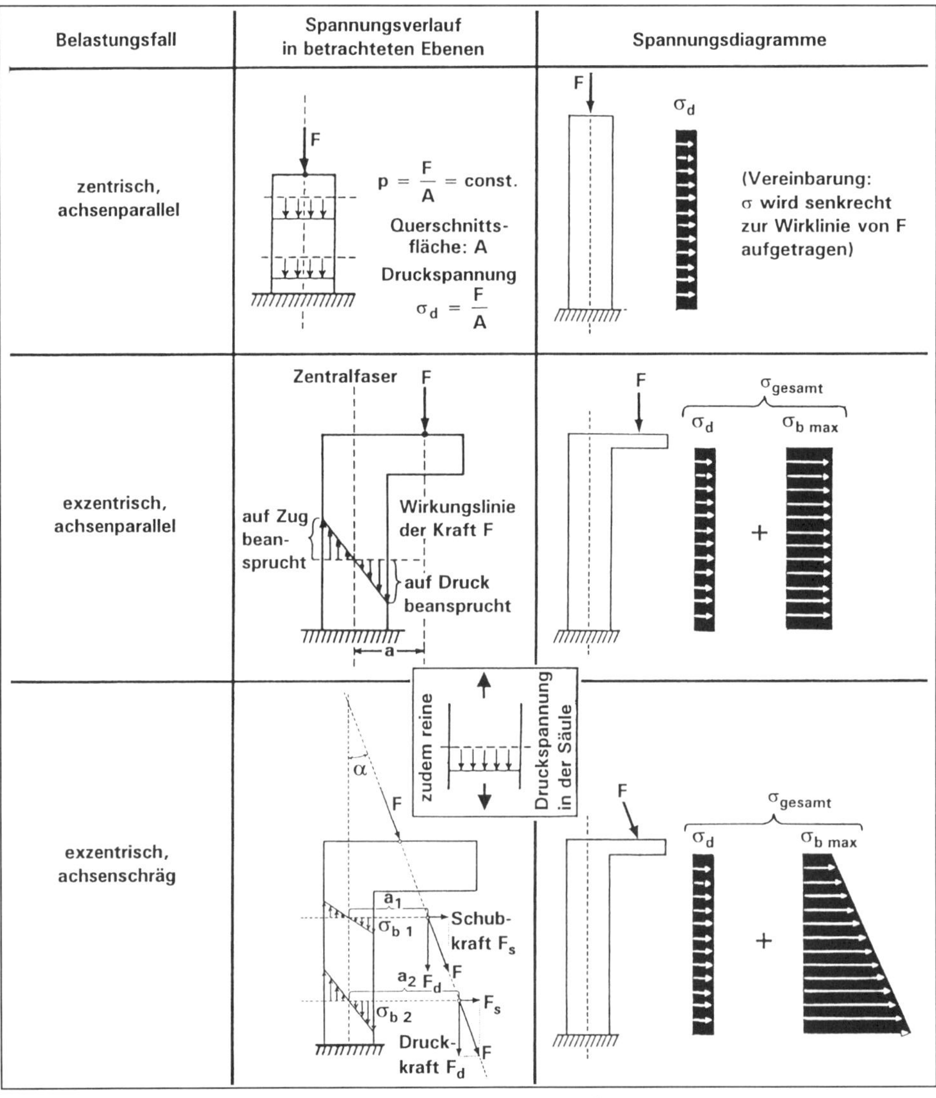

Abb. 7-9: Drei typische Belastungsfälle einer Säule und ihre Spannungsdiagramme

***Beispiel 2** (Abb. 7-9, Mitte): Exzentrische, achsenparallele Belastung.*

Zur nach wie vor vorhandenen Druckspannung σ_d addiert sich eine Biegespannung σ_b. Da F = const, a = const und damit $M_b = F \cdot a$ = const gilt auch σ_b = const. Die Biegespannungsfläche ist ein Rechteck. Biegespannungen können schon bei geringen Exzentrizitäten viel größer werden als Druckspannungen. Wenn die Säule bricht, dann irgendwo und aufgrund einer Biegespannung.

***Beispiel 3** (Abb. 7-9 unten): Exzentrische, achsenschräge Belastung.*

Zur nach wie vor vorhandenen Druckspannung σ_s addiert sich eine Biegespannung σ_b. Da F = const, a $\neq$ const und damit $M_b = F_d \cdot a \neq$ const gilt auch $\sigma_b \neq$ const: In weiter unten liegenden Ebenen wird die Biegespannung größer.

Die Biegespannungsfläche ist ein nach unten breiteres Trapez. Wenn die Säule bricht, dann an der unteren Einspannung auf der Zugseite aufgrund der dort wirkenden Biegespannung.

7.8 Beispiele für eine Reduktion der Biegebeanspruchung

7.8.1 Gegenbiegung, Zuggurtung, Ausgleichsstäbe

In Technik wie Natur ist die Biegebeanspruchung die weitaus gefährlichste. Zum einen sind die Biege-Randspannungen $\sigma_{b\ max}$ meist viel größer als die Druckspannungen σ_d; dies wurde im letzten Abschnitt 7.7 anhand einer Modellbetrachtung verdeutlicht. Zum anderen halten technische wie biologische Materialien sehr häufig Druckspannungen (oder auch Zugspannungen, wenn man von Knochen und von manchen Hölzern absieht) viel besser aus als Biegespannungen. Es wundert nicht, daß Technik wie Natur versucht, Biegespannungen möglichst klein zu halten, im Grenzfall zum Verschwinden zu bringen. Auch dazu drei Beispiele. Ein Sonderfall ist die Reduktion der Kerbspannung (Abb. 391) durch Ausformung, etwa bei **Zugzwieseln und Verwachsungen** von Bäumen.

T 8B,C p 160

***Beispiel 1** (Abb. 7-10 oben): Reduktion der Biegespannung durch Gegenbiegung*

In einer Säule mit rechts ODER links gleichartig exzentrisch achsenparallel belasteten Doppelausleger herrschen gleiche Druck- und entgegengesetzt gleiche Zugspannungen. Belastet man die Säule rechts UND links, so addieren sich die Druckspannungen auf den doppelten Wert (was das Material problemlos verträgt); die gefährlichen Biegespannungen jedoch sind in beiden Fällen verschwunden.

In prinzipiell ähnlicher Weise reduziert ein Baum durch angenähert symmetrisches Kronenwachstum bei Windstille die kroneninduzierte Biegebeanspruchung des Stamms.

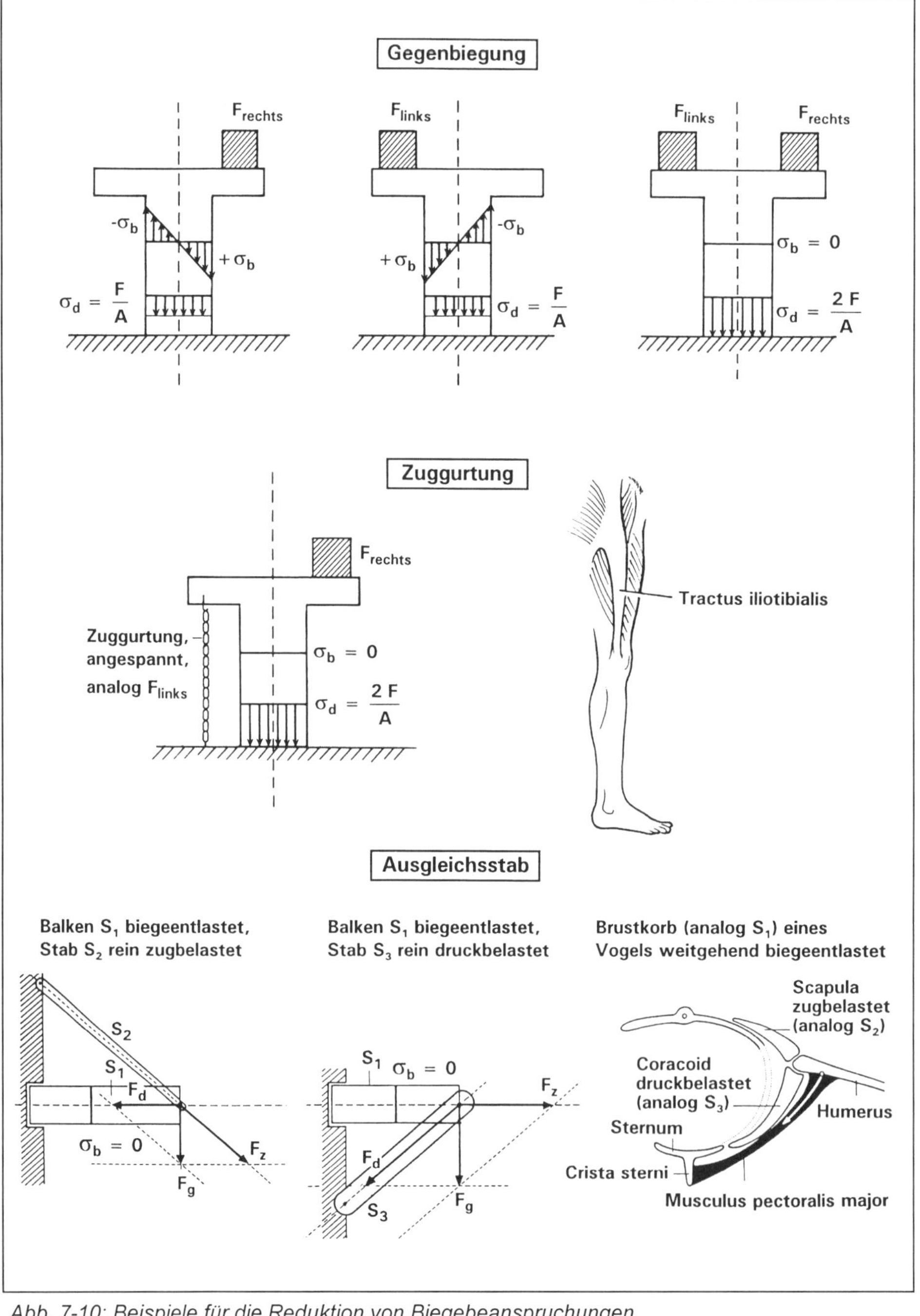

Abb. 7-10: Beispiele für die Reduktion von Biegebeanspruchungen

***Beispiel 2** (Abb. 7-10, Mitte): Reduktion der Biegespannung durch Zuggurtung*

Beispielsweise die linke Last F_{links} des letztgenannten Beispiels kann man durch eine Zuggurtung ersetzen. Wird diese im gleichen Lastabstand so angespannt, daß sie eine Zugkraft $F_{zug} = F_{links}$ entwickelt, so kann auch dadurch σ_b auf Null reduziert werden.

In prinzipiell ähnlicher Weise wirkt beispielsweise der Tractus iliotibialis an unserem Bein, der - durch Muskelzug angespannt -, die Außenseite der Oberschenkelregion überbrückt und dadurch mithilft, den Femurknochen von Biegung zu entlasten.

***Beispiel 3** (Abb. 7-10, unten): Reduktion der Biegespannung durch einen Ausgleichsstab*

Stabfachwerke sind so konstruiert, daß sich die Einzelstäbe gegenseitig möglichst biegeentlasten, so daß sie möglichst nur druckbelastet (dicke Stäbe oder Balken nötig) oder nur zugbelastet sind (dünne Stäbe, im Grenzfall Zugseile möglich). Das einfachste mögliche Fachwerk wird von 3 „Stäben" gebildet, in Abbildung 7-10 von einem Träger, einem Ausgleichsstab und der Wand. Betrachtet sei die Biegespannungsverteilung im einseitig befestigten und endständig belasteten Träger S_1. Sie entspricht dem Schema der Abbildung 7-7 A.

Zur Reduktion der Biegespannung σ_b kann man einen Zugstab S_2 anbringen. Er nimmt die Komponente F_z der Gewichtskraft F_g auf; der Träger S_1 wird nun nur mit der Komponente F_d druckbelastet; σ_b ist verschwunden.

Entsprechend wird S_1 nach Anbringung eines Druckstabs S_3, der die Komponente F_d aufnimmt, nur mit F_z zugbelastet; σ_b ist ebenfalls verschwunden.

Die Prinzipfunktionen der beiden Ausgleichstäbe S_2 und S_3 finden sich im Querschnittsbild des Brustkorbs eines Vogels wieder (Abb. 7-10, unten rechts): S_1 entspricht dem Schulterblatt (Scapula), S_2 dem Rabenschnabelbein (Coracoid). Durch sie werden die zarten Rippen des Brustkorbs biegeentlastet, wenn sich der kräftige, große Brustmuskel (Musculus pectoralis major) kontrahiert und damit die proximale Region des abwärts geschlagenen Oberarmknochens (Humerus) gegen das Brustbein (Sternum) zu ziehen sucht.

Selbstredend ist diese Art der Brustkorbversteifung nicht so klar ausgeprägt wie bei den beiden technischen Beispielen, aber doch implizit vorhanden und damit erkennbar: Einfache biomechanische Betrachtungen bilden oft ein bereits beachtlich weittragendes heuristisches Prinzip.

Auch die Einzelbälkchen in einem **Spongiosa-System** können als „Stäbe" verstanden werden, die sich gegenseitig biegeentlasten.

T 3A,B p 48

7.8.2 Modellüberlegungen mit sukzessive größerer Wirklichkeitsnähe

Auf den Altmeister der medizinischen Biomechanik, F. Pauwels, gehen die beiden folgenden Überlegungen zurück. Pauwels hat insbesondere durch Einbeziehung der graphischen Statik beigetragen, die Orthopädie auf eine funktionelle Basis zu stellen. Diese Betrachtungen wurden von B. Kummer auf die Biomechanik des Säugerskeletts ausgeweitet.

Beispiel 1 *(Abb. 7-11): Leichtbauprinzipien bei einem Kran*

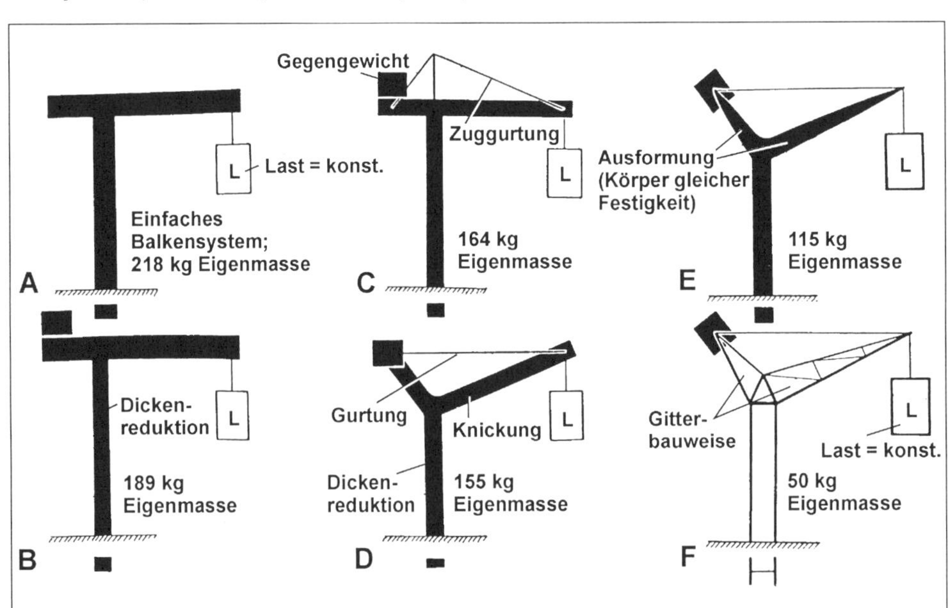

Abb. 7-11. Schematische Darstellung der schrittweisen Verminderung der Eigenmasse eines kleinen Krans mit der Einführung immer weiterer Methoden zur Reduzierung der Biegebeanspruchung. Unter den Figuren ist der Trägerquerschnitt eingezeichnet. (Nach Pauwels, verändert)

Der Kran besteht zunächst nur aus einem Hochbalken und einem Querbalken, an dessen Ende eine konstante Last hängt. Das Problem liegt nun darin, die zunächst hohe Eigenmasse des Modellkrans von 218 kg ohne Verlust an Tragfähigkeit zu reduzieren. Dies geschieht durch die sukzessive Anwendung mehrerer Leichtbauprinzipien. Es ergibt sich damit die folgende Reihe:

A Einfaches Balkensystem. Eigenmasse 218 kg

B Reduzierung der Masse des vertikalen Balkens durch Einführung des Prinzips „Gegenbiegung durch Gegengewicht“. Eigenmasse 189 kg.

C Reduzierung des Querbalkens durch Einfügung einer Zuggurtung. Eigenmasse 164 kg

D Ersetzen des Querbalkens durch einen Knickbalken mit horizontaler Zuggurtung, damit auch Reduzierung der Länge des vertikalen Balkens. Eigenmasse 155 kg

E Ausformung des geknickten Querbalkens nach dem Prinzip eines Körpers gleicher Festigkeit. Eigenmasse 115 kg

F Ersetzen des Balkensystems durch ein ***Gittersystem*** *mit nur auf Druck und Zug beanspruchten Streben. Eigenmasse 50 kg*

T 3
p 48

Die letztlich kombinierte Anwendung unterschiedlicher Prinzipien, die zur Reduzierung von Biegebeanspruchungen etc. führen, hat die Eigenmasse des Krans letztendlich auf 23 % der Ausgangsmasse reduziert!

Beispiel 2 *(Abb. 7-12) Beinmodell des Menschen*

Hier wurde versucht, ein zunächst extrem übersimplifiziertes Modell sukzessive der Wirklichkeit des „Stehens auf einem Bein" anzupassen. Schwarz gezeichnet sind die Biegebeanspruchungen (vergl. die Angaben bei Abb. 7-9)

A Einfache Säule, im Boden fixiert, mit zentrischer, achsenparalleler Belastung. Unkritische Druckbeanspruchungen von 10 Einheiten.

B Doppelsäule mit im Mittel zentrischer achsenparalleler Belastung. Reduktion der Druckbeanspruchung auf 5 Einheiten.

C Exzentrisches Stehen auf „einem Bein". Ab hier Biegebeanspruchung. Die gesamte Beanspruchung steigt auf 228 Einheiten.

D Einführung des Oberschenkel-Becken-Gelenks mit Knochenabwinkelung. Im Abwinkelungsbereich sinken die Biegebeanspruchungen, beim vertikalen Knochen steigen sie (wegen der größeren Exzentrizität) aber auf 353 Einheiten.

E Einführung des Kniegelenks mit Außenverspannung. In diesem Bereich sinken die Beanspruchungen stark ab.

F Verbreiterung des Kniegelenks. Die Beanspruchungen sinken in diesem Bereich noch stärker ab.

G Einführung von Außenverspannungen (Zuggurtungen) im Ober- wie Unterschenkelbereich. Die Beanspruchungen sinken noch stärker. Schrägstellung des Beins, so daß die Lastlinie durch den Mittelpunkt des Fußes geht. Die zunächst rechteckigen Spannungsflächen werden nach unten hin schmäler und sind auch absolut kleiner.

I Einfügung des „physiologischen X-Beins", wie es für Frauen typisch ist. Die Spannungsflächen reduzieren sich weiter; der Unterschenkel ist ganz besonders biegeentlastet.

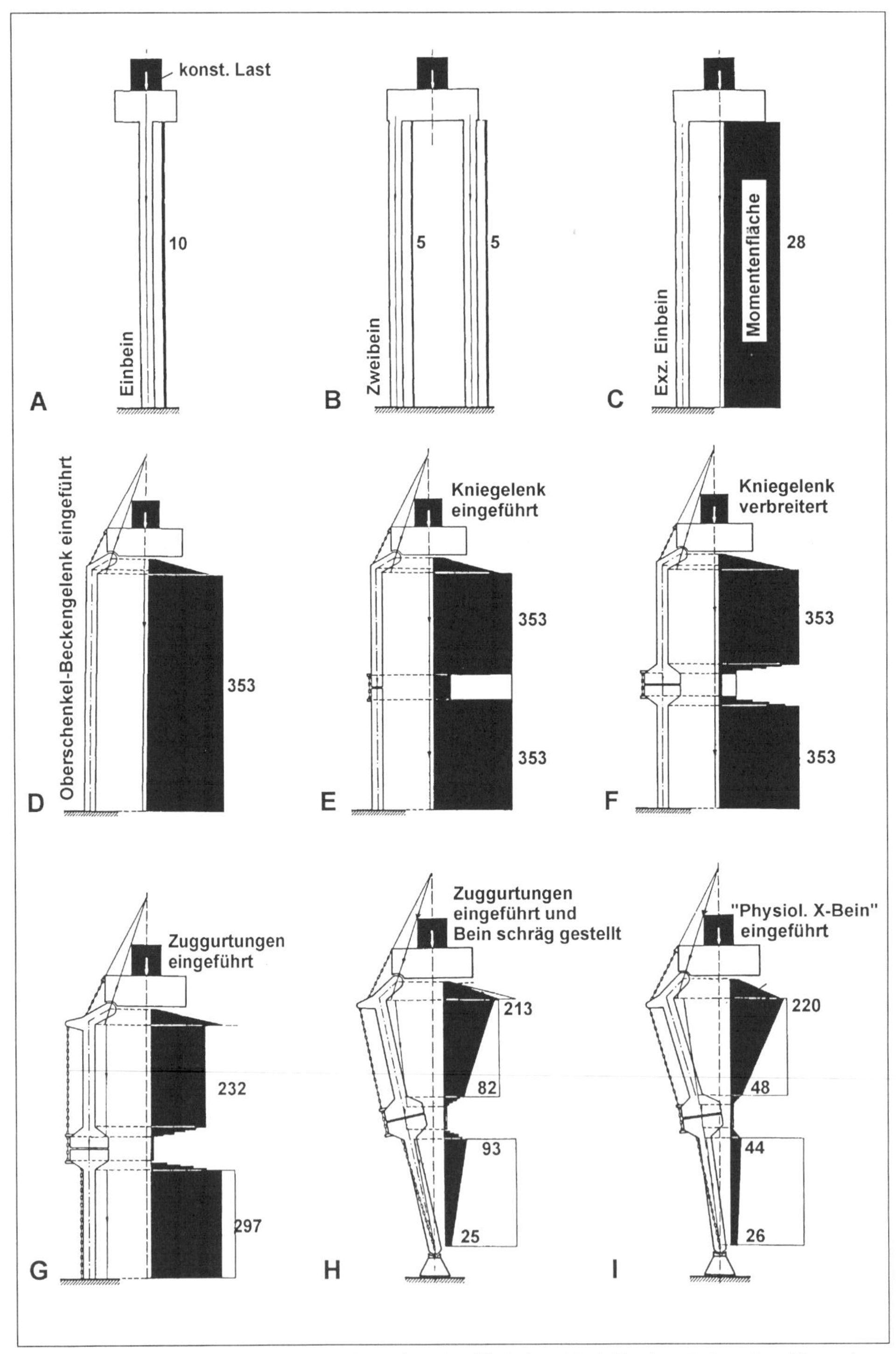

Abb. 7-12. Anpassung eines zunächst übersimplifizierten Modells des Beins des Menschen (beim einbeinigen Stehen) an physiologische Verhältnisse. Die Biegebeanspruchungsflächen sind schwarz gezeichnet. Die Zahlen bedeuten relative Einheiten. Vergl. den Text. (Nach Pauwels, verändert)

Die größten Biegespannungen von immer noch etwa 220 Einheiten liegen in der Region des Oberschenkelhalses. Dieser kennzeichnet also eine „inhärente Schwachstelle" des konstruktiven Systems. Bei älteren Menschen bricht er relativ häufig.

Durch die sukzessive Anpassung des zunächst übersimplifizierten Modells an physiologische Verhältnisse verformen und reduzieren sich also die Spannungsflächen; man bekommt durch diese Art der Vorgehensweise eine eindringliche Vorstellung von der Bedeutung der einzelnen konstruktiven Kenngrößen.

7.9 Zum Problem der Knickung

Schlanke Stäbe tendieren unter Druckbeanspruchung zum seitlichen Ausknikken. Leonhard Euler (1707-1783) hat die Kraft F_K, unter der ein solcher Stab knickt, bereits im 18. Jahrhundert berechnet:

$$F_k = E \cdot I_{min} \cdot \pi^2 \cdot s^2$$

(E Elastizitätsmodul, I_{min} kleinstes axiales Flächenträgheitsmoment, s freie Knicklänge.)

Die freie Knickfläche s hängt vom Einspannfall ab. In Lehrbüchern der Statik werden die „Euler-Fälle 1-4" erläutert. Im sogenannten Grundfall ist die freie Knicklänge s gleich der Stablänge l.

Die Euler-Gleichung kann man leicht qualitativ einsehen. Je steifer der Stab ist ($E \rightarrow$ groß), je biegungs- bzw. beulungsstabiler seine Materialverteilung ist ($I \rightarrow$ groß) und je kürzer er ist ($s \rightarrow$ klein), desto weniger leicht knickt er aus. Wenn der Stab unsymmetrisch ist, weist er in unterschiedlichen Ebenen unterschiedliche I-Werte auf. Wenn man knickbeanspruchte Stäbe betrachtet, kann man sich leider nicht den größtmöglichen I-Wert heraussuchen, da der Stab bei der geringsten Schrägbelastung automatisch um die Achse des kleinsten I-Werts knickt. (Man kann sich das mit einem horizontal hochkant eingespannten Lineal jederzeit klar machen. Man wird es nicht fertig bringen, es am freien Ende so zu belasten, daß die breite Fläche bis zum Bruch in der Biegeebene bleibt.)

Für die Praxis formt man die Gleichung aber besser um, weil im allgemeinen die Biegespannung interessiert. Aus der Definitionsgleichung für die Spannung $\sigma = F / A$, der ebengenannten Euler-Gleichung für F_k, der Bezeichnung für den Trägheitsradius $i = \sqrt{I / A}$ (s. Abschnitt 5.5) und der Beziehung für den Schlankheitsgrad $\lambda = s / i$ (Abschnitt 2.6) folgt:

$$\sigma_k = E \cdot \pi^2 \cdot \lambda^{-2}$$

Berechnet man nach dieser Formel die Knickspannung und vergleicht man sie mit der Druckfestigkeit, so kann man allerdings bei unkritischem Vorgehen ins Dilemma kommen.

Betrachten wir in diesem Zusammenhang den schon öfters zitierten Baumstamm-Abschnitt von 1 m Länge und 10 cm Durchmesser. Wenn dieser genau zentrisch-achsenparallel auf Druck beansprucht wird, kann man ihm ganz erstaunlich hohe Kräfte zumuten, bevor er zu Bruch geht. Jeder der einmal unter Tage in einem Kohlekraftwerk war, kann das an ganz schlichten Holzstempeln beobachten:

Die Druckfestigkeit von Fichtenholz, längs, beträgt in etwa $\sigma_d = 5 \cdot 10^7$ N m^{-2}. Damit widersteht der Baumstamm einer Druckkraft von

$$F = \sigma_d \cdot A =$$

$$= 5 \cdot 10^7 \text{ (N m}^2) \cdot 7{,}85 \cdot 10^{-3} \text{ (m}^2) = 3{,}85 \cdot 10^5 \text{ N}$$

in Masseneinheiten umgerechnet theoretisch eine Last von ungefähr 40 Tonnen(!). Wie aber sieht es mit seiner Knickfestigkeit aus?

Nach der eben genannten Euler-Formel finden wir unter Benutzung bereits früher berechneter Werte:

$$\sigma_k = E \cdot \pi^2 \cdot \lambda^{-2} =$$

$$= 10^{10} \text{ (N m}^{-2}) \, \pi^2 \cdot 40^{-2} = 6{,}17 \cdot 10^7 \text{ N m}^{-2};$$

daraus

$$F_k = \sigma_k \cdot A =$$

$$= 6{,}17 \cdot 10^7 \text{ (N m}^{-2}) \cdot 7{,}85 \cdot 10^{-3} \text{ (m}^2) = 4{,}85 \cdot 10^5 \text{ N.}$$

In Masseneinheiten umgerechnet entspricht dies ebenfalls einer Last von etwa 40 Tonnen. Der Stamm würde also entweder gerade noch zerdrückt werden, bevor er ausknicken kann oder doch etwa gleichartig reagieren, und das erscheint seltsam.

Des Rätsels Lösung liegt im Gültigkeitsbereich der Euler-Gleichung. Diese Gleichung gilt nur, wenn der errechnete Schlankheitsgrad λ den sogenannten Grenzschlankheitsgrad λ_0 nicht unterschreitet; $\lambda \geq \lambda_0$. Den letzteren kann man berechnen nach

$$\lambda_0 = \pi \sqrt{\frac{E}{\sigma_{dp}}} \,.$$

Die Größe σ_{dp} ist die sogenannte Druck-Proportionalitätsgrenze des Werkstoffs (analog dem Punkt P in Abb. 7-3B). Man findet die Werte für λ_0 und σ_{dp} für gängige Werkstoffe in technischen Tabellen. Für Nadelholz und Stahl St 37 sind die λ_0-Werte praktisch identisch, nämlich rund 100. Unser Baumstamm-Abschnitt ist also zu wenig schlank, als daß die Euler-Gleichung seine Knickkraft richtig vorhersagen würde. Man darf sie deshalb nicht anwenden.

Das Beispiel wurde deshalb etwas ausführlicher gebracht, weil vor Knickungsberechnungen für die Euler-Fälle insbesondere in der Pflanzenbiomechanik zu warnen ist. Auch wenn man versucht ist, Knickbelastungen zu postulieren: denn genau geraden Roggenhalm mit einer exakt achsenparallel belastenden schweren Ähre an der Spitze, der dann bei Windstille theoretisch natürlich knickbelastet wäre (Euler-Fall 1) gibt es nicht! Jeder allergeringste Exzentrizität, jeder leiseste Windhauch - und beides gibt es immer - induziert bereits eine vergleichsweise große Biegebelastung. Die Knickbelastung selbst kann man dann vergessen. Natürlich knicken auch Halme und Stämme; man sieht das bei jedem Spaziergang. Die Knickung erfolgt aber nicht wegen Eulerscher Knickbelastung, sondern weil bei Biegung der üblicherweise runde Querschnitt elliptisch verzerrt wird, so daß der Halm dann an einer besonders quergedrückten Stelle abknickt. Ein bei Windstille wachsender **Kleinpilz** könnte dem Knickfall vielleicht nahekommen.

T 4D p 50

7.10 Landlokomotion

Die überwiegende Zahl der Tierarten ist zu Ortsveränderung (Lokomotion) befähigt. Man unterscheidet Lokomotion auf dem Lande (Springen, Gehen, Laufen, Kriechen, Klettern, Graben etc.) und Lokomotion in Fluiden (Fliegen, Schwimmen).

Die erreichten Geschwindigkeiten liegen zwischen wenigen Mymetern pro Sekunde ($\geq 10^{-6}$ m s^{-1}; kriechende Amöbe) und mindestens zweihundert Kilometern pro Sekunde ($\geq$ 60 m s^{-1}; sturzfliegender Wanderfalke). Die Beschleunigungen sind insbesondere beim Katapultsprung (s. Abschnitt 7.10.1) sehr hoch; sie können bei Invertebraten 400 g ($\approx$ 4000 m s^{-2}) überschreiten.

Wenn keine Reaktionskräfte in Lokomotionsrichtung entstehen können, ist eine Ortsbewegung unmöglich, so kraftvoll eine Maschine oder ein Muskelantrieb immer sein mag. Beim Hochsprung aus dem Stand werden nur Druckkräfte auf den Boden übertragen. Ist dieser in der Lage, eine - nach dem ersten Newtonschen Axiom - gleichgroße Gegenkraft auf den Hochspringer zu übertragen (Betonboden und Turnhallenboden), so kann sich der Springer hochkatapultieren. Auf lockerem Feinsand dagegen drückt er sich ein. Die übertragene Energie wird über Reibungskräfte zwischen den Sandkörnern in Wärme umgesetzt. Ein Hochsprung ist so nicht möglich.

Eine Lokomotive kann kraftvoll sein wie sie mag; wenn die Gleise mit Schmierseife eingerieben werden, rutschen die Räder durch; eine Kraftübertragung Rad $\rightarrow$ Schiene und eine Rückwirkung Schiene $\rightarrow$ Rad ist nicht möglich. **Schlangen** können auf steinigem Untergrund schlängelnd kriechen, weil die Übertragung von Druck- und Reibungskräften problemlos möglich ist, da Bodenunebenheiten nicht verschiebbar sind. Auf einer eingefetteten Glasplatte dagegen schlängeln sie mächtig, kommen aber nicht vorwärts.

T 18 p 367

Von fluidmechanischen Kräften ist allgemein in den Abschnitten über Fluide (Buchteil C), speziell in den Abschnitten über Schwimmen und Fliegen die Rede. Bei der Landlokomotion werden Druckkräfte und Reibungskräfte auf den Untergrund übertragen. Dies geschieht bei Beinträgern über die Fußsohlen oder Tarsi, ansonsten über geeignete Körperverwindungen (Schlängeln von Schlangen und Würmern), auch über periodisches Aufblähen (Grabende Muscheln).

7.10.1 Springen

Berechnungen zum Springen seien an den Anfang gestellt, da sie besonders übersichtlich anzusetzen sind. Mit einfachen Prinzipansätzen kommt man hier relativ weit, bis hin zur Frage der spezifischen Leistungen von Sprungmuskeln. Dies wird am Beispiel des Sprungs von Heuschrecken und Flöhen dargestellt.

Was man für solche Ansätze braucht, ist zum einen die Masse m des gesamten Tiers (und die seiner Sprungmuskulatur, m_{mu}). Multipliziert man m mit der Erdbeschleunigung g, so ergibt sich die Gewichtskraft F_g des Tieres. Des weiteren muß der **Sprungvorgang** (vorzugsweise über Hochfrequenzkinematographie oder -videographie) auswertbar registriert worden sein. Daraus erhält man Weg - Zeit - Funktionen s(t), und aus diesen, über punktweise Analyse und zweimaliges Differenzieren, Geschwindigkeits - Zeit - Funktionen v(t) = s'(t) sowie Beschleunigungs - Zeit - Funktionen a(t) = v'(t) = s''(t). Die für eine bestimmte Beschleunigung a des Gesamttiers beim Absprung auftretende (oder die bei einer gleichgroßen Verzögerung beim Aufsprung freigesetzte und abzufangende) Kraft beträgt dann F = m · a. Kennt man die Hebelverhältnisse (Gelenklagen, Muskelansatzstellen, Bodenberührungspunkte etc.), so kann man über diese und die Sprungkraft F die an einem bestimmten Teilsystem (etwa einem Knochen oder einer Sehne) resultierende Kraft F_{res} berechnen. Ist die relevante Querschnittsfläche A des Teilsystems bekannt, so lassen sich die dort wirkende Drücke und Züge bzw. Spannungen

T 7
p 159

$$\sigma = \frac{F_{res}}{A}$$

ansetzen; bei Kenntnis der Bruchspannung σ_{Bruch} läßt sich auch der Sicherheitsfaktor berechnen

$$S = \frac{\sigma_{Bruch}}{\sigma}.$$

Des weiteren läßt sich die beim Erreichen einer bestimmten Geschwindigkeit v des Tieres mit der Gesamtmasse m resultierende kinetische Energie nach

$$W_{kin} = \frac{1}{2} \cdot m \cdot v^2$$

ansetzen, die dann (bei angenähert verlustfrei angenommener Umwandlung) gleich der von der Sprungmuskulatur abgegebenen Energie W_{mu} sein muß; daraus berechnet sich die mittlere spezifische Sprungmuskelarbeit zu

$$W_{mu\,spez} = \frac{W_{mu}}{m_{mu}}.$$

Ist die Zeitdauer t_a bekannt, während derer die Beschleunigung wirkt (die Zeit zwischen der ersten merkbaren Bewegung bis zum Abheben der Fußsohle vom Boden), so kann damit die (mittlere) spezifische Sprungmuskelleistung berechnet werden zu

$$P_{mu\,spez} = \frac{W_{mu\,spez}}{t_a}.$$

Diese Muskelkenngröße kann mit Tabellenwerten für unterschiedliche Muskeln verglichen werden. Ist der Rechenwert sehr viel größer als der Tabellenwert, so liegt die Existenz eines Katapultmechanismus nahe, und damit das Vorliegen eines Leistungswandlers , wie ihn das Sprungkatapult eines Flohs darstellt (s. u.). Es ist dann sinnvoll, durch funktionsmorphologische und morphometrische Feinanalyse gezielt nach einem solchen Mechanismus zu suchen.

Sprungweite, Sprunggeschwindigkeit, Sprungbeschleunigung und Sprungbahnen lassen sich unter Vernachlässigung des Luftwiderstands (was für große Tiere, etwa das Känguruh, sinnvoll ist, für kleine, etwa den Floh, dagegen nicht; vergl. die drastische Zunahme des Widerstandsbeiwerts mit kleiner Reynoldszahl, Abb. 10-3 und 10-4) nach den Gesetzen des schiefen Wurfs unschwer berechen.

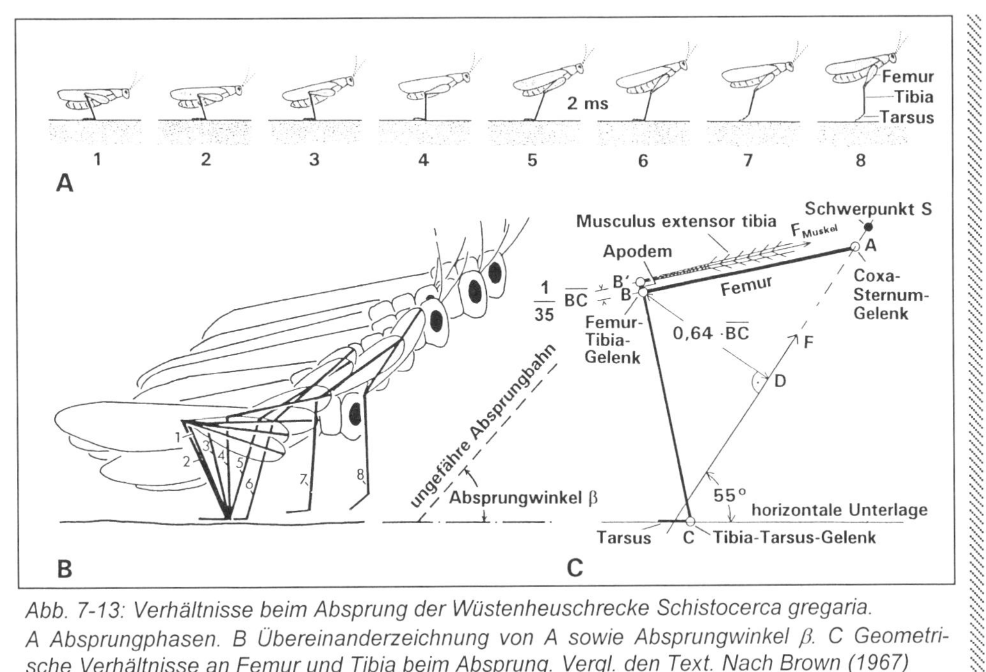

Abb. 7-13: Verhältnisse beim Absprung der Wüstenheuschrecke Schistocerca gregaria. A Absprungphasen. B Übereinanderzeichnung von A sowie Absprungwinkel β. C Geometrische Verhältnisse an Femur und Tibia beim Absprung. Vergl. den Text. Nach Brown (1967)

Beispiel *(Abb. 7-13): Die Teilabbildung A zeigt nach Messungen von Brown (1967) aufeinanderfolgende Absprungphasen der Wüstenheuschrecke Schistocerca gregaria der Gesamtmasse m = 3 g. Bei Bild 1 beginnt die Sprungbeschleunigung, bei Bild 8 endet sie mit dem Abheben des Tarsus vom Boden. Währenddessen hat der Schwerpunkt des Tiers schätzungsweise s = 4 cm zurückgelegt. Der Hochgeschwindigkeitsfilm ist mit 500 Bildern pro Sekunde aufgenommen worden; der Bildabstand beträgt somit 2 ms.*

In Teilabbildung B sind die acht Phasenbilder übereinandergezeichnet; das Einschaltbild kennzeichnet einen Absprungwinkel von $\beta = 55°$. Das Tier war s = 75 cm weit gesprungen. Die folgenden acht Fragen und Antworten sind in etwa nach dem obigen Überlegungsschema angeordnet.

1. *Wie groß war die Mindest-Startgeschwindigkeit $v_{start\ min}$?*

Nach dem Gesetz des Schiefen Wurfs folgt

$$v_{start\,min} = \sqrt{s \cdot g\,(\sin 2 \cdot \beta)^{-1}}\,.$$

Es ergibt sich mit s = 0,75 m, g = 9,81 m s^{-2} und β = 55° einen minimale Startgeschwindigkeit von $v_{start\ min}$ = 2,80 m s^{-1}.

2. *Wie groß war die (mittlere) Startbeschleunigung a_{start} (über eine Strecke von s = 4 cm)?*

Nach

$$a = \frac{v_{start\,min}^{\;2}}{2\,s}$$

ergibt sich mit $v_{start\ min}$ = 2,80 m s^{-1} und s = 0,04 m eine (mittlere) Startbeschleunigung a = 98 m s^{-2}, entsprechend also dem Zehnfachen der Erdbeschleunigung.

3. *Wie groß ist die von beiden Sprungbeinen und die von einem Sprungbein zu leistende Absprungkraft F_{sprung}?*

Nach

$$F = m \cdot a$$

ergibt sich mit m = 0,003 kg und a = 98 m s^{-2} eine gesamte Absprungkraft von F_{sprung} = 0,29 N und einer Absprungkraft für das Einzelbein von $F_{sprung,1Bein}$ = 0,15 N.

4. *Mit welcher Kraft F_{mu} greift der im Femur liegende Sprungmuskel (M. extensor tibiae) an seinem Ansatzpunkt B' der Tibia an, wenn die geometrischen Abstandsverhältnisse von Abbildung 7-13 C gelten?*

Für Momentgleichgewicht bezüglich des Punkts B gilt:

$$F_{mu} \cdot s_{mu} = F_{sprung} \cdot s_{sprung}$$

Mit $s_{sprung} = 0{,}64\ s_{BC}$ und $s_{mu} = s_{B'B} = 0{,}03\ s_{BC}$

gilt

$$F_{mu} = \frac{0{,}64\ s_{BC}}{0{,}03\ s_{BC}} \cdot F_{sprung,1\ Bein} =$$

$$= 21{,}33 \cdot F_{sprung,1Bein} = 21{,}33 \cdot 0{,}15\,N = 3{,}20\,N.$$

Infolge seines relativ geringen Drehabstands muß sich der Sprungmuskel also mit relativ großer Kraft kontrahieren; sie entspricht der 21 - fachen Absprungkraft.

5. *Wie groß ist die Muskelspannung σ_{mu} bei einer Muskelquerschnittsfläche A_{mu} von 3 mm^2?*

Nach

$$\sigma_{mu} = \frac{F_{mu}}{A_{mu}}$$

ergibt sich F_{mu} = 3,20 N und A_{mu} = 30 mm^2 ein Wert σ_{mu} = 0,107 N mm^{-2} (entsprechend 107 kN m^{-2}).

6. Wie groß ist die Spannung im Apodem (der Muskelsehne eines Insekts), σ_{apo}, bei einer Apodemquerschnittsfläche von A_{apo} = 0,01 mm^2?

Nach

$$\sigma_{apo} = \frac{F_{mu}}{A_{apo}}$$

ergibt sich mit F_{mu} = 3,20 N und A_{apo} = 0,01 mm^2 ein Wert von σ_{apo} = 320 N mm^{-2}.

7. *Wie groß ist der Sicherheitsfaktor für das Apodem, S_{apo}, bei einer experimentell ermittelten Reißfestigkeit $\sigma_{apo\ bruch}$ von 600 N mm^{-2} und einem 30%igen Zuschlag für die errechnete Apodemspannung? (Berechnet wurde die mittlere Spannung; die Anfangsspannung $\sigma_{apo\ korr}$ ist erfahrungsgemäß etwa um diesen Wert größer.)*

Nach

$$\sigma_{apo} = \frac{\sigma_{apo\,bruch}}{\sigma_{apo\,korr}}$$

ergibt sich mit $\sigma_{apo\ bruch}$ = 600 N mm^{-2} und $\sigma_{apo\ korr}$ = 480 N mm^{-2} ein Wert von σ_{apo} = 1,25.

Bemerkung: Der überraschend geringe (ungefähre) Sicherheitsfaktor weist darauf hin, das ein „ganz normaler" Sprung die Apodemfestigkeit offenbar fast vollständig ausreizt. Die Natur hat diese Möglichkeit, die auf eine irgendwie geartete „Sprungkraftbeschränkung" hinweist, statt der Möglichkeit einer Apodemverstärkung gewählt, die zu einer „klumpigeren" Konstruktion hätte führen müssen.

***8.** Wie groß ist die spezifische Sprungmuskelarbeit $W_{sprung\ spez}$, wenn die Sprungmuskelmasse eines Beins etwa 5% der Körpermasse der Heuschrecke ausmacht?*

Mit

$$W_{sprung} = \frac{1}{2}\, m \cdot v_{sprung\ start}^{2},$$

$$W_{sprung\ spez} = \frac{1}{2}\, m \cdot v^2 \cdot m_{mu}^{-1},$$

$$W_{mu} = W_{sprung},\ m_{mu} = 0{,}05 \cdot m = 0{,}15\ g$$

und

$$v_{start} = 2{,}80\ m\ s^{-1}$$

berechnet sich ein Wert von

$$W_{sprung} = 1{,}18 \cdot 10^{-2}\ J \text{ und } W_{sprung\ spez} = 7{,}84 \cdot 10^{-2}\ J\ g^{-1}.$$

Wie groß ist die spezifische Sprungmuskelleistung $P_{mu\ spez}$, wenn sich die mittlere Beschleunigungszeit zu $t_a = 2\ s\ v^{-1}_{start\ sprung}$ berechnet?

Mit $s = 0{,}04$ *und* $v_{start\ sprung} = 2{,}80\ m\ s^{-1}$ *ergibt sich* $t_a = 0{,}0286\ s$.

Mit

$$P_{mu\ spez} = \frac{W_{sprung\ spez}}{t_a}$$

berechnet sich ein Wert $P_{mu\ spez} = 2{,}74\ W\ g^{-1}$. Aus einer Tabelle läßt sich für die spezifische Muskelleistung des Menschen ein Wert von $0{,}04\ W\ g^{-1}$ entnehmen. Welcher Schluß liegt nahe?

Da $P_{mu\ spez\ Heuschrecke}$ nicht weniger als 28 mal größer ist $P_{mu\ spez.\ Mensch}$, der histologische Feinbau der beiden Muskeln aber nicht prinzipiell unterschiedlich ist (insbesondere nicht der relative Anteil der mitochondrialen „Zellkraftwerke"), ist anzunehmen, daß die Heuschrecke mit irgendwelchen mechanischen Tricks der Leistungsverstärkung arbeitet. Man hat zwar kein ausgebildetes Sprungkatapult gefunden wie etwa beim Floh (s. nächstes Beispiel), aber konstruktive Elemente „auf dem Weg dorthin".

***Beispiel** (Abb. 7-14): Bennett - Clark und Lucey (1967) haben den Absprung des Kaninchenflohs Spilopsyllus cuniculus untersucht. Dabei wurde ein Katapultmechanismus entdeckt. Der Floh zieht in relativ langer Zeit (über $t_{auf} \approx 1$ s;*

wenn man Flöhe kennt, merkt man, wie sie eine Sekunde vor dem Absprung richtiggehend erstarren) seinen Sprungmuskel (Abbildung 7-14 A) sehr kräftig zusammen. Da die ***„Sprungstange"*** *der Tibia in ihrem Gelenk über den Drehpunkt hinaus verdreht ist (Abbildung 7-14 B), kann das Bein nicht losschnellen. Statt dessen wird ein Polster des höchstelastischen Proteins „Resilin" gestaucht; die mechanische Energie des Sprungmuskels W_{mu} wird damit als elastische Energie W_{el} gespeichert. Daraufhin zieht ein Hilfsmuskel die Sehne des Sprungmuskels auf die „richtige Seite" des Sprunggelenks (Abbildung 7-14 C). Nun kann die Tibia mit dem Tarsus unter Nutzung der gespeicherten Energie W_{el} gegen den Boden losschnellen. Dies geschieht in der „Abschnellzeit" t_{ab} von 1 ms $\approx$ 1/1000 t_{auf}. Die aufgenommene Energie $W_{el\ auf}$ und die wieder abgegebene Energie $W_{el\ ab}$ des elastischen Systems sind (angenähert) gleich. Die „Aufziehzeit" t_{auf} für das Katapultsystem ist aber rund 1000 fach größer als die „Abschnellzeit" t_{ab}. Die „Aufziehleistung" ist gleich*

$$P_{auf} = \frac{W_{el}}{t_{auf}},$$

die „Abschnelleistung" ist gleich

$$P_{ab} = \frac{W_{el}}{t_{ab}} = \frac{W_{el}}{\frac{1}{1000}\, t_{auf}};$$

die Abschnelleistung ist also tausendfach größer als die Aufziehleistung (Prinzip der „Leistungswandlung").

T 20B
p 386

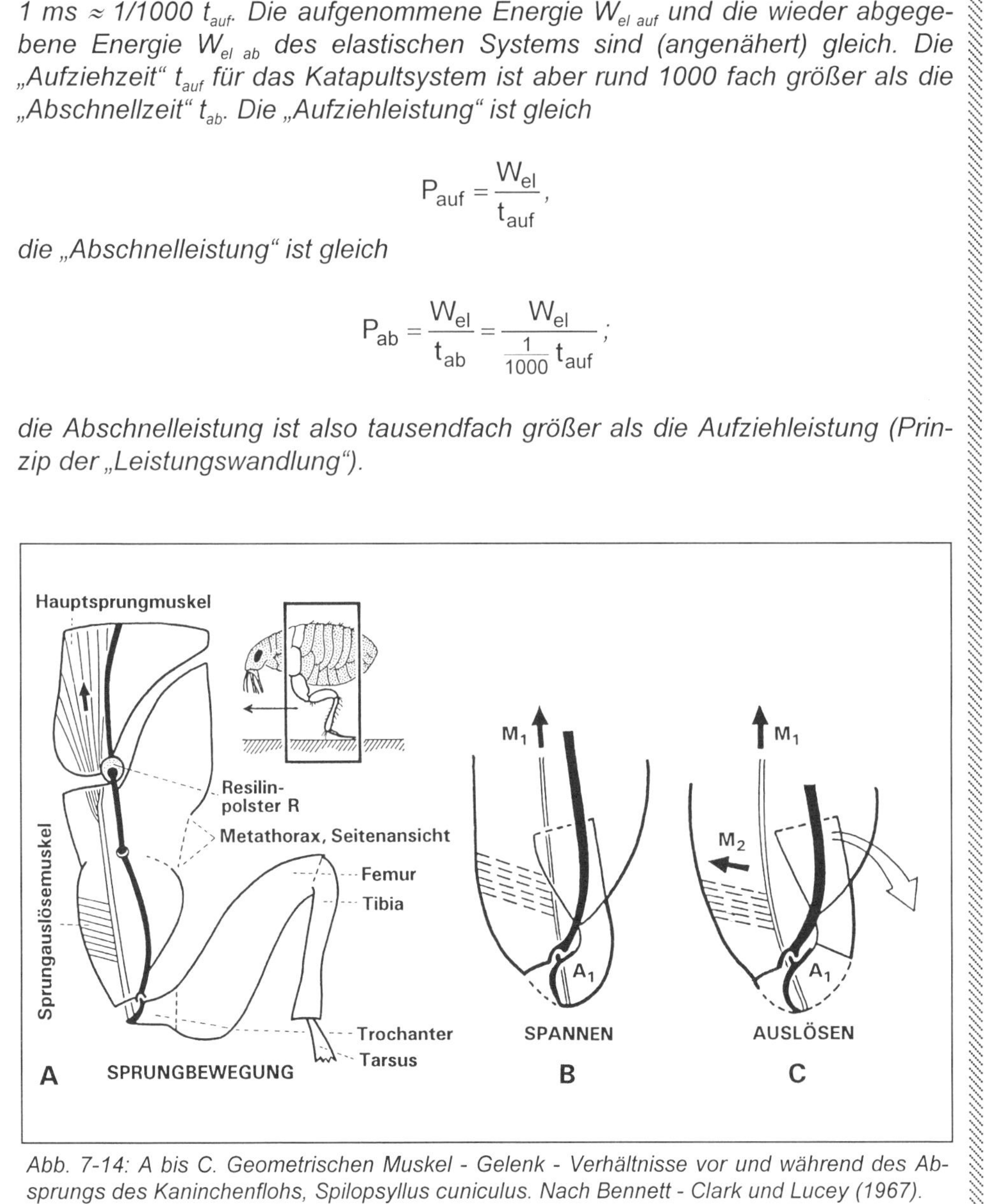

Abb. 7-14: A bis C. Geometrischen Muskel - Gelenk - Verhältnisse vor und während des Absprungs des Kaninchenflohs, Spilopsyllus cuniculus. Nach Bennett - Clark und Lucey (1967).

Der Floh besitzt eine Gesamtmasse von m = 0,5 mg, seine Absprunggeschwindigkeit sei v_{start} = 1 m s^{-1}, die - nach Art des letzten Beispiels bestimmte - Absprungenergie eines Beinmuskels 2 · 10^{-7} J. Ein Volumen von 1 cm^2 Resilin kann eine elastische Energie von W_{el} = 2 J speichern. Welches Volumen müssen die Resilinpolster der beiden Sprungbeine bei einem elastischen Wirkungsgrad von 95% aufweisen, wenn der Floh wie angegeben springt?

Nach

$$W_{mu} = W_{el} = W_{kin} = \frac{1}{2} \cdot m \cdot v_{start}^2$$

und mit m = 5 · 10^{-7} kg und v_{start} = 1 m s^{-1} ergibt sich eine für den Absprung benötigte Energie von 2,50 · 10^{-7} J.

Für η = 0,95 ergibt sich eine zu speichernde Energie von

$$\frac{1}{\eta} \cdot W_{el} = 2{,}63 \cdot 10^{-7}\ \mathrm{J}.$$

Aus der Proportion 1 cm^3 Resilin : 2 J = x cm^3 Resilin : 2,63 · 10^{-7} J ergibt sich ein benötigtes Resilinvolumen von x = 1,32 · 10^{-7} cm^3, entsprechend 13,2 μm^3. Auf ein Polster entfällt ein Volumen von 6,6 μm^3. Ein als kugelförmig anzunehmendes Resilinpolster hat daher einen Durchmesser von 2,33 µm

(Kugelformel $V = \frac{4}{3} \cdot (\frac{d}{2})^3 \cdot \pi$; $d = 2 \cdot \sqrt[3]{\frac{3\,V}{4\,\pi}}$*).*

Den tatsächlichen Durchmesser kann man zu etwa 3 - 4 µm ausmessen. Die Größenordnungen stimmen also.

7.10.2 Gehen

Gehen ist definiert als eine Fortbewegungsart mit Beinen, bei der zumindest jeweils ein Bein Bodenkontakt hat. Da der Vorgang periodisch abläuft, reicht es, jeweils ein oder zwei Perioden genauer zu analysieren. Pars pro toto sei hier das zweibeinige Gehen des Menschen etwas ausführlicher betrachtet.

Die Abbildung 7-15 A zeigt ein Gangperiode des Menschen - vom Aufsetzen des rechten Beins bis zum Wiederaufsetzen - und zugeordnete kinematische (B, C), dynamische (D) und energetische (E - G) Zeitfunktionen.

Kinematische Funktionen kann man nach Filmaufnahmen von definierten Punkten und deren Verbindungslinien punktweise konstruieren. Bei B wurden

Hüft-, Knie- , und Fersengelenk gekennzeichnet (Vergl. Phasenbild 6 von Abbildung 7-15 A) und nach Seitaufnahmen ausgemessen. Bei C wurden zwei Darstellungsmöglichkeiten angegeben, nämlich die Bewegungskomponenten eines Punktes bezüglich seines senkrechten Abstands zu einem Referenzniveau (gemessen in Längeneinheiten) und einer Geraden bezüglich ihres Winkels zu einer Referenzgeraden (gemessen in Winkeleinheiten).

Dynamische Funktionen kann man aus der Reaktion einer Kraftplattform ableiten, über die eine Versuchsperson schreitet. Vertikalkomponenten werden die Plattform belasten oder entlasten, Horizontalkomponenten werden sie in Bewegungsrichtung oder gegen die Bewegungsrichtung verschieben. Solche Kräftekomponenten können über Dehnungsmeßstreifen an der Plattform registriert werden. Die Teilabbildung D zeigt Zeitfunktionen der auf das Körpergewicht normierten Vertikal- und Horizontalkräfte für das Laufbeispiel der Teilabbildung A. Wie zu erwarten sind diese beim rechten wie linken Bein prinzipiell gleich; die horizontalen Komponenten sind viel kleiner als die vertikalen, und wegen zusätzlicher Trägheitseffekte sind die vertikalen Komponenten phasenweise größer als das Körpergewicht.

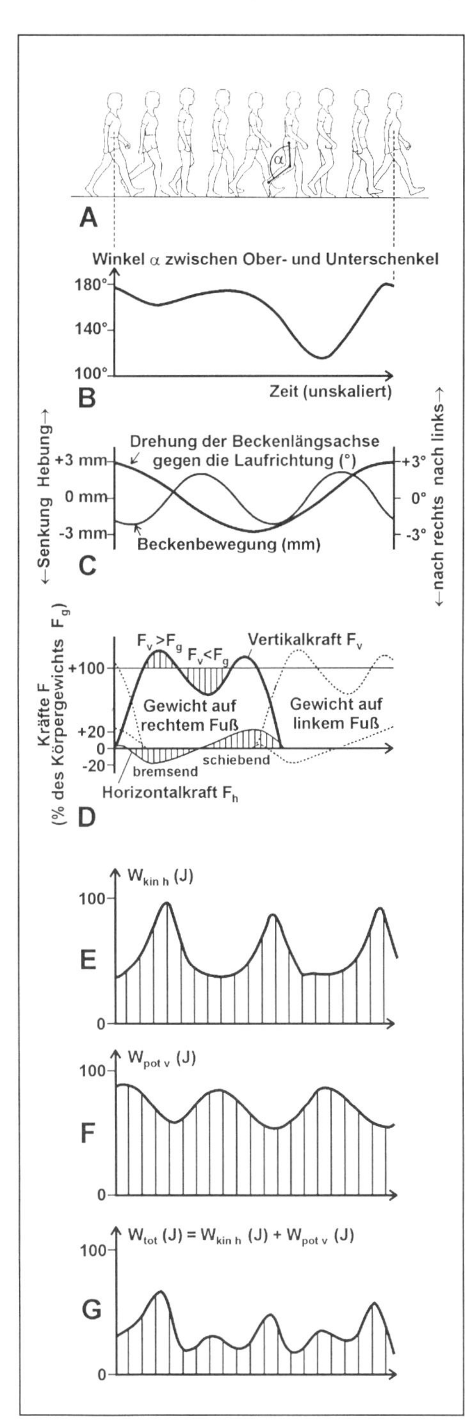

Abb. 7-15: Zum Gehen des Menschen. A Eine vollständige Gehperiode. B, C Beispiele für kinematische Weg - Zeit - Funktionen bzw. Winkel - Zeit - Funktionen. D Dynamische Kraft - Zeit - Funktionen. E, F, G: Wegen der Energierückgewinnung durch phasische Energiespeicherung in elastischen Strukturen ist die gesamte äußere mechanische Arbeit W_{tot} (G) kleiner als die Summe aus kinetischer Energie (E) und potentieller Energie (F). A bis D nach Dagg (1977), E bis G nach Cavagna aus Pedley (1977)

Aus den Kraftkomponenten in horizontaler (h) und vertikaler Richtung (v) kann man die Beschleunigungen a in diese Richtungen berechnen nach

$$a_h = \frac{F_h}{m}$$

und

$$a_v = \frac{F_v - F_g}{m}.$$

Hierbei ist m die Körpermasse, $F_g = m \cdot g$ das Körpergewicht.

(Wenn nötig kann man durch zweimaliges Integrieren der Beschleunigungs - Zeit - Funktion a(t) auf die Geschwindigkeits - Zeit - Funktion

$$v(t) = \int a\ (dt)$$

und die Weg - Zeit - Funktion

$$s(t) = \int v\ (dt)$$

schließen. Dies wird hier nicht weiter verfolgt.)

Die wohl aussagekräftigsten Kenngrößen solcher Bewegungen stellen die Zeitfunktionen von Energien dar, nämlich der kinetischen Energie

$$W_{kin}\ (t) = \frac{1}{2} \cdot m \cdot (v\ (t))^2$$

und der potentiellen Energie

$$W_{pot}\ (t) = m \cdot g \cdot s\ (t).$$

Während man auf die potentielle Energie stets aus der Vertikalbewegung des Schwerpunkts schließt ($W_{pot\ v}$), kann man die kinetische Energie in horizontaler wie vertikaler Richtung betrachten. Da die letztere gegenüber der ersteren meist sehr viel kleiner ist, reicht die Betrachtung in horizontaler Richtung ($W_{kin\ h}$).

Bemerkung: Betrachtet ist hier nur die sogenannte externe kinetische Energie, die zur Bewegung des Schwerpunkts - in dem man sich die Körpermasse vereinigt vorstellt - benötigt wird. Die sogenannte interne kinetische Energie, die zur Bewegung der Beine relativ zum Schwerpunkt benötigt wird, ist meist deutlich kleiner und wird hier nicht betrachtet.

Beim Gehen mit konstanter Geschwindigkeit bleibt die Summe aller Energieanteile konstant;

$$W_{tot} = W_{kin\ h} + W_{kin\ v} + W_{pot\ v} \approx$$

$$\approx W_{kin\ h} + W_{pot\ v} = \text{const.}$$

Wie die Betrachtung eines Pendels (Abbildung 7-16 A, B) zeigt, ist der Schwerpunkt in den Extremlagen (den Umkehrpunkten der Pendelschwingung) am höchsten angehoben ($W_{pot} \rightarrow$ max) und in Ruhe ($W_{kin} \rightarrow 0$). Die Zeitfunktion $E_{kin\,h}(t)$ und $E_{pot\,v}(t)$ sind um π bzw. 180° phasenverschoben (Abbildung 7-16 B; vergl. dazu Abbildung 7-15 E, F). Den über das Bein schwingende Körper kann man als umgekehrtes Pendel betrachten (vergl. Abbildung zu Ü 7/11); es gelten die gleichen Phasenbeziehungen. Da hierbei periodisch kinetischer Energie in potentielle umgewandelt wird und umgekehrt, bietet sich eine Möglichkeit zur Energieeinsparung über Energiezwischenspeicherung: ein Gutteil der kinetischen Energie, die ansonsten beim Abbremsen verloren wäre, wird dazu benutzt, den Schwerpunkt anzuheben (Erhöhung der potentiellen Energie). Bei der nächsten Halbschwingung wird diese wieder dazu benutzt, den Körper zu beschleunigen. Deshalb ist das Gehen eine muskelenergetisch recht günstige Fortbewegungsweise. Wie Abbildung 7-15 G im Vergleich mit den Teilabbildungen E und F zeigt, ist die Summe der positiven externen Arbeit W_{tot} kleiner als die Summe der absoluten Anteile von W_{kin} und W_{pot} (!).

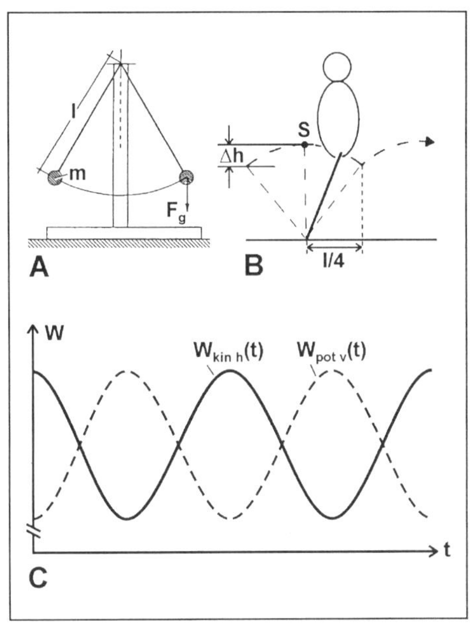

Abb. 7-16: A Pendelschwingung, B Umgekehrtes Pendel als Modell für das Gehen. S Schwerpunkt, λ Periodenlänge, Δh Anheben des Schwerpunkts. C Gegenphasischer Zeitverlauf der kinetischen Energie $W_{kin\,h}$ und der potentiellen Energie $W_{pot\,v}$ beim schwingenden Pendel. ($W_{kin\,v} \ll W_{kin\,h}$ ist hier nicht betrachtet).

Gehen bedeutet also Anheben und Wiederabsenken des Schwerpunkts über ein schräg aufgesetztes, des weiteren gerade gekipptes und schließlich „überkipptes" Bein. Bevor das Überkippen und damit Absenken des Schwerpunkts eines Beins zu weit führt, ist der Vorzug des anderen beendet, und das andere Bein hat aufgesetzt; der Schwerpunkt wird wieder angehoben. Man kann sich das Gehen ganz gut versinnbildlichen als Abrollen eines Rades mit Speichen, aber ohne Radkranz. Bevor das Absinken des Schwerpunkts zu weit führt, hat die nächste Speiche aufgesetzt, und der Schwerpunkt wird wieder angehoben.

7.10.3 Laufen

Im Gegensatz zum Gehen, bei dem stets zumindest ein Bein Bodenkontakt hat, kommen beim Laufen Phasen vor, während derer beide Beine vom Boden abgehoben sind. Während beim Gehen die beiden Zeitfunktionen der kinetischen und der potentiellen Energie gegenphasisch verlaufen, verlaufen sie beim

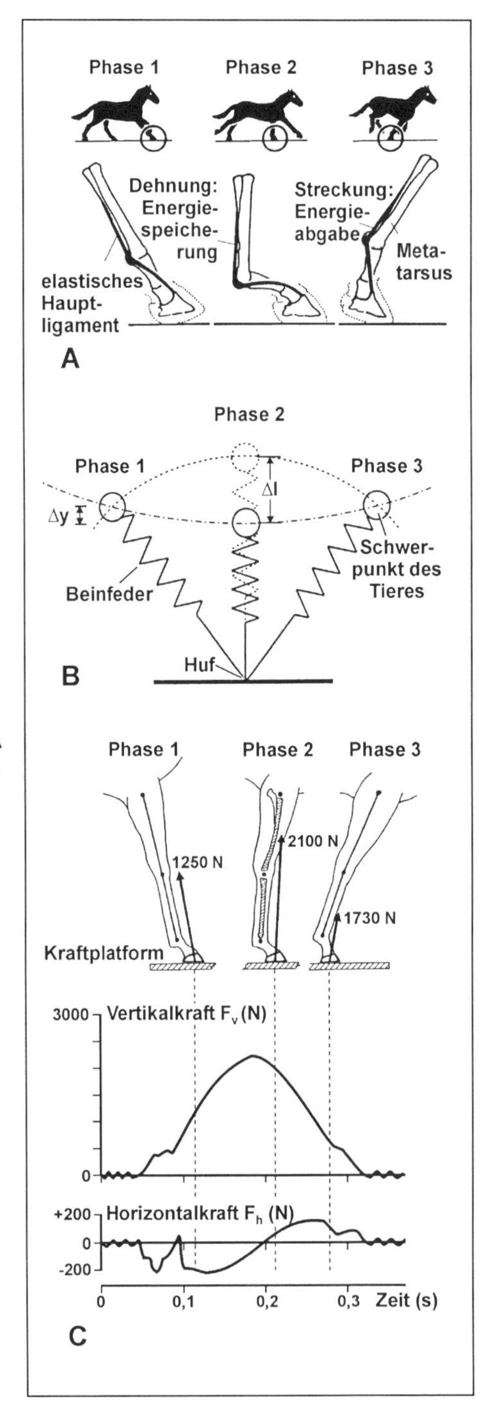

T 20A
p 386

Laufen in Phase. (Dies sei hier nicht abgeleitet sondern nur als Faktum angeführt). Damit bietet sich beim Lauf nicht die für das Gehen typische Möglichkeit der Energiezwischenspeicherung durch Schwerpunktsanhebung. Es gibt jedoch einen anderen, ebenfalls sehr effektiven Mechanismus.

Beim Aufsetzen wird ein Gutteil der kinetischen Energie dazu benutzt, elastische Muskeln sowie hochelastische Sehnen und Bandstrukturen zu dehnen. Beim Abdrücken zu Beginn der folgenden Halbperiode wird die zwischengespeicherte elastische Energie zum Wiederbeschleunigen des Körpers eingesetzt. Sehnen besitzen elastische Wirkungsgrade bis etwa 80%, Resilin etwa 96%. Hochelastische Bänder finden sich beispielsweise beim **Känguruh**, aber auch in der Fußregion des Pferdes. Die Vorgänge zwischen Aufsetzen und Wiederabdrücken eines Pferdehufs sind in der Abbildung 7-17 zusammengefaßt.

Abb. 7-17: Energiespeicherung und Wiederabgabe bei der Aufsetz-/Abstoßphase des Fußes eines Pferdes. A Phasenbilder und energetische Verhältnisse. B Feder-Massen-Modell. Gestrichelt: Schwerpunktsbahn ohne den Federeffekt; Strichpunktiert: Schwerpunktsbahn mit Federeffekt. Die Feder der Ausgangslänge l_0 ist in Phase 2 um den Betrag Δl gestaucht. Die Abwärtsbewegung des Schwerpunkts, Δy, ist deutlich kleiner als Δl. C Beispiel für die Änderung der Größe und Richtung der Reaktionskraft beim Aufsetzen eines Vorderbeins des Pferdes beim schnellen Trott. A nach Hildebrand (1965), ergänzt, B nach Alexander (1968), verändert, C nach Biewener und Full (1992).

Die Gesamtenergierückgewinnung ist geschwindigkeitsabhängig. Für ein großes Känguruh beträgt sie bei v = 2,8 m s^{-1} insgesamt 23%, bei v = 7,8 m s^{-1} insgesamt 65%. Für den Menschen, der mit einer mittleren Geschwindigkeit läuft, beträgt sie 60 bis 70 %. Zum Laufen vergl. auch Alexander (1992).

Übungsaufgaben:

Ü 7/1: Welches Biegemoment und welche Biegespannung erfährt ein einseitig 10 cm eingespannter und im Abstand von 120 cm von der Einspannung durch die Gewichtskraft F_g = 95 N belasteter, im Querschnitt quadratischer Balken von 5 cm Kantenlänge an seiner (äußeren) Einspannstelle sowie ein gleichartiger, mit gleichen Abständen zweiseitig aufgelegter Balken an seiner Belastungsstelle? Konstruieren Sie die Seileckflächen und die Querkraftflächen sowie die Biegebeanspruchungsflächen (mit Maßstäben). (Die Übung ist aufwendiger als es den Anschein hat - nicht entmutigen lassen!)

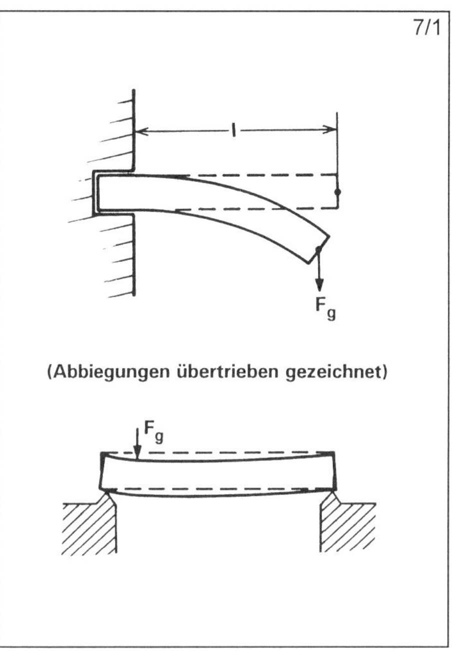

(Abbiegungen übertrieben gezeichnet)

Ü 7/2: Zu dem freistehenden, beschnittenen **Seitenast** von 100 cm² mittlerer Querschnittsfläche eines Nußbaums, der bei a eine im Querschnitt runde Dünnstelle von 80 cm² aufweist, lagert sich eine „Schneewalze" von etwa 20 cm Durchmesser ab ($\sigma_{Neuschnee} \approx$ 200 kg m^{-3}, $\sigma_{Nußbaumholz} \approx$ $\approx$ 700 kg m^{-3}). Die Biegefestigkeit von Nußbaumholz beträgt etwa 120 N mm^{-2}. Wird der Ast an der Dünnstelle unter der Schneelast brechen?

(Hinweis: Teilen Sie den Ast gedanklich in einige Teile und berechnen Sie deren Biegespannungsanteile bezügl. a.)

T 8A
p160

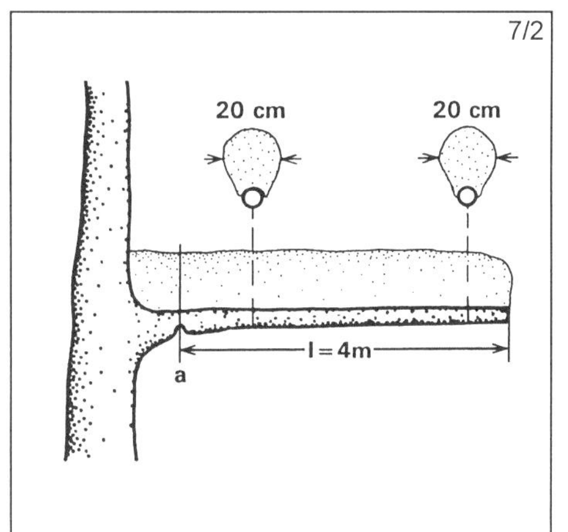

Ü 7/3: Auf ein einseitig eingespanntes rechteckiges Brett (Denkmodell mit den Dimensionen der Skizze) wirkt eine Flächenlast. Im Realfall wäre das eine Schneelast auf eine einseitig vorkragende Balkonüberdeckung. Wie muß der Träger als „Träger gleicher Biegespannung" bzw. „Träger gleicher Festigkeit" ausgeformt werden?

(Überlegen Sie mit Hilfe von Handskizzen, für die Sie den Kragarm in einige Abschnitte unterteilen sollten, und mit Hilfe von Rechentabellen; Streckenlast F'; für Streckenlasten gilt $M_{bx} = F'l_x^2/2$. Versuchen Sie eine ähnliche Darstellung wie Abb. 7-8.)

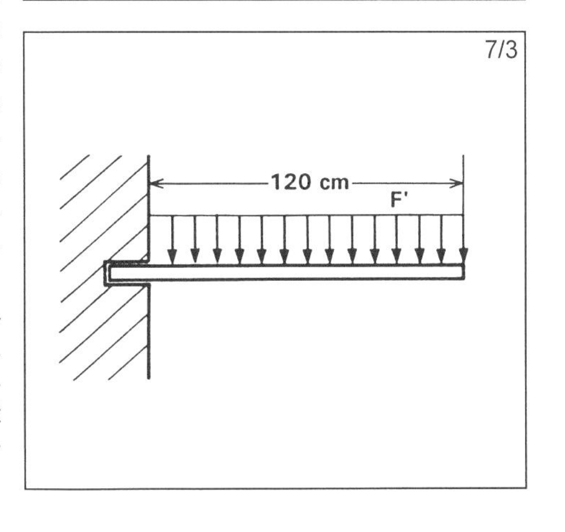

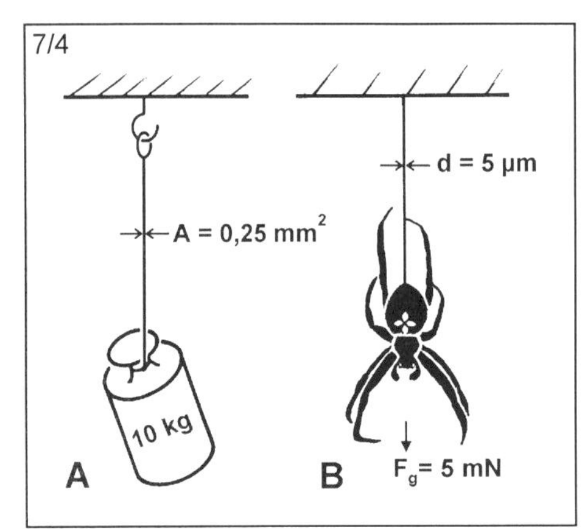

Ü 7/4: A Welchen E-Modul besitzt eine Klaviersaite der Länge l_o = 2,5 m von 0,25 mm^2 Querschnittsfläche, die sich durch eine angehängte 10 kg-Masse um 4,9 mm dehnt? B Eine Kreuzspinne von F_g = 5 mN Gewicht hängt an einem Spinnfaden von r = 2,5 µm Radius, der eine Reißspannung von 4 · 10^8 Pa aushält. Wie groß ist der „Sicherheitsfaktor" S des Systems?

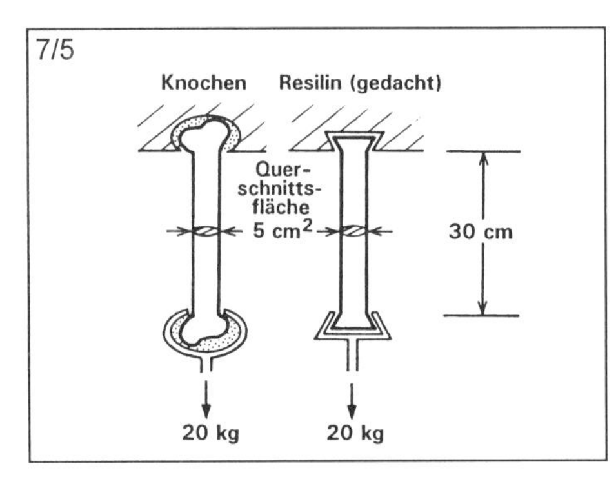

Ü 7/5: Knochen gilt als sehr „unelastisch"; sein E-Modul beträgt 10^{10} N m^{-2}. Resilin gilt als „äußerst elastisch"; sein E-Modul beträgt 1,8 · 10^6 N m^{-2}. Betrachtet sei ein l = 30 cm langer Knochen von A = 5 cm^2 Querschnitt und ein gleichgroß gedachtes Resilinstück. Um wie viele Millimeter würden sich beide Materialien unter der Zugkraft einer angehängten 20 kg-Masse dehnen? Welche Zugkraft ist nötig um beide Materialien um 1 mm zu dehnen? Würde das Experiment gelingen ohne daß das Material zu Bruch geht?

(Bruchbelastungen: Knochen 10^9 N m^{-2}; Resilin 3 · 10^7 N m^{-2})

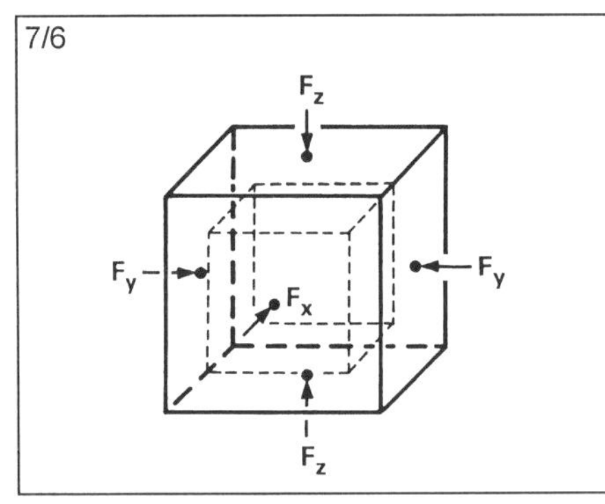

Ü 7/6: Welchen Kompressionsmodul (in GPa) besitzt ein Eiswürfel von 1 m^3 Volumen, der unter allseitigem zusätzlichen Druck von 1 GPa auf 0,9 m^3 zusammengedrückt wird?

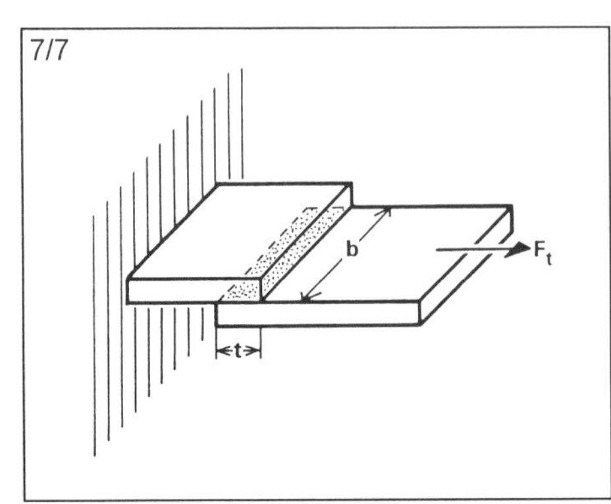

Ü 7/7: Durch welche Scherspannung τ sind zwei Stahlbleche belastet, die nach der Abbildung auf der Fläche A = b · t = 0,1 m^2 miteinander verklebt sind und die unter einer tangentialen Zugkraft von F_t = 1 kN stehen?

Ü 7/8: Welche Scherspannung τ erfährt und welchen Schubmodul G besitzt ein gelatineartiger (vergl. die Mesogloea einer Qualle) Würfel der Querschnittsfläche A = 1 dm^2, der an der Oberseite durch die Tangentialkraft F_t = 10 N belastet wird und sich dabei um den Winkel = 10° verformt?

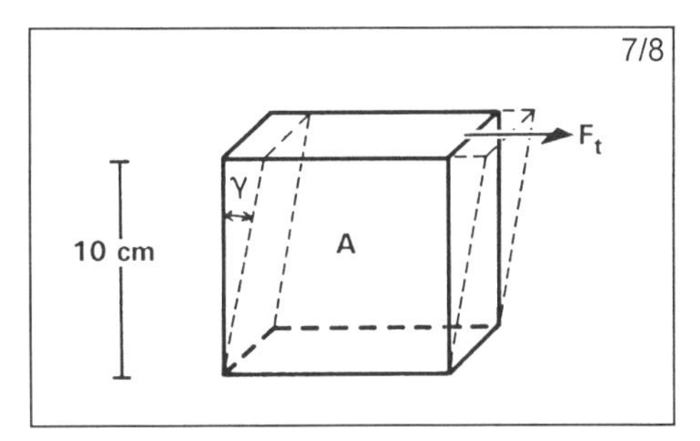

Ü 7/9: Wie ist das nebenstehende **Stabfachwerk** qualitativ zu interpretieren? Es stellt einen in den Lagern III, V drehbaren, an die Wand klappbaren Trägerarm für eine von der Spitze her herabhängende Last von 260 N dar. Welche der 5 Stäbe werden nur druck-, welche nur zugbeansprucht sein? (Qualitation Überlegungen)

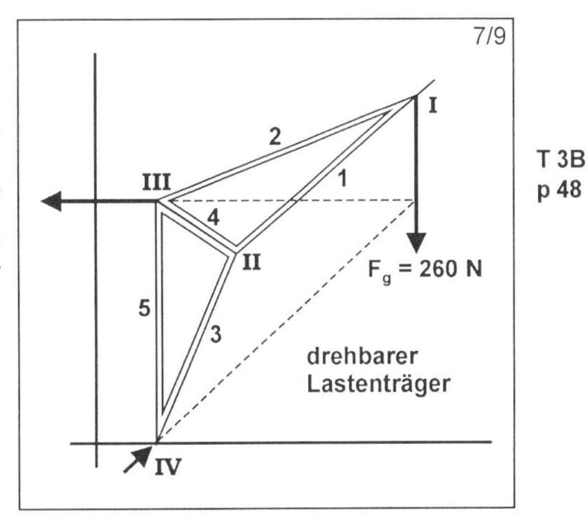

T 3B p 48

Ü 7/10: Wie ist die **Spongiosa-Verteilung** A im Oberschenkelhals und -kopf des Menschen qualitativ zu interpretieren? Das Schema B zeigt, was zu erwarten ist, wenn man den Oberschenkelkopf im Gedankenversuch in Richtung der resultierenden Last (geometrische Summe aus Körpergewicht und Muskelspannungen) zusammendrückt. In Teilabbildung C sind nach spannungsoptischen Versuchen Spannungstrajektorien eingezeichnet.

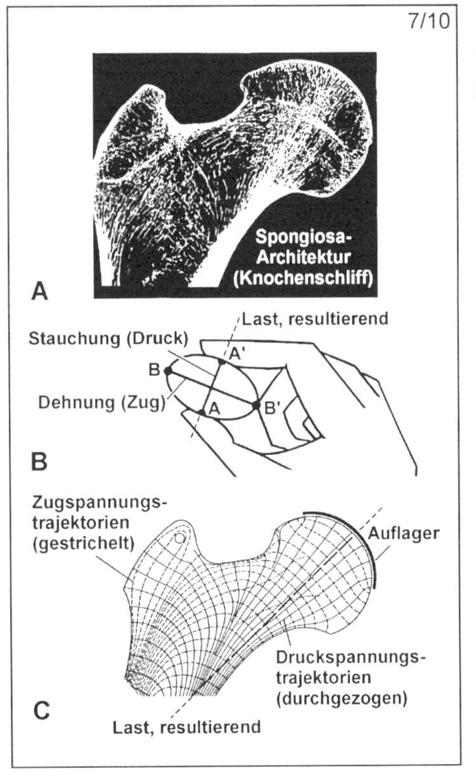

T 3A p 48

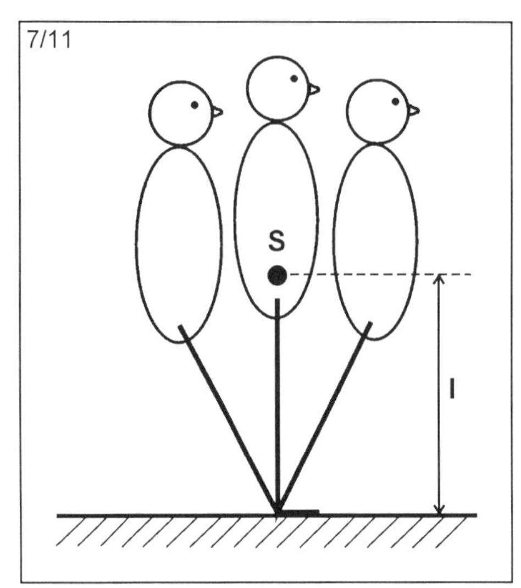

Ü 7/11: Das Stützbein eines Menschen der Masse m werde beim Gehen dem Modell eines umgekehrten Pendels gleichgesetzt. Welche maximale Geschwindigkeit v_{max} (in km h^{-1}) kann erreicht werden, wenn der Abstand l des Schwerpunkts S vom Boden in der Standphase gleich 90 cm ist? (Hinweis: Bei der maximalen Geschwindigkeit überschreitet die Zentrifugalkraft F_z gerade nicht die Gewichtskraft F_g).

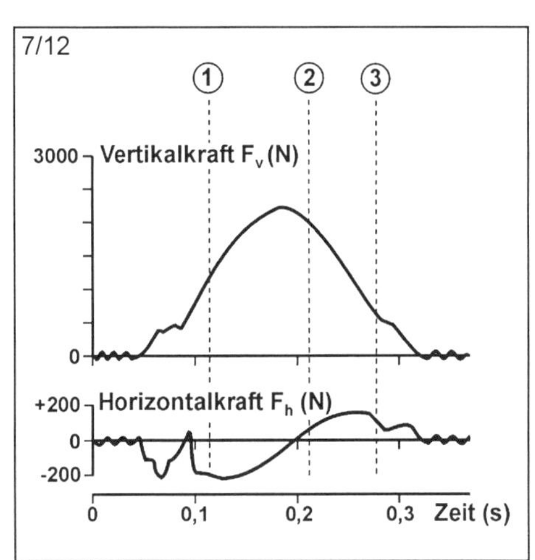

Ü 7/12: Interpretieren sie den Kräfteverlauf für das Aufsetzen eines Pferdehufs beim schnellen Trott, wie er in Abbildung 7/15 C dargestellt und hier im Vergleich noch einmal herausgezeichnet ist.

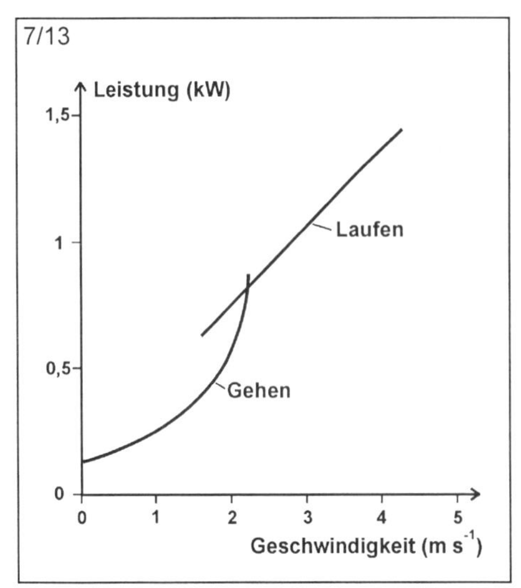

Ü 7/13: Die Abbildung zeigt nach Messungen von Margaria (1976) zwei Leistungs - Geschwindigkeits - Kurven für das Gehen und Laufen des Menschen. Die Versuchsperson konnte dabei die ihr angenehmsten Schrittlängen einstellen. Wie sind die Graphen zu interpretieren?

Ü 7/14: Die nebenstehende Abbildung zeigt, entsprechend der vorhergehenden, eine Kenngröße für den stoffwechselphysiologischen Leistungsaufwand für das Laufen des Menschen mit unterschiedlichen Geschwindigkeit, nämlich den Sauerstoffverbrauch pro Gramm Körpermasse und Stunde. Formulieren sie dazu die Funktion $\dot{V}_{O_2\,rel}$ (v), einmal für $\dot{V}_{O_2\,rel}$ in ml g^{-1} h^{-1} und v in km h^{-1}, einmal für $\dot{V}_{O_2}$ in ml g^{-1} s^{-1} und v in m s^{-1}.

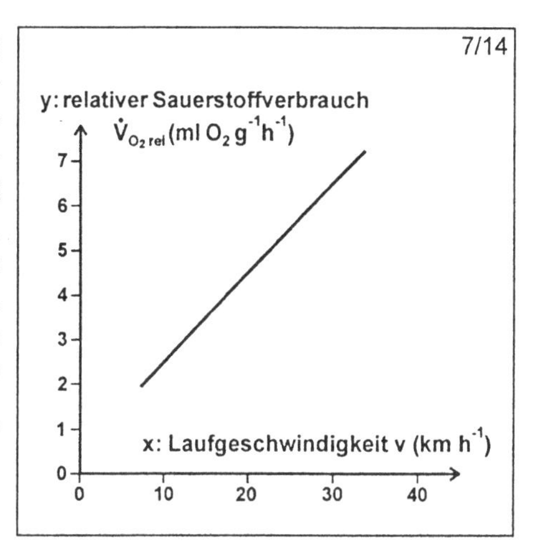

Ü 7/15: Ein **Floh** wiege 4,91 · 10^{-6} N. Beim Startsprung beschleunige er mit 100 g. Wie groß ist die Absprungkraft F_{Sprung}, und um welchen Faktor überschreitet sie sein Körpergewicht?

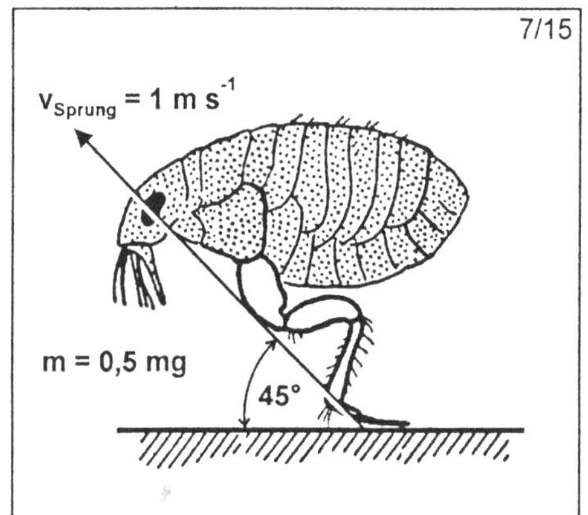

T 20B
p 386

Bildtafel 7: **Sprungvorgang.** Sprungphasen und Präparat des Koboldmaki, *Tarsius bancanus*. (Foto: Nachtigall, nach einem Schrankpräparat im Museum Schloß Rosenstein, Stuttgart)

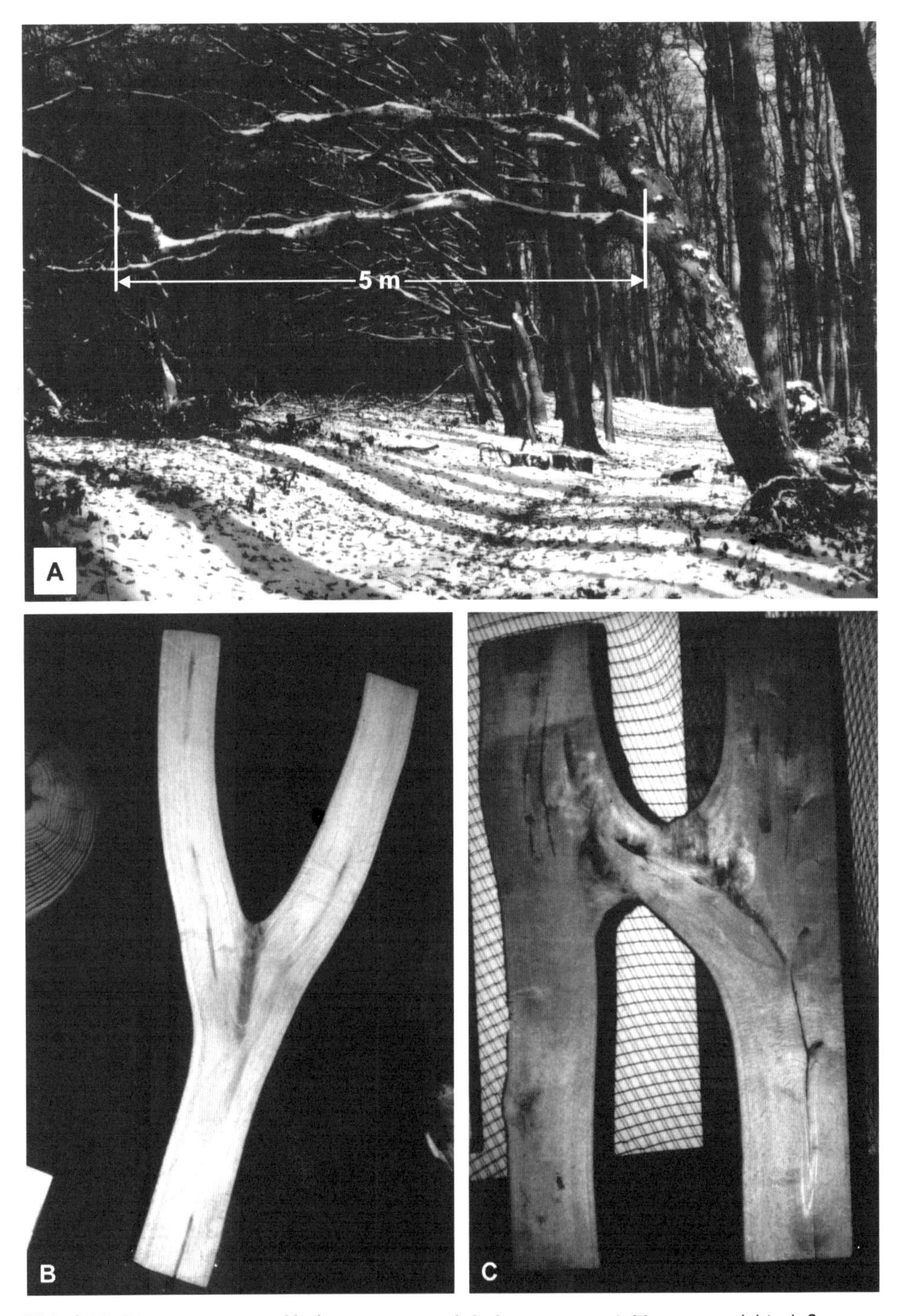

Bildtafel 8: **Biegespannung, Kerbspannungsminimierung u. a.** A Man sage nicht, daß es so lange auslaufende horizontale Äste wie in Ü //2 (p. 156) dargestellt nicht gibt! B Baumzwiesel: Eine „Kerbe ohne Kerbspannung". C Sich gegenseitig abstützende Stämme. Ergebnisse in Mattheck 1992. Ausführliche Legende p. 391 (Fotos: Nachtigall, B, C nach Ausstellungspräparaten von Mattheck)

C FLUIDMECHANIK

8 Fluidstatik und zwischenmolekular Kräfte

In diesem Abschnitt werden Kenngrößen und Querbeziehungen zusammengestellt, mit denen Fluide (Luft, Wasser, sämtliche biologische Flüssigkeiten u.a.) gekennzeichnet werden können, und die ihr Verhalten oder ihr Zusammenspiel mit Festkörpern im Ruhezustand charakterisieren. Dazu gehören auf der einen Seite die Fluidkenngrößen Dichte (definiert wie die Festkörperdichte: Abschnitt 4.2) und Zähigkeit, auf der anderen Kenngröße, die insbesondere für die Beschreibung der Interaktion mit Festkörpern wichtig sind wie Drücke und (Auftriebs-)Kräfte. Einen biologisch sehr wesentlichen Sonderfall stellt der osmotische Druck dar.

Zwischenmolekulare Kräfte spielen eine wichtige Rolle bei der Kohäsion und Adhäsion an Flüssigkeitsoberflächen und bei Benetzungsvorgängen.

8.1 Dichte ρ eines Fluids

Entsprechend der allgemeinen Definition von Abschnitt 4.2 versteht man unter der Dichte ρ eines Fluids die auf die Volumeneinheit V bezogene Masse m;

$$\rho = \frac{m}{V}.$$

Für genauere physikalische und biologische Ansätze muß die Luftdichte und die Wasserdichte in ihrer Abhängigkeit von Randbedingungen betrachtet werden.

8.1.1 Luftdichte, abhängig von Temperatur und Meereshöhe

Unter Normalbedingungen (0°C, Meereshöhe bei $p = 1{,}01325 \cdot 10^5$ Pa, 60% Luftfeuchtigkeit) beträgt die Luftdichte:

$$\rho = 1{,}291 \text{ kg m}^{-3}$$

Mit steigender Temperatur sinkt sie.

Barometrische Höhenformel: $p_h = p_0 \cdot e^{-\frac{\rho_0 \cdot g \cdot h}{p_0}}$

Im Gegensatz zur barometrischen Höhenformel berücksichtigt die Internationale Höheformel den mittleren Temperaturabfall mit steigender Höhe über dem Meer bis zur Troposphärengrenze (ca. 11 km Höhe). Danach ergibt sich eine exponentielle Abnahme der Luftdichte mit der Höhe:

$$\rho_{Luft} = 1{,}2255 \text{ (kg m}^{-3}) \cdot (1 - 0{,}02257 \text{ h (km)})^{4{,}255}$$

(für $p = 1{,}01325 \cdot 10^5$ Pa und T = 15°C, beides Jahresmittel in Meereshöhe)

Fluid	Temperatur ϑ (°C)	Dichte ρ (kg m^{-3})	Zähigkeit η (Pa s)	Kinematische Zähigkeit ν (m^2 s^{-1})
Luft	0 20	1,293 1,199	$1{,}710 \cdot 10^{-5}$ $1{,}810 \cdot 10^{-5}$	$1{,}341 \cdot 10^{-5}$ $1{,}523 \cdot 10^{-5}$
Wasser*	0 20	$0{,}9998 \cdot 10^3$ $0{,}9984 \cdot 10^3$	$1{,}793 \cdot 10^{-3}$ $1{,}010 \cdot 10^{-3}$	$1{,}793 \cdot 10^{-6}$ $1{,}012 \cdot 10^{-6}$
Meerwasser**	0 20	 $1{,}0260 \cdot 10^3$		
Eis***	0	$0{,}9167 \cdot 10^3$		

*) bei 1 bar **) Salinität 3,5 % ***) von Süßwasser

Abb. 8-1: Biomechanisch relevante Kenngrößen von Luft und Wasser

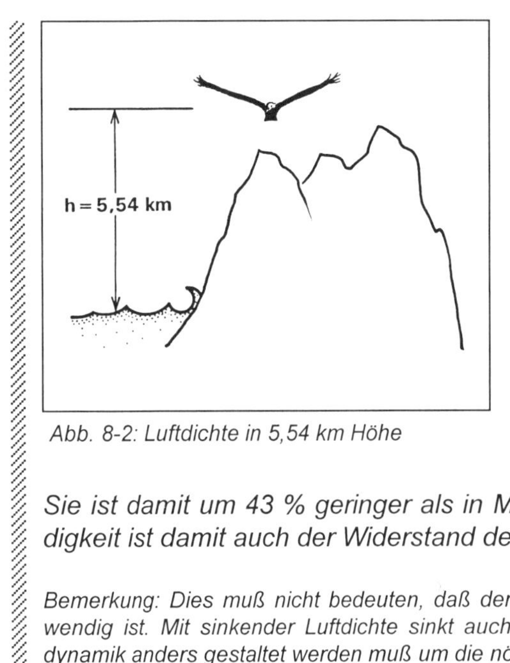

Abb. 8-2: Luftdichte in 5,54 km Höhe

***Beispiel** (Abb. 8-2): Um wieviel Prozent verringert sich der Rumpfwiderstand eines in 5,54 km Höhe fliegenden Geiers alleine aufgrund der Dichteabnahme der Luft, verglichen mit Meereshöhe, wenn der Rumpfwiderstand der Luftdichte linear proportional ist?*

Nach der Internationalen Höhenformel beträgt die Luftdichte

in Meereshöhe: 1,2255 (kg m^{-3}),
in 5,54 km Höhe: 0,69418 (kg m^{-3}).

Sie ist damit um 43 % geringer als in Meereshöhe. Bei gleicher Fluggeschwindigkeit ist damit auch der Widerstand des Vogels um 43 % geringer.

Bemerkung: Dies muß nicht bedeuten, daß der Flug in großer Höhe energetisch weniger aufwendig ist. Mit sinkender Luftdichte sinkt auch der Auftrieb, so daß die Flugkinematik und -dynamik anders gestaltet werden muß um die nötigen Hub- und Schubkräfte zu erzeugen etc..

8.1.2 Wasserdichte, abhängig von Temperatur und Salzgehalt

Unter Normalbedingungen (0°C, Meereshöhe) beträgt die Dichte ρ von reinem Wasser:

$$\rho = 0{,}9998 \cdot 10^3 \text{ kg m}^{-3}.$$

Mit Temperaturerhöhung nimmt sie zunächst zu; die größte Dichte wird mit

$$\rho = 1{,}000 \cdot 10^3 \text{ kg m}^{-3}$$

bei einer Temperatur von + 4°C erreicht. Mit weiterer Temperaturerhöhung nimmt die Dichte dann wieder ab.

Diese „Dichteanomalie des Wassers" hat außerordentlich bedeutsame ökologische und oköphysiologische Konsequenzen: Gleiches gilt für die Tatsache, daß die Dichte von Eis geringer ist als von Wasser (vergl. Abschnitt 8.5). Die Dichte von Meerwasser steigt mit zunehmendem Salzgehalt. Dies hat große Bedeutung für das Schweben und Absinken von Planktonorganismen. Einige Zahlen stehen in Abbildung 8-1 .

8.2 Dynamische Zähigkeit η; Newton'sche Reibung

8.2.1 Definition

Die dynamische Zähigkeit (dynamische Viskosität, Viskosität) η ist eine fluidcharakterisierende Materialeigenschaft. Sie ist gleich der Proportionalitätskonstante η, die im Falle Newton'scher Reibung Schubspannung τ und Geschwindigkeitsgefälle dv / dy verbindet:

$$\tau = \eta \frac{dv}{dy}$$

Sie kann nur experimentell bestimmt werden (zu den Kenngrößen vergl. Abb. 8-3 und 8-4). Nachdem die Schubspannung die Dimension Kraft pro Fläche ($F\,L^{-2}$) besitzt, das Geschwindigkeitsgefälle die Dimension Geschwindigkeit pro Strecke ($L\,T^{-1}\,L^{-1} = T^{-1}$), muß die dynamische Zähigkeit die Dimension $F\,L^{-2}\,T^{1}$ aufweisen. Die Einheit ist 1 kg m^{-1} s = 1 N m^{-2} s = 1 Pa s (Pascalsekunde).

(Die ältere Einheit 1 P („Poise") entspricht 9,81 kg m^{-1} s.)

Bemerkung: Den Kehrwert der dynamischen Zähigkeit $1/\eta$ bezeichnet man auch als Fluidität.

Einige kennzeichnende Werte für die dynamische Zähigkeit stehen in Abb. 8-1.

Für die Newton'schen Reibung (und nur dafür gelten diese Beziehungen; Nicht--Newton'sche Fluide wie beispielsweise Schmierstoffe, gehorchen anderen Gesetzen) sind eine Reihe von Randbedingungen zutreffend, die man im Gedankenversuch nachvollziehen kann.

Betrachtet seinen zwei parallele Platten der Fläche A (Abb. 8-3). Die eine ist auf dem Boden einer fluidgefüllten Wanne festgeklebt, die andere wird in konstantem Abstand d mit konstanter Geschwindigkeit v parallel zur ersteren bewegt.

Wegen der inneren Reibung zwischen den Schichten des Fluids benötigt man dazu eine konstante Kraft F. Da das Fluid beiden Platten anhaftet, besitzt die unterste Flüssigkeitslamelle im Zwischenraum die Geschwindigkeit $v_u = 0$, die oberste die Geschwindigkeit v_o. Dazwischen bildet sich ein Geschwindigkeitsgefälle dv / dy aus (das - zumindest in Abschnitten - linear sein kann aber nicht muß). Die Flüssigkeit kann man sich als Paket vieler dünner, plattenparalleler Schichten vorstellen („laminae" - deshalb „laminare Strömung"), die sich nicht vermischen (Modell: Schreibmaschinenpapier-Stoß).

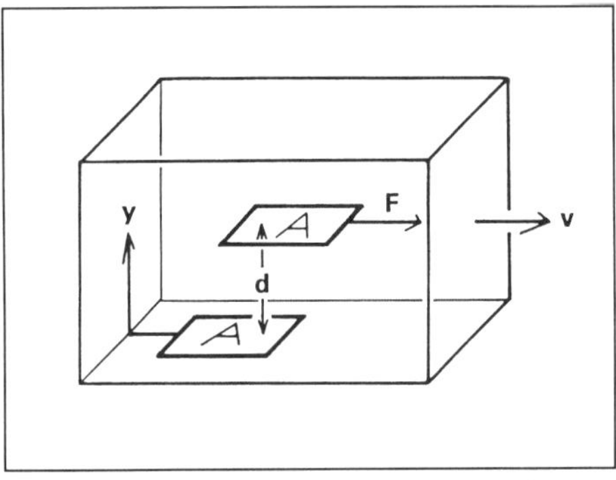

Abb. 8-3: Gedankenversuch zur Viskosität

Die Antriebskraft F ist proportional A und $\frac{dv}{dy}$;

$$F \sim A \cdot \frac{dv}{dy}.$$

Durch Einsetzen einer Proportionalitätskonstante η ergibt sich daraus die Gleichung

$$F = \eta \cdot A \cdot \frac{dv}{dy}.$$

Die auf die Fläche A bezogene Tangentialkraft F heißt Scherspannung τ (vergl. Abschnitt 7.5.2):

$$\tau = F\,A^{-1}.$$

Bei Fluiden spricht man von Schubspannung. Damit ergibt sich die Form

$$\tau = \eta \cdot \frac{dv}{dy}.$$

Beispiel: *Für die Fallgeschwindigkeit sehr kleiner Teilchen in Fluiden gilt die aus dem Stoke'schen Gesetz hergeleitete Beziehung*

$$v\,(\mathrm{m\,s^{-1}}) = \frac{2\,(\rho_2 - \rho_1) \cdot g \cdot r^2}{9\,\eta}$$

(ρ_1 Fluiddichte, ρ_2 Teilchendichte, g Erdbeschleunigung, r mittlerer Teilchenradius, η Zähigkeit).

Wie schnell setzen sich feinste Schlammteilchen ρ_2 = 2,5 kg l^{-1}, $r \approx 1$ µm) in Wasser (ρ_1 = 1 kg l^{-1}, η = 0,001 Pa s) ab?

$$v = \frac{2\,(2{,}5 \cdot 10^3\,(\mathrm{kg\,m^{-3}}) - 1 \cdot 10^3\,(\mathrm{kg\,m^{-3}}) \cdot 9{,}81(\mathrm{m\,s^{-2}})\,(1 \cdot 10^{-6}\,(\mathrm{m}))^2}{9 \cdot 0{,}001(\mathrm{Pa\,s^{-1}})} =$$

$$= 3{,}27 \cdot 10^{-6}\,\mathrm{m\,s^{-1}} = 3{,}27\,\mu\mathrm{m\,s^{-1}} = 1{,}18\,\mathrm{cm\,h^{-1}}.$$

Die Sinkgeschwindigkeit (die natürlich nur in absolut ruhendem Wasser eine Rolle spielt) ist also für so kleine Teilchen außerordentlich gering; hierbei spielt die Dichtedifferenz (die linear eingeht) nur eine untergeordnete Rolle; am wichtigsten ist die „Kleinheit" (die quadratisch eingeht). Ansätze dieser Art sind für die Ökologie absinkender Planktonorganismen sehr wesentlich.

8.2.2 Viskosimetrie

Es gibt unterschiedliche handelsübliche Viskosimeter zur Bestimmung der dynamischen Zähigkeit η. Das Viskosimeter nach Combe spiegelt die Newtonsche Beziehung am deutlichsten wider (Abb. 8-4).

Eine zylindrische Trommel der Oberfläche $A = r^2 \pi h$ dreht sich unter der Wirkung von Fallgewichten (Zugkraft F) vertikal in einem fluidgefüllten Zylindergefäß unter dem Wandabstand (Spaltbreite) d. Der Geschwindigkeitsgradient dv / dy kann durch den Quotienten aus Umfangsgeschwindigkeit u und Spaltbreite d angenähert werden:

$$\frac{dv}{dy} = \frac{u}{d} = \frac{2\pi \cdot r \cdot n}{d}$$

(n Drehzahl der Trommel).

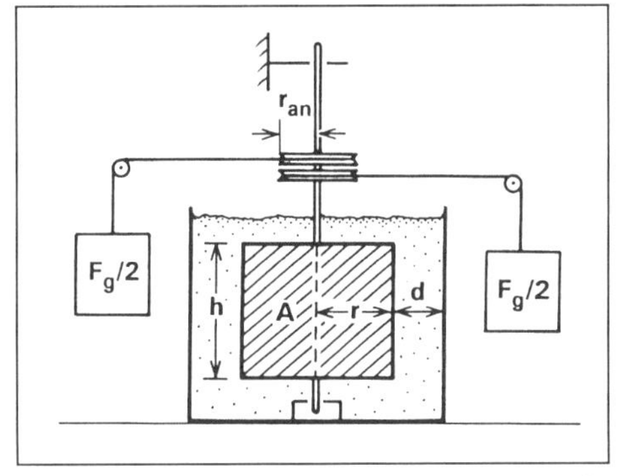

Abb. 8-4 Prinzip des Viskosimeters nach Combe

Analog der Newton'schen Formulierung

$$\eta = \tau \frac{dv}{dy}$$

ergibt sich die Zähigkeit im Viskosimeterversuch zu

$$\eta = \frac{Fg}{r^2 \cdot \pi \cdot h} \cdot \frac{d}{2\,\pi \cdot r \cdot n} \cdot \frac{1}{n}$$

Analog dem Newton'schen Gedankenversuch ist die Reibungskraft

$$F_r = \eta \cdot A \frac{dv}{dy} = \eta \cdot r^2 \cdot \pi \cdot h \;\frac{2\,\pi \cdot r \cdot n}{d} = 2\,\eta \cdot r^3 \cdot \pi^2 \cdot n \cdot d^{-1},$$

und diese erzeugt mit dem Drehabstand r das Bremsmoment

$$M_b = 2\,\eta \cdot r^4 \cdot \pi^2 \cdot n \cdot d^{-1},$$

während das Antriebsmoment

$$M_a = F_g \cdot r$$

beträgt. Für konstante Drehgeschwindigkeit der Trommel gilt

$$|M_b| = |M_a|.$$

Aus der Gleichsetzung berechnet sich

$$\eta = \frac{F_g \cdot r}{2\,r^4 \cdot \pi^2 \cdot n \cdot d^{-1}} = \frac{1}{2}\,F_g \cdot r^{-3} \cdot \pi^{-2} \cdot n^{-1} \cdot d = c \cdot n^{-1}.$$

Die Einheit auf beiden Seiten der Gleichung ist N m^{-2} s = Pa s.

Die Umdrehungszahl n kann man sehr einfach und sehr genau abstoppen. Die Zähigkeit η in „richtigen" Einheiten ergibt sich dann ebenso einfach durch Multiplikation von n mit einem geeigneten, dimensionsbehafteten Faktor c.

Ganz allgemein ist das eines der wichtigsten Meßprinzipien (und deshalb hier so ausführlich betrachtet): Reduktion einer kompliziert zu bestimmenden Größe auf eine einfache Abzählbetrachtung.

8.3 Kinematische Zähigkeit ν

(Dimension: $FL^{-2}T/ML^{-3} = MLT^{-2}\,L^{-2}T/ML^{-3} = L^2\,T^{-1}$, Einheit: Pa s/kg m^{-3} = $m^2\,s^{-1}$)

8.3.1 Definition

Kinematische Zähigkeit

Da in viele strömungsmechanische Ansätze und Kennzahlen sowohl Dichte ρ wie dynamische Zähigkeit η eingehen, hat sich eine weitere abgeleitete Größe als Quotient aus diesen beiden Kenngrößen eingebürgert, die kinematische Zähigkeit ν:

$$\nu = \frac{\eta}{\rho}$$

Bemerkung: Diese unanschauliche Dimension, unter der man sich höchstens noch die in der Zeiteinheit zugeschnittene Plattenfläche eines Spanplatten-Verarbeitungsbetriebs vorstellen kann, resultiert als Strafe für das Kürzen von Dimensionsansätzen.

Die kinematische Zähigkeit ist stark temperatur- und immerhin merklich druckabhängig. Von biologischer Bedeutung ist im wesentlichen die Temperaturabhängigkeit bei Luft und Wasser.

8.3.2 Eingehen in die Reynoldszahl Re

Die kinematische Zähigkeit geht in die Berechnung der strömungsmechanisch bedeutsamen Reynoldszahl Re ein wie das folgende Beispiel zeigt. Aussagen, die sich mit der Reynoldszahl verbinden, sind in Abschnitt 10 angeführt.

Beispiel *(Abb. 8-5): Die strömungsmechanisch bedeutsame Reynoldszahl Re ist in der Abbildung 8-5 definiert. Ein Gelbrandkäfer, Dytiscus marginalis, von l = 3,5 cm Körperlänge schwimmt in 20°C warmem Wasser bei einer Reynoldszahl von 10^4. Wie groß ist seine Schwimmgeschwindigkeit v in Zentimeter pro Sekunde?*

$$\mathbf{Re = \frac{v\,(m\,s^{-1}) \cdot l\,(m)}{\nu\,(m^2\,s^{-1})}}$$

$$\nu_{Luft,\,20°} = 1{,}51 \cdot 10^{-5}\,m^2\,s^{-1}$$
$$\nu_{Wasser,\,20°} = 1{,}01 \cdot 10^{-6}\,m^2\,s^{-1}$$

Abb. 8-5: Definitionsgleichung der Reynoldszahl und die beiden biologisch wichtigsten ν-Werte

$$v\,(m\,s^{-1}) = \frac{Re \cdot \nu\,(m^2\,s^{-1})}{l\,(m)} =$$

$$= \frac{10^4 \cdot 1{,}01 \cdot 10^{-6}\,(m^2\,s^{-1})}{3{,}5 \cdot 10^{-2}\,(m)} = 0{,}29\,m\,s^{-1} = 29\,cm\,s^{-1}$$

In Abbildung 8.5 stehen zwei für die praktische Rechnung wichtige ν-Werte.

8.4 Druck p

Entsprechend der allgemeinen Definition (Abschnitt 7.1) versteht man unter dem Druck p einer Fluidsäule die Kraft F, die das Fluid senkrecht auf einen Ausschnitt A der Begrenzungsfläche ausübt; $p = F\,A^{-1}$. Dimensionen und Einheiten sind in Abschnitt 7.1 angegeben.

8.4.1 Schweredruck p_h

Infolge der Gewichtskraft F_g der Fluid-Moleküle wirkt in tieferen Fluid-Schichten ein erheblicher Schweredruck p_h, der von der Dichte ρ des Fluids und der Höhe h der Fluidschicht über der Bezugsfläche A abhängt:

$$p_h = F_g \cdot A^{-1} = m \cdot g \cdot A^{-1}$$

$$m = \rho \cdot V;$$

$$V = A \cdot h;$$

$$p_h = \rho \cdot V \cdot g \cdot A^{-1} = \rho \cdot g \cdot h$$

Beispiel: *Welcher Schweredruck p_h lastet auf einem Fisch in 10 m Wassertiefe?*

$$p_h = \rho \cdot g \cdot h =$$

$$= 10^3\ (\text{kg m}^{-3}) \cdot 9{,}81\ (\text{m s}^{-2}) \cdot 10\ (\text{m}) =$$

$$= 9{,}81 \cdot 10^4\ \text{Pa} \approx 10^5\ \text{Pa}$$

8.4.2 Schweredruck p_{Luft} der Lufthülle

Da der Schweredruck eines Fluids von der Fluidsäule über der Bezugsfläche abhängt, und da sich die Dichte der Lufthülle unseres Planeten mit zunehmendem Bodenabstand h verringert, nimmt der Schweredruck der Luftsäule p_{Luft} („Luftdruck“) mit größerer Höhe ab.

Die barometrische Höhenformel kennzeichnet eine exponentielle Abnahme von p_{Luft} mit h. Sie wird hier nicht betrachtet. Praktisch bedeutsamer (vergl. auch Abschnitt 8.1.1) ist die Internationale Höhenformel:

$$p_{Luft}\ (\text{Pa}) = 1{,}01325 \cdot 10^5\ (\text{Pa}) \cdot (1 - 0{,}02257\ h\ (\text{km}))^{5{,}255}$$

Beispiel: *Ein Himalaja-Geier steigt auf 5,54 km Höhe über Meeresniveau (vergl. Abb. 8-2). Welchen Luftdruck findet er dort vor, und welchem Prozentsatz des Luftdrucks auf Meereshöhe entspricht dieser? (Zu rechnen nach der Internationalen Höhenformel)*

$$p_{Luft\ Meereshöhe}\ (\text{Pa}) = 1{,}01325 \cdot 10^5 \cdot (1 - 0{,}02257 \cdot 0\ (\text{km}))^{5{,}255} =$$

$$= 1{,}01325 \cdot 10^5\ (\text{Pa});$$

$$p_{Luft\ 5{,}54\ km}\ (\text{Pa}) = 1{,}01325 \cdot 10^5 \cdot (1 - 0{,}02257 \cdot 5{,}54)^{5{,}255} =$$

$$= 5{,}02216 \cdot 10^4\ (\text{Pa}).$$

Der Luftdruck beträgt in dieser Höhe also 49,96 % und somit also gerade die Hälfte des Drucks auf Meereshöhe.

Bemerkung: Die Abweichung von der Barometrischen Höhenformel beträgt nur 1,15 % so daß für praktische Belange die Internationale Höhenformel vorgezogen werden kann.

8.4.3 Betriebsdruck oder Außendruck p_a

Unter dem Betriebsdruck oder dem Außendruck p_a versteht man den in einem abgeschlossenen System erzeugten oder von außen aufgeprägten Druck. Für Wasserlebewesen, die an der Oberfläche schwimmen, ist der Betriebsdruck gleich dem Luftdruck auf Meereshöhe (Normaldruck), entsprechend $1{,}01325 \cdot 10^5$ Pa.

8.4.4 Hydrostatischer Druck p_{hydr}

Der hydrostatische Druck p_{hydr} in einem ruhenden Fluid setzt sich zusammen aus dem Schweredruck p_h und dem Betriebsdruck p_a:

$$p_{hydr} = p_h + p_a$$

Bemerkung: Der Begriff „hydrostatischer Druck“ und seine Abkürzung p_{hydr} ist eingeführt; allgemeiner und besser sollte man aber von „fluidstatischem Druck“ sprechen, denn „hydr-“ bedeutet „Wasser“, fluid-„ kann u. a. „Wasser“ oder „Luft“ bedeuten.

***Beispiel** (Abb. 8-6): Welcher hydrostatische Druck lastet auf einen Fisch in 10 m Wassertiefe?*

Man hat sich zur Abschätzung grob gemerkt (mit atm: physikalische Atmosphäre und at: technische Atmosphäre):

$$10 \text{ m WS} \approx 1 \text{ atm} \approx 1 \text{ at} \approx 10^5 \text{ Pa}$$

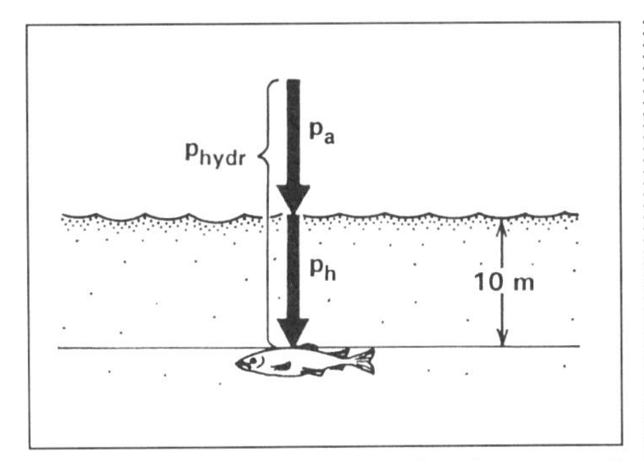

Abb. 8-6: Hydrostatischer Druck p_{hydr} auf einen Fisch

Im Vergleich mit dem vorletzten Beispiel gilt der genauere und erweiterte Ansatz:

$$p_{hydr} = p_a + p_h =$$

$$= 1{,}01325 \cdot 10^5 (\text{Pa}) + 0{,}98067 \cdot 10^5 (\text{Pa}) =$$

$$= 1{,}99392 \cdot 10^5 \text{ Pa} \approx 2 \cdot 10^5 \text{ Pa}$$

8.4.5 Druckwandlung

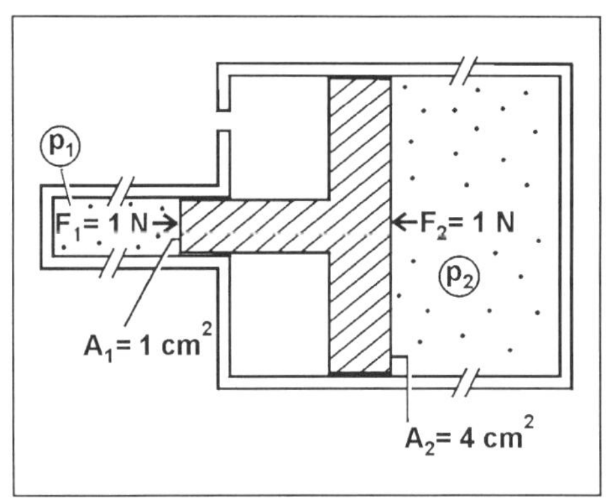

Abb. 8-7: Prinzip der Druckwandlung

Soll sich der in Abbildung 8-7 skizzierte Kolben nicht bewegen, so müssen die beiden Kräfte F_1 und F_2 entgegengesetzt gleich sein:

$$|F_1| = |F_2| = F$$

Da die Flächen unterschiedlich sind ($A_2 > A_1$), müssen auch die hydraulischen Drücke unterschiedlich sein:

$$\left(p_2 = \frac{F}{A_2}\right) < \left(p_1 = \frac{F}{A_1}\right)$$

Bei der hydraulischen Presse verläuft die Überlegung gerade umgekehrt.

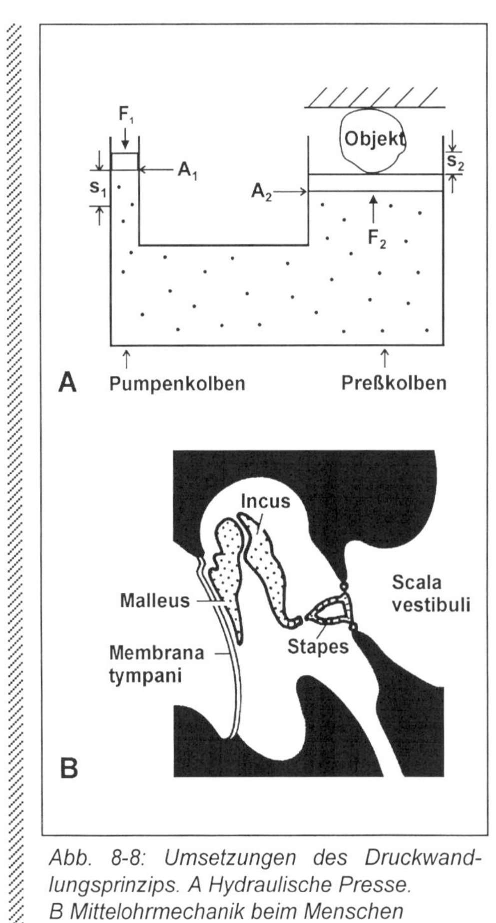

Abb. 8-8: Umsetzungen des Druckwandlungsprinzips. A Hydraulische Presse. B Mittelohrmechanik beim Menschen

***Beispiel** (Abb. 8-8): In einer hydraulischen Presse (A) hat der Arbeitskolben eine größere Fläche A_2 als der Pumpenkolben (A_1). Es müssen sowohl (aus Gründen der Inkompressibilität) die verschobenen Volumina $A_1 s_1$ und $A_2 s_2$ als auch (aus Gründen eines gemeinsamen Fluidraums, in dem überall der nämliche hydraulische Druck herrscht) die Drücke $p_1 = F_1 / A_1$ und $p_2 = F_2 / A_2$ an den beiden Kolben gleich sein.*

Aus $$\frac{p_2}{p_1} = \frac{\frac{F_2}{A_2}}{\frac{F_1}{A_1}} = 1$$

folgt $$\frac{F_2}{F_1} = \frac{A_1}{A_2}.$$

Daraus folgt wiederum, daß die Kraft F_2, mit der der Arbeitskolben ein Objekt zusammenpreßt, um den Flächenquotienten A_2/A_1 größer ist als die Kraft am Pumpenkolben;

$$F_2 = \frac{A_2}{A_1} \cdot F_1.$$

Ein von der Arbeitsfläche A_2 gegen ein Widerlager gedrückter Körper einer gegebenen Querschnittsfläche wird deshalb eine um F_2 / F_1 größere Druckspannung aufbauen als wenn er von der Pumpenfläche A_1 gepreßt würde.

Beispiel: *Die Gehörknöchelchen des Menschen (Abb. 8-8 B) verbinden eine relativ große Fläche (Trommelfell, Tr) mit einer relativ kleinen (Membran am ovalen Fenster der Scala tympani, St):*

$$\text{„Flächen\textbf{unter}setzung"}\; A_{St} \approx \frac{1}{27} A_{Tr}$$

*Dies dient der Impedanzanpassung: Da die Steifigkeit der Luft klein, die der Endolymphe aber groß ist, ist an St ein größerer Druck nötig als an Tr. Dazu kommt eine „Kraft**über**setzung" infolge eines ungleicharmigen Hebels in der Kette der Gehörknöchelchen,*

$$F_{st} \approx 1{,}3\, F_{tr}.$$

*Insgesamt resultiert eine „Druck**über**setzung":*

$$p_{St} = \frac{1{,}3\, F_{Tr}}{\frac{A_{Tr}}{27}} \approx 35\, p_{Tr}$$

Bemerkung: Bei der Lautsprecheroptimierung stellt sich dasselbe Problem der „Impedanzanpassung", nur anders herum (Schallübertragung Spule (hohe Steifigkeit) → Luft (geringe Steifigkeit)).

8.4.6 Drücke und Druckeffekte von Membranvorgängen

Membraninduzierte Drücke, die bei Lebewesen eine außerordentlich große Rolle spielen, entstehen letztlich durch das unter Energieaufwand eingestellte Ungleichgewicht von Ionen in Kompartinenten, die durch biologische Membranen getrennt werden. Aufgrund dieser Ionendifferenz verteilt sich Wasser zu beiden Seiten der Membran unterschiedlich. Es kann damit auch unterschiedliche Drücke ausüben.

Auf die Wirkung von osmotischen Drücken sind auch Effekte der formstabilisierenden Turgeszenz zurückzuführen.

Grenzübergangsphänomene spielen aber auch eine Rolle an Grenzflächen zwischen wässriger Phase und Luft. Das für den Wassertransport in Pflanzen äußerst wichtige Wasserpotential hängt damit zusammen.

8.4.6.1 Osmotischer Druck p_{osm} und osmotischer Wert p_{osm}*

In einem Zweikammersystem (einem „Osmometer") nach Art der Abbildung 8-10 sei ein Kompartiment 1 vom Volumen V mit c Mol in Wasser gelöster Moleküle („Lösung L"), ein Kompartiment 2 mit reinem Wasser („Lösungsmittel LM") gegenübergestellt. Die Zwischenwand sei für Wassermoleküle durchlässig (permeabel), für Moleküle des gelösten Stoffs nicht durchlässig (impermeabel). Es handle sich nach dem üblichen, wenngleich nicht sehr glücklichen Sprachgebrauch also um eine halbdurchlässige (semipermeable) Membran.

Nach Abschnitt 6.1.12 ist das chemische Potential μ von LM im Kompartiment 1 durch Zugabe des gelösten Stoffs im Vergleich zum Kompartiment 2 erniedrigt worden. Mit der semipermeablen Wand resultiert ein instabiles System. Es kann nur dann stabil werden (ins Gleichgewicht kommen), wenn μ_{LM} in beiden Kompartimenten gleich ist. Aufgrund dieser thermodynamischen Zwänge diffundiert LM (hier also Wasser) von Kompartiment 2 (reines LM) mit dem höheren μ_{LM} ins Kompartiment 1 (L = LM + gelöste Moleküle) mit dem geringeren μ_{LM}. Damit vergrößert sich das Volumen V von Kompartiment 2; der Volumenüberschuß weicht in das Steigrohr aus.

Dadurch baut sich nach Abschnitt 8.4.1 ein Schweredruck auf:

$$\Delta p_h = \rho \cdot g \cdot \Delta h$$

(ρ Dichte von LM (kg m^{-3}), g Erdbeschleunigung (9,81 m s^{-2}) h Steighöhe (m)).

Dieser Druck erhöht aber μ_{LM} im Kompartiment 2 um den Betrag Δp_h V. (Das Produkt aus Druck und Volumen hat die Dimension einer Arbeit (Abschnitt 6.1.9); das chemische Potential hat die Dimension einer auf die Stoffeinheit bezogenen Arbeit (Abschnitt 6.1.12); man kann also additiv vorgehen).

Sobald h soweit gestiegen ist, daß der auf die Lösung wirkende Druck Δp_h eine Größe erreicht hat, mit der die Gleichung

$$\Delta p_h V = n \cdot \Delta c \cdot R \cdot T \quad \text{(vergl. Abschnitt 14.4)}$$

erfüllt ist, ist das System ins Gleichgewicht gekommen, denn nun ist die Erniedrigung von μ_{LM} im Kompartiment 1 (infolge Zugabe des gelösten Stoffs) durch die Erhöhung von μ_{LM} im Kompartiment 1 (infolge Wirkung eines sich aufbauenden Schweredrucks) gerade kompensiert worden. Dieser Schweredruck ist nun entgegengesetzt gleich dem osmotischen Druck p_{osm} der Lösung:

$$p_{osm} = \Delta c \cdot R \cdot T = \Delta p_h$$

Den osmotischen Druck kann man damit der Größe nach direkt aus der Steighöhe h bestimmen:

$$|p_{osm}\,(Pa)| = |p_h\,(Pa)| = \rho\,(kg\ m^{-3}) \cdot g\,(m\ s^{-2}) \cdot \Delta h\,(m)$$

Die Zusammenhänge sind in Abbildung 8-9 dargestellt.

• Rechnung aus Konzentrations-differenz c:

$$p_{osm} = n \cdot \Delta c \cdot R \cdot T$$

$$\downarrow \quad \downarrow \quad \downarrow \quad \downarrow \quad \downarrow$$

$$(\mathrm{Pa}) \quad (-) \cdot \left(\frac{\mathrm{mol}}{\mathrm{m}^3}\right) \cdot \left(8{,}31\frac{\mathrm{J}}{\mathrm{molK}}\right) \cdot (\mathrm{K}) = \frac{\mathrm{J}}{\mathrm{m}^3} = \frac{\mathrm{Nm}}{\mathrm{m}^3} = \frac{\mathrm{N}}{\mathrm{m}^2} = \mathrm{Pa}$$

• Messung aus Steighöhen–differenz Δh:

$$|p_{osm}| = |p_h| \cdot \rho \cdot g \cdot \Delta h$$

$$\downarrow \quad \downarrow \quad \downarrow \quad \downarrow \quad \downarrow$$

$$(\mathrm{Pa}) \quad (\mathrm{Pa}) \cdot \left(\frac{\mathrm{kg}}{\mathrm{m}^3}\right) \cdot \left(\frac{\mathrm{m}}{\mathrm{s}^2}\right) \cdot (\mathrm{m}) = \mathrm{kgms}^{-2} = \mathrm{Nm}^{-2} = \mathrm{Pa}$$

Abb. 8-9: Zum osmotischen Druck p_{osm}

Existiert kein Steigrohr, sondern eine elastische Wand (Lösung in einem Gummibeutel mit semipermeablem Wandanteil), so wird der sich aufbauende osmotische Druck die Wand ausdehnen, bis die Rückstellkräfte der Wandelastizitäten gerade entgegengesetzt gleich p_{osm} sind.

Existiert auch keine elastische Wand (Lösung in einem abgeschlossenen Glasgefäß mit semipermeablem Wandanteil), so wird der sich aufbauende osmotische Druck sehr rasch sehr hohe Werte erreichen (weil sich das Volumen im Kompartiment 2 nicht vermindern kann). Sind die Wände von Kompartiment 2 (einschließlich der semipermeabel wirkenden „Membran", die man in einer porösen aber stabilen Wand gut niederschlagen kann) nicht sehr stabil, so wird der osmotische Druck diese Wände zerreißen. Sind sie aber sehr stabil (zumindest im Gedankenversuch), so kann wegen seiner Inkompressibilität kein Wasser mehr in Kompartiment 1 eindiffundieren, und der Aufbauvorgang für p_{osm} stoppt.

Existiert schließlich auch keine semipermeable Membran (Lösung in abgeschlossenem oder offenem Glasgefäß), so kann sich kein osmotischer Druck p_{osm} einstellen, obwohl die Lösung befähigt wäre, in einem technischen Osmometer (und die biologische Zelle mit ihren semipermeablen Membranen entspricht nichts anderem als diesem) einen osmotischen Druck p_{osm} zu induzieren. Man spricht dann besser vom potentiellen osmotischen Druck oder dem osmotischen Wert der Lösung und kann ihn mit p^*_{osm} abkürzen.

Allgemein kann man mit Morris 1976 sagen: „Der osmotische Druck einer Lösung ist derjenige Druck, der auf die Lösung ausgeübt werden muß, um das chemische Potential des in der Lösung enthaltenen Lösungsmittels auf den Wert des reinen Lösungsmittels anzuheben (Randbedingung: gleiche Temperatur)."

Praktisch jede Lösung hat die Fähigkeit, gegenüber reinem Lösungsmittel oder einer Lösung anderer (schwächerer) Konzentration einen osmotischen Druck aufzubauen. Das heißt, sie besitzt einen bestimmten osmotischen Wert. Diese Fähigkeit kann sie aber nur ausspielen, wenn sie ein geeignetes Umfeld hat, also Wandabschnitte, die LM (im allgemeinen Wasser) durchlassen, die gelösten Moleküle der betrachteten L aber nicht.

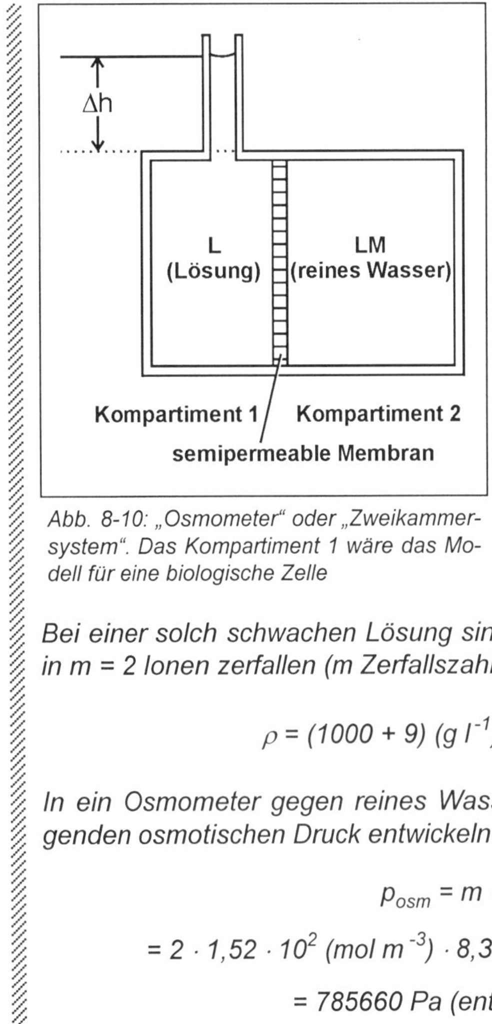

Abb. 8-10: „Osmometer" oder „Zweikammersystem". Das Kompartiment 1 wäre das Modell für eine biologische Zelle

***Beispiel** (Abb. 8-10): In einem Osmometer ist „bei Körpertemperatur" (38°C) eine physiologische Kochsalzlösung gegen reines Wasser gesetzt. Welcher osmotische Druck p_{osm} und welche Steighöhe Δh ist zu erwarten?*

Blutisotonische Physiologische Kochsalzlösungen enthält 9 g NaCl pro l Wasser. Ihre Konzentration beträgt

$$\frac{9\ (\mathrm{g\,l^{-1}})}{59\ (\mathrm{g\,mol^{-1}})} =$$

$$= 0{,}152\ mol\ l^{-1} = 1{,}52 \cdot 10^{2}\ (mol\ m^{-3}).$$

Bei einer solch schwachen Lösung sind die NaCl-Moleküle praktisch zu 100 % in m = 2 Ionen zerfallen (m Zerfallszahl). Die Dichte der Lösung beträgt

$$\rho = (1000 + 9)\ (g\ l^{-1}) \approx 1{,}01 \cdot 10^{3}\ (kg\ m^{-3}).$$

In ein Osmometer gegen reines Wasser gebracht würde die Lösung den folgenden osmotischen Druck entwickeln:

$$p_{osm} = m \cdot \Delta c \cdot R \cdot T =$$

$$= 2 \cdot 1{,}52 \cdot 10^{2}\ (mol\ m^{-3}) \cdot 8{,}31\ (J\ mol^{-1}\ K^{-1}) \cdot (273 + 38)\ (K) =$$

$$= 785660\ Pa\ (entsprechend\ 7{,}9\ bar).$$

Die Steighöhe betrüge theoretisch:

$$\Delta h = \frac{p_{osm}\,(Pa)}{\rho\,(kg\,m^{-3})\cdot g\,(m\,s^{-2})} =$$

$$= \frac{785660\,(Pa)}{10^3\,(kg\,m^{-3})\cdot 9{,}81(m\,s^{-2})} = 80{,}09\,m$$

Statt ein solch langes Rohr zu bauen würde man in der Praxis natürlich ein Hochdruck-Manometer verwenden.

Beispiel *(Abb. 8-11): Ein Alt-Lachs kommt aus dem Meer und schwimmt einen Fluß hinauf um abzulaichen. Welchem osmotischen Druckunterschied entspricht der Übergang vom Salzwasser (ca. 0,5 moläqu. NaCl l^{-1}) zu Süßwasser (nahe 0 moläqu. NaCl l^{-1}) bei 10°C?*

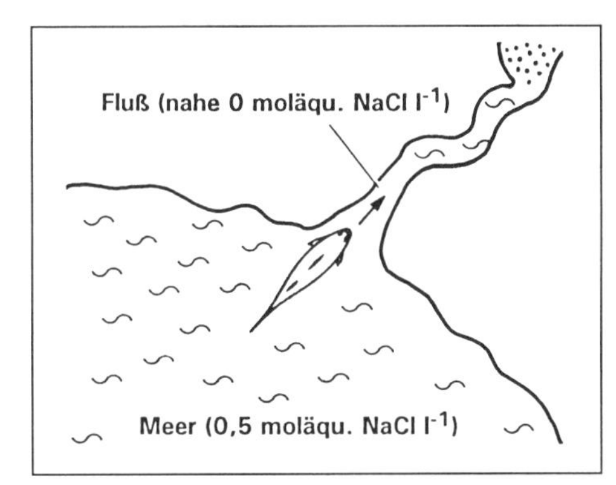

Abb. 8-11: Zum Ablaichen aufsteigender Altlachs

$$p_{osm} = 0{,}5\cdot 10^3\,(mol\,m^{-3})\cdot 2\cdot 8{,}31\,(J\,mol^{-1}\,K^{-1})\cdot(273+10)\,(K) =$$

$$= 2351730\,Pa = 2{,}35\,MPa\ (\text{entsprechend } 23{,}5\,bar).$$

Bemerkung: Der Druckunterschied entspricht etwa einem Viertelkilometer Wassersäule (!); ihn osmoregulatorisch auszugleichen (das Interstitium ist stark hypertonisch im Vergleich zu Süßwasser) ist überlebensnotwendig, sonst platzt der Fisch.

8.4.6.2 Wasserpotential ψ

Dieser Begriff spielt eine große Rolle in der Botanik, insbesondere zur Berechnung der Saugleistung für den Wassertransport in Pflanzen.

Das chemische Potential eines Lösungsmittels μ_{LM} wurde in den Abschnitten 6.1.12 und 8.4.6.1 besprochen. Im biologischen Fall ist Lösungsmittel überwiegend Wasser. Das chemische Potential von Wasser heiße μ_{H2O}. Man würde aus sprachlichen Gründen erwarten, daß man dies als „Wasserpotential" bezeichnet, doch ist dem nicht so. Hinter dem Begriff des Wasserpotentials ψ („Psi“) verbirgt sich vielmehr ein schlichter Druck:

$$\psi\ (\text{J m}^{-3} \text{ oder Nm}^{-2} \text{ oder Pa}) = \frac{\mu_{H_2O}\ (\text{J mol}^{-1}) - \mu^0{}_{H_2O}\ (\text{J mol}^{-1})}{V_{H_2O}\ (\text{m}^3 \text{ mol}^{-1})}$$

(μ_{H2O} chemisches Potential des Wassers als Lösungsmittel (Teil einer Lösung),
$\mu^0{}_{H2O}$ chemisches Potential von reinem Wasser (entsprechend μ_{LM});
V_{H2O} partielles Molvolumen von Wasser = $18{,}03 \cdot 10^{-6}$ mol m^{-3})

Bemerkung 1: Für reines Wasser gilt: $\mu_{H2O} = \mu^0{}_{H2O}$; das Wasserpotential von reinem Wasser ist damit per Definition gleich Null. Im Fall einer Lösung wird nach Abschnitt 6.1.12 durch den gelösten Stoff das chemische Potential des Lösungsmittels erniedrigt; dann gilt $\mu_{H2O} < \mu^0{}_{H2O}$, und ψ wird negativ.

Bemerkung 2: Der Bezug auf das partielle Molvolumen von Wasser ist ein Kunstgriff, der dem Wasserpotential die Dimension eines Drucks verleiht, so daß es mit Schweredruck und osmotischem Druck additiv verbunden werden kann.

Bemerkung 3: Das partielle Molvolumen von Wasser ist dasjenige Volumen, das einem Mol Wasser entspricht. Bei 20°C beträgt die Masse von 1 m^3 Wasser 998,2 kg. Die Molmasse von Wasser ist 18 g; 1 m^3 Wasser enthält also 998,2 (kg)/18 $\cdot$ 10^{-3} (kg mol^{-1}) = 5,55 $\cdot$ 10^4 (mol), und auf 1 Mol kommt ein Volumen von 1/5,55 $\cdot$ 10^4 (m^3); das partielle Molvolumen von Wasser beträgt 1 / 5,55 $\cdot$ 10^4 (m^3 mol^{-1}) = 1,80 $\cdot$ 10^{-5} (m^3 mol^{-1}).)

Mit Hilfe des Vorzeichens und der Größe des Wasserpotentials läßt sich nun leicht die Wasseraufnahmefähigkeit eines Systems kennzeichnen. In Differenzenschreibweise gilt

$$\Delta\psi = \Delta p_h - \Delta p_{osm}.$$

Für $\Delta p_h < \Delta p_{osm}$ ist ψ negativ, und Kompartiment 1 (Abb. 8-10) „saugt Wasser ein“. Für $\Delta p_{osm} = \Delta p_h$ ist ψ gleich Null, und es herrscht Gleichgewicht, das heißt kein Netto-Wasserstrom. Für $\Delta p_h > \Delta p_{osm}$ wird ψ positiv, und aus dem Kompartiment 1 „wird Wasser herausgedrückt“.

An biologischen Membranen herrscht selten vollkommene Impermeabilität gegenüber einem gelösten Stoff, Voraussetzung für das Auftreten des vollen osmotischen Drucks. Die meisten Membranen sind gegen Stoffe „teilpermeabel“, bis „nahezu impermeabel“, so daß der volle osmotische Druck nicht ganz erreicht wird. Man berücksichtigt dies durch die Einführung eines sogenannten Reflexionsfaktors $0 < \sigma < 1$ für den osmotischen Druck

$$\Delta\psi = \Delta p_h - \sigma\, \Delta p_{osm}.$$

Für $\sigma = 1$ ist die Membran gegenüber dem Stoff völlig impermeabel; p_{osm} tritt voll auf, und es gilt

$$\Delta\psi = \Delta p_h - \Delta p_{osm}.$$

Für $\sigma = 0$ ist die Membran für den Stoff voll permeabel; es kann kein Δp_{osm} auftreten, und es gilt

$$\Delta\psi = \Delta p_h.$$

Für die Membran von Pflanzenteilen gelten beispielsweise folgende σ-Werte: Saccharose nahe 1,00, Glukose 0,95, Glyzerin 0,80.

Beispiel *(Abb. 8-12): Ein Wasserpotential läßt sich nicht nur zwischen zwei Kompartimenten definieren, sondern auch zwischen einem Kompartiment mit einer wässrigen Lösung und einem Kompartiment mit einer Gasphase. Wasser fließt stets von einem Kompartiment zu einem solchen mit negativerem Wasserpotential. Für den Wassertransport von Boden über Wurzel, Wurzelhals, Blattstiel und Blatt in die freie Atmosphäre sollten die jeweils aneinanderliegenden Kompartimente in der genannten Richtung jeweils negativeres Wasserpotential aufweisen; dann würde Wasser ohne Energieaufwand seitens der Pflanze - letztlich angetrieben durch die Sonnenstrahlung - vom Boden aus nachströmen, wenn es an der Blattoberfläche verdunstet („Transpiration"), und die Pflanze würde nicht welken. Wie Abbildung 8-12 an einem Beispiel zeigt, ist das eben geforderte Gefälle des Wasserpotentials bei Pflanzen nachzuweisen. (Gleiches gilt für die Richtung der Wasserpotentiale innerhalb der einzelnen Schichten der Wurzel). Der größte Sprung mit knapp 1 kbar liegt an der Grenze von der Pflanze zur Atmosphäre.*

	ψ (bar)		$\Delta\psi$ (bar)
Atmosphäre	-936,0		
		>	922,9*
Blatt	-13,1		
		>	1,1
Blattstiel	-12,0		
		>	7,2
Wurzelhals	-4,8		
		>	0,6
Wurzel	-4,2		
		>	0,7
Boden	-3,5		

*) bei 25°C und 50% rel. Luftfeuchtigkeit

Abb. 8-12: Beispiele für das Wasserpotential-Gefälle bei einer amerikanischen Komposite, Encelia farinosa (Basierend auf Nobel und Jordan (1983) aus Lüttge et al 1988)

Zum Begriff des Wasserpotentials noch eine Analogie. In der Elektrizitätslehre gilt:

$$\text{Strom} \sim \text{Spannung};$$

$$\text{Strom} = \left(\frac{1}{\text{Widerstand}}\right) \cdot \text{Spannung};$$

der Proportionalitätsfaktor „1 / Widerstand" heißt „Leitfähigkeit", Einheit Ω^{-1} (Ω Ohm).

Analog dazu kann man in der Pflanzenhydraulik folgendes sagen

$$\text{„Wasserstrom"} \sim \left(\frac{1}{\text{Summe der Widerstände}}\right) \cdot \text{Wasserpotentialdifferenz;}$$

den „Wasserstrom" bezeichnet man auch als Volumenfluß V (Dimension: Volumen pro Zeit; Einheit: $m^3\ s^{-1}$).

Es gilt:

$$V = L_p \cdot \Delta\psi = L_p \cdot (\Delta p_h - \sigma \cdot \Delta p_{osm})$$

(Hierbei bezeichnet L_p die hydraulische Leitfähigkeit einer Membran; Dimension: Volumen Zeit^{-1} Druck^{-1}; Einheit $m^3\ s^{-1}\ bar^{-1}$).

8.4.6.3 Turgor p_T, Wandspannung S_w, Saugspannung S_s

Unter Turgeszenz versteht man die Fähigkeit vor allem von Pflanzenzellen, durch osmotische Wasseraufnahme Innendrücke aufzubauen, die Abschlußmembranen spannen und damit die Form stabilisieren. Als semipermeable Membran wirken Tonoplast und Plasmalemma zusammen. Die Größe des osmotischen Drucks hängt von der Osmolarität der Vakuolenflüssigkeit ab. Die Zelle bläht sich auf, bis die elastischen Rückstellkräfte der Zellwand - bei Zellen im Verband zusammen mit den Gegendrücken der Nachbarzellen - dem Innendruck das Gleichgewicht halten.

Dieser Innendruck bezeichnet man bei Pflanzen als Turgor oder Turgordruck p_T. Er entspricht dem Schweredruck p_h im Steigrohr eines Osmometers. Ihm numerisch gleich ist der Wanddruck in der Zellwand (den man besser als Wandspannung S_w bezeichnen sollte).

Turgor und Wandspannung sowie die im folgenden definierte Saugspannung S_s haben die Druck-Dimension $F\ L^{-2} = M\ L^{-1}\ T^{-2}$. Die Einheit ist $Pa = N\ m^{-2}$. In der Botanik wird häufig mit bar gerechnet; 1 bar = 10^5 Pa.

Verantwortlich für die Turgeszenz ist, wie erwähnt, der Vakuolen-Zellsaft. Wenn - aus welchen Gründen auch immer - der momentan entwickelte osmotische Druck p_{osm} (noch) nicht dem osmotischen Wert p^*_{osm} des Vakuolensaftes entspricht, kann die Zelle weiter Wasser aufnehmen. Die Saugspannung S_s entspricht dann dem um den momentanen Turgordruck p_T verminderten osmotischen Wert;

$$S_s = p^*_{osm} - p_T$$

(diese Formulierung entspricht, mit anderen Worten, der Aussage, die mit dem Begriff des Wasserpotentials (Abschnitt 8.4.6.2) bereits formuliert worden ist).

***Beispiel** (vergl. Abb. von Ü 8/4): Wie groß ist der osmotische Wert p^*_{osm} des Vakuolen-Zellsaftes (Minimum 0,2 molar, Maximum 0,8 molar), wenn man einen mittleren Dissoziationsfaktor von m = 1,6 annehmen kann (Salze sind nahezu vollständig dissoziiert, Zucker nicht) bei 20°C, und welche Saugspannung S_S ist noch verfügbar, wenn in der Zelle eine Turgor von 6 bar herrscht?*

$$p^*_{osm\ min} = m \cdot \Delta c \cdot R \cdot T =$$

$$= 1{,}6 \cdot 0{,}2 \cdot 10^3\ (\mathrm{mol\ m^{-3}}) \cdot 8{,}31441\ (\mathrm{J\ mol^{-1}\ K^{-1}}) \cdot (273 + 20)\ (\mathrm{K}) =$$

$$= 779558\ \mathrm{Pa} \approx 8\ \mathrm{bar};$$

$$p^*_{osm\ max} = 4 \cdot p^*_{osm\ min} = 32\ \mathrm{bar}$$

Die noch verfügbaren Saugspannungen S_S betragen 8 - 6 = 2 bar und 32 - 6 = 26 bar.

Bemerkung: Die angegebenen Werte sind typische Durchschnittswerte. Die gemessenen Extremwerte sind etwa 2 bar für Wasserpflanzen und 160 bis 220 bar für Salzpflanzen und auf Zuckerlösung wachsende Schimmelpilze.

Der Turgor ist für die Formstabilität und auch Formänderung nicht sklerenchymatisch oder anderweitig versteifter Pflanzenteile verantwortlich. **Turgorabfall** führt zum Welken. Turgorbestimmt sind auch viele Vorgänge des Streckungswachstums bei Zellen sowie zahlreiche Variationsbewegungen wie zum Beispiel die Öffnungs- und Schließungsbewegungen der Schließzellen von Spaltöffnungen und die seismonastischen Gelenkzellen-Bewegungen bei der Mimose.

T 4D p 50

8.5 Fluidstatischer Auftrieb

8.5.1 Kennzeichnung

Auf einen vollständig in ein Fluid eingetauchten Körper wirkt eine vertikal gerichtete Auftriebskraft F_A, die gleich dem Gewicht F_g des verdrängten Fluidvolumens V_{verdr} ist

$$A = \rho_{Fluid} \cdot g \cdot V_{verdr} = m_{verdr} \cdot g$$

(m Masse des verdrängten Fluidvolumens, g Erdbeschleunigung).

Die Auftriebskraft ist also unabhängig vom Gewicht des eingetauchten Körpers.

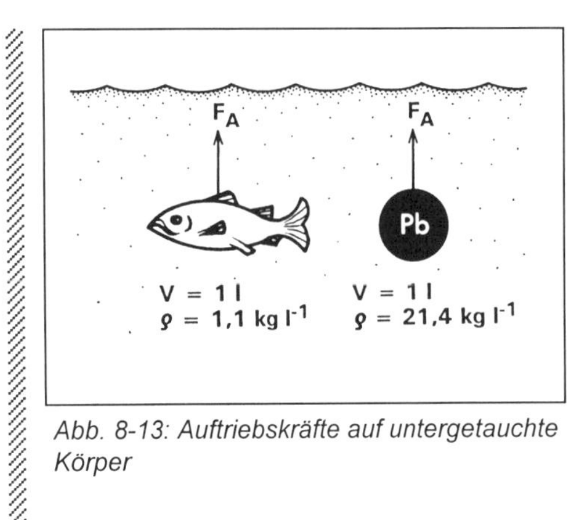

Abb. 8-13: Auftriebskräfte auf untergetauchte Körper

Beispiel *(Abb. 8-13): Welche Auftriebskraft wirkt auf einen Fisch und auf eine Bleikugel, jeweils vom Volumen V = 1 l, in Süßwasser von 4°C?*

Für beide Fälle gilt:

$$F_A = \rho \cdot g \cdot V =$$

$$= 1{,}000\,(\mathrm{kg\,m^{-3}}) \cdot 9{,}81\,(\mathrm{m^{-2}}) \cdot 10^{-3}\,(\mathrm{m^3}) =$$

$$= 9{,}81 \cdot 10^{-3}\,\mathrm{N} \approx 10^{-2}\,\mathrm{N}$$

8.5.2 Dichtebestimmung

Ein an einer Federwaage in Luft hängender Körper habe das Gewicht $F_{g\ \mathrm{in\ Luft}}$. Taucht man ihn in Wasser der Dichte ρ ein, so zeigt die Federwaage wegen des Auftriebs ein geringeres Gewicht $F_{g\ \mathrm{in\ Wasser}}$ an. Nach Archimedes berechnet sich daraus die Dichte des Körpers, $\rho_{\mathrm{Körper}}$, zu

$$\rho_{\mathrm{Körper}} = \rho_{\mathrm{Wasser}} \cdot \frac{F_{g\ \mathrm{in\ Luft}}}{F_{g\ \mathrm{in\ Luft}} - F_{g\ \mathrm{in\ Wasser}}} .$$

8.5.3 Schwimmen, Schweben, Sinken

Ein Körper schwebt, wenn seine Auftriebskraft F_A gerade entgegengesetzt gleich dem Gewicht $F_{g\ \mathrm{verdr}}$ des verdrängten Flüssigkeitsvolumens ist:

$$F_A = F_{g\ \mathrm{verdr}}$$

Im Falle $F_A > F_{g\ \mathrm{verdr}}$ steigt der Körper, im Falle $F_A < F_{g\ \mathrm{verdr}}$ sinkt er.

Ein schwimmender Körper taucht so weit ein, bis die Auftriebskraft F_A gleich ist dem Gesamtgewicht $F_{g\ \mathrm{in\ Luft}}$ (dem Gewicht, daß er bei Wägung in Luft zeigt); dieses ist gleich dem Gewicht der noch verdrängten Flüssigkeit:

$$|F_{g\ \mathrm{in\ Luft}}| = |F_A|$$

$$m_{\mathrm{Körper}} \cdot g = m_{\mathrm{verdr}} \cdot g$$

$$\rho_{\mathrm{Körper}} \cdot V_{\mathrm{Körper\ gesamt}} = \rho_{\mathrm{Flüssigkeit}} \cdot V_{\mathrm{Körper\ eingetaucht}}$$

8.5.4 Metazentrum und Schwimmstabilität

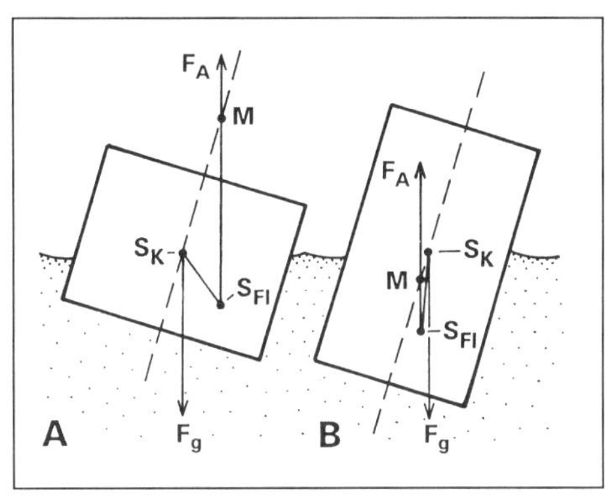

Abb. 8-14 Zur Schwimmstabilität. Bez.: s. den Text

Bei einem schwimmenden Körper greift die Gewichtskraft F_g im Schwerpunkt des Körpers, die Auftriebskraft F_A im Schwerpunkt der verdrängten Flüssigkeitsmenge an (Abb. 8-14). Den Schnittpunkt von F_A mit der in der Abbildung 8-14 gestrichelt gezeichneten Mittellinie des Körpers nennt man Metazentrum M. Wirken F_g und F_A längs einer gemeinsamen Wirklinie, so gibt es kein Metazentrum. Liegt das Metazentrum oberhalb des Körperschwerpunkts, so pendelt der Körper in eine stabile Lage zurück; er ist schwimmstabil (Teilabbildung A). Liegt das Metazentrum unterhalb des Körperschwerpunkts, so kippt der Körper; er ist schwimmunstabil (Teilabbildung B).

Den Abstand l_m des Metazentrums vom Körperschwerpunkt senkrecht projiziert auf die Richtung der Gewichtskraft, bezeichnet man als metazentrische Höhe. Je größer die metazentrische Höhe ist, desto größer ist auch das positive, stabilisierende Moment. Zu große metazentrische Höhen bedingen aber ein langes Ausschwingen und können letztlich ungünstig sein. Bei Schiffen wählt man l_M-Werte zwischen 0,3 und 1,4 m.

Bei schwebenden (vollkommen untergetauchten) Körpern, so bei schwimmblasentragenden Fischen, ist dann Schwimmstabilität gegeben, wenn der Körperschwerpunkt senkrecht unter dem Schwerpunkt der verdrängten Flüssigkeit liegt. Die tiefe Körperschwerpunktlage wird dadurch erzielt, daß die Schwimmblasen weit dorsalwärts angeordnet sind (vergl. Abb. zu Ü 8/8).

8.6 Kohäsion, Adhäsion, Adsorption

Als Kohäsion („Zusammenhang") wird die Wirkung elektrischer Kräfte zwischen gleichartigen Atomen und Molekülen eines Festkörpers, einer Flüssigkeit oder eines realen Gases bezeichnet. Adhäsion („Anhang") nennt man die Wirkung von Anziehungskräften an der Grenzfläche zwischen zwei Festkörpern oder einem Festkörper und einer Flüssigkeit. Als Adsorption („Anlagerung") bezeichnet man einen Sonderfall der Adhäsion, nämlich die Wirkung von Anziehungskräften zwischen Festkörpern und Gasen.

Derartige Kräfte können beträchtlich groß sein, wie die Reiß- und Bruchfestigkeit von Festkörpern oder Klebungen zeigt. Dies gilt in gewissem Maße auch für Flüssigkeiten. Wegen der relativ großen Kohäsionskräfte innerhalb von Flüssigkeitssäulen sind hohe Steighöhen in Wasserleitungsgefäßen von Pflanzen möglich.

Diese Kenngrößen sind hier nur aufgeführt und qualitativ definiert. Einige Aspekte sind in anderen Abschnitten, zum Beispiel 8.8 und 8.9 weiterbetrachtet; eine nähere Besprechung kann nicht erfolgen.

8.7 Oberflächeneffekte

Die Tatsache, daß Flüssigkeitsoberflächen stets Minimalflächen sind, ist auf Oberflächeneffekte zurückzuführen. Die beiden wichtigsten Begriffe sind Oberflächenenergie und Oberflächenspannung.

8.7.1 Oberflächenenergie W_O

An der Grenzfläche zwischen einer Flüssigkeit und einem Gas - etwa zwischen Wasser und Luft - sind die Kohäsionskräfte nicht allseits gerichtet wie im Inneren einer Flüssigkeit. Sie heben sich deshalb nicht gegenseitig auf, sondern addieren sich zu einer senkrecht auf der Oberfläche stehenden, zum Flüssigkeitsinneren gerichteten resultierenden Kraft. Da zur Einbringung von Molekülen in die Flüssigkeitsoberfläche Arbeit gegen diese Resultierende geleistet werden muß, haben Moleküle in Flüssigkeitsoberflächen eine größere potentielle Energie als im Flüssigkeitsinneren. Man nennt diese Energie Oberflächenenergie W_O. Zur Messung der Oberflächenenergie und zum Begriff „Oberflächenspannung" vergl. den nächsten Abschnitt 8.7.2.

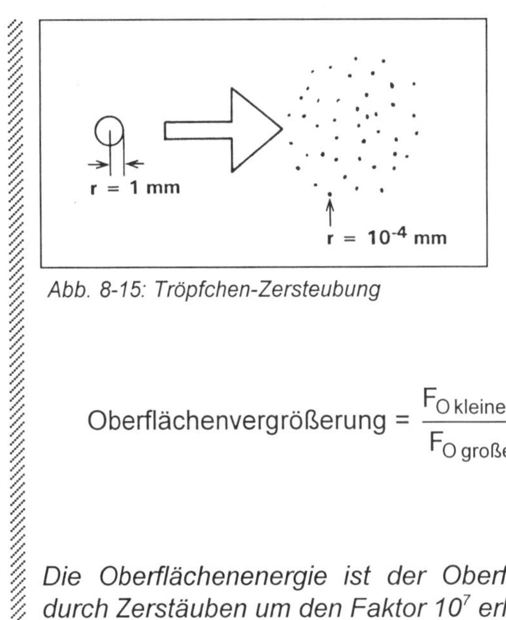

Abb. 8-15: Tröpfchen-Zersteubung

Beispiel *(Abb. 8-15): Ein Wassertröpfchen von 1 mm Radius wird in winzige Tröpfchen von 10^{-4} mm Radius zerstäubt. Wie stark erhöht sich dadurch die Oberflächenenergie der gesamten Wassermenge?*

$$\text{Oberflächenvergrößerung} = \frac{F_{O\,\text{kleine Tröpfchen}}}{F_{O\,\text{großer Tropfen}}} = \frac{\pi\,(10^{-4}\,\text{mm})^2}{\pi\,(10^{1}\,\text{mm})^2} = \frac{10^8}{10^1} = 10^7$$

Die Oberflächenenergie ist der Oberfläche proportional, sie wird demnach durch Zerstäuben um den Faktor 10^7 erhöht.

8.7.2 Oberflächenspannung σ

(Dimension: $F\,L^{-1}$, Einheit: $N\,m^{-1}$).

Man kann die Oberfläche einer Flüssigkeit etwa mit einer Bügelanordnung nach Art der Abbildung 8-16 der Breite b um die Strecke Δs ausdehnen. Dazu muß man eine Kraft F anwenden; die zur Ausdehnung nötige Arbeit beträgt:

$$W_O = F \cdot \Delta s$$

Bezieht man diese Arbeit auf die Oberflächenvergrößerung

$$\Delta A = 2\,b \cdot \Delta s$$

(der Faktor 2 folgt aus der Tatsache, daß die betrachtete Lamelle 2 Oberflächen besitzt), so ergibt sich die folgende Beziehung:

$$\sigma = \frac{\Delta W_O}{\Delta A} = \frac{F \cdot \Delta s}{2\,b \cdot \Delta s} = \frac{F}{2\,b}$$

Hört die Wirkung der Kraft F auf, so rutscht der Bügel wieder zurück, die vorher zugeführte Arbeit ΔW_O wird abgegeben, und die Flüssigkeitslamelle nimmt die unter den gegebenen Randbedingungen minimal mögliche Fläche ein („Minimalfläche") und damit den Zustand kleinstmöglicher potentieller Energie.

Ein Flüssigkeitsvolumen, das nur Oberflächenkräften unterworfen ist (Wassertropfen im Raumschiff) nimmt die im Verhältnis zum Volumen geringmögliche Oberfläche und damit Kugelform an.

Als gängiger Ausdruck für σ hat sich der Begriff „Oberflächenspannung" eingeführt. Sie entspricht im Experiment der Abbildung 8-16 der zur Vergrößerung der Randlänge der Lamelle (b) um eine Einheit nötigen Kraft. Die beiden Betrachtungsweisen (σ gleich oberflächenbezogene Energie oder längenbezogene Kraft) sind zwar bei Flüssigkeiten prinzipiell gleichwertig, doch sollte man von Oberflächenspannung eigentlich nur dann sprechen, wenn eine Flüssigkeit an eine Gasphase der betreffenden Flüssigkeit grenzt (exakt: an ein Vakuum). Pragmatisch gilt das also, wenn beispielsweise Wasser gegen Luft grenzt. (Wird in Tabellen der Oberflächenspannung von Flüssigkeiten nichts angegeben, so ist „Flüssigkeit gegen Luft" gemeint.)

Wenn zwei unterschiedliche Flüssigkeiten aneinandergrenzen, so spricht man von einer „Grenzflächenspannung" der Flüssigkeit 1 gegenüber der Flüssigkeit 2. Auch wenn Flüssigkeiten an Festkörper grenzen, entstehen an deren Grenzflächen „Spannungen" im angegebenen Sinne. Sie sind verantwortlich für Benetzungs- und Kapillareffekte und für das Ausbreiten oder Abkugeln von Flüssigkeitstropfen.

Einige σ-Werte für Flüssigkeiten gegen Luft bei 20°C: in mN m^{-1}): Quecksilber 484, Wasser 72,5, Glyzerin 66, Olivenöl 32, Seifenlösung ca. 30, Äthylalkohol 22, Zellplasma 1.

Jede „Verunreinigung" einer Flüssigkeit setzt deren Oberflächenspannung herab. Man kennt diese Wirkung von Haushalts-Entspannungsmitteln. Die Zugabe eines Tropfens „Pril" läßt eine auf der Wasseroberfläche „schwimmende" Nähnadel oder Rasierklinge ebenso untergehen wie eine oberflächenbewohnende Wanze.

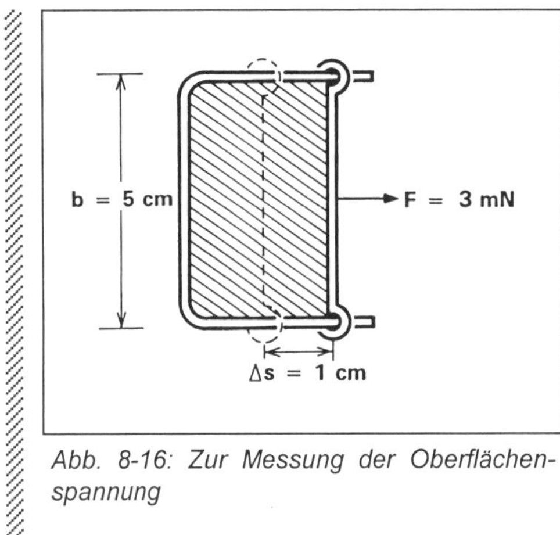

Abb. 8-16: Zur Messung der Oberflächenspannung

Beispiel *(Abb. 8-16): Mit dem Bügelexperiment wird eine Flüssigkeits-Doppellamelle bei einer Bügelbreite b = 5 cm und Anwendung der Kraft 10 mN um s = 1 cm auseinandergezogen. Welche Oberflächenspannung σ herrscht?*

$$\sigma = \frac{F}{2 \cdot b} =$$

$$= \frac{10 \cdot 10^{-3}(N)}{2 \cdot 5 \cdot 10^{-2}(m)} = 10^{-2}\,N\,m^{-1}$$

Die Länge Δs spielt dabei keine Rolle.

$$\text{Der Quotient } \sigma = \frac{\text{Arbeit zur Bildung der neuen Oberfläche } \Delta W_O}{\text{Größe der neugebildeten Oberfläche } \Delta A}$$

heißt „spezifische (d.h. auf eine Kenngröße, in diesem Fall auf die Größe ΔA bezogene) Oberflächenarbeit" (Einheit: J m^{-2}). Sie entspricht im Experiment der Abbildung 8.16 der zur Vergrößerung der Lamellenoberfläche um eine Einheit nötigen Arbeit. Nachdem die neue Oberfläche unter Arbeitsaufwand gebildet worden ist, besitzt sie eine gleichgroße Energie σ, die „spezifische Oberflächenenergie" (Einheit: J m^{-2}).

Oberflächenspannungen und damit zusammenhängende Phänomene sind auch in der Biologie sehr wichtig. Sie ermöglichen beispielsweise das Bewohnen des „Oberflächenhäutchens" von Gewässern durch sehr kleine Organismen auf der Wasserseite (Lebensgemeinschaft des „Neuston") und auf der Luftseite (oberflächenbewohnende Landwanzen, etwa **Wasserläufer** der Gattung *Gerris*). Durch Beeinflussung der Oberflächenspannung über abgegebene ölige Sekrete katapultieren sich kleine Kurzflügler (Käfer der Gattung *Stenus*) rasch über die Wasseroberfläche.

T 9A,B p 189

Die biologische Bedeutung von Benetzungs- und Kapillareffekten ist in den Abschnitten 8.8 und 8.9 kurz andiskutiert.

8.7.3 Oberflächendruck p_O

(Dimension: F L^{-2}; Einheit: N m^{-2} oder Pa).

Der Oberflächendruck p_O an blasenartig-kugelförmigen Gebilden (Flüssigkeitskugel in einem Gas, Gaskugel in einer Flüssigkeit) entspricht nach Laplace der auf dem Kugelradius r bezogenen doppelten Oberflächenspannung σ;

$$p_O = 2\,\sigma \cdot r^{-1}.$$

Für Seifenblasen und analoge „Kugelpneus“ mit zwei Flüssigkeits-Luft-Grenzflächen gilt entsprechend:

$$p_O = 4\,\sigma \cdot r^{-1}$$

Beispiel *(Abb. 8-17): Wie groß ist der Oberflächendruck in der Haut einer Seifenblase 1 von 2 cm Durchmesser, und was geschieht, wenn diese Seifenblase mit einer Blase 2 von 4 cm Durchmesser in Volumenkontakt tritt?*

Oberflächenspannung Seifenblase:

$$\sigma = 3 \cdot 10^{-2}\ \mathrm{N\,m^{-1}}$$

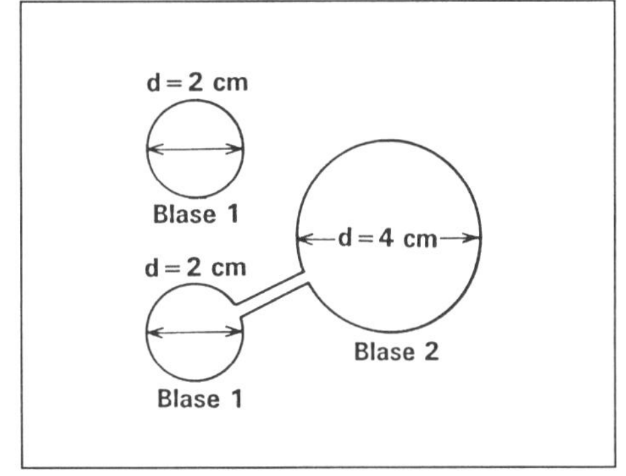

Abb. 8-17: Oberflächendrücke in zwei Seifenblasen.

Die Oberflächendrücke betragen für die erste Blase

$$p_O = \frac{4 \cdot \sigma}{r} =$$

$$= \frac{4 \cdot 3 \cdot 10^{-2}\,(\mathrm{N\,m^{-1}})}{0{,}01\,(\mathrm{m})} = 12\,(\mathrm{N\,m^{-2}}),$$

für die zweite Blase $p_O = 6\ \mathrm{N\,m^{-2}}.$

Der höhere Oberflächendruck in Blase 1 wird somit Blase 2 aufblasen (und ihre eigene Oberflächenenergie vermindern), bis Blase 1 praktisch verschwunden ist.

Diese Effekte sind sehr bedeutsam für eine angemessene Funktion unserer Lungenbläschen (Alveolen). Kleine Bläschen unterhalb eines gewissen Drucks tendieren zum Kollabieren (→ Umkehrbetrachtung des Eröffnungsdrucks-Effektes bei Seifenblase und Luftballon); kleine Bläschen in Kontakt zu größeren tendieren zum Schrumpfen zugunsten der letzteren. Lungenbläschen sind denn auch in etwa gleich groß. Die genannten negativen Effekte werden weiter zum Gutteil kompensiert durch einen Phospholipidfilm der Typ II-Alveolarzellen („Oberflächenfaktor", „Surfactant"), der die Alveolen ausgleitet. Er reduziert die Oberflächenspannung, und zwar bei kleinen Alveolen stärker als bei größeren. Ist dieser Faktor unzureichend ausgebildet, wird der Gasaustausch beeinträchtigt („Neugeborenen-Atemnotsyndrom"); bei Surfactant-Schädigungen können Alveolen kollabieren („Atelektasen") und Lungenödeme sich entwickeln.

Bläst man aus einem Röhrchen eine Seifenblase auf, so bildet sich zuerst eine flache Kalotte (→ großer Radius → kleiner Anfangsdruck nötig), dann eine kleine Blase etwa von Röhrchendurchmesser (kleiner Radius → großer Eröffnungsdruck nötig); mit Zunahme der Blasengröße sinkt dann der zum weiteren Aufblasen nötige Druck wieder ab. Man kennt das vom Aufblasen eines Luftballons her.

8.8 Benetzung

Wenn ein Flüssigkeitstropfen in gasförmigem Milieu die glatte Oberfläche eines Festkörpers berührt, wird er sich auf dieser mehr oder minder ausbreiten („Vollkommene Benetzung") oder zusammenziehen („Unvollkommene Benetzung").

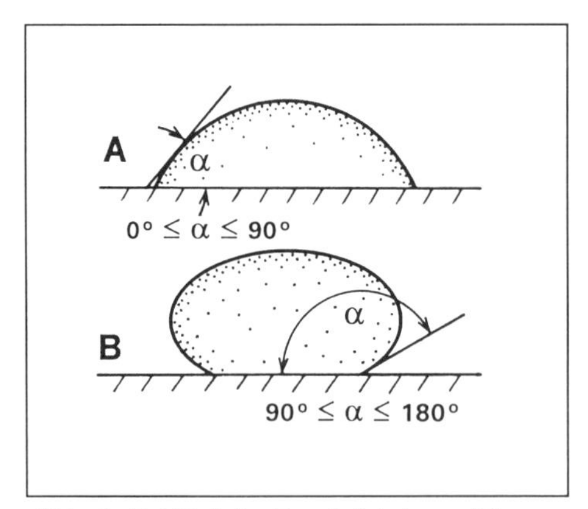

Abb. 8-18 Mögliche Randwinkel von Wasser gegen Luft bei vollkommener Benetzung (A) und bei unvollkommener Benetzung (B)

Oberflächenspannung wirken zwischen Gas und Flüssigkeit ($\sigma_{G\,Fl}$) zwischen Gas und Festkörper ($\sigma_{G\,F}$) sowie zwischen Flüssigkeit und Festkörper ($\sigma_{Fl\,F}$). Wenn der sich adhäsiv ausbreitende Tropfen zur Ruhe gekommen ist, muß sein

$$\sigma_{G\,F} = \sigma_{Fl\,F} + \sigma_{G\,Fl} \cos \alpha.$$

Im Fall der vollkommenen Benetzung sind die Adhäsionskräfte größer als die Kohäsionskräfte. Als Beispiel wäre ein Wassertropfen auf Glas zu nennen. Nach Abbildung 8-18 A ist der Randwinkel kleiner als 90°.

Im Falle der unvollkommenen Benetzung sind die Adhäsionskräfte kleiner als die Kohäsionskräfte. Als Beispiel wäre ein Wassertropfen auf Ölpapier oder auf einem (wegen der wächsernen Kutikula unbenetzbaren) Oberfläche eines Pflanzenblattes zu nennen. Nach Abbildung 8-18 B können die Randwinkel zwischen 90 und 180° variieren.

Benetzungs- und Adhäsionseffekte spielen eine große Rolle für das Sauberhalten („Selbstreinigungs-Effekte") von Pflanzenblättern und technischen Oberflächen. Wenn die Adhäsion eines Schmutzpartikelchens zur Oberfläche groß ist und Wasser dieses benetzt (Schmutz auf glattem Autolack), läuft Wasser ab, und der Schmutz bleibt haften. Ist die Oberfläche dagegen wie bei vielen Pflanzenblättern, durch Mikrorippen von Wachs-Kristalloiden strukturiert (Abb. 8-19 A) und damit unbenetzbar, so können Schmutzpartikel von den dann abrollenden Regentropfen aufgenommen und somit entfernt werden (Abb. 8-19 B-C). Der Effekt ist besonders auffallend bei der Ägyptischen Lotusblume, *Nelumbo nucifera*; hier haften nicht einmal Tropfen wasserlöslichen UHU-Klebstoffs, und Regen wäscht selbst ein Ruß-Öl-Gemisch ab. Deshalb bleiben viele Pflanzen auch an vielbefahrenen Autobahnen sauber. Der Botaniker R. Barthlott / Bonn und Mitarbeiter haben diesen Effekt untersucht und danach im Sinne einer bionischen Übertragung in die Technik Fassadenfarben (ISPO-Lotusan) entwikkelt, auf denen kein Schmutz haften kann.

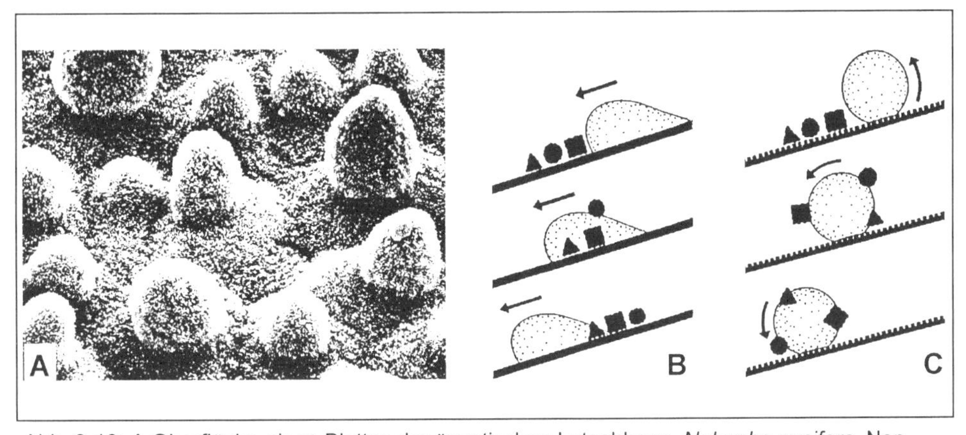

Abb. 8-19: A Oberfläche eines Blattes der ägyptischen Lotosblume, *Nelumbo nucifera*, Noppendurchmesser etwa 40 µm. B und C Schmutzpartikel und Wassertropfen: B Überrollen auf glatter Oberfläche, C „Einrollen" und „Mitnehmen" auf genoppter Oberfläche. (Nach Barthlott, Neinhuis 1997)

Bionik, die Umsetzung biologischer Konstruktions-, Verfahrens- und Evolutionsprinzipien in die Technik, ist vielfach sozusagen die „natürliche" Fortsetzung der BIOMECHANIK und der TECHNISCHEN BIOLOGIE. Aspekte dieser Art habe ich 1997, 1998 und 2000 in Buchform zusammengestellt; sie ergänzen das hier vorliegende Lehrbuch.

8.9 Kapillarität

Adhäsionsvorgänge sorgen auch dafür, daß Flüssigkeiten in sehr engen Röhren deutlich absinken (Kapillarsenkung oder -depression) oder ansteigen (Kapillaranhebung oder -aszension).

Kapillarabsenkung ergibt sich bei unvollkommener Benetzung. Ein Beispiel wäre Quecksilber gegen Glas. Kapillardepression ist kaum von biologischer Bedeutung.

Kapillaranhebung ergibt sich bei vollkommener Benetzung. Ein Beispiel wäre Wasser gegen Glas (Abb. 8-20). Sobald die Flüssigkeit im Steigröhrchen zur Ruhe gekommen ist, muß die auf Oberflächenspannungen σ zurückzuführende hebende Kraft F_σ (entgegengesetzt) gleich groß sein der Gewichtskraft F_g der in dem Röhrchen vom Radius r um die Steighöhe h angehobenen Flüssigkeitssäule, wie in Abbildung 8-20 verdeutlicht ist.

Damit ergibt sich die Steighöhe

$$h = \frac{2 \cdot \sigma}{r \cdot \rho \cdot g}.$$

Für den allgemeinen Fall nicht vollständiger Benetzung enthält der Zähler noch den Faktor cos α (α Randwinkel).

Beispiel *(Abb. 8-20): Eine enge wasserleitende Trachee einer Pflanze habe einen Radius von 5 µm. Wie hoch würde Wasser in einer Glaskapillare diese Durchmessers alleine aufgrund des Kapillareffekts steigen?*

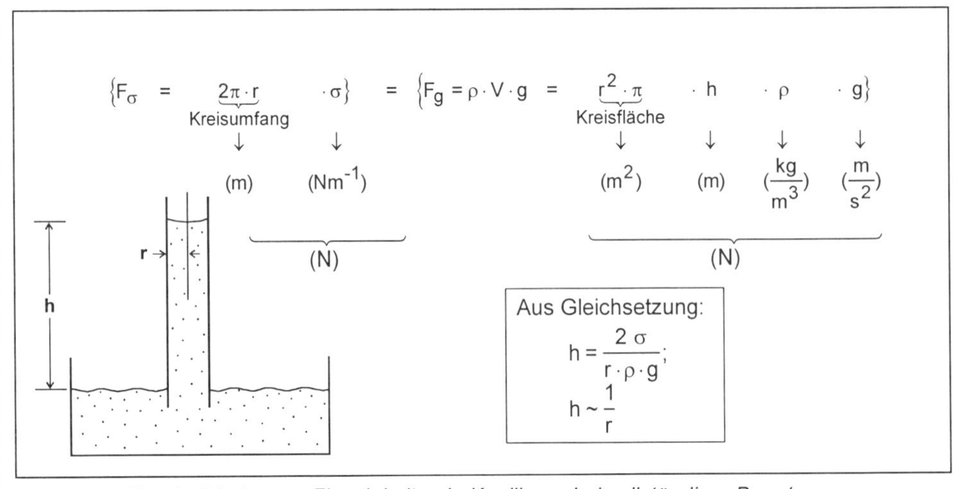

Abb. 8-20: Zur Steighöhe von Flüssigkeiten in Kapillaren bei vollständiger Benetzung

Für einen Kapillarradius von 5 µm beträgt die Steighöhe etwa („etwa" wegen der nicht präzise bekannten Wandbenetzung):

$$h = \frac{2 \cdot 0{,}073\,(\mathrm{N\,m^{-1}}) \cdot \cos 0°}{5 \cdot 10^{-6}\,(\mathrm{m}) \cdot 10^{3}\,(\mathrm{kg\,m^{-3}}) \cdot 9{,}81\,(\mathrm{m\,s^{-2}})} = 2{,}98\,\mathrm{m} \approx 3\mathrm{m}$$

Bemerkung: Der Kapillareffekt kann freilich nur für einen kleinen Teil des Wasseraufsteigens in Pflanzen verantwortlich gemacht werden. Zum einen ist die Interaktion von Wasser mit den Innenauskleidungen von Tracheen und Tracheiden nicht genau bekannt. Zum anderen liefert die Saugspannung der Blätter den Hauptantrieb für das Wasserhochsteigen. Eigentlich müßten bei überwiegendem Kapillareffekt die Röhrendurchmesser der Wasserleitungsgefäße bei besonders hohen Pflanzen besonders klein sein; das Gegenteil ist aber der Fall: Lianen von etwa 100 m Länge haben die größten bekannten Durchmesser (um 700 µm). Nach der Hagen-Poiseuille'schen Beziehung (Abschnitt 10.4.2) bedarf es eines geringeren Drucks bzw. einer geringeren Saugspannung, Flüssigkeiten durch Kapillaren mit größerem Durchmesser zu transportieren. Die Durchmesserabhängigkeiten des Kapillareffekts und des Transports durch Außendruck sind also gerade gegenläufig. Oft wird das in Lehrbüchern nicht genügend auseinandergehalten.

Kapillareffekte sind aber praktisch alleinbedeutsam für das Vollsaugen von Moospolstern mit Wasser oder das Wasserhochsteigen an und in abgestorbenen Sphagnum-Pflanzen oder dochtartigen Strukturen.

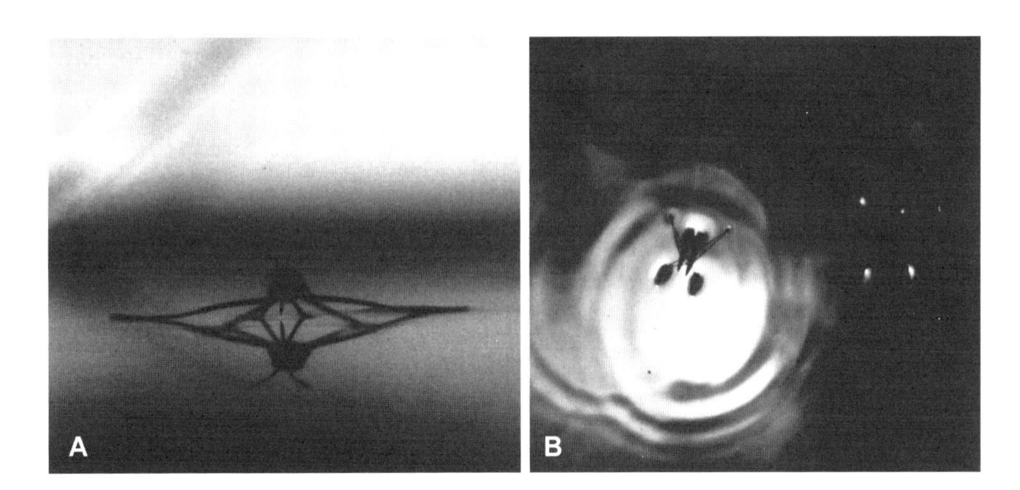

Bildtafel 9: **Hydrophobe Systeme.** Wasserläufer der Gattung *Gerris* sind oberflächenbewohnende Landwanzen. Mit hydrophobem Haarbesatz der Meso- und Metapodien ruhen sie auf der Wasseroberfläche (A). Sie dellen diese leicht ein; bei geeignetem Einstrahlungswinkel der Sonnenstrahlen erkennt man die vier Berührungsstellen (B). Die Fortbewegung erfolgt durch schnelle Ruderschläge der Mesopodien (Mittelbeine). Diese bewegen sich nach Analysen von Darnhofer-Demar (1969) etwa so rasch nach hinten, wie die Oberflächenwelle erster Ordnung „wegläuft" (mit rund 23,1 cm s^{-1}). Somit stößt sich die Wanze während der gesamten Ruderphase von dem selbst aufgeworfenen Wellenberg ab. (Fotos: Nachtigall)

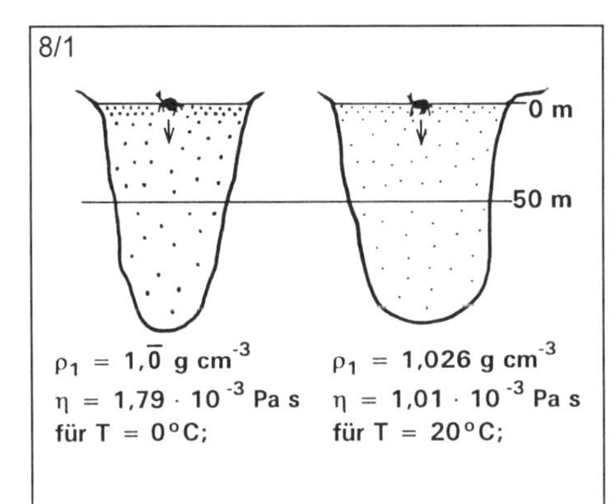

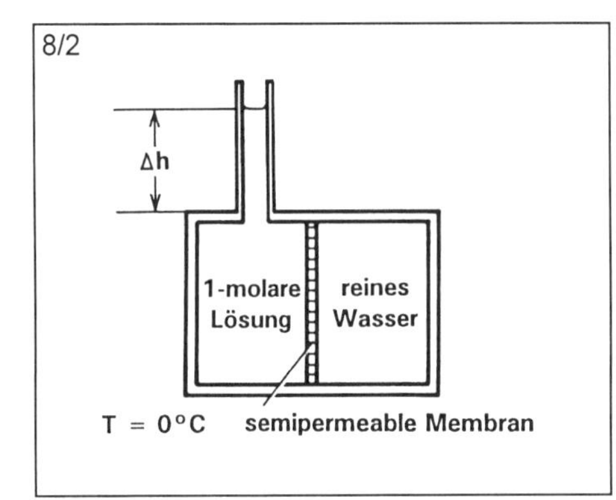

8/3

$$\mathrm{Re} = \frac{v\,(\mathrm{m\,s^{-1}}) \cdot l\,(\mathrm{m})}{\nu\,(\mathrm{m^2\,s^{-1}})}$$

$$\nu_{\mathrm{Luft},\,20°} = 1{,}51 \cdot 10^{-5}\ \mathrm{m^2\,s^{-1}}$$

$$\nu_{\mathrm{Wasser},\,20°} = 1{,}01 \cdot 10^{-6}\ \mathrm{m^2\,s^{-1}}$$

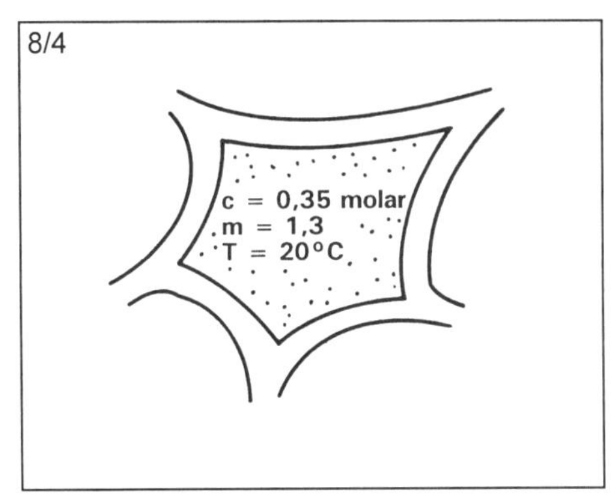

Übungsaufgaben:

Ü 8/1: Wie lange braucht ein - kugelförmig gedachter - Copepode von r = 0,5 mm Radius und ρ_2 = 1,08 g cm $^{-3}$ theoretisch, um einerseits im 0°C „kalten", andererseits im 20°C warmen Bodensee, jeweils 50 m abzusinken? (Es gelte das Stokes'sche Gesetz.)

$\eta_{4°C,0\%} = 1{,}79 \cdot 10^{-3}$;
$\eta_{20°,\,3{,}5\%} = 1{,}49 \cdot 10^{-3}$

Ü 8/2: In Lehrbüchern kann man lesen, daß bei Normbedingungen (0°C) ein im Molvolumen (22,4 l) gelöstes Mol einer nicht dissoziierenden Substanz einen osmotischen Wert von 1 (physikalischen) Atmosphäre besitze, was in einem Osmometerrohr eine Steighöhe von 10 m WS entspräche. Angenommen, das schematische Osmometer der Abbildung erlaubte die Ausbildung und Messung eines derartigen osmotischen Druckes. Zeigen Sie unter Verwendung der entsprechenden Formeln - die Sie auf Richtigkeit der Dimensionen testen -, ob diese Angaben stimmen.

Ü 8/3: Ein Delphinmodell von l = 1,5 m aus poliertem Polyesterharz wird im Wasserkanal bei v = 3 m s $^{-1}$ geschleppt. Welche Reynoldszahl Re wird erreicht? Mit welcher Geschwindigkeit (in km h^{-1}) müßte man es bei Messungen im Windkanal anströmen, wenn die Reynold'sche Ähnlichkeit gewahrt bleiben soll?

Ü 8/4: Wie groß ist bei 20°C der osmotische Wert p_{osm}* (in bar) des Vakuolenzellsafts einer Salzpflanze (die mittlere Konzentration sei 0,35 molar), wenn man einen mittleren Dissoziationsfaktor von m = 1,3 annehmen kann? Welche Saugspannung p_S ist noch verfügbar, wenn in der Zelle ein Turgordruck von p_T = 8 bar herrscht?

Ü 8/5: Wie würden die beiden Spaltöffnungseinrichtungen A und B auf Zunahme des Turgor in den Zellen Z reagieren? Vermutete Veränderungen sollen unter Bezug auf die eingezeichneten Abkürzungen diskutiert werden

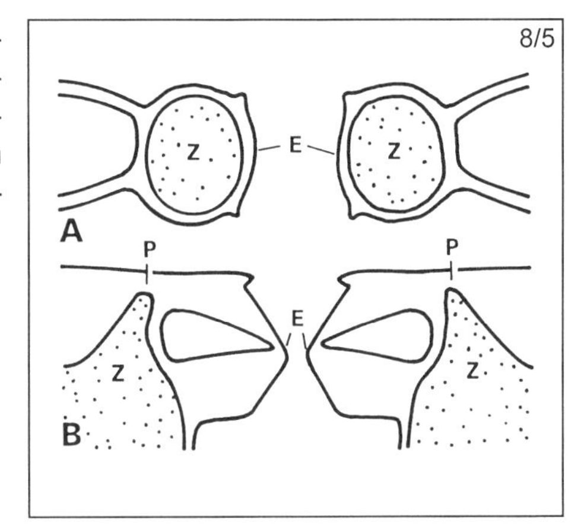

Ü 8/6: Mit wie vielen % seines Volumens ragt ein angenähert kubischer Eisberg der Kantenlänge h aus dem Wasser? ($\rho_{Seewasser} = 1{,}020 \cdot 10^3$ kg m^{-3}; $\rho_{Eis} = 0{,}917 \cdot 10^3$ kg m^{-3})

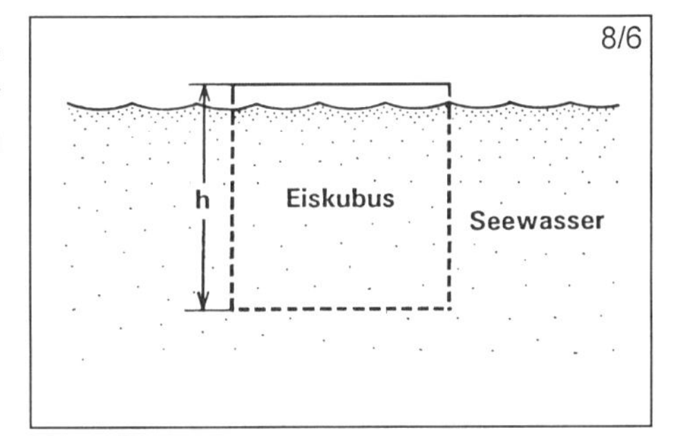

Ü 8/7: Wie groß ist die mittlere Dichte einer Strandkrabbe (*Carcinus maenas*), die in Luft 0,39 N, eingetaucht in Wasser von Zimmertemperatur 0,09 N wiegt?

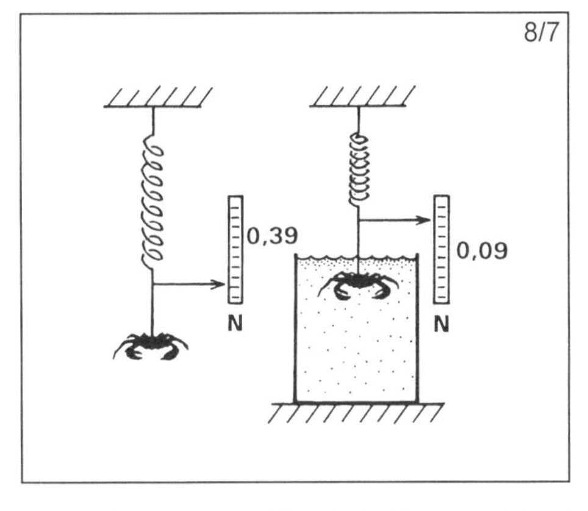

Ü 8/8: Wie ergibt sich stabiles Gleichgewicht bei einem schwimmblasentragenden Fisch? (Einzeichnungen!)

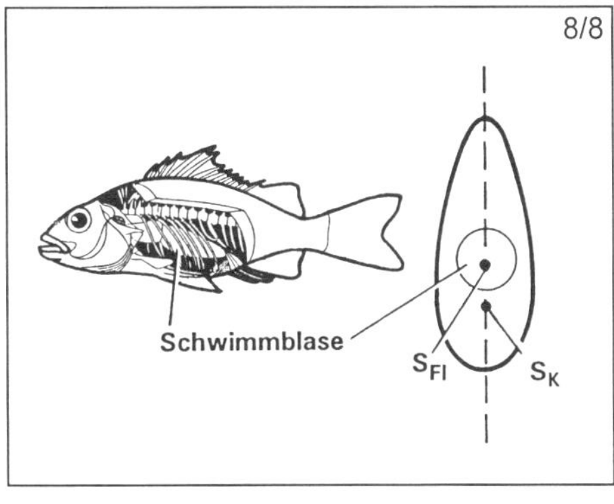

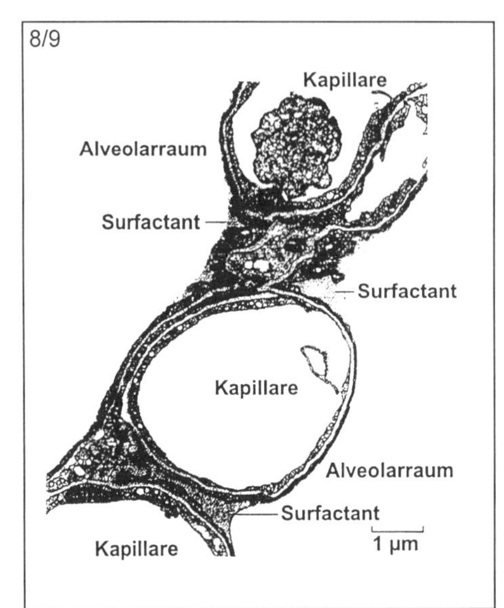

Ü 8/9: Welche „transmurale Druckdifferenz" (Druckdifferenz Δp über die Wand zwischen zwei Alveolarbläschen einer Menschenlunge) ergibt sich (in k Pa) bei einem mittleren Alveolardurchmesser von 50 µm, wenn das Surfactant die Oberflächenspannung im Vergleich mit der von Wasser ($\sigma = 7{,}2 \cdot 10^{-2}$ N m^{-1}) um den Faktor 6 herabsetzt? (Die Abbildung basiert auf der Umkopie einer TEM-Aufnahme bei starker Vergrößerung)

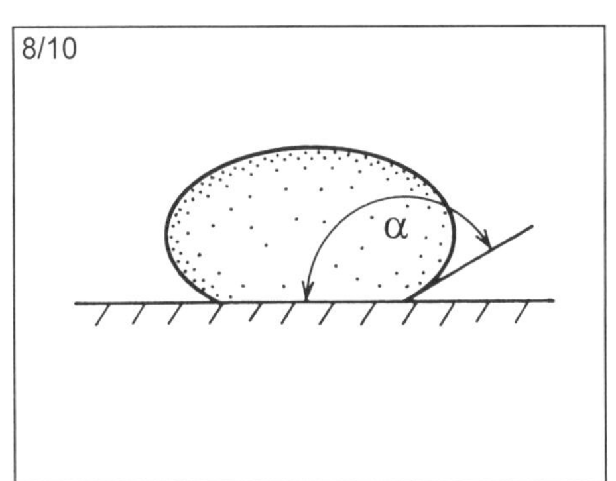

Ü 8/10: Welchen Randwinkel α wird ein Wassertropfen bei 20°C auf einem horizontalen Abschnitt eines Tulpenblatts annehmen?

$$\sigma_{\text{Luft-Wasser}} = 0{,}73\ \text{N m}^{-1};$$
$$\sigma_{\text{Luft-Blatt}} = 3{,}20\ \text{N m}^{-1};$$
$$\sigma_{\text{Wasser-Blatt}} = 3{,}75\ \text{N m}^{-1}.$$

Wird der Wassertropfen die Blattoberfläche benetzen?

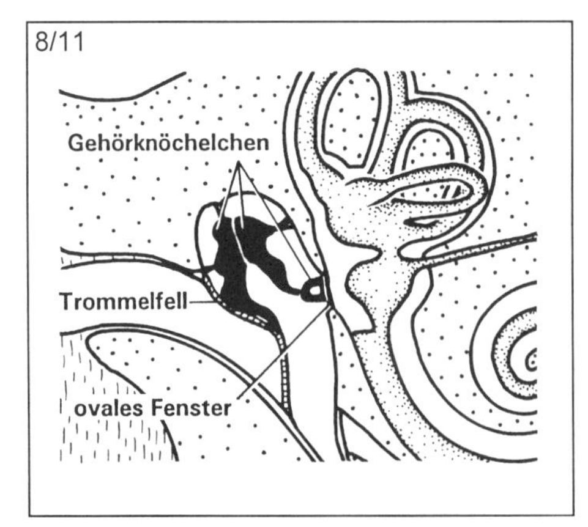

Ü 8/11: Die Mittelohrhöhle des Menschen wird von Gehörknöchelchen durchspannt, die außen - mit dem malleus - an der Membran des Trommelfells (Berührungsfläche = 55 mm^2), innen - mit dem stapes - an der Membran des fenestra ovalis (Berührungsfläche 3,5 mm^2) anliegen. Was folgt daraus für die Druckverhältnisse im Innenohr?

9 Strömungsdruck und Strömungsimpuls

Die Strömungsmechanik beschreibt die Gesetzlichkeiten bewegter Flüssigkeiten und Gase. Diese unterscheiden sich in ihrem Strömungsverhalten nicht prinzipiell, solange Kompressibilitätseffekte keine Rolle spielen. Bei Gasen ist das bis zu Geschwindigkeiten von etwa 1/3 Ma der Fall (Ma „Machzahl", gleich dem Vielfachen der Schallgeschwindigkeit von 344 m s^{-1} in trockener Luft bei +20°C und Meereshöhe). Man kann deshalb Flüssigkeiten und Gase mit dem gemeinsamen Begriff „Fluid" belegen und spricht allgemein auch von Fluidmechanik. Widerstandsmessungen an einem umströmten Körper kann man demnach prinzipiell gleich gut im Wasserkanal wie im Windkanal durchführen, wenn dabei bestimmte Randbedingungen (z.B. Einhaltung der Reynold'schen Ähnlichkeit, Inbetrachtziehen von Benetzungseffekten) bedacht werden.

In der Biologie sind Wasser oder stark wäßrige Lösungen (z.B. Phloemsaft der Pflanzen) und stark wäßrige Suspensionen (z.B. Säugerblut) sowie Luft oder Gase ähnlicher Zusammensetzung die kennzeichnenden Fluide. Es sind reale Fluide, zwischen deren Molekülen Kohäsionskräfte existieren, so daß im Strömungsfall molekulare Reibungseffekte auftreten. Man spricht auch von der „inneren Reibung" realer Flüssigkeiten. Für Rechnungen kann es manchmal günstig sein, die Fluide als reibungsfrei („ideale Fluide") zu betrachten und für Suspensionen wie Blut spezielle Ansätze zu machen. In der vorliegenden einführenden Zusammenstellung wird dies nicht getan.

9.1 Stromlinien und andere Strömungskennzeichnungen

Die folgenden Begriffe haben sich eingebürgert. Sie sind hilfreich einerseits zur (experimentellen) Strömungskennzeichnung, andererseits für theoretische Modellbetrachtungen zu Strömungsverläufen.

Für den in dieser Einführung allein näher betrachteten Fall der stationären Strömung (s.u.) fallen zwar mehrere Kenngrößen zusammen, so daß sich die Beschreibung drastisch vereinfacht. Trotzdem sollten sie begrifflich auseinandergehalten werden. Sie werden hier in Form von Kurzdefinitionen mit einigen Ergänzungen zusammengestellt.

- Stromlinien: Feldlinien eines Strömungsfelds (Vektorfelds); momentane Verbindungslinien örtlicher Geschwindigkeitsvektoren, die zu dieser Linie jeweils tangential stehen.

- Stromröhre: Bündel von Stromlinien, die in einem Querschnitt der Stromröhre einen geschlossenen Ring bilden. Zwischen (gedachten) Stromröhren herrscht keine Querströmung und damit auch kein Massenaustausch.

- Stromfaden: Inhalt einer Stromröhre

- Bahnlinie oder Teilchenbahn: Von *einem* („markierten") Fluidteilchen während der Beobachtungszeit überstrichene Wegkurve. (Darstellung: Lange Belichtungszeit eines hellen Flitter-Partikels gegen dunklen Hintergrund, vergl. Abb. 12-9). Was üblicherweise als „Stromlinien“ bezeichnet wird, sind sehr häufig Bahnlinien.

- Streichlinien: Zu einem definierten Zeitpunkt zu einer Linie aneinandergereihte („markierte“) Fluidteilchen.

- Teilchenbewegung:
  Translatorisch: parallel verschoben längs einer Bahnlinie.
  Rotatorisch: um die eigene Achse oder um eine beliebige Bezugsachse sich drehend (vergl. Wirbel).

- Strömungs-Kennzeichnung:
  Ortsunabhängig: homogen
  Ortsabhängig: inhomogen
  Zeitunabhängig: stationär
  Zeitabhängig: instationär

Teilchen strömen stetig entlang einer Bahn: „geschichtet“ oder laminar.

Dem auf einer Bahn strömenden Teilchen sind statistische Bewegungsschwankungen überlagert: „mikroverwirbelt“ oder turbulent.

Bei stationären Strömungen fallen Stromlinien, Bahnlinien und Streichlinien zusammen. Zum Turbulenzbegriff ist zu bemerken, daß Turbulenz und Wirbel unterschiedliche Dinge meinen; Turbulenz kann man höchstens als „Feinstwirbeligkeit“ verstehen. In einem großen Wirbel kann die Strömung durchaus laminar verlaufen! (Vergl. dazu die Abschnitte 10.1 und 12.3)

9.2 Kontinuitätsgleichung

In einem System von Röhren unterschiedlichen Querschnitts, die ideal-feste Wände besitzen, kann sich ein inkompressibles Fluid nirgendwo auseinanderziehen oder zusammendrücken. Deshalb muß es an Engstellen schneller strömen.

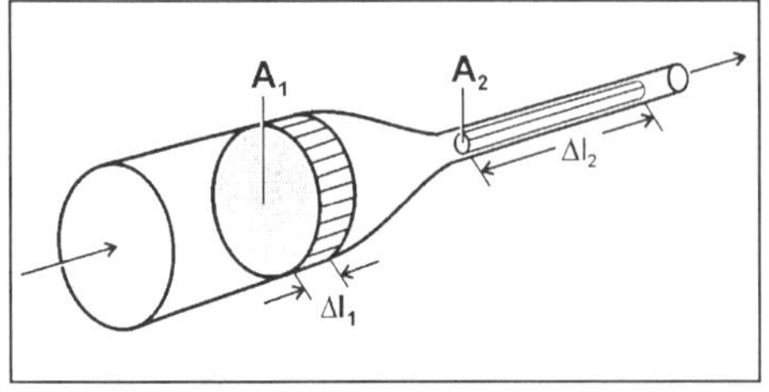

Abb. 9-1: Verdeutlichung der Kontinuitätsgleichung

Geht eine dicke runde Röhre vom Radius r_1 und vom Querschnitt $A_1 = r_1^2 \cdot \pi$ in eine dünne vom Radius r_2 und vom Querschnitt $A_2 = r_2^2 \cdot \pi$ über (Abb. 9-1), so behält ein gedachter Stromzylinder gegebenen Volumens V an jeder Rohrstelle dieses Volumen;

$$V = A_1 \cdot l_1 = A_2 \cdot l_2.$$

Damit zieht sich dieser Zylinder an Engstellen mit $A_2 < A_1$ auf eine größere Strecke $l_2 > l_1$ auseinander;

$$l_2 = l_1 \cdot \frac{A_1}{A_2}$$

Zwei Fluidteilchen im dicken und dünnen Röhrenabschnitt mögen die Strecke l_1 und l_2 in einer Sekunde zurücklegen. Sie besitzen also die Geschwindigkeit

$$v_1 = \frac{l_1}{1\,s}$$

und $$v_2 = \frac{l_2}{1\,s} = \frac{l_1 \cdot \frac{A_1}{A_2}}{1\,s}.$$

Damit ist $$v_2 = v_1 \cdot \frac{A_1}{A_2},$$

und es gilt die Proportion $$\frac{v_1}{v_2} = \frac{A_2}{A_1}.$$

Die Strömungsgeschwindigkeiten v verhalten sich umgekehrt proportional zu den Querschnittsflächen A.

Allgemein kann man sagen:

$$V\,(m^3\,s^{-1}) = A\,(m^2) \cdot v\,(m\,s^{-1}) = \text{const.}$$

Beispiel *(Abb. 9-2): Welche Strömungsgeschwindigkeit (in Einheiten von v_1) ergibt sich, wenn sich ein Rohr, in dem v_1 herrscht, auf den halben Durchmesser verengt ($\rightarrow v_2$) und wenn sich dieses letztere Rohr dann in n = 4 Rohre des gleichen Durchmessers d/2 aufspaltet ($\rightarrow v_3$)?*

$$\frac{v_2}{v_1} = \frac{d^2}{\left(\frac{d}{2}\right)^2};$$

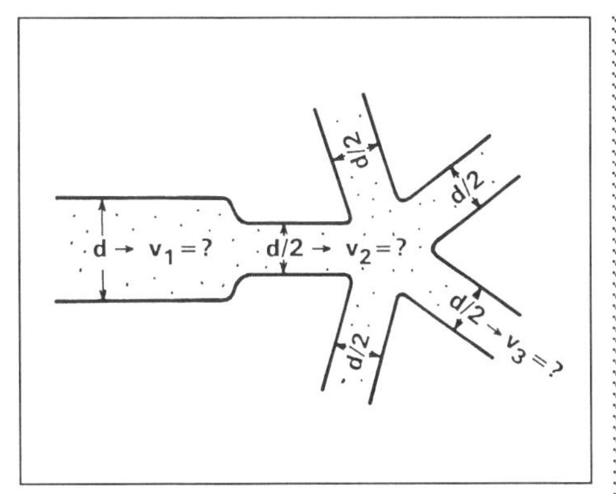

Abb. 9-2: Strömungsgeschwindigkeit in unterschiedlich dicken Röhren

$$v_2 = 4\,v_1;\ \frac{v_3}{v_2} = \frac{\left(\frac{d}{2}\right)^2}{4\left(\frac{d}{2}\right)^2} = \frac{1}{4}\,v_2 = \frac{1}{4}\cdot 4\,v_1 = v_1$$

9.3 Dynamischer Druck (Staudruck) q

9.3.1 Definition und Beispiele

Der Staudruck ist wie folgt definiert:

$$q = (\text{N m}^{-2} \text{ oder Pa}) = \tfrac{1}{2}\ \rho\ (\text{kg m}^{-3}) \cdot (v\ (\text{m s}^{-1}))^2$$

$$(\rho = \frac{m}{V} \text{ Dichte, v Geschwindigkeit})$$

Wie an den Einheiten erkenntlich, besitzt dieses Produkt die Dimension eines Drucks:

$$\text{N m}^{-2} = \text{kg m}^{-3}\ \text{m}^2\ \text{s}^{-2} = (\text{kg m s}^{-2})\ \text{m}^{-2} = \text{N m}^{-2} = \text{Pa}$$

Man kann das Produkt aber auch als die kinetische Energie W_{kin} auffassen, die in der Volumeneinheit V eines mit der Geschwindigkeit v strömenden Mediums enthalten ist.

$$q = \tfrac{1}{2}\ \rho \cdot v^2 = \tfrac{1}{2} \cdot m \cdot V^{-1} \cdot v^2 =$$

$$= (\tfrac{1}{2} m \cdot v^2) \cdot V^{-1} = W_{kin} \cdot V^{-1}\ (\text{J m}^{-3} = \text{Nm m}^{-3} = \text{N m}^{-2} = \text{Pa}).$$

Die beiden Ansätze sind lediglich unterschiedliche Betrachtungsweisen ein und desselben Phänomens, wie das folgende Beispiel verdeutlicht. Beim Aufprall auf eine senkrecht zur Strömung stehende Wand wird die Strömungsgeschwindigkeit auf Null reduziert, so daß sich die gesamte Strömungsenergie dann als Druck manifestieren muß.

Beispiel: *Welche kinetische Energie enthält $V = 1\ m^3$ Wasser (ρ sei genau 10^3 kg m^{-3}), das mit $v = 1\ m\ s^{-1}$ strömt, und welcher dynamische Druck wird an einer Wand erzeugt, auf die dieses Wasservolumen mit derselben Geschwindigkeit senkrecht aufprallt?*

Die kinetische Energie beträgt:

$$W_{kin} = \frac{1}{2}\, m_{Wasser} \cdot v^2 =$$

$$\frac{1}{2} \cdot 10^3\,(kg) \cdot (1\,(m\,s^{-1}))^2 = 5 \cdot 10^2\,(kg\,m\,s^{-2}\,m = N\,m = J)$$

Der Staudruck beträgt:

$$q = \frac{1}{2} \cdot \rho_{Wasser} \cdot v^2 =$$

$$= \frac{1}{2} \cdot 10^3\,(kg\,m^{-3}) \cdot (1\,(m\,s^{-1}))^2 =$$

$$= 5 \cdot 10^2\,(kg\,m^{-1}\,s^{-2} = kg\,m\,s^{-2}\,m^{-2} = N\,m^{-2} = Pa)$$

Der Staudruck q (gemessen in Pa) ist also numerisch gleich der kinetischen Energie (gemessen in J) der Volumeneinheit (gemessen in m^3) eines strömenden Fluids.

„Was in der Festkörpermechanik die Masse m, das ist in der Fluidmechanik die Dichte $\rho = m\,V^{-1}$“, so ein bekannter Strömungsmechaniker. Ersetzt man in der Formel ½ m v^2 („Energie“) die Masse m durch m = $\rho \cdot v$ und setzt für V die Volumeneinheit V = 1 ein, so ergibt sich ein Staudruck q:

$$\frac{1}{2}\,\rho \cdot V \cdot v^2 = \frac{1}{2}\,\rho \cdot 1\,v^2 = q.$$

***Beispiel** (Abb. 9-3):*

a.) Welcher Staudruck q wirkt in etwa auf die vordere Kopfkalotte einer Biene, die mit einer hohen „Reisegeschwindigkeit“ von $v \approx 8\ m\,s^{-1}$ fliegt?

b.) Welcher Höhe einer Wassersäule entspricht dieser Staudruck?

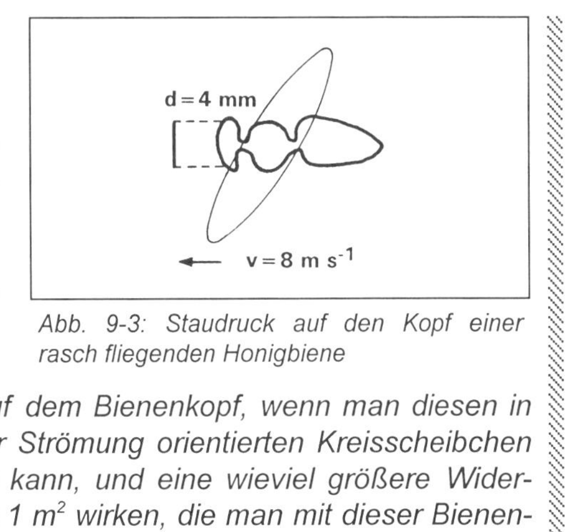

Abb. 9-3: Staudruck auf den Kopf einer rasch fliegenden Honigbiene

c.) Welche Widerstandskraft lastet auf dem Bienenkopf, wenn man diesen in grober Näherung einem senkrecht zur Strömung orientierten Kreisscheibchen von 4 mm Durchmesser gleichsetzen kann, und eine wieviel größere Widerstandskraft würde auf eine Fläche von 1 m^2 wirken, die man mit dieser Bienen-

geschwindigkeit unter senkrechter Anströmung durch ruhende Luft bewegt? (Hinweis (vergl. Abschnitt 10.2.2): Kraft ~ Fläche · Staudruck; Proportionalitätsfaktor jeweils $c_W = 0{,}55$)

d.) Welchem Prozentsatz des Bienengewichts entspricht die auf den Bienenkopf wirkende Kraft? (Die Masse einer „vollgetankten" mittelgroßen Honigbiene kann man zu 100 mg ansetzen).

ad a.):

$$\rho_{Luft} = 1{,}23\ (\text{kg m}^{-3});$$

$$q = \frac{1}{2}\ \rho \cdot v^2 =$$

$$= \frac{1}{2} \cdot 1{,}23\ (\text{kg m}^{-3}) \cdot (8\ (\text{m s}^{-1}))^2 = 39{,}36\ \text{Pa}$$

ad b.):

Nach „1mm WS = 9,81 Pa" entspricht dieser Staudruck einer Höhe von

$$\frac{39{,}36\ (\text{Pa})}{\frac{9{,}81 (\text{Pa})}{(\text{mm WS})^{-1}}} = 4{,}01\ \text{mm WS} \approx 4\ \text{mm WS};$$

ad c.):

$$F = c_W \cdot A \cdot q =$$

$$= 0{,}55 \cdot (2 \cdot 10^{-3}\ (\text{m}))^2 \cdot \pi \cdot 39{,}36\ (\text{Pa}) = 2{,}72 \cdot 10^{-4}\ \text{N};$$

$$F_{\text{auf } 1\ \text{m}^2} = 0{,}55 \cdot 1\ (\text{m}^2) \cdot 39{,}36\ (\text{Pa}) = 23{,}82\ \text{N};$$

das ist eine rund 40 000-fach höhere (Widerstands)kraft

ad d.):

$$F_{g\ Biene} = m_{Biene} \cdot g =$$

$$= 100\ (\text{mg}) \cdot 9{,}81\ (\text{m s}^{-2}) = 9{,}81 \cdot 10^{-4}\ (\text{kg m s}^{-2} = \text{N});$$

$$9{,}81 \cdot 10^{-4}\ (\text{N}) : 100\ \% = 2{,}72 \cdot 10^{-4}\ (\text{N}) : x\ \%;$$

$$x = 27{,}73\ \% \approx 28\ \%$$

9.3.2 Addition mit statischen Druckkomponenten; Bernoulli-Gleichung

Eine ruhende Wassersäule der Höhe h_1 erzeugt nach Abschnitt 8.4.1 und nach Abbildung 9-4 A einen Schweredruck

$$p_h = \rho \cdot g \cdot h.$$

Er entspricht der potentiellen Energie der Flüssigkeitssäule.

Ist die Röhre oben offen, so steht die Flüssigkeitssäule außerdem unter dem Atmosphärendruck. Er stellt in diesem Fall den Betriebsdruck p_a dar (Abschnitt 8.4.3). Die Summe aus Schweredruck und Betriebsdruck kann man - im Fall der Wasserfüllung auch sprachlich korrekt - als hydrostatischen Druck p_{hydr} bezeichnen.

Baut man eine im Durchmesser sich vergrößernde Röhre nach Art der Abbildung 9-4 B horizontal in einen geschlossenen Fluidkreislauf ein, so wirkt in dieser am engen wie am weiten Ende der gleiche hydrostatischen Druck $p_{hydr} = p_h + p_a$ auf die Wände. Den hydrostatischen Druck nennt man deshalb auch Wanddruck.

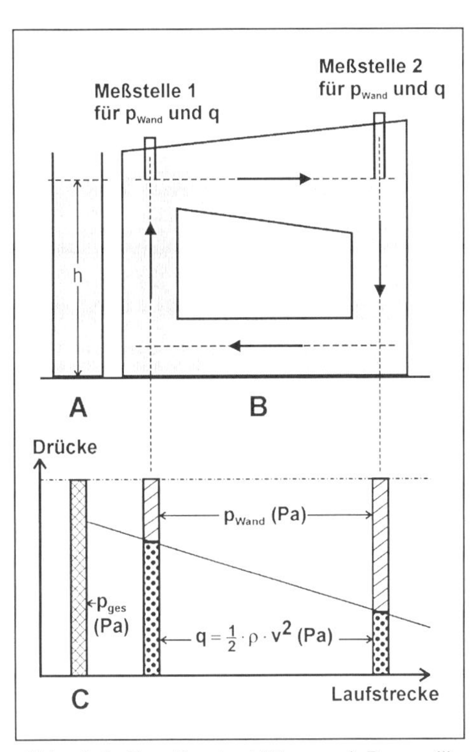

Abb. 9-4: Zur Druckaddition und Bernoulli-Gleichung. A Zum Druck in einer ruhenden Fluidsäule der Höhe h. B, C Zu den Drücken in einem horizontal gelagerten, sich erweiternden Rohr. Bez. vergl. den Text

Setzt man nun das geschlossene Flüssigkeitssystem in Bewegung, so wird sich zusätzlich ein dynamischer Druck $q = ½ \rho v^2$ aufbauen (Abschnitt 9.3.1). Er entspricht der kinetischen Energie des strömenden Fluids.

Nach Bernoulli muß für ein derartiges Röhrensystem - ebenso wie für eine Stromlinie oder Stromröhre (Abschnitt 9.1) der Gesamtdruck und damit die Summe aus statischem und dynamischen Druck konstant sein. (Diese Forderung folgt direkt aus dem Energieerhaltungssatz; Randbedingungen sind reibungsfreie Strömung und inkompressibles Medium; vergl. Lb. d. Physik.) Für die beiden Meßstellen 1 und 2 der Teilabbildung B gilt dann:

$$p_{h1} + p_{a1} + q_1 = p_{h2} + p_{a2} + q_2 = \text{const.}$$

Da die betrachtete Röhre horizontal gelagert ist ($p_{h1} = p_{h2}$) vereinfacht sich die

Bedingung zu:

$$p_{a1} + q_1 = p_{a2} + q_2 = \text{const.};$$

anders ausgedrückt:

$$p_{\text{Wand 1}} + \frac{1}{2}\rho \cdot v_1^2 = p_{\text{Wand 2}} + \frac{1}{2}\rho \cdot v_2^2 = \text{const.}$$

Oder:

$$p_{\text{Wand 1}} + q_1 = p_{\text{Wand 2}} + q_2 = \text{const.}$$

Allgemein:

Statischer Druck + Dynamischer Druck = Gesamtdruck = const.;

$$p_{\text{Wand}} + q = p_{\text{ges}} = \text{const. (Abb. 9-4 C)}$$

Man erkennt, daß der Wanddruck p_{Wand} sinken muß, wenn die Strömungsgeschwindigkeit v und damit der Staudruck q steigt und umgekehrt. Für die „Diffusor"-Röhre nach Teilabbildung B sinkt also v „nach rechts", und damit steigt in gleiche Richtung p_{Wand}.

Die Bernoulli-Gleichung hat große Konsequenzen für die Druckerzeugung an umströmten Körpern oder in Rohren, sowohl in der Technik wie in der Biologie. Eine praktisch wichtige Anwendung ist die Unterdruck-Erzeugung mit Hilfe der Venturi-Düse.

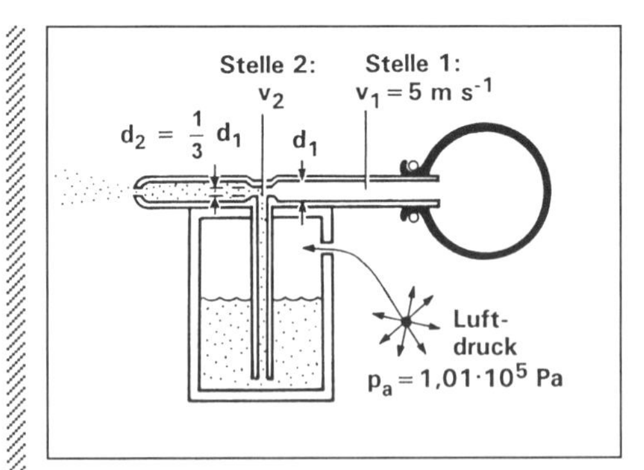

Abb. 9-5: Venturi-Düse in einem Zerstäuber

Beispiel *(Abb. 9-5)**:** Warum zieht ein Parfümzerstäuber nach Art der Abbildung 9-5 Flüssigkeit an, und welchen Sog entwickelt er mit dem Durchmesserverhältnis seiner Düse ($d_2 = 1/3\ d_1$) bei einer Strömungsgeschwindigkeit von $v_1 = 5$ m s^{-1} im dickeren Rohrteil?*

In der Engstelle der Venturi-Düse des Zerstäubers wird wegen der Kontinuitätsgleichung die Geschwindigkeit v_2 und damit erst recht der Staudruck ½ $\rho \cdot v_2^2$ so stark erhöht, daß dort der Wanddruck p_{Wand} unter den Atmosphärendruck (Luftdruck) p_{atm} = 1,01 · 105 Pa sinkt. Infolgedessen treibt der äußere Luftdruck die zu zerstäubende Flüssigkeit hoch.

Nach der Kontinuitätsgleichung gilt:

$$v_2 = v_1 \frac{d_1^2}{d_2^2} = v_1 \frac{d_1^2}{(\frac{1}{3} d_1)^2} =$$

$$= 5\,(\mathrm{m\,s^{-1}}) \cdot 9 = 45\ \mathrm{m\,s^{-1}}$$

Nach der Bernoulli-Gleichung gilt:

$$p_1 + \frac{1}{2}\rho \cdot v_1^2 = p_2 + \frac{1}{2}\rho \cdot v_2^2$$

Die Wand-Druckdifferenz $p_1 - p_2$ ist damit gleich

$$\frac{1}{2}\rho \cdot v_2^2 - \frac{1}{2}\rho \cdot v_1^2 = \frac{1}{2}\rho \cdot (v_2^2 - v_1^2) =$$

$$= \frac{1}{2}\,(1{,}23\,(\mathrm{kg\,m^{-3}})) \cdot ((45\,(\mathrm{m\,s^{-1}}))^2 - (5\,(\mathrm{m\,s^{-1}}))^2) = 1220\ \mathrm{Pa}.$$

Bemerkung: Analoge „Saugwirkungen" (die eigentlich Druckwirkungen des atmosphärischen Luftdrucks gegenüber Stellen sind, an denen der „Gegendruck" vermindert wird) treten im technischen Bereich bei Wasserstrahlpumpen, Bunsenbrennern, Lüftungshuntzen etc. auf; auch das Abdecken schräggeneigter Dächer durch den Sturm ist auf diesen Effekt zurückzuführen.

***Beispiel** (Abb. 9-6): Wie muß ein sandbewohnender Meereswurm - etwa ein Vertreter der Gattung Arenicola - seine U-Röhre anlegen, damit sie ohne eigenen Energieaufwand stets mit frischem, sauerstoffreichem Wasser durchströmt wird?*

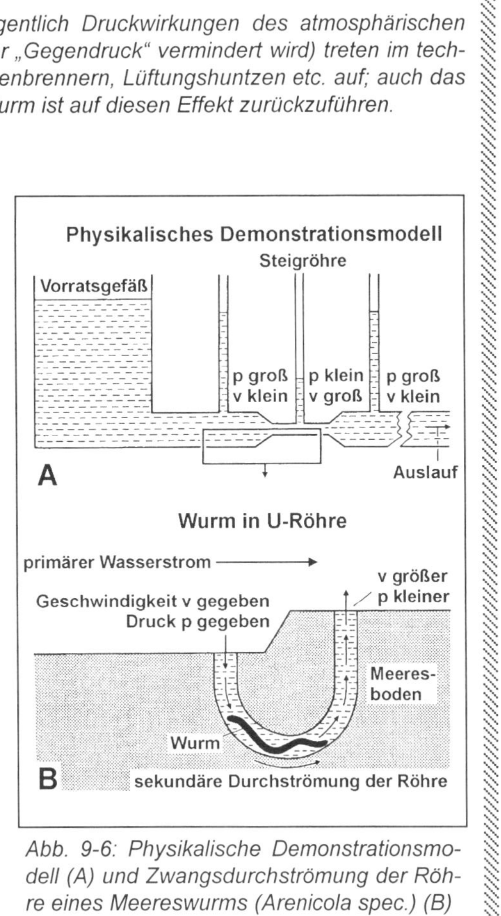

Abb. 9-6: Physikalische Demonstrationsmodell (A) und Zwangsdurchströmung der Röhre eines Meereswurms (Arenicola spec.) (B)

Die Abbildung zeigt ein physikalisches Demonstrationsmodell zum Verständnis für das Zusammenwirken der Kontinuitäts- und Bernoulli-Gleichung. In engeren Röhren sinkt aufgrund der diskutierten Beziehung der Wanddruck und damit die Steighöhe einer Flüssigkeitssäule. Die Röhreneinschnürung kann man als Düse bezeichnen. Der stufenförmige Anstieg eines „Sandrippels" in der Wattregion entspricht einer „halben Düse". Legt der Sandwurm seine U-Röhre so an, daß Ein- und Ausgang auf unter-

schiedlichem Höhenniveau liegen, so wird die Röhre aufgrund des Düseneffekts zwangsdurchströmt, wenn Wasser senkrecht zur Rippelstufe strömt. Bei Schräganströmung wird der Effekt nach einer Sinusfunktion vermindert, bei Parallelanströmung entfällt die Wirkung.

Pierwürmer, die einseitig runde Sandhaufen aufwerfen und Amerikanische Präriehunde nützen diesen Strömungseffekt aus: vergl. Ü 9/4.

9.3.3 Druckmessung

Wie gezeigt (Abschnitt 9.3.2) ist nach der vereinfachten Bernoulli-Gleichung der Gesamtdruck - gleich der Summe aus statischem Druck und Staudruck - konstant. Der statische Druck (als Wanddruck gemessen) wirkt in alle Richtungen gleich, der Staudruck wirkt mit voller Größe nur in Strömungsrichtung. Eine Fläche mit zentraler Druckbohrung, die an einen Manometer angeschlossen ist, wird in der Stellung senkrecht zur Strömung den Gesamtdruck abgreifen, in der Stellung parallel zur Strömung nur den Wandruck. In der Praxis verwendet man zur Messung des Gesamtdrucks ein feines Röhrchen (Pitot-Rohr) parallel zur Strömung (C), zur Messung des Wanddrucks eine feine Druckbohrung an der Wand des umströmten Körpers oder des durchströmten Rohrs.

Auf elegante Weise kann man den Staudruck als Differenzdruck zwischen Gesamtdruck und Wanddruck mit einem Prandtl-Rohr messen: Man kombiniert ein zentrales Pitot-Rohr mit einer Wandbohrung in einer vorne geeignet abgerundeten Umhüllung des Pitot-Rohrs und schließt die beiden Druckwandler an die beiden Enden eines Manometers an.

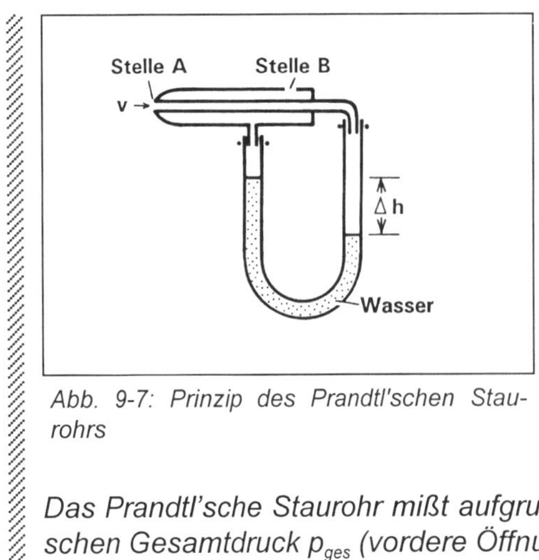

Abb. 9-7: Prinzip des Prandtl'schen Staurohrs

Beispiel *(Abb. 9-7): Wie groß ist die Luftgeschwindigkeit v, wenn die Niveaudifferenz Δh der Wassersäule in einem an ein Prandtl'sches Staurohr angeschlossenen Manometer (Abb. 9-7) 15,3 mm beträgt und die Wassertemperatur im Manometer 20°C ist?*

Das Prandtl'sche Staurohr mißt aufgrund seiner Konstruktion die Differenz zwischen Gesamtdruck p_{ges} (vordere Öffnung; Stelle A) und Wanddruck p_{Wand} (seit-

liche Öffnung; Stelle B) als Staudruck q:

$$q = p_{ges} - p_{Wand} = \frac{1}{2}\,\rho \cdot v^2$$

An ein Betz-Manometer angeschlossen ergibt sich damit eine Wassersäulen-Differenz von Δh (mm). Die Differenz von 1 mm WS entspricht 9,81 Pa oder N m^{-2}.

Damit ergibt sich:

$$q = \frac{1}{2}\,\rho \cdot v^2;$$

$$v = \sqrt{2 \cdot q \cdot \rho^{-1}} =$$

$$= \sqrt{\frac{2 \cdot 15{,}3\,(\text{mm WS}) \cdot 9{,}81\,(\text{N m}^{-2}/\text{mm WS})}{1{,}2\,(\text{kg m}^{-3})}} = 15{,}82 \text{ m s}^{-1}$$

9.3.4 Widerstandsbestimmung eines umströmten Körpers aus der Druckverteilung

Für die Bestimmung der Widerstandskraft F_W beziehungsweise des Widerstandsbeiwerts c_W eines in bewegten Fluiden ruhenden oder in ruhenden Fluiden bewegten Körpers gibt es mehrere Verfahren. Sie sind im Prinzip gleichwertig aber unterschiedlich praktikabel. Es sind dies:

1) Bestimmung über die Druckverteilung (→ dieser Abschnitt 9.3.4)
2) Bestimmung über die „Impulsdelle" (→ Abschnitt 9.4.5)
3) Direktmessung von F_W und Bestimmung von c_W über die Newton'sche Widerstandsgleichung (das „übliche" Verfahren; → Abschnitt 10.2.2)
4) Bestimmung mit dem „Ausgleitverfahren" und über Gleitversuche (→ Abschnitt 11.5.2)
5) Bestimmung über die erzeugte Wirbelstraße (→ Abschnitt 12.5)

All diese Verfahren werden relativ ausführlich an je einem Beispiel geschildert. (Ausnahmen: Das „Ausgleitverfahren", mit dem wir zum Beispiel den c_W-Wert des Eselspinguins zu $c_W \approx 0{,}07$ bestimmt haben). Ich will damit den Leser nicht inspirieren, vergleichende Meßtechnik als Selbstzweck zu betrachten. Es gibt vielmehr kaum eine Fragestellung in der Fluidmechanik, mit der die Querbeziehungen der Beschreibungskenngrößen und Fragestellungen so klar werden können als mit dieser. Gerade den biomechanisch interessierten Biologen, für den die Fluidmechanik letztlich ein Hilfsmittel ist, kann der Vergleich zu einem vertieften Verständnis der Zusammenhänge führen.

Ein wichtiges Verfahren zur Bestimmung von Kräften an umströmten Körpern ist die Berechnung aus Messungen der Druckverteilung. Betrachtungen dieser Art sind sehr wesentlich auch für das Verständnis von Kräften an biologischen Körpern (z.B. Auftrieb und Widerstand an einem Vogelflügel), denn fluiddynamische Kraftwirkungen resultieren stets aus dem Auftreten von Druckdifferenzen.

In der Technik gebräuchlich ist die Bestimmung der Auftriebskraft von Tragflügeln aus der Druckverteilung. Man bohrt in Höhe des zu vermessenden Schnitts rundum feine Löcher in den Flügel, verbindet alle über innenliegende Druckschläuche mit einem Vielfachmanometer und registriert die Steighöhen der Manometerröhren, wenn der Tragflügel unter gegebenen Randbedingungen (Geschwindigkeit, Anstellwinkel etc.) im Windkanal angeströmt wird.

Die graphische Darstellung erfolgt durch Vektorpfeile senkrecht zur Kontur (vergl. Abb. 11-2, oben). Aus den so ermittelten „Druckflächen“ - Unterdruck auf der Flügeloberseite, Überdruck auf der Flügelunterseite - lassen sich durch rechnerische oder graphische Verfahren die Auftriebskräfte der betrachteten Flächenelemente ermitteln und zum Gesamtauftrieb aufaddieren.

Auf diese Weise kann beispielsweise auch „durch Druckintegration“ die gesamte Widerstandskraft eines senkrecht zur Längsachse angeströmten Zylinders ermittelt werden. Der Vorteil bei diesem rotationssymetrischen Körper: Man braucht nur *eine* Druckbohrung und dreht den Körper im Windkanal von Messung zu Messung um einen kleinen Winkelbetrag um seine Längsachse. Dazu ein (vereinfachtes) Meßbeispiel. Es zeigt, daß für die Berechnung von Kräften aus Druckverteilungen bereits relativ grobe Abschätzungen zum Ziel führen können.

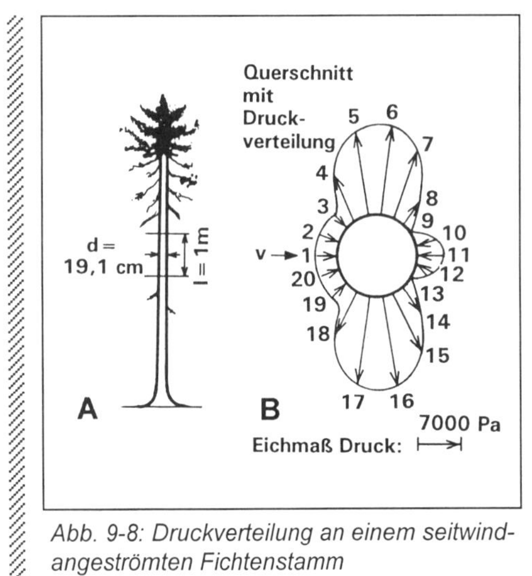

Abb. 9-8: Druckverteilung an einem seitwind-angeströmten Fichtenstamm

***Beispiel** (Abb. 9-8): Von einer gerade gewachsenen, abgestorbenen Fichte von 20 m Höhe wird ein mittlerer Stammabschnitt von l = 1 m Länge und d = 0,19 cm Durchmesser betrachtet (A). Er werde von einem starken Wind mit v = 114 km h $^{-1}$ angeströmt. Nach Windkanalmessungen an einem Modell gleichen Durchmessers mit 20 zirkumferen Druckbohrungen gleichen Abstands ergibt sich die Druckverteilung von Teilabbildung B. Wie ist die resultierende Windkraft gerichtet, der der Stammabschnitt ausgesetzt ist, und wie groß ist diese in etwa?*

Aus Abbildung 9-8 ist ersichtlich, daß ein zur Messung verwendeter Zylinder von 1 m Länge und 0,19 m Durchmesser insgesamt 20 Druckbohrungen trug, von denen jede für einen Streifen von $2\,r \cdot \pi \cdot l = 0{,}60\ m^2$ repräsentativ war. (Im tatsächlichen Experiment hätte man es wie angegeben gemacht: eine Druckbohrung und Verschiebungen um je 360/20 = 18°.) Widerstandserzeugende Drücke („Überdruck") sind zum Zylinder hingerichtet gezeichnet, andernfalls („Sog") vom Zylinder weg. Wie erkenntlich herrscht senkrecht zur Anströmung Drucksymmetrie, so daß man nur eine Hälfte der Verteilung der Drücke berechnen muß; der Gesamtdruck wird dann sein (Sufix x für Druckkomponenten in Anströmrichtung):

$$p_{ges} = p_{x\,ges} = p_{x1} - p_{x11} + 2 \times (p_x + p_{x3} - p_{x4} - p_{x5} + p_{x6} + p_{x7} + p_{x8} \pm 0 - p_{x10})$$

Die x-Komponenten kann man nach der Abbildung aus den Vektorpfeilen für p über das Eichmaß nach der Kosinusbeziehung berechnen und graphisch konstruieren. Multipliziert man nun jede der Druckanteile p_{xi} mit deren zugehörigen Bezugsfläche von $0{,}60\ m^2$, so erhält man die Einzelkräfte F_{xi} in Anströmrichtung, deren Summe den (Druck-)widerstand entspricht:

$$F_{WD} = \sum F_{xi}$$

Nach einer solchen Abzählbetrachtung ergibt sich mit der (beschränkten) Zeichengenauigkeit von Abbildung 9-8 der Wert

$$F_W = 26\ N.$$

Dieses Beispiel ist in Ü 9/6 und im Abschnitt 12.4 weitergeführt: Man kann den Widerstand des Zylinders beispielsweise auch über den Impulsverlust und über den Widerstandsbeiwert berechnen. Der Vergleich ist, wie angegeben, äußerst „lehrreich".

Druckverteilungen vergleichbarer Art sind typisch für alle umströmten Körper.

9.4 Strömungsimpuls

9.4.1 Prinzipansatz

Ersetzte man in der Definitionsformel für den Impuls

$$J = m \cdot v$$

die Masse m durch die zeitliche Massenänderung

$$\dot{m} = \frac{d\,m}{d\,t},$$

so erhielte man eine (Reaktions-) Kraft

$$F_R = \dot{J} = \dot{m} \cdot v.$$

Nun ändert sich die Masse eines Festkörpers bekanntlich nicht so leicht, deshalb ändert man die Geschwindigkeit einer konstanten Masse um eine Reaktionskraft zu erzeugen (vergl. Abschnitt 6.3):

$$F = \dot{J} = m \cdot \dot{v}$$

Wie oben festgestellt spielt in der Fluidmechanik die Beziehung $m = \rho \cdot V$ eine entscheidend wichtige Rolle. Man kann demgemäß schreiben

$$\dot{m} = \rho \cdot \dot{V}$$

und

$$F_R = \dot{J} = \rho \cdot \dot{V} \cdot v.$$

Die zeitliche Volumenänderung $\dot{V}$ heißt Volumenstrom, die zeitliche Impulsänderung $\dot{J}$ kann man deshalb auch als Impulsstrom bezeichnen.

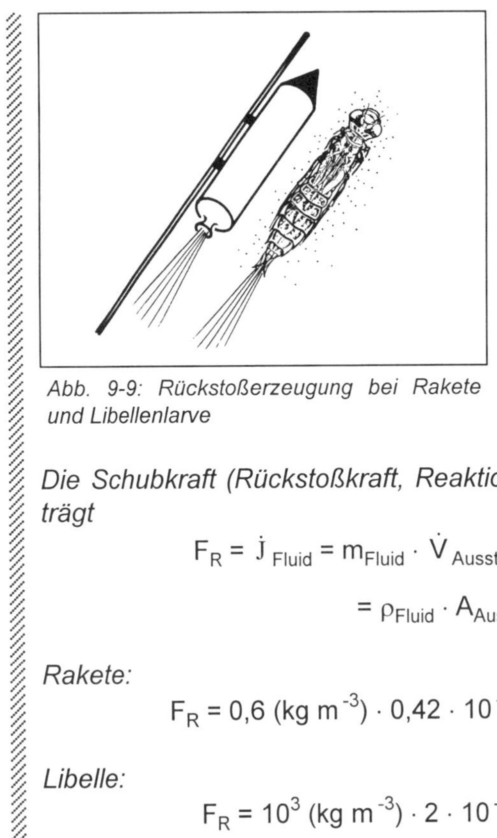

Abb. 9-9: Rückstoßerzeugung bei Rakete und Libellenlarve

Beispiel *(Abb. 9-9): Welche Schubkraft erzeugt eine Silvesterrakete (A) ($\rho_{Ausstoßgas} = 0{,}3$ kg m^{-3}, $A_{Ausstrom} = 0{,}42$ cm^2, $v_{Ausstrom} = 200$ m s^{-1}), und welche Schubkraft erzeugt im Moment maximaler Enddarmkontraktion eine große Libellenlarve (B) beim Schwimmen im Wasser? ($\rho_{Wasser} = 10^3$ kg m^{-3}, $A_{Ausstrom} = 2$ mm^2, $v_{Ausstrom} = 7$ m s^{-1})?*

Die Schubkraft (Rückstoßkraft, Reaktionskraft) F_R eines „Raketenantriebs" beträgt

$$F_R = \dot{J}_{Fluid} = m_{Fluid} \cdot \dot{V}_{Ausstoß} = \rho_{Fluid} \cdot \dot{V}_{Fluid} \cdot v_{Ausstoß} =$$

$$= \rho_{Fluid} \cdot A_{Ausstoß} \cdot v^2_{Ausstoß}$$

Rakete:

$$F_R = 0{,}6\ (\text{kg m}^{-3}) \cdot 0{,}42 \cdot 10^{-4}\ (\text{m}^2) \cdot (200\ (\text{m s}^{-1}))^2 = 1{,}0\ \text{N}$$

Libelle:

$$F_R = 10^3\ (\text{kg m}^{-3}) \cdot 2 \cdot 10^{-6}\ (\text{m}^2) \cdot (7\ (\text{m s}^{-1}))^2 = 0{,}1\ \text{N}$$

9.4.2 Weitere impulsänderungsbedingte Kräfte

Ohne Ableitung seien drei weitere strömungsmechanische Anwendungen des Impulssatzes gegeben, die auch in der Biologie von Bedeutung sein können.

- Düse

  Verringert sich ein Rohr düsenförmig von einem großen Durchmesser d_1 (mit Wanddruck p_1) auf einen kleinen Durchmesser d_2 (mit Wanddruck p_2), so gilt für die Reaktionskraft (Rückstoßkraft, Schubkraft) F_S und für die Ausströmgeschwindigkeit v_{aus}:

$$F_S = \frac{p_1 \cdot d_2^2 \pi}{2\left(1 - \left(\frac{d_2}{d_1}\right)^4\right)}$$

$$v_{aus} = \sqrt{\frac{2 p_1}{\rho\left(1 - \left(\frac{d_2}{d_1}\right)^4\right)}}$$

- Freistrahl

  Spritzt die Feuerwehr einen Wasserstrahl des Durchmessers d und der Geschwindigkeit v_{Strahl} auf eine unter dem (kleineren) Winkel α gegen die Strahlrichtung geneigte Fläche der Eigengeschwindigkeit $v_{Fläche}$, so gilt für die Reaktionskraft (Strahlstoßkraft) F_S in Spritzrichtung (vergl. die Abb. zu Ü 9/8):

$$F_S = \rho \cdot \left(\frac{d}{2}\right)^2 \cdot \pi \cdot (v_{Strahl} - v_{Fläche}) \sin \alpha$$

  Für senkrechtes Spritzen auf eine (ruhende) Wand gilt dann:

$$F_S = \rho \cdot \left(\frac{d}{2}\right)^2 \pi \, (v_{Strahl} - v_0) \cdot 1 = \rho \left(\frac{d}{2}\right)^2 \pi \, v_{Strahl}$$

- Stufenförmige Rohrerweiterung, Druckverlust

  Erweitert sich ein Rohr schlagartig (stufenförmig) auf einen größeren Durchmesser, und herrscht direkt hinter der Stufe die Geschwindigkeit v_1 und der Wanddruck p_1, weiter in Strömungsrichtung (nach Strömungswiederanlegen) die (kleinere) Geschwindigkeit v_2 und der (größere) Wanddruck p_2 (vergl. die Abb. zu Ü 9/9.), so ergibt sich ein Druckverlust von:

$$\Delta_p = \frac{\rho}{2} (v_1^2 - v_2^2)$$

9.4.3 Vereinfachte Propellertheorie, ausgehend von Impulsbetrachtungen

T 15A p 318

Technische Propeller des Durchmessers d sollen möglichst hohe Schubkräfte in Richtung ihrer Rotationsachse erzeugen. Bei biologischen **Schlagflügeln** sind die Verhältnisse komplizierter, doch läßt sich die Propellertheorie für Überschlagsrechnungen gut verwenden.

In jedem Fall werden über die Propellerfläche

$$A_S = \left(\frac{d}{2}\right)^2 \cdot \pi$$

(d Propellerdurchmesser)

Luftmassen beschleunigt; damit ergibt sich ein Impulszuwachs und als Folge davon eine entgegengesetzt gerichtete Reaktionskraft, hier als Schubkraft F_S bezeichnet. Der Propeller läßt sich somit als „Impulsvergrößerer" verstehen.

T 17B p 328

Ein Propeller erzeugt einen „**Strömungstrichter**" (Abb. 9-10 A) mit der Einströmgeschwindigkeit v_{ein}, der Geschwindigkeit in der Propellerebene v_S und der Ausströmgeschwindigkeit v_{aus}; hierbei gilt $v_{aus} > v_S > v_{ein}$; angenähert gilt $v_{aus} \approx 2\, v_{ein}$. Der Druck p ist weit vor und weit hinter dem Propeller gleich (entsprechend dem atmosphärischen Druck); kurz vor der Propellerfläche herrscht Unterdruck $p_1 < p$, kurz dahinter Überdruck $p_2 > p$, so daß ein Drucksprung $p_2 - p_1$ resultiert.

Die Schubkraft F_S ergibt sich aus den allgemeinen Impulsbetrachtungen zu

$$F_S = \dot{m}\,(v_{aus} - v_{ein}) = \rho \cdot \dot{V}\,(v_{aus} - v_{ein}) = \Delta p \cdot A_S = \tfrac{1}{2}\,\rho\,(v_{ein}^2 - v_{aus}^2) \cdot A_S =$$

$$= C_S \cdot A_S \cdot \tfrac{1}{2}\,\rho \cdot v_{ein}^2.$$

(Diese letztere Formulierung entspricht der allgemeinen Formulierung (vergl. Abschnitt 10.2.2): Kraft = Beiwert · Bezugsfläche · Staudruck)

Die Kenngröße

$$C_S = \left(\frac{v_{aus}}{v_{ein}}\right)^2 - 1$$

heißt Schubbelastungsgrad oder Schubbelastungsbeiwert.

- Die Durchströmgeschwindigkeit v_S in der Propellerebene beträgt

$$v_S = v_{ein} + \left(\frac{v_{aus} - v_{ein}}{2}\right)$$

- Die Schubleistung, gleich der von Propeller abgegebenen Leistung P_{ab}, berechnet sich als Produkt aus Kraft und Geschwindigkeit (vergl. Abschnitt 6.1) zu

$$P_{ab} = F_S \cdot v_{ein}.$$

- Der Leistungsaufwand, gleich der dem Propeller zugeführten Leistung P_{zu}, berechnet sich zu

$$P_{zu} = F_S \cdot v_S;$$

es gilt $$P_{zu} > P_{ab}.$$

- Der theoretische Propellerwirkungsgrad η_{theor} berechnet sich als Quotient der abgegebenen Leistung P_{ab} und der zugeführten Leistung P_{zu}:

$$\eta_{theor} = \frac{P_{ab}}{P_{zu}} = \frac{F_S \cdot v_{ein}}{F_S \cdot v_S} = \frac{v_{ein}}{v_S} = \frac{2}{1 + \sqrt{1 + C_S}}$$

- Der aerodynamische Wirkungsgrad oder „Gütegrad" $\eta_{Güte}$ des Propellers kann experimentell bestimmt werden; für gute Propeller gilt

$$0{,}85 < \eta_{Güte} < 0{,}95.$$

- Somit berechnet sich der Gesamtwirkungsgrad oder tatsächliche Wirkungsgrad η_{tats} des Propellers als Produkt der beiden Teilwirkungsgrade (vergl. Abschnitte 6.1) zu

$$\eta_{tats} = \eta_{theor} \cdot \eta_{Güte}.$$

Einige weitere Aspekte der Propellertheorie und eine andere Möglichkeit zur Berechnung von η_{theor} sind in Abschnitt 13.3.3 zusammengestellt.

9.4.4 Huberzeugung beim Vogelflug (Schwirrflug)

Die auf Impulsbetrachtungen basierende vereinfachte Propellertheorie kann man auch für biologische Überschlagsbetrachtungen gut anwenden, beispielsweise zur Berechnung von Kenngrößen, die den Hubstrahl eines schwirrfliegenden Vogels - etwa eines vor einer Blüte „stehenden" Kolibris, Ü 9/12 - kennzeichnen.

Wie ein horizontal rotierender Propeller des Durchmessers d erzeugt ein schwirrfliegender Vogel der Flügelspannweite d einen vertikalen, nach unten konvergierenden „**Strömungstrichter**" (Abb. 9-10 B), und in seiner Flügelschlagebene herrscht die Abwärtsgeschwindigkeit v_S. Im Stationärfall muß die Gewichtskraft F_g des Vogels gleich sein einer entgegengesetzt großen Hubkraft F_H. (Annahme: der Angriffspunkt von F_H liegt über dem von F_g auf einer Verti-

T 17B
p 328

kalachse). Nimmt man Analogie zum konstant rotierenden Propeller an, so muß gelten

$$|F_g| = |F_H| = \dot{I} = \frac{dJ}{dt} = \frac{d((\frac{d}{2})^2 \cdot \pi \cdot v_s^{\,2} \cdot \rho \cdot t))}{dt} = \left(\frac{d}{2}\right)^2 \cdot \pi \cdot v_s^{\,2} \cdot \rho.$$

Daraus ergibt sich die abwärts gerichtete Luftgeschwindigkeit v_S, die die Schlagflügel erzeugen müssen, zu

$$v_S = \sqrt{\frac{F_g}{(\frac{d}{2})^2 \cdot \pi \cdot \rho}}.$$

Wenn der Vogel gewogen werden ($\rightarrow F_g$) und mit nicht zu kurzer Belichtungszeit gegen dunklen Hintergrund fotografiert werden kann ($\rightarrow$ d) läßt sich über diese Formel mit ρ_{Luft} = 1,23 kg m $^{-3}$ die Geschwindigkeit v_S leicht überschlagsmäßig berechnen.

Impulsüberlegungen sind darüber hinaus hilfreich zur Problemformulierung. Trägt man das Körpergewicht über eine Schlagperiode T auf, so entspricht die resultierende (in Abb. 9-10 C schräggestrichelte) Rechteckfläche einem Impuls, dem „Gewichtsimpuls" J_g. Bezogen auf die Schlagperiode resultiert natürlich nach wie vor die mittlere Gewichtskraft

$$\overline{F}_g = \frac{J_g}{T} = \frac{F_g \cdot T}{T},$$

die gleich dem Gewichtsimpuls sein muß;

$$F_J = \overline{F}_g.$$

Für F_H sind die Überlegungen etwas weitergehend, denn F_H ist nicht konstant. An den Umkehrpunkten zwischen den Ab- und Aufschlägen ist F_H klein bis Null, beim Aufschlag können negative Phasen vorkommen. Die Differenz aus der in Abbildung 9-10 C punktiert und der vertikal gestrichelt gekennzeichneten Fläche („Hubimpulsfläche") muß gleich sein der „Gewichtsimpulsfläche", will der Vogel am Ort schwirrfliegen.

Bezogen auf die Kräfte muß gelten

$$|F_g| = |F_H| = \frac{1}{T} \cdot \int_0^T d \cdot F_H \cdot dt = \frac{1}{T} \cdot \int_0^T d \cdot \left(\frac{d}{2}\right)^2 \cdot \pi \cdot v_s^{\,2}(t) \cdot \rho) \, dt.$$

Man muß also nach Abbildung 9-10 C den Flächeninhalt A_1 oder A_4 (Einheit: N s) bestimmen und durch T (Einheit: s) teilen um den Hub F_H (Einheit: N) bestimmen zu können.

Das bringt an sich nichts, weil der Vogel ja gewogen worden ist und damit nach $|F_H| = |F_g|$ der Hub bekannt ist.

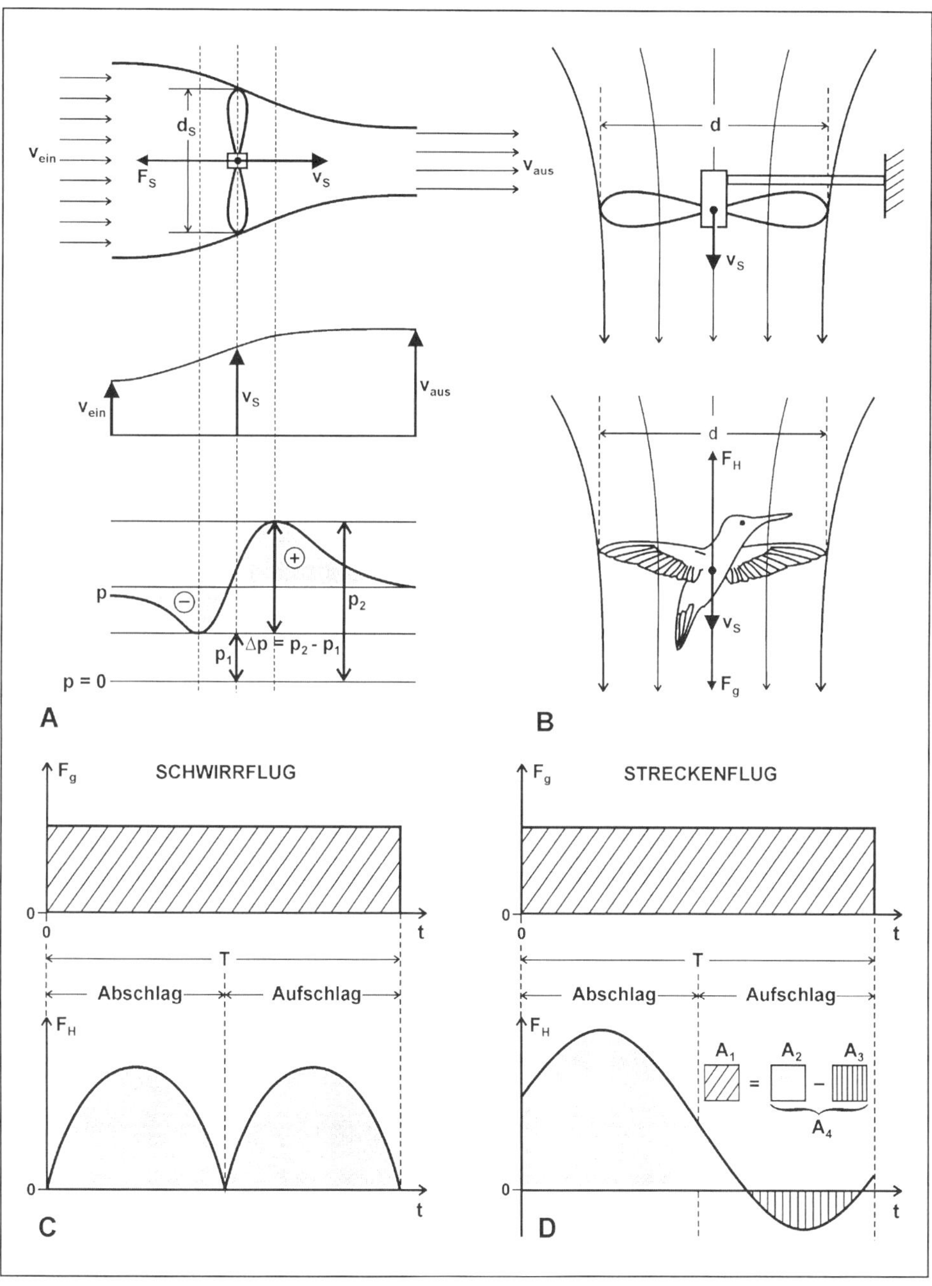

Abb. 9-10 Impulse I, Geschwindigkeiten v, Drücke p und Kräfte F bei Propellern und Vogelflügeln. A Kenngrößen bei einem horizontal strahlenden Propeller. B „Strömungstrichter" bei einem vertikal strahlenden Propeller und bei einem schwirrfliegenden Vogel (der letztere mit Angaben des Kräftegleichgewichts). C „Gewichtsimpulsfläche" (F_g stationär) und „Hubimpulsfläche" (F_H instationär) bei einem schwirrfliegenden Vogel; Denkschema. D wie C, für eine streckenfliegende Haustaube (leicht vereinfacht nach Bilo et al 1982)

Doch hilft die Betrachtung, wenn man in etwa verstehen will, welchen Problemen der schwirrfliegende oder ein streckenfliegender Vogel in Bezug auf die Huberzeugung ausgesetzt ist. Ein Denkschema für den Schwirrflug zeigt die Abbildung 9-10 C, eine auf Messungen von Bilo et al aus unserem Institut beruhende, leicht vereinfachte Darstellung für den Streckenflug der Haustaube ist in Abbildung 9-10 D gegeben.

In jedem Fall muß der Vogel erreichen, daß A_4 gleich A_1 ist. Dies kann er auf energetisch geschickte oder ungeschickte Weise tun. Am besten wäre es, er hielte $A_3 = 0$, so daß $A_2 = A_1$ (nur positive Hubkräfte über die gesamte Schlagperiode).

Dies gelingt aus morphologischen, schlagphysiologischen und aerodynamischen Gründen nicht vollständig. Je größer A_3 ist, desto mehr Energie muß zur Kompensation in A_2 gesteckt werden (die in Bezug auf die Huberzeugung verloren ist), desto schlechter sind also die Wirkungsgrade der Huberzeugung. Wie ein Flächenvergleich der Abbildung 9-10 D zeigt, ist A_3 höchstens etwa 8% von A_2. Der entsprechende Teilwirkungsgrad beträgt damit mindestens

$$\eta = \frac{A_2}{A_2 + A_3} = \frac{A_2}{A_4} \approx \frac{100}{100+8} = \frac{100}{108} = 0{,}93 \text{ oder } 93\ \%.$$

In Bezug auf die Huberzeugung ist die Schlagkinematik der Haustaube damit beachtlich effektiv. Analoges gilt für die Schuberzeugung beim horizontalen Streckenflug. Zur Analyse bedient man sich des **Windkanalflugs** dressierter und trainierter Vögel.

T 19A p 368

9.4.5 Widerstandsbestimmung über die „Impulsdelle“

In Abschnitt 9.3.4 wurden fünf Verfahren aufgelistet, mit denen man den Widerstand eines umströmten Körpers bestimmen kann und deren Vergleich gerade auch biophysikalisch viel bringt für ein Verständnis strömungsmechanischer Ansätze.

Das Verfahren 1 kann man gut für längliche Körper „zwischen zwei Windkanalwänden“ benutzen; solche Körper sind beispielsweise Kreiszylinder. Das Verfahren 2 eignet sich (wegen der Randinterferenzen mit den Windkanalwänden) eher für „kompakte Körper“, die im Windkanal frei umströmt werden. Deshalb wird das Verfahren 2 hier nach Daten von Ungerechts für ein Heringshai-Modell beschrieben; Das Prinzip wird aber zunächst an einem technischen und an einem biologischen Objekt vorgestellt.

In Abbildung 9-11 A ist die Strömung in einiger Entfernung vor und hinter einem umströmten Kreiszylinder in der xy-Ebene betrachtet. (Die z-Koordinate verliefe entlang der Zylinderachse). Die Betrachtung läuft über eine in der xy-Ebene liegende „vernünftig große“ gewählte Kontrollfläche A B C D. Vor dem Zylinder herrscht längs y überall die gleiche Strömungsgeschwindigkeit v_0, dahinter hat sich die Geschwindigkeit geändert; randständig (bei B und D) gilt zwar $v_1 \approx v_0$, doch liegt direkt hinter dem Zylinder eine Nachlauf- oder Geschwindigkeitsdelle v_1 (y). In der Differenz der „Geschwindigkeitsflächen“ zwischen A C und B D ist, wie man annehmen kann der Strömungswiderstand des Zylinders verschlüsselt.

Gleiches gilt für jeden umströmten Gegenstand, beispielsweise auch für einen so komplexen wie eine Wachsrose (*Metridium spec.*, Abb. 9-11 B). Man betrachtet nun vor und hinter dieser Wachsrose eine gleich große Kontrollfläche senkrecht zur Strömung und teilt diese in Meßquadrate auf. Diese können beispielsweise gedanklich von Stromröhren quadratischen Querschnitts verbunden werden. (Man erinnert sich: Zwischen benachbarten Stromröhren erfolgt kein Fluid- oder Impulsaustausch.)

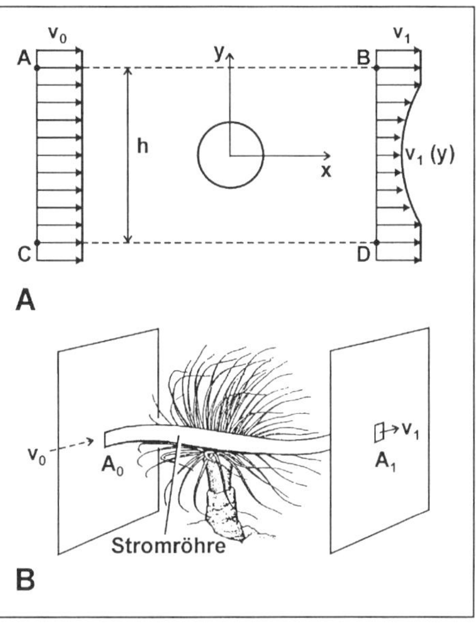

Abb. 9-11: Zum „Impulsdellenverfahren“. A Kenndaten für einen querangeströmten Zylinder. B Kontrollflächen und ihre „Verbindung“ vor und hinter einem beliebigen - hier einem biologischen - Körper

Deshalb muß sich der Impulsverlust jeder einzelnen Stromröhre in der Differenz zwischen ihren Projektionen auf die vordere (Projektionsfläche A_0) und die hintere (Projektionsfläche A_1) Bezugsfläche niederschlagen. Für jede einzelne Stromröhre gilt dann:

$$F_{W\,\text{Stromröhre}} = \Delta \dot{J}_{\text{Stromröhre}} = \dot{J}_{0\,\text{Stromröhre}} - \dot{J}_{1\,\text{Stromröhre}} =$$
$$= \Delta A_0 \cdot \rho \cdot v_0^2 - \Delta A_1 \cdot \rho \cdot v_1^2$$

Nach der Kontinuitätsgleichung gilt

$$\dot{V}_0 = \dot{V}_1$$

oder

$$\Delta A_0 \cdot v_0 = \Delta A_1 \cdot v_1$$

und damit

$$\Delta A_0 = \Delta A_1 \cdot \frac{v_1}{v_0}.$$

Eingesetzt:

$$F_{W\,\text{Stromröhre}} = \Delta A_1 \cdot \frac{v_1}{v_0} \cdot \rho \cdot v_0^2 = \Delta A_1 \cdot \rho \cdot v_1^2 =$$
$$= \Delta A_1 \cdot \rho \cdot v_1 (v_0 - v_1)$$

Der Gesamtwiderstand entspricht der Summe der Widerstände aller Stromröhren. Angenommen, man hat eine Matrix aus 5 x 5 Stromröhren gewählt, jede Projektion A_1 besitzt die Höhe y = 1 und die Breite z = 1 (Abb. 9-12); hier sind die gemessenen Geschwindigkeiten v für ein mit v_0 = 42 m s^{-1} angeströmtes, l = 0,55 m langes Holzmodell eines Heringshais eingetragen). Dann berechnet sich mit den Koordinatendefinitionen von Abbildung 9-12:

$$F_{W\,gesamt} = F_{W\text{ für die Summe aller } 5 \cdot 5 \text{ Stromröhren}} = F_W \text{ für } \sum_{y=1}^{y=5} \sum_{z=1}^{z=5}$$

Allgemein gilt:

$$F_W = \Delta A_1 \cdot \rho \sum_{y=1}^{y=n} \sum_{z=1}^{z=n} v_1 (v_0 - v_1)$$

Diese Rechenanweisung (Σ Σ ist die einfachstmögliche Formulierung einer doppelten Additionsanweisung) stellt sich in Integralschreibweise wie folgt dar:

$$F_W = \rho \iint v_1 (v_0 - v_1)\, d \cdot A_1 \quad \text{mit } d\,A_1 = dy_1\, dz_1$$

In Worten („Kochrezept"):

„Berechne (v_1 (v_0 - v_1)) $_1$ für eine Teilfläche $(\Delta A_1)_1$ und multipliziere diesen Geschwindigkeitswert (in m s^{-1}) mit dem Wert für diese Teilfläche (in m^2). Tue dasselbe mit allen anderen Teilflächen und zähle alle i Produkte $(v_1 (v_0 - v_1) \cdot (\Delta A_1))_i$ (in m^4 s^{-2}) zusammen. Dann multipliziere mit ρ (in kg m^{-3}), und du erhältst den gesamten Widerstand F_W (in kg m s^{-2} = N)."

Des weiteren kann man unter Benutzung des ebengenannten Ansatzes den Widerstandsbeiwert berechnen. Die Ableitung von Abschnitt 10.2.2.2 sei vorgezogen:

$$c_W = \frac{F_W\ (N)}{A_{St}\ (m^2) \cdot \frac{1}{2}\rho\ (kg\ m^{-3}) \cdot v_0^{\,2}\ (m^2\ s^{-2})}$$

Beispiel *(Abb. 9-12): Die Abbildung zeigt Windkanalmeßergebnisse, basierend auf Untersuchungen von Ungerechts 1977 für ein im Maßstab 1:3 verkleinertes, also l = 0,55 und* d_{max} *= 0,103 m dickes Holzmodell eines l = 1,65 m langen und* d_{max} *= 0,31 m dikken Heringshais (Lamna nasus). Die „Meßquadrate", in deren Mitte jeweils die Geschwindigkeiten gemessen worden sind, sind 3 cm · 3 cm = 9 cm*^{2} *groß.*

Heringshaie erreichen eine Reisegeschwindigkeit von etwa 5 m s^{-1}*. Für die Dichte und die dynamische Zähigkeit von Meereswasser von 10° C kann man* $\rho = 1{,}0245 \cdot 10^3$ *kg m*$^{-3}$ *und* $\eta = 1{,}027 \cdot 10^{-3}$ *Ns m*$^{-2}$ *annehmen. Damit berechnen sich die folgenden Werte:*

42	42	42	42	42
42	42	42	42	42
42	42	42	42	42
42	42	42	42	42
42	42	42	42	42

42	42	41	42	42
42	40	38,5	40	42
41	38,5	32,25	38,5	41
42	40	38,5	40	42
42	42	41	42	42

Abb. 9-12: Bezugsflächen und experimentelle Kenngrößen für den Heringshai (*Lamna nasus*)

Kinematische Zähigkeit von Seewasser

$$\frac{\rho}{\eta} = 1{,}00 \cdot 10^{-6}\ \mathrm{m^2\ s^{-1}}$$

Auf die Länge bezogene Reynoldszahl des Originals:

$$Re_{l\ Original} = \frac{v_{Reise} \cdot l_{Original}}{\nu_{Seewasser}} = \frac{5\ (\mathrm{m\ s^{-1}}) \cdot 1{,}65\ (\mathrm{m})}{1{,}00 \cdot 10^{-6}\ (\mathrm{m^2\ s^{-1}})} = 8{,}23 \cdot 10^6$$

Bei Anströmung des Modells mit Luft statt des Originals mit Wasser sollte Reynoldsche Ähnlichkeit herrschen (wir haben diese Überlegungen mit Ü 8/3 schon vorweggenommen):

$$R_{l\ Modell} = \frac{v_{Windkanal} \cdot l_{Modell}}{\nu_{Luft}} = \frac{v_{Windkanal}\ (\mathrm{m\ s^{-1}}) \cdot 0{,}55\ (\mathrm{m})}{1{,}51 \cdot 10^{-5}\ (\mathrm{m^2\ s^{-1}})} =$$

$$Re_{l\ Original} = 8{,}23 \cdot 10^6$$

Daraus berechnet sich die zur Wahrung der Re-Ähnlichkeit nötige Anströmgeschwindigkeit im Windkanal zu

$$v_{Windkanal} = \frac{8{,}23 \cdot 10^6 \cdot 1{,}51 \cdot 10^{-5}\,(m^2\,s^{-1})}{0{,}55\,(m)} = 226\ m\,s^{-1}.$$

Bemerkung: Dies entspricht schon 2/3 der Schallgeschwindigkeit; Kompressibilitätseinflüsse spielen bereits eine Rolle. Die maximale Strömungsgeschwindigkeit des verwendeten Kanals betrug 42 m s^{-1}. Reynold'sche Ähnlichkeit ist also zwar um den Faktor 5,4 verfehlt; dramatisch werden die Abweichungen aber erst bei einer Größenordnung (Faktor 10) und in der Nähe der kritischen Reynoldszahl, so daß die Experimente noch zu halbwegs verläßlichen Daten führen sollten.

Die Betrachtung der Daten von Abbildung 9-12 ergibt $v_1 \neq v_0$ nur bei 13 Teilflächen (eingerahmt):

4 mal ist $(v_0 - v_1)$ gleich 1 m s^{-1}, bei $v_1 = 41$ m s^{-1}; $4 \cdot v_1 \cdot \Delta v = \Delta A_1 = 0{,}1476$ N

4 mal ist $(v_0 - v_1)$ gleich 2 m s^{-1}, bei $v_1 = 40$ m s^{-1}; $4 \cdot v_1 \cdot \Delta v = \Delta A_1 = 0{,}2880$ N

4 mal ist $(v_0 - v_1)$ gleich 3,5 m s^{-1}, bei $v_1 = 38{,}5$ m s^{-1}; $4 \cdot v_1 \cdot \Delta v = \Delta A_1 = 0{,}8451$ N

1 mal ist $(v_0 - v_1)$ gleich 9,75 m s^{-1}, bei $v_1 = 32{,}25$ m s^{-1}; $1 \cdot v_1 \cdot \Delta v = \Delta A_1 = \underline{0{,}2830\ N}$

$\sum$ 1,5637 N

Damit berechnet sich der (Druck-)Widerstandsbeiwert des Heringshai-Modells zu

$$c_{WD} = \frac{1{,}56\,(N)}{\left(\frac{0{,}103}{2}\right)^2 \cdot \pi\,(m^2) \cdot \frac{1}{2} \cdot 1{,}23\,(kg\,m^{-3}) \cdot (42\,(m\,s^{-1}))^2} = 0{,}17.$$

Der Vergleich mit Abschnitt 10.2.2.2 ergibt, daß $c_{WD} = 0{,}17$ für die experimentell eingestellte Reynoldszahl von

$$Re = \frac{42\,(m\,s^{-1}) \cdot 0{,}55\,(m)}{1{,}51 \cdot 10^{-5}\,(m^2\,s^{-1})} = 1{,}53 \cdot 10^6$$

einen sehr guten Wert für einen „biologischen Strömungskörper“ darstellt.

Übungsaufgaben:

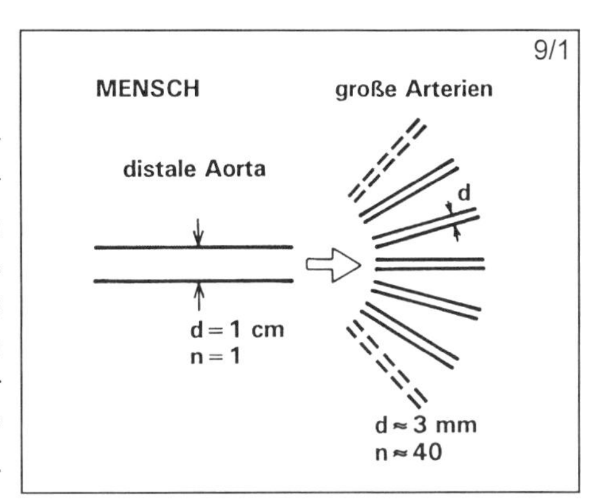

Ü 9/1: Beim Menschen beträgt der Aortendurchmesser etwa 10 mm, der Durchmesser der großen Arterien (von denen es 40 gibt) etwa 3 mm. Wie groß ist nach der Kontinuitätsgleichung die maximale Strömungsgeschwindigkeit in diesen Arterien, wenn diese in der Aorta rund 60 cm pro Sekunde beträgt? Nach Messungen beträgt der tatsächliche Wert höchstens 10 - 20 cm s^{-1}. Kommentieren Sie das Rechenergebnis.

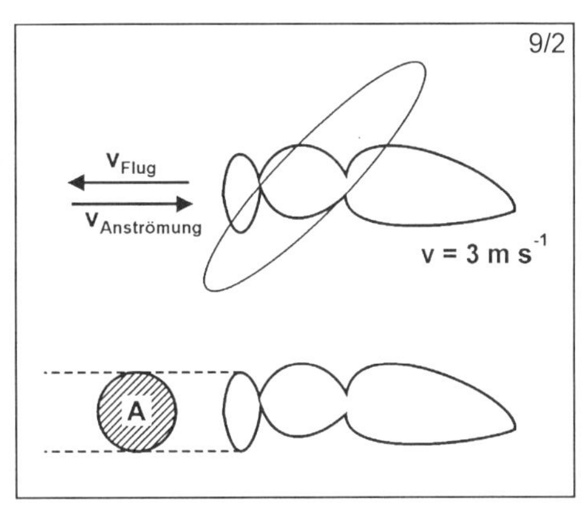

Ü 9/2 : Wie groß ist der Staudruck q auf dem Kopf einer Schmeißfliege (*Calliphora erythrocephala*), die mit 3 m s^{-1} durch ruhende Luft fliegt? Wie groß ist die Widerstandskraft F_W, wenn die Staufläche A etwa 8 mm^2 beträgt und wenn die Modellvorstellung gilt

$$F_W \sim A \cdot q,$$

mit einem Proportionalitätsfaktor (Widerstandsbeiwert c_w) von 0,6?

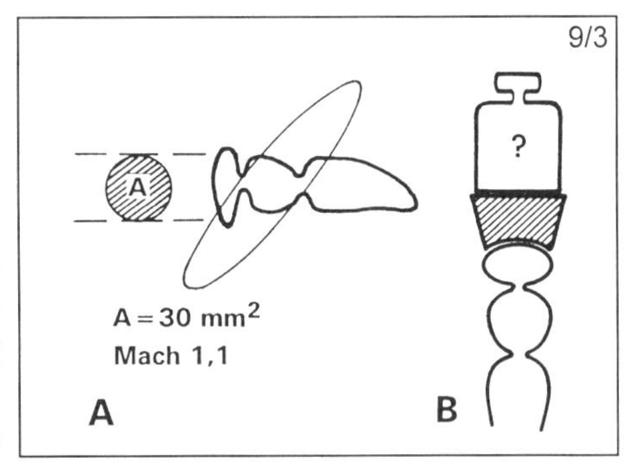

Ü 9/3: Einem Zeitungsbericht aus dem Jahr 1938 zufolge soll die amerikanische Hirschbremse (*Cephenomyia pratti*) mit Überschallgeschwindigkeit fliegen. Nehmen wir lediglich Mach 1,2 an. Welche Kraft würde dann auf die Kopfvorderseite dieser Fliege wirken (Fläche etwa 3 · 10 $^{-5}$ m^2; Modellvorstellen wie bei Ü 9/2)? Kommentieren Sie das Ergebnis.

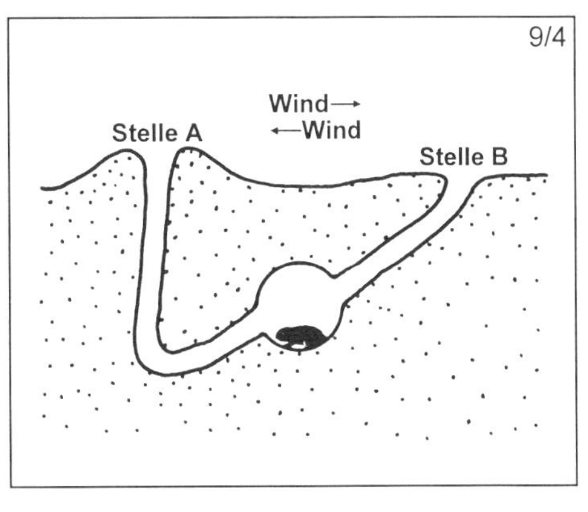

Ü 9/4: Präriehunde (Cynomys spec.) neigen dazu, ausgebuddelten Sand einseitig vulkanhügelartig aufzuschütten (Stelle A). Welche Konsequenzen hat dies - über das Bernoulli-Prinzip - für die Baubelüftung?

T 16
p 320

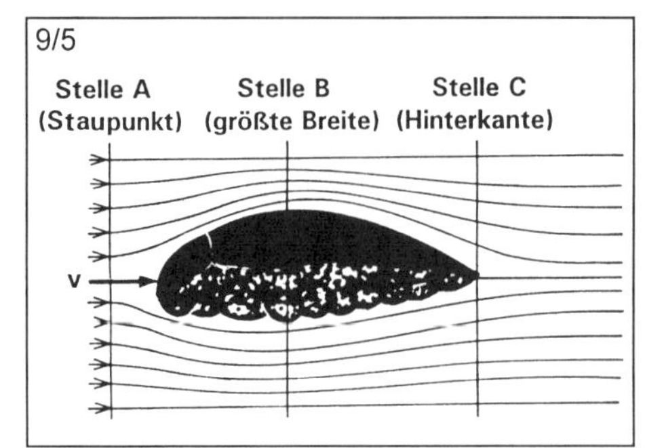

Ü 9/5: Der „tropfenförmige" Rumpf des **Wasserkäfers** Dytiscus maginalis wird parallel zur Längsachse mit konstanter Geschwindigkeit v angeströmt. Wie werden sich nach der Bernoulli-Gleichung Wanddruck p und Geschwindigkeit v längs der Körperkontur ändern und welchen lokalen Problemen wäre ein wanderndes Fluidteilchen bei seinem Weg von A nach C ausgesetzt?

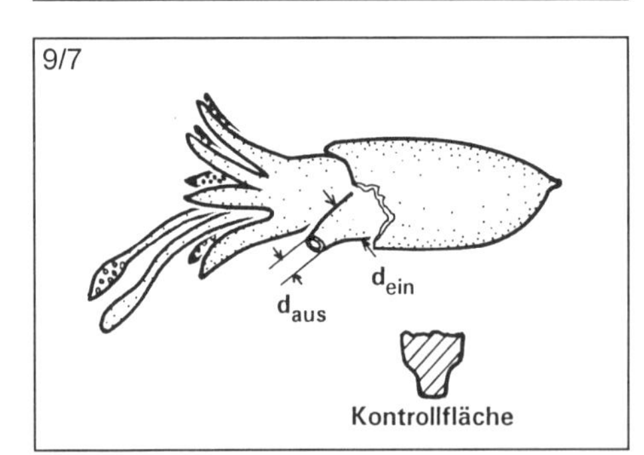

Ü 9/6: Im Beispiel von Abschnitt 9.3.4 ist angegeben, wie sich die gesamte Widerstandskraft aus der Druckverteilung um einen Fichtenstamm abschätzen läßt. Versuchen Sie es! (Hinweis: Vergrößern Sie die Abbildung xerographisch um 200%, arbeiten Sie zunächst mit „Zeicheneinheiten" (Vektorkonstruktionen auf der vergrößerten Abbildung und Ablesen oder Berechnen von p_{xi}) und rechnen Sie erst am Ende auf F_{xi} und F_W um).

9/7

Ü 9/7: Im Augenblick der Mantelkontraktion preßt ein mittelgroßer Tintenfisch aus seiner „Atemrohr-Düse" (Einströmquerschnitt: 7 cm^2, Ausströmquerschnitt 1,5 cm^2) unter dem Druck von $1{,}2 \cdot 10^5$ Pa Seewasser (= 1,02 · 10^3 kg m^{-3}) aus. Wie groß ist die momentane Ausströmgeschwindigkeit v und die Rückstoßkraft F_R?

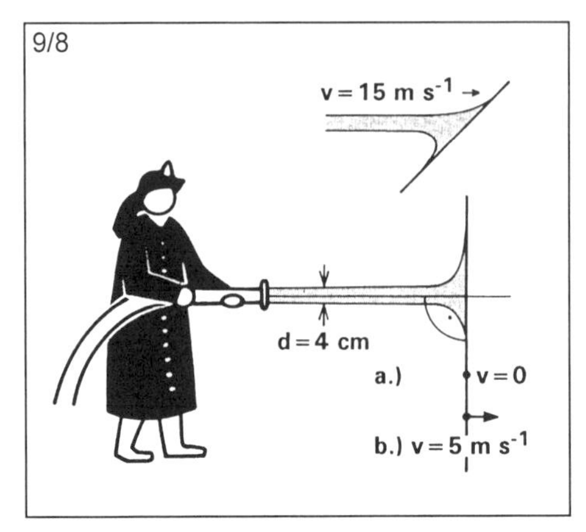

Ü 9/8: Ein Feuerwehrmann spritzt aus dem Schlauch einen 4 cm dicken Wasserstrahl mit v = 15 m s^{-1} auf eine feststehende Wand. Welche Druckkraft entsteht an dieser Wand? Angenommen, die Wand bewege sich mit 5 m s^{-1} von dem Feuerwehrmann weg (er spritze also auf ein wegfahrendes Auto mit vertikaler Heckklappe). Welche Druckkraft entsteht dann? Wie groß wären die beiden Druckkräfte, wenn die Wand nicht senkrecht, sondern unter 45° zur Strahlrichtung verläuft?

Ü 9/9: Welcher Druckverlust herrscht bei einer plötzlichen (unstetigen) Erweiterung eines Lüftungskanals, in der sich die Strömung ablöst, wenn dabei die Einströmgeschwindigkeit $v_1 = 5\ m\ s^{-1}$ auf $v_2 = ½\ v_1$ sinkt?

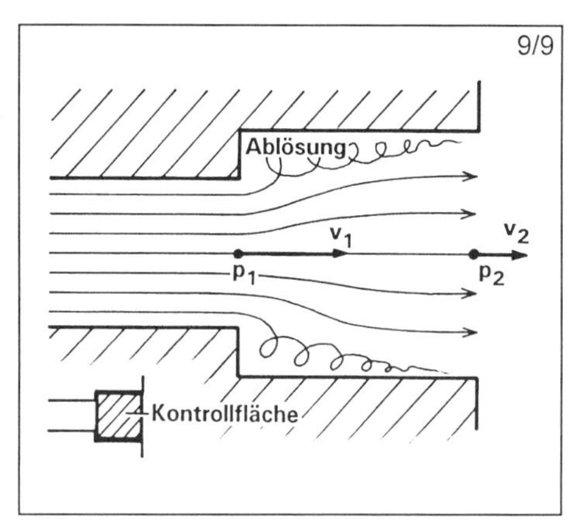

Ü 9/10: Ein Fluß-Schleppkahn erzeugt mit seiner Schraube von 1 m Durchmesser einen Schub von 10 kN. Welches Wasservolumen muß die Schraube sekündlich erfassen und beschleunigen, wenn eine Fahrgeschwindigkeit von $v = 10\ km\ h^{-1}$ erreicht werden soll?

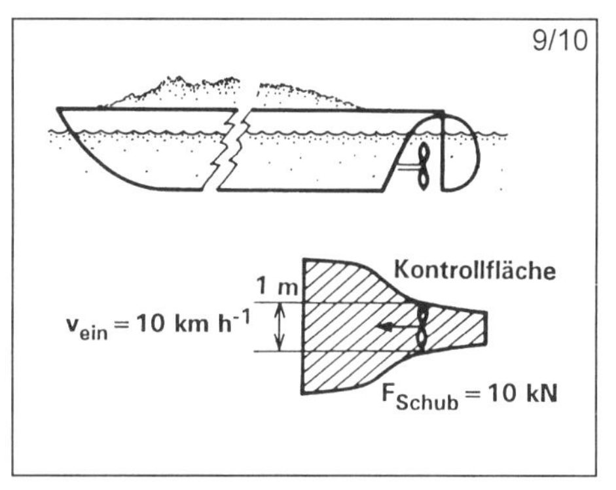

Ü 9/11: Ein Modellflugzeug fliegt mit einer Geschwindigkeit von $100\ km\ h^{-1}$ („v_{ein}"). Sein Propeller besitzt einen Durchmesser von 20 cm, beschleunigt die Luft auf $145\ km\ h^{-1}$ („v_{aus}") und besitzt einen Gütegrad von $\eta_{Güte} = 80\ \%$. Wie groß ist die Schubkraft F_S, der Schubbelastungsgrad C_S, die Schubleistung P_{ab}, die mittlere Durchströmgeschwindigkeit in der Propellerebene v_S, der Leistungsaufwand am Propeller P_{zu}, der theoretische Propellerwirkungsgrad η_{theor} und der tatsächliche Propellerwirkungsgrad η_{tats}?

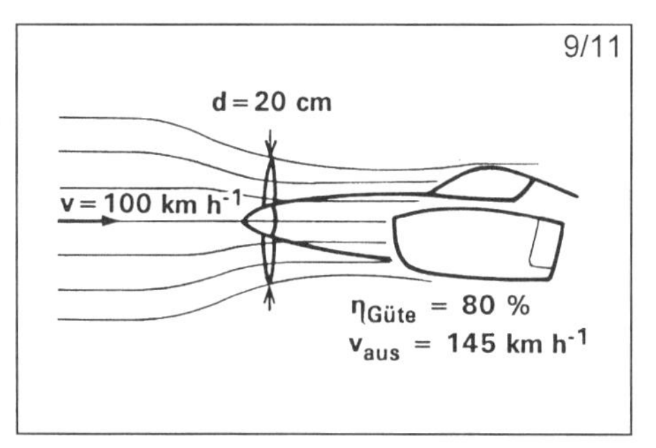

Ü 9/12: Ein großer **Kolibri** von 18 g Körpermasse und 17 cm Flügelspannweite schwirrt vor einer Blüte mit 45 Schlägen pro Sekunde. Welche Strahlgeschwindigkeit v_S induziert er in der Flügelschlagsebene und welchen Impulszuwachs muß er pro Flügelschlagperiode erreichen um ortsfest schwirren zu können?

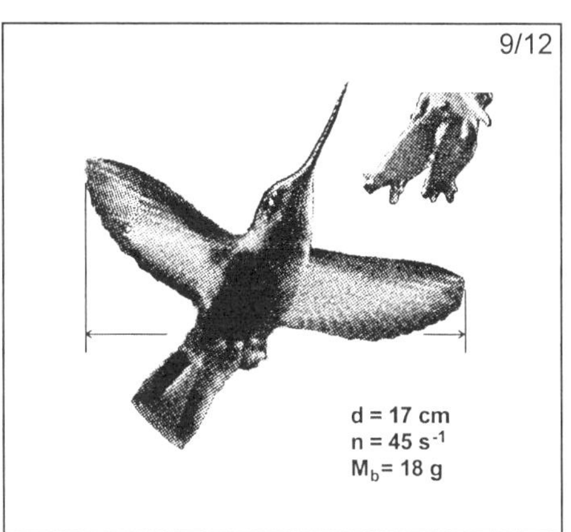

T 15A
p 318

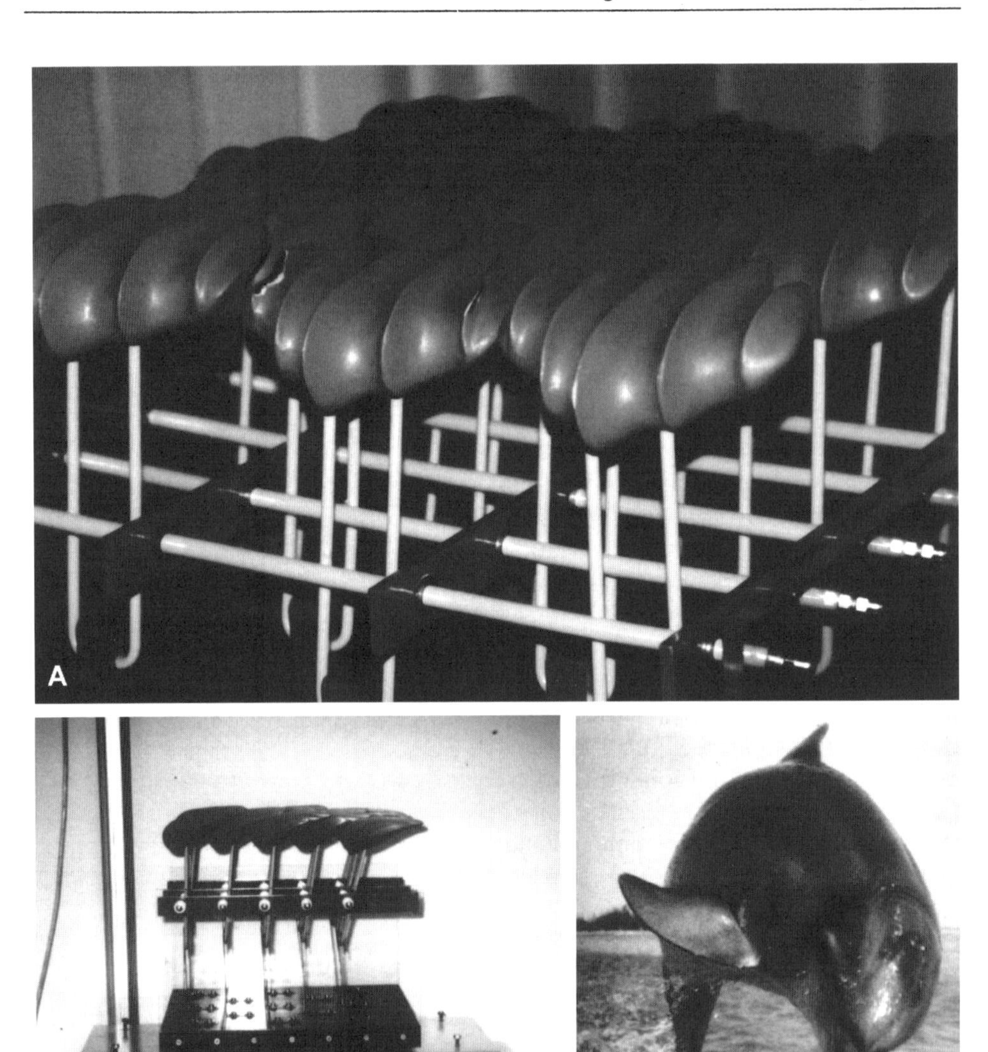

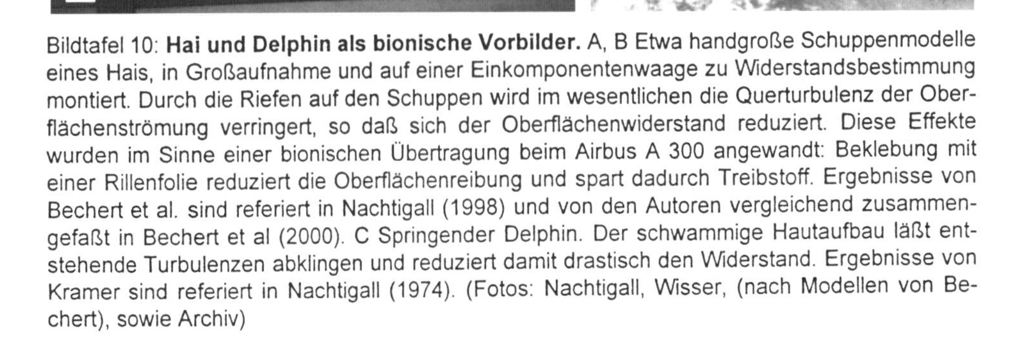

Bildtafel 10: **Hai und Delphin als bionische Vorbilder.** A, B Etwa handgroße Schuppenmodelle eines Hais, in Großaufnahme und auf einer Einkomponentenwaage zu Widerstandsbestimmung montiert. Durch die Riefen auf den Schuppen wird im wesentlichen die Querturbulenz der Oberflächenströmung verringert, so daß sich der Oberflächenwiderstand reduziert. Diese Effekte wurden im Sinne einer bionischen Übertragung beim Airbus A 300 angewandt: Beklebung mit einer Rillenfolie reduziert die Oberflächenreibung und spart dadurch Treibstoff. Ergebnisse von Bechert et al. sind referiert in Nachtigall (1998) und von den Autoren vergleichend zusammengefaßt in Bechert et al (2000). C Springender Delphin. Der schwammige Hautaufbau läßt entstehende Turbulenzen abklingen und reduziert damit drastisch den Widerstand. Ergebnisse von Kramer sind referiert in Nachtigall (1974). (Fotos: Nachtigall, Wisser, (nach Modellen von Bechert), sowie Archiv)

10 Grenzschichten, Kräfte und Momente an umströmten Körpern

Direkt an der Oberfläche eines Körpers verläuft die Strömung anders als in einiger Entfernung davon. Sie kann zudem laminar, teilturbulent und turbulent verlaufen. All dies hat große Effekte auf die Kräfte, denen umströmte Körper unterworfen sind, und diese wiederum führen zu Momenten, die die Stabilität in Fluiden bewegter Körper entscheidend beeinflussen. Für das Verständnis des Lebens in Strömungen und des Fliegens und Schwimmens von Lebewesen sind diese Aspekte grundlegend wichtig.

Nicht weniger bedeutsam sind die Grundlagen der Strömung in Röhren; die Strömung von Blut, Phloemsäften und anderen biologischen Fluiden kann mit technisch-hydrodynamischen Ansätzen in guter Näherung beschrieben werden.

Eine grundlegende Kenngröße für diese Betrachtungen ist die Reynoldszahl Re. Es gibt kaum eine fluiddynamische Untersuchung, bei der sie keine Rolle spielt.

Von Aspekten der Umströmung von Körpern handelt das Kapitel 10.

10.1.1 Das Grenzschichtkonzept

Eine nach Art der Abbildung 10-1A vorne zugeschärfte, mit der Geschwindigkeit v_∞ der freien Strömung exakt parallel von Wasser angeströmte, flache Metallplatte bietet einen „Grenzübergang“; an die äußerste Metallatom-Schicht grenzt die innerste Fluidmolekül-Schicht. Es herrschen so hohe Adhäsionskräfte, daß die letztere an der ersteren „anhaftet“: Haftbedingung der Fluidmechanik. Unbeschadet der Größe von v_∞ : direkt an der Oberfläche gilt $v = 0$. In flächenparallel weiter außen liegenden Fluidschichten wird v in irgendeiner Weise zunehmen, bis - theoretisch erst in unendlich großem Abstand - v_∞ erreicht ist. Den zugehörigen Abstand in der Abb. 10-1A könnte man als Dicke δ der „angrenzenden Schicht“ oder „**Grenzschicht**“ bezeichnen, in der der Übergang von $v = 0$ zu $v = v_\infty$ ge-

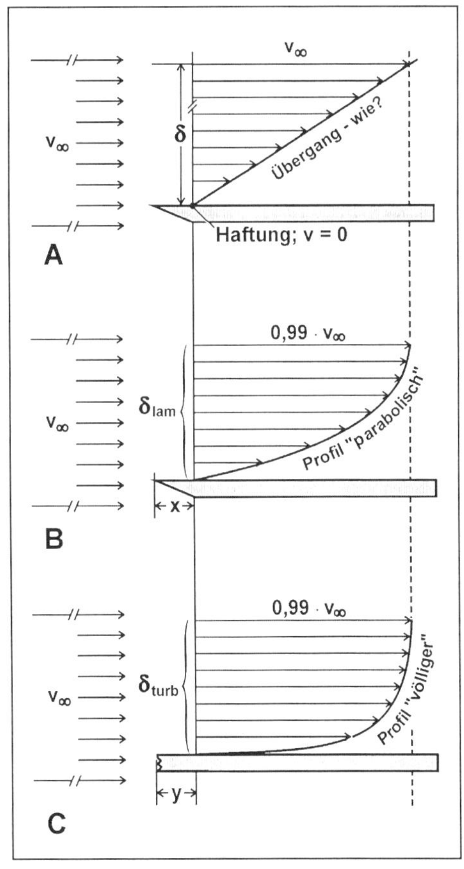

Abb. 10-1: Grenzschichten; Verlauf und Kenngrößen. A Denkbeispiel. B Laminare Grenzschicht. C Turbulente Grenzschicht

T 14B
p 284

schieht. Theoretisch müßte die Dicke gegen unendlich gehen, was für die Praxis unpraktikabel ist. (Zur Terminologie: v_∞ bedeutet nicht unendlich große Geschwindigkeit sondern die Geschwindigkeit der ungestörten (An-)Strömung; das in der Fluidmechanik übliche Suffix „unendlich" ist nicht gerade gut gewählt). Zwischen den Fluidschichten werden Reibungskräfte entstehen und übertragen (vergl. den Abschnitt 8.2 über die dynamische Zähigkeit), Grundlage für den Reibungswiderstand umströmter Körper.

Es war das Verdienst des Strömungsmechanikers Ludwig Prandtl (1875 - 1953), eine praktikable Näherung eingeführt zu haben: Die Grenzschichtdicke δ reicht per def. bis $0{,}99 \cdot v_\infty$ (Abb.10-1B,C). In der damit definierten körpernahen Schicht finden per def. sämtliche Reibungsvorgänge statt; die weiter außen liegende Strömung überträgt per def. keine Reibungskräfte.

10.1.2 Laminare und turbulente Grenzschicht

Im Denkbeispiel der Abbildung 10-1A ist ein linearer Geschwindigkeitsanstieg skizziert. In der Realität erfolgt dieser in Form einer Parabel bei laminaren Grenzschichten oder „völliger", mit größerer Geschwindigkeit in Wandnähe bei turbulenten (Abb. 10-1B,C). Die größere wandnahe Geschwindigkeit des letzteren Falls folgt aus der stärkeren Strömungsdurchmischung durch Turbulenzen; hierdurch kommen energiereichere (rascher strömende) Fluidelemente in Wandnähe.

Die Grenzschichtdicken δ können in guter Näherung wie folgt berechnet werden:

$$\delta_{lam} = 5 \cdot \sqrt{\frac{\nu \cdot x}{v_\infty}} \; ;$$

$$\delta_{turb} = 0{,}37 \cdot \sqrt[5]{\frac{\nu \cdot y^4}{v_\infty}}$$

(x Laufstrecke von der Plattenvorderkante bis zum betrachteten Schnitt, y Laufstrecke vom abstrahierten „Fußpunkt" der turbulenten Grenzschicht (vergl. Abb. 10-2) bis zum betrachteten Schnitt, ν kinematische Zähigkeit.)

10.1.3 Laufstrecke, Umschlag, Ablösung

Nach einer gewissen Laufstrecke x, von der Vorderkante der Platte gerechnet, haben sich lokale Instabilitäten in der laminaren Grenzschicht so weit aufgeschaukelt, daß diese in die Turbulenz umschlägt (Abb. 10-2). Direkt an der Körperoberfläche bleibt aber eine sehr dünne „laminare Unterschicht" erhalten. Insgesamt steigt die Grenzschichtdicke. Die Laufstrecke bis zur „Aufdickung"

(Umschlagspunkt; Abb. 10-2) wird als l_u bezeichnet (u wie „Umschlag"). Vom Verlauf der Außenkontur der turbulenten Grenzschicht kann man einen „Fußpunkt" der Kontur abstrahieren. Von dort zählt die „Laufstrecke" y der turbulenten Grenzschicht. Irgendwann sind die Instabilitäten so stark, daß sich die gesamte turbulente Grenzschicht von der Körperoberfläche ablöst. Diese Ablösung kann durch Gegebenheiten der Körperkontur forciert oder hintangehalten werden. Laminare Grenzschichten können sich gegebenenfalls (s.u.) als solche ablösen, bevor sie in die Turbulenz umschlagen. Abgelöste Grenzschichten, seien sie laminar oder turbulent, erzeugen starke Verwirbelungen hinter der Abrißstelle. Aspekte dieser Art sind im folgenden Abschnitt 10.2 mitbetrachtet.

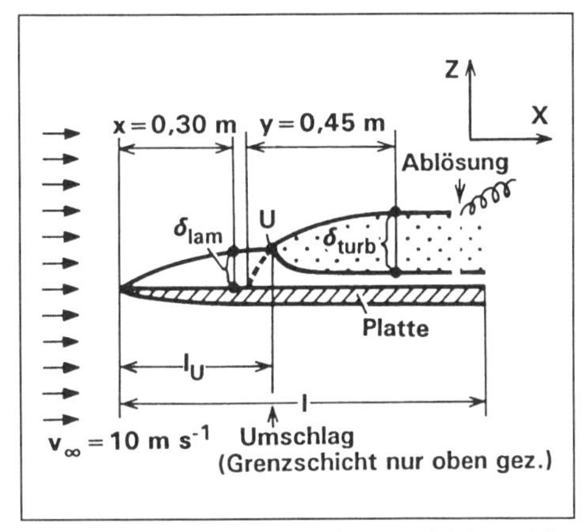

Abb. 10-2: Prinzipielle Grenzschichtausbildung an einer vorne zugeschärften, ebenen, dünnen Platte. Bezeichnungen: s. den Text

10.2 Fluidkräfte

10.2.1 Zum Begriff der Reynoldszahl Re

Die dimensionslose Reynoldszahl Re kann man als Quotient aus den an einem Körper angreifenden Trägheitskräften F_T (Folge von Druckdifferenzen, Strömungsablösungen etc.) und Zähigkeitskräften F_Z (Folge von Fluidreibungen) auffassen:

$$Re = \frac{v \cdot l}{\nu} = \frac{F_T}{F_Z}$$

(v Geschwindigkeit, l eine Bezugslänge des Körpers, ν kinematische Zähigkeit)

Im allgemeinen ist die gesamte Körperlänge l eines umströmten Körpers die Bezugslänge. Die Reynoldszahl heißt dann Re_l. Wird nur Re angegeben, ist im allgemeinen Re_l gemeint. Bei Tragflügeln wird am häufigsten die Flügeltiefe t als Bezugslänge gewählt ($\rightarrow Re_t$), bei Rotationskörpern gerne auch der Durchmesser d ($\rightarrow Re_d$).

***Beispiel**: Ein mit $v = 2{,}5\ m\ s^{-1}$ in kaltem Seewasser ($\nu \approx 1{,}7 \cdot 10^{-6}\ m^2\ s^{-1}$) schwimmender Eselspinguin, Pygoscelis papua, von $l = 0{,}7$ m Körperlänge und einem Längen-Dicken-Verhältnis von 4 : 1 schwimmt bei folgenden Reynoldszahlen:*

$$Re_l = \frac{v \cdot l}{\nu} = \frac{2{,}5\,(m\,s^{-1}) \cdot 0{,}7\,(m)}{1{,}7 \cdot 10^{-6}\,(m^2 s^{-1})} \approx 10^6$$

$$Re_d = \frac{Re_l}{4} = 2{,}5 \cdot 10^5$$

Im folgenden sind die Reynoldszahlen Re für einige biologische und technische Beispiele gegeben.

10^{-4}	Absinkende Nebeltröpfchen oder Kleinalgen
10^{-3}	Schwimmende Bakterien
10^{-1}	Schwimmhaare von Wasserkäfern und Flügel kleinster Insekten
10^{3}	Langsam fliegende Honigbienen und **Fliegen**
10^{5}	Rasch bewegte Vögel und Fische, technische Kleinlüfter
10^{6}	Pinguine, ausgleitend
10^{7}-10^{8}	Pinguine, Wale, Flugzeuge, Luftschiffe
$\geq 10^{9}$	Atmosphärische Wirbel

T 17C p 328

Bei den absinkenden Nebeltröpfchen oder Kleinalgen sind die Zähigkeitskräfte also 10^4 mal größer als die Trägheitskräfte; die Strömung ist praktisch zur Gänze von Zähigkeitseffekten bestimmt. Bei Vögeln und Fischen ist es umgekehrt; hier spielen Zähigkeitseffekte keine Rolle. Im Übergangsbereich (10^{-1} < Re < 10^{+1}) sind beide Effekte in Betracht zu ziehen. Viele fluiddynamischen Kenngrößen sind stark von de Reynoldszahl abhängig, so beispielsweise die Widerstandsbeiwerte von Körpern (vergl. Abb. 10-3 und 10-4).

10.2.2 Widerstandskräfte und -beiwerte c_W

Kräfte, die an umströmten Körpern in Richtung der Anströmung auftreten, heißen Widerstandskräfte F_W. Sie werden oft einfach als Widerstände bezeichnet.

10.2.2.1 Widerstandsarten

Allgemein gilt:

$$\text{Kraft } F(N) = \text{Fläche } A\,(m^2) \cdot \text{Druck } p\,(N\,m^{-2})$$

Bei umströmten Körpern gilt:

$$\text{Kraft } F_W(\text{N}) \sim \text{Bezugsfläche } A\ (\text{m}^2) \cdot \text{Staudruck } q\ (\text{N m}^{-2})$$

Der dimensionslose Proportionalitätsfaktor dieser Proportion heißt Widerstandsbeiwert c_W:

$$\text{Strömungsmechanische Widerstandskraft („Widerstand") } F_W\ (\text{N}) =$$

$$= \text{Widerstandsbeiwert } c_W \cdot \text{Bezugsfläche } A\ (\text{m}^2) \cdot \text{Staudruck } q\ (= \tfrac{1}{2}\rho \cdot v^2;\ \text{N m}^{-2})$$

Die folgenden Bezeichnungen sind üblich. Die Widerstandsbeiwerte werden nach den Kraftbezeichnungen benannt, zum Beispiel Druckwiderstand $F_D \rightarrow$ Druckwiderstandsbeiwert c_{WD}.

Gesamtwiderstand	$F_W = c_W \cdot A \cdot q$
Reibungswiderstand oder Oberflächenwiderstand	$F_{WO} = c_{WO} \cdot A \cdot q$
Druckwiderstand oder Formwiderstand oder Stirnflächenwiderstand	$F_{WD} = c_{WD} \cdot A \cdot q$
Induzierter Widerstand (vergl. Abschnitt 11.4)	$F_{wi} = c_{Wi} \cdot A \cdot q$
„Volumenwiderstand"	$F_{WV} = c_{WV} \cdot V^{2/3} \cdot q$

Der Volumenwiderstandsbeiwert berechnet sich damit nach

$$c_{WV} = \frac{F_W}{V^{\frac{2}{3}} \cdot q};$$

das gemessene Volumen des Körpers hoch zwei Drittel besitzt die Dimension einer (Bezugs-)Fläche:

$$V^{\frac{2}{3}} = (L^3)^{\frac{2}{3}} = L^2$$

Wenn Stirnfläche A_{st}, Oberfläche A_V und Volumen V eines Körpers bekannt sind, kann man die Beiwerte ineinander umrechnen. So gilt beispielsweise

$$c_{WO} = c_{WD} \cdot \frac{A_{St}}{A_O}$$

und $$c_{WV} = c_{WD} \cdot \frac{A_{St}}{\sqrt[3]{V^2}} = c_{WO} \cdot \frac{A_O}{\sqrt[3]{V^2}}.$$

Aus Vergleichsgründen hier eingeordnet seien auch Kräfte, die nicht in Anströmungsrichtung weisen (s. die Abschnitte 10.2.3 und 10.2.4).

Auftrieb $F_A = c_A \cdot A \cdot q$

Seitkraft $F_S = c_S \cdot A \cdot q$

Doch zurück zu den Widerständen. Je nach der Körperform und / oder Anströmung überwiegt der eine oder der andere Widerstandsanteil:

Parallel angeströmt flache Platte:

$$F_W = F_{WO} + F_{WD} \approx F_{WO} + 0;\ c_W \rightarrow c_{WO}$$

Senkrecht angeströmte flache Platte:

$$F_W = F_{WO} + F_{WD} \approx 0 + F_{WD};\ c_W \rightarrow c_{WD}$$

„Tropfenkörper“, Fisch, Pinguin:

$$c_W = c_{WO} + c_{WD};$$

beide Anteile sind in Betracht zu ziehen.

Die Bezugsfläche muß angegeben sein. Bei umströmten Körpern wird zur Berechnung von c_{WD} die Stirnfläche A_{St} benutzt (Projektionsfläche des Körpers auf eine Ebene senkrecht zur Anströmung bei Nullanstellwinkel (Abb. 10-6 C und D). Zur Berechnung von c_{WO} wird die gesamte abgewickelte Körperoberfläche A_0 benutzt. Damit ergeben sich die Formeln

$$c_{WD} = \frac{F_W}{A_{St} \cdot q}$$

und $$c_{WO} = \frac{F_W}{A_O \cdot q}.$$

$$\text{Da} \quad A_{St} < A_O \quad \text{ist} \quad c_{WD} > c_{WO}.$$

Bei Tragflügeln wird die Projektionsfläche A_P auf die Tangentialebene an die Unterseite benutzt, die viel größer ist als deren (hier als Referenzfläche unübliche) Stirnfläche. Wenn man c_W-Werte eines Flugzeugrumpfes ($\rightarrow A_{St}$) und Flugzeugtragflügels ($\rightarrow A_P$) vergleicht, darf man sich über die vergleichsweise sehr kleinen Werte für den Tragflügel nicht wundern; sie bedeuten keinesfalls, daß er widerstandsmäßig „besser“ ist als der Rumpf.

10.2.2.2 Abhängigkeit von der Reynoldszahl Re

Die Widerstandsbeiwerte sind stark von der Reynoldszahl abhängig. Dies zeigt die Abbildung 10-3 für Kugel, Kreisscheibe (Kreisplatte: „Bierdeckel") und querangeströmten Kreiszylinder über einen sehr großen Re-Bereich.

Wie erkennbar ändert sich die Beziehung c_W (Re) in einem mittleren Re-Bereich von etwa $10^3 < Re < 10^5$ nur wenig, insbesondere gilt dies für die Kreisscheibe. Mit kleineren Re-Werten steigen die c_W-Werte drastisch an. In einem Bereich $10^5 < Re < 10^6$ erfolgt dagegen ein schlagartiger Abfall. Die zu diesem Abfall gehörende Re-Zahl heißt kritische Reynoldszahl Re_{krit}. Mit noch größeren Re-Zahlen steigen die c_W-Werte langsam wieder an.

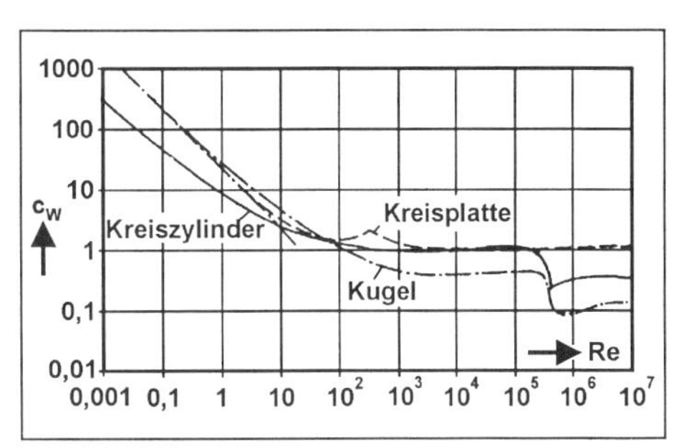

Abb. 10-3: Abhängigkeit der Widerstandsbeiwerte c_{WD} dreier Körper von der Reynoldszahl Re, über einen sehr großen Re-Bereich betrachtet. Vergl. den Text

Im Re-Bereich < Re_{krit} herrscht „unterkritische Umströmung" mit laminarer Grenzschicht, im Bereich > Re_{krit} „überkritische Umströmung" mit turbulenter Grenzschicht. Im überkritischen Bereich (auch nahe Re_{krit}) sind die Beiwerte sehr deutlich kleiner (→ besser) als im unterkritischen Bereich (auch nahe Re_{krit}). Der Grund liegt in einer Änderung der Umströmungscharakteristik beim Übergang von der laminaren zur turbulenten Grenzschicht, die eine Änderung der Druckverteilung und damit des Abreißverhaltens bedingt. Details sind aus der Abbildung 10-4 zu entnehmen. Besonders interessant sind die Verhältnisse bei der Kugelumströmung. Bei turbulenter Grenzschicht ist die wandnahe Strömung energiereicher. Sie kann deshalb den Druckanstieg bei Umströmung der hinteren Hälfte einer Kugel besser überwinden und reißt deshalb später, das heißt bei einem geringeren Abrißquerschnitt ab. Damit wird der Kugelwiderstand beim Übergang von laminarer zu turbulenter Grenzschicht, bzw. beim Übergang von unterkritischer zu überkritischer Umströmung kleiner. Wie erkennbar folgt auch das Gipsmodell einer Lachmöwe dieser allgemeinen Charakteristik.

Aus physikalischen Gründen haben es also kleine, langsam („unterkritisch") fliegende und schwimmende Tiere schwerer als größere, schneller („überkritisch") bewegte: Höheres c_W bei kleinerer Re bedeutet, daß die widerstandserzeugenden Eigenschaften ein und desselben Körpers ansteigen, wenn dieser geometrisch verkleinert wird und/oder sich langsamer bewegt. Damit steigt die zur Widerstandsüberwindung nötige relative (zum Beispiel auf die Einheit des Muskelvolumens bezogene) Antriebsleistung. Wachsende Jungforellen schwimmen „unterkritisch" und sind deshalb auf eine vergleichsweise hohe relative Stoffwechselleistung (vergl. Abschnitt 15) angewiesen.

Die Angabe von Widerstandsbeiwerten macht somit nur Sinn, wenn man dazu auch die Reynoldszahl angibt, für die sie gelten. Fehlen solche Angaben, so ist

Vorsicht geboten; in der Technik ist oft, aber nicht immer, „überkritische Umströmung“ (nahe Re_{krit}) gemeint, wenn weitere Angaben fehlen.

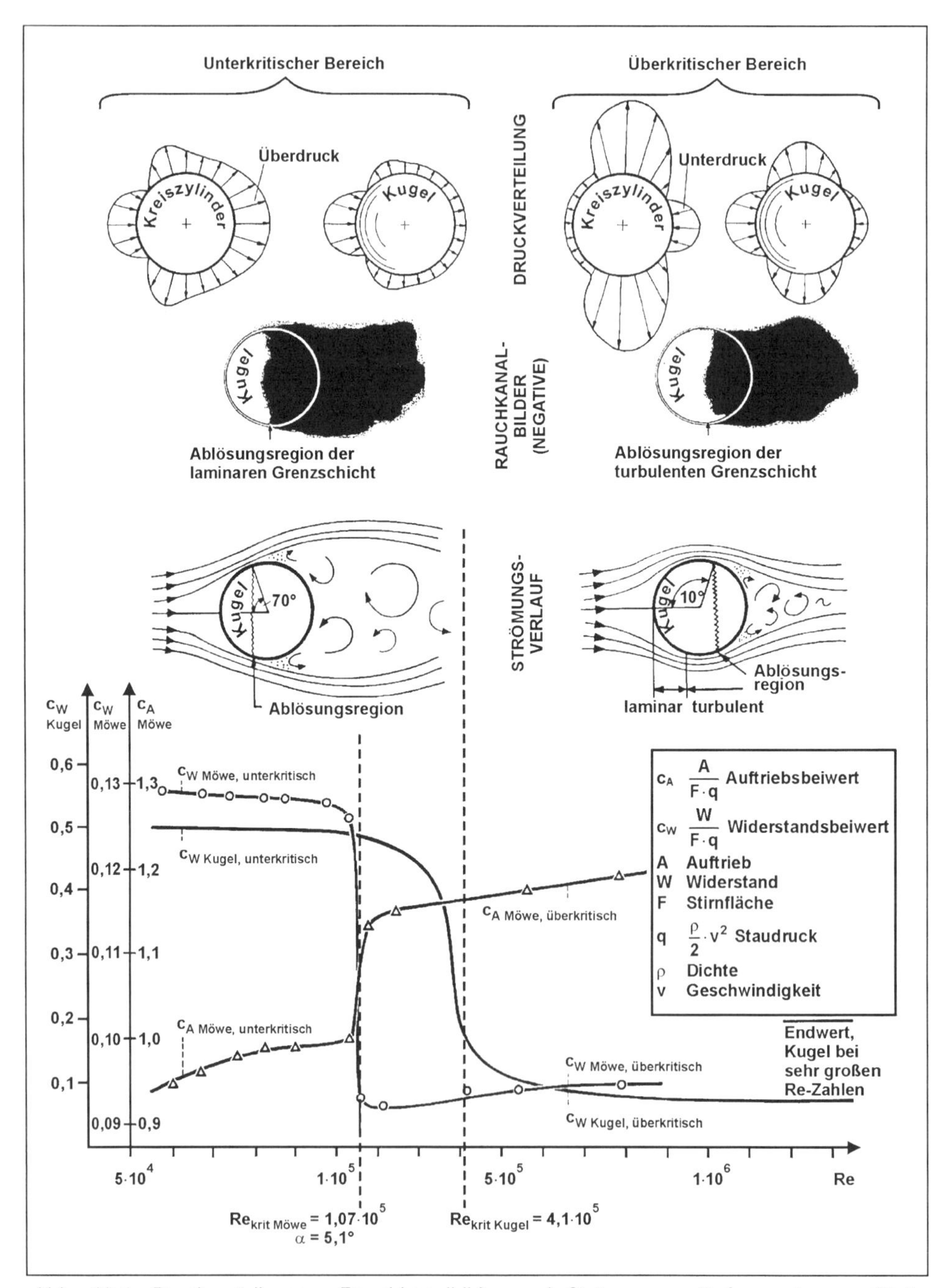

Abb. 10-4: Druckverteilungen, Rauchkanalbilder und Strömungsverläufe sowie c_{WD} (Re)-Kennlinien für die Kugel und für den querangeströmten Kreiszylinder. In das untere Diagramm ist, nach Messungen von Feldmann 1944, auch die c_W (Re)-Kennlinie für das Gipsmodell einer Lachmöwe, *Larus ridibundus*, eingetragen.

Beispiel: *Im Beispiel zu Abschnitt 9.3.4 wurde die Widerstandskraft an einem 1 m langen Abschnitt eines gerade gewachsenen Fichtenstamms von d = 19,1 cm Durchmesser bei einer Windgeschwindigkeit von 41 km h^{-1} (entsprechend 11,4 m s^{-1}) näherungsweise über die Druckverteilung bestimmt. Es resultierte: $F_W \approx 18$ N. Greifen wir das Beispiel nochmals auf.*

Die Reynoldszahl beträgt

$$\mathrm{Re} = v \cdot d \cdot \nu^{-1} =$$

$$= 19{,}1\ (\mathrm{m\ s^{-1}}) \cdot 0{,}191\ (\mathrm{m}) \cdot (1{,}523 \cdot 10^{-5}(\mathrm{m^2\ s^{-1}})^{-1}) = 1{,}43 \cdot 10^5.$$

Nach Abbildung 10-3 herrscht hierbei noch unterkritische Umströmung mit hohem c_W; aus der Abbildung läßt sich ein c_W etwas größer als 1 abschätzen; genaue Graphen liefern für diese Re-Zahl einen Wert von c_W = 1,2 (Rauhigkeiten bleiben in diesem Demonstrationsbeispiel unberücksichtigt).

Die Projektionsfläche zur Berechnung des Druckwiderstandsbeiwerts c_{WD} ist die Stirnfläche für Queranströmung

$$A_{\mathrm{St\ quer}} = 0{,}191\ (\mathrm{m}) \cdot 1\ (\mathrm{m}) = 0{,}191\ (\mathrm{m^2}).$$

Damit berechnet sich der Widerstand zu

$$F_W = c_{WD} \cdot A_{\mathrm{St\ quer}} \cdot \tfrac{1}{2}\rho \cdot v^2 =$$

$$= 1{,}2 \cdot 0{,}191\ (\mathrm{m^2}) \cdot \tfrac{1}{2} \cdot 1{,}23\ (\mathrm{kg\ m^{-3}}) \cdot (11{,}4\ (\mathrm{m\ s^{-1}}))^2$$

$$= 18{,}32\ \mathrm{N} \approx 18\ \mathrm{N}$$

Zur Abschätzung über die Druckverteilung herrscht Übereinstimmung.

10.2.2.3 Beispiele aus Technik und Biologie

Die Abbildung 10-5 zeigt einige Körper und ihre Widerstandsbeiwerte für den angegebenen Re-Bereich.

Den größten c_W-Wert von etwa 1,3 weisen in Anströmungsrichtung offene Halbkugeln auf; Fallschirme und Anemometerschalen sollen denn auch einen möglichst großen Widerstand erzeugen. Große Beiwerte von etwa 1,1 haben auch senkrecht angeströmte Kreisscheiben („Bierdeckel"). Der c_W-Wert für die Kugel ist bei Re = $2 \cdot 10^5$ (noch unterkritisch) gleich 0,42, bei Re = $4 \cdot 10^5$ (gerade überkritisch) gleich 0,09, also mehr als viereinhalbmal kleiner!

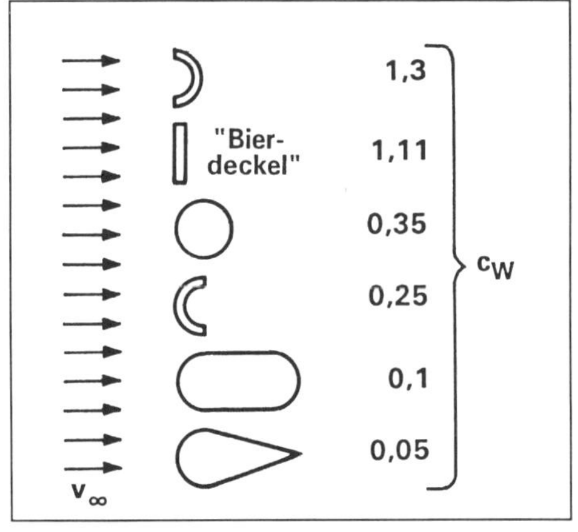

Abb. 10-5: Widerstandsbeiwerte einiger technischer Körper nahe Re_{krit} bei unterkritischer Umströmung

Dies führt zu folgendem Effekt. Strömt man eine an einer Widerstandswaage befestigte Kugel mit dem Windkanal zunehmend rascher an (Re $\rightarrow$ größer), so steigt ihr Widerstand F_W wegen $F_W \sim v^2$ einerseits rasch an, nimmt aber nach Überschreiten von Re_{krit} wegen $F_W \sim c_W$ andererseits kurzfristig ab. In diesem Bereich ist der c_W-bedingte Abfall größer als der v^2-bedingte Anstieg. Mit aufheulendem Windkanal ($\rightarrow$ *größere* Anblasgeschwindigkeit) *sinkt* also die F_W-Waagenanzeige - der Praktikant glaubt zu träumen.

Kleine c_W-Werte bis nahe 0,03 haben „Tropfenformen" und „Spindelformen" bei Re $\approx 10^6$. Diese Formen sind aber mangels Leitflächen als Fahrzeugformen unbrauchbar da richtungsunstabil; bringt man Leitflächen an (Bombenleitwerk, Torpedoleitwerk), so steigt der c_W-Wert sofort an. Luftschiffbeiwerte liegen bei 0,08 für Re $\approx 10^8$.

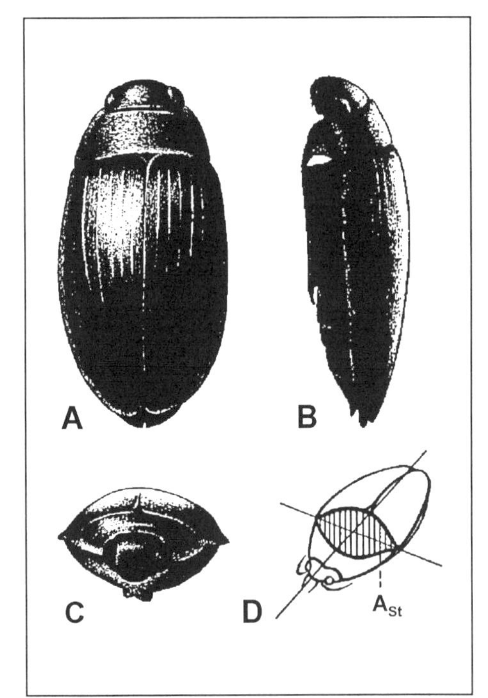

Abb. 10-6: Ansichten des Gelbrandkäfers *Dytiscus marginalis* von oben (A), von der Seite (B) und von vorne (C) sowie Angabe der Stirnfläche A_{St} (D). Die Stirnfläche entspricht der Außenkontur von Teilabbildung C

Einen sehr kleinen c_W-Wert von 0,07 haben Saarbrücker Messungen (Nachtigall, Bilo 1980) am mit Re $\approx 10^6$ ausgleitenden Eselspinguin, *Pygoscelis papua* gebracht, der dabei erstaunlich dickbauchig ist und richtungsstabil schwimmt. Berliner Messungen beim Schwimmen der gleichen Art mit Re = $1{,}6 \cdot 10^6$ weisen sogar auf Werte von $c_W \approx 0{,}03$ hin (Bannasch 1996). Dies ist geradezu unglaublich und eine Herausforderung für die Technik.

T 16
p 320

Mit $c_W \leq 0{,}4$ sechs bis sieben mal weniger gut sind die c_W-Werte für **Gelbrandkäfer**, die doch sehr „strömungsschnittig" aussehen (Abb. 10-6) und in Seitansicht (Abb. 10-6 B) dem Pinguin entfernt ähneln (Abb. 10-7). Der Grund: die viel kleinere Reynoldszahl von 10^2 bis $5 \cdot 10^3$, bei der sie schwimmen. Nach Abbildung 10-7 kann man die biologischen Meßwerte mit den technisch möglichen Grenzwerten vergleichen. Liegen sie nahe bei den Minimalwerten, sind sie „gut". Technische Kenngrößen helfen also, biologische Konstruktionen angemessener zu beschreiben und besser zu verstehen: Aspekte der TECHNISCHEN BIOLOGIE (Nachtigall 2000).

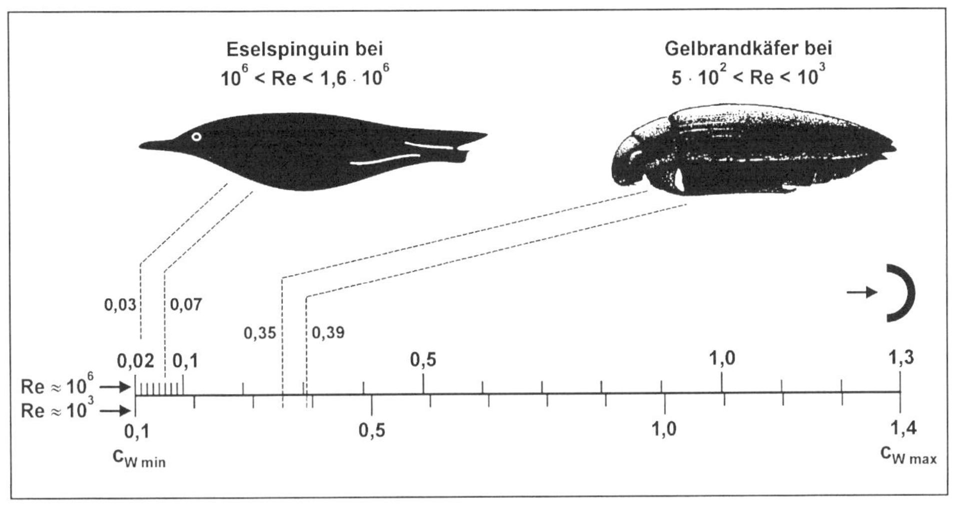

Abb. 10-7: Einordnung der (Druck-)Widerstandsbeiwerte zweier bei unterschiedlichen Reynoldszahlen schwimmender Tiere in das dort mögliche Spektrum der Extrembereiche

Widerstandsbeiwerte im Bereich $0{,}2 < Re < 0{,}3$ gelten für den Fahrzeugbau bereits als sehr gut. Die kantige „Ford Lizzy" der zwanziger Jahre hatte einen (schlechten) Beiwert von 1, der klassische VW-Käfer einen Beiwert von 0,46. Das erste Serienauto, das den c_W-Wert 0,3 leicht unterschritten hatte, war in den 80er Jahren der Audi 100. Heute tendieren die Entwicklungen gegen $c_W \approx 0{,}2$. Dieser Wert wurde mit Experimentalautos (z.B. K-F-Schnellreisewagen bei $10^7 < Re < 10^8$) aber bereits 1939 (!) erreicht. Gute Vogelrümpfe liegen bei den typischen Fluggeschwindigkeiten ($Re \approx 10^5$) um 0,15.

10.2.2.4 Abhängigkeit des Widerstands F_W von der Anströmgeschwindigkeit bei kleiner und großer Re-Zahl

Nach Newton steigt, wie angegeben, die Widerstandskraft F_W eines Körpers mit dem Quadrat der Relativgeschwindigkeit v zwischen Körper und umgebendem Fluid, bei ruhenden Körper also mit dem Quadrat der Fluidgeschwindigkeit v:

$$F_W \sim v^2$$

Dies gilt für den Körper und für alle Re-Zahlen, wenn man die c_W (Re)-Abhängigkeit einbezieht. Für sehr kleine Re-Zahlen ist nach Stokes F_W für Kugeln der Geschwindigkeit direkt proportional:

$$F_W \sim v^1$$

(hier nicht näher betrachtet).

Die Meßreihe F_W (v^2) des folgenden Beispiels an Wasserkäfern verdeutlicht das. Sie ist auch ein gutes Beispiel für ein graphisches Testverfahren.

Die Beziehung F_W = Faktor · v^2 entspricht einer Potenzfunktion der Art $y = ax^b$ mit dem Exponenten b = 2. Trägt man diese im doppelt linearen System auf, so resultiert eine quadratische Parabel. Trägt man sie aber im doppelt logarithmischen System auf, so resultiert eine Gerade mit der Steigung b = 2:

Funktion:	y	=	ax^b				
logarithmiert	$\log y$	=	b	·	$\log x$	+	$\log a$
transformiert::	y^*	=	Steigung	·	x^*	+	Konstante

Die Gleichung y* (x*) entspricht einer Geradengleichung. Im doppelt logarithmischen Koordinatensystem (auf zweifach logarithmischem Papier) stellt sich eine Potenzfunktion also als Gerade dar. Aus der doppelt logarithmischen Auftragung läßt sich die Steigung ablesen und damit b bestimmen:

$$b = \frac{\Delta y^*}{\Delta x^*} = \frac{\log y_2 - \log y_1}{\log x_2 - \log x_1}$$

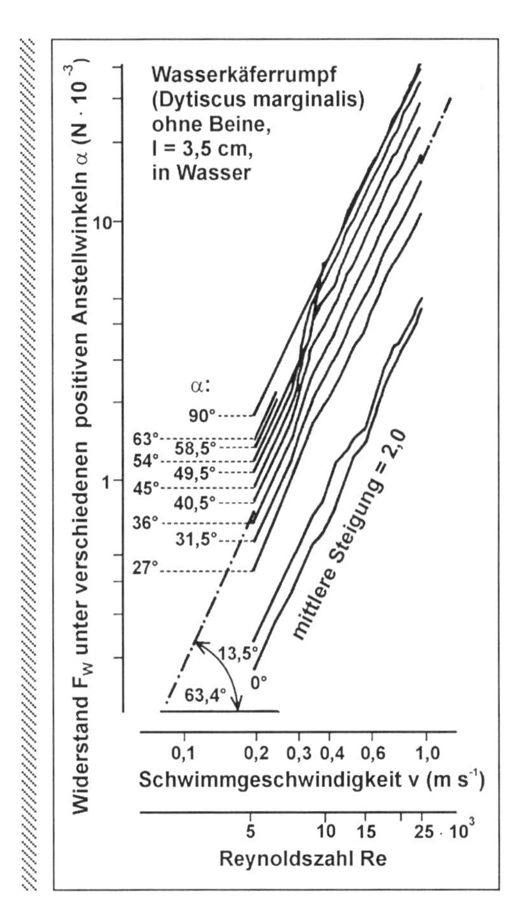

***Beispiel** (Abb. 10-8): Die Abbildung zeigt nach Messungen in unserem Institut in doppelt logarithmischer Auftragung die Abhängigkeit des (Druck-) Widerstands von der Anströmgeschwindigkeit für den 3,5 cm langen, bei Re = 5 · 10^3 schwimmenden Gelbrandkäfer Dytiscus marginalis. Die Steigungsablesung ergibt:*

$$b_{Dytiscus} = 2{,}00$$

Der Gelbrandkäfer schwimmt also vollständig nach dem Newton'schen Widerstandsgesetz.

Abb. 10-8: Auftragung des mit Windkanalversuchen bestimmten Widerstands F_W bei Nullanstellwinkel über die Fortbewegungsgeschwindigkeit für den Wasserkäfer Dytiscus marginalis (bei Re = 5 · 10^3 im doppelt logarithmischen Koordinatensystem. Zur Steigungen vergl. den Text. (Nach Nachtigall, Bilo 1965)

Ein Beispiel für sehr kleine Reynoldszahlen ($Re \leq 10^{-1}$), bei denen das Stokes-sche Gesetz vollständig gilt, wäre das langsame Absinken kleinster Schwebegebilde wie etwa Nebeltröpfchen in Luft oder mikroskopischer Kugelalgen in Wasser.

Alle in diesem Abschnitt mitgeteilten Widerstandsbeiwerte waren Druckwiderstandsbeiwerte, c_{WD}. Wichtig sind aber auch Betrachtungen zu Oberflächen-Widerstandsbeiwerten c_{WO}.

10.2.2.5 Oberflächenwiderstand F_{WO}

Die Abbildung 10-9 zeigt die Abhängigkeit des Oberflächenwiderstandsbeiwerts c_{WO} der flachen, parallel angeströmten Platte (Reynoldszahl Re_l) für den laminaren Fall (hier: glatte Oberfläche) und den turbulenten Fall (hier: glatte Oberfläche und rauhe Oberflächen unterschiedlichen Rauhigkeitsgrads k/l (k mittlere Korngröße von Oberflächenrauhigkeiten, l Plattenlänge)).

Wie erkenntlich ist c_{WO} im laminaren Fall deutlich (bis etwa um eine Größenordnung!) geringer als im turbulenten Fall. Des weiteren nimmt c_{WO} mit zunehmender Re in jedem Fall ab, aber mit leicht unterschiedlicher lokaler Steigung. Kleine lokale Störungen führen dazu, daß die laminaren Kennlinie in einem Übergangsbereich in die turbulente übergeht; je größer diese Störungen sind, bei desto geringeren Re-Zahlen ist dies der Fall. Laminare Strömung bei Re-Zahlen größer als etwa 10^7 sind nicht möglich.

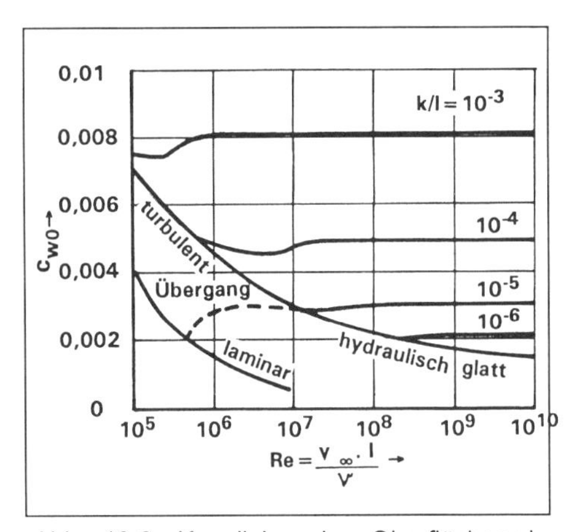

Abb. 10-9: Kennlinien des Oberflächenwiderstandsbeiwerts c_{WO} als Funktion der Reynoldszahl Re für laminare und turbulente Strömung um eine parallel angeströmte, dünne, flache Platte, die glatt oder unterschiedlich rauh ist. Vergl. den Text

Den Umschlag kann man erzwingen („vorverlegen") durch

- eine größere Vorturbulenz der Anströmung
- eine größere Mikrorauhigkeit der Platte
- gezielte „Stolperstellen" nahe der Plattenvorderkante, z.B. quer zur Strömung aufgeklebte feine Drähte.

Weiter ist erkennbar, daß c_{WO} im turbulenten Fall von der Oberflächenrauhigkeit (Rauhigkeitshöhe) abhängt; je größer die Rauhigkeit, bei desto kleineren Re-Zahlen beginnt eine „Plateaubildung“, und desto höher ist das „Plateau“, das c_{WO} schließlich erreicht und auf dem c_{WO} nicht mehr Re-abhängig ist.

Glatt, laminar	Glatt, turbulent	Glatt, turbulent, mit lam. Anlauf	Rauh, turbulent
$\frac{1{,}328}{\sqrt{Re}}$	$\frac{0{,}0745}{\sqrt[5]{Re}}$	$\frac{0{,}455}{(\log Re)^{2{,}58}}$	$\frac{0{,}418}{(2+\log\frac{l}{k})^{2{,}53}}$

Abb. 10-10: Näherungsformeln zur Berechnung der Oberflächen-Widerstandsbeiwerte c_{WO} der flachen, parallel angeströmten Platte

Die c_{WO}-Abhängigkeit von Re kann man für unterschiedliche Randbedingungen mit Näherungsformeln beschreiben (Abb. 10-10). Damit läßt sich c_{WO} und F_{WO} der Gesamtplatte berechnen, die ja nach Abbildung 10-2 nacheinander laminar, eventuell im Übergangsbereich und schließlich turbulent umströmt werden kann.

Darstellungen und Rechnungen dieser Art spielen eine große Rolle bei einer wichtigen biomechanischen Fragestellung, nämlich der Widerstandserzeugung durch glatte und rauhe, feste und „schwabbelige“ oder „glitschige“ Körperoberflächen von Meeressäugern und Fischen. Gut untersucht sind **Delphine**.

T 10C p 220

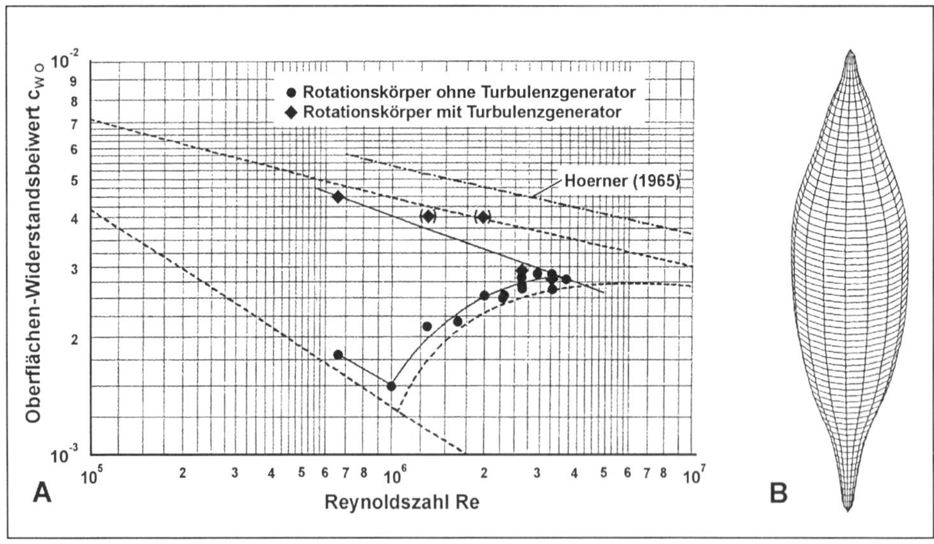

Abb. 10-11: A Einzeichnung von Meßwerten c_{WO} (Re) an technischen (Hoerner 1965) und biomimetischen (Bannasch 1996, Teilabbildung B) Spindelkörpern in einem Ausschnitt des Grenzkennlinien-Diagramms von Abb. 10-9. (Nach Bannasch 1996)

In Abbildung 10-11 A sind die beiden Kennlinien (laminar / turbulent für glatte Platten) von Abbildung 10-9 nochmals mit besserer Ablesbarkeit aufgetragen.

Da es sich hier nur um einen kleinen Re-Ausschnitt handelt, wurden sie durch Geradenabschnitte angenähert. Es sind sozusagen die „Randlinien", zwischen denen alle Widerstände an glatten, ebenen Platten liegen müssen. Wenn man eine solche Platte zum Zylinder rollt und ein Kopf- und Schwanzteil anfügt, kann man sie als Schleppkörper hinter einem Motorboot vermessen. Die Kennlinien für die flache Platte gelten im Prinzip auch für den zylindrischen Teil solcher Schleppkörper.

Wie erkennbar liegen die Messungen von Hoerner (1965) an turbulentumströmten technischen Spindel*körpern* deutlich über der turbulenten Grenzkennlinie für *Platten*. Messungen von Bannasch (1996) an symmetrischen, relativ dicken Rotationskörpern, die von Pinguinen (Adelie-, Esels-, Zügelpinguin) abstrahiert worden sind, liegen dagegen erstaunlich nahe der laminaren Grenzkennlinie für die ebene Platte, insbesondere auch im Bereich des ungestörten Übergangs. Läßt man die Testkörper dagegen durch einen Turbulenzgeber (Metallring in der Vorderregion) künstlich vollturbulent umströmen, liegen sie nahe, aber etwas unter der turbulenten Grenzkennlinie.

Derartige eigentümlich geformte und gestaffelte „Pinguinabstrakte" (Abb. 10-11 B) sind also weitaus strömungsgünstiger als oberflächlich betrachtete ähnliche technische Strömungskörper. Dies legt ihre Verwendung als „Körper geringsten Widerstands" auch in der Technik nahe. Naturforschung kann also in unerwarteter Weise in die Technik zurückwirken. Dies gilt beispielsweise auch für Grenzschichtbeeinflussung durch **geriefte Haischuppen** (→ BIONIK; in der Beispielsammlung von Nachtigall 1998 wurden diese Aspekte weitergeführt).

T 10A,B p 220

10.2.3 Auftriebskraft F_A und -beiwert c_A

Als Auftriebskraft oder einfach Auftrieb F_A eines Körpers bezeichnet man eine Kraftkomponente *senkrecht* zu dessen Anströmungsrichtung. (Der Widerstand ist die entsprechende Komponente *in* Anströmungsrichtung.)

Der Begriff „Auftrieb" ist nicht gut gewählt, suggeriert er doch sprachlich eine „aufwärts gerichtete" (vertikale) Kraft. Diese heißt in der Strömungsmechanik aber Hubkraft oder Hub F_H. Nur beim Luftballon ist Auftrieb und Hub gleichgerichtet. Manchmal wird der Begriff „Querkraft" für den Auftrieb benutzt.

Der Ansatz entspricht der allgemeinen Fluidkraft-Formulierung (vergl. Abschnitt 10.2.2). Trag- und Schlagflügel sollen möglichst viel Auftrieb und möglichst wenig Widerstand liefern.

10.2.4 Seitkraft F_S und -beiwert c_S

Der Begriff spielt in der Fahrzeugtechnik eine Rolle und entspricht der Kraftkomponente senkrecht zur Fahrtrichtung bei Schräganströmung. Auch er entspricht der allgemeinen Fluidkraft-Formulierung (vergl. Abschnitt 10.2.2).

10.3 Momente

10.3.1 Kipp-, Roll- und Giermoment

Als fluiddynamisches Moment (Einheit: Nm) wird entsprechend der Momentendefinition in Abschnitt 5.1 das Produkt aus einer fluiddynamischen Kraft F und ihrem senkrechten Drehabstand s zu einer betrachteten Achse - meist derjenigen durch den Schwerpunkt - verstanden.

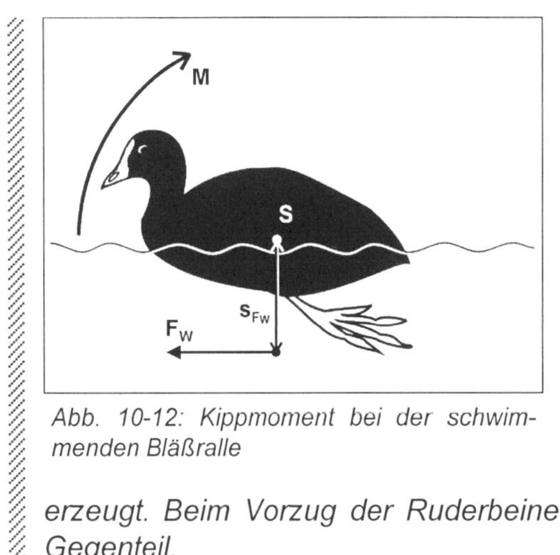

Abb. 10-12: Kippmoment bei der schwimmenden Bläßralle

Beispiel *(Abb. 10-12): Eine schwimmende Bläßralle (Fulica atra) „nickt" nicht nur durch aktive Kopfbewegungen, sondern auch deshalb, weil sie beim Ruderschlag nach hinten mit der Ruderschlags-Widerstandskraft* F_W *der Schwimmhäute über ihren Drehabstand* s_{FW} *zur Querachse (die durch den Schwerpunkt S läuft) ein kopfaufrichtendes Kippmoment*

$$M = F_W \cdot s_{FW}$$

erzeugt. Beim Vorzug der Ruderbeine geschieht - weniger ausgeprägt - das Gegenteil.

In ein fliegendes Flugzeug oder einen fliegenden Vogel kann man ein objektfestes Koordinatensystem x, y, z mit dem Ursprung im Schwerpunkt S verankern (Abb. 10-13; die ± Richtungen der Achsen sind in der Strömungsmechanik vereinbart; seltsam erscheint vielleicht die abwärts gerichtete +z-Achse). Das Flugobjekt kann sich um jede Achse - oder um mehrere Achsen gleichzeitig - drehen. Man spricht von

Rollen um die Längsachse x;
Rollmoment

Kippen um die Querachse y;
Kippmoment

Gieren um die Hochachse z;
Giermoment

Die Drehrichtungen + und - und damit die Vorzeichen der Momente sind nach Abbildung 10-13 definiert.

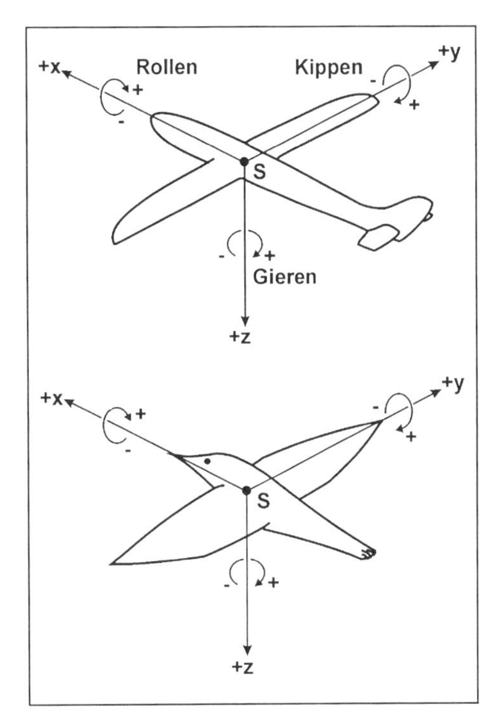

Abb. 10-13: Definitionen von Achsen sowie Drehungen um Achsen und deren Vorzeichen bei Flugkörpern

10.3.2 Momentengleichgewicht und Stabilität

Ein Flugobjekt fliegt stabil, wenn sich Schwingungen um eine oder mehrere Achsen durch erzwungene Auslenkungen nicht aufschaukeln, sondern wenn sie gedämpft abklingen. Dafür sorgen meist spezielle Flächen an den Leitwerken. Beim Vogel sind die Schwanzflächen die wesentlichen Stabilisatoren.

Die technischen Stabilitätsbegriffe erscheinen sprachlich nicht sehr glücklich gewählt. Man spricht von:

Querstabilität beim Abdämpfen von Rollschwingungen um die Längsachse x

Längsstabilität beim Abdämpfen von Kippschwingungen um die Querachse y

Richtungsstabilität beim Abdämpfen von Gierschwingungen um die Hochachse z

Seitenstabilität, wenn Querstabilität und Richtungsstabilität zusammenkommen.

Der Querstabilität dient die auffallende „**H-Stellung**" der Flügel im Gleitflug.

T 11A p 269

Bei jedem stationären Flugzustand eines Flugobjekts muß Stabilität eingestellt und zeitlich invariant erhalten bleiben. Es sei dies am Beispiel der Alpendohle verdeutlicht.

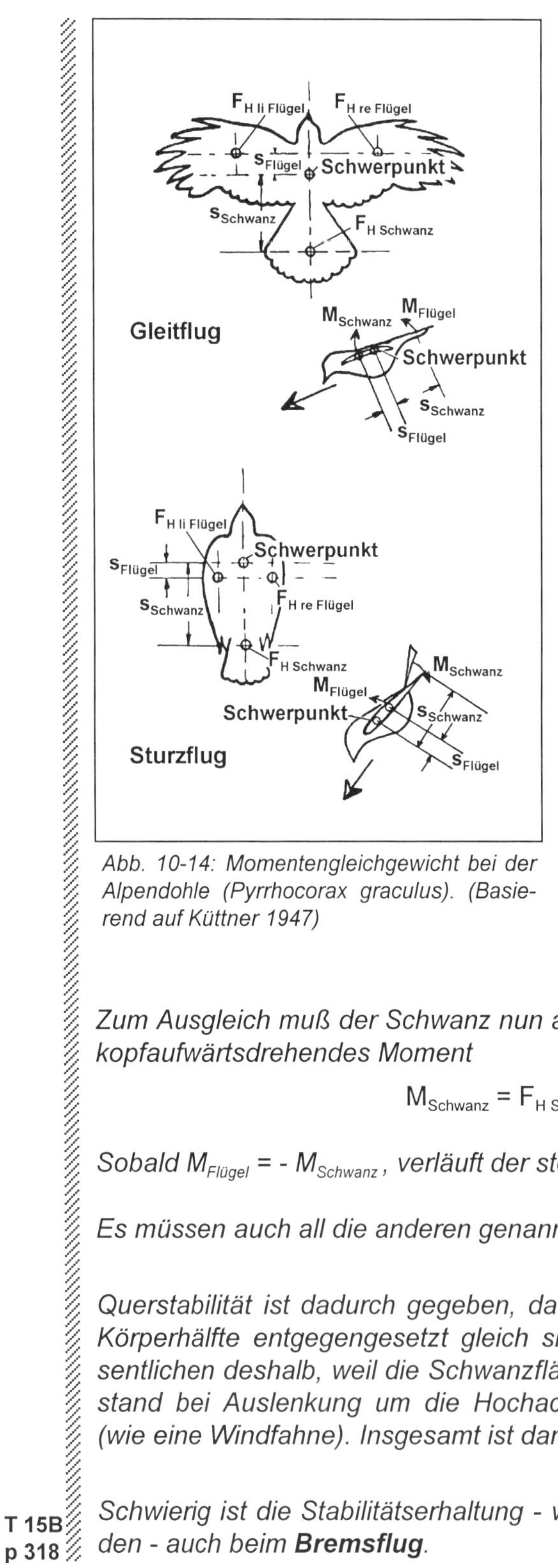

Abb. 10-14: Momentengleichgewicht bei der Alpendohle (Pyrrhocorax graculus). (Basierend auf Küttner 1947)

Beispiel *(Abb. 10-14)*: *Beim Gleitflug der Alpendohle (Pyrrhocorax graculus) sind nach Küttner (1947) Flügel und Schwanz maximal gespreizt. Die Angriffspunkte der am linken und rechten Flügel resultierenden Hubkräfte $F_{H\ li\ Flügel}$ und $F_{H\ re\ Flügel}$ liegen vor dem Schwerpunkt S und erzeugen über ihren Drehabstand $s_{Flügel}$ ein kopfaufwärtsdrehendes Moment*

$$M_{Flügel} = (\sum F_{H\ Flügel}) \cdot s_{Flügel} \, .$$

Zum Ausgleich muß der Schwanz etwas gesenkt werden. Er erzeugt dann mit $F_{H\ Schwanz}$ über $s_{Schwanz}$ ein kopfabwärtsdrehendes Moment

$$M_{Schwanz} = F_{H\ Schwanz} \cdot s_{Schwanz} .$$

Sobald $M_{Flügel} = - M_{Schwanz}$, verläuft der Gleitflug des Vogels längsstabil.

Beim Sturzflug - besser gesagt: beim steilen Sinkflug - dagegen sind die Flügel fast vollständig, der Schwanz ist zum Teil zusammengelegt. Nun liegt $F_{H\ Flügel}$ hinter S und erzeugt ein kopfabwärtsdrehendes Moment

$$M_{Flügel} = (\sum F_{H\ Flügel}) \cdot s_{Flügel} .$$

Zum Ausgleich muß der Schwanz nun angehoben werden. Er erzeugt dann ein kopfaufwärtsdrehendes Moment

$$M_{Schwanz} = F_{H\ Schwanz} \cdot s_{Schwanz} .$$

Sobald $M_{Flügel} = - M_{Schwanz}$, verläuft der steile Sinkflug des Vogels längsstabil.

Es müssen auch all die anderen genannten Stabilitätskriterien erfüllt sein.

Querstabilität ist dadurch gegeben, daß die Momente der linken und rechten Körperhälfte entgegengesetzt gleich sind. Richtungsstabilität herrscht im wesentlichen deshalb, weil die Schwanzflächen mit ihrem großen Schwerpunktabstand bei Auslenkung um die Hochachse rückdrehende Momente erzeugen (wie eine Windfahne). Insgesamt ist dann auch Seitenstabilität gegeben.

T 15B
p 318

*Schwierig ist die Stabilitätserhaltung - wegen großer Flächen und Drehabstände - auch beim **Bremsflug**.*

10.4 Strömungen in Röhren

Die Gegebenheiten technischer Rohrströmungen („Rohrhydraulik“) können beispielsweise helfen, Strömungen in Blutgefäßen zu verstehen. Es werden hier nur einige grundlegend wichtige Aspekte gebracht.

10.4.1 Grenzschichten, Kenngrößen, Reynoldszahlen

Rohrströmungen können laminar oder turbulent verlaufen; die zugehörigen Geschwindigkeitsprofile sind in Abbildung 10-15 verdeutlicht. Bei Strömungen in glatten, technischen Röhren erfolgt der Umschlag laminar → turbulent bei einer kritischen Reynoldszahl von

$$Re_{krit} = 2{,}32 \cdot 10^3$$

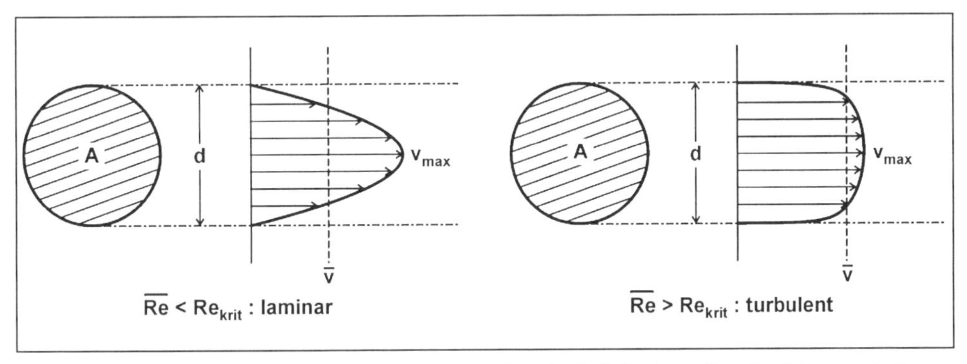

Abb. 10-15: Prinzipielle Schnittdarstellung von Geschwindigkeitsprofilen in Röhren. A Querschnittsfläche, d Durchmesser, $\bar{v}$ mittlere Strömungsgeschwindigkeit, $\overline{Re}$ mittlere Reynoldszahl, gebildet mit $\bar{v}$, v_{max} Maximalgeschwindigkeit, $Re_{krit} = 2320$

Für Rohrströmungen gelten die folgenden Beziehungen zur Berechnung der Reynoldszahlen (vergl. Abb.10-14):

$$Re = \frac{v \cdot d}{\nu};$$

$$v = \frac{\dot{V}}{A};$$

$$A = \left(\frac{d}{2}\right)^2 \cdot \pi;$$

$$\lambda = \frac{64}{Re};$$

(d ist der Durchmesser des Gefäßes, λ die Rohrreibungszahl (s. u.))

Die zur Berechnung einer mittleren Reynoldszahl $\overline{Re}$ benötigte mittlere Geschwindigkeit $\overline{v}$ kann man zwar aus dem Geschwindigkeitsprofil grob abschätzen; meßtechnisch erfaßt man sie aber günstigerweise über den meist unschwer zu erhaltenden Volumenstrom $\dot{V}$ ($m^3\ s^{-1}$), den man auf die Querschnittsfläche A (m^2) bezieht.

Soll Fluid durch ein Rohr der Länge l und des Durchmessers d strömen, so muß der Druck p_2 am Eingang größer sein als der Druck p_1 am Ausgang. Die Differenz $\Delta p = p_2 - p_1$ bezeichnet man als Druckverlust.

Der Druckverlust in nicht zu dünnen Rohren ist (im turbulenten Fall) einsehbarerweise proportional l und q ($= \frac{1}{2}\ \rho \cdot v^2$) und umgekehrt proportional d. Die Proportionalitätskonstante wird als Rohrreibungszahl λ bezeichnet:

$$\Delta p = \lambda \cdot \frac{l}{d} \cdot \frac{1}{2}\rho \cdot v^2 = \lambda \cdot \frac{l}{d} \cdot q$$

Die Rohrreibungszahl λ ist wiederum eine Funktion der Reynoldszahl Re und der Wandrauhigkeit der Röhre, k / d (d mittlere „Korngröße" der Wandrauhigkeiten, d Durchmesser). Somit sind die Strömungskenngrößen in glatter und mehrminder rauhen, mehrminder rasch durchströmten technischen Rohren durchaus unterschiedlich.

Im biologischen Bereich handelt es sich dagegen häufig um laminare Strömungen in dünnen, langsam durchströmten und häufig sehr glatten Gefäßen bis hin zu feinen Kapillaren. Die Strömung in solchen Gefäßen wird durch das Hagen-Poiseuille'sche Gesetz gut beschrieben.

10.4.2 Hagen-Poiseuille'sches Gesetz für Kapillaren

Das Gesetz lautet:

$$\dot{V} = \frac{\pi}{8 \cdot \eta \cdot l} \cdot r^4 \cdot \Delta p$$

($\dot{V}$ Volumenstrom ($m^3\ s^{-1}$), η dynamische Zähigkeit (Pa s^{-1}), l (m) Länge der Rohrstrecke, an deren Enden die Drücke p_1 und p_2 (Pa) herrschen; $\Delta p = p_1 - p_2$ Druckdifferenz oder Druckabfall; r Rohrradius).

Bei gegebenen Kapillarlängen l einer Säugerkapillare und (aus der Herzarbeit ($\rightarrow p_1$) und Fluidreibung ($\rightarrow p_2$) resultierenden) Druckdifferenz Δp ist das in der Zeiteinheit strömende Fluidvolumen also umgekehrt proportional der Zähigkeit η und proportional der vierten Potenz des Radius r.

Die η-Abhängigkeit ist bei dünnen Röhren verständlich; zähere Medien erzeugen größere Wandreibung. In größeren Arteriolen mit parabolischem Geschwindigkeitsprofil (Abb. 10-14) stellt sich im Zentrum der Röhre, bei v_{max}, eine größere Erythrozytenkonzentration ein als in Wandnähe. Deshalb sinkt die lokale Zähigkeit des Blutes in Wandnähe und die dortige Reibung reduziert sich günstigerweise. Dies gilt aber nicht für die engen Kapillaren, deren Innendurchmesser ja kaum größer sind als die Durchmesser der Erythrocyten (ca. 7,5 µm).

Geradezu abenteuerlich ist die r^4-Abhängigkeit des Volumenstroms. Die geringste Verringerung des Radius drosselt den Durchfluß bereits dramatisch. Die glatte Muskulatur um kleine Blutgefäße wie Arteriolen und Venolen kann also mit sehr geringen Kontraktionsänderungen bereits sehr große Durchflußeffekte bewirken. Kapillaren, die allerfeinsten Gefäße, selbst sind dagegen frei von Muskelfasern.

10.4.3 Einfluß von Elastizitäten

Das Hagen-Poiseuille'sche Gesetz gilt für starre Röhren konstanten Durchmessers. Gefäße in Lebewesen sind dagegen häufig elastisch (z.B. in der Lunge) oder aktiv im Durchmesser veränderbar (z.B. in der Niere). Diese Effekte kann man in Potenzschreibweise durch einen Exponenten $b \neq 1$ für die Druckdifferenz berücksichtigen:

$$\dot{V} \sim \Delta p^b$$

In einem Kartesischen Koordinatensystem $\dot{V}(\Delta p)$ wäre die Kennlinie für b = 1 (starre Röhre) eine vom Ursprung aus ansteigende Gerade (Abb. 10-16). Für bestimmte Lungengefäße gilt b > 1; es ergibt sich damit eine zunehmend stärker ansteigende Parabel: größerer Druck führt zu „unproportional höherem" Durchfluß. Für bestimmte Nierengefäße gilt das Umgekehrte; bei b < 1 ergibt sich eine zunehmend weniger ansteigende Kurve. Eventuelle Druckdifferenzen haben hier also eine nur geringe Auswirkung auf den Volumenstrom. Beide Abweichungen (Abb. 10-16) sind für eine „autoregulatorische Funktion" der beiden Organe wesentlich.

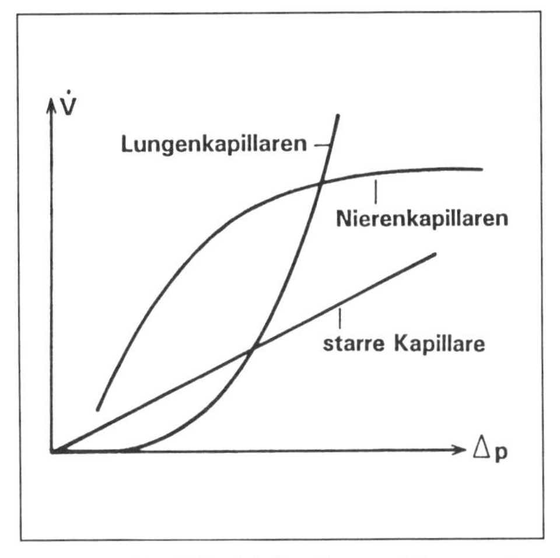

Abb. 10-16: Prinzipielle Kennzeichnung der Abhängigkeit des Volumenstroms $\dot{V}$ von der Druckdifferenz Δp bei dünnen, technisch-starren und „biologischen" Röhren

Übungsaufgaben:

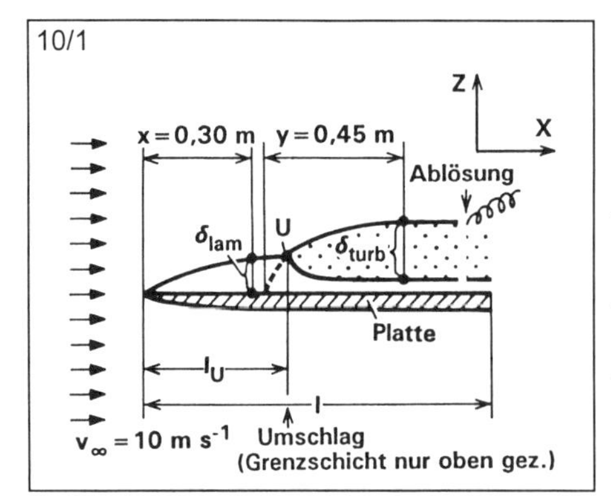

Ü 10/1: Eine dünne, mit der Luftgeschwindigkeit v = 10 m s $^{-1}$ umströmte, vorne zugeschärfte Platte mit den Kenngrößen der linksstehenden Abbildung entwickelt vom Staupunkt ab eine laminare Grenzschicht (weiß belassen), vom Umschlagspunkt U ab eine turbulente Grenzschicht (punktiert gezeichnet) über sehr dünner laminarer Unterschicht. Wie groß ist die Dicke δ_{lam} der laminaren Grenzschicht im Abstand x = 0.30 m von der Vorderkante? In welchem Abstand l_U liegt der Umschlagspunkt U von der Vorderkante entfernt, wenn man mit einer kritischen Reynoldszahl von 3,5 · 10^5 rechnen kann? Wie groß ist die Dicke δ_{turb} der turbulenten Grenzschicht im Abstand y = 0,45 m von ihrem - extrapolierten - Anlaufbeginn entfernt?

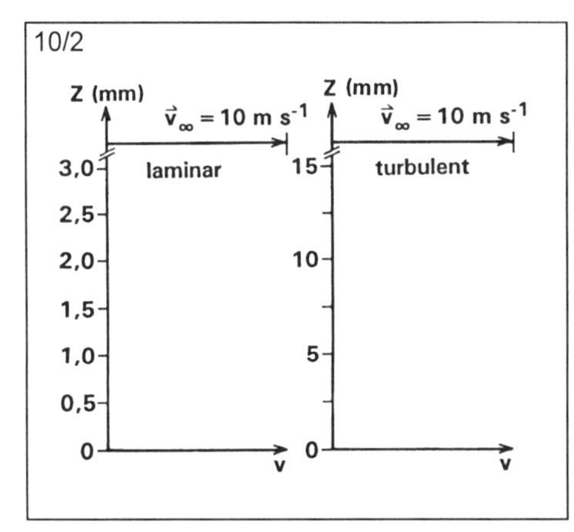

Ü 10/2: Skizzieren Sie die abgeschätzte Geschwindigkeitsverteilung über die Grenzschichtdicken δ_{lam} und δ_{turb} an den in Ü 10/1 angegebenen Stellen. Nutzen Sie die angegebene Vektorlänge bei v = 10 m s $^{-1}$ als Zeichenmaßstab. Was schließen Sie aus dem Vergleich? (Hinweis: Bei z $\rightarrow \infty$ muß der Graph tangential zur z-Achse verlaufen; bei z = 0 mit den Steigungen Δz / Δv gleich etwa 1:3 für den laminaren und etwa gleich 1:9 für den turbulenten Fall; Rest nach Augenmaß ergänzen).

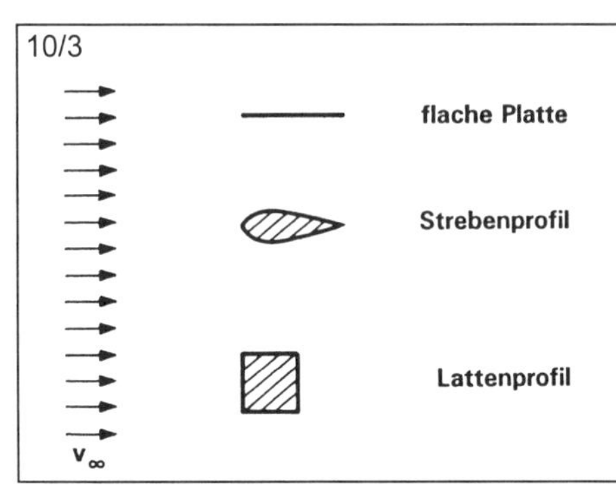

Ü 10/3: Zeichnen Sie schematisch Staupunkte und Grenzschichtverläufe (Umschlag, Ablösung) bei den drei angegebenen umströmten Körpern ein.

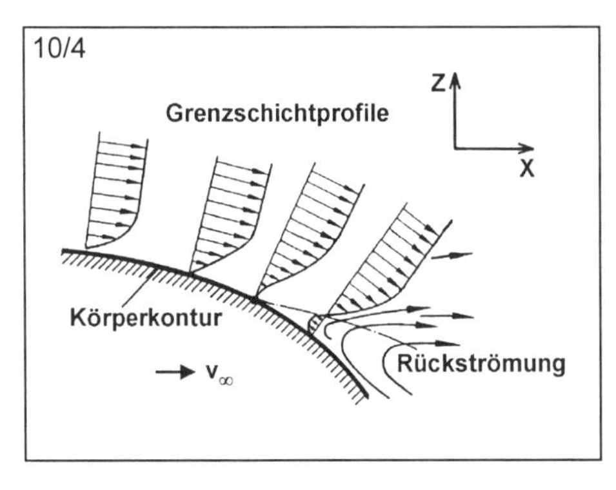

Ü 10/4: Interpretieren Sie die nebenstehende Abbildung.

Ü 10/5: Berechnen Sie die Oberflächen-Widerstandsbeiwerte c_{WO} einer dünnen ebenen Platte bei der Reynoldszahl 10^6 für die nebenstehend angegebenen Fälle. Interpretieren Sie das Diagramm von Abbildung 10-9 hinsichtlich der Verlaufstendenzen und der relativen Lagen seiner Kennlinien. Zeichnen Sie die vier berechneten Punkte ein und diskutieren Sie das Ergebnis.

10/5

A.) Laminare Grenzschicht

B.) Turbulente Grenzschicht, hydraulisch glatte Oberfläche

C.) Turbulente Grenzschicht mit laminarer Anlaufstrecke, hydraulisch glatte Oberfläche

D.) Turbulente Grenzschicht, Rauhigkeitsfaktor $k/l = 10^{-3}$

Ü 10/6: Die nebenstehende Abbildung zeigt den geradezu astronomischen Reynoldszahlbereich, in dem sich schwimmende und fliegende Tiere bewegen. Bei welcher Reynoldszahl auf die Körperlänge bezogen, fliegt ein 2 mm langer Thrips ($v = 10$ cm s^{-1}) und schwimmt ein 30 m langer Wal ($v = 12$ hm h^{-1})? Welche Kräfte (Trägheits- und Zähigkeitskräfte) überwiegen in den beiden Fällen, und um welchen Faktor überwiegen sie?

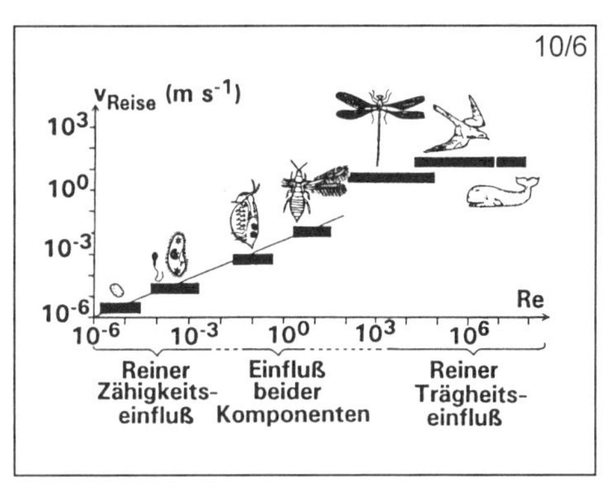

Ü 10/7: Ein Bierdeckel von 10 cm Durchmesser wird mit Windgeschwindigkeiten von $v = 10\text{-}20\text{-}30\text{-}40$ km h^{-1} angeströmt. Vergewissern Sie sich nach Abbildung 10-3, daß $c_W = 1{,}11$ im betrachteten Re-Bereich konstant bleibt. Berechnen Sie die zugehörigen F_W-Werte. Tragen Sie die F_W-Werte im doppelt linearen und im doppelt logarithmischen System auf. Vergewissern Sie sich, daß der Graph F_W v^2 als Potenzfunktion im halblogarithmischen System eine Gerade ergibt. Vergewissern Sie sich, daß Sie aus der letzteren Auftragung die Steigung (→ Exponent = 2,00) ablesen können.

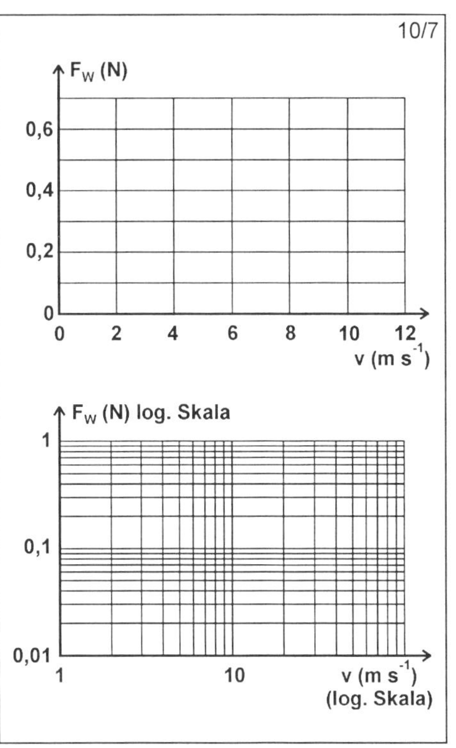

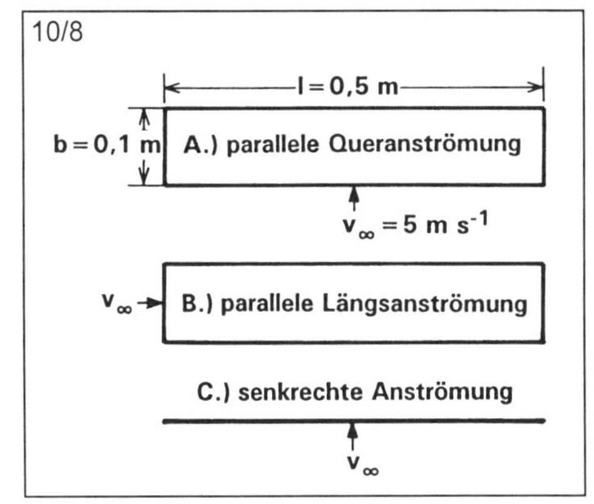

Ü 10/8: Eine rechteckige, dünne, hydraulisch glatte Platte von 0,5 m · 0,1 m Fläche nach Art der nebenstehenden Abbildung wird mit v = 5 m s^{-1} parallel längs und quer sowie senkrecht von Wasser angeströmt. Wie groß und welcher Art ist der jeweils wirkende Wasserwiderstand und in welcher prozentualen Relation stehen A und B zu C? ($c_{WD} \approx 1{,}25$ für Rechteckplatte 5:1; für A: $c_{WO} \approx 0{,}0035$; für B: $c_{WO} \approx 0{,}002$)

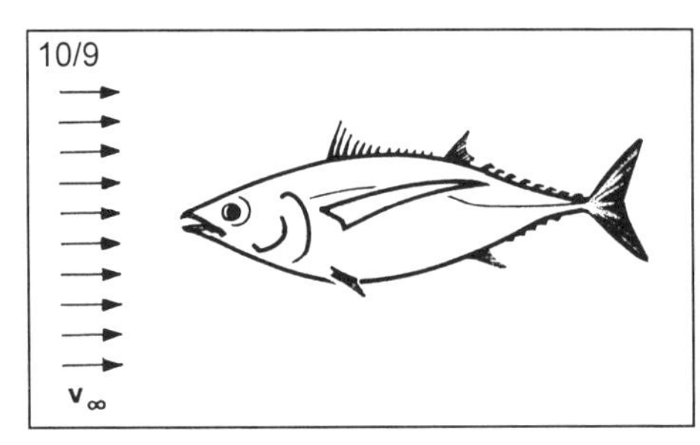

Ü 10/9: Ein Thunfisch (Thunnus thynnus) schwimmt mit seiner Reisegeschwindigkeit v im freien Wasser. Er versucht, den Gesamtwiderstand so gering wie möglich zu halten. Welche Möglichkeiten stehen ihm zur Verfügung, wenn man seinen Rumpf in erster Näherung als starr ansieht?

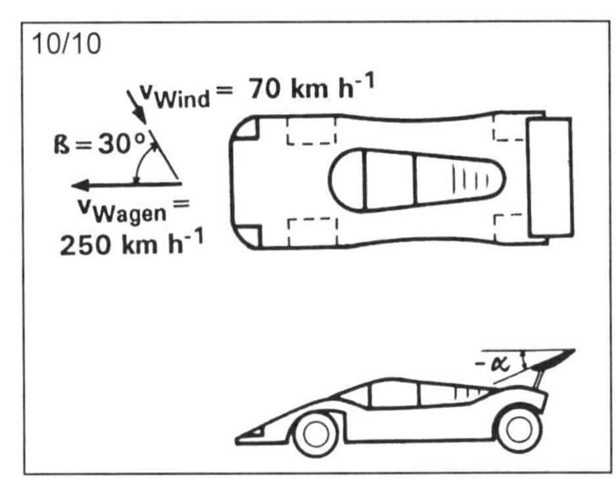

Ü 10/10: Ein Rennwagen besitzt die folgenden Kenngrößen: Masse M = 1 t, Stirnfläche A = 1,4 m^2; c_W = 0,17, c_A = 0,80 (bei ß = 30°), A_{Seite} = 2 m^2, c_S = 0,7 (bei ß = 30°). Er fährt mit v_{Wagen} = 250 km h^{-1} gegen einen unter ß = 30° einfallenden Wind von 70 km h^{-1}. Welche Widerstands-, Auftriebs- und Seitkraft F_W, F_A, F_S entwickelt sich am Wagen (in kN und in Prozent des Wagengewichts)? Welche Motorenleistung ist allein zur Überwindung des Luftwiderstands nötig? Welche Funktion hat der unter negativem Anstellwinkel $-\alpha$ angestellte Heckspoiler?

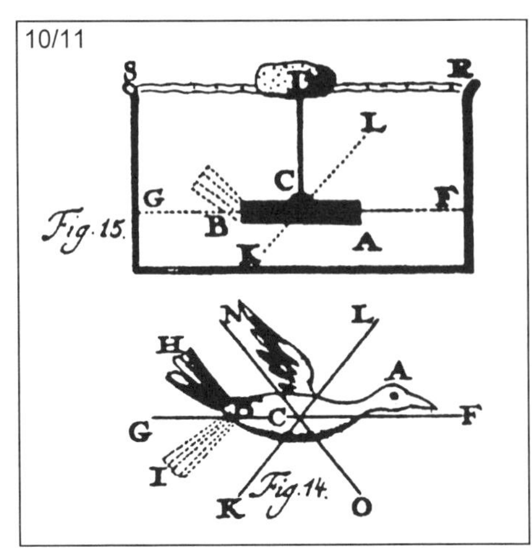

Ü 10/11: Der italienische Physiker J.A. Borrelli (1608-1679) hat mit einem der ersten Modellexperimente der Weltgeschichte die Wirkung des Anhebens des Vogelschwanzes simuliert. Ein an einen Schwimmer abgehängtes Metallstück trägt hinten einen aufwärts gebogenes Papierstück als „Schwanzanalogon". Der Schwimmer wird nach rechts gezogen. Welche Wirkung ergibt sich und warum?

T 15B
p 318

Ü 10/12: Ein gleitfliegender Geier spreizt rechtsseitig den **Daumenfittich** ab. Welche Wirkung ergibt sich und warum?

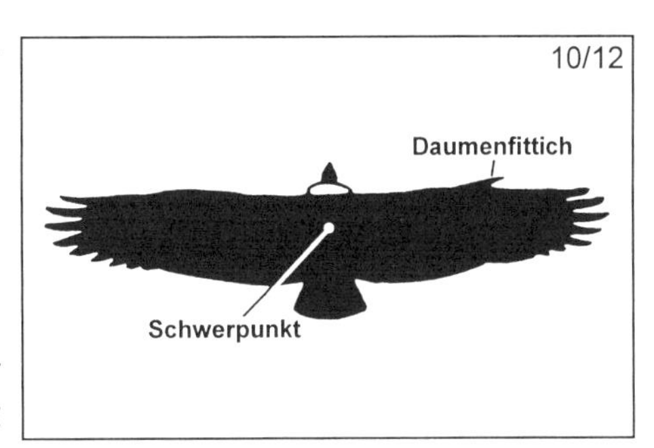

Ü 10/13: *Pteranodon ingens*, eine der größten Flugechsen der Kreidezeit (Spannweite etwa 7 m) hatte einen langen Parietalkamm am Kopf. Welche Wirkung ergibt sich beim Kopfdrehen nach links?

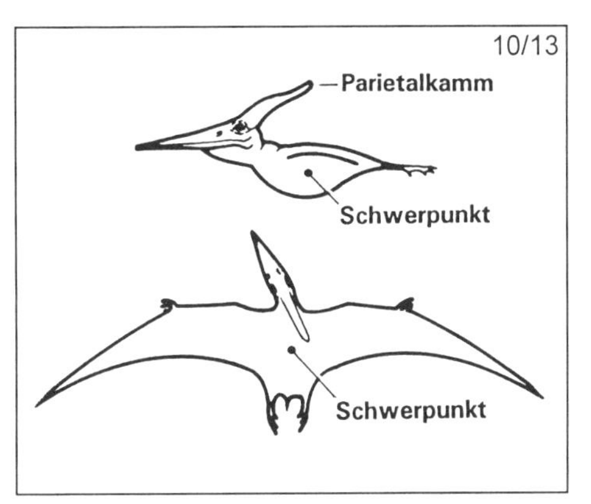

Ü 10/14: Ein Weißhai (*Carcharodon carcharias*), dessen spezifisches Gewicht etwas größer ist als das des umgebenden Wassers, muß stetig schwimmen um nicht abzusinken. Er erzeugt dynamischen Auftrieb F_A mit Hilfe seiner unter leichtem positivem Anstellwinkel α schräg gestellten Brustflossen. Die Haupt-Vortriebskraft F_V wird von der weit oben liegenden Schwanzflosse erzeugt. Welches Momentengleichgewicht muß sich einstellen, damit der Hai längsstabil (d. h. stabil gegen Kippung um die Querachse) schwimmen kann (Einzeichnungen oder neue Skizze)?

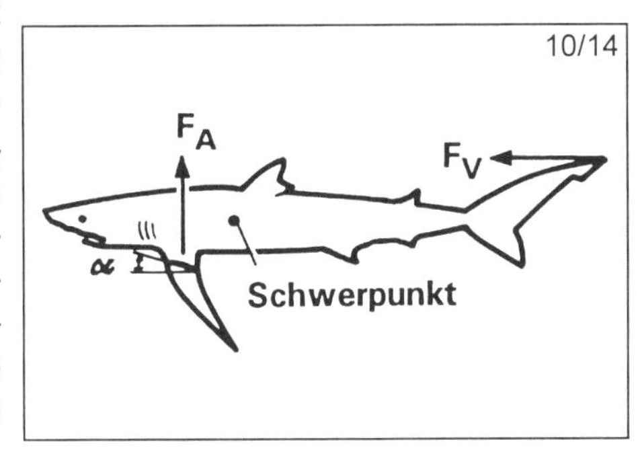

Ü 10/15: Welche Momente und welche Achsen werden bei Betätigung der Klappen (Ruder) von Tragflügel (Querruder gegenläufig betätigt) , Höhenleitwerk und Seitenleitwerk eines Flugzeugs erzeugt? Wie kann Längsstabilität eingestellt werden, wenn die Auftriebskraft F_A nicht - wie in der Zeichnung - über dem Schwerpunkt, sondern dahinter angreift? (Skizze)

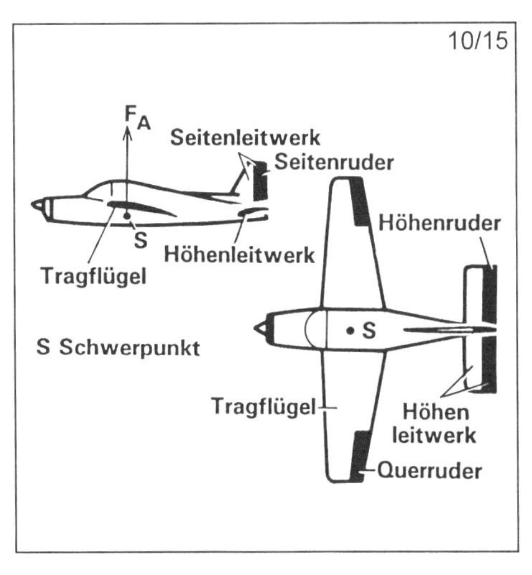

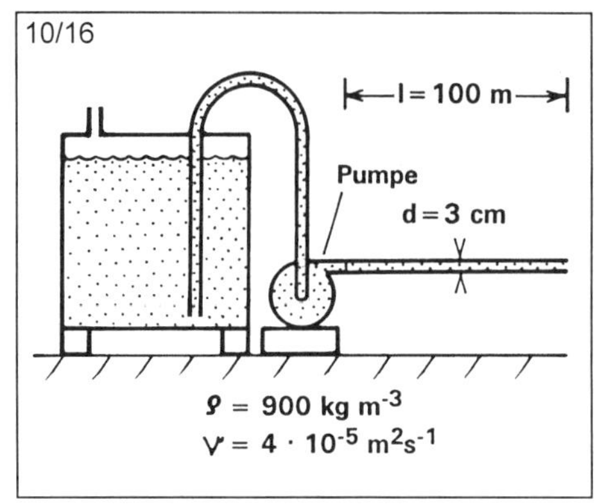

Ü 10/16: Durch eine Rohrleitung von 3 cm Durchmesser und 100 m Länge fließen in der Stunde 2 m^3 Heizöl (Dichte = 900 kg m^{-3}; kinematische Zähigkeit ν = 40 c St = $4 \cdot 10^{-5}$ m^2 s^{-1}). Wie groß ist die dynamische Zähigkeit η, die mittlere Strömungsgeschwindigkeit v und die Reynoldszahl Re? Ist die Strömung laminar oder turbulent? Wie groß ist die Rohrreibungszahl λ und der durch die Pumpe zu überwindende Druckverlust Δp?

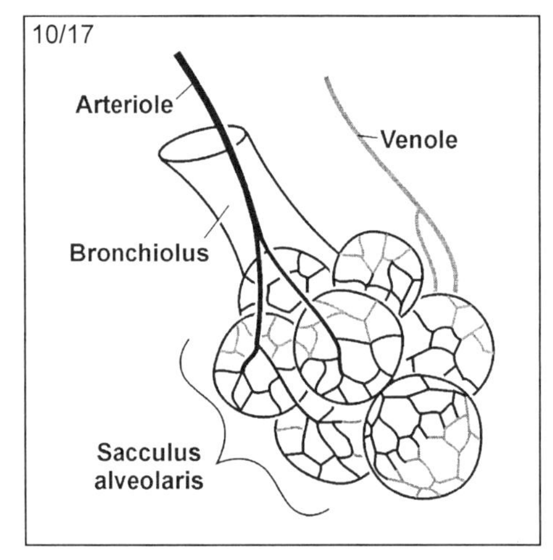

Ü 10/17: Die nebenstehende Zeichnung zeigt die Blutversorgung eines Lungen-Endbäumchens aus der Lunge des Menschen. Wie groß ist die Volumenstromerhöhung in einer 2 mm langen Lungenarteriole, wenn deren Durchmesser unter Druckerhöhung von 30 mm Hg auf 35 mm Hg von 20 µm auf 27 µm ansteigt? (Exponent n ≈ 1,5; $\eta_{\text{Blut in Arteriolen}} \approx 2 \cdot \eta_{\text{Wasser}}$)

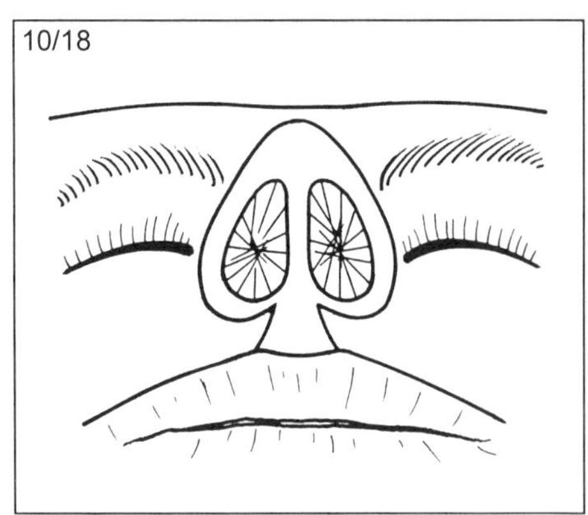

Ü 10/18: Im Eingangsbereich der Nase stehen Haare radiär so in der Strömung, daß sie sich in der Mitte überlagern. Welchen Einfluß könnten sie auf das Strömungsprofil und damit auf die Kontaktmöglichkeit der Strömung mit der Nasenwand haben?

11 Vereinfachte Theorie des Tragflügels und Kenngrößen des Gleitflugs

Ruhig abgespreizt gehaltene Flügel werden als Tragflügel bezeichnet, mit Winkelbewegung oszillierende als Schlagflügel. Insbesondere zum Verständnis schlagender Flügel - allgemein gesagt oszillierender Krafterzeuger wie Flügel, Flossen, Ruderbeine etc. - ist eine gewisse Vorstellung über Aufbau und Bewegung von Fluidwirbeln und deren „Wirbelstraßen" hilfreich. Deshalb bauen dieses und die beiden nächsten Kapitel aufeinander auf: 11 Tragflügel, 12 Wirbel, 13 Schlagflügel.

11.1 Auftriebsentstehung

Ein Tragflügel soll möglichst großen Auftrieb F_A erzeugen, diejenige Fluidkraftkomponente, die senkrecht zur Anströmrichtung steht. Eben diese Kraftkomponente erzeugt auch ein rotierender Zylinder. Deshalb sei zunächst dieser betrachtet.

11.1.1 Magnus-Effekt

Bei der Umströmung eines ruhenden Zylinders („Parallelströmung") ist das Strömungsbild - in der Orientierung von Abbildung 11-1 „oben" und „unten" - symmetrisch. In jeder Stromröhre wird eine gewisse Geschwindigkeit $v_{||}$ herrschen (Abb. 11-1 A, links). Rotiert der Zylinder ohne Parallelanströmung (Abb. 11-1 A, Mitte), so wird er in Wandnähe verstärkt Fluidschichten mitschleppen; die Geschwindigkeiten v_{rot} oben und unten sind entgegengesetzt gerichtet. Wird er nun zusätzlich angeblasen (Abb. 11-1 A, rechts), so überlagern sich die Geschwindigkeiten $v_{||}$ und v_{rot} oben zu $v_{res} = v_{||} + v_{rot}$, unten zu $v_{res} = v_{||} - v_{rot}$. Oben sind die resultierenden Geschwindigkeitsvektoren nun größer („die Stromlinien werden zusammengedrückt"); unten sind sie kleiner („die Stromlinien werden auseinandergedrängt"). Nach Bernoulli (vergl. Abschnitt 9.3.2) muß sich demnach oben ein Unterdruck, unten ein Überdruck ausbilden, und deshalb resultiert zusätzlich zur unvermeidbaren Widerstandskraft $F_W \parallel v_\infty$ eine gewisse Auftriebskraft $F_A \perp v_\infty$. Dieser Effekt heißt nach seinem Entdecker Magnus-Effekt. Rotierende Zylinder, die aufgrund dieses Effekts Schubkräfte erzeugten, besaß das Flettner-Rotorschiff der 20-er Jahre.

11.1.2 Ansatz über die Zirkulation, Druckverteilung und Beiwertbetrachtung

Prinzipiell vergleichbare Verhältnisse herrschen beim Tragflügel. Seine eigenartige Wölbung und Querschnittsform (Profilierung) mit abgerundeter Vorder- und spitzer Hinterkante erzwingt prinzipiell ähnliches Strömungsverhalten, wie es am rotierenden Zylinder auftritt. Eine Kurzcharakterisierung der „Profilierung" steht in Abschnitt 11.2.4.1.

Die Überlagerung einer Parallelströmung (Abb. 11-1 B, links) mit einer Zirkulation (Abb. 11-1 B, Mitte) führt zu einer resultierenden Strömungsverteilung mit Unterdruck (im Vergleich zum Druck in der freien Atmosphäre) an der Oberseite, Überdruck auf die Unterseite und somit wiederum zum Auftreten einer Auftriebskraft F_A. Diese kann bei guten Tragflügeln um ein Vielfaches größer sein als die Widerstandskraft.

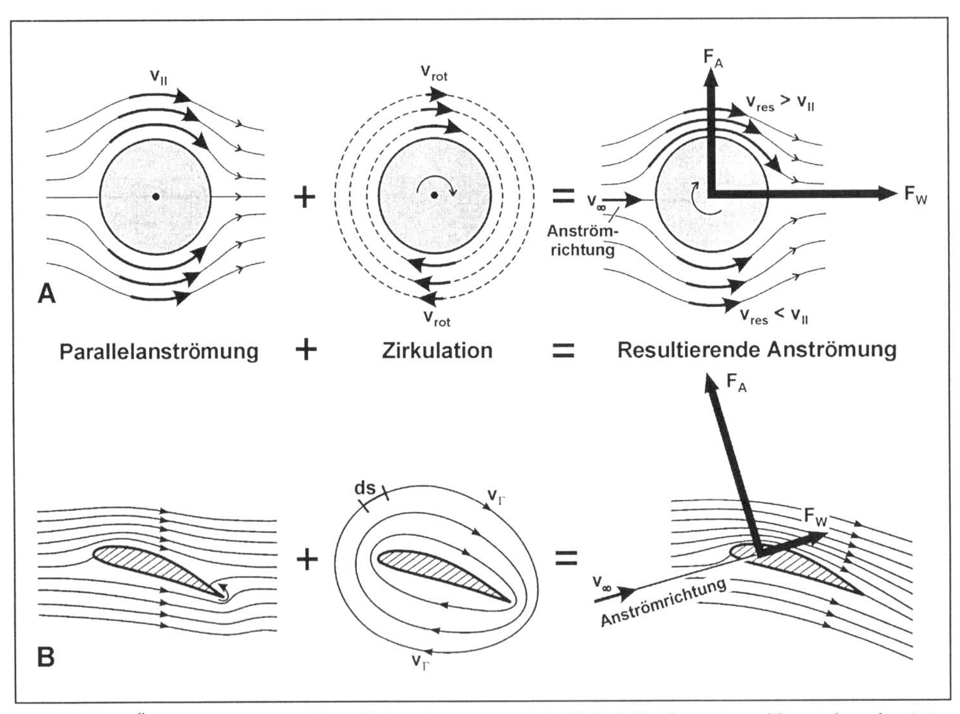

Abb. 11-1: Überlagerung von Parallelanströmung und „Zirkulation" zur resultierenden Anströmung und Auftreten von Widerstandskräften in Anströmrichtung sowie Auftriebskräften senkrecht zur Anströmrichtung (A) bei unbewegtem (links) und rotierendem (Mitte, rechts) Zylinder, (B) beim Tragflügel. Vergl. den Text

Unter dem Begriff „Zirkulation" Γ („Gamma") versteht man im Grunde die Stärke eines im angezeichneten Sinn (Abb. 11-1 B, Mitte) um den Tragflügel kreisenden („zirkulierenden") gebundenen Wirbels (vergl. Kapitel 12), genauer gesagt des Ringintegrals der Zirkulationsgeschwindigkeit v_Γ über die geschlossene Wegschleife s:

$$\Gamma = \oint v_\Gamma \cdot d \cdot s = v_{\Gamma\,\text{betrachtete Zirkulation}} \cdot s_{\text{Gesamtlänge des betrachteten Zirkulationsverlaufs}}$$

Mit den Dimensionen LT^{-1} für v_Γ und L für s hat die Zirkulation die Dimension L^2 T^{-1} (Einheit $m^2\,s^{-1}$).

Ist Γ bekannt, so kann man nach Kutta-Joukowsky die resultierende Auftriebskraft F_A an einem mit der Geschwindigkeit v_∞ angeströmten Tragflügel der Gesamtbreite b (unter gewissen Randbedingungen) berechnen zu:

$$F_A\,(N) = \Gamma\,(m^2\,s^{-1}) \cdot \rho\,(kg\,m^{-3}) \cdot v_\infty\,(m\,s^{-1}) \cdot b\,(m)$$

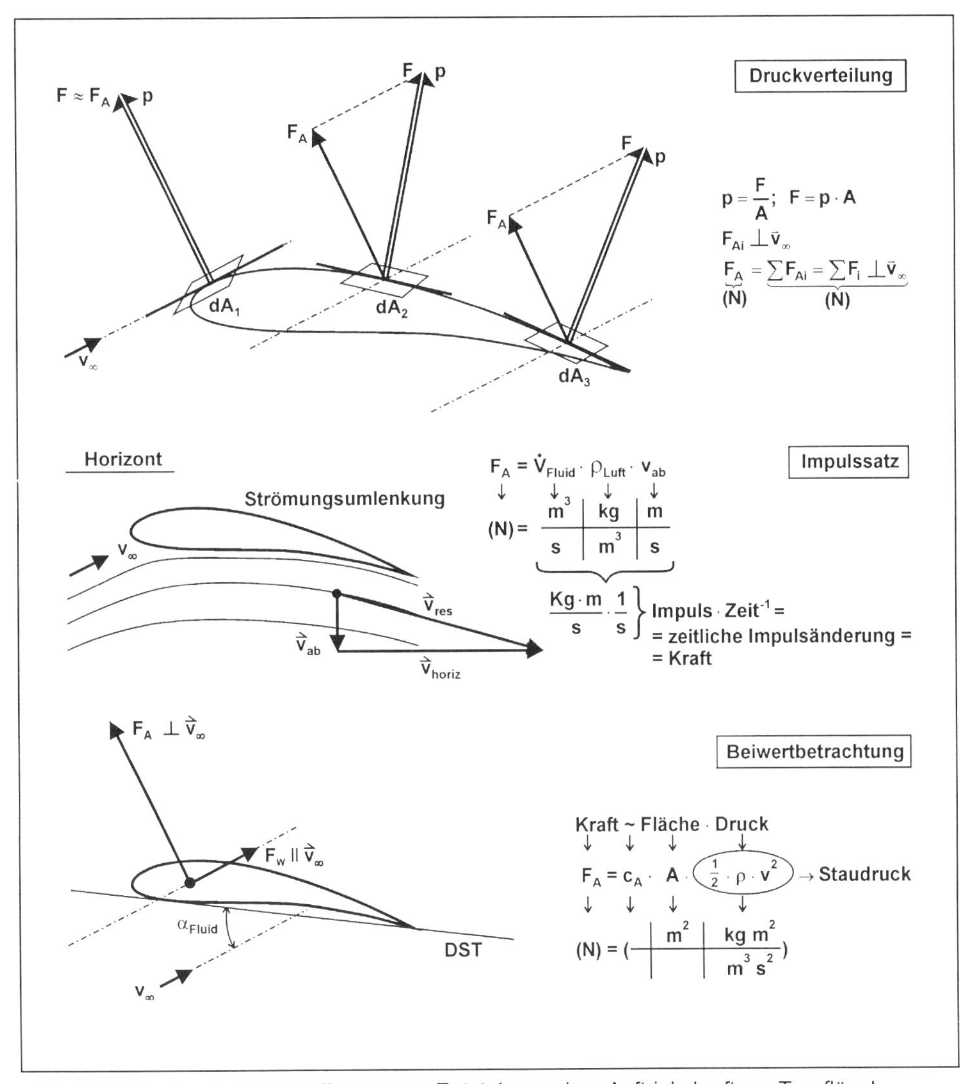

Abb. 11-2: Drei weitere Vorstellungen zur Entstehung einer Auftriebskraft am Tragflügel

Es gibt noch mindestens drei weitere Vorstellungen zur Auftriebserzeugung am Tragflügel, die - wie auch die Zirkulation - im Grunde (und in Teilen nicht unbedingt zwingend) nur die Betrachtung ein und desselben Fluidphänomens aus den unterschiedlichen Blickwinkeln experimenteller Näherungen darstellen. Sie sind in der Abbildung 11-2 zusammengestellt und kurz erläutert:

- **Druckverteilung**: F_A ist die Summe der an allen Flächenelementen angreifenden Kraftkomponenten (gleich lokale Drücke mal Flächenelementgrößen) senkrecht zur Anströmrichtung

- **Impulssatz:** F_A ist die Reaktionskraft der Impulsänderung der Umströmung durch Strömungsablenkung „nach unten" und damit Auftreten einer „Abwärtsgeschwindigkeitskomponente" senkrecht zur (horizontal gedachten) Anströmung

- **Beiwertbetrachtung:** F_A ist das Produkt aus Auftriebsbeiwert, Bezugsfläche und Staudruck (vergl. Abschnitt 10.2.2)

11.2 Luftkräfte, Momente und Drücke

Die Widerstandskomponente $F_W \parallel v_\infty$ und die Auftriebskomponente $F_A \perp v_\infty$ am Tragflügel eines Flugzeugs sind für die Flugpraxis eigentlich von geringem Interesse. Sie addieren sich zu einer Luftkraftresultierenden F_{res}, die im allgemeinen schräg zur Vertikalen steht. Man kann diese nun ihrerseits in zwei Komponenten zerlegen, die von größerem Interesse sind (s. Abschnitt 11.2.1; ebene Betrachtung).

11.2.1 Komponenten der Luftkraftresultierenden

Üblicherweise werden neben F_A und F_W noch die folgenden beiden Paare von Komponenten der Luftkraftresultierenden F_{res} für Rechnungen verwendet:

- Hubkraft F_H und Horizontalwiderstandskraft F_{-S} (bezogen auf die Vertikale vergl. Abb. 11-3))

- Normalkraft F_n und Tangentialkraft F_T (bezogen auf die Druckseitentangente, vergl. Abb. 11-3)

Bemerkung: Die Bezeichnung F_{-S} für die „Horizontalwiderstandskraft" soll bedeuten, daß die Widerstandskraft beim Horizontalflug gegen die Schubkraft F_S beispielsweise eines Propellers wirkt. Die Druckseitentangente ist die Tangente an die Flügelunterseite, die gegen die Anströmrichtung (Richtung von v_∞) unter dem fluiddynamischen Anstellwinkel α_{Fluid} steht (Abb. 11-3).

11.2.2 Momente

Alle Einzelkräfte, die mit unterschiedlichen Angriffspunkten auf einen Körper wirken, kann man zu einer einzigen resultierenden Kraft zusammenfassen, die an einem einzigen Punkt angreift. Dementsprechend kann man sich vorstellen, daß die Summe aller Luftkräfte in einem Querschnitt an einem einzigen Punkt (Punkt D in Abb. 11-3), über den ganzen Tragflügel betrachtet an einer Linie angreift. Die Linie liegt erfahrungsgemäß etwa 1/4 der Flügeltiefe t (t = Abstand Vorderkante - Hinterkante) von der Vorderkante entfernt („t/4-Linie"). Man nennt den Punkt Druckmittelpunkt oder Druckmittel, die Linie wohl auch Druckmittellinie.

Die senkrecht zur Druckseitentangente verlaufende Normalkraft F_N erzeugt über den senkrecht zu ihrer Richtung anzunehmenden Drehabstand s_{FN} zwischen Druckmittelpunkt und Fußpunkt der Nasenvorderkante ein Moment $M = F_N \cdot s_{FN}$, das den Tragflügel in der Orientierung der Abbildung 11-3 gegen den Uhrzeigersinn zu drehen sucht. Dies muß beim freien Flug durch geeignete Gegenmaßnahmen kompensiert werden, sonst würde der Flügel um N rotieren.

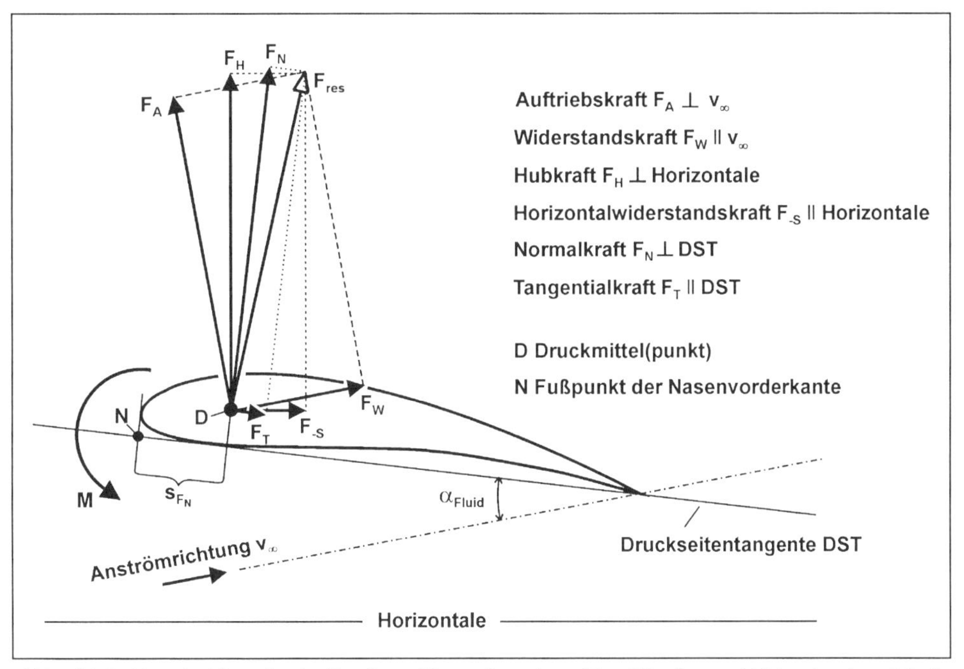

Abb. 11-3: Konstruktion der Luftkraftresultierenden eines Tragflügels aus Widerstand und Auftrieb und Zerlegungsmöglichkeiten der Resultierenden sowie Verdeutlichung des Kippmoments um den Nasenfußpunkt

Die Lage des Druckmittels (Abstand von der Vorderkante) und damit die Größe dieses Moments ist abhängig vom fluiddynamischen Anstellwinkel α_{Fluid} („Druckpunktwanderung"). Für jedes α_{Fluid} ist also eine eigene Momentenkompensation nötig. Es gibt allerdings auch „druckpunktfeste" Profile, die einen Momentenkompensation vereinfachen oder überflüssig machen. Sie besitzen einen leichten „S-Schlag" ihrer Mittellinie. Manche Flügelprofile der Haustaube sind beim Gleitflug so geformt (vergl. Abb. 11-4 B).

Über weitere Momente an Flugkörpern und die zugeordneten Stabilitätsbegriffe wurde bereits in Abschnitt 10.3 gesprochen.

11.2.3 Druckverteilungen

Die Drücke auf Flächenelemente von Tragflügeln (vergl. Abb. 11-2 oben) werden über feine Druckbohrungen an der Oberfläche und innerhalb des Flügels verlaufende Druckschläuche aufgenommen und dem einen Ende eines Differenzmanometers zugeführt. Das andere Ende steht unter dem normalen Atmosphärendruck.

Für alle Flügel - gewölbte, profilierte, ungewölbte, unprofilierte - und für jede Flügelergänzung (Vorflügel, Hinterkantenklappen etc.), für jede Anströmgeschwindigkeit und für jeden fluiddynamischen Anstellwinkel stellt sich eine andere Druckverteilung ein.

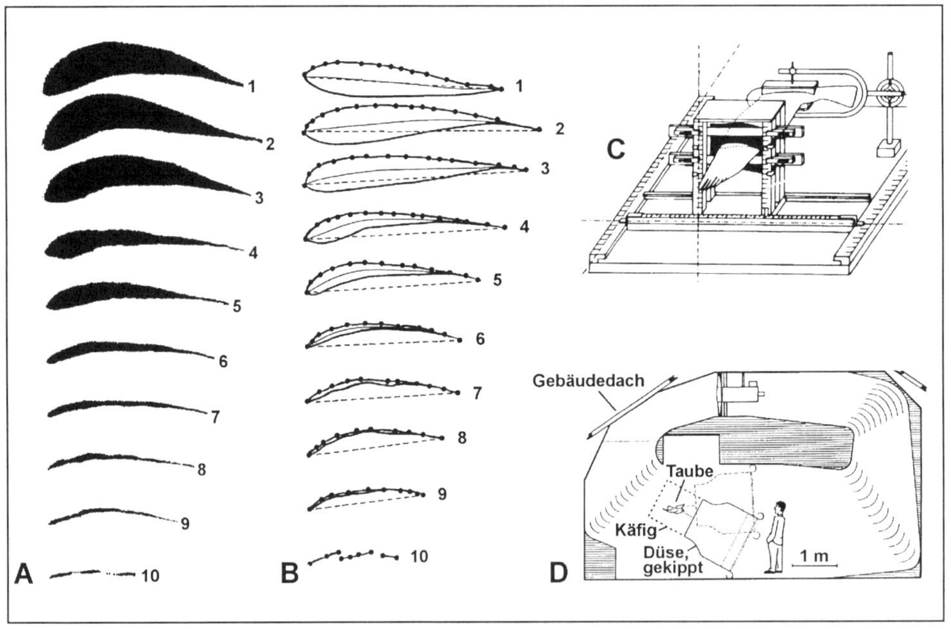

Abb. 11-4: Geometrische Profil-Kennzeichnung an Flügeln der Haustaube (*Columba livia*). A Profil einer frischtoten Taube nach Vermessung mit der „Profilkammethode" (C). B Profile einer im Gleitkanal (D) gegen schräg aufwärts blasende Luft schräg abwärts gleitenden (und damit „ortsfesten") Taube, konstruiert durch stereophotogrametrische Aufnahmen der Ober- und Unterseite der lokalen Flügeldecke über A. Ein Polarenbeispiel von Profil Nr. 2 zeigt die Abbildung 11-7 B. C Profilmessung mit 2 Profilkämmen, die von oben und unten dem Vogelflügel genähert werden. D Gleitkanal des Zoologischen Instituts der Universität des Saarlandes, Saarbrücken (AG Nachtigall). Die Taube gleitet „ortsfest" schräg abwärts gegen einen mit entgegengesetzt gleicher Geschwindigkeit schräg aufwärts gerichteten Luftstrom. (Nach Nachtigall, Butz, Biesel, Brill, Bilo)

Fast über die gesamte Flügelfläche herrschen auf der Oberseite Unterdrücke ($\rightarrow$ Saugkräfte), auf die Unterseite Überdrücke ($\rightarrow$ Druckkräfte). Dies zeigen die Abbildungen zu Ü 11/3 und Ü 11/4, auf die sich auch die folgenden Sätze beziehen. Vereinbarungsgemäß werden Drücke vektoriell senkrecht zu den zugehörigen Oberflächenelementen so aufgetragen, daß die Vektorspitzen bei den Unterdrücken auf der Oberseite vom Flügel wegweisen, bei den Überdrücken auf der Unterseite zum Flügel hin. Die geschlossene Verbindungslinie zwischen Flügelkontur und Vektorenden ergibt eine „Druckfläche". Wie aus Abbildung 11-3 A für einen „normalen" Flügel bei einem flugtypischen Anstellwinkel zu entnehmen ist, ist die Unterdruckfläche (→ Sog) deutlich größer als die Überdruckfläche (→ „Druck"). Bei höheren fluiddynamischen Anstellwinkeln bis zu α_{max} (vergl. Abb. 11-7 B) und bei Verwendung auftriebserhöhender Hilfsmittel wie Vorflügel und Klappen (Abb. zu Ü 11/3) vergrößern sich insbesondere die Sogflächen (Abb. 11-4 B). Statt senkrecht zur Flügelkontur kann man die Drücke ersatzweise auch über die Profilsehne auftragen (Abb. zu Ü 11/4); die Unterschiede in der Darstellung und zu den berechneten Kenngrößen sind bei relativ dünnen und flachen Flügeln nicht sonderlich groß. Zur Tragflügeluntersuchung benötigt man **Windkanäle** und **aerodynamische Mehrkomponentenwaagen**.

T 13 p 274

11.3 Geometrische Flügelkennzeichnungen

Die geometrische Ausgestaltung des Flügels läßt sich in jedem Querschnitt („Profil") oder in der Draufsicht („Kontur", „Streckung" etc.) beschreiben. Dazu kommen Einstellungen des Flügels zum Rumpf wie Pfeilung und V-Stellung, die große aerodynamische und Stabilitätseffekte nach sich ziehen. Die letzteren sind bei fliegenden Tieren bisher wenig untersucht worden; sie sollen hier auch nicht weiter betrachtet werden.

11.3.1 Profilierung

Profile charakteristischer Flügelschnitte sind in Abbildung 11-4 dargestellt. Es gibt etwa 12 geometrische Kenngrößen, mit denen in der Aerodynamik Flügelprofile zu beschreiben sind; sie können hier nicht betrachtet werden. Ist der Flügelschnitt so geformt wie in Abbildung 11-4, so spricht man von einer „Profilierung", ist er blechartig dünn (wie bei Insektenflügeln), so nennt man ihn unprofiliert. Ist die in ein Profil einbeschreibbare Mittellinie (Verbindungslinie der Mittelpunkte einbeschreibbarer Kreise) gewölbt, so spricht man von einer Wölbung. Flügel, die für höhere Reynoldszahlen ausgelegt sind, sind stets profiliert und gewölbt, es sei denn, sie müssen Anströmungen von beiden Seiten vertragen, wie etwa Kolibriflügel beim Schwirrflug oder Walflossen. Dann sind sie profiliert, aber ungewölbt; die Mittellinie ist eine Gerade.

Vogelflügel sind an der Basis meist profiliert und stark gewölbt (→ hoher Auftrieb, allerdings auch hoher Widerstand; hohe Huberzeugung beim Abschlag zu erwarten). Gegen die Spitze zu sind sie propellerartig in sich tordiert und werden weniger profiliert und gewölbt, „dünner" und „flacher" (→ hohe Schub- oder Vortriebserzeugung beim Abschlag zu erwarten). Man spricht gerne, aber nicht ganz berechtigt, vom Armfittich als Huberzeuger und vom Handfittich als Schuberzeuger.

Werden beispielsweise die Flügel einer frischtoten Taube vermessen, so resultieren Profile nach Art der Abbildung 11-4 A. Beim freien Gleitflug in einem

Windkanal („Gleitkanal", Abb. 11-4 D) ergeben sich durch die Muskelspannungen und durch den Einfluß der Luftkräfte weniger und anders gewölbte Profile, die zu günstigeren Polaren (vergl. Abb. 11-7 B) führen. Die Dickenverteilung des Profils ist allerdings in beiden Fällen gleich. Somit kann man die Unterseite eines „Arbeitsprofils" konstruieren, indem man die Oberseite stereofotografisch vermißt und die Dicken dazuaddiert.

Man kann davon ausgehen, daß sich ein Vogelflügel beim freien Flug im Zusammenspiel seiner Ausformung und seiner Elastizitäten, der Muskelspannungen und der aerodynamischen Kräfte und Drücke selbsttätig optimiert. Gleiches kann man auch für rasch schwingende Insektenflügel annehmen, die sich im Schlagrhythmus stark verbiegen und verdrillen können.

11.3.2 Seitenverhältnis λ und Streckung Λ

T 11B p 269

Die Begriffe kennzeichnen die relative Spannweite von Tragflügeln; dies ist flugmechanisch und im Hinblick auf den induzierten Widerstand (→ Abschnitt 11.2.5) bedeutsam. Aus Fotos **gleitfliegender Vögel** ist λ ablesbar.

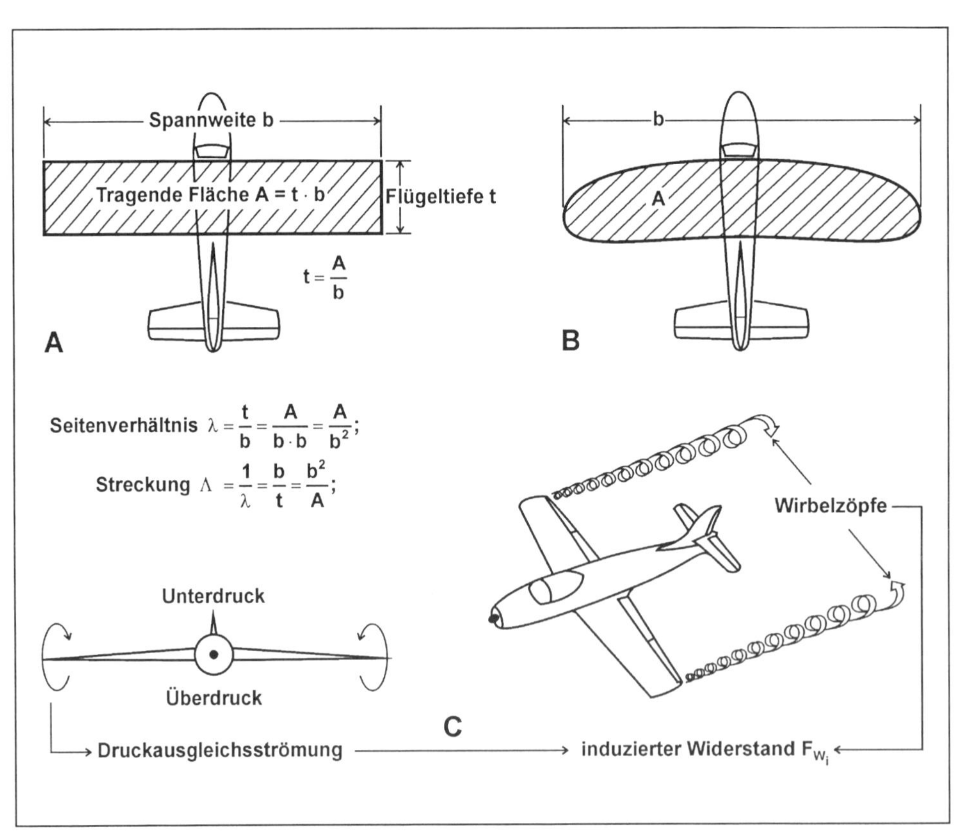

Abb. 11-5: A-C Zu den Begriffen Seitenverhältnis λ, Streckung Λ und induzierter Widerstand F_{Wi}. Vergl. den Text

Nach Abbildung 11-5 A bezeichnet man das Verhältnis aus Flügeltiefe t zu Spannweite b als Seitenverhältnis,

$$\lambda = t \cdot b^{-1};$$

der Kehrwert des Seitenverhältnisses heißt Streckung,

$$\Lambda = b \cdot t^{-1}.$$

Dies gilt für den Rechteckflügel. Bei anders geformten Flügeln (Abb. 11-5 B) lassen sich diese Kenngrößen über die - leicht ausmeßbare - Flügelfläche A bestimmen; die Streckung berechnet sich dann zu

$$\Lambda = b^2 A^{-1}.$$

Landsegler wie Geier haben eine relativ geringe, Meeressegler wie der Albatros eine große Streckung (Abb. 11-6 A). Größere Streckung bedeutet - in Grenzen - Reduktion von c_{Wi} und damit günstigeres Gleitvermögen. Dies folgt auch aus qualitativen Vergleichen von Flügelformen und Flugbeobachtungen, wie sie in Abbildung 11-6 C dargestellt sind.

11.4 Induzierter Widerstand F_{Wi}

Um die Tragflächenenden verläuft eine Ausgleichsströmung von der unteren Druck- zur oberen Sogseite, die sich in Wirbelzöpfen hinter den Flügelspitzen manifestiert (Abb. 11-5 C). Damit kommt zu Druck- und Oberflächenwiderstand (oder Reibungswiderstand), F_{WD} und F_{WO}, ein weiterer Widerstandsanteil erzeugt, der sogenannte induzierte Widerstand F_{Wi} (vergl. Abschnitt 11.4). Mit größerer Streckung eines Flügels nimmt der Anteil von F_{Wi} am Gesamtwiderstand ab, was sich günstig auf das Gleitvermögen auswirkt; vergl. dazu die Abbildung zu Ü 11/9.

11.5 Flächenbelastung $F_g A^{-1}$

Der Quotient aus Gewichtskraft F_g und gesamter tragender Fläche A (per def. Flügelfläche + „Zwischenstück" des Rumpfes; bei Vögeln kann der Schwanz einbezogen werden oder nicht) heißt Flächenbelastung $F_g A^{-1}$. Die Größe spielt eine wichtige Rolle beim Gleitflug und überhaupt für das Kennzeichnen des Flugvermögens. Nieder flächenbelastete Vögel, wie beispielsweise der Fregattvogel (Abb. 11-6 B) können „leicht", feingesteuert und langsam fliegen. Hoch flächenbelastete, wie beispielsweise die Trottellumme (Abb. 11-6 B) fliegen eher „schwerfällig", weniger wendig und rasch.

Einige beobachtbare Zusammenhänge der bisher genannten Flugkenngrößen mit dem Gleitvermögen sind in Abbildung 11-6 C zusammengestellt. Im Detail sind sie freilich sehr viel komplexer als es die Abbildung suggestieren mag (zur Aerodynamik des Gleitflugs vergl. Nachtigall 1997).

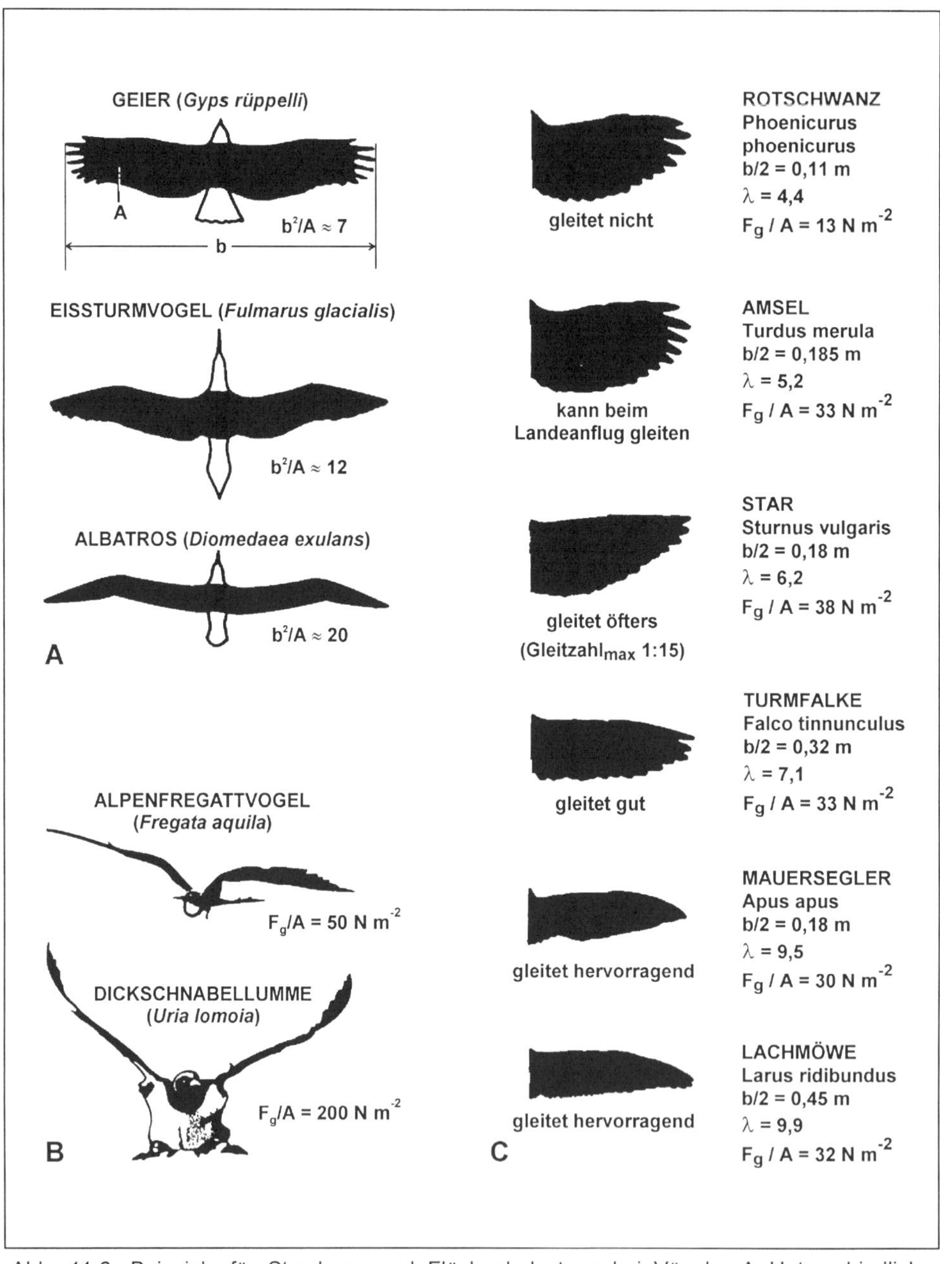

Abb. 11-6: Beispiele für Streckung und Flächenbelastung bei Vögeln. A Unterschiedliche Streckungen $\Lambda = b^2\ A^{-1}$. B Unterschiedliche Flächenbelastungen $F_g\ A^{-1}{}_{tragend}$. C Querbeziehungen zwischen Flügelumriß, Streckung, Flächenbelastung und Gleitvermögen. Von oben nach unten: Rotschwanz - Amsel - Star - Turmfalke - Mauersegler - Lachmöwe. Bei der Berechnung $F_g\ A^{-1}$ ist der Schwanz nicht mit einbezogen. (Nach Nachtigall 1985, teils basierend auf Oehme 1976)

11.6 Polarendarstellungen

11.6.1 Lilienthal'sche Polaren

Auf den Flugpionier Otto Lilienthal (1848 - 1896; im Jahre 1889 ist sein grundlegendes Werk „Der Vogelflug als Grundlage der Fliegekunst" erschienen) gehen die im folgenden genannten graphischen Darstellungsmöglichkeiten zurück, die er als „Polaren" bezeichnet hat:

- Auftriebsbeiwert als Funktion des Anstellwinkels, c_A (α): Aufgelöste Auftriebspolare
- Widerstandsbeiwert als Funktion des Anstellwinkels, c_W (α): Aufgelöste Widerstandspolare
- Auftriebsbeiwert als Funktion des Widerstandsbeiwerts mit dem Anstellwinkel als Parameter, c_A (c_W): Polare, aerodynamische Polare, Lilienthal-Polare

Die Abbildung 11-7 A zeigt und erläutert die Auftragungsmöglichkeiten.

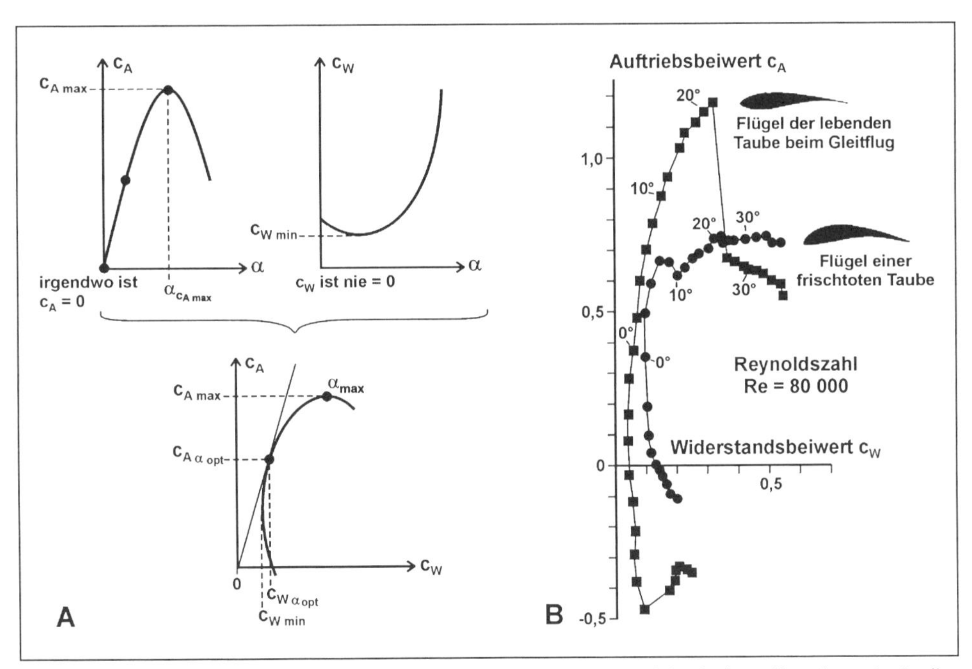

Abb. 11-7: Polarendarstellungen. A Prinzip. B Beispiele für Flügel (zwischen Kanalwänden), die über die gesamte Spannweite dem Profil 2 in Abbildung 11-4 A und B (Haustaube) entsprechen (nach Nachtigall, Butz, Biesel) . Vergl. den Text

Es gibt auch Momentenbeiwert-Polaren c_M (α), c_A (c_M) etc., wichtig für Stabilitätsbetrachtungen. Es würde zu weit führen, sie hier zu besprechen.

Der Schweizer Aerodynamiker F. Dubs (dessen für Techniker geschriebene und deshalb auch für Biowissenschaftler „lesbare" Einführung „Aerodynamik der reinen Unterschallströmung" (Birkhäuser, Basel, 1990) jedem biomechanisch Interessierten nur empfohlen werden kann) hat die Polare mit Recht als „aerodynamische Visitenkarte des Tragflügels" bezeichnet

Man verwendet die Beiwerte lieber als die Kräfte, weil die letzteren von Größe und Geschwindigkeit abhängig sind, die ersteren (in Grenzen) nicht. Die Beiwertdarstellung ermöglicht damit Vergleiche unterschiedlich großer und unterschiedlich rasch angeströmter Flügel.

Der Auftriebsbeiwert c_A ist bei irgendeinem Anstellwinkel (meist etwas unter 0°) gleich Null, bei einer negativeren Anstellung negativ („Abtriebserzeugung"). Der Anstellwinkel für maximalen c_A-Wert ($c_{A\ max}$) heißt kritischer Anstellwinkel α_{krit}. „Kritisch" deshalb, weil bei dessen Überschreitung die Strömung leicht abreißen, der Auftrieb zusammenbrechen und ein Flugzeug abstürzen kann. Vögel dagegen können einen eventuellen Strömungsabriß schon beim nächsten Schlag korrigieren. Sie fliegen häufig bei α_{krit}, wenn sie große Luftkräfte benötigen.

Der Widerstandsbeiwert ist selbstredend nie gleich Null und immer positiv (jeder Körper erzeugt ja Widerstand in Anströmrichtung). Er erreicht bei einem bestimmten Anstellwinkel ein Minimum, $c_{W\ min}$. Die Tangente an die Polare c_A (c_W) durch den Ursprung kennzeichnet (bei gleichartiger Koordinateneinteilung und für $c_A = c_W = 0$ im Ursprung) das kleinste und damit günstigste Verhältnis

$$\frac{c_W}{c_A} = \varepsilon \, .$$

Der Quotient c_W/c_A, neuerdings etwa dessen Kehrwert, wird als Gleitzahl ε, bezeichnet; vergl. Abschnitt 11.7.1. Nach Überschreiten von $c_{A\ max}$ nimmt c_A mit zunehmendem α (aufgelöste Auftriebspolare) beziehungsweise c_W (Polare) wieder ab.

Die Abbildung 11-7 B zeigt sehr instruktiv die Wirkung der „Selbstoptimierung" eines Vogelflügels. Das basale Ruheprofil Nr. 2 einer Haustaube wurde als Tragflügelschnitt nachgebaut und im Windkanal zwischen Wänden vermessen, ebenso das „Arbeitsprofil" Nr.2, und zwar bei gleicher Re-Zahl von $8 \cdot 10^4$. Wie erkennbar erreicht das Arbeitsprofil in Vergleich zum Ruheprofil ein 1,7-fach höheres $c_{A\ max}$ und ein 2,5-fach geringeres $c_{W\ min}$. Beides ist sehr günstig. Allerdings wird der hohe $c_{A\ max}$-Wert von 1,2 mit einer „Überziehempfindlichkeit" erkauft: Die Taube muß darauf achten, daß sie an diesem Profil keine höheren Anstellwinkel als 22° einstellt; darüber reißt die Strömung schlagartig ab, und $c_{A\ max}$ sinkt auf geringe Werte. Das „Ruheprofil" ist wenig geeignet, da es wenig Auftrieb und viel Widerstand erzeugt, doch verhält es sich „gutmütig": über einen weiten Bereich $6° < \alpha < 35°$ schwankt sein c_A nur wenig um den bescheidenen Wert von $c_A \approx 0{,}65$. Das günstigere Arbeitsprofil verlangt eine rasche Feineinstellung und Lagekorrektur der Anströmungsverhältnisse durch den Vogel. Vögel verfügen über solch rasche Einstellmechanismen. Man kann deshalb davon ausgehen, daß sie weniger „stabile, gutmütige, auftriebsarme" Flügelkonfigurationen anstreben als „instabile, sensible, auftriebsreiche".

11.6.2 Abhängigkeit von der Reynoldszahl

Die aerodynamische Güte von Flügeln, wie sie sich in den Polaren-Darstellungen manifestiert, ist stark Re-abhängig. Bei kleinen, mittleren und großen Re-Zahlen werden durchaus unterschiedliche Flügelgeometrien benötigt, wenn in jedem dieser Re-Bereiche Höchstauftrieb und Minimalwiderstand erzeugt werden soll.

In Richtung auf geringere Re-Zahlen sinken die erreichbaren c_A-Werte und steigen die unvermeidlichen c_W-Werte (vergl. Abb. 11-8 und 11-9); die Polaren werden „flacher“ und „nach rechts verschoben“. Dies fällt vor allem bei den relativ geringen Re-Zahlen auf, bei denen kleine bis kleinste biologische Flügel arbeiten (Abb. 11-8 A).

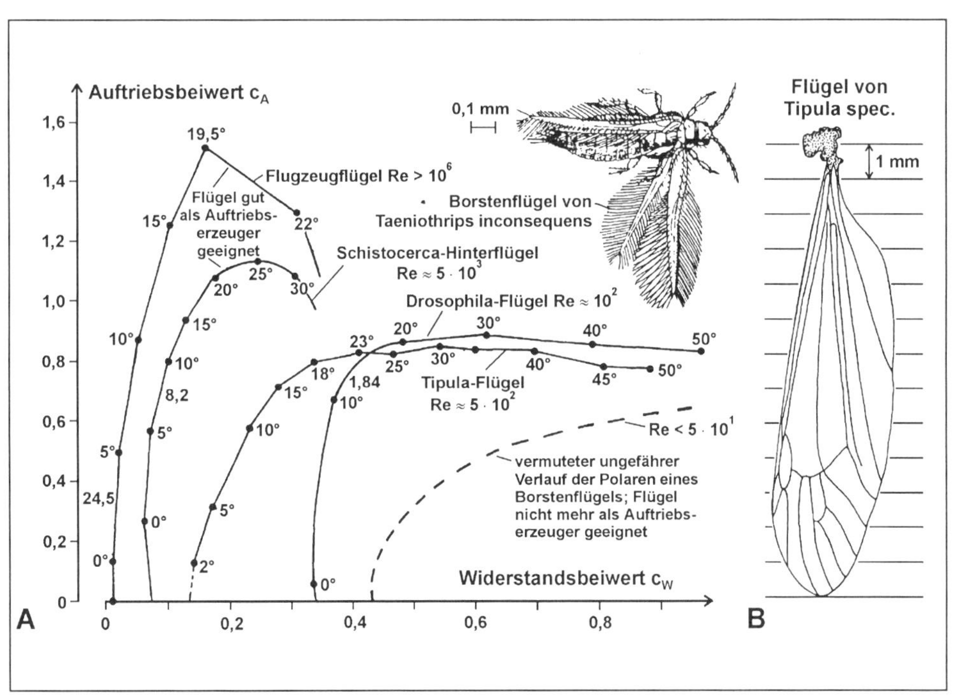

Abb. 11-8: Einige typische Polaren von Flügeln, die bei unterschiedlichen Re-Zahlen arbeiten (A) und ein unprofilierter und ungewölberter Fliegenflügel (B). Vergl. den Text. (Nach verschiedenen Autoren aus Nachtigall 1986)

Zusammenhänge können hier im einzelnen nicht gebracht werden, sind jedoch „der Richtung nach“ den genannten Abbildungen zu entnehmen. Es gelten die folgenden Kurzbezeichnungen für „Idealflügel“:

- Hohe Re-Zahl (z.B. 10^6); Kleinflugzeuge, Großvögel: Profilierte und gewölbte Flügel
- Mittlere Re-Zahl (z.B. 10^4); Segelfalter, Kleinlüfter-Blätter: Unprofilierte, gewölbte Flügel

T 17C p 328
- Kleine Re-Zahl (z.B. 10^3); **Fliegen** (Abb. 11-8 B): Unprofilierte, ungewölbte Flügel

- Kleinste Re-Zahl (z.B. $< 10^1$); Kleinste Insekten, z.B. *Taeniothrips,* Einschaltbild in Abb. 11-8 A: Borstenartig besetzte „Trommelschlegel"

All diese Aussagen finden sich in Abbildung 11-8 wiedergespiegelt.

11.6.3 Parabeln des induzierten Widerstands

Der Beiwert des induzierten Widerstands, c_{Wi}, hängt quadratisch vom Auftriebsbeiwert, c_A, ab; mit größerem c_A steigt c_{Wi}:

$$c_{Wi} = \frac{1}{\Lambda \cdot \pi} \cdot c_A^2$$

An der c_A-Abhängigkeit läßt sich in Technik und Natur wenig „drehen"; gewisse c_A-Werte werden nun mal benötigt. Anders ist es mit der Λ-Abhängigkeit.

Flugzeuge größerer Streckung Λ erzeugen per se weniger induzierten Widerstand. Deshalb haben die Flügel von Leistungs-Segelflugzeugen und auch die der besten biologischen Segler (*Diomedea*, Abb. 11-6 A) auffallend große Spannweiten bei relativ geringen Flügeltiefen.

Auf der anderen Seite hängt der induzierte Widerstand linear von der Streckung ab; mit großem Λ sinkt c_{Wi}, wie die Formel zeigt.

Den Anteil des induzierten Widerstands am Gesamtwiderstand kann man in einer Polarendarstellung c_A (c_W) entsprechend der Formel kennzeichnen: Man liest für ein gegebenes α den Auftriebsbeiwert c_A ab, quadriert ihn, multipliziert ihn mit der Konstanten $(\Lambda\ \pi)^{-1}$ und trägt das Ergebnis wieder in die Polare ein. Dies führt man für mehrere α-Werte aus und verbindet die eingetragenen Punkte. Es ergibt sich eine Parabel, die „Parabel des induzierten Widerstands". In Ü 11/8 ist diese Vorgehensweise verdeutlicht. Hieran kann man für jeden α-Wert den vom Auftriebsbeiwert (nahezu) unabhängigen Anteil des Widerstandsbeiwerts („Profilwiderstand", c_{Wp}) und den nach der obigen Gleichung von Auftriebsbeiwert abhängigen Anteil („induzierter Widerstand", c_{Wi}) ablesen:

$$c_W = c_{Wp} + c_{Wi} = c_{Wp} + \frac{1}{\Lambda \cdot \pi} \cdot c_A^2$$

Für die Technik ist die Parabel des induzierten Widerstands wichtig für die Konzeption von Tragflügeln; in der Biologie kann sie dazu dienen, das „Sosein" von Tierflügeln besser zu verstehen.

11.7 Gleitflug

Als stationärer Gleitflug wird ein schräg abwärts gerichteter („antriebslos“ erscheinender) Flug in ruhender Luft bezeichnet, der bis zur Bodenberührung verlaufen kann. Selbstredend muß auch hier ein „Antrieb“ gegeben sein; er resultiert aus der Umsetzung einer vorher aufzubringenden potentiellen Energie $F_g \cdot h$ (F_g Körpergewicht, h Ausgangshöhe über dem Boden).

11.7.1 Gleitkenngrößen, Gleitzahl ε

Die Abbildung 11-9 faßt alle wesentlichen Gleitkenngrößen zusammen. Den Gleitkörper kann man mit einem Bierfaß vergleichen, das auf einer unter dem Winkel β schräg gestellten Leiter herabrollt (Abb. 11-9 A). Während dieses die Strecke s vom Punkt A bis zum Punkt B abwärts gerollt ist, ist es um die Strecke h = AC gefallen und hat sich um die Strecke l = CB horizontal bewegt. Die Komponente

$$F_{g2} = F_g \cdot \sin \beta$$

treibt es dabei in Rollrichtung, die Komponente

$$F_{g1} = F_g \cdot \cos \beta$$

drückt auf die Leiter. Sobald der kombinierte Roll- und Luftwiderstand des Fasses gleich der vorwärtstreibenden Komponente F_{g2} ist, rollt das Faß mit konstanter Geschwindigkeit.

T 11A p 269

Ein **gleitender Vogel** stellt sich mit dem Anstellwinkel α zwischen mittlerer Flügel-Druckseitentangente („Nullauftriebswinkel“) und Gleitbahn ein, bei ruhiger Luft also zwischen der Flügel-Druckseitentangente und der Anströmrichtung. Die Anströmrichtung entspricht der Gleitbahn (Abb. 11-9 B und C). Der Vogel fliegt im stationären Gleichgewicht, das heißt mit konstanter Gleitgeschwindigkeit, sobald er mit seinen Flügeln eine vertikal gerichtete Luftkraftresultierende F_L entgegensetzt gleich seinem Gewicht F_g erreicht. Diese Resultierende kann man in eine Widerstandskraft F_W in Richtung der Gleitbahn und eine Auftriebskraft F_A senkrecht dazu zerlegen. Stationäre Verhältnisse (vergl. Abschnitt 9.1) herrschen, sobald

$$F_L = - F_g \qquad \text{gilt.}$$

Dann ist auch $$F_W = - F_{g2}$$

und $$F_A = - F_{g1}.$$

Wenn der Vogel schneller oder langsamer, steiler oder flacher gleiten will, kann er (in Grenzen) seinen Anstellwinkel α verändern. Für den Fall $F_{g2} > F_W$ beschleunigt er. Damit steigt F_W quadratisch mit der Gleitgeschwindigkeit an, bis wieder Kräftegleichgewicht herrscht. Dann gleitet der Vogel - nun mit einer größeren Gleitgeschwindigkeit - wieder stationär, das heißt in gleichen Zeiten über gleiche Strecken. Statt der Strecken kann man auch die Geschwindigkeiten einsetzen. Das Gleitdreieck wird dann zum Geschwindigkeitsdreieck (Abb. 11-9 C). Den Quotient aus Gleitweite l und Gleithöhe h beziehungsweise Sinkgeschwindigkeit v_{sink} und Geschwindigkeit über Grund v_{grund} bezeichnet man als Gleitzahl ε:

$$\varepsilon = \frac{h}{l} = \frac{v_{sink}}{v_{grund}}$$

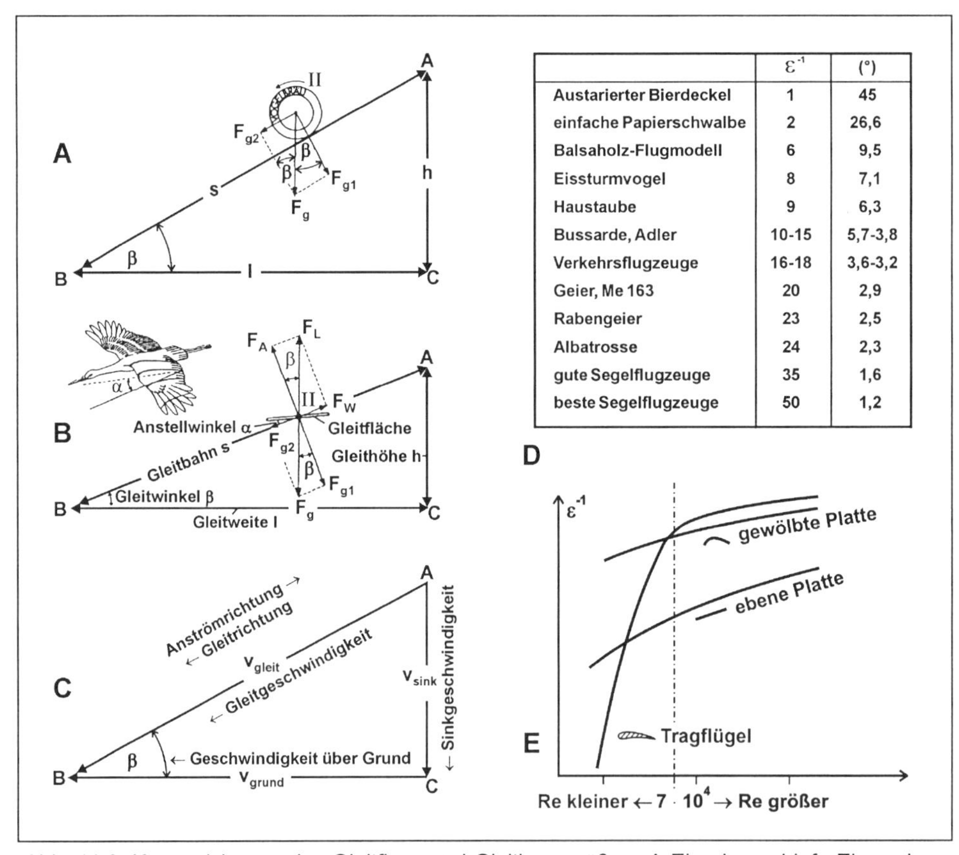

	ε^{-1}	(°)
Austarierter Bierdeckel	1	45
einfache Papierschwalbe	2	26,6
Balsaholz-Flugmodell	6	9,5
Eissturmvogel	8	7,1
Haustaube	9	6,3
Bussarde, Adler	10-15	5,7-3,8
Verkehrsflugzeuge	16-18	3,6-3,2
Geier, Me 163	20	2,9
Rabengeier	23	2,5
Albatrosse	24	2,3
gute Segelflugzeuge	35	1,6
beste Segelflugzeuge	50	1,2

Abb. 11-9: Kennzeichnung des Gleitflugs und Gleitkenngrößen. A Ein eine schiefe Ebene herabrollendes Bierfaß. B Gleitdreieck, C Geschwindigkeitsdreieck eines gleitenden Vogels. D Einige kennzeichnende Kehrwerte von Gleitzahlen ε. E Verdeutlichung der Abhängigkeit der Kehrwerte der Gleitzahlen für unterschiedliche Flügel von der Reynoldszahl

Aus geometrischen Gründen und über die Newton'sche Widerstandsgleichung ergeben sich unter Vergleich mit Abbildung 11-9 B und C die erweiterten Beziehungen:

$$\varepsilon = \frac{h}{l} = \frac{v_{sink}}{v_{grund}} = \frac{F_W}{F_A} = \frac{c_W}{c_A} = \tan\beta$$

(c_A Auftriebsbeiwert, c_W Widerstandsbeiwert).

Kleine Gleitzahlen ε bedeuten kleine Gleitwinkel β und kennzeichnen ein gutes Gleitsystem. In Abbildung 11-9 D sind einige Beispiele mit der eher „ins Gefühl gehenden" Angabe ε^{-1} statt ε gegeben. Die Größe ε^{-1} gibt an, wie viele Kilometer ein Flieger aus einem Kilometer Höhe gleiten kann. Man sieht, daß Vögel respektable Werte erreichen. Durchschnittliche biologische Gleiter werden aber schon von Verkehrsflugzeugen und erst recht von hochgezüchteten Segelflugzeugen übertroffen. (Dies ist zum Teil ein Reynoldszahl-Effekt; bei unterschiedlichen Reynoldszahlen gleitende technische und biologische Flieger sind damit nicht direkt vergleichbar). Während der Mäusebussard aus 1 km Höhe nur etwa 12 km gleiten kann, schaffen die besten derzeitigen Segelflugzeuge mindestens 50 km.

Wie stellt ein Flieger nun seine Gleitneigung ein? Der geringstmögliche Gleitwinkel, das heißt also die maximale Gleitstrecke l bei gegebener Ausgangshöhe h wird durch die kleinste Gleitzahl ε vorgegeben. Was aber macht ein Vogel, wenn er steiler gleiten will? Beim Segelflugzeug setzt sich der im Schwerpunkt angreifende, dem Gewicht entgegengesetzt gleiche Gesamtauftrieb geometrisch zusammen aus dem Flügelauftrieb vor dem Schwerpunkt und dem Auftrieb des am Heck befindlichen Höhenleitwerks hinter dem Schwerpunkt. Will der Flugzeugführer steiler gleiten, so dreht er die Höhenleitwerksklappen nach unten, vergrößert damit die Wirkung des Leitwerks und erhöht dessen Auftrieb: das Flugzeug stellt sich mit der Nase steiler nach unten.

Auf der neuen, steileren Gleitbahn muß wiederum Kräftegleichgewicht herrschen. Wieder muß die Luftkraftresultierende entgegengesetzt gleich dem Gewicht sein, aber sie setzt sich nun aus anderen Auftriebs- und Widerstandsanteilen zusammen. Die Gleitgeschwindigkeit vergrößert sich zunächst. Damit steigt der Fahrtwiderstand. Flugzeuge wie Vögel müssen sich in diesem Fall so austarieren, daß die Resultierende aus dem (durch die geringere Anstellung kleiner gehaltenen) Auftrieb und dem nun größeren Widerstand wieder entgegengesetzt gleich dem Gewicht ist. Dann gleitet das System wieder stationär, wenngleich mit größerer Gleitgeschwindigkeit unter größerem Gleitwinkel. Es kommt steiler und schneller zu Boden.

Die Gleitzahl ist für jeden gegebenen Flügel stark von der Reynoldszahl abhängig, wie aus der Re-Abhängigkeit der Polaren (Abb. zu Ü 11/6) folgt. Wie die Abbildung 11-9 E verdeutlicht, sinkt der Kehrwert der Gleitzahl sowohl ebener wie gewölbter und schließlich - hier besonders drastisch - profilierter Flügel mit kleiner werdender Re-Zahl. Deshalb können kleine Vögel (mit dicken, gewölbten Profilen) etwa bei $Re = 5 \cdot 10^3$ nicht mehr gleiten, wohl aber große Insekten (Segelfalter, Segellibellen) mit dünnen, schwach gewölbten Flügeln. Bei noch kleineren Re-Zahlen geht auch dies nicht mehr: Bienen und Fliegen können nicht gleitfliegen.

Bemerkung: Neuerdings wird in der aerodynamischen Literatur (wieder) der Quotient c_A/c_W als „Gleitzahl ε" bezeichnet, was auch sprachlich vernünftiger erscheint.

11.7.2 Beiwertbestimmung über Gleitversuche

Die c_A- und c_W-Werte von kleinen Modellsegelflugzeugen und ebenso von gleitfliegenden Vögeln lassen sich aus Gleitversuchen bestimmen (Filmen senkrecht zur Ebene der Gleitbahn; Abb. 11-10).

Beispiel *(Abb. 11-10): In leichter Veränderung gegeben seien aus Filmaufnahmen rekonstruierte Werte, die Wedekind und Bilo aus der Arbeitsgruppe des Verfassers gewonnen haben. Der Gleitwinkel beträgt demnach* $\beta = 6{,}5°$, *die Gleitgeschwindigkeit* $v_{gleit} = 8{,}14\ m\ s^{-1}$, *die Bezugsfläche* $A = 0{,}06\ m^2$. *Die maximale Flügeltiefe* t_{max} *betrug 0,11 m, die größte Querschnittsfläche des Rumpfes,* A_{st}, *betrug* $0{,}004\ m^2$.

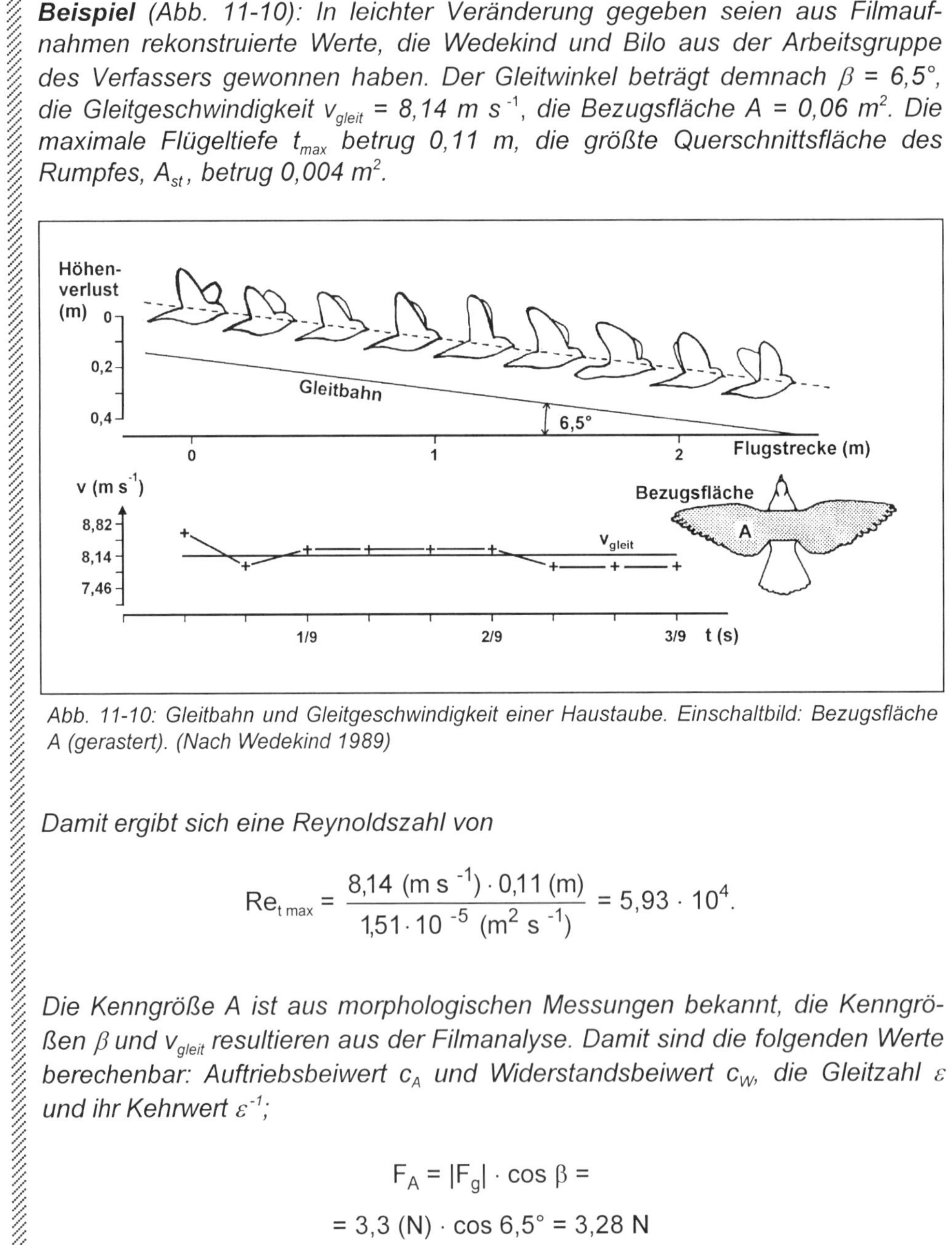

Abb. 11-10: Gleitbahn und Gleitgeschwindigkeit einer Haustaube. Einschaltbild: Bezugsfläche A (gerastert). (Nach Wedekind 1989)

Damit ergibt sich eine Reynoldszahl von

$$Re_{t\,max} = \frac{8{,}14\ (m\ s^{-1}) \cdot 0{,}11\ (m)}{1{,}51 \cdot 10^{-5}\ (m^2\ s^{-1})} = 5{,}93 \cdot 10^4.$$

Die Kenngröße A ist aus morphologischen Messungen bekannt, die Kenngrößen β *und* v_{gleit} *resultieren aus der Filmanalyse. Damit sind die folgenden Werte berechenbar: Auftriebsbeiwert* c_A *und Widerstandsbeiwert* c_W, *die Gleitzahl* ε *und ihr Kehrwert* ε^{-1};

$$F_A = |F_g| \cdot \cos \beta =$$

$$= 3{,}3\ (N) \cdot \cos 6{,}5° = 3{,}28\ N$$

$$F_W = |F_g| \cdot \sin\beta =$$
$$= 3{,}3\ (N) \cdot \sin 6{,}5° = 0{,}37\ N$$

$$c_A = \frac{F_A}{A \cdot \frac{1}{2} \cdot \rho \cdot (v_{gleit})^2} =$$

$$= \frac{3{,}28\,(N)}{0{,}06\,(m^2) \cdot \frac{1}{2} \cdot 1{,}23\,(kgm^{-3}) \cdot (8{,}14\,(ms^{-1}))^2} = 1{,}34;$$

$$tg\,\beta = \frac{c_W}{c_A};$$

$$c_W = c_A \cdot tg\,\beta =$$
$$= 1{,}34 \cdot tg\,6{,}5° = 0{,}15;$$

$$\varepsilon = \frac{c_W}{c_A} =$$
$$= \frac{0{,}15}{1{,}34} = 0{,}11;$$

$$\varepsilon^{-1} = 0{,}11^{-1} = 8{,}78$$

$$v_{grund} = v_{gleit} \cdot \cos\beta =$$
$$= 8{,}14\ (m\ s^{-1}) \cdot \cos 6{,}5° = 8{,}08\ m\ s^{-1}$$

$$v_{sink} = v_{gleit} \cdot \sin\beta =$$
$$= 8{,}14\ (m\ s^{-1}) \cdot \sin 6{,}5° = 0{,}92\ m\ s^{-1}$$

Bemerkung: Für Vergleiche ist die Wahl der Bezugsfläche A zu beachten; $A_{tragend}$ (hier benutzt) ist größer als A_{Stirn}! Deshalb erscheinen die Beiwerte als relativ hoch, was insbesondere bei c_A auffällt.

11.7.3 Sinkpolaren und Gleitleistung

Es ist noch eine weitere polarenartige Darstellung üblich, die man als Sinkpolare bezeichnet. Nach Abbildung 11-11 wird hierfür die Sinkgeschwindigkeit v_{sink} eines gleitenden Objekts (der Anschauung entsprechend „abwärts") über die Geschwindigkeit über Grund, v_{grund}, aufgetragen. Wo eine Tangente durch den Ursprung die Sinkpolare berührt, herrscht die kleinstmögliche Relation v_{sink}/v_{grund}, das heißt die kleinstmögliche (bestmögliche) Gleitzahl ε.

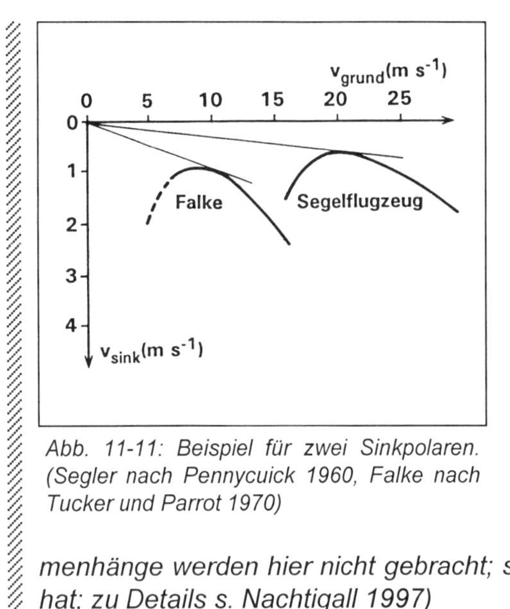

Abb. 11-11: Beispiel für zwei Sinkpolaren. (Segler nach Pennycuick 1960, Falke nach Tucker und Parrot 1970)

Beispiel *(Abb. 11-11): Die nebenstehende Abbildung kennzeichnet zwei Sinkpolaren, die eines Falken und die eines kleinen Segelflugzeugs. Wie erkennbar ist das Segelflugzeug in Bezug auf das Erreichen einer möglichst kleinen Sinkgeschwindigkeit etwas überlegen, doch muß es dann rasch gleiten, etwa mit einer Geschwindigkeit v_{grund} = 20 m s $^{-1}$. Der Falke ist mit v_{sink} ≈ 1 m s $^{-1}$ kaum schlechter, erreicht diesen Wert aber schon bei einer viel kleineren Geschwindigkeit von v_{grund} ≈ 10 m s^{-1}. So langsam kann das Segelflugzeug gar nicht fliegen. (Die näheren Zusammenhänge werden hier nicht gebracht; sie sind komplexer als es den Anschein hat; zu Details s. Nachtigall 1997)*

Zum Vergleich: $v_{sink\ min}$ liegt beim Segelflugzeug um 0,5 m s^{-1} bei Verkehrsflugzeugen im Landeanflug etwa bei 2 - 5 m s^{-1}.

Die Sinkgeschwindigkeit v_{sink} ist auch für Leistungsberechnungen interessant: Die Gesamtleistung zur Überwindung des Widerstands und Aufrechterhaltung einer konstanten Gleitgeschwindigkeit v_{gleit} im Gleitflug berechnet sich als Produkt aus Körpergewicht und Sinkgeschwindigkeit:

$$P_{gleit}\,(\mathrm{W}) = F_g\,(\mathrm{N}) \cdot v_{sink}\,(\mathrm{m\ s^{-1}})$$

Für das letztgenannte Beispiel der abgleitenden Haustaube berechnet sich

$$P_{gleit} = 3{,}3\,(\mathrm{N}) \cdot 0{,}92\,(\mathrm{m\ s^{-1}}) = 3{,}59\ \mathrm{W}.$$

Das wäre die obengenannte „Antriebsleistung" für den Gleitflug. Sie wird aus dem „Höhenabbau" (Abbau der potentiellen Energie) gespeist, muß also momentan nicht vom Vogel aufgebracht werden. Selbstredend muß der Vogel die nötige physikalische Energie aufgebracht haben, *bevor* er abwärts gleiten kann. Beim Aufstieg bis zum Ausgangspunkt seines Gleitflugs (Punkt A in Abb. 11-9 A) müßte der Vogel als Steigleistung P_{steig} die gleiche physikalische Leistung aufbringen, wenn er so schnell steigt wie er ausfließend fällt. Um dies zu bewerkstelligen, muß seine physiologische Leistung oder Stoffwechselleistung P_m, die sich auf den Treibstoffverbrauch bezieht, um den Kehrwert des entsprechenden Wirkungsgrads (vergl. Abschnitt 6.1) größer sein. Nimmt man für den Brustmuskel eines Vogels einen Wirkungsgrad von η = 0,20 an, wäre hier also

$$P_m \approx \frac{1}{0{,}20} \cdot P_{steig} \approx 5 \cdot P_{steig} \approx 17{,}95 \text{ W}.$$

Für den Luxus eines Gleitflugs muß der Vogel unter der genannten Bedingung also erst einmal „physiologisch viel mehr investieren" als er „physikalisch gewinnt". Kein Wunder, daß er versucht, die Ausgangshöhe nicht aus eigener Kraft zu erreichen: Thermiknutzung zum Beispiel. Auch damit gewinnt er die nötige Energie, hier allerdings letztlich über die Sonne. Wenn die Steigleistung relativ klein ist (wegen einer geringen Thermik zum Beispiel) macht das nichts: der Vogel braucht dann eben länger, bis er die angegebene Ausgangshöhe und damit Energie der Lage erreicht hat. Langsames Aufsteigen und rascher Abstieg (bis hin zum Sturzflug) ist auch eine Art Leistungswandlung (vergl. Abschnitt 6 und 7.10.1).

11.8 Segelflug

Segelflug ist Gleitflug in aufsteigender Luft. Ist die Steiggeschwindigkeit der Luft $v_{steig\ Luft}$, entgegengesetzt gleich der Sinkgeschwindigkeit $v_{sink\ Vogel}$ eines beispielsweise in einer Thermik (Abb. 11-12 A) kreisenden Vogels, so kreist dieser für einen Beobachter auf gleicher Höhe.

Für

$$v_{steig\ Luft} > v_{sink\ Vogel}$$

schraubt sich der Vogel mit

$$|v_{steig\ Vogel}| = |v_{steig\ Luft} - v_{sink\ Vogel}|$$

höher hinauf. Die nötige Steigleistung bezieht er aus der aufwärts bewegten Luftmasse, also letztlich von der Sonne. Ganz umsonst ist die Sache aber nicht, denn auch das Ausgebreitet-Halten der Flügel kostet „Haltearbeit" (oder bedarf, auf die Zeit bezogen, einer physiologischen „Halteleistung", vergl. Abschnitt 6.1.2.3). Diese ist aber um mindestens eine Größenordnung kleiner als die physikalische Steigleistung - energetisch ein gutes Geschäft also.

Neben der Nutzung zentral aufsteigender Luftmassen („Thermikschläuche") im Zentrum in sich rotierender „Thermikblasen" (Abb. 11-12 A) und dem Hangaufwindsegeln (oft zu beobachten beim Turmfalken, *Falco tinnunculus)*, gibt es weitere Möglichkeiten, Energie aus dem Wind zu gewinnen. Sie sind in Abbildung 11-12 C-E zusammengestellt: Leewellensegeln (in Aufwindphasen hinter Gebirgskämmen), „dynamischer Segelflug" (wie ihn die Alpendohle vorführt) und das sehr eigenartige dynamische Segeln des Albatros unter Nutzung der Windgrenzschicht und des „Hangaufwinds" von Meereswellen. Details habe ich in einem Buch „Vogelflug und Vogelzug" (1987) zusammengestellt.

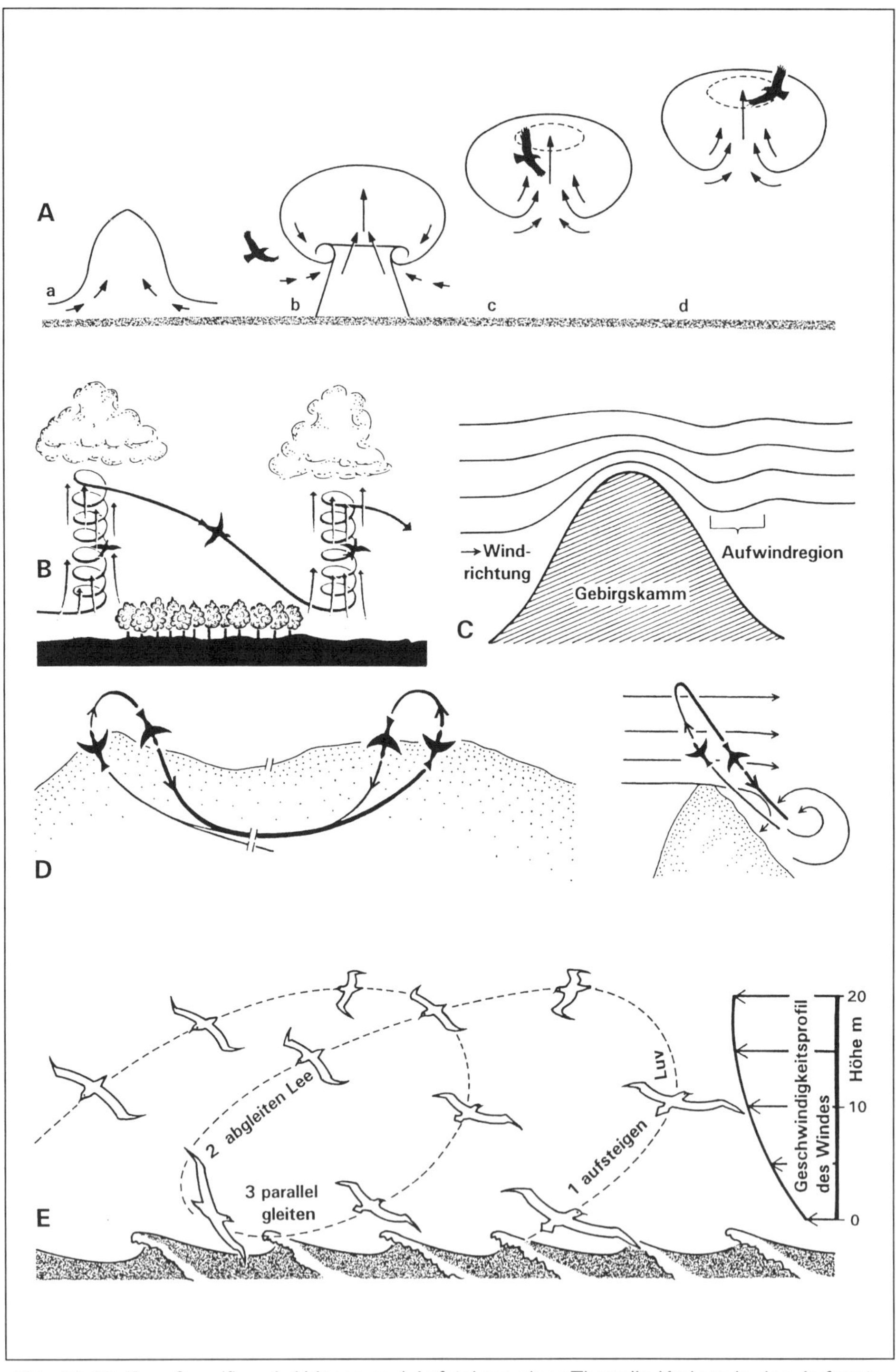

Abb. 11-12: Zum Segelflug. A Ablösen und Aufsteigen einer Thermik; Kreisen in den Aufwärtsströmungen der Thermikblase. B Gleitflug zwischen zwei Steigphasen in Thermikschläuchen. C Leewellensegeln. D Dynamischer Segelflug der Alpendohle. E Dynamisches Meeressegeln des Albatros. (Nach verschiedenen Autoren aus Nachtigall 1987)

Afrikanische Geier kreisen im Segelflug in aufsteigenden Thermiken hoch, verlassen diese dann und steuern im Gleitflug eine neue Thermik an, in der sie sich wieder hochschrauben und so fort (Abb. 11-12 B). Ohne diese Strategie, mit der sie am Tag ohne weiteres 200 km zurücklegen können, wären sie energetisch weder in der Lage, ein großes Gebiet nach Aas abzusuchen noch die für die Jungenaufzucht „einzuplanenden" - oft großen - Strecken zwischen Aas und Nistplätzen zurückzulegen. Es ist bekannt, welche außerordentlich große ökologische Rolle afrikanische Geier als „Gesundheitspolizei" spielen. Ohne diese Strategie der „indirekten Nutzung der Sonnenenergie" sähen die gesamten ökologischen Ketten der afrikanischen Savannen anders aus.

Bemerkung: Ähnliches gilt im Übrigen für Präriehunde (Gattung *Cynomys*), die die nordamerikanischen Prärien bevölkern (vergl. Ü 9/4) und dort das Bernoulli-Theorem souverän nutzen. Auch sie nutzen über den Wind letztlich die Sonnenenergie, und auch die ökologischen Ketten der nordamerikanischen Prärien sähen ohne diese Strategie anders aus.

Bildtafel 11: **Vogelflug.** A Eine Möwe beim Gleitflug. Die Armfittiche sind steil aufgestellt, die Handfittiche haben hier im wesentlichen tragende Funktion. Die „M-Konfiguration" der Flügel erhöht die Flugstabilität. B Segelnder Weißstorch, *Ciconia alba*, beim Kurvenflug. Die freien Handschwingen an den Flügelenden sind so gestaffelt, versetzt, abgebogen und angestellt, daß sie den induzierten Widerstand des Flügels verringern und damit die Gleitzahl verbessern. (Fotos: Nachtigall)

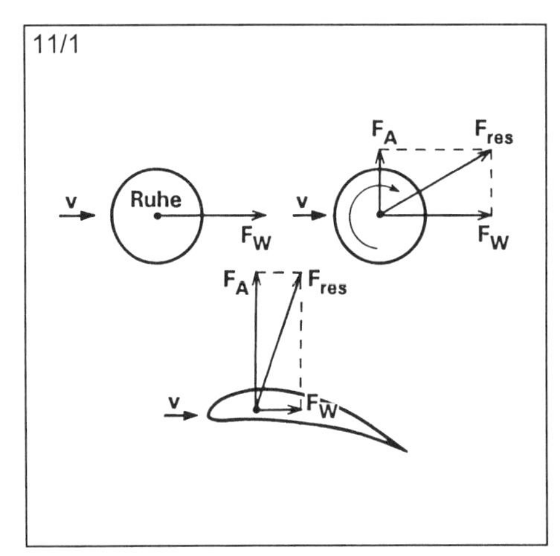

Übungsaufgaben

Ü 11/1: Warum entsteht am angeströmten ruhenden Zylinder nur eine Widerstandskraft F_W, am rotierenden dagegen zusätzlich noch eine Auftriebskraft F_A? Wie kann man sich die analoge Kräfteentstehung am angeströmten Tragflügel vorstellen? Versuchen Sie eine „Nachbeschreibung" mit wenigen Worten und skizzieren Sie in die nebenstehende Abbildung grobschematisch den Stromlinienverlauf.

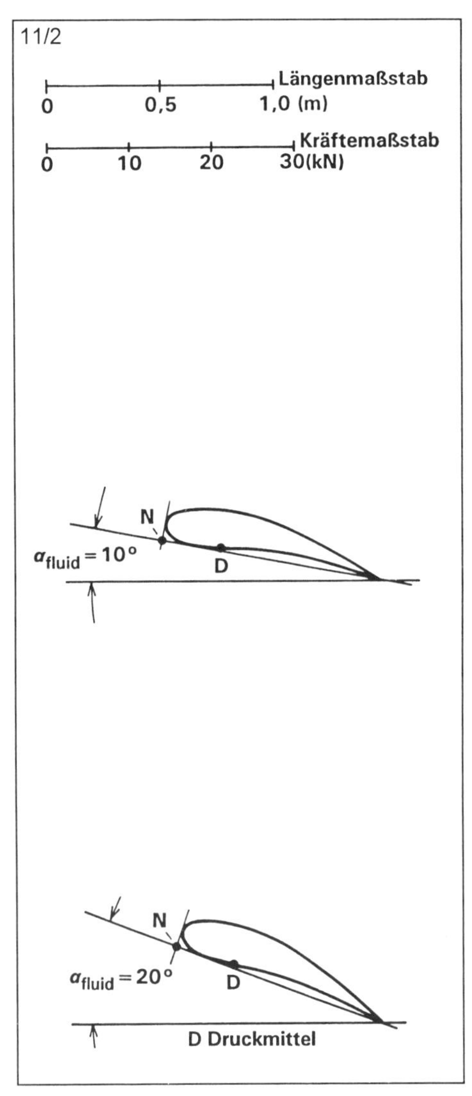

Ü 11/2: Ein unter $\alpha = 10°$ von Luft mit v = 70 m s^{-1} angeströmter Tragflügel (Ausschnitt aus einem unendlich lang gedachten Flügel) von A = 10 m^2 Aufsichts-Projektionsfläche und d = 1 m Flügeltiefe sei durch die Beiwerte c_A = 1,0 und c_W = 0,2 gekennzeichnet. (Bei $\alpha = 20°$ sind die Werte c_A = 0,65 und c_W = 0,38). Berechnen Sie F_A und F_W, zeichnen Sie sie unter Verwendung des angegebenen Maßstabs, vom Druckmittel D ausgehend, ein und konstruieren Sie F_{res}. Konstruieren oder berechnen Sie weiter F_N und F_T, berechnen Sie die Beiwerte c_N und c_T sowie das Drehmoment um N. (Bemerkung: In diese Prinzipbetrachtung wird die Verschiebung des Druckpunkts mit dem Anstellwinkel nicht einbezogen.)

Ü 11/3: Die nebenstehende Abbildung zeigt die Druckverteilung für einen "normalen" Flugzeugflügel bei mittlerem Anstellwinkel (A) sowie für einen Flügel mit ausgefahrenem **Vorflügel** und Hinterkantenklappen bei hohem Anstellwinkel (B). (Die Drücke sind jeweils senkrecht auf die zugehörigen Flächenelemente aufgetragen, Unterdrücke auf der Flügeloberseite oben, vom Flügel weglaufend gezeichnet, Überdrücke auf der Flügelunterseite unten, zum Flügel hinlaufend gezeichnet.) Diskutieren Sie den prinzipiellen Druckverlauf und die Unterschiede zwischen den beiden Flügeln.

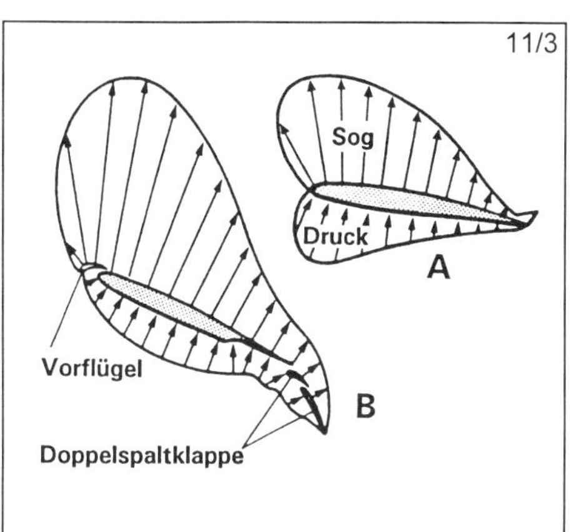

T 15B p 318

Ü 11/4: Das nebenstehende klassische Diagramm aus den frühen 30-er Jahren zeigt die Druckverteilung am Flügelprofil Gö 378 (Originaldarstellung). Die Drücke sind über die Profilsehne aufgetragen, und zwar die auf der Flügeloberseite herrschenden Unterdrükke nach unten (Kurve II), die auf der Flügelunterseite herrschenden Überdrücke nach oben (Kurve I). Einheiten: mm WS. (Bemerkung: Da die Drücke an denjenigen Oberflächenelementen, die stark schräg zur Anströmrichtung verlaufen, sowieso klein sind, macht man keinen dramatisch großen Fehler, wenn man die Drücke einfacherweise gleich über die Profilsehne in Hubrichtung anstatt über die Profilkontur senkrecht zu den Konturentangenten aufträgt). Dicke Pfeile: resultierender Gesamtdruck, aufgetragen über dem Druckmittel auf der Profilsehne. s: Abstand des resultierenden Gesamtdrucks von der Vorderkante. Diskutieren Sie die Aussagen der Abbildungen möglichst kurzgefaßt in ihren flugrelevanten Aspekten.

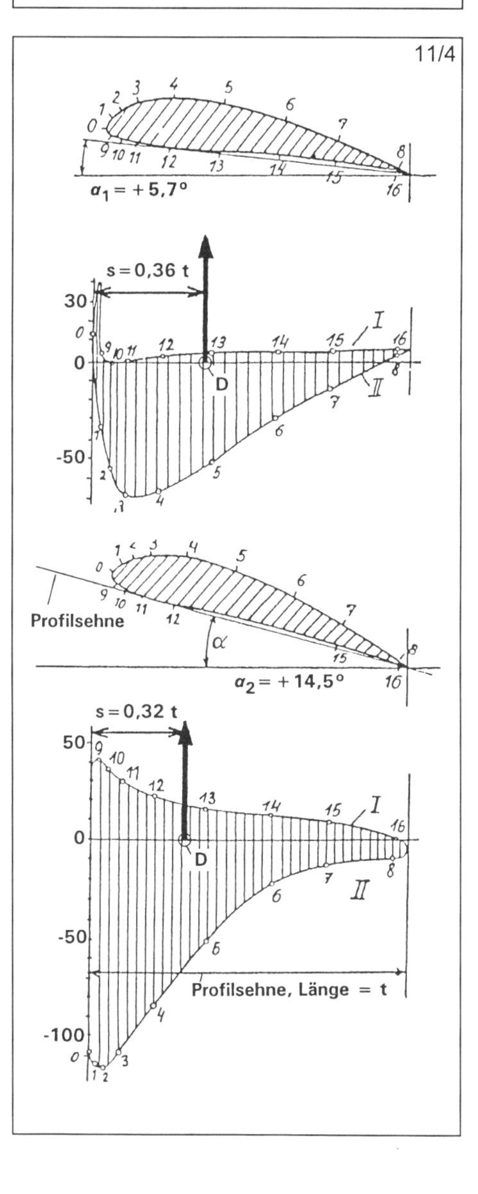

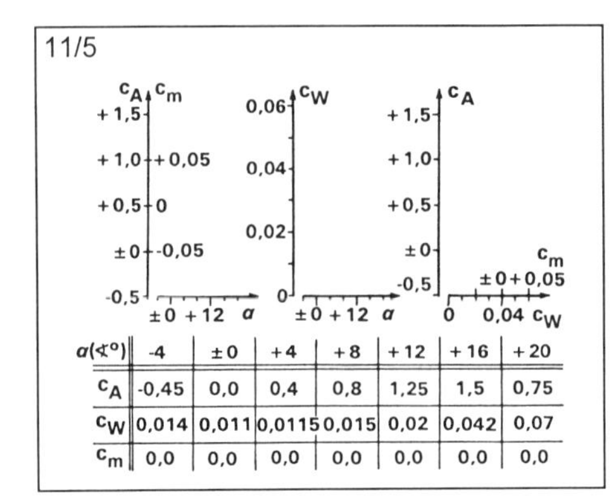

α(∢°)	-4	±0	+4	+8	+12	+16	+20
c_A	-0,45	0,0	0,4	0,8	1,25	1,5	0,75
c_W	0,014	0,011	0,0115	0,015	0,02	0,042	0,07
c_m	0,0	0,0	0,0	0,0	0,0	0,0	0,0

Ü 11/5: In der Tabelle sind einige Beiwerte für ein Helikopter-Rotorblatt (MBB-BO-Typ) angegeben. Zeichnen Sie damit die aufgelöste Auftriebspolare $c_A(\alpha)$, die aufgelöste Widerstandspolare $c_W(\alpha)$, sowie die aerodynamischen Polare c_A (c_W) in das nebenstehende Diagramm. Lesen Sie aus den grob skizzierten Polaren die ungefähren Werte ab für: c_{Amax}, c_{Wmin}, c_{Aopt}, ε_{min}. (Beachten Sie die unterschiedlichen Zeichenmaßstäbe für c_A und c_W; vergrößern Sie die Abbildung xerographisch.)

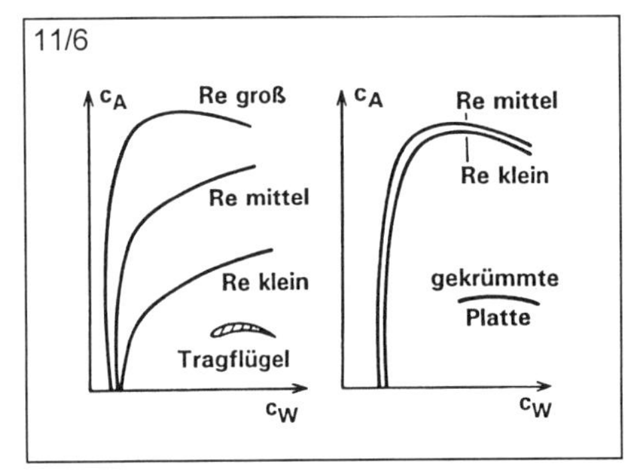

Ü 11/6: Diskutieren Sie die Re-Abhängigkeit der beiden angegebenen Polaren von unterschiedlichen Tragflügeln (links: profiliert/gewölbt - rechts: unprofiliert/gewölbt). Was schließen Sie daraus für den Vogel- und Insektenflug?

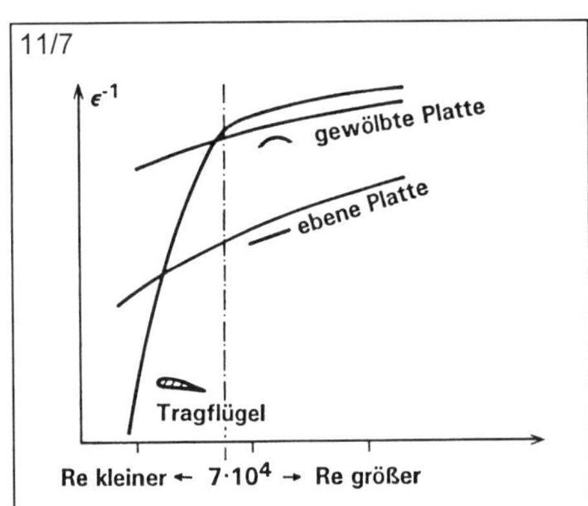

Ü 11/7: Diskutieren Sie die Re-Abhängigkeit der Kehrwerte der Gleitzahlen, ε^{-1}, der drei angegebenen Flügelquerschnitte (profiliert / gewölbt - unprofiliert / gewölbt - unprofiliert / ungewölbt). Was schließen Sie daraus für den Vogel- und Insektenflug?

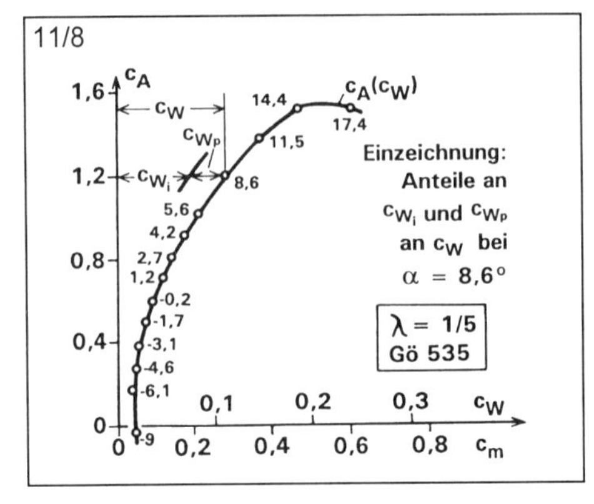

Ü 11/8: Die nebenstehende Abbildung zeigt die aerodynamische Polare c_A (c_W) eines endlichen, rechteckigen Tragflügels (Profil Gö 535) für λ = 1/5. Konstruieren Sie mittels einiger weniger Punkte den Prinzipverlauf der Parabel des induzierten Widerstands c_A (c_{Wi}) dazu und diskutieren Sie den Verlauf der beiden Graphen hinsichtlich des Anteils c_{Wp} und c_{Wi} an c_W für unterschiedliche α. Wie verliefe die c_{Wi}-Parabel bei größerem Seitenverhältnis Λ?

Ü 11/9: Diskutieren Sie die nebenstehende Abbildung. Kann die eingezeichnete Parabel des induzierten Widerstands c_A (c_{Wi}) für λ = 1/5 nach Ü 11/8 stimmen? (Berechnen Sie einige wenige Punkte nach.) (Die Illustrationen zu Ü 11/6 - Ü 11/9 beruhen auf Dubs 1990)

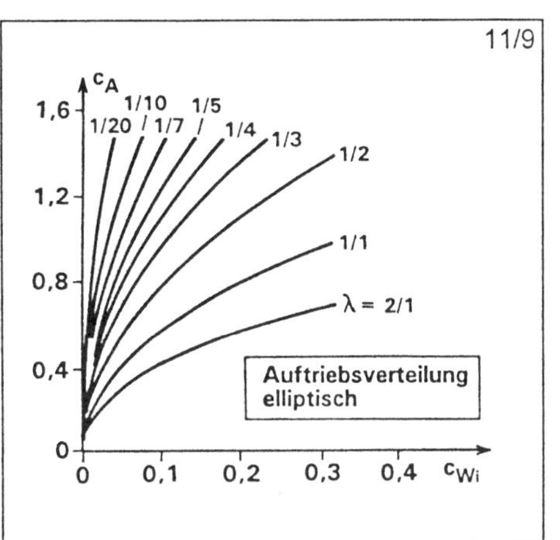

Ü 11/10: Ein **Weißstorch** (*Ciconia alba*; Masse m = 3,5 kg, tragende Fläche A = 0,5 m²) gleitet mit unter dem Anstellwinkel α angestellten Flügeln unter dem Gleitwinkel β = 7° mit der Gleitgeschwindigkeit v_{gleit} = 11 m s^{-1} schräg abwärts. Welche Luftkraftresultierende F_{res} muß er erzeugen (und wie muß sie im Koordinatensystem stehen)? Wie groß ist sein gesamtes F_A und c_A sowie sein gesamtes F_W und c_W? Wie groß ist seine Gleitzahl ε? Wie groß ist seine Sinkgeschwindigkeit v_{sink} und seine Geschwindigkeit über Grund v_{grund}?

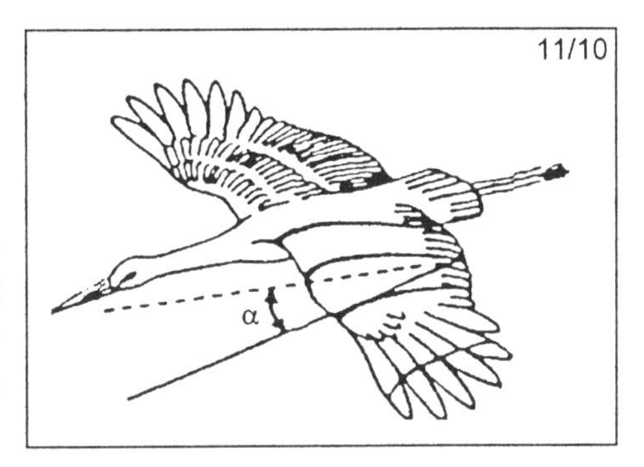

T 11B
p 269

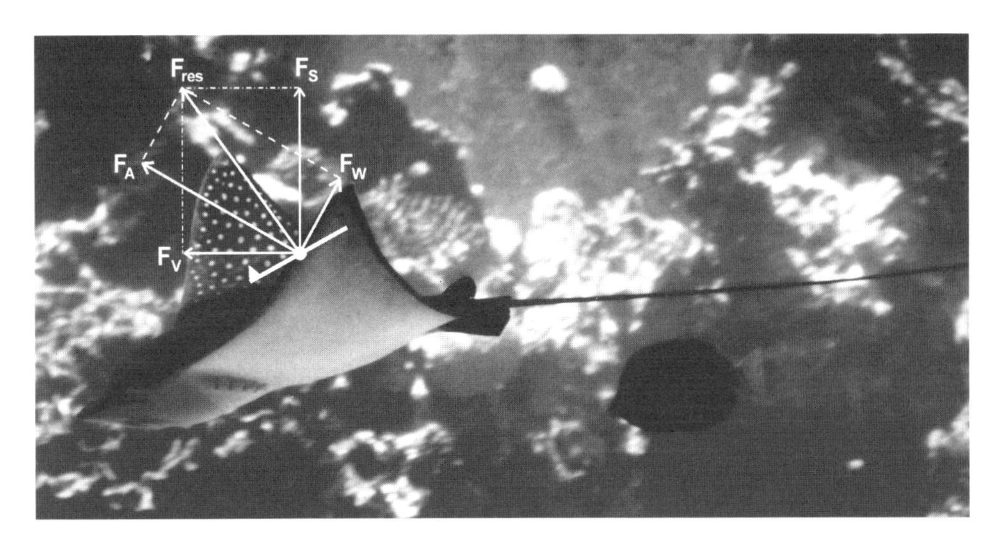

Bildtafel 12: **Schwimmen mit „Flügelbewegung".** Bei einem Adlerrochen (*Myliobatidae*) ergibt die Auftriebskraft F_A zusammen mit der (kleineren) Widerstandskraft F_W als geometrische Summe eine stark nach vorne geneigte resultierende Kraft F_{res}, die sich im Moment des Durchlaufs der Frontalebene in eine nutzbare Vortriebskomponente F_V und eine Seitentriebskomponente F_S (hier hebend, kompensiert zum Teil das Übergewicht) zerlegt. Bei Schrägstellung im Raum kommt noch eine Querkraftkomponente senkrecht zur Papierebene hinzu, deren Rechts-Links-Anteile sich zu Null kompensieren. (Foto: Nachtigall)

Bildtafel 13: **Messungen an Vogelflügelmodellen, Arbeitsgruppe Nachtigall.** A Polyester-Nachbauten von Flügelprofilen einer Haustaube, *Columba livia* werden von U. Claußen mit geringen Spaltbreiten zwischen strömungsbegrenzenden Platten an einer Zweikomponenten-Windkanalwaage untersucht. B Praktikumsversuch; Auftriebs- und Widerstandsmessung eines von Gesser und Wedekind gefertigten Starenmodells durch Wedekind (links) und Moeller (Mitte). Resultate in Nachtigall 1979, 1998. (Fotos: Nachtigall, Wedekind)

12 Wirbel und wirbelbedingte Fluidkräfte

Die Kunst des Rauchring-Blasens ist ein wenig in Vergessenheit geraten. So ein autoreifenartiger Rauchring, der in sich rotiert und in Richtung senkrecht zu seiner Ebene dahinwandert, ist ein typischer Ringwirbel (vergl. Abb. 12-2), wie ihn beispielsweise auch eine Feuerqualle abschießt (vergl. Abb. 12-11 B). Über Kenndaten derartiger Wirbel läßt sich beispielsweise die Vortriebsleistung dieser Qualle berechnen, wie im Text zu Abb. 12-10 gezeigt werden wird.

Einzelwirbel schließen sich bei günstigen Bedingungen hinter passiv umströmten (Abb. 12-5) oder hinter aktiv sich fortbewegenden Körpern (Abb. 13-7, 13-8 F) zu geschlossenen, leiterartigen oder zickzack-leiterartigen Strukturen zusammen. In der Struktur solcher Wirbelkomplexe steckt im Grunde die gesamte „Vorgeschichte“ der Bewegungen, die letztlich zu solchen Wirbelformen führen, beim Fisch beispielsweise die Art, wie er mit der Schwanzflosse schlägt und dabei Schub erzeugt. Gelänge es, die Wirbelstraßen hinter umströmten Lebewesen genau aufzunehmen, könnte man alle biomechanisch wichtigen Kenngrößen daraus berechnen und müßte im Grunde gar keine Kinematik bewegter Krafterzeuger (wie zum Beispiel einer Fisch-Schwanzflosse) mehr aufnehmen. Dies ist derzeit freilich nicht möglich. In Einzelfällen ist man auf diesem Weg aber durchaus schon ein wenig vorwärtsgekommen, wie das Demonstrationsbeispiel in Abschnitt 13.4.9 zeigt.

12.1 Definitionen und Wirbelarten

Schlägt man Definitionen zum Begriff „Wirbel“ in Lehrbüchern nach, so findet man beispielsweise:

> *Kreisende Bewegung einer Vielzahl von Materieteilchen um ein gemeinsames Zentrum*

oder

> *Summe der Fluid-Winkelgeschwindigkeiten in wirbelzugehörenden Raumpunkten*

Die letztere Definition führt zu dem Begriff „vorticity“, für den es kein genaues deutschsprachiges Pendant gibt (am ehesten noch „Wirbeligkeit“). Als Vorticity in einem Raumpunkt eines Kontinuums bezeichnet man die Winkelgeschwindigkeit von Materie in diesem Raumpunkt.

In der Biomechanik spielt insbesondere der sogenannte Rankine-Wirbel eine Rolle, den man aus der Überlagerung eines Starren Wirbels mit einem Potentialwirbel verstehen kann.

- **Starrer Wirbel** (Abb. 12-1 A). Beispiele: Dose, mit Zement ausgegossen, an Faden hängend und kreisend. Zementteilchen beschreiben Kreisbahnen. Konstante Winkelgeschwindigkeit ω; Tangentialgeschwindigkeit $v = r \cdot \omega$

(r Radius). Lineare Geschwindigkeitsverteilung in einem horizontalen Schnitt. Angenähert: Dose mit Wasser gefüllt, kreisend, nach längerem Warten. (Nebenbei: Die Fluidoberfläche nimmt im letzteren Fall die Form eines Paraboloids an.)

- **Potentialwirbel** (Abb. 12-1 B). Beispiele: Rundstab, senkrecht in Honig gesteckt und mit konstanter Windgeschwindigkeit ω bzw. konstanter Tangentialgeschwindigkeit v_{tang} gedreht. An der Staboberfläche wird der Honig am stärksten mitgeschleppt (wegen der Haftbedingung ist dort $v_{Fluid} = v_{tang\ Stab}$), mit größerer Entfernung exponentiell weniger stark. Geschwindigkeitsverteilung in einem horizontalen Schnitt zur Stablängsachse entsprechend der Abbildung.

- **Rankine-Wirbel** (Abb. 12-1 C). Überlagerung eines starren Wirbels („Kern") im Zentrum mit einem Potentialwirbel („Peripherie"). Die Grenze der Kernregion ist durch die Maxima v_{max} der Geschwindigkeitsverteilung gekennzeichnet. Der Gesamtwirbeldurchmesser entspricht per def. dem Bereich zwischen den Geschwindigkeiten $v = 0{,}05 \cdot v_{max}$.

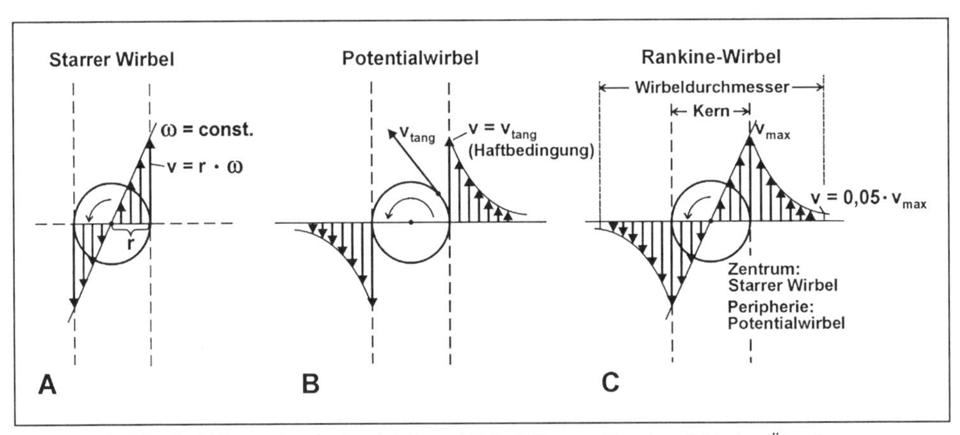

Abb. 12-1: Die drei biomechanisch wichtigen Wirbel-Typen. C entspricht der Überlagerung von A und B. Vergl. den Text. Der Vergleich von C mit der Abbildung 12-11 A zeigt, daß man die typische Geschwindigkeitsverteilung eines Rankine-Wirbels auch bei biologischen Systemen (hier: dem Ringwirbel einer Feuerqualle) meßtechnisch durchaus erfassen kann

12.2 Wirbelfaden, Wirbelfläche, Wirbelring

Gedachte kleinste Wirbel („lokale vorticity") bezeichnet man als Punktwirbel. Diese kann man sich längs einer Linie angeordnet vorstellen (→ Wirbelfaden); sie können auch eine - beliebig gekrümmte - Fläche besetzen (→ Wirbelfläche).

Bereiche flächig verteilter Punktwirbel tendieren zu unstabilem Verhalten („Diskontinuitätsfläche"). Die sich aufschaukelnden Instabilitäten führen zu mäanderförmigen Überschneidungen der Wirbelfläche und schließlich zum Zerfall des Systems in makroskopische Wirbel. Solche Diskontinuitäten treten real hinter jedem umströmten Körper auf - beispielsweise auch schon an einer homogen-glatten, dünnen, parallelangeströmten Platte - weil es immer lokale Mikrostörungen gibt.

Die resultierenden makroskopischen Wirbel können letztendlich beachtliche Ausmaße erreichen, wie beispielsweise die Registrierungen zu Ü 12/5 B und C aufzeigen.

Ein Wirbelring oder Ringwirbel ist in Abbildung 12-2 skizziert. Er hat die Gestalt eines Torus, der in sich rotiert, wie man das mit einem Fahrradschlauch oder Autoreifen demonstrieren kann. Er läßt sich geometrisch charakterisieren. Er kann rotationssymmetrisch oder unsymmetrisch sein. Im ersten Fall läßt er sich durch seinen äußeren Durchmesser d_1 und seinen Torusdurchmesser d_2 charakterisieren. Im Querschnitt erscheint er als Doppelkreis mit entgegengesetzten Rotationsrichtungen. Relativ zum ruhenden umgebenden Fluid bewegt er sich längs einer Linie, die senkrecht zu seiner „Tangentialebene“ steht (Achse x, Abb. 12-2). Man kann sich das vorstellen, wenn man gedanklich eine Papplröhre hineinsteckt, die ihn innen gerade berührt. Der in sich rotierende Wirbelring wird darauf „abrollen“, und zwar in dem in der Abbildung angegebenen Richtungssinn. Ist die Wirbelstärke ungleich und/oder der Wirbel unsymmetrisch (Wirbelzentrum nicht im geometrischen Zentrum), so wird die Fortbewegungsachse gekrümmt sein, und der wandernde Wirbelring beschreibt im Fluidraum eine Kurve.

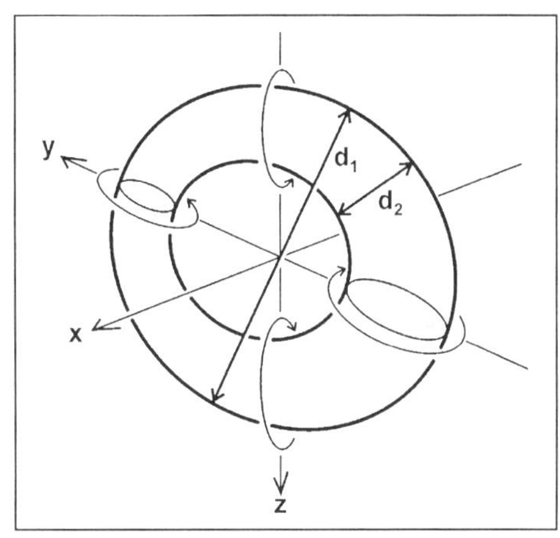

Abb. 12-2: Unsymmetrischer Ringwirbel in Schrägansicht und Querschnitt (punktiert)

Theoretisch bleibt ein einmal erzeugter Wirbel unendlich lange bestehen und wandert eine unendlich lange Strecke mit konstanter Geschwindigkeit. Im Realfall allerdings verzögert er und zerfällt schließlich.

Die Spitzenwirbel eines Propellerblatts oder die Druckausgleichswirbel an einer Tragflügelspitze (Abb. 11-5 C und 12-5 C) ziehen sich im Raum zu spiralartigen Schraubenwirbeln auseinander, die - entsprechend den Ringwirbeln - in sich rotieren.

12.3 Zirkulation, Wirbelintensität

In Abschnitt 11.1 und Abbildung 11-1 wurde der Begriff der Wirbelintensität oder Wirbelstärke und der Zirkulation Γ als „Ringintegral der Zirkulationsgeschwindigkeit v_Γ längs eines geschlossenen Wegs“ bereits eingeführt. Die Zirkulation Γ besitzt die Dimension $L^2\,T^{-1}$, Einheit $m^2\,s^{-1}$. Ebenso wurde die Kutta-Jukowsky'sche Beziehung

$$F_A = \Gamma \cdot \rho \cdot v_\infty \cdot b$$

bereits genannt. Danach kann man die Auftriebskraft F_A eines von einem Fluid der Dichte ρ und der Geschwindigkeit v_∞ angeströmten Flügels der Spannweite b leicht berechnen, wenn Γ bekannt ist. Nach Abschnitt 10.2.2 lautet der Ansatz für die Auftriebskraft:

$$F_A = c_A \cdot A \cdot \frac{1}{2} \cdot \rho \cdot v_\infty^{\;2}$$

Aus der Gleichsetzung und Auflösung nach Γ folgt:

$$\Gamma = \frac{c_A \cdot A \cdot v_\infty}{2\,b}$$

Für die Fläche A eines Rechteckflügels der Spannweite b und der Flügeltiefe t gilt:

$$A = b \cdot t$$

Damit wird

$$\Gamma\,(m^2\,s^{-1}) = \frac{1}{2} \cdot c_A \cdot t\,(m) \cdot v_\infty\,(m\,s^{-1}).$$

Die in der Handhabung etwas schwierig erscheinende Zirkulation Γ läßt sich tatsächlich also aus Kenngrößen der Flügelgeometrie, Flügelpolare und der Anströmgeschwindigkeit einfach berechnen. Durch die Verfolgung von markierten Fluid"punkten" **(Flitter) auf mittleren Bahnen** läßt sich Γ auch für Ringwirbel zumindest gut abschätzen (vergl. das Beispiel zu Abb. 12-11). Für einfache Bahngeometrien läßt sich Γ auch analytisch formulieren, beispielsweise für eine Kreisbahn:

T 14A p 284

Die Größe ω sei konstant;

der Weg s sei ein geschlossener Kreis ($U = 2 \cdot r \cdot \pi$, $A = r^2 \cdot \pi$).

Allgemeiner Ansatz:

$$\Gamma = \oint v_\Gamma \cdot d \cdot s = v_\Gamma \oint d \cdot s$$

Für einen Kreis des Umfangs U gilt

$$v_\Gamma = r \cdot \omega;$$

$$\oint d \cdot s = 2 \cdot r \cdot \pi;$$

damit

$$\Gamma_U = r \cdot \omega \cdot 2 \cdot r \cdot \pi = 2 \cdot r^2 \cdot \pi \cdot \omega$$

und mit

$$r^2\,\pi = A:$$

$$\Gamma_U\,(m^2\,s^{-1}) = 2 \cdot A\,(m^2) \cdot \omega\,(s^{-1})$$

Helmholtz hat bereits im 19. Jahrhundert die Aussage gemacht: Die (unzerstörbare, unveränderliche, konstante) *Wirbelintensität* entspricht dem Produkt aus Wirbelquerschnittsfläche und Winkelgeschwindigkeit. Die Helmholtz'sche Wirbelintensität entspricht also dem halben Wert der Zirkulation; der etwas unanschauliche Zirkulationsbegriff ist zwar nicht der Wortwahl, wohl aber dem Inhalt nach eine bereits klassische Kenngröße.

12.4 Wirbelbildung bei der Umströmung von Körpern

Abhängig von der Reynoldszahl stellt sich das Umströmungsbild beispielsweise eines Kreiszylinders (Abb. 12-2; vergl. auch die Abb. zu Ü 12/5) oder einer Kugel (vergl. Abb. 10-4) sehr unterschiedlich dar.

12.4.1 Strömungsbild um einen Kreiszylinder, abhängig von der Re-Zahl

$Re = 0$
keine Fluidbewegung

$Re < 10^1$
nahe Potentialströmung, angenähert Symmetrie

$10^1 < Re < 4 \cdot 10^1$
anhängende, entgegengesetzt rotierende **paarige Wirbel**

$4 \cdot 10^1 < Re < 2 \cdot 10^5$
(Kármán'sche) Wirbelstraße mit an beiden „Seiten" periodischer Ablösung entgegengesetzt rotierender Wirbel und einem „Totwasser" im Nachlauf

$Re > 2 \cdot 10^5$
voll turbulente Ablösung mit stark verwirbeltem Nachlauf.

(Die Re-Zahlen sind ungefähre Angaben. Bei extrem hohen Re-Zahlen bilden sich weitere Wirbelstraßen aus.)

Dem Umströmungsbild eines Körpers kann man also grob ansehen, in welchem Re-Bereich die Strömungsaufnahme gemacht worden ist.

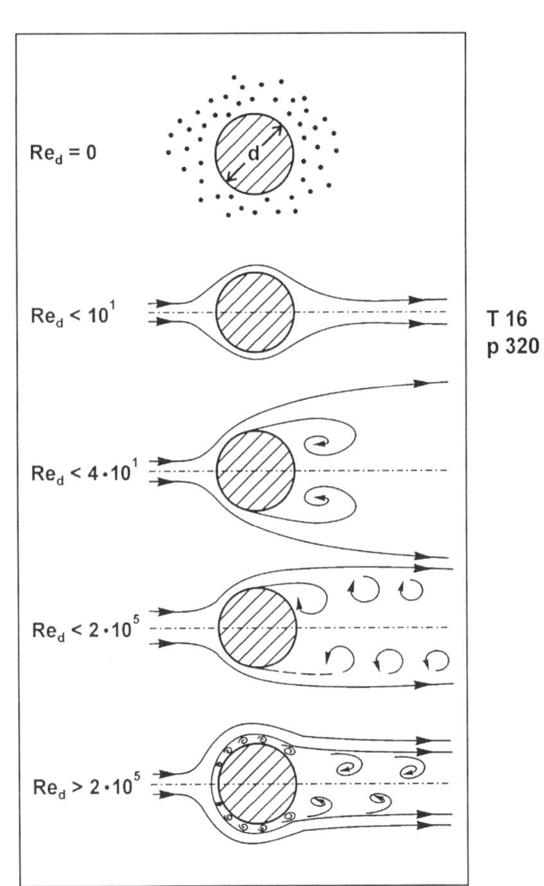

Abb. 12-3: Umströmung eines Kreiszylinders bei unterschiedlichen Re-Zahlen. Anströmung von links nach rechts. Vergl. den Text

T 16
p 320

T 16
p 320

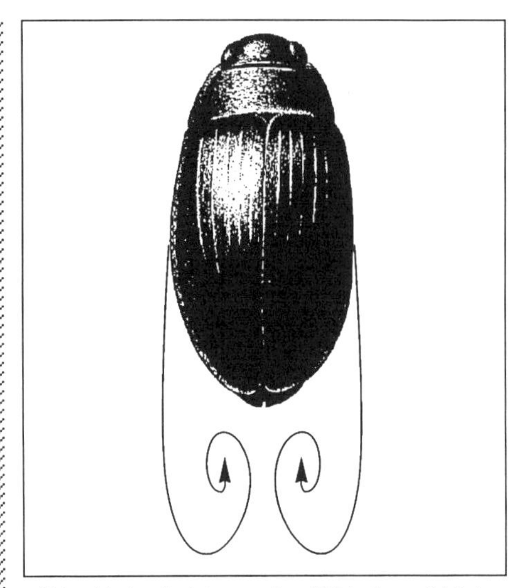

Abb. 12-4: „Anhängendes Wirbelpaar" hinter einem teileingetauchten Rumpf des Wasserkäfers Dytiscus marginalis (Schema nach einer Aufnahme von W. Nachtigall). Bemerkung: Beim „halbeingetauchten" Schleppen (Wasseroberfläche) kann das gleiche Strömungsbild auch bei einer größeren Schleppgeschwindigkeit als der berechneten resultieren

Beispiel *(Abb. 12-4): Die Abbildung zeigt die zeichnerische Abstraktion der Umströmung eines teileingetauchten Rumpfes des 3,5 cm messenden Wasserkäfers Dytiscus marginalis (**Schleppversuch** mit mitbewegter Kamera, Aluflitterchen auf der Wasseroberfläche). Etwa mit welcher maximalen Geschwindigkeit ist geschleppt worden?*

Die Re-Zahl muß wegen der beiden „anhängenden" Wirbel etwa zwischen 10 und 40 gelegen haben; daraus berechnet sich eine maximale Strömungsgeschwindigkeit von

$$v = \frac{Re \cdot \nu}{l} =$$

$$= \frac{40 \cdot 10^{-6}\,(m^2\,s^{-1})}{0{,}035\,(m)} =$$

$$= 0{,}00114\,m\,s^{-1} \text{ oder } 1{,}14\,mm\,s^{-1}$$

12.4.2 Komplexe Wirbelstrukturen

Die Abbildung 12-5 A zeigt die räumliche Wirbelstraße hinter einem endlichen Kreiszylinder vom Längen-Durchmesser-Verhältnis 7 : 1. Die Teilabbildung B zeigt das nämliche hinter einer Kugel. Im Gegensatz zum Zylinder der Länge unendlich (zweidimensionales Problem) lösen sich am Zylinder endlicher Länge nicht nur die - periodisch alternierenden - Wirbel ab, die die zweidimensionale Wirbelstraße bilden, sondern auch noch Kantenwirbel, die aus der Umströmung der Enden resultieren (vergl. Tragflügel). Die letzteren bilden, zusammen mit den ersteren, ein geschlossenes, leiterartiges, im Raum verknicktes Wirbelsystem. Bei der Kugel verläuft das Wirbelsystem, dessen Zustandekommen man erahnen kann, wenn man den Zylinder in Gedanken immer kürzer werden läßt, schleifenartig ineinander.

Wie die Abbildung 12-5 C verdeutlicht bilden beim Tragflügel der „gebundene Wirbel" (Zirkulation um den Flügel), der Anfahrwirbel (vergl. Teilabbildung D zu Ü 12/5) und die beiden Randwirbel (vergl. Abb. 11-5 C) theoretisch ein geschlossenes, rechteckiges, ringwirbelartig in sich rotierendes Wirbelsystem. Der Anfahrwirbel bleibt beim Start eines Flugzeugs auf dem Rollfeld zurück; das

„Rechteck" zieht sich immer weiter auseinander, doch muß dabei nach den Erhaltungssätzen die Gesamtzirkulation erhalten bleiben - eine schwer einzusehende Vorstellung, wenn ein Flugzeug von Frankfurt nach New York fliegt.

Besonders interessant ist die Ausformung von Wirbelstraßen. Man kann diese charakterisieren (Abb. 12-6) unter anderem durch die Anströmgeschwindigkeit v_∞, dem (Zylinder-) durchmesser d, der Rotationsstärke der Wirbel, der Wanderungsgeschwindigkeit der Wirbel v_{Wirbel}, dem Abstand l zwischen zwei Wirbelkernen der gleichen Seite, der Wirbelstraßenhöhe „h", das heißt dem Abstand zwischen den Verbindungslinien durch die Wirbelzentren der beiden Seiten (der ein wenig von der Meßentfernung hinter der Körperhinterkante abhängt) und schließlich durch die Größe und Richtung der Geschwindigkeit im „Nachlauf" hinter dem umströmten Körper.

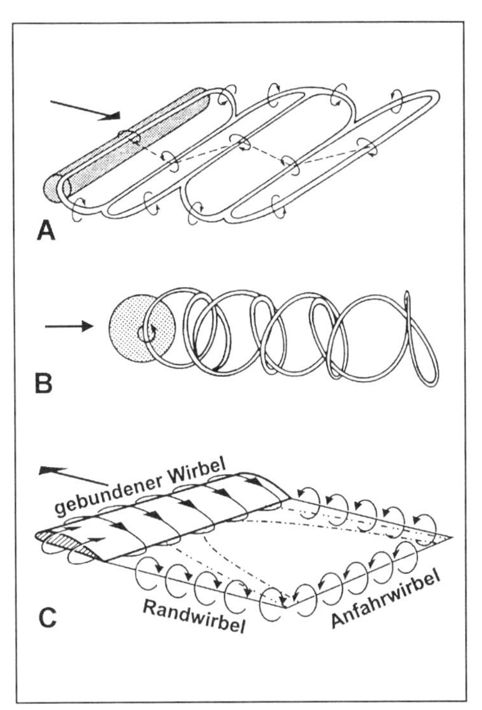

Abb. 12-5: Beispiel für komplexe Wirbelstrukturen hinter umströmten Körpern. A Zylinder, B Kugel. (A nach Taneda 1952, B nach Pao und Kao 1977), C Geschlossenes Wirbelsystem, bestehend aus gebundenem Wirbel (Zirkulation), den beiden Randwirbeln und dem Anfahrwirbel, bei einem Tragflügel

Es gibt besonders stabile Konfigurationen, beim querangeströmten Zylinder beispielsweise für

$$h : l = 0{,}281 : 1,$$

$$h = 1{,}2\ d,$$

$$v_{Wirbel} = 0{,}86\ v_\infty.$$

Die Strömungsgeschwindigkeit in der Wirbelstraße hinter einem umströmten Körper ist gesetzmäßig kleiner als davor (Abb. 12-6); „Impulsdelle", vergl. Abb. 9-11 A. Man kann deshalb auch aus der Wirbelstraße auf den Widerstand des umströmten Körpers schließen wie in Abschnitt 12.4.5 gezeigt wird.

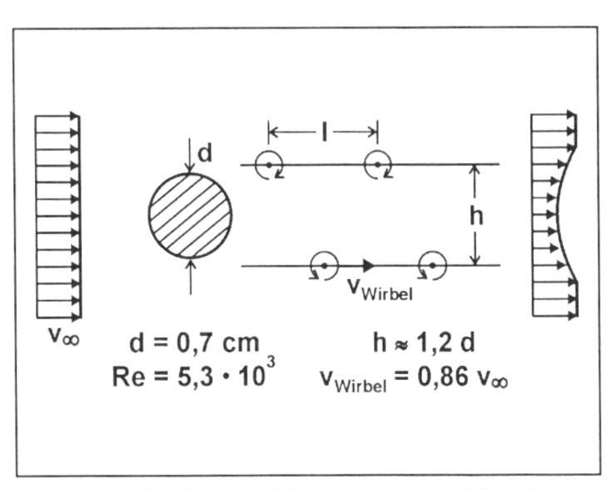

Abb. 12-6: Kennzeichnung einer Wirbelstraße

12.4.3 Wirbelablösungsfrequenz f_W und Strouhal-Zahl St

Die Frequenz f_W der Wirbelablösung in einer Wirbelstraße ist gesetzmäßig abhängig von den geometrischen Kenngrößen (etwa Zylinderdurchmesser d) und von strömungskinematischen Kenngrößen (etwa der Anströmgeschwindigkeit v_∞) von umströmten Körpern und umströmendem Fluid. Eine größen- und geschwindigkeitsunabhängige Darstellungsmöglichkeit gibt die Strouhal-Zahl St:

$$St = \frac{f_W \cdot d}{v_\infty}$$

Hier wird die Frequenz

$$f_W \text{ (Dimension: } T^{-1})$$

„dimensionslos gemacht" durch Multiplikation mit einem Faktor entgegengesetzter Dimension:

$$\text{Faktor} = \frac{d}{v_\infty} \quad \text{(Dimension: } \frac{L}{L \cdot T^{-1}} = T)$$

(Dieser Trick wurde ja auch bei der Reynoldszahl

$$Re = \frac{v \cdot d}{\nu}$$

angewandt; sie entspricht einer „dimensionslos gemachten Geschwindigkeit";

$$v \text{ (Dimension } LT^{-1});$$

$$\text{Faktor} = \frac{d}{\nu} \quad \text{(Dimension: } \frac{L}{L^2\, T^{-1}} = L^{-1}\, T).$$

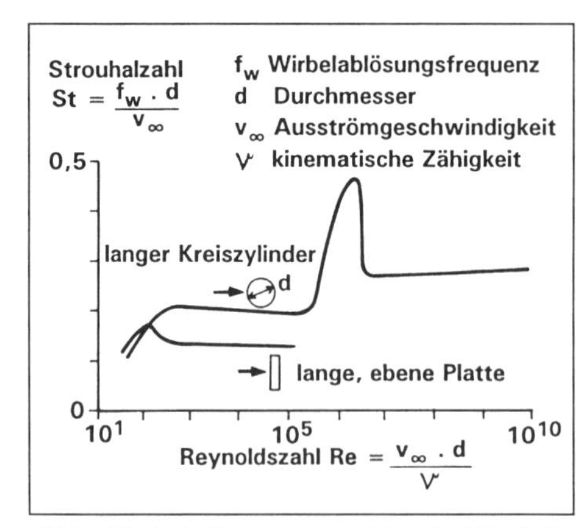

Abb. 12-7: Auftragung der Strouhal-Zahl St über die Reynoldszahl Re für den querangeströmten Kreiszylinder und für eine lange, dünne, quer angeströmte Platte

Die Abbildung 12-7 zeigt eine Auftragung der Strouhal-Zahl über die Reynoldszahl für zwei häufig betrachtete Körper, den querangeströmten Zylinder sowie eine lange, dünne Platte gleicher Stirnfläche. Die Reynoldszahl Re ist auf den Zylinderdurchmesser (gleich der Plattenhöhe) bezogen. Wie erkenntlich gibt es einen großen - biologisch recht bedeutsamen - Reynoldszahlbereich, in dem die Strouhal-Zahl konstant ist. Für den Zylinder gilt

$$St \approx 0{,}2 \approx \text{const für}$$

$$5 \cdot 10^2 < Re < 5 \cdot 10^5.$$

Dieses Kennzahlverhalten erlaubt einfache Näherungsansätze.

Die periodische Wirbelablösung versetzt umströmte Körper in Schwingungen; die Schwingungsebene steht senkrecht zur Anströmrichtung. Die Anregungsfrequenz ist gleich der doppelten Wirbelablösungsfrequenz:

$$f_{anr} = 2 \cdot f_W$$

Ist die Anregungsfrequenz sehr unterschiedlich von der Eigenfrequenz (im allgemeinen viel größer: Bäume), so geraten umströmte Körper nicht in Schwingungen. Ist sie in der Nähe der Eigenfrequenz (z.B. Sporangien von Waldmoosen), so kann der umströmte Körper ins Schwingen kommen. Das ist das Prinzip der „Aeolsharfe“, der „singenden Telegraphendrähte“ im Wind. Im Resonanzfall können sich die Schwingungen zu hohen Amplituden aufschaukeln, so daß ein technisches Teil brechen kann.

Aus diesem Grund versieht man zum Beispiel abgespannte rohrförmige Gebilde (Blechkamine, Antennenmasten etc.) mit Oberflächen“rauhigkeiten“ wie eine umlaufende Blechspirale. Diese stören die Wirbelablösungsperiodik.

Beispiele:

- *Ein Telegraphendraht von d = 2,6 mm Durchmesser wird von Wind der Geschwindigkeit* v_∞ = 5,72 m s^{-1} umströmt. *Welche Frequenz erreicht die dadurch erzwungene Schwingung?*

$$f_{anr} = 2 \cdot \frac{St \cdot v_\infty}{d} =$$

$$= \frac{2 \cdot 0{,}2 \cdot 5{,}72\,(ms^{-1})}{2{,}6 \cdot 10^{-3}\,(m)} = 880\,s^{-1}$$

der Draht „singt“ mit der Oktave des Kammertons a.

- *Eine langgewachsene, im Unterteil astfreie Tanne von d = 20 cm Stammdurchmesser habe die Eigenfrequenz 0,8* s^{-1}. *Kann sie in einem starken Wind der Geschwindigkeit 72 km* h^{-1} *brechen?*
  Warum kann sie durch Windeinfluß brechen?

$$v = \frac{72}{3{,}6} = 20\,m\,s^{-1};$$

$$\mathrm{Re} \approx \frac{v \cdot d}{\nu} = \frac{20\,(\mathrm{ms}^{-1}) \cdot 0{,}2\,(\mathrm{m})}{1{,}5 \cdot 10^{-5}\,(\mathrm{m}^2\mathrm{s}^{-1})} = 2{,}6 \cdot 10^5$$

Bei Re = 2,6 · 10^5 ist nach Abbildung 12-7 die Strouhal-Zahl St in etwa gleich 0,2; damit wird f_{anr} = 40 (s^{-1}).Da 40 s^{-1} >> 0,8 (s^{-1}) wird der Stamm nicht ins Schwingen kommen. Gibt es dagegen periodische Windstöße mit einer Abfolge von etwa 1,25 pro Sekunde, kann sich die Schwingung rasch bis zum Baumbruch aufschaukeln.

Dünne Sporophyten von Waldmoosen und Grashalme können dagegen bei geeigneten Randbedingungen bereits durch kontinuierlich blasenden Wind in angeregte Schwingungen geraten und schütteln dann Sporen bzw. Pollen aus.

12.4.4 Berechnung des Widerstandsbeiwerts eines umströmten Körpers aus den Kenngrößen seiner Wirbelstraße

Den Widerstandsbeiwert c_W eines umströmten Körpers kann man über eine Dokumentation seiner Wirbelstraße (Foto mit ruhigstehender Kamera) mit den Kenngrößen Höhe $h_{Straße}$ (m) (vergl. Abb. 12-8), kennzeichnende Körperkenngröße, z.B. Durchmesser $d_{Körper}$ (m), sowie dem Quotienten n aus der Geschwindigkeit im Nachlauf, $v_{Straße}$ genannt, und der Geschwindigkeit der Umströmung, $v_{Umströmung}$, berechnen zu:

$$c_W = 2 \cdot n \cdot (1 - n) \cdot \frac{h_{Straße}(m)}{d_{Körper}(m)}$$

Eine Ableitung ist in Abbildung 12-8 gegeben.

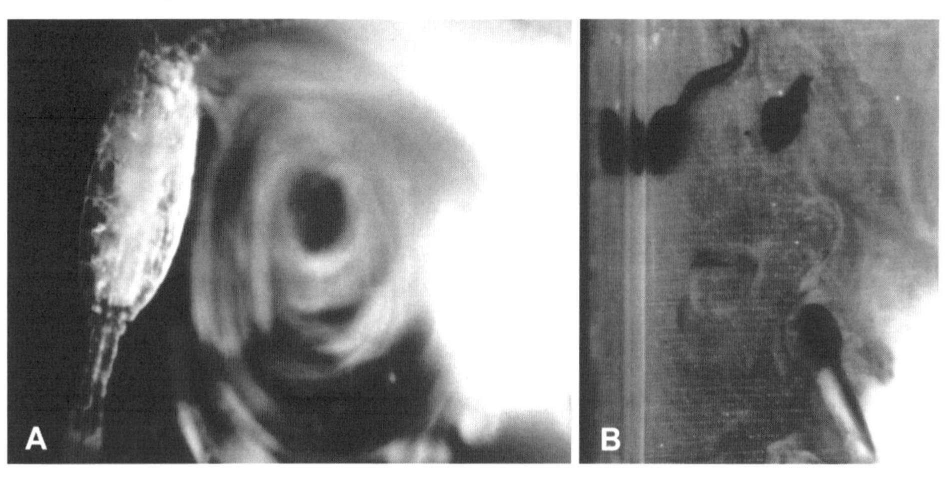

Bildtafel 14: **Wirbel- und Grenzschichtdarstellungen.** A Nahrungswirbel eines „grasenden" Copepoden, *Calanus spec.*, rechte Hälfte. Langzeitbelichtung (2 s) kleiner Partikel. B Kaulquappen, die durch einen Kondensmilchtropfen geschwommen sind. Unteres Tier: Grenzschicht noch angefärbt. (Fotos: Nachtigall)

1.) Widerstand F_W über den Impulssatz:

Vorstellung: Strömungszylinder von Geschwindigkeit der Wirbelstraße

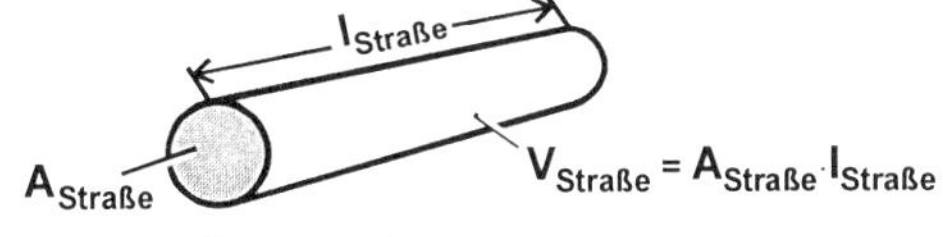

$$J = M \cdot v = \rho \cdot V \cdot v = \rho \cdot A_{Straße} \cdot l_{Straße} \cdot v$$

Da Abbremsung hinter Körper, ist $J_{Straße} < J_{Umströmung}$

$$F_W = \dot{J} = \frac{dJ}{dt} \mathrel{\hat{=}} \frac{J_{Umströmung} - J_{Straße}}{\Delta t} =$$

$$= \frac{\rho \cdot A_{Straße} \cdot l_{Straße} \cdot v_{Umströmung} - \rho \cdot A_{Straße} \cdot l_{Straße} \cdot v_{Straße}}{\Delta t} =$$

$$= \rho \cdot A_{Straße} \cdot \frac{l_{Straße}}{\Delta t} \cdot v_{Umströmung} - \rho \cdot A_{Straße} \cdot \frac{l_{Straße}}{\Delta t} \cdot v_{Straße} =$$

$$= \rho \cdot A_{Straße} \cdot (v_{Straße} \cdot v_{Umströmung} - v_{Straße}^2) =$$

$$= \rho \cdot A_{Straße} \cdot v_{Straße} \cdot (v_{Umströmung} - v_{Straße}) \quad \text{(Ruhender Beobachter).}$$

2.) Widerstandsbeiwert c_W über Gleichsetzung

2.1 $F_W = \rho \, A_{Straße} \, v_{Straße} \, (v_{Umströmung} - v_{Straße})$

2.2 $F_W = c_W \cdot A_{Körper} \cdot \frac{1}{2} \cdot \rho \cdot v_{Umströmung}^2$

aus 2.1 = 2.2 wird

$$c_W = \frac{2 \cdot A_{Straße} \cdot v_{Straße} \cdot (v_{Umströmung} - v_{Straße})}{A_{Körper} \cdot v_{Umströmung}^2},$$

$$\text{Definition: } n = \frac{v_{Straße}}{v_{Umströmung}} = \left(\frac{l_{Straße}}{v_{Umströmung}}\right)_{\text{für } \Delta t = \text{const.}};$$

eingesetzt:

$$c_W = 2n(1-n)\frac{A_{Straße}}{A_{Körper}} \quad \text{bzw.}$$

$$\boxed{c_W = 2n(1-n)\frac{h_{Straße}}{d_{Körper}}} \quad \text{(vergl. Abb. 12-10)}$$

Abb. 12-8: Zur Berechnung des Widerstandsbeiwerts c_W eines Körpers aus der von ihm erzeugten Wirbelstraße (vergl. Abb. 12-6)

Selbst relativ grobes Ablesen aus fotografischen Aufnahmen kann zu guten Näherungen führen, wie das in Abbildung 12-9 dokumentierte Beispiel zeigt.

T 14A p 284

T 16 p 320

Beispiel *(Abb. 12-9): Die Dokumentationsaufnahme aus der Literatur zeigt die Wirbelstraße hinter einem nach rechts bewegten kreiszylindrischen Stab (rechts im Bild, infolge der* ***kurzen Zeitaufnahme*** *als dicker weißer Strich abgebildet) bei Re = 1,93 · 10³. Man kann den Zylinderdurchmesser d, den Zylinderweg, den mittleren Teilchenweg im Nachlauf und den mittleren Wirbelabstand l auf einer Seite (daraus über das Kármán'sche Stabilitätskriterium die Breite der Wirbelstraße) ganz gut in „mm auf dem Foto" ablesen. Wie groß ist der zu erwartende Beiwert für den Kreiszylinder? Was besagt der Vergleich des Rechenwerts mit dem aus einen c_W (Re)-Graphen - zur Not tut es die Abbildung 10-3 - abzulesenden korrekten Wert?*

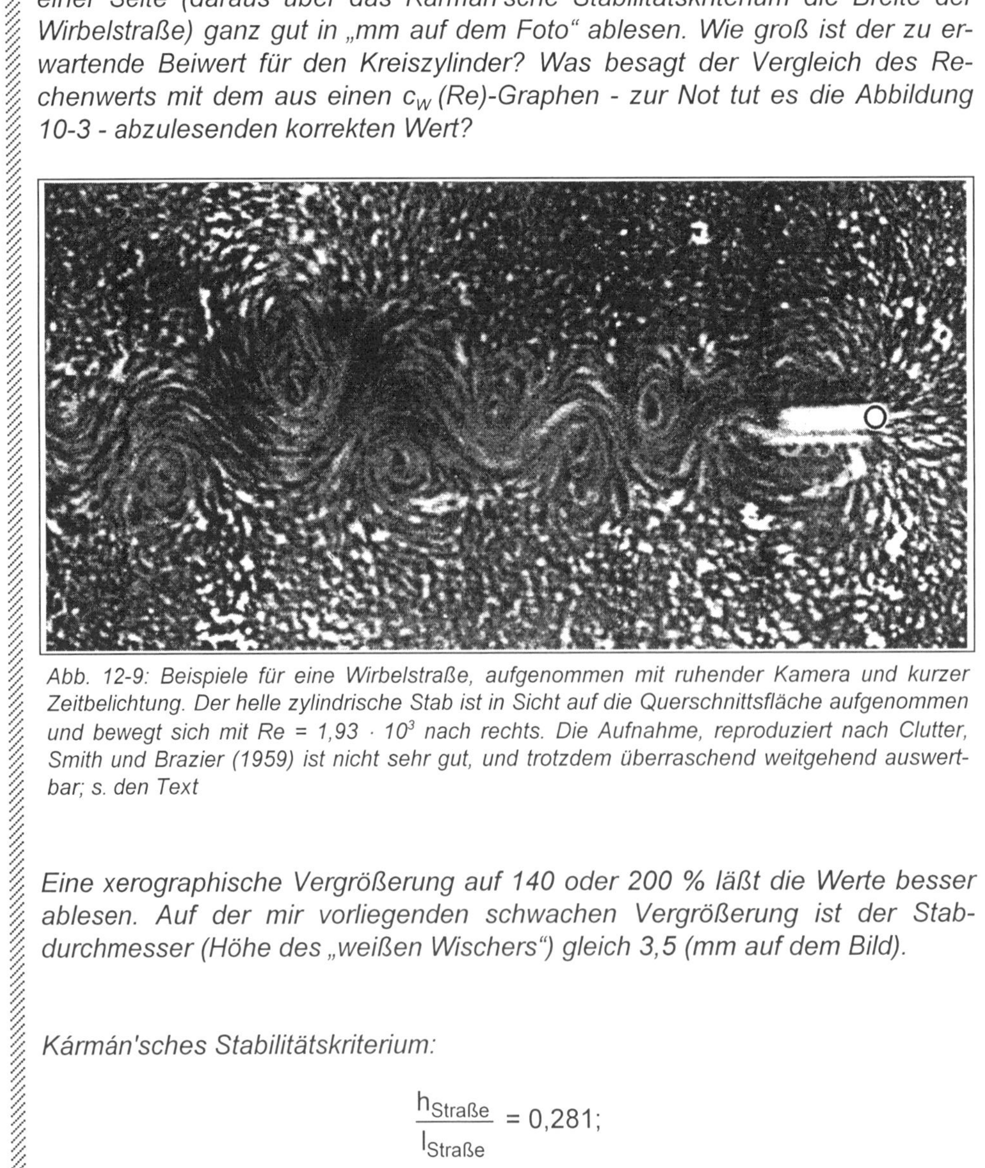

Abb. 12-9: Beispiele für eine Wirbelstraße, aufgenommen mit ruhender Kamera und kurzer Zeitbelichtung. Der helle zylindrische Stab ist in Sicht auf die Querschnittsfläche aufgenommen und bewegt sich mit Re = 1,93 · 10³ nach rechts. Die Aufnahme, reproduziert nach Clutter, Smith und Brazier (1959) ist nicht sehr gut, und trotzdem überraschend weitgehend auswertbar; s. den Text

Eine xerographische Vergrößerung auf 140 oder 200 % läßt die Werte besser ablesen. Auf der mir vorliegenden schwachen Vergrößerung ist der Stabdurchmesser (Höhe des „weißen Wischers") gleich 3,5 (mm auf dem Bild).

Kármán'sches Stabilitätskriterium:

$$\frac{h_{\text{Straße}}}{l_{\text{Straße}}} = 0{,}281;$$

$$h = 0{,}281 \cdot 23 \text{ (mm auf dem Bild)} = 6{,}46 \text{ (mm auf dem Bild)};$$

(Etwa dieser Wert kann auch direkt abgelesen werden.)

$$n = \frac{v_{\text{Straße}}}{v_{\text{Umströmung}}} = \frac{\text{Strichlänge in Straße}}{\text{Strichlänge Körper}} =$$

$$= \frac{5 \text{ (mm auf dem Bild)}}{(15 - 3{,}5) \text{ (mm auf dem Bild)}} = 0{,}43;$$

$$\frac{h_{\text{Straße}}}{b_{\text{Körper}}} = \frac{6{,}46 \text{ (mm auf dem Bild)}}{3{,}5 \text{ (mm auf dem Bild)}} = 1{,}85;$$

$$c_W = 2\,n \cdot (1 - n) \cdot \frac{h_{\text{Straße}}}{b_{\text{Körper}}} =$$

$$= 2 \cdot 0{,}43 \cdot (1 - 0{,}43) \cdot 1{,}85 = 0{,}91.$$

Abgelesen aus Abbildung 10-3: $c_W \approx 0{,}9$. Übereinstimmung!

12.5 Ringwirbel und darauf aufbauende fluidmechanische Rechnungen bei Rückstoßvorgängen

T 14A p 284

Zirkulationen sind immer geschlossen, und zirkulationsinduzierte Wirbelelemente schließen sich immer zu einer Art **Ringwirbel** oder zu einem System verwobener Ringwirbel zusammen (vergl. Abb. 12-5), weil diese dem geringstmöglichen Energieniveau entspricht. Ein gut geblasener Rauchring oder der Ringwirbel, den eine Qualle bei einer Rückstoß-Kontraktion erzeugt, sind schön ausgebildete symmetrische Torus-Systeme. Im Querschnitt erscheinen sie als zwei Kreisscheiben, in denen Teilchen rotieren.

Gelingt es, deren mittlere Zirkulation Γ aus „Lichtschnittfotos" auszumessen oder auch nur abzuschätzen, so kann man mit nur wenigen anderen, leicht zu bestimmenden Kenngrößen relativ weitreichende fluidmechanische Rechnungen machen.

Die nötigen Kenngrößen sind ohne Ableitung in Abbildung 12-10 zusammengestellt. Bis auf die Näherungsformel für $W_{v\,ges}$, die empirisch gefunden worden ist, entsprechen die Ansätze den allgemeinen, bereits behandelten Formulierungen.

- Wirbelkernradius r_{Kern}
- Wirbeltorusradius r_{Torus}
- Mittlerer Radius der Querschnittsfläche $\bar{r}$
- Mittlerer Umfang für $\bar{r}$: $\bar{U} = 2 \cdot \bar{r} \cdot \pi$
- Mittlere Geschwindigkeit auf $\bar{U}$: $v_{\bar{r}}$
- Periodendauer $T = \frac{1}{f}$
- Frequenz $f = \frac{1}{T}$
- Mittlere Zirkulation $\bar{\Gamma} = v_{\bar{r}} \cdot \bar{U}$
- Mittlerer Schubimpuls $\bar{J}_S = (M \cdot v) = \bar{\Gamma} \cdot \rho \cdot \pi \cdot r_{Torus}^2$ ("S" wie "Schub")
- Mittlere Schubenergie $\overline{W}_S = (\frac{1}{2} M v^2) = \frac{1}{2} \bar{J}_S v = \frac{1}{2} \bar{J}_S \frac{l}{T}$

  (l : mittlerer einseitiger Wirbelabstand einer Wirbelabstand einer Wirbelstraße ≙ Schwimmstrecke s pro Puls)

- Mittlere Schubleistung $\bar{P}_S = \frac{\overline{W}_S}{T}$
- Verlustenergie gleich Energiegehalt des Ringwirbels

  $$W_V = \frac{1}{2} \cdot \bar{\Gamma}_V^2 \cdot \rho \cdot r_{Torus} \left(\ln \frac{8 \cdot r_{Torus}}{r_{Kern}} - 1{,}75\right)$$ ("V" wie "Verlust")

- Näherungsformel für die gesamte Verlustenergie in einem Einzelfall (empirischer Wert für Feuerqualle)

  $$W_{V\,ges} = W_V + 0{,}3\,W_V = 1{,}3\,W_V$$

- Fluidmechanischer (hydrodynamischer) Wirkungsgrad:

  $$\eta_{hydr} = \frac{\overline{W}_S}{\overline{W}_S + W_{V\,ges}}$$

Abb. 12-10: Kenngrößen und Ansätze zur näherungsweisen Berechnung von Schubkenngrößen aus abgeschleuderten Wirbelringen. Vergl. Abb. 12-11

Beispiel *(Abb. 12-11): Die Teilabbildung A zeigt die Verteilung der Rotationsgeschwindigkeit v_r in einem Wirbel. Um welche Art von Wirbel mag es sich handeln? Abschätzbar ist der mittlere Wert für v_r in der Strömung außerhalb des Kerns sowie der mittlere Drehradius r_r dieser Strömung. Damit läßt sich über den mittleren Umfang U_r ein Näherungswert für die Zirkulation Γ berechnen:*

$$\Gamma = v_r \cdot U_r$$

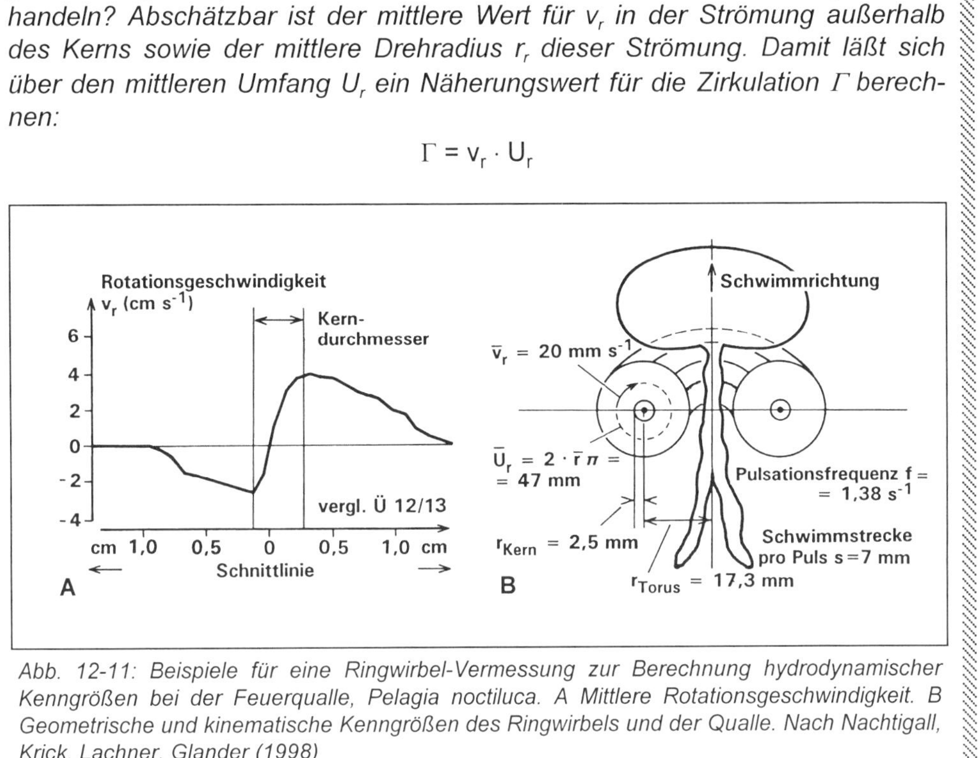

Abb. 12-11: Beispiele für eine Ringwirbel-Vermessung zur Berechnung hydrodynamischer Kenngrößen bei der Feuerqualle, Pelagia noctiluca. A Mittlere Rotationsgeschwindigkeit. B Geometrische und kinematische Kenngrößen des Ringwirbels und der Qualle. Nach Nachtigall, Krick, Lachner, Glander (1998)

Den Ringwirbel, dessen Geschwindigkeitsverteilung somit also bekannt ist, hat eine aufsteigende Feuerqualle (Pelagia noctiluca) als Teil einer vertikalen „Ringwirbelsäule" (vergl. Abb. 13-8 A, B) zur Rückstoßerzeugung „abgeschossen". Seine geometrischen Kenngrößen sind - zum Vergleich - in die Abbildung 12-11 B eingetragen. Damit lassen sich die Pulsationszeit T, die Zirkulation Γ, der Schubimpuls J_S, die Schubenergie W_S, die Schubleistung P_S, die Verlustenergie im Ringwirbel W_V, die gesamte Verlustenergie (nach der Abschätzung $W_{V\,ges} = W_V + 0{,}3\,W_V$) sowie der hydrodynamische Wirkungsgrad η_{hydr} berechnen.

Die Darstellung entspricht einem Rankine-Wirbel.

$$v_r \approx 2 \text{ cm s}^{-1};$$

$$r_r \approx 0{,}75 \text{ cm};$$

$$U_r \approx 2 \cdot r_r \cdot \pi = 4{,}7 \text{ cm};$$

$$\Gamma = v_r \cdot U_r =$$

$$= 0{,}02 \text{ (m s}^{-1}) \cdot 0{,}047 \text{ (m)} = 9{,}4 \cdot 10^{-4} \text{ m}^2 \text{ s}^{-1};$$

$$T = \frac{1}{f} = \frac{1}{1{,}38\,(s^{-1})} = 0{,}72\,s;$$

$$J_S = M_V = \Gamma \cdot \rho \cdot \pi \cdot r_{Torus}^{\;2} =$$

$$= 0{,}02\,(m\,s^{-1}) \cdot 0{,}047\,(m) = 9{,}4 \cdot 10^{-4}\,(m^2 s^{-1}) \cdot 1000\,(kg\,m^{-3}) \cdot \pi\,(0{,}0173\,(m))^2 =$$

$$= 8{,}84 \cdot 10^{-4}\,Ns;$$

$$W_V = \frac{1}{2} \cdot \Gamma^2 \cdot \rho \cdot r_{Torus}\,(\ln \frac{8 \cdot r_{Torus}}{r_{Kern}} - 1{,}75) =$$

$$= \frac{1}{2} \cdot (9{,}4 \cdot 10^{-4}\,(m^2 s^{-1}))^2 \cdot 1000\,(kg\,m^{-3}) \cdot 0{,}0173\,(m) \cdot (\ln \frac{8 \cdot 0{,}0173\,(m)}{0{,}0025\,(m)} - 1{,}75);$$

$$W_S = \frac{1}{2} \cdot M \cdot v^2 = \frac{1}{2}\,J \cdot v = \frac{1}{2}\,J_S\,\frac{s}{T} =$$

$$= \frac{1}{2} \cdot 8{,}84 \cdot 10^{-4}\,(Ns) \cdot \frac{0{,}007\,(m)}{0{,}72464\,(s)} = 4{,}27 \cdot 10^{-6}\,J;$$

$$P_S = \frac{W_S}{T} =$$

$$= \frac{4{,}27 \cdot 10^{-6}\,(J)}{0{,}72464\,(s)} = 5{,}9 \cdot 10^{-6}\,W;$$

$$\eta_{hydr} = \frac{E_S}{E_S + E_{V\,ges}} =$$

$$= \frac{4{,}27 \cdot 10^{-6}\,(J)}{4{,}27 \cdot 10^{-6}\,(J) + 22{,}5 \cdot 10^{-6}\,(J)} = 0{,}16;$$

Übungsaufgaben:

Ü 12/1: Eine Konservendose dreht sich mitsamt dem eingefüllten Wasser in einem ersten Versuchsaufbau um ihre Längsachse (Teilabbildung A). In einem zweiten Versuchsaufbau wird das Wasser durch einen eingesetzten rotierenden Zylinder in Bewegung versetzt (Teilabbildung B). Wie eingezeichnet ist eine Korkscheibe mit Pfeilsymbol aufgelegt. Wie wird der Pfeil in den drei anderen Positionen theoretisch orientiert sein müssen (einzeichnen!), und wie bezeichnet man jeweils den entstehenden Wirbel?

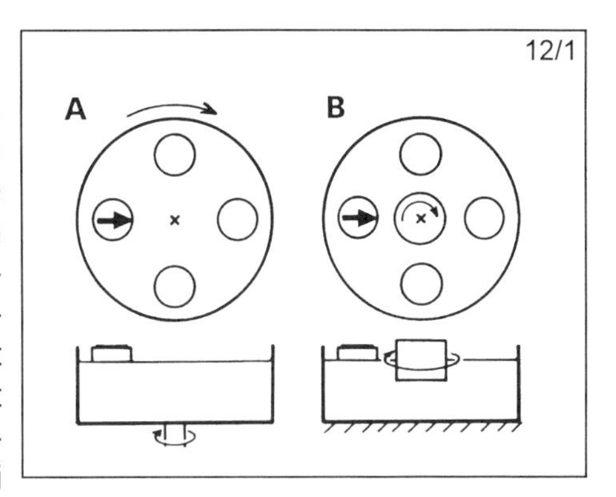

Ü 12/2: Wie verteilt sich die Tangentialgeschwindigkeit der Teilchen a, b, c, d, e, wenn Anordnung und Drehrichtung nach Ü 12/1 gelten (Prinzipverlauf; Einzeichnung!)?

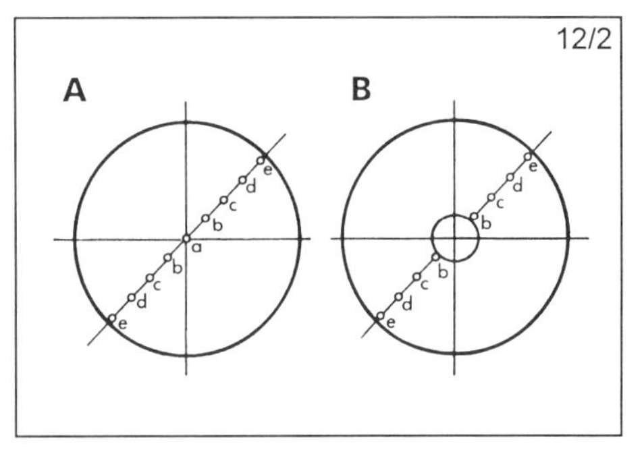

Ü 12/3: Mit zunehmendem Drehabstand r von der Wirbelachse verteilen sich die Tangentialgeschwindigkeiten v_t von Teilchen eines Wirbels wie in der linksstehenden Zeichnung angegeben. Die (in der Zeichnung nach oben extrapolierten) beiden Kurvenäste 1 und 2 sind mit den beiden angegebenen Beziehungen zu beschreiben. Wie bezeichnet man den hier vorliegenden Wirbel? Welcher Ast ist mit welcher Beziehung zu beschreiben und warum?

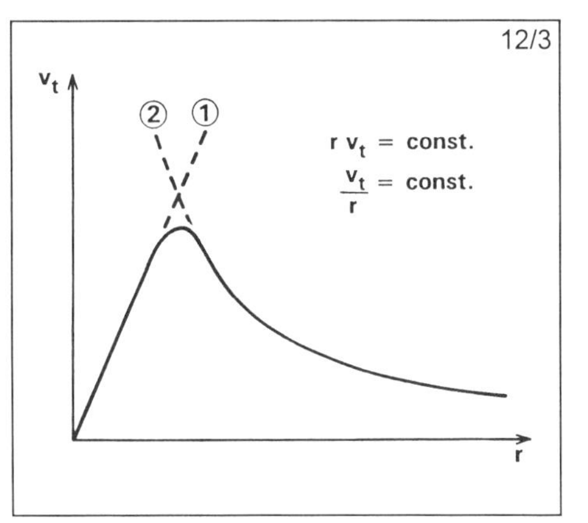

Ü 12/4: Die Ju 52 ("Tante Ju, ab 1930) erzeugte mit ihrem Tragflügel der Spannweite b = 29 m bei ihrer Reisegeschwindigkeit von 195 km/h eine Auftriebskraft F_A, die die Startmasse von 6,6 t in der Luft halten konnte. Wie groß war (theoretisch) die Zirkulation U um den Tragflügel? Wie groß war (theoretisch) die mittlere Zirkulationsgeschwindigkeit $\overline{v}_z$ bei einem Umfang der Zirkulationsbahn von Γ = 9,2 m? Welcher Auftriebsbeiwert c_A und welche Re-Zahl ergaben sich (theoretisch) bei einer mittleren Flügeltiefe von t = 4,3 m?

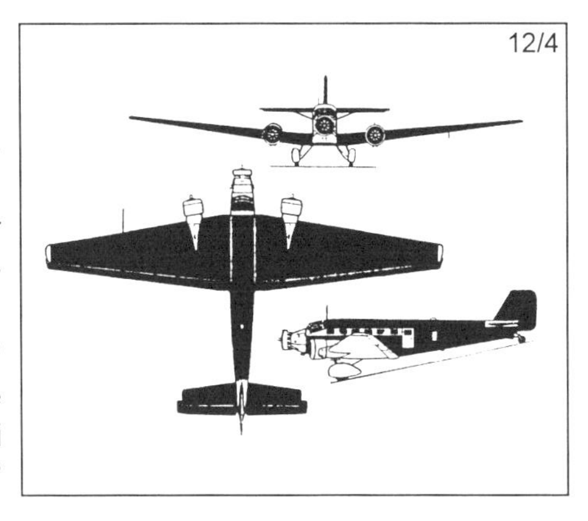

T 16
p 320

12/5

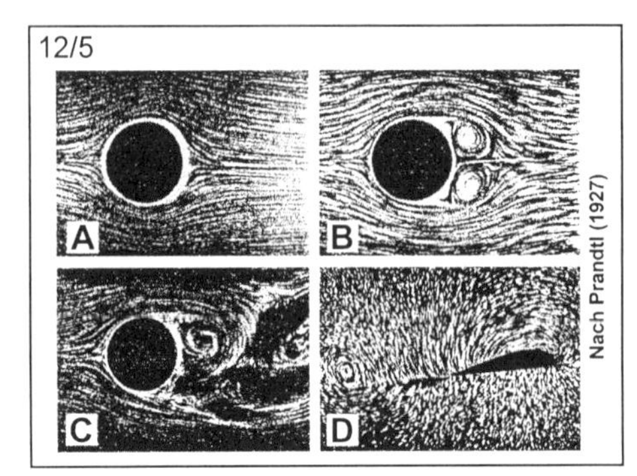

Ü 12/5: Die klassischen Strömungsaufnahmen im Wasserkanal zeigen Kreiszylinderumströmungen (Prandtl 1927) und die Umströmung eines Tragflügels (Prandtl und Tietjens 1934). Bei welcher maximalen Anströmgeschwindigkeit könnten A, **B**, C gemacht worden sein, wenn der Zylinderdurchmesser 2,5 cm war? Wie ist D zu interpretieren?

12/6

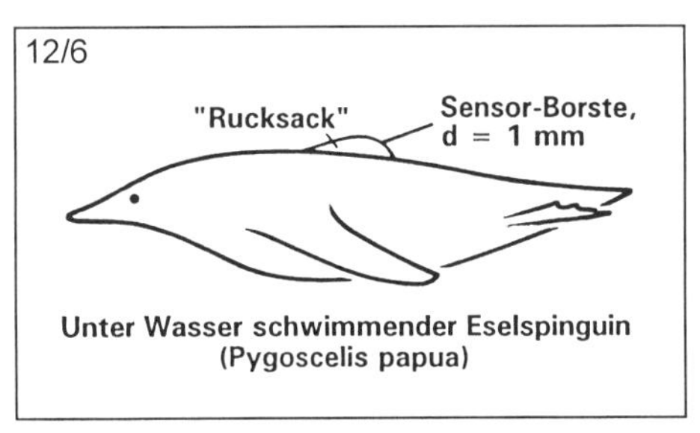

Unter Wasser schwimmender Eselspinguin (Pygoscelis papua)

12/7

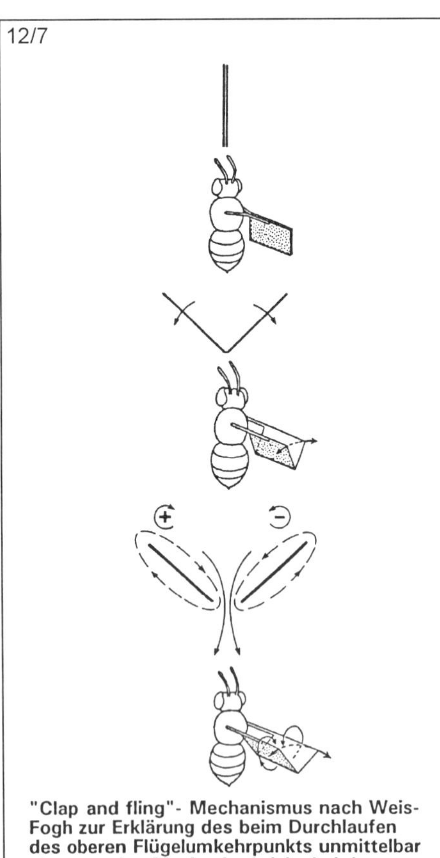

"Clap and fling"- Mechanismus nach Weis-Fogh zur Erklärung des beim Durchlaufen des oberen Flügelumkehrpunkts unmittelbar einsetzenden Maximalauftriebs bei der Miniaturwespe Encarsia formosa.

Ü 12/6: Der Biologe R. Bannasch kam kürzlich auf die Idee, die durch die Kármán-Straße induzierte Schwingungsfrequenz einer Perlon-Borste von 1mm Durchmesser als Schwimmgeschwindigkeits-Sensor für schwimmende antarktische Pinguine zu verwenden. Mit welchen Schwingungs-Grenzfrequenzen ist zu rechnen, wenn Schwimmgeschwindigkeiten zwischen 0,5 und 7 m s^{-1} monitoriert werden sollen?

Ü 12/7: Interpretieren Sie die linksstehende Zeichnung.

13 Schlagflügel und Flossen

Ein starrer Tragflügel soll einen möglichst hohen Hub bei möglichst geringem Widerstand erzeugen. Konstruktiv wird er als Huberzeuger optimiert. Ein Hubschrauber-Rotorblatt oder ein Propellerblatt entspricht einer Art kontinuierlich rotierendem Tragflügel. Der horizontal rotierende Hubschrauber-Rotor solle einen möglichst großen Hub, der vertikal rotierende Propeller einen möglichst hohen Schub erzeugen, beide unter möglichst geringem Widerstand.

Hubschrauberrotor-Hub, Propeller-Schub (vergl. Abschnitt 9.4.3) und Tragflügel-Hub sind vergleichbar. Beide Systeme sind im Grunde auf ein und dieselbe Funktion ausgelegt, nämlich eine - jeweils optimale - Erzeugung von Auftriebskräften senkrecht zu ihrer Anströmung. Anders der oszillierende Schlagflügel.

Ein Schlagflügel muß Hub *und* Schub erzeugen, ist also auf zwei Funktionen ausgelegt. In der Technik spielen Schlagflügel (noch) keine sonderliche Rolle; in der Natur jedoch sind sie als paarig arbeitendes System *das* Antriebssystem schlechthin. Eine Flosse kann man sich als einzeln arbeitenden Schlagflügel vorstellen, bewegt sie sich nun in vertikaler Stellung hin und her wie die Schwanzflosse einer Forelle oder in horizontaler Stellung auf und ab wie die Schwanzflosse eines Wals. Auch **Undulationen** kommen vor, z. B. bei Rochen.

T 12
p 273

Der Tragflügel ist der Prototyp des stationären Fluidkrafterzeugers. Die Propelleranströmung ist zeitlich invariant; auch die Fluidkrafterzeugung des Propellers ist damit als stationär anzusehen. Der Rotationsgeschwindigkeit des Hubschrauberrotors dagegen überlagert sich die Fluggeschwindigkeit beim Rückwärtslaufen subtraktiv, beim Vorwärtslaufen additiv. Dem muß der Hubschrauberrotor durch eine phasische Anstellwinkelverstellung der Rotorblätter Rechnung tragen, sei sie über ein Pendelgelenk aktiv oder über Elastizitätseffekte passiv generiert. Der Hubschrauberrotor ist also höchstens als „quasistationär" zu betrachten.

Schwingende Flügel oder oszillierende Flossen im biologischen Bereich sind höchstens im mittleren Ab- und Aufschlag - wenn ihre Relativgeschwindigkeit zum umgebenden Fluid angenähert konstant ist - und nur dann, wenn sie sich als große Gebilde langsam bewegen (Schlagfrequenz Flug Kondor ca. 1,2 s^{-1}, Schwimmen Blauwal ca. 0,25 s^{-1}) angenähert stationär zu betrachten. Die hier vorgestellten stationären Kraftkonstruktionen beziehen sich auf solche leicht idealisierten Fälle. Rasch schwingende, kleine Insektenflügel (Honigbiene: ca. 200 s^{-1}, Hausfliege ca. 300 s^{-1}, kleinste Pilzmücken bis ca. 1000 s^{-1}) sind dagegen letztlich nur instationär zu verstehen, auch wenn stationäre Näherungen (erstaunlicherweise) zu qualitativ „vernünftigen" Ergebnissen führen können. Dazu existieren aber erst Ansätze. Insbesondere sollte es einmal möglich sein, aus den verbundenen Wirbelsystemen des Nachlaufs von Wirbelstraßen (vergl. Abschnitt 12.4.4) auf die phasische Krafterzeugung rückzuschließen. Dazu werden einige qualitative Aspekte vorgestellt.

Insgesamt ist die Biomechanik des Schlagflügelantriebs von großer Bedeutung: Zwei Drittel aller Tierarten können fliegen und schwimmen, mindestens die Hälfte davon mit aktiv bewegten **Schlagflügeln**.

T 15 p 318

Die folgende Darstellung nähert sich dem Problem über Gedankenversuche. Zuerst wird eine nicht-funktionelle Schlagflügelbewegung betrachtet, deren Parameter dann sukzessive optimiert werden können.

13.1 Schlagflügel mit Parallelbewegung

Beispiel *(Abb. 13-1): Hinter einem Schiff, das mit der Geschwindigkeit $v_{Schiff} = 1{,}5\ m\ s^{-1}$ fährt, wird ein Tragflügel der Länge 1 m und der Tiefe 0,5 m mit der Orientierung $\alpha_{geom} = +10°$ zur Horizontalen in einem Rahmengestell mit $v_{ab} = 0{,}25\ m\ s^{-1}$ zu sich parallel abwärts bewegt. Wie groß und wie gerichtet ist die dadurch eventuell entstehende horizontale Schubkraft F_V, wenn die in der Abbildung angegebenen Beiwerte gelten?*

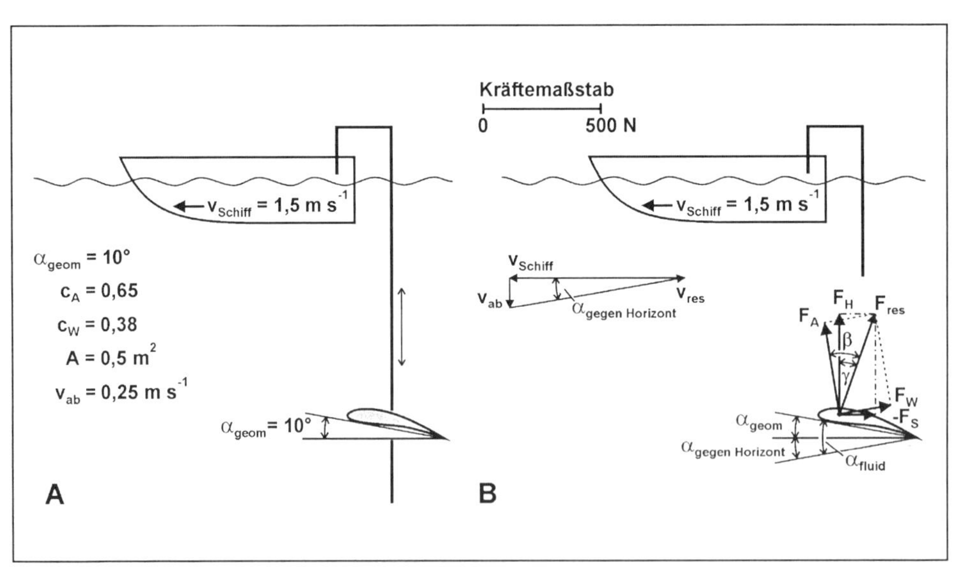

Abb. 13-1: Gedankenversuch: Vertikal parallel verschobener Schlagflügel. A Problemstellung, B Lösung. Vergl. den Text

Man konstruiert zuerst das Geschwindigkeitsdreieck aus v_{Schiff} und v_{ab}, bestimmt die resultierende Anströmgeschwindigkeit v_{res} und darüber den fluiddynamischen Anstellwinkel α_{fluid} nach $\alpha_{fluid} = \alpha_{gegen\ Horizont} + \alpha_{geom}$, berechnet mit den angegebenen Beiwerten das Kräfteparallelogramm aus F_A und F_W und zerlegt schließlich die Resultierende in die interessierende horizontale Kraftkomponente, die Schubkraft F_S (und eine Komponente F_H senkrecht dazu).

$$v_{res} = \sqrt{(1{,}5\ (m\,s^{-1}))^2 + 0{,}25\ (m\,s^{-1})^2} = 1{,}52\ m\,s^{-1};$$

$$\alpha_{gegen\ Horizont} = \arctan \frac{0{,}25\ (m\,s^{-1})}{1{,}5\ (m\,s^{-1})} = 9{,}46° \approx 10°;$$

$$\alpha_{fluid} = \alpha_{gegen\ Horizont} + \alpha_{geom} =$$
$$= 10° + 10° = 20°;$$

$$A = 1\ (m) \cdot 0{,}5\ (m) = 0{,}5\ m^2;$$

$$\rho_{Wasser} = 10^3\ kg\ m^{-3};$$

$$F_A = c_A \cdot A \cdot \tfrac{1}{2}\,\rho \cdot v_{res}^2 =$$
$$= 0{,}65 \cdot 0{,}5\ (m^2) \cdot \tfrac{1}{2} \cdot 10^3\ (kg\ m^{-3}) \cdot (1{,}52\ (m\,s^{-1}))^2 = 375{,}44\ N;$$

$$F_W = c_W \cdot A \cdot \tfrac{1}{2}\,\rho \cdot v_{res}^2 =$$
$$= F_A \cdot \frac{0{,}38}{0{,}65} = 219{,}48\ N;$$

$$F_{res} = \sqrt{F_A^2 + F_W^2} = 434{,}88;$$

$$\beta = \arctan \frac{F_W}{F_A} = 30{,}31°;$$

$$\gamma = \beta - \alpha_{gegen\ Horizont} =$$
$$= 30{,}31° - 10° = 20{,}31;$$

$$F_S = 434{,}88\ (N) \cdot \sin\gamma = 150{,}95\ N.$$

Die Kräfte können mit genügender Näherungsgenauigkeit mit Hilfe des eingezeichneten Maßstabs auch geometrisch konstruiert werden.

Die Einzeichnung zeigt, daß die Schubkraft das Schiffs „nach hinten" ziehen würde, also als Bremskraft -F_S zu bezeichnen ist. Dazu kommt eine (hier nicht interessierende) „Abfall"-Kraftkomponente F_H.

***Beispiel** (Abb. 13-2): Der Gedankenversuch des ebengenannten Beispiels wird unter sonst gleichen Randbedingungen mit α_{geom} = - 20° und v_{ab} = 0,87m s^{-1} wiederholt. Es sollen die in der Abbildung angegebenen Beiwerte gelten. Wie groß und wie gerichtet ist nun die resultierende horizontale Kraft im Vergleich? Wie könnte das Schubsystem noch weiter verbessert werden?*

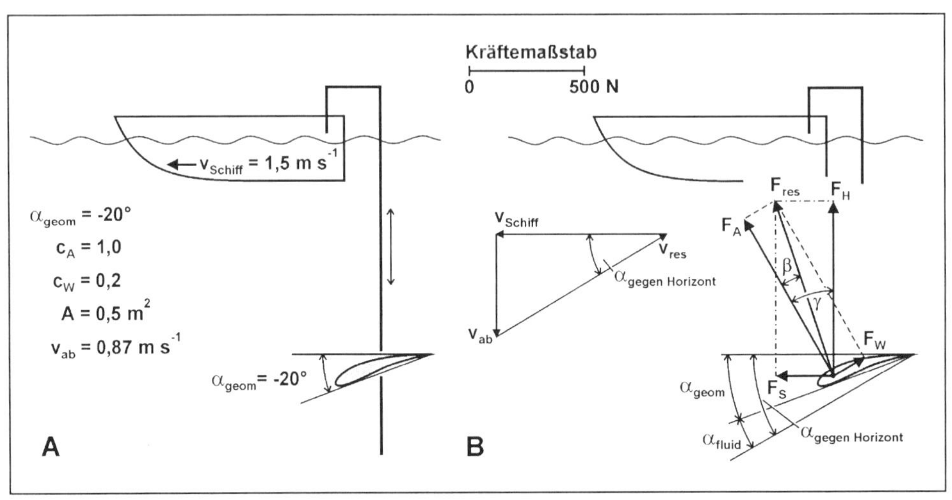

Abb. 13-2: Gedankenversuch; vertikal parallel verschobener Tragflügel, im Vergleich zu Abb. 13-1 anders angestellt und mit anderer Geschwindigkeit bewegt. A Problemstellen, B Lösung. Vergl. den Text

$$v_{res} = \sqrt{1{,}5\ (\mathrm{m\,s^{-1}})^2 + 0{,}87\ (\mathrm{m\,s^{-1}})^2} = 1{,}73\ m\ s^{-1};$$

$$\alpha_{\text{gegen Horizont}} = \arctan \cdot \frac{0{,}87\ (\mathrm{m\,s^{-1}})}{1{,}5\ (\mathrm{m\,s^{-1}})} = 30°;$$

$$\alpha_{\text{fluid}} = \alpha_{\text{gegen Horizont}} + \alpha_{\text{geom}} =$$
$$= 30° + (-20°) = 10°;$$

$$F_A = 1{,}0 \cdot 0{,}5\ (\mathrm{m^2}) \cdot \tfrac{1}{2} \cdot 10^3\ (\mathrm{kg\,m^{-3}}) \cdot (1{,}73\ (\mathrm{m\,s^{-1}}))^2 = 765{,}62\ \mathrm{N};$$

$$F_W = F_A \cdot \frac{0{,}2}{1{,}0} = 153{,}12\ \mathrm{N};$$

$$F_{res} = \sqrt{(765{,}62\ (\mathrm{N}))^2 + (153{,}12\ (\mathrm{N}))^2} = 780{,}70\ N;$$

$$\beta = \arctan \frac{F_W}{F_A} = 11{,}31°;\ \gamma = 30°$$

(wegen senkrecht aufeinander stehender Schenkel)

$$|\delta| = \beta - \gamma =$$
$$= |11{,}31° - 30°| = | - 18{,}69°|$$

$$F_S = F_{res} \cdot \sin \delta =$$
$$= 780{,}70\ (N) \cdot \sin 18{,}69° = 250{,}17\ N$$

Die Kräfte können mit genügender Näherungsgenauigkeit mit Hilfe des eingetragenen Maßstabs auch auf einfache Weise geometrisch konstruiert werden.

Es existiert nun eine vorwärts gerichtete Schubkraft von F_S = 250,17 N. Dazu kommt eine - hier nicht interessierende - „Abfall"-Kraftkomponente F_H.

Da $F_H > F_S$ ist das System noch nicht optimiert. Der Schlagflügel müßte noch stärker proniert (vorne abgekippt) und noch schneller abwärts bewegt werden (dann würde auch $F_{res} \sim v_{res}^2$ größer werden), bis - bei günstigen Anstellwinkeln von $\alpha \approx +10°$ - F_{res} nahezu horizontal gerichtet ist. Mit einer nur schwachen Neigung von F_{res} gegen die Horizontale (z.B. nach oben) ergäbe sich auch nur eine geringe Verlustkomponente F_H.

Durch geeignete Wahl der Bewegungsrichtung und der effektiven Anstellung kann also statt einer „Bremskraft" - F_S eine Schubkraft F_S erzeugt werden.

Beispiel *(Abb. 13-3): Der Gedankenversuch des erstgenannten Beispiels wird mit einem symmetrischen Profil wiederholt, das bei einer sinusförmigen Vertikalbewegung bei halber vertikaler Bewegungsstrecke mit α_{fluid} = + 10° angeströmt wird (hierbei ist $c_A \approx 5 \cdot c_W$), an den Umkehrpunkten jeweils $\alpha_{fluid} \approx 0°$ erreicht und seine Anstellwinkel sinusförmig verändert. Die Blattstellungen können an den angegebenen Raumpunkten zusammen mit den prinzipiellen Kräfteplänen skizziert werden (Teilabbildung B, oben). Der prinzipielle Schub-Zeit-Verlauf F_S (t) sowie der prinzipielle Hub-Zeit-Verlauf F_H (t) kann eingetragen werden (Teilabbildung B, unten). Wie sind die Verhältnisse zu diskutieren?*

Bei günstiger phasischer Einstellung der Drehschwingung zur Schlagschwingung - so daß bei den höchsten Schlaggeschwindigkeiten optimale fluiddynamische Anstellwinkel herrschen - und bei Verwendung symmetrischer Profile, die bei Ab- wie Aufschlag gleichartig wirken, kann man hohe Nutzkräfte, die sich aufaddieren (hier: Schub F_S) und geringe nicht nutzbare Kräfte, die sich zu Null kompensieren (hier: Hubkraft F_H) erhalten. In der Teilabbildung B sind oben Kräftekonstruktionen eingetragen und unten als Zeitfunktionen dargestellt. Wie erkennbar resultieren wegen der sinusförmigen Bewegung des Druckmittels und der phasenverschobenen Drehschwingung des Profils um das Druck-

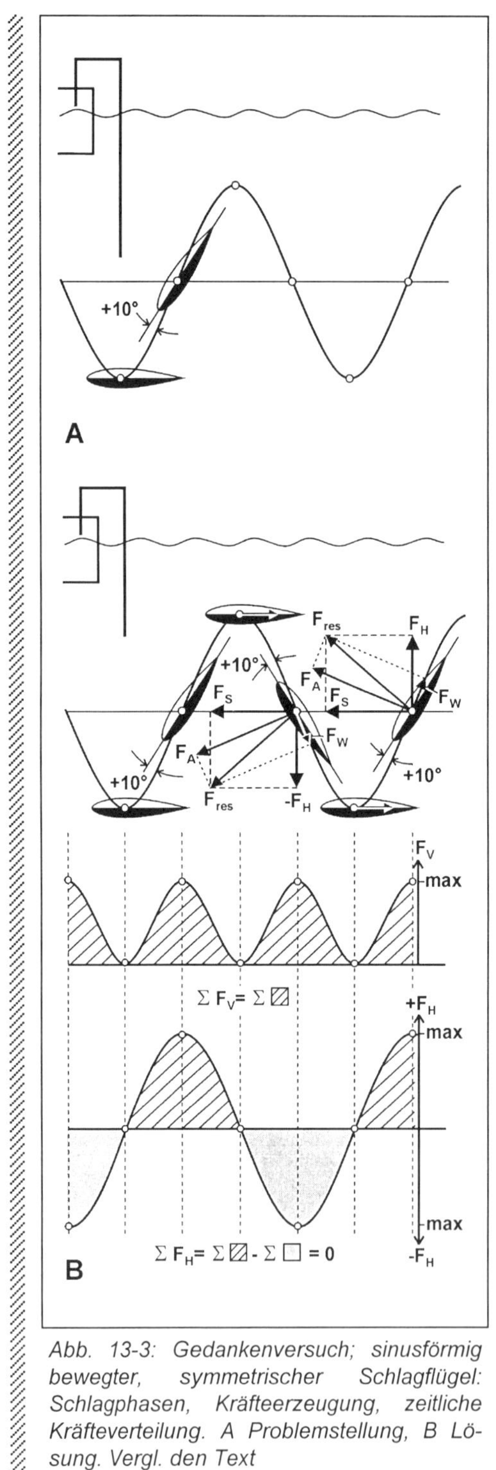

Abb. 13-3: Gedankenversuch; sinusförmig bewegter, symmetrischer Schlagflügel: Schlagphasen, Kräfteerzeugung, zeitliche Kräfteverteilung. A Problemstellung, B Lösung. Vergl. den Text

mittel sowohl beim Abschlag wie auch beim Aufschlag Anstellwinkel-Verhältnisse, die in jedem Fall eine Schubkraft F_S zur Folge haben. Diese Schubkräfte sind nur an den Umkehrpunkten (nahe) Null; insgesamt addieren sie sich über jede Schlagperiode zum Gesamtschub auf. Die senkrecht dazu gerichteten Seit- oder Hubkräfte F_H dagegen addieren sich über jede Schlagperiode zu Null. Sie kosten also Antriebsleistung ohne daß sie zum Schub beitragen und verringern somit den fluiddynamischen Wirkungsgrad.

Je geringer

$$\frac{1}{T}\int |F_H|\,(t)\,dt \text{ („Hubimpuls")}$$

im Verhältnis zu

$$\frac{1}{T}\int F_S\,(t)\,dt \text{ („Schubimpuls")}$$

ist, desto günstiger erfolgt die Übersetzung der in das System hineingesteckten Antriebskraft in Schubkraft.

In der Darstellung der Abbildung 13-1 bis 13-3 A ist der Schlagflügel „im Profil" in Projektion auf eine Vertikalebene gesehen. Die Abbildung 13-3 B kann man aber auch so auffassen, daß sie beispielsweise die Hin- und Herbewegung der Schwanzflosse einer Forelle „von oben betrachtet" darstellt. Die Flosse wäre dann „im Profil" in Projektion auf eine Horizontalebene zu sehen. Dies leitet zur folgenden Betrachtung über.

13.2 Schuberzeugung über den Schwanzflossen-Schlag von Fischen

Schlägt eine Forelle ihre Schwanzflosse hin und her und bewegt sie sich dabei gleichzeitig vorwärts, so wird jeder Punkt der Schwanzflosse - so beispielsweise auch das Druckmittel - eine sinusförmige Bahn im Raum beschreiben (Abb. 13-4 C). Angenommen, die Schwanzflosse steht beim Überschreiten der Mittellinie in geeigneter Weise schräg zu ihrer Bahn (positiver, kleiner fluidmechanischer Anstellwinkel zur Bahn, vergleichbar Abb. 13-3 A, erste und fünfte Phase, von rechts gezählt), so wird sie nach dem Kräfteschema dieser Abbildung in jeder Schlaghälfte eine Schubkraft F_S erzeugen. Die Abbildung 13-4 A und B skizziert die erste und dritte Phase von Abbildung 13-3 A,B nochmals für einen Fisch. (Die tatsächlichen relativen Größen von F_H und F_W sind dabei nicht berücksichtigt; aus zeichnerischen Gründen sind die beiden Komponenten ähnlich groß gewählt, obwohl F_A mehrfach größer als F_W sein kann.) Diese beiden Schlagphasen beim Durchlaufen der Mittellinie sind in Abbildung 13-4 E, rechts, nochmals angezeichnet.

Ausgehend von Beobachtungen des Tragflügelflatterns hat der Berliner Aerodynamiker Heinrich Hertel in seinem Buch „Biologie und Technik" (1963) eine Theorie des Schwanzflossenschlags von Fischen entwickelt und durch Messungen untermauert. Demnach kann man die Schwanzflossenschwingung in zwei Komponenten zerlegen, eine Translations- oder Biegeschwingung (die zusammen mit der Vorwärtsbewegung des Körpers für die sinusförmige Raumbahn sorgt), sowie eine Rotations- oder Drehschwingung (die die Flossenlängsachse um diese Raumbahn oszillieren läßt). Diese beiden Schwingungskomponenten sind in der linken Einzeichnung sowie am rechten Rand von Abbildung 13-4 E verdeutlicht.

Wie erkennbar durchläuft die Biegeschwingung die Mittellinie (Nullwert für die Biegeschwingung) mit extrem rotierter Schwanzflosse (Maximalwert der Rotationsschwingung). Damit eilt im Schema die Drehschwingung der Biegeschwingung um einen Phasenwinkel $\varphi = +90°$ voraus (Abb. 13-4 D). Hertel, sowie Nachtigall et al. haben für die Regenbogenforelle (*Oncorhynchus mykiss*) jeweils $\varphi \approx +70°$ gemessen, ein Wert, der dem theoretischen Idealwert nahekommt. In diesen Fällen gilt das idealisierte Schema von Abbildung 13-4 A und B. Alle anderen $+\varphi$ Werte bedeuten geringere Effizienz; Werte $-\varphi$ würden Widerstands- statt Vortriebserzeugung ergeben.

Nun gilt dieser maximale Schubwert für die beiden dargestellten Phasen des Nulldurchgangs durch die Mittellinie (Biegeschwingung gleich Null). Kräftebetrachtungen zeigen, daß positiver Schub aber auch mit jeder anderen Flossenstellung erzeugt wird. Nur an den Umkehrpunkten (Biegeschwingung maximal) wird der Schub nahe Null oder gleich Null. Die beiden Schwingungskomponenten schwanken in der angegebenen relativen Phasenlage sinusförmig, und die resultierende Schubkraft schwankt selbst wieder sinusförmig (vergl. Vektorlängen in Schwimmrichtung der Abb. 13-4 E). Wie aber stellt die Natur angenähert ideale Phasenlagen nach $\varphi = +90°$ ein?

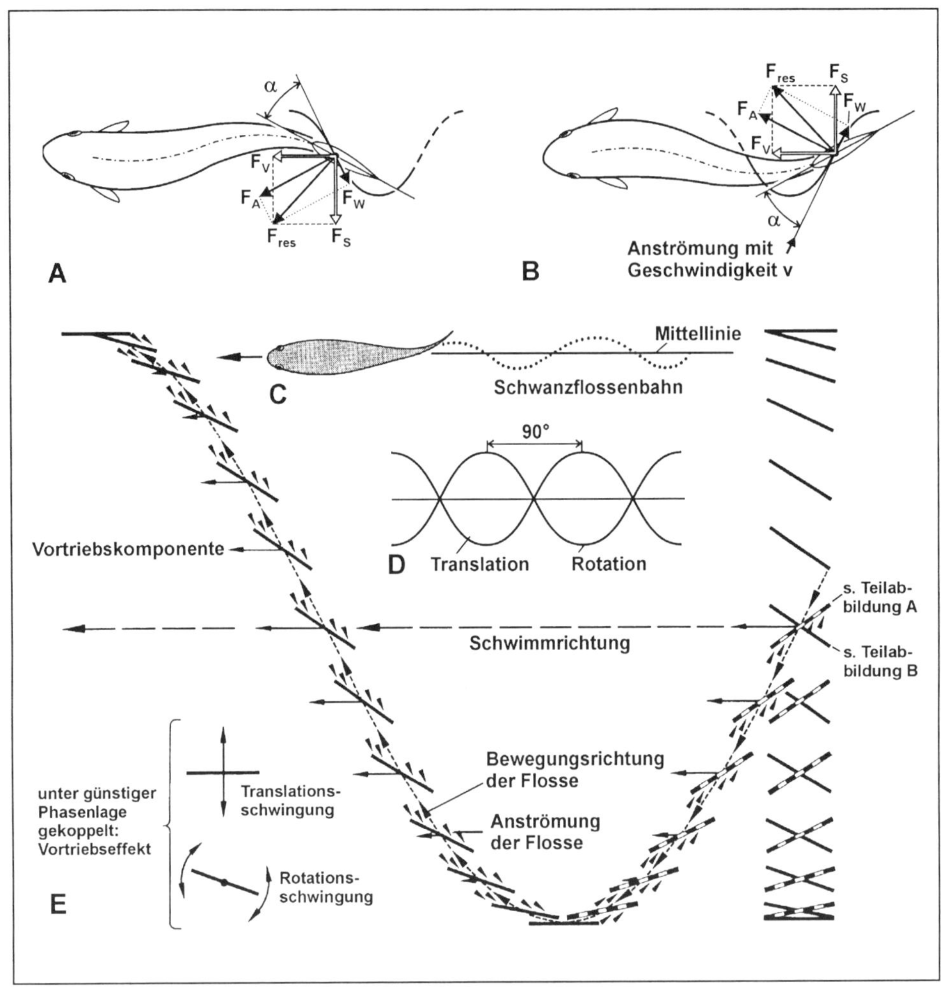

Abb. 13-4: Prinzipien der Schwanzflossenbewegung einer Forelle. Jeweils von oben in Projektion auf eine Horizontalebene gesehen. A Schlag „nach rechts“. B Schlag „nach links“, symmetrisch zu A; jeweils beim Durchlaufen der Mittellinie betrachtet. C Sinusbahn eines mittleren Punkts auf der Schwanzflosse. D Optimale Phasenverschiebung zwischen Translationsschwingung (Biegeschwingung) und Rotationsschwingung (Drehschwingung) für die Erzeugung eines möglichst günstigen Gesamtschubs. E Am rechten Rand Verdeutlichung des Zusammenspiels der Translations- und Rotationsschwingung; die Phasen der Teilabbildung A und B sind herausgehoben. Sinuskurve: Addition der Translation des Fisches zur am rechten Rand gegebenen Flossenschwingung; es resultiert fast überall eine Schubkomponente. (Teilweise basierend auf Hertel 1963)

Die Technik würde das durch eine getriebetechnische Zwangskopplung über kinematische Ketten machen, und wir haben dies auch im Modellmaßstab für ein flossengetriebenes Tretboot so gemacht (Aspekte der BIONIK). Der Fisch aber hat einen im Prinzip sehr einfachen Antrieb: Alternierend aktive Seitrumpfmuskeln ziehen über Sehnenbänder die Schwanzflosse hin und her. Die Ausbildung der beiden Schwingungskomponenten und die Einstellung einer nahezu idealen phasischen Kopplung erfolgt selbsttätig im Wechselspiel zwischen angreifenden Strömungskräften und den lokalen Eigenelastizitäten der Schwanzflosse. Dies geschieht also viel eleganter als in der Technik. Technisch kann man das durch gummiartige Flossen lokal unterschiedlicher Steifigkeiten nachahmen, und Hochleistungs-Schwimmflossen für Taucher arbeiten denn auch nach diesem „autoregulativen" Prinzip.

13.3 Tierflügel und Propeller als Fluidkrafterzeuger mit Winkelbewegung

Hydrostatisch ausbalancierte Fische (vergl. Abb. zu Ü 8/8) benötigen nur *eine* Fluidkraftkomponente: Vortrieb oder Schub, F_S. Anders Vögel, Fledermäuse, Flugsaurier früherer Erdperioden und Insekten, die horizontal fliegen wollen. Sie müssen zwei Fluidkraftkomponenten erzeugen, horizontalen Schub F_S und vertikalen Hub F_H.

13.3.1 Kräfte- und Impulsgleichgewicht

Beim horizontalen Geradeausflug muß eine selbsterzeugte vertikale Hubkraft F_H die Gewichtskraft F_g kompensieren (vergl. Abb. 9-10 D), selbsterzeugter horizontaler Schub F_S die gesamte Widerstandskraft $F_{W\,ges}$:

$$F_H = - F_g;$$

$$F_S = - F_{W\,ges}$$

Dies gilt zumindest im Prinzip für jeden Moment einer Schlagperiode. Im Realfall können innerhalb einer Schlagperiode einige Komponenten schwanken (z.B. F_H) während andere konstant bleiben (z.B. F_g), so daß Verschiebungen und Kompensationen auftreten (vergl. wiederum Abb. 9-10). Man macht dann besser Impulsbetrachtungen Es gilt:

$$F_g = \frac{1}{T} \int F_H\,(t)\,dt$$

und

$$F_W = \frac{1}{T} \int F_S\,(t)\,dt$$

Wie dem auch sei: Betrachtungen über die zeitliche Verteilung einer Fluidkraftkomponente, wie sie beim Fisch mit der F_S-Komponente gemacht worden sind (Abschnitt 13.2) müssen für ein Flugtier mit zwei Komponenten durchgeführt werden, mit F_H und F_S. Im allgemeinen schluckt die Erzeugung der F_H-Komponente einen deutlich größeren Teil der einzusetzenden Stoffwechselleistung.

Die einfachste Darstellung für einen fliegenden Vogel ergibt sich in der Seitansicht für den Moment, in dem der Flügel beim Abschlag senkrecht zur Längsachse im Profil erscheint und dort eingefroren gedacht ist. Wie stets bei solchen Betrachtungen resultiert aus F_W in Anströmrichtung und F_A senkrecht dazu eine Fluidkraftresultierende F_{res}, die ihrerseits in die interessierenden Komponenten F_H und F_S zerlegt werden kann. Diese liegen für den genannten Moment in der Papierebene. Man vergleiche die Abbildung zu Ü 13/1. In allen anderen Fällen kommen Komponenten senkrecht zur Papierebene dazu, die sich aber zu jedem Zeitpunkt für linken und rechten Flügel aufheben. Diese Überlegung gilt für einen bestimmten Flügelabschnitt, sagen wir einen mittleren. Wie müssen sich im Vergleich dazu proximalere Abschnitte (nahe dem Flügelgelenk) und distalere Abschnitte (nahe der Flügelspitze) einstellen? Die Flügelgeometrie von Vögeln läßt sich auch beim Schlagflug über präzise **Hochgeschwindigkeits-Stereophotogrammetrie** bestimmen.

T 22A
p 396

13.3.2 Geometrische Verwindung von Propellerblatt und Tierflügel

Bei einer Winkelbewegung, wie sie Propellerblatt und Tierflügel ausführen, nimmt wegen der konstanten Winkelgeschwindigkeit ω die Umfangsgeschwindigkeit $v_U = \omega \cdot r$ mit größerem Drehradius r linear zu. Die Anblasgeschwindigkeit v_a, beim Propeller entgegengesetzt gleich der Fluggeschwindigkeit v_{flug}, ist aber konstant. Somit nimmt die vektorgeometrisch resultierende Geschwindigkeit v_{res} und damit auch der fluiddynamische Anstellwinkel α_{fluid} bei weiter außen liegenden Flügelschnitten zu; vergl. die Geschwindigkeitsdreiecke in Abbildung 13-5 A. Wird dieser Winkel zu groß, so reißt die Strömung ab, F_A wird klein und F_W groß, so daß die Luftkraftresultierende F_{res} nach hinten gerichtet ist und damit eine bremsende Gegenschubkomponente $-F_S$ statt der nötigen vorwärtstreibenden Schubkomponente F_S erzeugt (Abb. 13-5 A).

Verwindet man das Propellerblatt derart, daß die Nasenregion weiter außen liegender Profilschnitte stärker nach unten gezogen wird („Pronation"), so kann man an jeder Stelle gleiche und optimale fluiddynamische Anstellwinkel erzwingen, und der Propeller erzeugt an jeder Stelle seiner Blätter Schubkräfte (Abb. 13-5 B).

Beim Vogelflügel wurde eine derartige Verwindung vielfach nachgewiesen; man erkennt sie visuell bereits an Fotoaufnahmen, die unter günstigem Blickwinkel geschossen worden sind (z. B. Abb. 13-5 C). Beim Abschlag stellen sich die Verhältnisse prinzipiell so dar wie in der Schemaskizze der Teilabbildung 13-5 D. Will man die gesamte Luftkraft eines Flügels stationär zu diesem - eingefroren gedachten - Moment bestimmen, so teilt man den Flügel in eine praktikable Anzahl von Profilen, denen wie angegeben jeweils ein Flügelanteil zugeordnet ist, bestimmt die α_{fluid}-Werte, liest dafür aus Polaren die c_A und c_W-Werte ab, berechnet damit die lokalen Kraftkomponenten F_A und F_W und addiert diese über die Flügellängsachse auf.

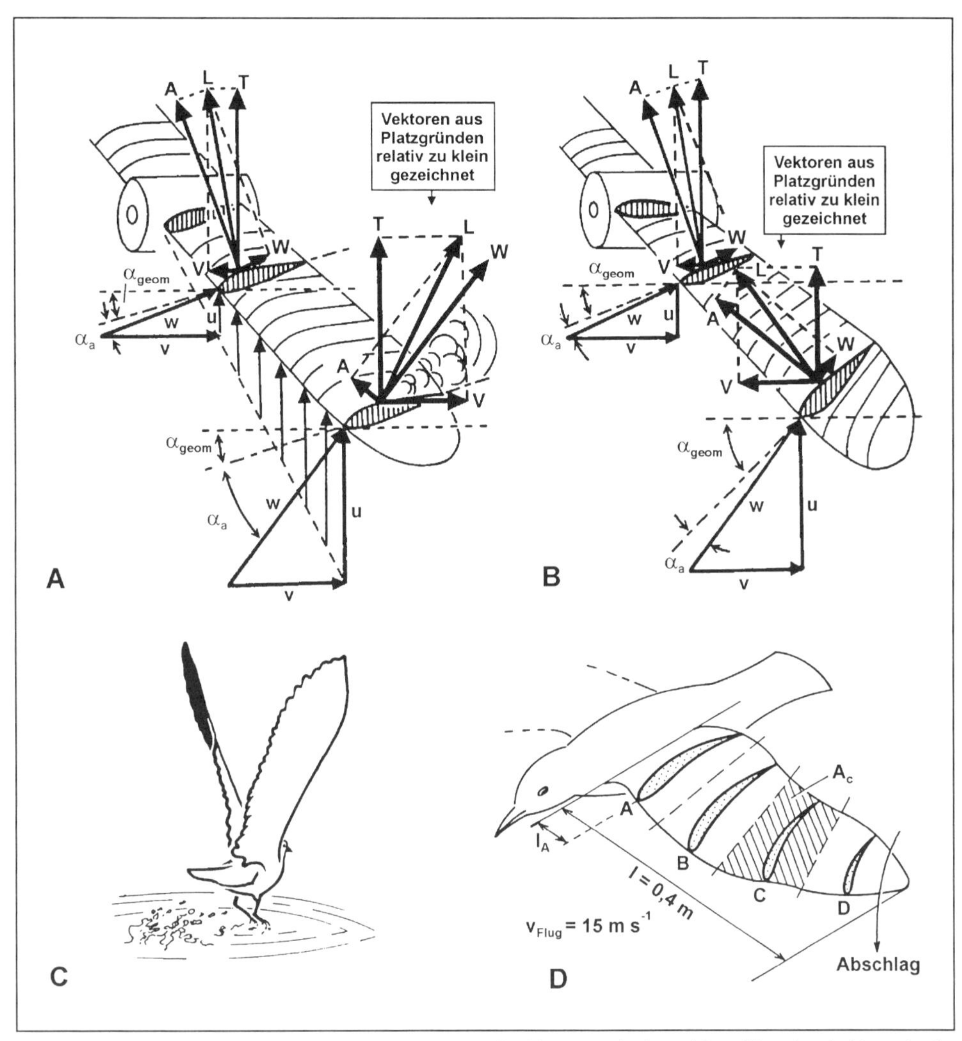

Abb. 13-5: Effekte der Verwindung eines Propellerblatts und eines Vogelflügels. A Hypothetisches unverwundenes Propellerblatt. B Verwundenes Propellerblatt. C Lachmöwe (*Larus ridibundus*) beim Auffliegen, Flügelunterseite schwarz gezeichnet. D Eine große Möwe beim Abschlag. Schema. (Bemerkung: Bei A und B sind aus Platzgründen statt der Kräfte nur die Suffixe angegeben, also z.B. A für F_A. Vergl. den Text. A und B nach Bilo 1977)

13.3.3 Erweiterungen zur Propellertheorie

In Abschnitt 9.4.3 wurden Aspekte einer vereinfachten Propellertheorie dargestellt, wie sie sich aus Impulsbetrachtungen ergeben haben. Diese können nun im Vergleich mit Abbildung 13-5 B ein wenig erweitert werden. Sie lassen sich auch bei flugbiophysikalischen Fragestellungen gut einbringen.

Wie an dieser Teilabbildung gezeigt wird, spielen zwei Geschwindigkeitskomponenten für die Umströmung eines Propellerabschnitts eine ausschlaggebende Rolle, die Fluggeschwindigkeit v_{Flug} und die Umfangsgeschwindigkeit v_U. Die Umfangsgeschwindigkeit der Propellerspitze heiße $v_{U\,Sp}$.

Mit diesen beiden Geschwindigkeiten kann ein Quotient λ gebildet werden. Man nennt ihn Fortschrittsgrad

$$\lambda = \frac{v_{Flug}}{v_{U\,Sp}}.$$

Für einen guten Propeller gilt

$$\lambda \approx \frac{1}{4}.$$

Mit den beiden genannten Geschwindigkeiten v_{Flug} und $v_{U\,Sp}$, dem Fortschrittsgrad λ, dem Propellerradius r und -durchmesser d, der Winkelgeschwindigkeit $\omega = 2\,\pi \cdot n$ (n Drehzahl) kann man die allgemeine Fluidkraftgleichung

„Kraft = Beiwert · Fläche · Staudruck"

für die Schubkraft F_S eines Propellers wie folgt anschreiben:

$$F_S = k_S \cdot \frac{\pi}{4} \cdot d^2 \cdot \frac{1}{2} \cdot \rho \cdot c_{U\,Sp}{}^2$$

Der Beiwert k_S heißt Schubbeiwert.

Das Propellerdrehmoment M_D, das vom Antriebssystem überwunden werden muß, lautet dann:

$$M_D = k_D \cdot \frac{\pi}{4}\, d^2 \cdot \frac{1}{2} \cdot \rho \cdot v_{U\,Sp}{}^2 \cdot d$$

Der Beiwert k_D heißt Drehmomentenbeiwert.

Den bereits in Abschnitt 9.4.3 angesetzten Propellerwirkungsgrad η_{theor} kann man dann auch wie folgt ansetzen:

$$\eta_{theor} = \frac{P_{ab}}{P_{zu}} = \frac{F_S \cdot v_{Flug}}{M_D \cdot \omega} = \frac{F_S \cdot v_{Flug} \cdot r}{M_D \cdot v_{U\,Sp}} = \frac{k_S \cdot v_{Flug}}{k_D \cdot v_{U\,Sp}} = \frac{k_S}{k_D} \cdot \lambda$$

13.4 Wirbelphänomene hinter Schlagflügeln und Flossen

Die charakteristischen Wirbel um und im Zusammenhang mit einem Tragflügel wurden in Abbildung 11.5 C, die verschlungenen Wirbelsysteme um einen querangeströmten Zylinder in Abbildung 12-5 charakterisiert. Bei bewegten Schlagflügeln verkomplizieren sich die Systeme noch deutlich, da sich immer an den unteren häufig zudem auch an den oberen Umkehrpunkten Grenzschichten ablösen und zu Wirbelringen formen können, die sich den sonstigen Wirbelsystemen überlagern. Es kommt damit zu leiterartig im Raum verknickten, in sich rotierenden Wirbelsystemen (Abb. 13-7 B und 13-8 F) zwischen denen Fluidmassen - wie bei den konventionellen Wirbelstraßen, Abb. 12-9 strömen können. Doch ist bei diesen „aktiven", schuberzeugenden Wirbelstraßen die Nachlaufgeschwindigkeit größer als die Anströmgeschwindigkeit. Bei den „passiven", widerstanderzeugenden Wirbelstraßen hinter umströmten Körpern ist es, wie zu zeigen ist (Abschnitt 13.4.1), umgekehrt.

Theoretisch ließe sich aus der genauen Kenntnis solcher Wirbelsysteme alles entnehmen, was man zur energetischen Seite des Schlagflügelantriebs wissen möchte. In der Praxis ist dies allerdings noch nicht möglich, da man nicht alle für Rechnungen nötigen Details meßtechnisch bestimmen kann.

Prinzipiell ähnliche, komplexe Wirbelstraßen resultieren hinter den bewegten Schwanzflossen von Fischen (Abb. 13-7 A). R. Blickhan hat während seiner Zeit in unserem Saarbrücker Institut in Bezug auf Ausbildung und Funktion von Ringwirbeln die unter 13.4.2 skizzierten Befunde erhalten. Zunächst aber sollen Hertel's klassische Ergebnisse referiert werden.

13.4.1 Wirbelstraßen hinter passiv umströmten und aktiv bewegten Körpern

Wenn Wirbelstraßen denn den Bewegungs- bzw. Umströmungszustand eines Objekts widerspiegeln, wie mehrfach angedeutet worden ist, dann sollten sie sich in kinematischen Eigentümlichkeiten unterscheiden. Heinrich Hertel (1963) hat nach Schleppversuchen mit bewegten, plattenförmigen Körpern Wirbelstraßen in drei Kategorien gegliedert.

I. Aktive Umströmung (Abb. 13-6 A): Schuberzeugung. Beispiel: Schlagflügel, Flosse Nachlauf beschleunigt (die „Impulsdelle" rechts in Abb. 12-6 würde sich umkehren, d.h. im Zentrum wären die Vektorpfeile für die Geschwindigkeit länger als am Rand)

II. Neutrale Umströmung (Abb. 13-6 B): Theoretische Übergangssituation, hier nicht näher charakterisiert

III. Passive Umströmung (Abb. 13-6 C): Widerstandserzeugung. Beispiel: quer angeströmter Zylinder (vergl. Abb. 12-9). Nachlauf verzögert („Impulsdelle" wie in Abb. 12-6 rechts).

Man kann sich die Unterschiede an einem Fisch an der Angel verdeutlichen. Schwimmt der Fisch mit v_{Fisch} frei geradeaus, würde er eine Wirbelstraße nach Typ I erzeugen. Er würde nach dem Schema von Abbildung 13-6 A positive

Anstellwinkel + α_{fluid} einstellen und Energie auf das umgebende Wasser übertragen (Schuberzeugung).

Hängt er an der Angel, schwimmt weiter mit v_{Fisch} und wird gleichzeitig mit einer Geschwindigkeit $v_{Angel} > v_{Fisch}$ in gleicher Richtung gezogen, so würde er eine Wirbelstraße nach Typ III erzeugen. Es würden sich nach dem Schema Von Abb. 13-6 C negative Anstellwinkel - α_{Fluid} einstellen, und der Fisch würde Energie aus dem umgebenden Wasser ziehen (Widerstandserzeugung, ähnlich wie eine flatternde Fahne).

Spulte man die Angel so rasch ein, daß $v_{Angel} = v_{Fisch}$, so würde eine Wirbelstraße nach Typ II (Abb. 13-6 B) entstehen; die auf das Wasser übertragenen und aus dem Wasser entnommenen Energien würden sich gerade entsprechen (keine Nettokrafterzeugung; nur Fluidreibung des unter Nullanstellwinkel passiv in Bahnrichtung nachgezogenen Blatts).

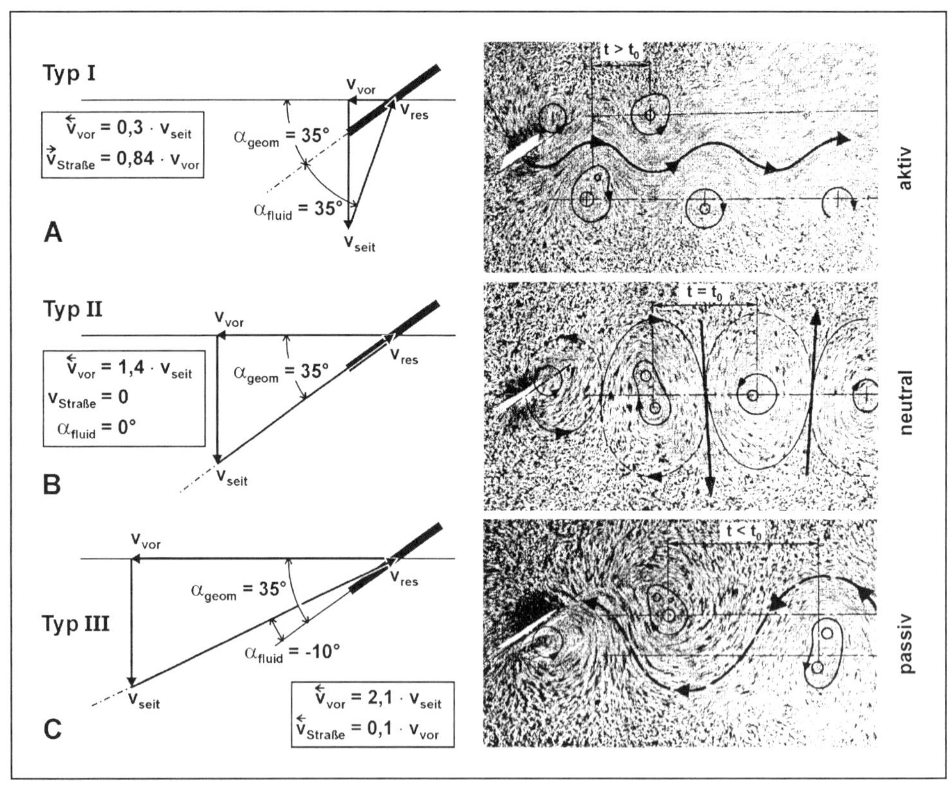

Abb. 13-6: Wirbelstraßen hinter bewegten, plattenförmigen Körpern (im Text beschrieben). A Nachlauf beschleunigt, aktive Schwingung, Schuberzeugung. B Neutrale Schwingung. C Nachlauf verzögert, passive Schwingung, Widerstandserzeugung. (Nach Hertel 1963, verändert)

Die Wirbelstraßen Typen I, II, III sind nach Originalregistrierungen in der zitierten Abbildung 13-6 gekennzeichnet. Diese Registrierungen sind wie folgt gewonnen worden.

Halbeingetaucht in ein Wasserbecken, dessen Oberfläche mit Alu-Flitterchen bestreut worden war, wurde ein Blechstück („ebene Flosse") auf einer Sinusbahn nach Art der Teilabbildung bewegt, und zwar so, daß es im Moment des Durchlaufens durch die Mittellinie um $\alpha_{geom} = 35°$ gegen diese angestellt war und eine bestimmten Seitgeschwindigkeitskomponente v_{seit} aufwies. Die vorwärtsgerichtete Geschwindigkeitskomponente v_{vor} wurde nun variiert, von

$$0{,}3 \cdot v_{seit} \ (\rightarrow \mathrm{I}) \text{ über } 1{,}4 \cdot v_{seit} \ (\rightarrow \mathrm{II}) \text{ bis zu } 2{,}1 \cdot v_{seit} \ (\rightarrow \mathrm{III}).$$

Es ergaben sich die drei eingezeichneten fluiddynamischen Anstellwinkel α_{fluid} und damit aktiver Schlag mit Beschleunigung des Nachlaufs für I, neutraler Schlag für II und passiver Schlag mit Verzögerung des Nachlaufs (immer relativ zur ortsfesten Kamera gesehen) bei III. Ein aktiv mit v_{vor} schwimmender Fisch hätte die Wirbelstraße I und damit Schub erzeugt, ein toter Fisch, mit v_{vor} durchs Wasser gezogen, wäre in passives Flattern gekommen und hätte die Wirbelstraße III und damit Widerstand erzeugt.

13.4.2 Fisch-Vortrieb

„Beobachtet man die Strömung im vertikalen Schnitt, so sind ebenfalls Wirbel zu erkennen, und zwar in etwa in Höhe der Ober- und Unterkante der Schwanzflosse. Diese entsprechen den Spitzenwirbeln von Tragflächen. Das Fluid wird auf der Trägerflächenunterseite, also in Richtung des Jets, verdrängt und fließt über die Tragflächenspitzen auf die Oberseite. Die vertikalen Wirbelsäulen sind den Start- und Stopwirbeln von Tragflächen analog. Sie entstehen dort infolge des Aufbaus bzw. der Reduzierung der zum Auftrieb notwendigen Zirkulation.

Zusammengenommen ergänzen sich die vertikalen und horizontalen Wirbelsäulen zu leicht deformierten Wirbelringen (Abb. 13-7 A). Die Strömung hinter dem Fisch läßt sich also näherungsweise als eine Kette solcher Ringe beschreiben, wobei sich durch die Überlagerung dieser Ringe die Wirbelstärke (Zirkulation) im Bereich der vertikalen Säulen verdoppelt. Vor allem bei langsamer Fortbewegung zeigt der Jet leicht nach unten, daher die Deformation. Die Forelle erzeugt mit der Schwanzflosse nicht nur Vor- sondern auch Auftrieb.

Mit der Stärke und Größe dieser Wirbel ist für jeden Halbschlag festgelegt, wieviel Wasser mit welcher Geschwindigkeit bewegt wird und damit auch der übertragene Impuls I und die im Fluid erzeugte kinetische Energie W_{kin}.

$$I = \rho \cdot \Gamma \cdot \pi \cdot r^2$$

$$W_{kin} = \frac{1}{2} \cdot \rho \cdot \Gamma^2 \cdot r \left\{ \ln \frac{8 \cdot r}{R} + 0{,}25 - 2 \right\}$$

(ρ Dichte des Mediums, Γ Zirkulation, r Radius des Torus, R Radius des Wirbelkerns)

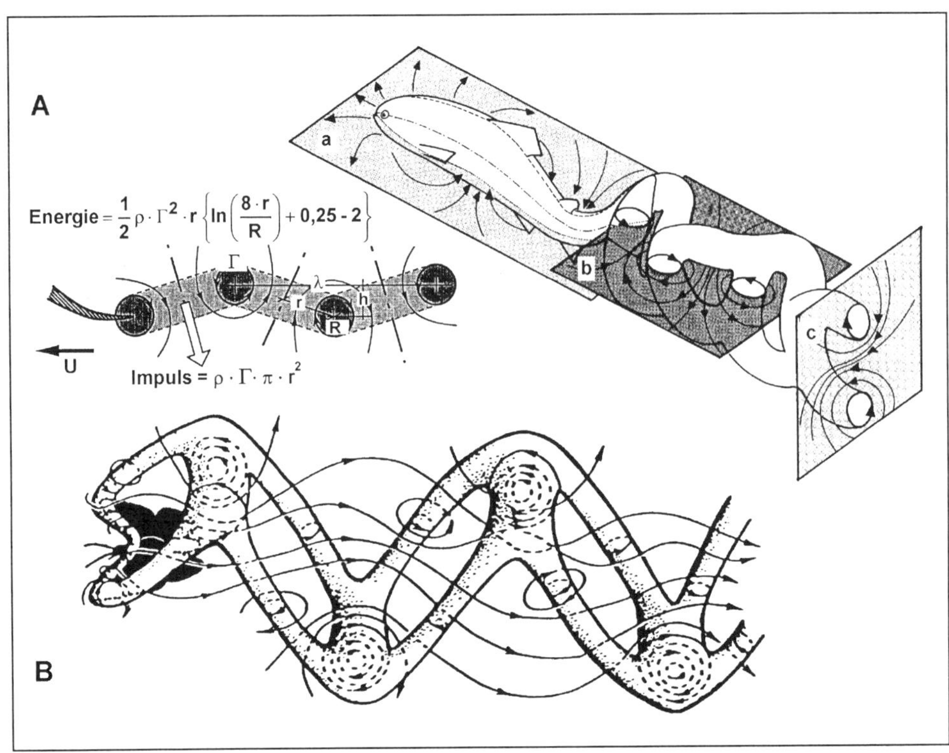

Abb. 13-7: Beispiele für gemessene Wirbelverteilungen hinter Flossen und Schlagflügeln. A Regenbogenforelle, *Oncorhynchus mykiss*, nach Laserdoppleranemometer-Messungen von Blickhan et al 1991 und 1992 in Saarbrücken. B Kleinschmetterling nach Rauchdarstellungen von Brodsky und Ivanov 1984 in St. Petersburg. Zu A: (a) Frontalebene um den Fisch; der Körper als „Schwingungspumpe" präformiert bereits Wirbel. (b) Frontalebene hinter dem Fisch. Eine Wirbelstraße bildet sich. (c) Transversalebene hinter dem Fisch: Die von den Schwanzflossenspitzen induzierten „Spitzenwirbel" sind erkennbar, die sich in die Wirbelstraße integrieren. (Zeichnung B. Kresling). Darunter Kennzeichnung der Wirbelkette: Γ Zirkulation, r Torusradius, R Radius des Wirbelkerns, λ Fortschrittsgrad oder Abstand zwischen den Wirbelkernen mit gleichem Drehsinn, h laterale Versetzung der Wirbel.

Zu B: Das Zustandekommen einer derartigen „geknickten Leiterstraße" wird in Abbildung 13-8 F erläutert. Erkennbar sind die Drehrichtungen und die zentral beschleunigte Fluidmasse („aktiver Nachlauf"; $v_{Wirbel} > v_{Anströmung}$; in der Wirbelstraße hinter einem unbewegten Körper (etwa in Abb. 12-9) handelt es sich um einen „passiven Nachlauf"; $v_{Wirbel} < v_{Anströmung}$).

Für langsam schwimmende Forellen von ca. 26 cm Länge ergab sich hieraus eine Schubleistung von 0,6 mW. Der bei der Lokomotion überwundene Strömungswiderstand entspricht etwa dem beim Ausgleiten. Schwimmen erhöht nicht notwendigerweise die Widerstandsbeiwerte. Der aus den energetischen Verlusten bestimmte mechanische Wirkungsgrad beträgt 75 %.

Die Erzeugung ringartiger Wirbelstrukturen wird dadurch gewährleistet, daß der halbe Fortschrittsgrad, d.h. die halbe Strecke, die der Fisch während eines Schlagzyklus zurücklegt, etwa mit der Schwanzflossenhöhe übereinstimmt. Ein kreisförmiger Ringwirbel gewährleistet die energetisch günstigste Verpackung für einen übertragenen Impuls. Bildet der Wirbelring ein langgezogenes Oval, so muß zur Erzeugung des gleichen Impulses eine größere Wassermenge beschleunigt werden. Die Erzeugung von Ringwirbeln stellt also eine Strategie zur Erniedrigung der Verluste dar. Bei ökonomischer Schwimmweise ist ein grundlegender kinematischer Parameter, die Frequenz des Schwanzschlags, an einen morphologischen Parameter, die Schwanzflossenhöhe, gekoppelt (Blickhan)."

Bemerkung: Die oben genannten 0,6 mW für das langsame Dauerschwimmen einer Forelle gibt auch eine einzeln, schnell fliegende Honigbiene aus (!). Ein indirekter Hinweis auf das „energetisch ausgefeilte" Schwimmen dieser Fische.

13.4.3 Insektenflug

Die Bedeutung von Wirbelsystemen für eine Abschätzung der Biomechanik der Luftkrafterzeugung und Leistungsumsetzung sei weiterhin am Beispiel des Insektenflugs verdeutlicht. Dieser ist - abweichend von der sonstigen Gepflogenheit des Buches - etwas näher beschrieben. Hierbei kann auch der Vergleich neuester, auf Meßdaten beruhender Formulierungen strömungsmechanischer Effekte mit bereits klassischen derartigen Formulierungen in mehrerlei Hinsicht lehrreich sein: ein Gesichtspunkt, der auch in einem Grundlagen-Buch wenigstens einmal - pars pro toto - angesprochen werden sollte. Insekten kann man in **Windkanälen** fliegen lassen.

T 17A,C
p 320

Fragen der Wirbelgenese an schwingenden Insektenflügeln wurden unter anderem von Ellington (1980, 1984 etc.) am Schwirrflug analysiert. Die folgenden Überlegungen wurden vor allem für schwirrfliegende Schwärmer angestellt, lassen sich aber auch auf kurzfristig schwirrfliegende Schmeißfliegen übertragen. Es wird versucht, die Verhältnisse beim horizontalen Geradeausflug von den Schwirrflugverhältnissen abzuleiten. Grundlegende Aspekte des Schwirrflugs beim Vogel sind in Abschnitt 9.4.4 beschrieben.

Der abwärtsgerichtete Hubstrahl eines schwirrfliegenden Insekts enthält eine Serie übereinanderliegender horizontaler Wirbelringe (Abb. 13-8 A). Wenn sich eine solche strömungsmechanische Konfiguration bildet, ist anzunehmen, daß sie stabil ist. Der Wirbelring ist, wie analytisch gezeigt werden kann, die Form, deren Aufbau für einen gegebenen Impuls die geringstmögliche Energie erfordert. Erfolgt die Ringwirbelbildung periodisch abwärtsgerichtet, so entsteht automatisch eine Wirbelringsäule.

Der ideale Ringwirbel (Rankine-Wirbel) kann mit Hilfe der Parameter Torusradius R, Kernradius K und Zirkulation Γ beschrieben werden (Abb. 13-8 B). Der enthaltene Impuls ist proportional zu $R^2\ \omega$, die enthaltene Energie ist proportional zu $R\ \omega^2$ (analog ist der physikalische Impuls linear proportional zur Geschwindigkeit, die kinetische Energie quadratisch proportional zur Geschwindigkeit). Daraus ergeben sich die Idealbedingungen für eine optimale Bewegung in Fluiden mit Ringwirbeln: Wenn ein Körper einen gewissen Impuls auf das Fluid übertragen will (oder das Fluid einen entsprechenden Impuls rückwirkend auf den Körper übertragen soll), sollte so wenig wie möglich Energie in den Nachlauf gesteckt werden, so daß der Ringwirbel den größtmöglichen Radius R, aber die geringstmögliche Zirkulation Γ haben sollte. Insekten scheinen sich nach diesen Kriterien zu richten. Da Direktmessungen bisher nicht möglich waren, kann man dies vorerst nur nach qualitativen Gesichtspunkten unter Einbringung bekannter kinematischer Aspekte betrachten.

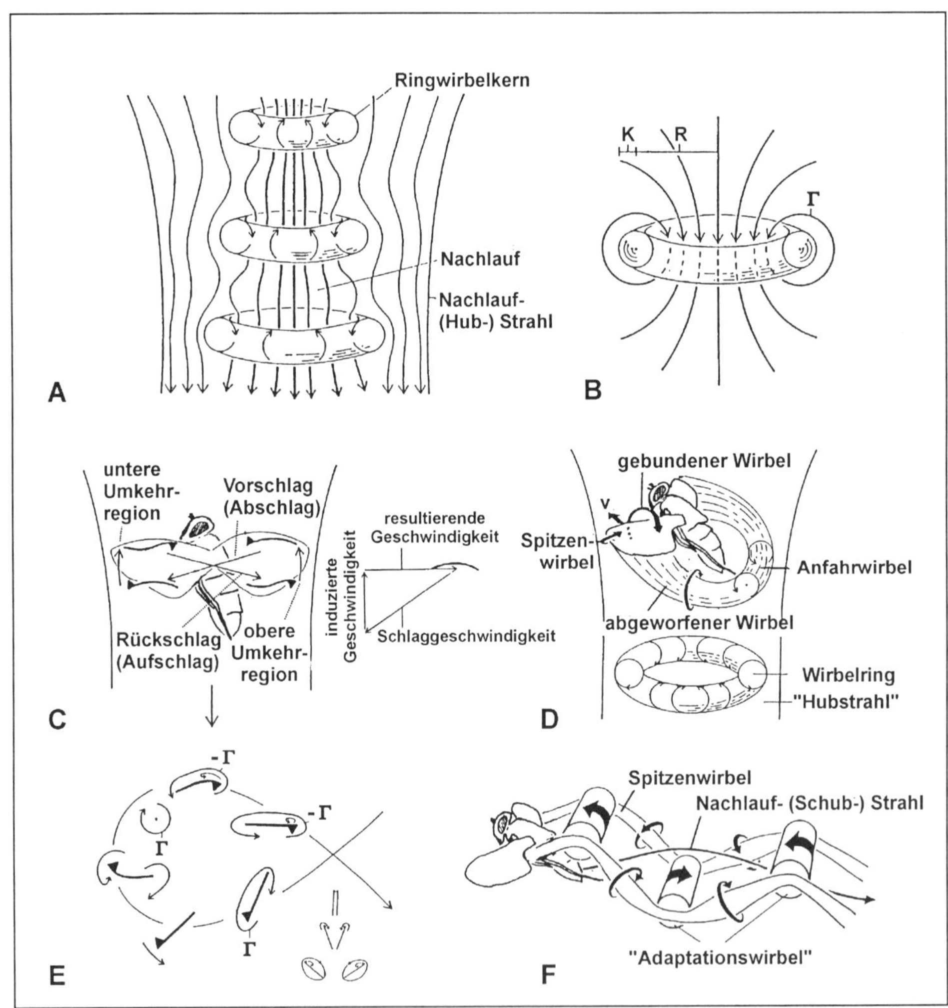

Abb. 13-8: Wirbelgenese und -effekte. A Prinzip einer vertikalen „Ringwirbelsäule". Details hypothetisch. B Charakterisierung eines Wirbelrings (K Kernradius, R Torusradius, Γ Zirkulation). C Schema des (kurzfristigen) Schwirrflugs von Calliphora (oder des Schwirrflugs eines Schwärmers) mit Geschwindigkeitsdreieck für den Abschlag (Vorschlag). D Schema der Wirbelringgenese während eines Halbschlags und abgeworfener Wirbelring des vorhergehenden Halbschlags einer (kurzfristig) schwirrfliegenden Calliphora (oder eines Schwärmers). E Instationäre Mechanismen in einer Umkehrregion. „Flex-mechanism": Abwurf einer Zirkulation Γ als Ringwirbel und Aufbau einer neuen, entgegengesetzt verlaufenden Zirkulation. Dicke Linie: Flügelquerschnitte; Dreiecke: Markierung der Flügelvorderkante und -oberseite. (Unter Einbeziehung von Ergebnissen von Rayner, Ellington, Nachtigall, Dreher, Brodsky und Ivanov)

Mittelgroße bis größere Insekten haben leicht bis deutlich gekrümmte Flügelblätter. Reißt die Strömung an der Flügelhinterkante ab (Kutta-Joukowsky-Bedingung), löst sich ein sogenannter Anfahrwirbel ab. Sein umgekehrt rotierendes Gegenstück verbleibt als gebundener Wirbel mit der Zirkulation Γ am Flügel (Abb. 13-8 D). Viele schwirrfliegende Insekten bewegen ihre Flügel horizontal in der Form einer angenähert liegenden Acht-Figur (etwa schwirrfliegende Schwärmer vor einer Blüte, angenähert wahrscheinlich auch kurzfristig schwirrfliegende Schmeißfliegen). Wie das Geschwindigkeitsdreieck in Abbildung 13-8 C zeigt, verläuft beim Abschlag die Schlaggeschwindigkeit in etwa horizontal. Für den Aufschlag gilt Spiegelbildliches. Während die Widerstandskomponenten in beiden Schlagphasen entgegengesetzt gleich sind und sich somit auslöschen, addieren sich die vertikal gerichteten Auftriebskomponenten zum Gesamthub. Diese Kraft kompensiert sowohl das Gesamtgewicht des Tiers als auch den durch den induzierten Abwind entstehenden, abwärts gerichteten Strömungswiderstand. Die im Abwind enthaltene Energie ist äquivalent der Energie, die bei der Entstehung des Abwinds von Flügeln und Körper abgegeben wird. Diese Energie ist mit anderen Worten äquivalent den Energieverlusten infolge von Reibungs- und Druckwiderstandsentstehung, insbesondere an den schlagenden Flügeln. Es ist somit eigentlich keine Energie nötig um so etwas wie einen „vertikal abwärtsgerichteten Hubstrahl" zu formieren. Dieser zeigt lediglich an, daß infolge auftretender Widerstände Energieverluste stattgefunden haben.

Man kann mit Kenngrößen des „Momentum-jet"-Modells auf relativ einfache Weise Hubkräfte und Hubleistungen *ausrechnen*. Das bedeutet aber nicht notwendigerweise, daß die fluidmechanischen Prinzipien, die letztendlich eine vertikale Hubkraft erzeugen, *mit diesen Ansätzen erklärt* werden. Man kann vielmehr, ähnlich wie in der Propeller-Theorie, unter Wahrung bestimmter Randbedingungen zu Rechenergebnissen kommen, ohne daß die Rechnung die wirklich vorliegenden Mechanismen letztendlich modellieren muß. (Die Propellertheorie rechnet beispielsweise stets mit Anströmungen senkrecht zur Propellerlängsachse, wohingegen - extreme - Schräganströmungen eine Rolle spielen müssen, so daß die Betrachtung von Profilschnitten senkrecht zur Längsachse letztendlich gar nicht relevant ist. Trotzdem wird mit dieser gerechnet. Das führt im Rahmen der Theorie mit Fehlergrenzen von ± 2 % zu richtigen Vorhersagen.)

Beim Schwirrflug am Ort bilden sich infolge der Druckdifferenzen zwischen Flügelunter- und -oberseite Flügelspitzenumströmungen, die sich mit dem Anfahrwirbel des beginnenden Abschlags vereinen und zusammen mit dem gebundenen Wirbel einen geschlossenen Wirbelring bilden, der sich in der entgegengesetzten Umschlagregion ablöst und abwärts driftet, während sich in der folgenden Schlagperiode ein neuer derartiger Wirbel bildet (Abb. 13-8 D). In der Folge resultiert die in Abbildung 13-8 A skizzierte Wirbelringsäule mit einem Wirbelabstand von einer halben Schlagperiode. Nach der Kutta-Joukowsky-Beziehung

$$A = \Gamma \cdot \rho \cdot b \cdot v_\infty$$

(A Auftrieb, ρ Fluiddichte, b Gesamtspannweite, v_∞ Anströmungsgeschwindigkeit, Γ Zirkulation) ist der Auftrieb zirkulationsabhängig. Die Ausbildung der Zirkulation ist ein zeitaufwendiger Vorgang. An den Umkehrpunkten ist v_∞ gleich oder nahe Null; die „alte" Zirkulation wird als Ringwirbel abgeworfen und eine „neue", entgegengesetzt rotierende baut sich auf, während der Flügel in die entgegengesetzte Richtung beschleunigt. Während des Wirbelabwurfs in den Umkehrphasen und dem Aufbau einer neuen Zirkulation kann kein essentieller Auftrieb vorhanden sein; die Zirkulation ist bei rasch schlagenden kleineren Insekten wohl erst nach Ablauf eines Schlagviertels voll etabliert - und damit auch die volle Auftriebserzeugung. Diese Erwartung entspricht dem Wagner-Effekt der technischen Aerodynamik (volle Zirkulation und damit Auftriebserzeugung erst nach Durchfahren einer Strecke, die mindestens gleich einer Flügeltiefe ist; erst dann ist der gebundene Wirbel mit seiner Zirkulation genügend klar vom Anfahrwirbel mit seiner Zirkulation separiert).

Die Evolution vermeidet den Wagner-Effekt auf unterschiedliche Weise, insbesondere dadurch, daß sie keine Zeit zwischen dem Abwurf des „alten" gebundenen Wirbels und der Ausbildung eines „neuen" Anfahrwirbels verstreichen läßt. Dies erscheint machbar, da beide Wirbel die gleiche Rotationsrichtung haben. Die einfachste Denkmöglichkeit steht in Einklang mit der tatsächlich feststellbaren Kinematik, daß nämlich der Flügel an den Umkehrpunkten rasch in Richtung auf die folgende Schlaghälfte rotiert wird (vergl. Abb. zu Ü 3/2 und Abb. 13-8). Da die Rotationsgeschwindigkeit extrem hoch ist (an die 30000° pro Sekunde bei der **Glanzfliege *Phormia***) wird im Moment des Abreißens der „alten" Strömung bereits ein neuer gebundener Wirbel induziert, so daß die „alte" Zirkulation bereits ersetzt ist, wenn der Flügel seine Translationsbewegung in die folgende Schlaghälfte beginnt. Ich habe dies (1979) als „Blitzsupinations-Mechanismus" am unteren Umkehrpunkt bezeichnet; Ellington (1980, 1984; Abb. 13-8 E) nennt das Phänomen „flex-mechanism". Infolge dieses Mechanismus formiert sich der neue gebundene Wirbel - der sich in der Folge ja vom Anfahrwirbel „wegziehen" muß - nicht graduell mit dem Beginn der neuen Translation. In Wirklichkeit geschieht am Umkehrpunkt folgendes: Der „alte" Wirbel wird abgeworfen, zur gleichen Zeit bildet sich der neue Anfahrwirbel, und - damit zusammenfallend - die neue Zirkulation, die ihr Maximum fast schon erreicht hat im Augenblick des Translationsbeginns. So wird der Wagner-Effekt vermieden. Wenn sich die Flügelpaare an den Umkehrpunkten berühren und dann buchförmig öffnen, sind die Bedingungen noch günstiger (Weis-Fogh (1973) bei *Encarsia*, Ellington (1980) bei Schmetterlingen, Zanker (1990) bei *Drosophila*; Einschaltbild in Abbildung 13-8 E; „peeling and fling").

T 17C
p 328

Beim Übergang vom Schwirrflug zum Geradeausflug ist die vertikal gerichtete Hubkraft zur Kompensation des Körpergewichts nach wie vor die Löwenkomponente; es kommt nur eine vergleichsweise geringe horizontale Schubkomponente dazu. Beim konventionellen Flugzeug wird der Hub an den starr gehaltenen, horizontal angeströmten Tragflügeln stationär erzeugt. Diese Möglichkeit ist höchstens im basalen Flügelbereich langsam fliegender großer Insekten angedeutet gegeben; bei hochfrequent schlagenden kleinen Insekten jedoch nicht. Obwohl die genannten Mechanismen für eine Huberzeugung beim Geradeausflug gar nicht nötig wären, sind sie doch aufgrund der Schlagflügelkinematik gegeben; nach wie vor muß an den Umkehrpunkten zwischen Ab- und Aufschlag zur Zirkulationsanpassung der „alte" Anfahrwirbel etc. abgeworfen werden. Die damit in der Zeiteinheit abgegebene Energie ist nun äquivalent der Schubkraft. Die Drehrichtung der Wirbel ist abhängig davon, ob die Zirkulationsänderungen positiv oder negativ sind. Zur sprachlichen Unterscheidung sollen die nun auftretenden Wirbel als „Adaptationswirbel" bezeichnet werden. Statt der vertikalen „Wirbelringsäule" (Abb. 13-8 A) bildet sich nun die von Brodsky und Ivanov (1984) bei Schmetterlingen erstmals dargestellten, im Mittel horizontale „Wirbelleiter" deren zickzack-förmig auf und ab verlaufenden Seitbänder von den Flügelspitzenwirbeln, deren Sprossen von den „Adaptationswirbeln" herrühren (vergl. Abb. 13-7 B mit Abb. 13-8 F).

Die in einem Wirbel enthaltene Energie ist proportional dem Quadrat der Zirkulation. Ein „Wirbelabwurf" bedeutet immer ein Energieverlust. Er sollte deshalb weitgehend vermieden werden. Dies ist beim Schwirrflug nicht möglich, wohl aber teilweise beim horizontalen Geradeausflug. Wenn ein Flugzeug startet, muß es Energie aufwenden um den gebundenen Wirbel und den Startwirbel zu formieren. Sobald es erst eine konstante Fluggeschwindigkeit erreicht hat, braucht es dazu keine weitere Energie. Ein schwirrfliegendes Tier allerdings muß seine für die genannten Aufbauvorgänge nötigen Energieanteile zweimal pro Flügelschlag aufwenden. Wenn es das „flex" oder „peeling" Prinzip benutzt, kann es nahezu die Hälfte dieser Energie sparen, im wesentlichen wohl dadurch, daß pro Schlag nur noch ein einziger Wirbelring zu formieren ist (in der Regel der Wirbelring des unteren Umkehrpunkts).

Zirkulationsänderungen während des horizontalen Geradeausflugs sind relativ klein, verglichen mit der Gesamtgröße der Zirkulation; damit ist auch der Gesamtleistungsaufwand relativ klein. Der gebundene Wirbel muß nicht mehr vollständig abgeworfen werden, wie es beim Schwirrflug nötig ist, mit der Konsequenz, daß die gesamte für seine Regenerierung nötige Energie verlorengeht. Die Zirkulation muß ja nun beim Flugbeginn nur einmal induziert werden. Da nur Rumpfwiderstände zu überwinden sind, würden die Schlagflügel nun einen horizontalen Schub erzeugen, zusätzlich zu dem (nun noch größeren?) vertikalen Hub. Dieser Ablauf scheint energetisch günstiger, wenn eine Verminderung der Zirkulation zu Beginn des „Erholungsschlags" (Aufschlags) erfolgt. Nun allerdings wird weniger Hub während des Aufschlags erzeugt, so daß der Abschlag einen stärkeren Hubanteil generieren muß, was wiederum zur Separierung der beiden Luftkraftkomponenten (Abschlag – Haupthubphase, Aufschlag - Hauptschubphase vergl. Abb. 9-10 D für den Vogel) beiträgt.

Der Übergang vom Schwirr- zum Geradeausflug ist möglicherweise ein diskontinuierlicher Prozeß. Wahrscheinlich braucht es ein oder zwei Ringwirbel, die in horizontaler Richtung abgeworfen werden, um den für die Beschleunigung auf die „Nennfluggeschwindigkeit" nötigen Schub zu erzeugen; sobald dies geschehen ist, dürfte das Tier übergangsfrei auf eine andere, eben die Horizontalflugkinematik, umschalten.

Da die hier beschriebenen Wirbelaspekte zum Allgemeinsten und Wesentlichsten gehören, was es in der Fluidbiomechanik gibt, und da sie derzeit stark diskutiert werden, sind sie (ausgehend von Nachtigall, Dreher 1987) etwas ausführlicher geschildert worden. Es dürfte aber auch klar geworden sein, daß viele Teilfragen durchaus noch offen sind.

Insgesamt bleibt das Problem zu lösen, daß stationäre Ansätze zur Luftkraftberechnung - zumindest beim Schwirrflug so kleiner Insekten wie Essigfliegen (Drosophilidae), die sich bei Re $\approx$ 150 bewegen - nur etwa zur Hälfte der insgesamt nötigen Luftkräfte führen. Die andere Hälfte muß also instationären Effekten zuzuschreiben sein. Für Drosophiliden haben Dickinson, Lehmann, Sana (1999) einerseits gezeigt, daß während der mittleren Ab- und Aufschläge - wo der Flügel eine rasche Schlagschwingung, aber nur eine geringe, zunächst supinatorische, dann pronatorische Drehschwingung ausführt - die Luftkräfte in etwa konstant und damit durch quasistationäre Näherungsrechnung erfaßbar sind. Damit wird die erstgenannte Hälfte erklärbar: „translatorische Mechanismen".

Zum anderen haben sie gezeigt, daß an der oberen und unteren Umkehrregionen - wo die Flügel eine rasche Drehschwingung, aber kaum eine Schlagschwingung ausführen - nach Öltank-Messungen an bewegten Modellflügeln drei instationäre Effekte zusätzliche Luftkräfte erzeugen. Sie wurden als verzögerte Ablösung („delayed stall") rotationsbedingte Zirkulation („rotational circulation") und Interaktion mit dem beim letzten Halbschlag erzeugten Nachlauf („wake capture") bezeichnet.

Diese Effekte zeichnen offenbar für die andere Hälfte der insgesamt benötigten Luftkräfte verantwortlich: „rotatorische Mechanismen". Die Autoren verallgemeinern diese Befunde ausdrücklich auf „den Insektenflug".

Damit werden frühere Annahmen bestätigt, die im wesentlichen vom Horizontalflug calliphorider und anderer Fliegen ausgehen und die in diesem Abschnitt zum Teil schon genannt worden sind.

Abb. 13-9: Flügelschlag und Luftkräfte bei Schmeißfliegen und Verwandten; C Vergleich mit einem Vogel. A Flügelstellungen von Phormia regina beim Windkanalflug mit Anströmung von 2,20 m s^{-1} in der Projektion auf die Hauptschlagebene (ca. 45° zur Körperlängsachse; obere Reihen) und auf einer Ebene senkrecht dazu (untere Reihen). Bildabstand 1/6000 s. Vordere Flügelkante verdickt gezeichnet; Flügelunterseite, soweit in der Projektion sichtbar, punktiert. Anordnung so, daß die durch Pfeile (Nr. 1) gekennzeichneten Stellen untereinander liegen. B Stationäre aerodynamische Polare für einen Calliphora-Flügel (rechter Flügel, maximale Flügeltiefe l_{max} = 3 mm, Fläche 23,6 mm^2, Anströmung v = 5 m s^{-1}, Reynoldszahl Re = $v \cdot l_{max} \cdot \nu^{-1} \approx 10^3$ ($\nu = 1{,}51 \cdot 10^{-3}$ m^2 s^{-1} kinematische Zähigkeit von Luft bei T = 20°C). C Phasen und Effekte des Wedelns beim Eissturmvogel. D Kurzes Überziehen ohne Strömungsabreißen und vermutete zeitliche Auftriebsverteilung. E „Blitzsupinations-Mechanismus" beim Durchlaufen des unteren Umkehrpunkts. F Stationäre Luftkräfte beim mittleren Ab- und Aufschlag. Nicht maßstäblich. F_A Hub, F_S Schub (Vortrieb), F_{res} Luftkraftresultierende. G Vermutliche „wake capture" beim Streckenflug. (Nach Nachtigall 1966, 1977, 1979, 1980, 1985, C basierend auf Rüppell)

→

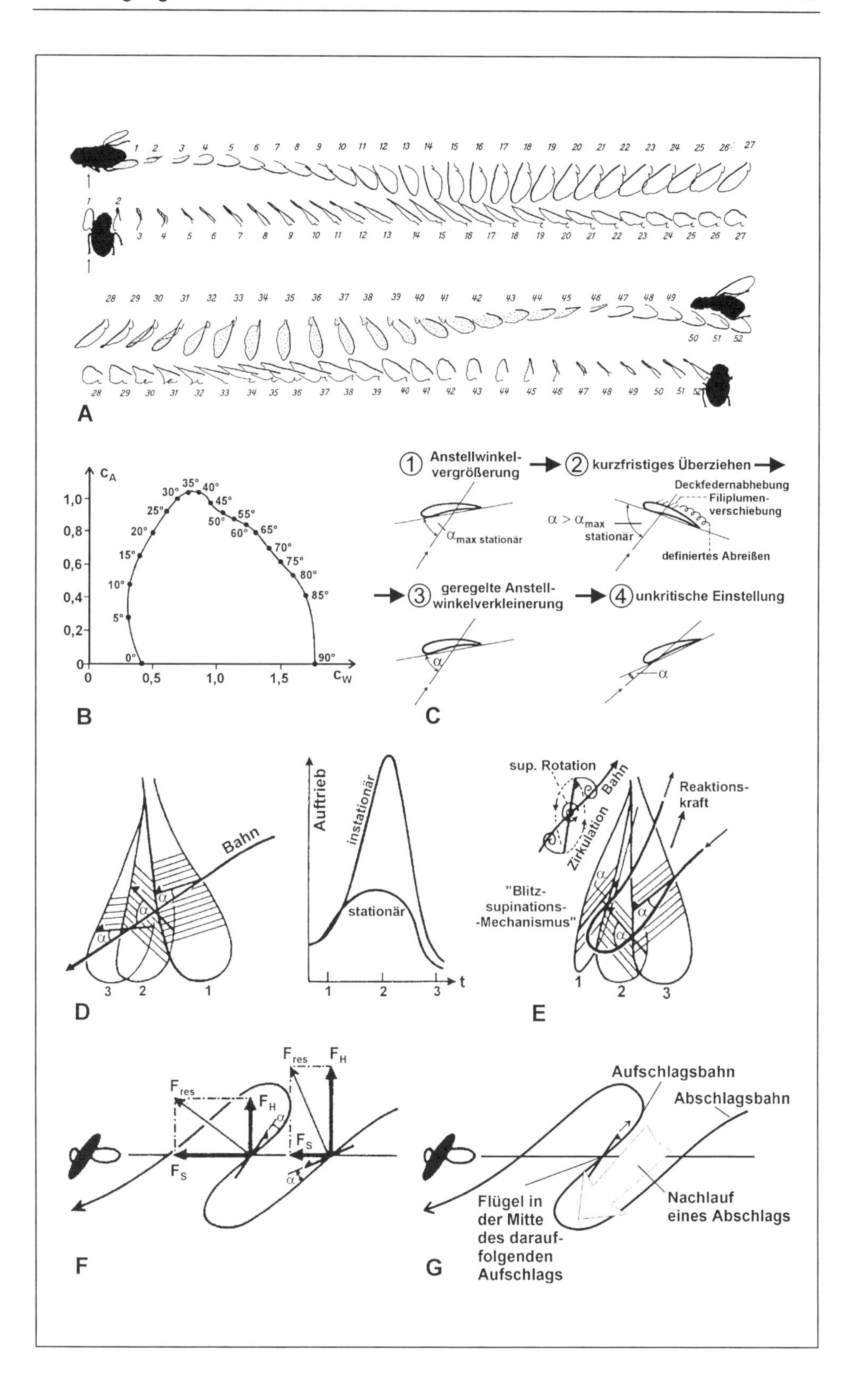
A
B
c_A
c_W
C
Anstellwinkel-vergrößerung
kurzfristiges Überziehen
Deckfedernabhebung
Filiplumen-verschiebung
definiertes Abreißen
geregelte Anstell-winkelverkleinerung
unkritische Einstellung
D
Bahn
Auftrieb
instationär
stationär
E
sup. Rotation
Zirkulation
Reaktions-kraft
"Blitz-supinations-Mechanismus"
F
F_{res}
F_H
F_S
G
Aufschlagsbahn
Abschlagsbahn
Flügel in der Mitte des darauf-folgenden Aufschlags
Nachlauf eines Abschlags

T 17C
p 328

Die **Schlagkinematik** calliphorider Fliegen ist nach Nachtigall (1966) bekannt. Die Schlaggeschwindigkeit in den mittleren Phasen des Ab- und Aufschlags (Abb. 13-9 A) ist demnach angenähert konstant, so daß stationäre Luftkraftmessungen an Fliegenflügeln (Nachtigall 1977; Abb. 13-9 B) verwendet werden können. Aus den kinematischen und den stationären aerodynamischen Kenngrößen lassen sich die Luftkraftkomponenten Auftrieb F_A und Widerstand F_W und daraus durch Zerlegung der resultierenden Luftkraft F_{res} die Komponenten Hub F_H und Schub F_S der Größe und Richtung nach ermitteln (Beispiel in Abb. 13-10 D; vereinfachte Darstellung in Abb. 13-9 F); hier ist erkennbar, daß beim Abschlag F_S überwiegt: „Stationäre translatorische Mechanismen".

Eine detaillierte Analyse hat die Verdrillung des Flügels „in sich" während einer Schlagperiode klargestellt (Nachtigall 1979, 1980). Zusammen mit den aus der Schlagkinematik bekannten, sehr hohen Rotationsgeschwindigkeiten an den Umkehrpunkten läßt sich damit eine Reihe instationärer Mechanismen ableiten.

Der „delayed stall"-Effekt wurde als „Kurzes Überziehen ohne Strömungsabreißen" beschrieben. Einerseits entstehen beim Schlag Strömungen in distaler Richtung, zur Flügelspitze hin - insbesondere in den schräg-distad verlaufenden „Tälern" des zickzackartig verspannten Flügels -, die Strömungsablösungen verzögern könnten, wohl auch durch die Stabilisierung des insbesondere von Ellington et al (1996) beschriebenen Vorderkantenwirbels. Andererseits überzieht der Flügel beim Abschlag durch extreme Anstellwinkelerhöhung (Supination) während der ersten Halbphase, korrigiert dies aber sehr rasch - bevor es zum (zeitbehafteten) Strömungsablösen kommt - durch Anstellwinkelerniedrigung (Pronation) in der zweiten Halbphase. Auf diese Weise kann höherer Auftrieb als beim Schlagen mit mittleren Anstellwinkeln erreicht werden (Abb. 13-9 D). Der Vorgang erinnert an das von Rüppell (1980) beschriebene „Wedeln" von Eisturmvögeln (näher erläutert in Nachtigall 1985, hier skizziert in Abb. 13-9 C).

Der „rotational cirulation Effekt" wurde, wie erwähnt erstmals als „Blitz-Supinations-Mechanismus" beschrieben (Abb. 13-9 E): die rasche Rotation führt letztlich zur Ablösung eines Ringwirbels mit dem Effekt der Krafterzeugung in Gegenrichtung.

Der „wake capture Effekt" liegt beim Schwirrflug nahe: Stellt man sich eine schwirrfliegende Fliege von der Seite gesehen vor (Kopf links), so schlägt der Flügel beim Rückschlag „nach rechts" in den weiterhin „nach links" vorwärts strömenden Nachlauf der letzten Halbschwingung des Vorschlags hinein. Wir haben solche Effekte bei dem Schwanzflossenschlag von Fischen und schwimmenden Schlangen als „präformierte Strömung" nachgewiesen. Undulatorische Bewegungen eines Fischkörpers erzeugen wirbelbehaftete Strömungen, in die nach deren Rückwärtswandern die Schwanzflosse hineinschlägt (z. B. Kunz 1988 für Fische). Bei Fliegen ist auch während des Streckenflugs ein solcher Effekt anzunehmen, wie die Abbildung 13-9 E nahelegt. Die Flügelkinematik „relativ zum Rumpf" sorgt zusammen mit der Fluggeschwindigkeit des

Rumpfes beim Aufschlag des Flügels für eine rückwärts-aufwärtsgerichtete raumfeste Flügelschleife. Diese verläuft beim langsameren Flug flacher zur Horizontalen und kann damit besser in den Nachlauf des vorhergehenden Abschlags „hineinlaufen". Dadurch könnten sich größere Relativgeschwindigkeiten und/oder kurzfristig höhere Anstellwinkel und damit höherer instationärer Auftrieb ergeben. Die gleichen Verhältnisse kann man nach Streak-Aufnahmen freifliegender Hornissen (*Vespa crabro*) oder Holzbienen (*Xylocopa violacea*) annehmen (Nachtigall, in prep.; vergl. Nachtigall 1997 b, Abb. 5.6-1A, p. 53): sie dürften für „funktionell zweiflüglige Insekten" verallgemeinerbar sein.

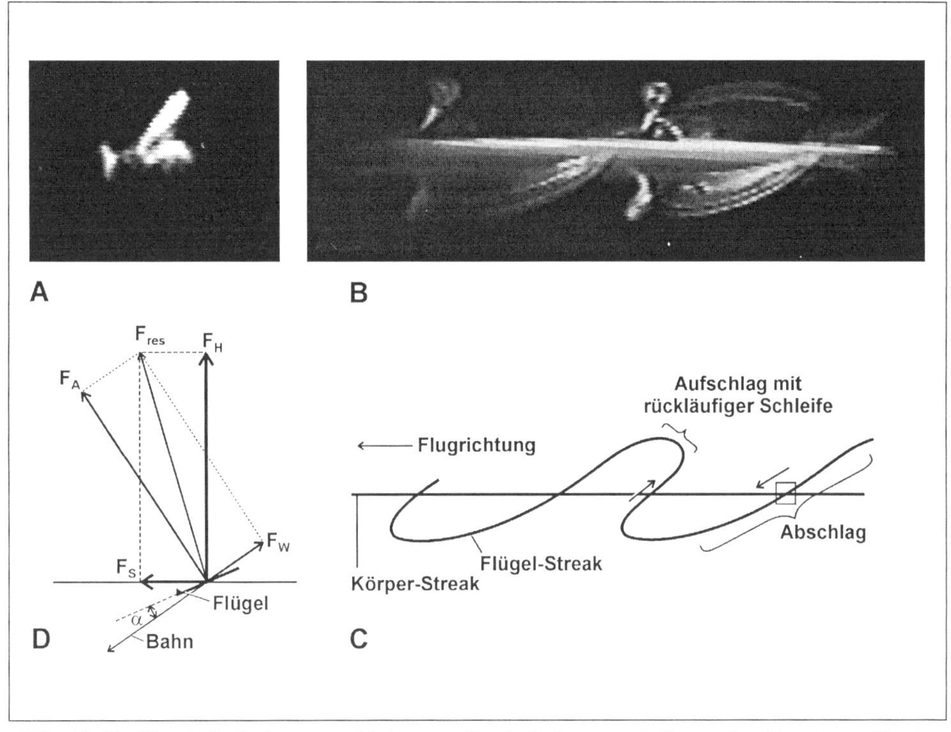

Abb. 13-10: Streak-Aufnahmen und Interpretation bei einer rasch fliegenden Hornisse mit relativ „steil" im Raum liegender Aufschlagsbahn. Videoaufnahme vor dunklem Kasten, Flugrichtung nach links, starke Ausschnittsvergrößerung. A Hornisse, Belichtungszeit 1/6000 s. B Streak, Belichtungszeit 1/50 s, schräg von oben gesehen, so daß beide Flügelbahnen erkennbar sind. C Interpretation von B, nur linker Flügel in Sicht von der Seite gezeichnet. D Stationäre Luftkräfte (Bez. vergl. den Text) beim mittleren Abschlag; Kästchen in C. (Originale, Aufnahme 1998)

Es gibt also genügend schon länger bekannte Kandidaten für spezielle Effekte stationärer und instationärer Luftkrafterzeugung. Ihre Feinanalyse und die nähere Betrachtung ihres Zusammenspiels steht insbesondere für die kinematisch wohl am detailliertesten bekannten Flugbewegungen großer Schmeißfliegen, die bei etwa $Re_t \approx 10^3$ fliegen, noch aus - beruhigend für die nächste Forschergeneration.

13.4.4 Näherungsansätze

Es ist immer wieder erstaunlich, wie sehr man mit relativ grob erscheinenden Näherungsansätzen praktikable Werte bekommt. Der Strömungsbiophysiker G. R. Spedding hat einen solchen Ansatz vorgelegt, mit dem man zu Aussagen kommt, die für die ökologische Praxis völlig ausreichen.

Zur Näherungsbetrachtung der mittleren Hubkräfte F_H und Schubkräfte F_S eines horizontalfliegenden Kleinvogels (der mit gespreizten Flügeln abwärts schlägt (→ Fläche $A_{ab\ groß}$) und mit leicht zusammengelegten Flügeln aufwärts (→ Fläche $A_{auf\ klein}$) braucht man demnach nur die folgenden Näherungsdaten, die aus Aufnahmen von oben und von der Seite gut zu entnehmen sind: Dauer der Flügelschlagsperiode T, die betrachteten Flächen A_{ab} und A_{auf}, sowie die Winkel zwischen mittlerer Flügelschlagsbahn zur Horizontalen φ_{ab} und φ_{auf}. Die Kenngrößen sind in die Abbildung zu Ü 13/5 eingetragen. Damit berechnet sich:

$$F_H = \frac{1}{T} \cdot \rho \cdot \Gamma \cdot (A_{ab} \cdot \cos \varphi_{ab} + A_{auf} \cdot \cos \varphi_{auf})$$

$$F_S = \frac{1}{T} \cdot \rho \cdot \Gamma \cdot (A_{ab} \cdot \sin \varphi_{ab} - A_{auf} \cdot \sin \varphi_{auf})$$

Eine zusammenfassende Darstellung über die Biomechanik des Insektenflugs mit sehr ausführlichem Literaturverzeichnis hat Dudley (2000) vorgelegt.

Bildtafel 15: **Kleinvogelflug.** A Ein Kolibri im steilen Steigflug; Flügelschlag angenähert horizontal. B Kohlmeise, *Parus major*, während eines Bremsschlags. Ausführliche Legende p. 392 (Fotos: A Nachtigall, B Rüppell)

Übungsaufgaben:

Ü 13/1: Ein Vogel wird von der Seite beobachtet und in dem Moment geblitzt da er den Flügel (unter 45° zur Horizontalebene) durch die Frontalebene führt. Der Flügel steht dann senkrecht auf der Papierebene und erscheint dann im (idealisierten) Querschnitt. Er erzeuge die in der nebenstehenden Abbildung angegebenen Kraftkomponenten F_A = 2,9 N und F_W = 0,8 N. Wie groß und wie gerichtet ist die momentan resultierende Kraft F_{res}? Wie groß ist die momentane Vortriebs- und die Hubkomponente F_V und F_H? (Bemerkung: Lösen Sie die Aufgabe graphisch oder rechnerisch und zeichnen Sie die Kräfte unter Verwendung des angegebenen Maßstabs ein.)

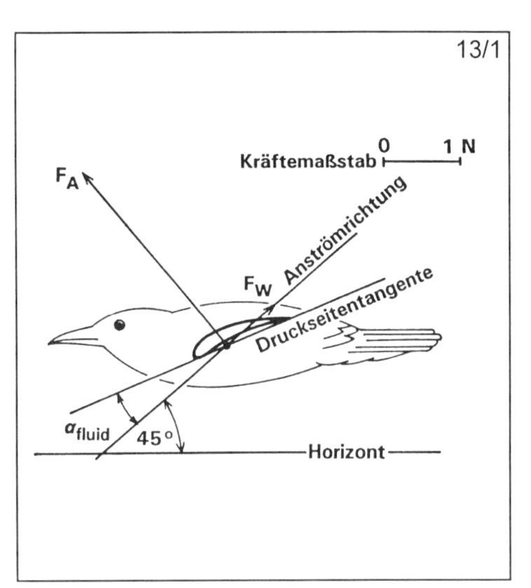

Ü 13/2: Der Propeller des Modellflugzeugs von Ü 9/11 habe die folgenden Kenngrößen: Durchmesser d = 0,20 (m), Anströmgeschwindigkeit v_{flug} = 28 m s^{-1}, Drehzahl n = 178 s^{-1}, Schubbeiwert k_S = = 0,07, Drehmomentenbeiwert k_D = = 0,02. Berechnen Sie die Winkelgeschwindigkeit ω, die Umfangsgeschwindigkeit $v_{U\ Spitze}$ der Blattspitze, den Fortschrittsgrad λ, den Schub F_S, das Drehmoment M_D, die abzugebende Schubleistung P_{ab}, die zuzuführende Motorenleistung P_{zu} sowie den Propellerwirkungsgrad η_{theor}.

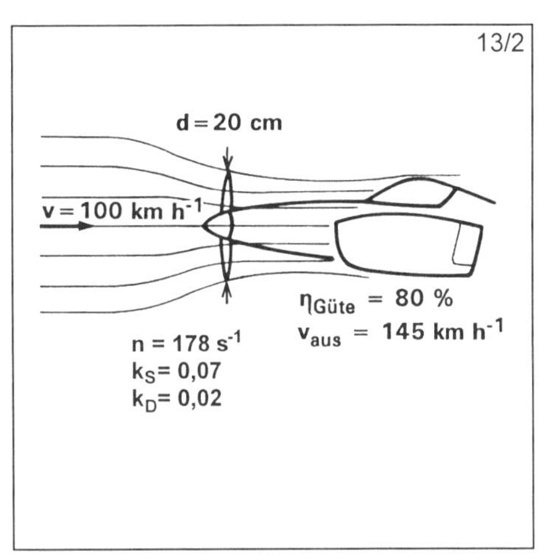

Ü 13/3: Stellen Sie den in Ü 13/2 berechneten Fortschrittsgrad in geeigneter Weise als Geschwindigkeitsdreieck graphisch dar und berechnen Sie den „Steigungswinkel" dieses Dreiecks. Um welchen Winkel $ß_{geom}$ muß das Propellerblatt gegen die Propellerebene angestellt sein, wenn es bei diesem gegebenen Fortschrittsgrad und bei $ß_{fluid}$ = 10° optimal arbeiten soll?

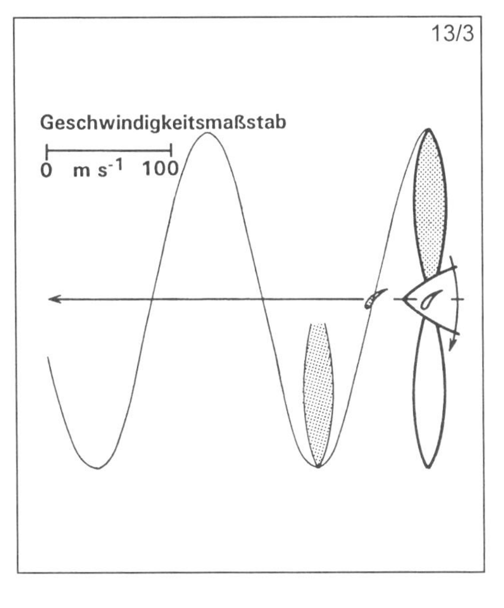

13/4

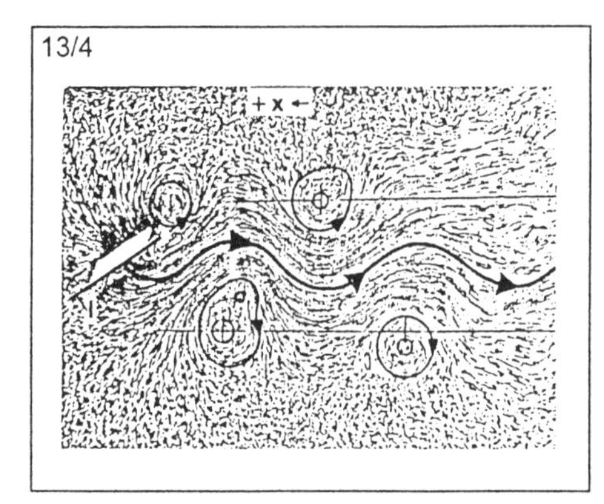

Ü 13/4: Zu welchem Typ gehört die in der nebenstehenden Abbildung dargestellte, von Hertel (1963) fotografierte Wirbelstraße einer schwingenden Platte, in die Drehrichtung der Wirbel und Laufrichtung des intermediären Strahls eingezeichnet sind?

13/5

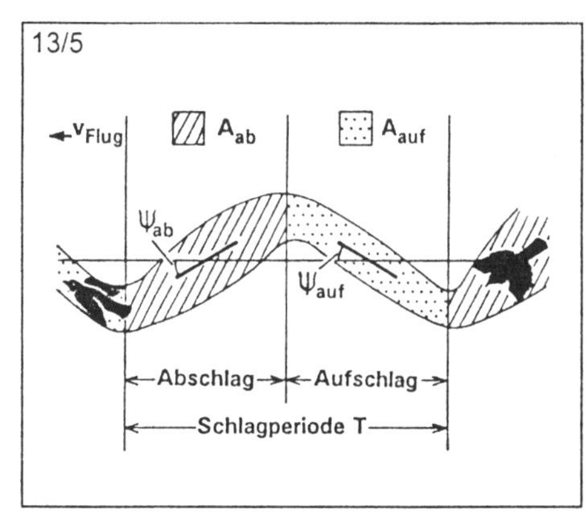

Ü 13/5: Ein Kleinvogel von 25 g Körpermasse fliegt mit 20 Flügelschlägen pro Sekunde horizontal, wobei die in der linksstehenden Abbildung eingezeichneten mittleren Winkel ψ seiner planaren Wirbelfläche zur Horizontalen (Seitprojektion) bei Ab- wie Aufschlag etwa 30° betragen. Die mittlere Zirkulation beträgt jeweils $\Gamma = 4 \cdot 10^{-1}$ m^2 s^{-1}, die mittleren Wirbelflächen betragen A_{ab} = 2 dm^2 beim Abschlag, A_{auf} = 1 dm^2 beim Aufschlag. Wie groß ist der mittlere Hub F_H, der mittlere Schub F_V und das mittlere Hub-Schub-Verhältniss des Vogels? (Ansätze nach Spedding 1992)

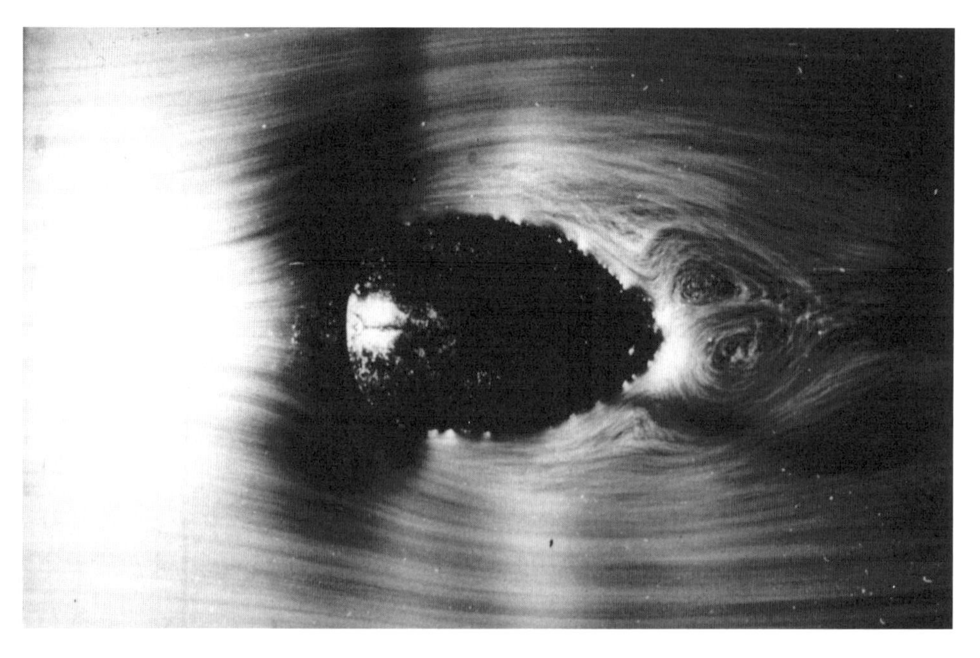

Bildtafel 16: **Strömungssichtbarmachung an einem Gelbrandkäfer.** *Dytiscus marginalis* wird bei kleiner Reynoldszahl teileingetaucht in einer mit Aluminiumflitterchen bestreuten Strömungswanne geschleppt. Vergl. Abb. 12-3 und 12-4, p. 279 und 280. (Foto: Nachtigall)

14 Temperatur und Temperatureffekte

Sehr viele physiologische Vorgänge sind temperaturabhängig, insbesondere solche des Stoffwechsels. Man denke an die Rektionsgeschwindigkeits-Temperatur-Regel (RGT-Regel) und an den Temperaturkoeffizienten Q_{10}, der selbst wieder temperturabhängig ist.

In der Praxis weniger bedeutsam ist die Temperaturabhängigkeit biophysikalischer Effekte - mit zwei wichtigen Ausnahmen: der Wärmetransfer über Kontaktoberflächen ist bedeutsam für die Physiologie des Wärmehaushalts und Druck-Volumen-Beziehungen von Gasen und ihre Temperaturabhängigkeit spielen eine wesentliche Rolle für die Physiologie von Atemgasen. Diese Teilgebiete gehören nicht eigentlich zur Biomechanik, schließen aber daran an. Es seien deshalb in diesem Kapitel 14 lediglich einige grundlegende Aspekte zusammengestellt, kurzgefaßt und auf das Wesentliche beschränkt.

14.1 Temperatur ϑ und Temperaturdifferenz $\Delta\vartheta$

Die Temperatur ϑ ist die Grundgröße der Thermodynamik. (Man kürzt sie besser mit ϑ („Theta") ab statt mit T, da T für die Dimension der mechanischen Grundgröße „Zeit" verwendet wird.)

„Temperatur" kennzeichnet nicht eine Energieform wie etwa „Wärme", sondern ist letztlich Ausdruck der kinetischen Energie von Masseteilchen.

Die Einheit der Temperatur ist im Internationalen Einheitensystem das „Kelvin K" (nicht „Grad Kelvin °K"). In der Praxis behauptet sich bekanntlich unausrottbar die Einheit „Grad Celcius °C" (nicht „Celsius C"). Der Nullpunkt der Celsius-Skala liegt per definitionem beim Gefrierpunkt des Wassers (0° C); 100 °C liegen beim Siedepunkt des Wassers auf Meereshöhe. Der Nullpunkt der Kelvin-Skala entspricht dem absoluten Nullpunkt, an dem keinerlei molekulare Wärme-Bewegung mehr existiert. Der Nullpunkt der Celcius-Skala liegt bei 273,15 K. Damit ergeben sich die Umrechnungen

$$x\ (\mathrm{K}) = (x - 273{,}15)\ (^\circ\mathrm{C});$$

$$y\ (^\circ\mathrm{C}) = (y + 273{,}15)\ (\mathrm{K}).$$

Wegen der unterschiedlichen Zahlenwerte ist in Ansätzen von Temperaturen immer darauf zu achten, mit welcher Temperatureinheit gerechnet wird; eine „Mischung" ist nicht möglich. Temperaturdifferenzen dagegen darf man mischen, da deren Werte identisch sind.

$$\Delta\vartheta = 293{,}15\ (\mathrm{K}) - 283{,}15\ (\mathrm{K}) = 10\ \mathrm{K}$$

entspricht

$$\Delta\vartheta = 20\ (^\circ\mathrm{C}) - 10\ (^\circ\mathrm{C}) = 10^\circ\mathrm{C}$$

14.2 Mischtemperaturen

Werden zwei Festkörper unterschiedlicher Temperaturen in flächigen Kontakt gebracht, oder wird ein Festkörper in ein Fluid versenkt, oder werden zwei Fluide unterschiedlicher Temperaturen gemischt, so erfolgt ein Temperaturangleich. Das wärmere System kühlt sich ab, und das kühlere heizt sich auf. Die letztendlich resultierende Mischtemperatur hängt von der Temperatur ϑ (K), der Masse m (kg) und der spezifischen Wärmekapazität c_S (J kg^{-1} K^{-1}; vergl. Abschnitt 15.1.2) der Einzelsysteme ab. Für ein Zweier-System gilt:

$$\vartheta_{Mischung} = \frac{m_1 \cdot c_{S1} \cdot \vartheta_1 + m_2 \cdot c_{S2} \cdot \vartheta_2}{m_1 \cdot c_{S1} + m_2 \cdot c_{S2}}$$

14.3 Temperaturkoeffizienten und Wärmeausdehnung

Mit zunehmender Temperatur dehnen sich die allermeisten Gegenstände aus. In der Technik spielt das eine außerordentlich wichtige Rolle, etwa bei Großbauten und bei der Verlegung von Eisenbahngleisen. Erlaubt man keine Ausdehnung, so entstehen außerordentlich große Kräfte, Drücke und Spannungen (vergl. E-Modul, Abschnitt 7.3 und Ü 14/9), die das System zerstören können. In der Biologie ist insbesondere die Wärmeausdehnung von Atemgasen nicht in jedem Fall zu vernachlässigen.

14.3.1 Längen-Temperatur-Koeffizient α

Für die Wärmeausdehnung eines „linearen“, materialhomogenen Gebildes gilt die Beziehung

$$l_2 = l_1 (1 + \alpha (\vartheta_2 - \vartheta_1))$$

(l_1 (m) Ausgangslänge bei ϑ_1 (K oder °C), l_2 (m) Endlänge bei ϑ_2 (K oder °C), α (K^{-1} $°C^{-1}$) Längen-Temperatur-Koeffizient, auch linearer Ausdehnungskoeffizient oder Längenausdehnungskoeffizient genannt.

Die Dimension für α folgt aus dem Proportionsansatz $\Delta l = \alpha L_0 \cdot \Delta t$; sie muß dem Kehrwert der Temperatur entsprechen und beinhaltet die Längenänderung (in m) eines Stabes von 1 m Länge bei einer Temperaturänderung von 1 K oder 1°C. Die Größe von α ist selbst etwas temperaturabhängig; in Tabellen steht sie im allgemeinen für „Zimmertemperatur“ (20°C).

Beispiel: *Ein Heizungsrohr von l = 12 m Länge wird bei ϑ_1 = 12°C festverlegt, so daß die Enden wandbündig sind. Was wird geschehen, wenn es von Warmwasser der Temperatur ϑ_2 = 60°C durchströmt wird? (α_{Eisen} = 1,23 · 10^{-5} $m°C^{-1}$)*

Die Endlänge l_2 wird sein (l in m, α in m °C $^{-1}$, ϑ in °C):

$$l_2\,(m) = 12\,(1 + 1{,}23 \cdot 10^{-5}\,(60 - 15)) = 12{,}007\ m$$

Das Rohr wird sich um 7 mm, d.h. um 0,06 % ausdehnen und, da es an den Enden nicht ausweichen kann, drastische „Wellen werfen".

14.3.2 Volumen-Temperatur-Koeffizient γ

Analog zu 14.3.1 gilt:

$$V_2 = V_1 = (1 + \gamma\,(\vartheta_2 - \vartheta_1))$$

V_1 (m^3) Anfangsvolumen eines Fluids bei ϑ_1 (K oder °C), V_2 (m^3) Endvolumen bei ϑ_2 (K oder °C), γ (K^{-1} oder °C $^{-1}$) Volumen-Temperatur-Koeffizient, auch kubischer Ausdehnungskoeffizient oder Volumenausdehnungskoeffizient genannt.

Beispiel: *1 m^3 Luft von 0° C wird auf Körpertemperatur von 38°C erwärmt. Um welches Volumen wird sie sich ausdehnen (wenn ihr die Randbedingungen des Ansatzes dies erlauben)?*

$$\gamma_{Luft} = 3{,}67 \cdot 10^{-3}\ °C^{-1}.$$

Das Endvolumen V_2 wird sein (V in m^3, γ in °C $^{-1}$, ϑ in °C):

$$V_2\,(m^3) = 1 \cdot (1 + 3{,}67 \cdot 10^{-3})\,(38 - 0) = 1{,}140\ m^3$$

Das Volumen wird sich um 140 l, das heißt um 14 % auszudehnen trachten. Ist dazu die Möglichkeit gegeben, wird es sich ausdehnen. Ist keine Möglichkeit gegeben, wird das System seinen Druck erhöhen.

14.4 Druck-Volumen-Beziehungen bei Gasen

Die folgenden Kenngrößen finden für die Beschreibung der Druck-Volumen-Beziehungen in Gasen Verwendung:

Loschmidt'sche Zahl (oder Avogadro'sche Konstante) $L = 6{,}022045 \cdot 10^{23}$ (mol^{-1})

Masse m (kg)

Teilchenzahl N (-)

Temperatur ϑ (K)

Volumen V (m^3)

Molzahl $n = \frac{N}{L}$ (mol)

Druck p ($Pa = N\,m^{-2}$)

Individuelle Gaskonstante R_i ($J\,kg^{-1}\,K^{-1}$)

Allgemeine Gaskonstante $R_m = 8{,}31441$ ($J\,mol^{-1}\,K^{-1}$)

Damit lassen sich die folgenden Beziehungen formulieren:

Gasgleichung:

$$\frac{p \cdot V}{\vartheta} = m \cdot R_i$$

Allgemeine Gasgleichung:

$$\frac{p \cdot V}{\vartheta} = n \cdot R_m$$

Boltzmann Konstante k:

$$k = \frac{R_m}{L} = 1{,}38066 \cdot 10^{-23}\ (J\,K^{-1})$$

Mit der Boltzmann-Konstanten k und mit $N = n \cdot L$ kann man die allgemeine Gasgleichung auch so schreiben:

$$\frac{p \cdot V}{\vartheta} = N \cdot k$$

Beispiel: *Wie lautet die allgemeine Druck-Volumen-Temperatur-Beziehung für 1 g Luft? Mit anderen Worten: Wie groß ist die individuelle Gaskonstante von Luft? (Luftdichte $\rho_{Luft} = 1{,}293\ kg\ m^{-3}$ bei Normalbedingungen)*

Die Luftdichte beträgt bei Normalbedingungen ($p = 101{,}325\ k\,Pa$; $\vartheta = 273{,}15\ K$) $1{,}293\ kg\ m^{-3}$. Das Molvolumen eines jeden Gases beträgt unter diesen Bedingungen $22{,}41383\ l\ mol^{-1}$. Somit entspricht die Masse von 1 g Luft einem Volumen von

$$\frac{1\ (g)}{1{,}293\ (g\,l^{-1})} = 0{,}77339\ l$$

und einer Molzahl von

$$\frac{0{,}77339\ (\mathrm{l})}{22{,}41383\ (\mathrm{l\,mol^{-1}})} = 0{,}03451\ \mathrm{mol};$$

Die Druck-Volumen-Temperatur-Beziehung lautet dann:

$$\frac{p\ (\mathrm{Pa}) \cdot V\ (\mathrm{m^3})}{\vartheta\ (\mathrm{K})} =$$

$$= 0{,}03451\ (\mathrm{mol}) \cdot 8{,}31441\ (\mathrm{J\,K^{-1}\,mol^{-1}}) = 0{,}28689\ (\mathrm{J\,K^{-1}}).$$

Die individuelle Gaskonstante von Luft beträgt $2{,}8689 \cdot 10^{-1}\ (\mathrm{J\,K^{-1}}) \approx 2{,}87\ \mathrm{J\,K^{-1}}$.

Beispiel: *Wie kann man die individuelle Gaskonstante der Luft über die Boltzmann-Konstante ansetzen?*

1 g Luft entspricht nach dem eben gegebenen Beispiel der Zahl von 0,03451 mol. Die Teilchenzahl in 1 mol Luft beträgt L; die Teilchenzahl in 1 kg Luft beträgt $N = 0{,}03451\ (\mathrm{mol}) \cdot L\ (\mathrm{mol^{-1}})$.

Die individuelle Gaskonstante für Luft beträgt

$$N\ (-) \cdot k\ (\mathrm{J\,K^{-1}}) =$$

$$= 0{,}03451\ (\mathrm{mol}) \cdot L\ (\mathrm{mol^{-1}}) \cdot k\ (\mathrm{J\,K^{-1}}) =$$

$$= 0{,}03451\ (\mathrm{mol}) \cdot 6{,}022045 \cdot 10^{23}\ (\mathrm{mol^{-1}}) \cdot 1{,}380662 \cdot 10^{-23}\ (\mathrm{J\,K^{-1}}) =$$

$$= 0{,}28693\ (\mathrm{J\,K^{-1}})$$

Übungsaufgaben:

14/1

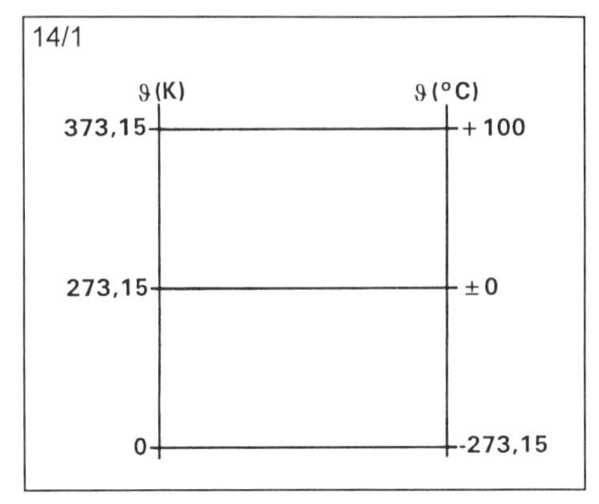

Ü 14/1: Welcher Temperatur in °C entsprechen 100 K und welcher Temperatur in K entspricht Zimmertemperatur (20°C)?

14/2

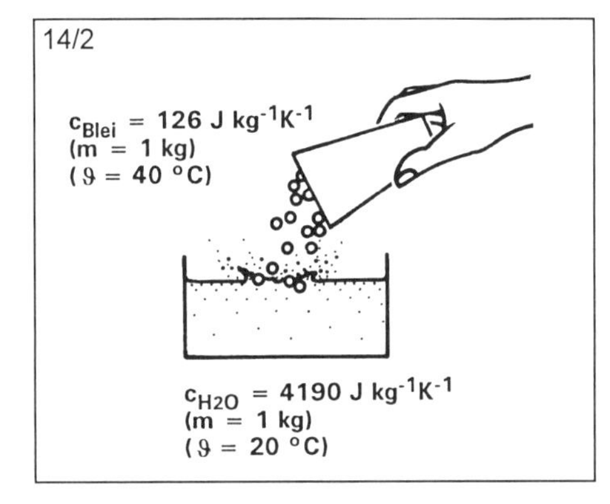

Ü 14/2: Bleikügelchen haben eine spezifische Wärmekapazität von C = 126 J kg $^{-1}$ K $^{-1}$, Wasser hat eine solche von 4190 J kg K $^{-1}$. Welche Mischtemperatur $T_{Mischung}$ stellt sich ein, wenn man m = 1 kg Bleikügelchen von ϑ = 40°C in 1 l Wasser von ϑ = 20°C wirft?

14/3

Ü 14/3: Der unterirdische Kern des Nestes der Roten Waldameise (*Formica rufa*) umfaßt etwa 20 cm Durchmesser und besteht aus einem Nadel-Erde-Gemisch (geschätzte Wärmekapazität C = 1 kJ kg $^{-1}$ K $^{-1}$; geschätzte Dichte = 0,5 kg l $^{-1}$). Im Vorfrühling möge das Nest mit dem Kern eine Temperatur von + 7°C aufweisen. An einem warmen Frühlingstag verlassen etwa 10000 Ameisen (Einzelmasse 20 mg, geschätzte Wärmekapazität C = 3000 J kg $^{-1}$ K $^{-1}$) das Nest, lassen sich in der Sonne auf + 18° aufheizen und kehren für die Zeit des Temperaturangleichs in den Nestkern zurück. Welche Temperatur wird der Nestkern am Ende dieses Tages aufweisen (ideale Isolierung gegen die Umgebung vorausgesetzt)?

14/4

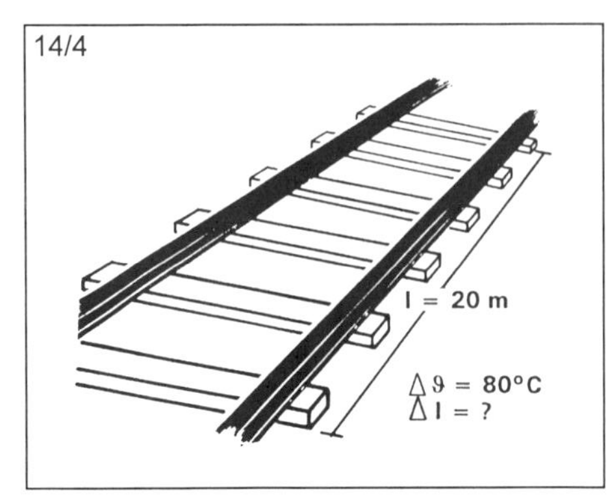

Ü 14/4: In unseren Breiten können ohne weiteres extreme Boden-Oberflächentemperaturen von - 25°C und + 55°C auftreten. Wie groß ist für diesen Bereich die temperaturbedingte Längenänderung einer Eisenbahnschiene von 20 m Länge ($\alpha_{Eisen} \approx 1{,}1 \cdot 10^{-5}$ K $^{-1}$), und wie kann man diese ausgleichen?

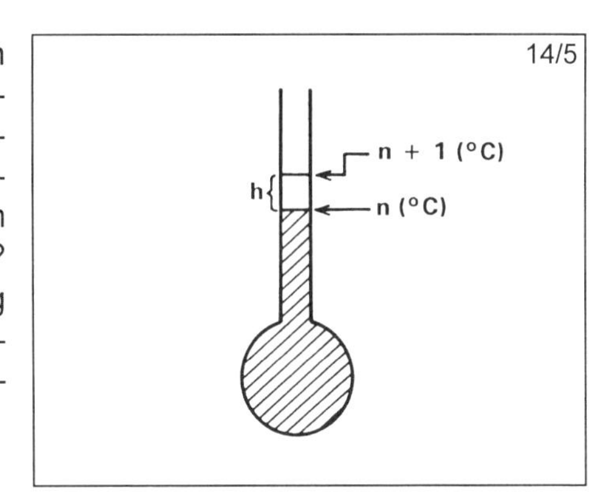

Ü 14/5: In welchem Abstand h muß man die °C-Striche eines Quecksilber-Thermometers zeichnen, wenn eine Quecksilberfüllung von 0,5 ml und ein Steigrohr-Innendurchmesser von 0,8 mm vorgesehen ist (γ_{Hg}= 1,82 · 10 $^{-4}$ K $^{-1}$)? (Bemerkung: für eine genaue Eichung muß gegebenenfalls die Eigenausdehnung des Thermometerglases mitberücksichtigt werden.)

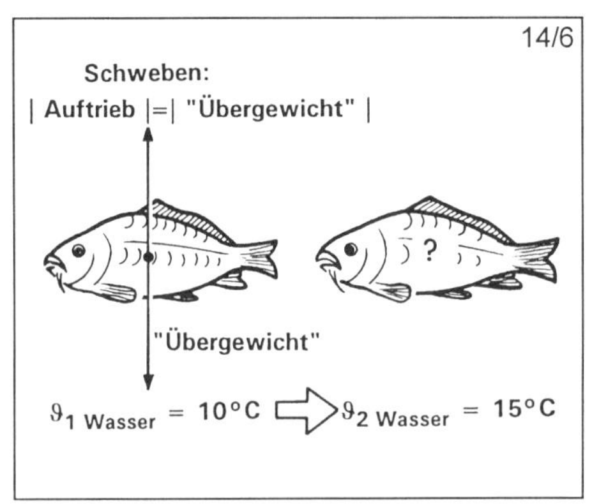

Ü 14/6: Ein Karpfen schwebt in Wasser der Temperatur ϑ_1 = 10°C. Wie muß der Karpfen reagieren, wenn sich das Wasser auf ϑ_2 = 15°C aufwärmt und wenn er weiter schweben will?
(Es gelte: $\gamma_{Karpfen} < \gamma_{Wasser}$)

Ü 14/7 (ohne Bild): Welche ökologische Bedeutung besitzt die Dichteanomalie des Wassers (größte Dichte von ρ = 999,973 kg m $^{-3}$ nicht beim Gefrierpunkt von 0°C, sondern bei $\vartheta \approx$ + 4°C)?

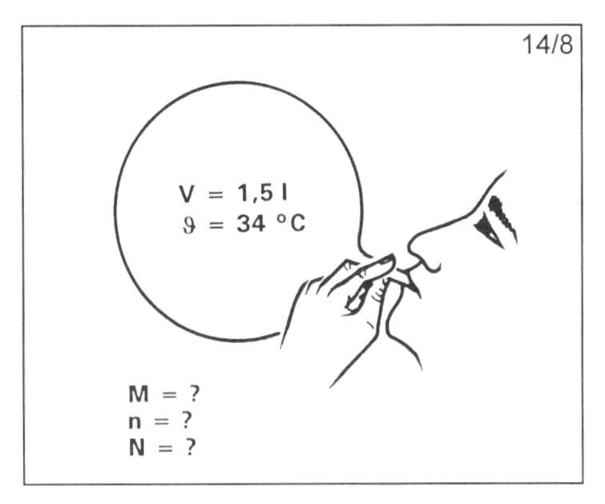

Ü 14/8: Man bläst auf Meereshöhe (p = 1,01325 · 10^5 Pa) nach tiefem Einatmen mit einem Ausatmungsvolumen von V_L = 1,5 l eine Luftballonhülle mit Luft von Lungentemperatur ($\vartheta \approx$ 34°C) auf. Wie groß ist die Masse M, die Molzahl n und die Teilchenzahl N der Luft im Ballon ($\rho_{Luft\ bei\ Lungentemperatur} \approx$ 1,136 kg m $^{-3}$ bei Lungentemperatur)?

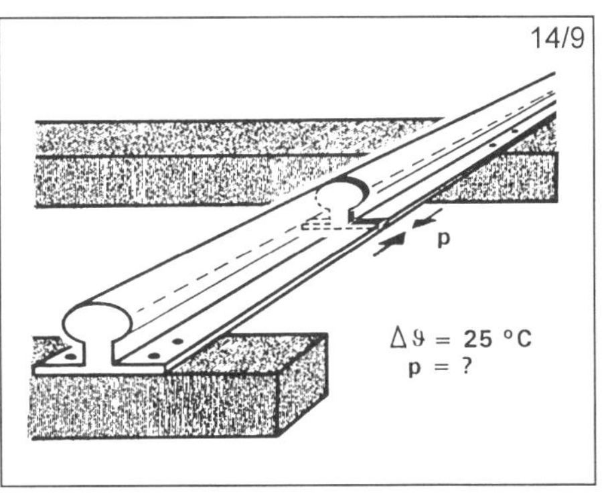

Ü 14/9: Eisenbahnschienen wurden im Frühjahr bei ϑ = +10°C spannungsfrei verschweißt. Welche Druckspannung (in kPa) würde sich in den Schienen an einem heißen Sommertag mit ϑ = 35°C aufbauen, wenn keine Wärmeableitung möglich wäre?

(Elastizitätsmodul $E_{Stahl} \approx 2 \cdot 10^{11}$ N m^{-2}; $\alpha_{Stahl} \approx 1{,}1 \cdot 10^{-5}$ K^{-1})

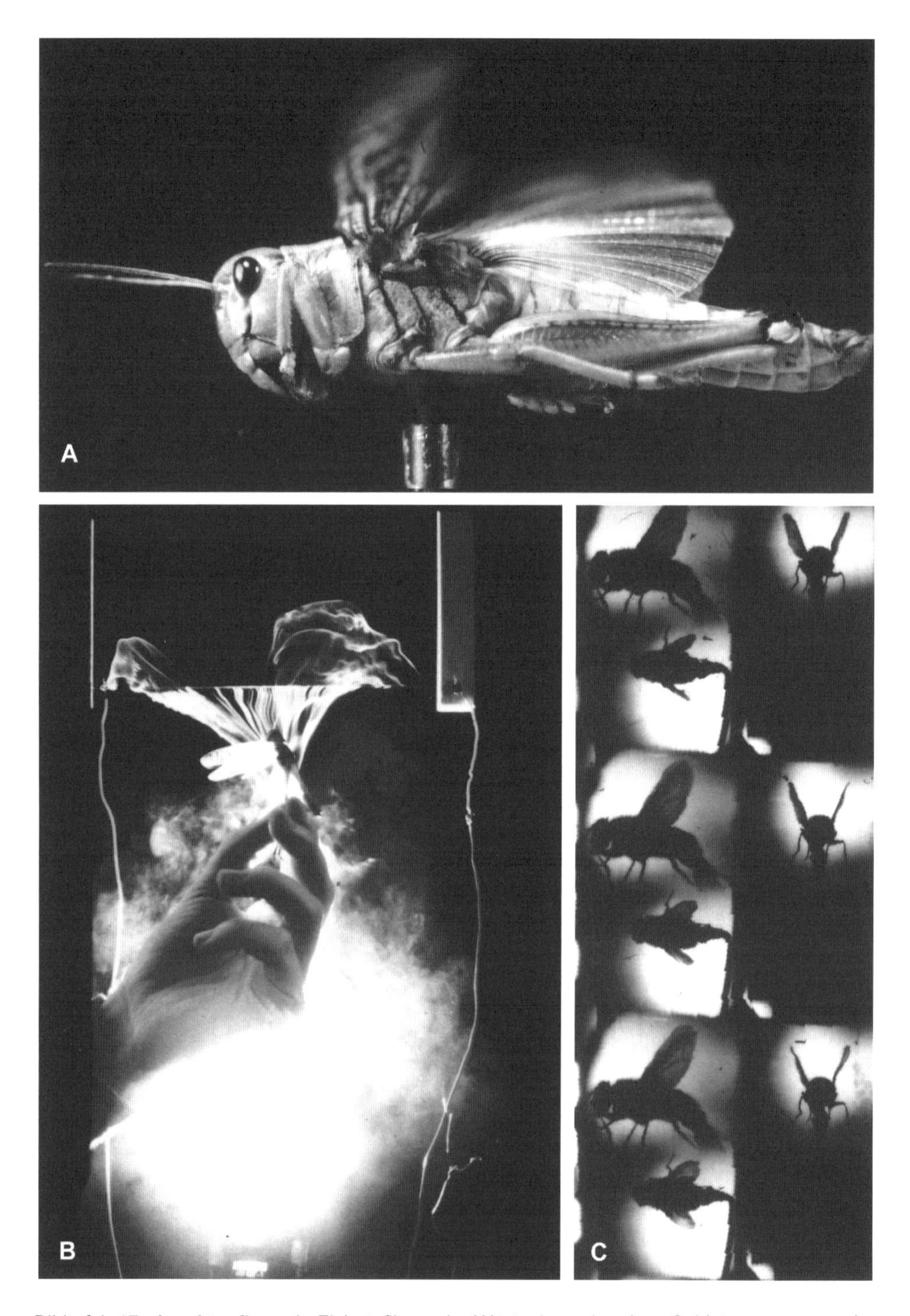

Bildtafel 17: **Insektenflug.** A Fixiert fliegende Wüstenheuschrecke, *Schistocerca gregaria*. B Rauchdemonstration des „Strömungstrichters" (vergl. Abb. 9-10 B, p. 211). C Drei Bilder aus einem Dreitafelprojektions-Hochfrequenzfilm der Glanzfliege *Phormia regina*. Ergebnisse in Möhl 1990, Nachtigall 1966. Ausführliche Legende p. 392 (Fotos: A Möhl, B Dreher aus Nachtigall, Nagel, C Nachtigall)

D ZUR KALORIK

15 Wärme und Wärmeeffekte

Berechnungen über Wärmebildung und Wärmetransport gehören untrennbar zum Themenkreis der Biomechanik, obwohl der Begriff "Wärme" normalerweise nicht zur eigentlichen Mechanik gezählt wird. Die meisten mechanischen Tätigkeiten belasten den Energiehaushalt beachtlich. Die genannten Wärmeaspekte tun dies in gleicher Weise. Aussagen zum Energiehaushalt sind sehr häufig - erklärtes oder unerklärtes - Ziel biomechanischer Forschung. Somit ist die Einbeziehung thermodynamischer Aspekte in biomechanische Ansätze unerläßlich.

Beim Weiterlesen mag man sich wundern, daß die im folgenden diskutierten Grundkenngrößen ausschließlich an bauphysikalischen Aspekten abgehandelt sind, nicht an biomechanischen. Dafür gibt es zwei Gründe:

Zum einen sind die Wärmeübergangsaspekte an Tieroberflächen noch viel komplexer als an Oberflächen von Bauten, wenngleich die Prinzipien identisch sind. Man kann sie deshalb an Bauteilen leichter nachvollziehbar darstellen. In der Biomechanik spielen Probleme der Wärmeerzeugung und Wärmeretention **die** ausschlaggebende Rolle. Diese Probleme sind folglich auch ausführlicher abgehandelt.

Zum anderen stehen bauphysikalische Aspekte heutzutage nicht mehr isoliert im Raum; sie sind von sehr großer ökologischer Bedeutung geworden.

15.1 Wärmeenergie Q

(Dimension: $M\ L^2\ T^{-2}$; Einheit: J)

Als Wärmeenergie (oder Wärmemenge oft auch einfach als „Wärme“ bezeichnet) Q wird eine Energieform bezeichnet, die als innere Energie in Stoffen enthalten ist und bei deren Kontaktierung oder Temperaturänderung (→ Wärmeübergang), Phasenumwandlung (→ Phasenumwandlungswärme) oder chemischer Reaktion (→ Reaktionswärme) abgegeben oder aufgenommen werden kann. Da Wärme letztlich nichts anderes als eine Energieform ist, ist man heute von einer speziellen Wärmeeinheit (früher war dies die Kalorie (cal)) abgekommen; es wird vielmehr die SI-Einheit für Energie verwendet, das Joule (J).

Umrechnungsfaktoren:

$$1\ \text{J} = 1\ \text{Nm} = 1\ \text{Ws}$$

$$1\ \text{J} = 0{,}2388\ \text{cal} = 0{,}2388 \cdot 10^{-3}\ \text{kcal oder Cal;}$$

$$1\ \text{kcal} = 10^3\ \text{cal} = 4{,}187 \cdot 10^3\ \text{J.}$$

15.1.1 Grundkenngrößen

Für wärmephysiologische Berechnungen sind neben der Wärme selbst zumindest die folgenden Kenngrößen essentiell: **Masse M** (kg), **Volumen V** (m^3), **Dichte** ρ ($kg\ m^{-3}$), wärmedurchströmte **Schichtdicke s** (m), wärmedurchströmte **Fläche A** (m^2), **Temperatur** ϑ (K), **Zeit t** (s). (Es sei daran erinnert, daß man bei der Angabe von Temperaturdifferenzen $\Delta\vartheta$ die Einheit K und die Einheit °C in gleicher Weise verwenden (mischen) darf - weil die Werte von Differenzen gleich sind - nicht aber bei der Angabe der Temperatur ϑ selbst.)

Zu diesen Grundkenngrößen kommen die im folgenden gekennzeichneten abgeleiteten Kenngrößen, mit denen man Speicherung, Produktion, "Wanderung" und Abgabe von Wärme formulieren kann.

15.1.2 Spezifische Wärmekapazität c_s

(Dimension: $L^2\ T^{-2}\ \vartheta^{-1}$; Einheit: $J\ kg^{-1}\ K^{-1}$)

Die spezifische oder massenbezogene Wärmekapazität c_s ist eine Materialkenngröße. Man bezeichnet sie auch als Stoffwärme und versteht darunter diejenige Wärmeenergie, die ein Körper pro Masseneinheit bei Zunahme oder Abnahme der Temperatur um eine Temperatureinheit $\Delta\vartheta$ aufnehmen oder abgeben kann.

$$c_s\ (J\ kg^{-1}\ K^{-1}) = \frac{Q\ (J)}{M\ (kg) \cdot \Delta\vartheta\ (K)}$$

Stoff	ρ ($kg\ m^{-3}$)	c_s ($J\ kg^{-1}\ K^{-1}$)	λ ($W\ m^{-1}\ K^{-1}$)
Stahl	7830	502	46
Aluminium	2700	921	221
Kupfer	8900	376	393
Glas, mitteldicht	2500	800	0,8
Vollziegel (10°C)	1200	855	0,5 (R)
Normalbeton (10°C)	2400	880	2,1 (R)
Gasbeton (10°C)	500	850	0,22 (R)
Holz, Fichte (10°C)	600	2000	0,13 (R)
Polystyrol, dicht	1050	1300	0,17
Mineralfaser (10°C)	200	800	0,04 (R)
Wasser (4°C)	1000	4182	0,600
Schnee, leicht (0°C)	100	2090	0,11
Eis (0°C)	920	1930	2,2
Luft (20°C)	1,23	1007	0,026
überhitzter Wasserdampf (150°C)	2,55	2320	0,031
Vogelkörper (Mittelwert) (Whittow 1976)		2474	

Abb. 15-1: Dichte ρ, spezifische Wärmekapazität c_s und Wärmeleitkoeffizient λ einiger technisch und biologisch wichtiger Stoffe und Körper (bei Meereshöhendruck und 20° C, wenn nicht anders angegeben). Die volumenbezogene Wärmespeicherfähigkeit c_v ($J\ m^{-3}\ K^{-1}$) berechnet sich als Produkt $\rho \cdot c_s$. Die Angabe (R) bedeutet Rechenwerte nach DIN 4108 zur Wärmeschutzbewertung im Hochbau

Einige kennzeichnende Werte für c_s sind zusammen mit andere wärmetechnische Kenngrößen in der Abbildung 15-1 zusammengestellt.

Die spezifische Wärmekapazität ist stark temperaturabhängig. Für praktische Zwecke reicht im biologischen Fall im allgemeinen die Angabe für Zimmertemperatur.

Bei Gasen sind die Wärmekapazitäten im allgemeinen gering. Erwärmte Gase verhalten sich nur bei isochorer Zustandsänderung (Volumenkonstanz = isometrische Zustandsänderung: Erwärmung eines Gases in einem druckfesten Behälter) kalorimetrisch wie Festkörper und Flüssigkeiten, speichern also die zugeführte Energie als innere Energie ab. Andernfalls wird die zugeführte Energie teilweise (Druckkonstanz = isobare Zustandsänderung) oder zur Gänze (Temperaturkonstanz = isotherme Zustandsänderung) in mechanische Arbeit umgewandelt.

15.1.3 Molare Wärmekapazität c_m

(Dimension: $M\,L^2\,T^{-1}\,mol^{-1}\,\vartheta^{-1}$; Einheit: $J\,mol^{-1}\,K^{-1}$)

Wird die Wärme auf die Teilchenmenge statt auf die Masseneinheit bezogen, ergibt sich als Kenngröße die molare Wärmekapazität c_m. Die beiden Kenngrößen hängen über die Molmassen M_{mol} ($kg\,mol^{-1}$) zusammen:

$$c_m\,(J\,mol^{-1}\,K^{-1}) = c_s\,(J\,kg^{-1}\,K^{-1}) \cdot M_{mol}\,(kg\,mol^{-1})$$

Molare Wärmekapazitäten werden insbesondere bei thermodynamischen Rechnungen mit Gasen benutzt.

15.1.4 Volumenbezogene Wärmekapazität c_v

(Dimension: $M\,L^{-1}\,T^{-2}\vartheta^{-1}$; Einheit: $J\,m^{-3}\,K^{-1}$)

Die volumenbezogene Wärmekapazität c_v wird in der Baustoffkunde auch als Wärmespeicherfähigkeit bezeichnet. Sie entspricht dem Produkt aus spezifischer Wärmekapazität c_s und Dichte ρ:

$$c_v\,(J\,m^{-3}K^{-1}) = c_s\,(J\,kg^{-1}\,K^{-1}) \cdot \rho\,(kg\,m^{-3})$$

Für einige kennzeichnende Stoffe kann sie nach den Zahlenwerten von Abbildung 15-1 berechnet werden.

15.1.5 Wärmespeicherkapazität Q

(Dimension: $M\,L^2\,T^{-2}$; Einheit: J)

Die Wärmekapazität oder Wärmespeicherkapazität Q eines Körpers ist die im Körper gespeicherte Wärmeenergiemenge Q. Sie berechnet sich als Produkt aus der einheitsbezogenen Wärmekapazität c_s, c_m oder c_V und den entsprechenden Bezugsgrößen M, Molzahl oder V und der Temperaturdifferenz .

$$Q\ (J) = c_s\ (J\ kg^{-1}\ K^{-1}) \cdot M\ (kg) \cdot \Delta\vartheta\ (K)$$

$$Q\ (J) = c_m\ (J\ Mol^{-1}\ K^{-1}) \cdot \text{Molzahl}\ (Mol) \cdot \Delta\vartheta\ (K)$$

$$Q\ (J) = c_V\ (J\ m^{-3}\ K^{-1}) \cdot V\ (m^3) \cdot \Delta\vartheta\ (K)$$

Bei Kenntnis dreier der jeweils vier genannten Parameter kann auf den vierten rückgeschlossen werden. Dies wird in praktischen Ansätzen sehr häufig getan, wie das folgende Beispiel zeigt.

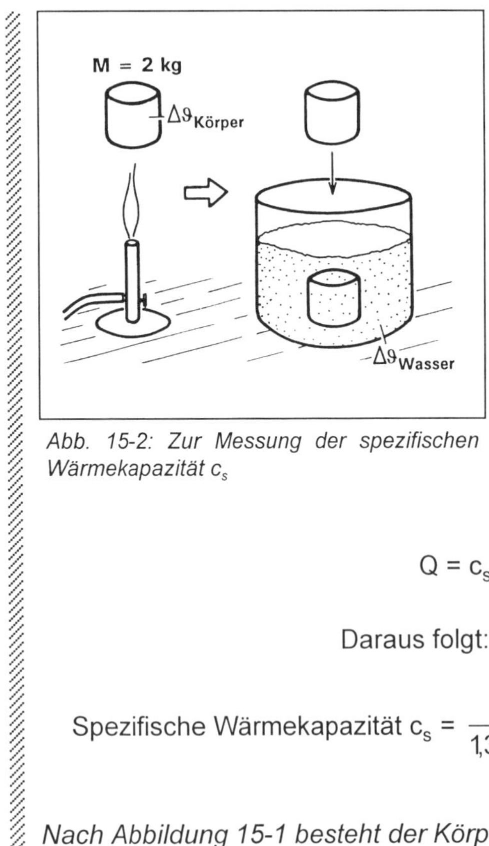

Abb. 15-2: Zur Messung der spezifischen Wärmekapazität c_s

Beispiel *(Abb. 15-2): Ein materialhomogener metallischer Körper der Masse M = 2 kg nimmt bei Temperaturerhöhung von $\Delta\vartheta_{Körper}$ = 1,36°C eine Wärmemenge von Q = 1,026 kJ auf. (Diese kann man durch Eintauchen des Körpers vor und nach der Wärmezufuhr in Wasser gegebener Temperatur und gegebenen Volumens bestimmen.) Aus welchem Material besteht er? (Vergl. eine Tabelle der spezifischen Wärmekapazitäten von Metallen oder Abb. 15-1)*

$$Q = c_s \cdot M \cdot \Delta\vartheta$$

$$\text{Daraus folgt: } c_s = \frac{Q}{M \cdot \Delta\vartheta}$$

$$\text{Spezifische Wärmekapazität } c_s = \frac{1026\ (J)}{1{,}36\ (K) \cdot 2\ (kg)} = 377{,}21\ (J\ K^{-1}\ kg^{-1})$$

Nach Abbildung 15-1 besteht der Körper aus Kupfer.

15.1.6 Wasserwert WW

(Dimension: M; Einheit: kg)

Unter dem Wasserwert WW (kg) versteht man diejenige Masse Wassers, durch die man einen Körper kalorimetrisch-rechnerisch ersetzen kann:

$$WW\ (kg) = \frac{M_{Körper}\ (kg) \cdot c_{s\ Körper}\ (J\ kg^{-1}\ K^{-1})}{c_{s\ Wasser}\ (J\ kg^{-1}\ K^{-1})}$$

Bei Zimmertemperatur beträgt $c_{s\ Wasser}$ = 4182 J kg^{-1} K^{1}. Der reziproke spezifische Wärmekapazität des Wassers $c_{s\ Wasser}$ berechnet sich zu:

$$2{,}39 \cdot 10^{-4}\ (J^{-1}\ kg\ K)$$

Damit ergibt sich für den Wasserwert:

$$WW\ (kg) = M_{Körper}\ (kg) \cdot c_{s\,Körper}\ (J\,kg^{-1}\ K^{-1}) \cdot 2{,}39 \cdot 10^{-4}\ (J^{-1}\ kg\,K)$$

Der Wasserwert wird in der Technik verwendet, doch kann er bei Wärmeübertragungs-Betrachtungen auch eine anschaulich-biologische Bedeutung haben.

Beispiel *(Abb. 15-3): Welchen Wasserwert WW hat ein Mensch von M = 70 kg Masse und einer spezifischen Wärmekapazität von c_s = 3,5 · 10^3 $kg^{-1}K^{-1}$?*

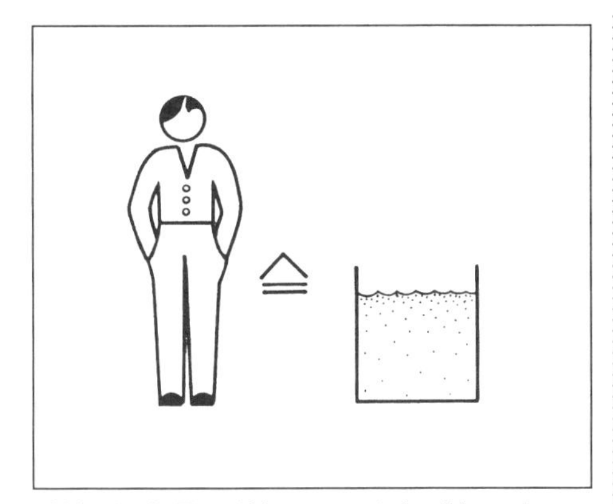

Abb. 15-3: Zum Wasserwert des Menschen

Der Wasserwert berechnet sich zu:

$$WW = 70\ (kg) \cdot 3{,}5\ (J\ kg^{-1}\ K^{-1}) \cdot 2{,}39 \cdot 10^{-4}\ (J^{-1}\ kg\ K) = 58{,}6\ kg$$

15.2 Wärmeleistung, Wärmestrom Φ

(Dimension: M L^2 T^{-3}; Einheit: W)

Wenn man die Wärmeenergiemenge Q auf die Zeit t bezieht, während derer sie produziert, transportiert oder abgegeben wird, erhält man eine Kenngröße der Dimension „Leistung“.

Allgemein gilt: Leistung gleich Arbeit pro Zeit;

mit den Symbolen der Kalorik ausgedrückt gilt: $\Phi\ (W) = \dfrac{Q\ (J)}{t\ (s)}$

Man spricht dann von Wärmeproduktionsleistung, Wärmetransportleistung und Wärmeabgabeleistung, allgemein und anschaulich auch von Wärmeströmen. Der Charakterisierung dieser Vorgänge dienen Kenngrößen, die den oben besprochenen analog sind. Sie stellen jeweils auf die Einheit bestimmter Vergleichsgrößen bezogene Leistungen dar. Multipliziert mit der Zahl der Einheiten dieser Vergleichsgrößen, so ergibt sich die Gesamtleistung eines Systems (vergl. 15.2.5). Die für die Praxis wichtigsten derartigen Kenngrößen sind im folgenden angeführt.

15.2.1 Wärmestromdichte q

(Dimension: $M\ T^{-3}$; Einheit: $J\ m^{-2}\ s^{-1} = W\ m^{-2}$)

Als Wärmestromdichte q bezeichnet man die in der Zeiteinheit t senkrecht durch die (Grenz)-Flächeneinheit A eines wärmeleitenden Materials transportierte Wärmemenge Q bzw. den (senkrecht zu dieser Fläche) durchtretenden Wärmestrom Φ.

$$q = \frac{Q}{t} \cdot \frac{1}{A} = \frac{\Phi}{A}$$

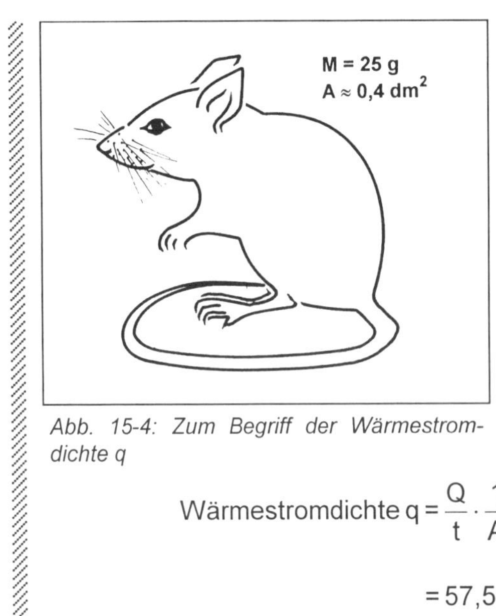

Abb. 15-4: Zum Begriff der Wärmestromdichte q

***Beispiel** (Abb. 15-4): Eine ruhig dasitzende Hausmaus von M = 25 g Körpermasse und A ≈ 0,4 dm² Körperoberfläche gibt am Tag eine Wärmemenge von Q ≈ 20 kJ als „Ruheumsatz" ab. Welches ist die ungefähre mittlere Wärmestromdichte q an ihrem Körper?*

$$0{,}4\ dm^2 = 0{,}004\ m^2;$$

$$\text{Wärmestromdichte } q = \frac{Q}{t} \cdot \frac{1}{A} = \frac{20 \cdot 10^3\ (J)}{24 \cdot 3600\ (s)} \cdot \frac{1}{0{,}004\ (m^2)} =$$

$$= 57{,}5\ Wm^{-2} \approx 60\ W\ m^{-2}$$

Die Wärmestromdichte kann beispielsweise für ein ruhendes Tier von konstant bleibender Körpertemperatur leicht berechnet werden, wenn dessen Wärmeproduktionsleistung („Ruhestoffwechselleistung") und wärmeabgebende Körperoberfläche bekannt sind (s. Beispiel). Im biologischen Bereich läßt sie sich über λ und $\Delta\vartheta$ deshalb nicht leicht bestimmen, weil die wärmedurchströmte Schichtdicke s meist nur ungenügend genau erfaßbar ist.

15.2.2 Wärmeleitkoeffizient λ

(Dimension: $M\,L\,T^{-3}\,\vartheta^{-1}$, Einheit: $J\,m^{-1}\,K^{-1}\,s^{-1} = W\,m^{-1}\,K^{-1}$)

Als Wärmeleitkoeffizient λ bezeichnet man die über die Einheit der wärmeleitenden Schichtdicke s pro Einheit der Temperaturdifferenz $\Delta\vartheta$ pro Zeiteinheit t und pro Wandfläche A strömende Wärmemenge Q bzw. den über die Einheit der wärmeleitenden Schichtdicke s pro Einheit der Temperaturdifferenz $\Delta\vartheta$ auftretenden Wärmestrom Φ:

$$\lambda = \frac{Q \cdot s}{t \cdot A \cdot \Delta\vartheta} = \frac{\Phi \cdot s}{A \cdot \Delta\vartheta} = \frac{q \cdot s}{\Delta\vartheta}$$

Man kann sich dazu einen materialhomogenen Würfel von $l_1 = l_2 = l_3 = 1$ m Kantenlänge vorstellen Wenn sich bei einer Wärmestromdichte q von 1 $W\,m^{-2}$ senkrecht zur Fläche $A = l_2 \cdot l_3 = 1\,m^2$ und damit parallel zur Schichtdicke s (gleich der Kantenlänge l_1) = 1 m die Temperatur um 1 K ändert, so beträgt der Wärmeleitkoeffizient λ:

$$\lambda = \frac{1\,W\,m^{-2}}{1\,K\,m^{-1}} = 1\,W\,m^{-1}\,K^{-1}$$

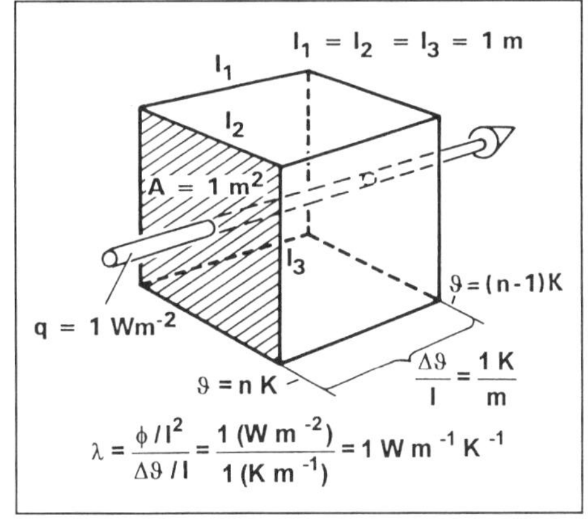

Abb. 15-5: Zur Definition und Dimensionierung der Wärmeleitzahl

Wie erkenntlich besitzt der Wärmeleitkoeffizient λ eine Dimension (im Gegensatz zu einer dimensionslosen Zahl). Die praxisübliche Bezeichnung „Wärmeleitzahl" ist deshalb nicht gut, da es sich ja bei λ nicht um eine dimensionslose Zahl, sondern um eine dimensionsbehaftete Größe handelt.

Der Wärmeleitkoeffizient ermöglicht auf einfache Weise Heizleistungsberechnungen unter der Voraussetzung, daß sich in einem Raum oder einem abgeschlossenen System ein Temperaturgleichgewicht eingespielt hat. Hierbei ist der Wärmeverlust durch die Begrenzung (Wände, Fenster ..., bei Tieren Körperoberfläche) gleich dem Wärmegewinn durch die Heizung (bei Tieren durch den Stoffwechsel). Ein vereinfachtes Demonstrationsbeispiel könnte wie folgt lauten.

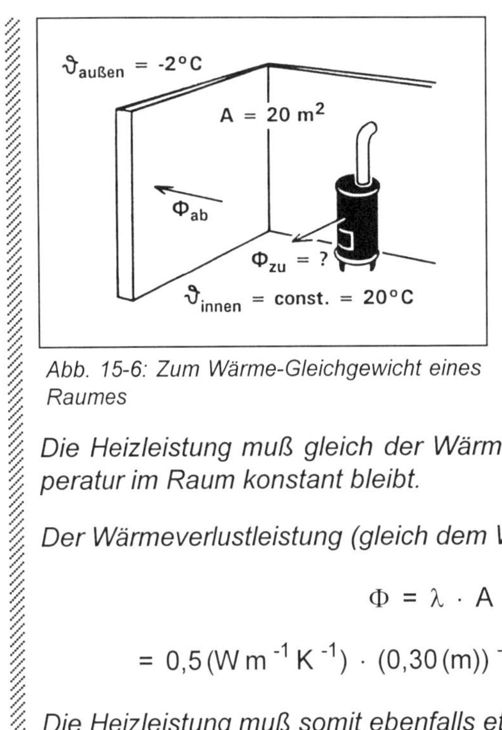

Abb. 15-6: Zum Wärme-Gleichgewicht eines Raumes

Beispiel *(Abb. 15-6): Wie groß ist die nötige Heizleistung, die einem ϑ_{innen} = 20°C warmen Raum zugeführt werden muß, wenn dieser mit der Fläche A = 20 m² eines Ziegelmauerwerks (Wärmeleitkoeffizient λ = 0,5 W m $^{-1}$ K $^{-1}$; Dicke s = 30 cm) an die Außenwelt mit der Temperatur $\vartheta_{außen}$ = - 2°C grenzt und wenn die Innentemperatur konstant gehalten werden soll?*

Die Heizleistung muß gleich der Wärmeverlustleistung Φ sein, damit die Temperatur im Raum konstant bleibt.

Der Wärmeverlustleistung (gleich dem Wärmestrom) Φ beträgt:

$$\Phi = \lambda \cdot A \cdot s^{-1} \cdot \Delta\vartheta =$$

$$= 0{,}5\,(\mathrm{W\,m^{-1}\,K^{-1}}) \cdot (0{,}30\,(\mathrm{m}))^{-1} \cdot 20\,(\mathrm{m^2}) \cdot 22\,(\mathrm{K}) = 733{,}33\,\mathrm{W}$$

Die Heizleistung muß somit ebenfalls etwa 733 W betragen.

Zu diesem Beispiel noch eine Bemerkung. Direktberechnungen dieser Art vernachlässigen den Wärmeübergang von der Innenluft auf die Wand und von der Wand auf die Außenluft. Der entstehende Fehler kann, wie das nächste Beispiel zeigt, beachtlich sein. Bei einer dünnen Glasscheibe (s $\rightarrow$ klein) ist der Temperaturgradient $\Delta\vartheta$ sehr steil; damit wäre nach q = λ $\Delta\vartheta$ / s die Wärmestromdichte q sehr groß. Bei einer immer dünner werdenden Trennschicht (Gedankenversuch: sehr dünne Folie s $\rightarrow$ 0), liefe $\Delta\vartheta$ / s und damit die Wärmestromdichte q gegen ∞! Die Einbeziehung der genannten Wärmeübergänge an den Kontaktflächen kompensiert diesen Effekt. Er ist vor allem von bauphysikalischer Bedeutung.

Bei guten Dämmstoffen ist die Wärmeleitfähigkeit gering, der Wärmeleitkoeffizient λ also klein. Letzterer ist sowohl von der Temperatur, als auch von seiner Feuchte abhängig. In Abbildung 15-1 sind Wärmeleitkoeffizienten für einige technisch und biologisch wichtige Stoffe angeführt.

Interessant ist der Vergleich der Wärmeleitkoeffizienten von Normalstoffen und manipulierten Stoffen. So sind für spezifisch schwere Normalgläser die λ-Werte sehr hoch, meist über 1 W m $^{-1}$ K $^{-1}$. Schaumgläser (gebildet durch Erhitzen von Glaspulver und einem gasbildenden Stoff) erreichen dagegen viel kleinere Werte, bis hinunter zu λ = 0,045 W m $^{-1}$ K $^{-1}$.

15.2.3 Wärmedurchgangskoeffizient k

(Dimension: $M\,T^{-3}\,\vartheta^{-1}$, Einheit: $J\,s^{-1}\,m^{-2}\,K^{-1} = W\,m^{-2}\,K^{-1}$)

In der Baupraxis interessiert statt des Wärmeleitkoeffizienten λ mehr die Eigenschaft „realer Bauteile", Wärme durchzulassen.

Als Wärmedurchgangskoeffizient k (der berühmte „k-Wert" der Bauvorschriften) bezeichnet man den senkrecht durch 1 m^2 des Bauteils mit gegebener Dicke durchtretenden Wärmestrom bei einer Temperaturdifferenz von 1 K diesseits und jenseits des betrachteten Bauteils. Dabei ist der Wärmeübergangskoeffizient innen und außen am Bauteil berücksichtigt. In Abbildung 15-7 sind einige kennzeichnende Werte zusammengefaßt.

Bauteil	k ($W\,m^{-2}\,K^{-1}$)
Vollziegelwand, Dicke 30 cm	1,28
Dieselbe Vollziegelwand mit 5 cm Dämmstoff	0,48
Leichtbauwand mit 9 cm Steinwolle	0,41
Massivholztüren	0,49
Einfachglas	5,0
Isolierglas mit ½ cm Luftraum	3,0
Doppelverglasung mit 4 cm Luftraum	2,6
Gasgefüllte, beschichtete Isolierverglasung	1,3
Extreme Isolierverglasung	$\approx$ 0,5

Abb. 15-7: Wärmedurchgangskoeffizienten k für einige technische Bauteile. Die Beziehung zwischen dem Wärmedurchgangskoeffizienten k und dem Wärmeleitkoeffizienten lautet:

$$\frac{1}{k} = \frac{1}{\alpha_i} + \frac{s}{\lambda} + \frac{1}{\alpha_a}$$

(α_i = Wärmeübergangskoeffizient innen bei relativ unbewegter Raumluft = 7,69 $W\,m^{-2}\,K^{-1}$;
α_a = Wärmeübergangskoeffizient außen bei stärker bewegter Luft = 25 $W\,m^{-2}\,K^{-1}$)

Auch bei Rechnungen zur Wärmebilanz von Tieren („1 m^2 Fellfläche") kann diese Kenngröße hilfreich sein.

Mit Hilfe des k-Wertes lassen sich Wärmedurchgangseffekte - zumindest überschlagsmäßig - auf einfache Weise berechnen, wie das im folgenden wieder aufgegriffene letztgenannte Beispiel zeigt.

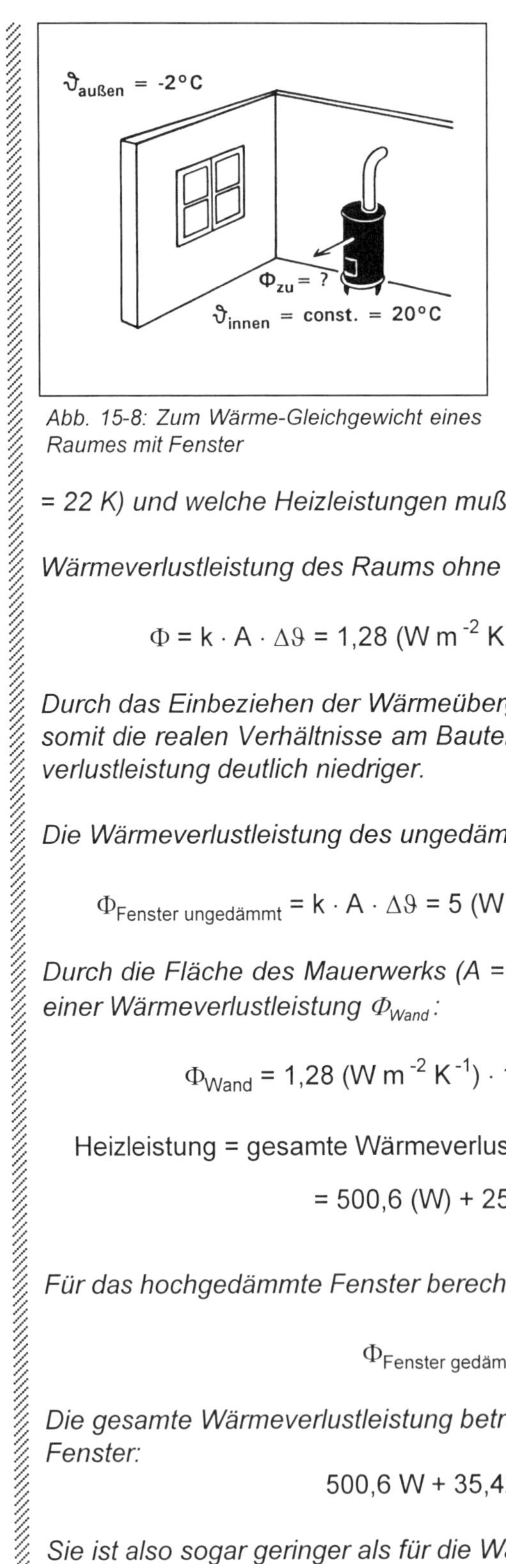

Abb. 15-8: Zum Wärme-Gleichgewicht eines Raumes mit Fenster

Beispiel *(Abb. 15-8): Zunächst wird die nötige Heizleistung für den im letzten Beispiel genannten Raum über den k-Wert berechnet. Dann sei in eine Wand des Raumes ein gar nicht gedämmtes Fenster (Wärmedurchgangskoeffizient* $k = 5\ W\ m^{-2}\ K^{-1}$*) oder ein extrem wärmegedämmtes Fenster (*$k = 0{,}7\ W\ m^{-2}\ K^{-1}$*) von* $A = 2{,}3\ m^2$ *Fläche eingelassen.*

Wie groß ist die Wärmeverlustleistung $\Phi_{Fenster}$ *allein durch diese Fenster bei sonst gleichen Randbedingungen (*$\Delta\vartheta = 22\ K$*) und welche Heizleistungen muß der Ofen jetzt aufbringen?*

Wärmeverlustleistung des Raums ohne Fenster, berechnet über den k-Wert:

$$\Phi = k \cdot A \cdot \Delta\vartheta = 1{,}28\ (W\ m^{-2}\ K^{-1}) \cdot 20\ (m^2) \cdot 22\ (K) = 563{,}2\ W$$

Durch das Einbeziehen der Wärmeübergänge, die im k-Wert enthalten sind und somit die realen Verhältnisse am Bauteil besser wiedergeben, liegt die Wärmeverlustleistung deutlich niedriger.

Die Wärmeverlustleistung des ungedämmten Fensters beträgt:

$$\Phi_{Fenster\ ungedämmt} = k \cdot A \cdot \Delta\vartheta = 5\ (W\ m^{-2}\ K^{-1}) \cdot 2{,}3\ (m^2) \cdot 22\ (K) = 253\ W$$

Durch die Fläche des Mauerwerks ($A = 20\ m^2 - 2{,}3\ m^2 = 17{,}7\ m^2$*) kommt es zu einer Wärmeverlustleistung* Φ_{Wand}*:*

$$\Phi_{Wand} = 1{,}28\ (W\ m^{-2}\ K^{-1}) \cdot 17{,}7\ (m^2) \cdot 22\ (K) = 500{,}6\ W$$

$$\text{Heizleistung} = \text{gesamte Wärmeverlustleistung} = \Phi_{Wand} + \Phi_{Fenster\ ungedämmt} =$$

$$= 500{,}6\ (W) + 253\ (W) = 753{,}6\ W$$

Für das hochgedämmte Fenster berechnet sich die Wärmeverlustleistung Φ *zu*

$$\Phi_{Fenster\ gedämmt} = 35{,}42\ W$$

Die gesamte Wärmeverlustleistung beträgt somit für den Raum mit gedämmtem Fenster:

$$500{,}6\ W + 35{,}42\ W = 536{,}02\ W$$

Sie ist also sogar geringer als für die Wand ohne hochgedämmtes Fenster.

15.2.4 Strahlungskoeffizient C

(Dimension: $M\,T^{-3}\,\vartheta^{-4}$; Einheit: $W\,m^{-2}\,K^{-4}$)

Nahe beieinanderstehende Körper beeinflussen ihren Wärmehaushalt auch über Strahlungsaustausch. Nahe einer kühlen Außenwand fühlt man sich auch in einem gut beheizten Raum unbehaglich, weil man über Strahlung mehr Wärme an die Wand abgibt als man von ihr empfängt. Eine häufig unterschätzte Rolle spielen Wärmegewinn oder -abgabe über Strahlung (Radiation) auch im Tierreich.

Als Strahlungskoeffizient C bezeichnet man allgemein die auf die Einheit der Fläche und der vierten Potenz der Temperatur (vergl. Stefan-Boltzmann-Gesetz; LB Physik) bezogene Radiationsleistung. Die Radiationsleistung kann die Emission oder die Absorption von Strahlung sein. Für den schwarzen Strahler hat C den Wert $5{,}670 \cdot 10^{-8}\ W\ m^{-2}\ K^{-4}$. Dieser Wert wird Stefan-Boltzmann-Konstante genannt und üblicherweise mit dem Buchstaben σ bezeichnet. Für andere („graue") Strahler ist der Wert geringer, so daß σ mit einem Faktor < 1 zu multiplizieren ist. Dieser Faktor heißt Emissionsgrad ε, wenn man die Strahlungsemission betrachtet bzw. Absorptionsgrad α, wenn man die Strahlungsabsorption betrachtet. Die Zahlenwerte für ε und α sind gleich. Damit gilt:

$$\text{Strahlungskoeffizient } C = \varepsilon \cdot \sigma \text{ bzw. } \alpha \cdot \sigma$$

$$\text{Für schwarze Strahler gilt: } \varepsilon \text{ bzw. } \alpha = 1$$

$$\text{Für graue Strahler gilt: } \varepsilon \text{ bzw. } \alpha < 1$$

Die Strahlungsemissions- bzw. Absorptionsleistung $\Phi_{Strahlung}$ eines grauen Körpers (und das sind alle Körper der Umwelt, auch alle Tiere und Pflanzen) berechnet sich dann zu:

$$\Phi_{Strahlung}\,(W) = C\,(W\,m^{-2}\,K^{-4}) \cdot A\,(m^2) \cdot \vartheta^4\,(K^4)$$

Die Strahlungswärmedichte $\Phi_{Strahlung}$ berechnet sich dann zu:

$$q_{Strahlung}\,(W\,m^{-2}) = C\,(W\,m^{-2} \cdot K^{-4}) \cdot \vartheta^4\,(K^4)$$

Handelt es sich um eine Emission, so wird C durch $\varepsilon \cdot \sigma$ ersetzt:

$$q_{Emission}\,(W\,m^{-2}) = \varepsilon\,(-) \cdot \sigma\,(W\,m^{-2} \cdot K^{-4}) \cdot \vartheta^4\,(K^4)$$

Handelt es sich um eine Absorption, wird C durch $\alpha \cdot \sigma$ ersetzt:

$$q_{Absorption}\,(W\,m^{-2}) = \alpha\,(-) \cdot \sigma\,(W\,m^{-2} \cdot K^{-4}) \cdot \vartheta^4\,(K^4)$$

Die Werte für ε einiger Körper stehen in Abbildung 15-9. Sie sind temperaturabhängig und hängen, wie erkenntlich, auch stark von der Oberflächenbeschaffenheit des Körpers ab.

	ε (bei ϑ = 20°C)
Stahl, gewalzt	0,77
Stahl, angerostet	0,65
Stahl, blank	0,24
Dachpappe	0,90
Glas	0,88
Holz	0,90
Wasser	0,90
Emaille, weiß	0,20
Emaille, schwarz	0,95
absolut schwarze Körper	1,00

Abb. 15-9: Emissionsgrad ε (bei der Temperatur ϑ = 20°C) einiger Materialien. Die α-Werte sind numerisch gleich den ε-Werten.

In der Baupraxis ist der Wärmegewinn durch Nutzung der Sonneneinstrahlung von großer Bedeutung geworden. Das solaren Aufheizen von Lebewesen bei kühler Witterung verläuft nach den gleichen Gesetzmäßigkeiten. Die Effekte können beachtlich sein. So kann sich die Schlammschicht eines Weihers, 10 cm unter einer glatten Eisdecke von 3 cm Dicke, an einem strahlenden Januartag bei Lufttemperaturen um den Gefrierpunkt auf nahezu 20°C aufheizen (!) - mit beachtlichen Effekten für die Mikrofauna und -flora.

Für die Aufheizung einer senkrecht von der Sonne getroffenen Wand kann man nach Rostásy (1983) annehmen:

Wärmestrahlungsgewinn = Wärmestrahlungsaufnahme - konvektive Wärmeübertragung - Wärmestrahlungsabgabe:

$$q_{gesamt} = q_{Absorption} - q_{konvektiver\ Wärmeübergang} - q_{Emission} =$$
$$= \alpha \cdot \sigma \cdot \vartheta^4 - \alpha_a \cdot (\vartheta_{L\,a} - \vartheta_{M\,a}) - \varepsilon \cdot \sigma \cdot \vartheta_{M\,a}^{\ 4} =$$
$$= \alpha \cdot q_{Einstrahlung} - \alpha_a \cdot (\vartheta_{L\,a} - \vartheta_{M\,a}) - \varepsilon \cdot \sigma \cdot \vartheta_{M\,a}^{\ 4}$$

Kenngrößen:

α_a = Strahlungs-Wärmeübergangszahl; bei Außenwandflächen beträgt diese 25 W m^{-2} K^{-1} nach DIN 4108 (vergl. auch Abb. 15-7)

$\vartheta_{L\,a}$ = Lufttemperatur außen am Bauteil (kann bereits bei geringer Sonneneinstrahlung um 15 K höher sein als die mittlere Luftaußentemperatur)

$\vartheta_{M\,a}$ = Lufttemperatur der Maueraußenfläche

$q_{Einstrahlung}$ = Wärmestromdichte der Strahlung, die auf das Bauteil auftrifft.

Damit ergibt sich auch in unseren Breiten selbst im Winter eine beachtliche sonneninduzierte Wärmestromdichte q am Bauteil, wie das folgende Beispiel zeigt.

Beispiel *(Abb. 15-10): Welcher Wärmestrahlungsgewinn q_{gesamt} ergibt sich an einem ϑ_{La} = 10°C „warmen" Januartag an einem ideal isolierten Ziegeldach (α und ε = 0,92) eines Hauses in unseren Breiten, auf das die Sonne mit ihrem „durchschnittlichen Januarwert" von $q_{Einstrahlung}$ = 34 kWh m $^{-2}$ Monat $^{-1}$ (den „durchschnittlichen Januarwert" beziehen wir hier auf 40 Sonnenstunden im Monat) scheint, wobei sie die direkt am Ziegeldach anliegende Luftschicht auf ϑ_{Ma} = 25°C aufheizt?*

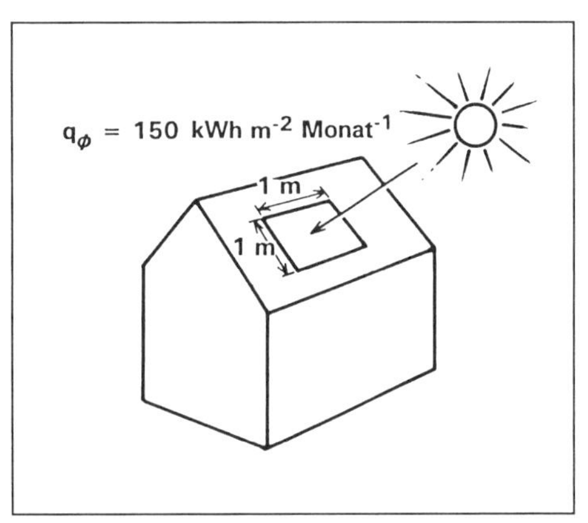

Abb. 15-10: Wärmegewinn durch Sonneneinstrahlung auf ein Hausdach

Die durchschnittliche Einstrahlungsleistung $q_{Einstrahlung}$ beträgt:

$$q_{Einstrahlung} = \frac{34 \text{ kWh m}^{-2}}{70 \text{ h}} = \frac{34 \cdot 10^3 \text{ (W)} \cdot 3600 \text{ (s)} \cdot \text{m}^{-2}}{40 \cdot 3600 \text{ (s)}} = 850 \text{ W m}^{-2}$$

$$q_{gesamt} = 0{,}92 \cdot 850 \text{ (W m}^{-2}) - 25 \text{ (W m}^{-2} \text{ K}^{-1}) \cdot 15 \text{ (K)} -$$

$$- 0{,}92 \cdot 5{,}67 \cdot 10^{-8} \text{ (W m}^{-2} \text{ K}^{-4}) \cdot (298^4 \text{ (K)}^4 - 283^4 \text{ (K)}^4) =$$

$$= 782 \text{ (W m}^{-2}) - 375 \text{ (W m}^{-2}) - 77 \text{ (W m}^{-2}) = 330 \text{ W m}^{-2}$$

Es entsteht also eine positive Wärmestromdichte, die das Dach aufheizt.

Wie in den Abschnitten 15.2.1 - 15.2.4 gezeigt, kann man also den Wärmestrom Φ eines Systems über vier Kenngrößen auf gleichartige Weise berechnen, indem man nämlich die Kenngröße mit ihrer Bezugsgröße multipliziert:

Kenngröße Wärmestromdichte q: Φ (W) = $q \cdot A$

Kenngröße Wärmeleitkoeffizient λ: Φ (W) = $\lambda \cdot s^{-1} \cdot A \cdot \Delta\vartheta$

Kenngröße Wärmedurchgangskoeffizient k: Φ (W) = $k \cdot A \cdot \Delta\vartheta$

Kenngröße Strahlungskoeffizient C: Φ (W) = $C \cdot A \cdot \vartheta^4$

15.2.5 Zum Begriff „Isolierung"

(Wärmedurchlaßkoeffizient Λ: Dimension: M T^{-3} ϑ^{-1}; Einheit: W m^{-2} K^{-1})
(Wärmedurchlaßwiderstand: Dimension: M^{-1} T^3 ϑ; Einheit: W^{-1} m^2 K)

Das Ohmsche Gesetz der Elektrotechnik lautet:

$$\frac{\text{Spannung}\,U}{\text{Strom}\,I} = \text{Widerstand}\,R$$

$$(\text{Einheiten:} \frac{\text{Volt}\,V}{\text{Ampere}\,A} = \text{Ohm}\,\Omega)$$

Der Kehrwert des Widerstands wird als Leitfähigkeit G bezeichnet:

$$G = \frac{1}{R} = \frac{I}{U}$$

$$(\text{Einheiten:} \frac{1}{\text{Ohm}\,\Omega} = \text{Siemens}\,S)$$

Mit den bisher diskutierten Kenngrößen des Wärmestroms (auch diese Wortschöpfung entspricht ja dem „Strom" der Elektrotechnik oder auch dem Flüssigkeitsstrom der Hydraulik) läßt sich analog zur Leitfähigkeit Q die Wärmeleitfähigkeit oder der Wärmedurchlaßkoeffizient Λ definieren. In der Bautechnik sind solche Bezeichnungen gängig.

Durch Multiplikation der Wärmestromdichte q (analog dem Strom I) mit der Temperaturdifferenz $\Delta\vartheta$ (analog der Spannung U) erhält man den sogenannten Wärmedurchlaßkoeffizienten Λ (analog der Leitfähigkeit G):

$$\frac{q}{\Delta\vartheta} = \Lambda$$

Größeres Λ bedeutet größere temperaturbezogene Wärmestromdichte. Der Kehrwert 1 / Λ heißt sinngemäß denn auch Wärmedurchlaßwiderstand (analog dem Widerstand R). Größeres Λ^{-1} bedeutet größeren Widerstand gegen die Wärmeleistung, also größere Isolierfähigkeit des Materials und damit geringere temperaturbezogene Wärmestromdichte q.

Im Bereich der Biologie werden Aspekte der Isolation im Zusammenhang mit der Felldichte von Landsäugern und der Fettschicht von Wassersäugern betrachtet. Eine größere Felldicke - wie sie bei größeren Säugern realisierbar ist - läßt denn auch einen größeren Wärmewiderstand erwarten. Größere Säuger der Polarregion haben es damit im arktischen Winter wärmetechnisch leichter.

In Abbildung 15-11 wird als Kenngröße für die Isolationsfähigkeit der Kehrwert des Wärmedurchgangskoeffizienten verwendet. In dieser Abbildung ist die Isolationsfähigkeit von Baumwolle zunehmender Schichtdikke gestrichelt eingetragen. Erwartungsgemäß steigt sie linear mit der Schichtdicke an. Dies bedeutet nicht, daß die Zusammenhänge einfach wären. Für genaue Analysen sind beispielsweise die Reflexions- Absorptions- und Wärmeübergangseffekte in verschiedenen Felltiefen zu betrachten, zu denen auch die unterschiedliche Ausbildung von Lufttaschen gehören, die die lokale Isolation mitbestimmen.

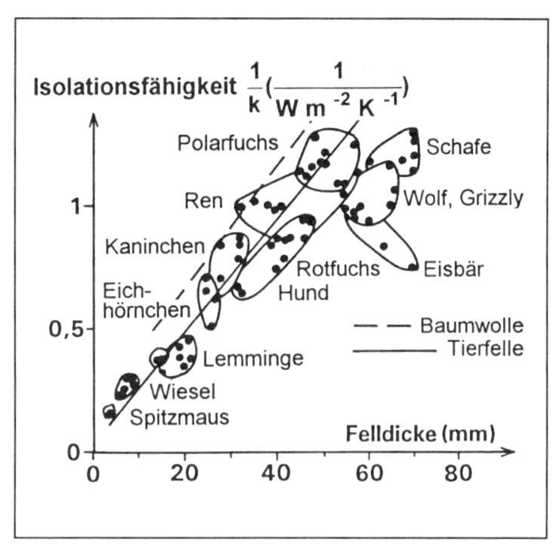

Abb. 15-11: Isolationsfähigkeit von Baumwollschichten und Tierfellen, abhängig von der Dicke. Daten nach Scholander 1950

Die Isolationsfähigkeit von Tierfellen ist etwas geringer, steigt aber ebenfalls in etwa linear mit der Schichtdicke des Fells an.

15.3 Wärmeausdehnung und thermisch induzierte Spannungen

Fragen der linearen und volumetrischen Wärmeausdehnung und ihre dadurch erzeugten Materialspannungen wurden bereits im Zusammenhang mit Temperatureffekten in den Abschnitten 14.3 und 14.5 behandelt.

15.4 Phasenübergangswärme

Bei Änderungen der Aggregatzustände, also bei Übergängen zwischen den Zuständen „Fest“, „Flüssig“ und „Gasförmig“ wird Wärmeenergie ausgetauscht, ohne daß sich die Temperatur des betrachteten Körpers oder Systems ändert.

15.4.1 Änderungen des Aggregatzustands

Die Abbildung 15-12 zeigt die kennzeichnenden Aggregatzustandsänderungen, Richtungen der Wärmeflüsse (ins System hinein: Zufuhr; aus dem System heraus: Abfuhr) mit Angabe der hier relevanten Begriffe der Kalorik.

Das Verdampfen einer Flüssigkeit kann durchgehend bei Siedetemperatur geschehen (z.B. Destillation) oder - nur an der Oberfläche - unterhalb der Siedetemperatur. Man spricht dann von Verdunsten (z.B. Austrocknung eines Teichs). Die zur Phasenumwandlung einer Masseneinheit der Flüssigkeit nötige Wärmemenge ist bei beiden Vorgängen die gleiche.

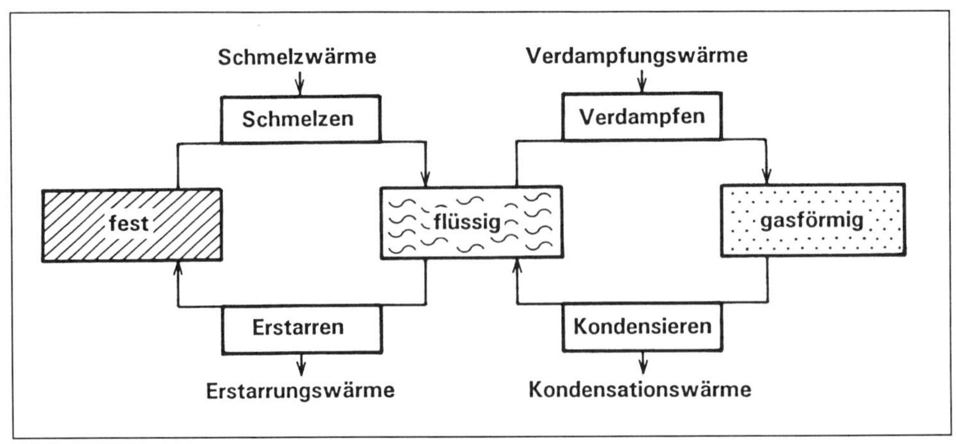

Abb. 15-12: Übergangsschema für Aggregatzustände

15.4.2 Schmelzwärme und Erstarrungswärme; Verdampfungswärme und Kondensationswärme

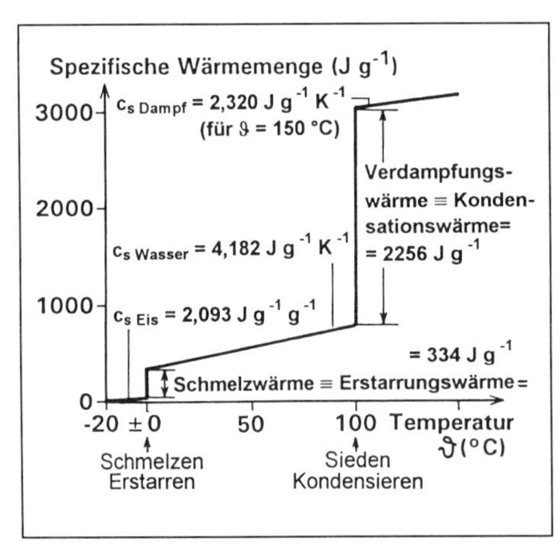

Abb. 15-13: Thermische Kenngrößen für die Änderung des Aggregatzustands von Wasser

In Abbildung 15-13 stehen die Kenngrößen für das auch biologisch/ökologisch so wichtige System Eis-Wasser-Wasserdampf. Sie kennzeichnet das thermische Verhalten von 1 g Eis von -20°C bei konstanter Energiezufuhr. Auffallend sind die relativ großen spezifischen Wärmemengen, die sowohl für das Schmelzen als auch für das Verdampfen benötigt werden. Man kann das Diagramm auch von rechts nach links lesen (kontinuierlicher Wärmeentzug). Dann wird ein der Verdampfungswärme numerisch gleicher Betrag als Kondensationswärme und ein der Schmelzwärme numerisch gleicher Betrag als Erstarrungswärme frei. Dies ist von großer technischer wie biologischer Bedeutung, wie die Übungsaufgaben Ü 15/11, Ü 15/12, Ü 15/14 und Ü 15/20 zeigen.

15.4.3 Kühlung durch Schwitzen und durch ausgeatmeten Wasserdampf

Schwitzen kühlt bekanntlich. Es bedeutet ja Verdunsten von Wasser, das mit dem Schweißdrüsensekret auf der Körperoberfläche verteilt wird. Die dazu nötige Wärmemenge wird der Körperoberfläche entzogen, so daß diese abkühlt. Fell- oder federnbedeckte Oberflächenareale sind als Verdunstungsflächen weniger geeignet (es sei denn, sie werden - wie das Brustgefieder mancher Vögel - durch den Fahrtwind „aufgeplustert", so daß die Luft bis zur Körperoberfläche gelangt).

Viele fellbedeckte Säuger besitzen schwach behaarte Hautareale, insbesondere in der Region der Beinbeugen (Abb. 15-14), die sie bei Bedarf für die konvektive und oft auch evaporative Wärmeabgabe exponieren.

Vögel besitzen zwar keine Schweißdrüsen, können aber doch durch Verdunstung permeirenden Wassers (Füße, Brustregion, Flügelregion) evaporativ kühlen.

Hunde geben beim Hecheln Wasser über die Zungen- und Mundschleimhaut ab, ansonsten über die Sohlenballen.

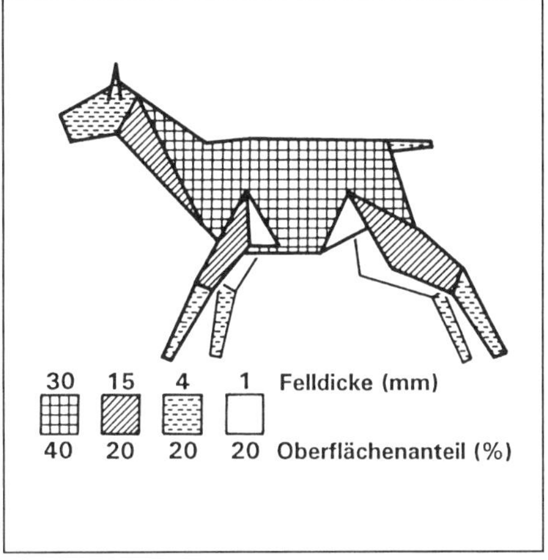

Abb. 15-14: Fellareale beim Guanaco (Lama guanacoe), Peru, bis 4500 m). Nach Morrison (1966)

Eine wichtige Kühlungsmöglichkeit besteht allgemein darin, die ausgeatmete Luft mit Wasserdampf zu beladen.

In Abschnitt 15.5.4 wird anhand der Abbaugleichungen biologischer Betriebsstoffe aufgezeigt, welche Masse an Stoffwechselwasser bei der Verbrennung einer Masseneinheit Betriebsstoff entsteht. Wird dieses Wasser - beispielsweise über die Lunge oder über Nasenschleimhäute - der ausgeatmeten Luft als Wasserdampf mitgegeben, so kann damit ein nicht unbeträchtlicher Teil der Betriebswärme abgeführt werden, ohne daß die Wasservorräte des Körpers angegriffen werden müssen.

Eine derartige evaporative Kühlung wird insbesondere dann wichtig, wenn bei hohen Außentemperaturen die Temperaturdifferenzen zur Körperoberfläche so klein werden, daß konvektive Wärmeabfuhr nur noch eine geringe oder gar keine Rolle mehr spielt. In solchen Fällen reicht das ausgeatmete Stoffwechselwasser oft nicht mehr aus, so daß das Tier auszutrocknen beginnt und bei Erreichen eines bestimmten Wasserdefizits nachtrinken muß. Wenn das nicht möglich ist, stirbt es rasch.

Die Verdampfungswärme von Wasser ist temperaturabhängig; bei der Temperatur der ausgeatmeten Luft von Vögeln und Säugern kann man mit einem Wert von 2400 J g_{H2O}^{-1} rechnen. Ein Gramm Wasserdampf in der ausgeatmeten Luft kann also die beträchtliche Wärmemenge von 2,4 kJ abführen. Entsprechend ist die Wärmeabfuhrleistung Φ für die Verdampfung von 1 g Wasser pro Sekunde 2400 J / 1 s = 2400 W, für die Verdampfung von 1 g Wasser pro Stunde 2400 J / 3600 s = 0,66 W.

15.5 Wärmeproduktion durch Verbrennung

Technische und biologische „Verbrennungen" setzen die in einem Betriebsstoff enthaltene chemische Energie um. Wenn keine Mechanismen zur Umwandlung eines Teils dieser Energie in eine andere Energieform vorhanden sind, wird diese vollständig als Wärme frei (Technik: Ofen, Biologie: Grundumsatz (fast vollständige **Wärmefreisetzung**)). Andernfalls kann beispielsweise mechanische Arbeit direkt geleistet werden (Dampfmaschine, Muskeln), oder es kann Energie zur späteren Nutzung gespeichert werden (Akku, ATP). Doch wird nach Ablauf der Zwischentransformationen letztlich auch hier die gesamte chemische Energie in Wärme umgesetzt. Die charakteristische Größe zur Kennzeichnung des betriebsstoffspezifischen Energieinhalts ist der technische und biologische Brennwert.

T 19C,D
p 368

15.5.1 Brennwert B

(Dimension: ist $L^2\ T^{-2}$, Einheit: J kg^{-1})

Unter dem Brennwert B eines Betriebsstoffs versteht man die in der Masseneinheit enthaltene (gebundene) chemische Energie (genauer gesagt: die Reaktionsenthalpiedifferenz). Man unterscheidet massenspezifischen Brennwert B_s (J kg^{-1}), molmassenspezifischen Brennwert B_m (J mol^{-1}) und volumenspezifischen Brennwert B_v (J m^{-3}). Der molmassenspezifische Brennwert ist gleich dem Produkt aus dem massenspezifischen Brennwert B_s und der Molmasse M_{mol}.

$$B_m\ (\mathrm{J\ mol^{-1}}) = B_s\ (\mathrm{J\ kg^{-1}}) \cdot M_{mol}\ (\mathrm{g\ mol^{-1}})$$

Der volumenspezifische Brennwert ist gleich dem Produkt aus massenspezifischem Brennwert Bs und Dichte ρ des Materials.

$$B_v\ (\mathrm{J\ m^{-3}}) = B_s\ (\mathrm{J\ kg^{-1}}) \cdot \rho\ (\mathrm{kg\ m^{-3}})$$

15.5.2 Freigesetzte Wärmemenge bei der Oxidation technischer und biologischer Betriebsstoffe

Man kann davon ausgehen, daß die Verbrennung der Masseneinheit eines biologischen Betriebsstoffs im Bombenkalorimeter wie im Organismus letztlich die gleiche Wärmeenergie freisetzt. Eine Ausnahme stellt nur der Eiweißstoffwechsel dar.

Beispiel *(Abb. 15-15): Welche Energie Q (jeweils in MJ) wird bei der vollständigen Verbrennung von M = 8,33 t Braunkohlenbriketts (B_s = 21 MJ kg^{-1}) in einer Heizungsanlage und bei der Verbrennung von M = 150 g Raffinose (Molmasse ($C_{18}H_{32}O_{16}$) = 408 g mol^{-1}; B_m = 845 kJ mol^{-1}) als Winter-Bienennahrung in einem Bienenstock frei?*

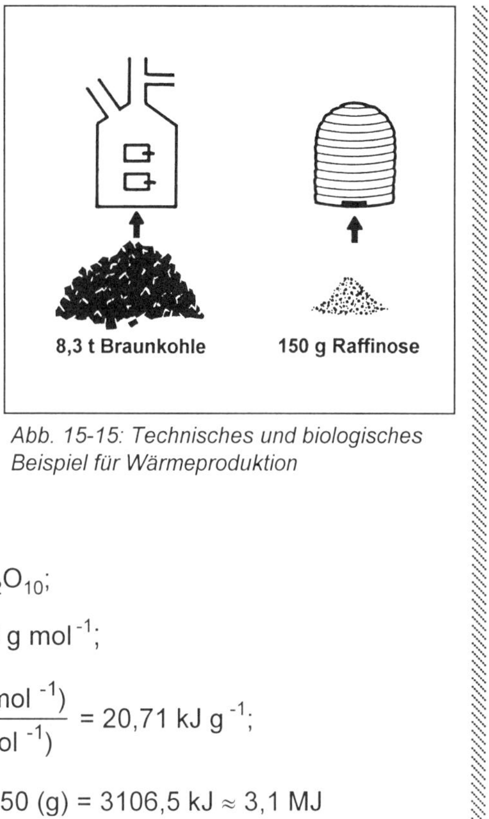

Abb. 15-15: Technisches und biologisches Beispiel für Wärmeproduktion

Für Braunkohle gilt:

$$Q = B_s \cdot M =$$

$$= 21\,(\text{MJ kg}^{-1}) \cdot 8300\,(\text{kg}) = 174300\ \text{MJ}$$

Für den Bienenstock gilt:

Summenformel für Raffinose: $C_{18}H_{32}O_{10}$;

$$M_{mol} = 408\ \text{g mol}^{-1};$$

$$B_s = \frac{B_m}{M_{mol}} = \frac{8450\,(\text{kJ mol}^{-1})}{408\,(\text{g mol}^{-1})} = 20{,}71\ \text{kJ g}^{-1};$$

$$Q = B_s \cdot M = 20{,}71\,(\text{kJ g}^{-1}) \cdot 150\,(\text{g}) = 3106{,}5\ \text{kJ} \approx 3{,}1\ \text{MJ}$$

Außer für die Eiweiße kann man technische Verbrennungen und biologische Oxidationen kalorisch gleichsetzen. Die Sonderstellung der Eiweiße liegt in folgendem begründet. Im Kalorimeter werden sie zu CO_2, H_2O und NO_x verbrannt; den Organismus verlassen dagegen neben CO_2 und H_2O noch relativ energiereiche N-haltige Endprodukte wie Harnstoff oder Harnsäure. Deshalb ist hier der kalorimetrische Brennwert etwas größer als der physiologische (Abb. 15-16, linke Hälfte).

Stoffgruppe	Kalorimeter-Brennwert $B_{s\ kal}$ (kJ g^{-1})	Physiologischer Brennwert $B_{s\ physiol}$ (kJ g^{-1})	Respiratorischer Quotient RQ (-)	Oxikalorisches Äquivalent OÄ (kJ $l_{O_2}^{-1}$)
Fette	39,3	39,3	0,71	19,6
Kohlenhydrate	17,6	17,6	1,00	20,9
Proteine	23,4	18,0	0,81	18,8

Abb. 15-16: Durchschnittswerte kalorischer Kenngrößen für Nahrungsstoffe.

Im Vergleich zu Kohlenhydraten und Fetten werden Proteine aber in geringerem Maße als Betriebsstoffe benutzt, so daß man gängige Mischungen von Nahrungsstoffen für kalorimetrische Überschlagsrechnungen wie technische Betriebsstoffe behandeln kann. (Zum Sonderfall proteinspezifischer Differenzen vergl. Lb. d. Stoffwechselphysiologie oder Bioenergetik, z. B. Wieser 1986; s. auch Abb. 15-17.)

Bei der Berechnung des Brennwerts von zusammengesetzten technischen Treibstoffen oder von Nahrungsstoffen werden die Energieanteile der Einzelbestandteile nach ihren Massenanteilen einzeln berechnet und dann summiert. Die so ermittelten Brennwerte einiger typischer Nahrungsmittel sind in Abbildung 15-17 angegeben.

	pro 100 g						
	1	2	3	4	5	6	7
Anteil	Wasser	Fette	Kohlenhydrate	Eiweiße	Rohfasern und Asche	Physikal. Brennwert	Physiol. Brennwert
Einheit	g	g	g	g	g	kJ	kJ
Roggenbrot	38	7	46	6,5	2,5	1046	920
Kartoffeln (ohne Schale)	75	0,1	21	2,1	1,8	402	314
Reis	15	0,5	77	8	1,3	1465	1381
Rindfleisch (sehr mager)	74	4	0	21	1	523	481
Schweinefleisch (fett)	49	34	0	16	0,8	1590	1507
Hartwurst	17	48	0	28	7	2344	2218
Eiklar	85	0,3	0,7	13	0,6	247	209
Kuhmilch	87	3,5	5	3,5	0,8	272	255
Butter	14	84	0,5	0,8	0,2	3306	3205

Abb. 15-17: Einige Nahrungsmittel, nach Domagk (1972) aufgeschlüsselt nach ihrem Nährstoff- und Energiegehalt. Der physiologische Brennwert ist nach korrigierten Direktmessungen angegeben. Man kann ihn auch aus den Gehaltsanteilen berechnen und kommt mit den physiologischen Brennwerten 38,9 kJ g^{-1} für Fette, 17,2 kJ g^{-1} für Kohlenhydrate rund 18,0 kJ g^{-1} für Eiweiße auf etwa gleiche Zahlenwerte. Teils verändert

15.5.3 Wärmeproduktionsleistung durch Oxidation technischer und biologischer Betriebsstoffe

Die Wärmeabgabeleistung bzw. der Wärmestrom Φ berechnen sich nach:

$$\Phi\ (\mathrm{W}) = \frac{Q\ (\mathrm{J})}{t\ (\mathrm{s})} = \frac{B_S\ (\mathrm{J\ kg^{-1}}) \cdot M\ (\mathrm{kg})}{t\ (\mathrm{s})}$$

Bei der Verwendung von B_m oder B_v ist statt mit M sinngemäß mit n (Molzahl) bzw. V (Volumen) zu multiplizieren.

In Weiterführung des letzten Beispiels kann man die Wärmeströme in der Heizungsanlage bzw. im Bienenstock berechnen.

Beispiel *(Abb. 15-18): Welche Wärmeabgabeleistungen (jeweils in MW) resultieren bei der Verbrennung der angegebenen Betriebsstoffe, wenn die Heizung dazu etwa 10 h braucht, der Bienenstock 4 Tage?*

Für die Heizung gilt:

$$\frac{174300 \text{ (MJ)}}{10 \cdot 3600 \text{ (s)}} = 4{,}84 \text{ MW}$$

Für den Bienenstock gilt:

$$\frac{3{,}1 \text{ (MJ)}}{4 \cdot 24 \cdot 3600 \text{ (s)}} = 9 \cdot 10^{-6} \text{ MW}$$

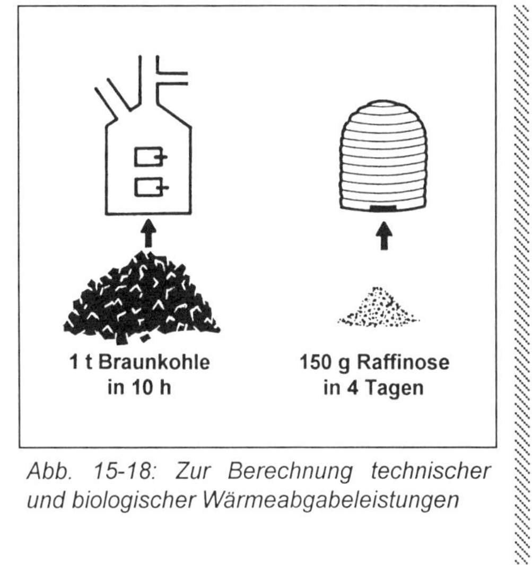

Abb. 15-18: Zur Berechnung technischer und biologischer Wärmeabgabeleistungen

15.5.4 Abbaugleichungen charakteristischer Kohlenhydrate, Fette und Eiweiße

Die Abbaugleichungen kennzeichnen Sauerstoffbedarf, Kohlendioxidausstoß, Wasserproduktion und Energiegewinn. Man kann sie in **Molmassen-**, **Massen-** und **Volumenschreibweise** angeben. Für die drei Nährstoffklassen Kohlenhydrate, Fette und Eiweiße sind jeweils für einen typischen Vertreter alle drei Schreibweisen und Abbaugleichungen angegeben.

Molmassenschreibweise:

Glucose

$$1\ C_6H_{12}O_6 + 6\ O_2 \rightarrow 6\ CO_2 + 6\ H_2O + 2813{,}40\ \text{(kJ)}$$

Palmitinsäure

$$1\ C_{16}H_{32}O_6 + 23\ O_2 \rightarrow 16\ CO_2 + 16\ H_2O + 9930{,}24\ \text{(kJ)}$$

Tripalmitylglycerid (gesättigtes Neutralfett aus 3 Palmitinsäuren + 1 Glycerin)

$$1\ C_{51}H_{98}O_9 + 71\ O_2 \rightarrow 51\ CO_2 + 49\ H_2O + 31449\ \text{(kJ)}$$

Alanin (hier physiologischer Abbau zu Harnstoff als N-haltiges Endprodukt)

$$4\ C_3\ H_7\ O_2\ N + 12\ O_2 \rightarrow 10\ CO_2 + 10\ H_2O + 2\ N_2\ CO\ H_4 + 5215\ (kJ)$$

Massenschreibweise:

Glucose

$$1 \cdot 180\ (g\ mol^{-1})\ C_6\ H_{12}\ O_6 + 6 \cdot 32\ (g\ mol^{-1})\ O_2 \rightarrow$$
$$6 \cdot 45\ (g\ mol^{-1})\ CO_2 + 6 \cdot 18\ (g\ mol^{-1})\ H_2O + 2813{,}40\ (kJ)$$

$$180\ (g)\ C_6\ H_{12}\ O_6 + 192\ (g)\ O_2 \rightarrow 270\ (g)\ CO_2 + 108\ (g)\ H_2O + 2813{,}40\ (kJ)$$

Bezogen auf 1 g Glucose:

$$1\ (g)\ C_6\ H_{12}\ O_6 + 1{,}07\ (g)\ O_2 \rightarrow 1{,}50\ (g)\ CO_2 + 0{,}60\ (g)\ H_2O + 15{,}63\ (kJ)$$

Palmitinsäure

$$1\ (g)\ C_{16}\ H_{32}\ O_6 + 2{,}87\ (g)\ O_2 \rightarrow 2{,}81\ (g)\ CO_2 + 1{,}13\ (g)\ H_2O + 38{,}79\ (kJ)$$

Tripalmitylglycerid

$$1\ (g)\ C_{51}\ H_{98}\ O_9 + 2{,}66\ (g)\ O_2 \rightarrow 2{,}85\ (g)\ CO_2 + 1{,}09\ (g)\ H_2O + 39{,}02\ (kJ)$$

Alanin (hier physiologischer Abbau zu Harnstoff als N-haltiges Endprodukt)

$$1\ (g)\ C_3\ H_7\ O_2\ N + 1{,}08\ (g)\ O_2 \rightarrow$$
$$1{,}26\ (g)\ CO_2 + 1{,}26\ (g)\ H_2O + 0{,}34\ (g)\ N_2\ CO\ H_4 + 14{,}65\ (kJ)$$

Gemischte Massen- und Volumenschreibweise:

Glucose

$$1\ C_6\ H_{12}\ O_6 + 22{,}4\ (l\ mol^{-1}) \cdot 6\ O_2 \rightarrow$$
$$22{,}4\ (l\ mol^{-1}) \cdot 6\ CO_2 + 22{,}4\ (l\ mol^{-1}) \cdot 6\ H_2O + 2813{,}40\ (kJ)$$

$$180\ (g)\ C_6\ H_{12}\ O_6 + 134{,}40\ (l)\ O_2 \rightarrow$$
$$134{,}40\ (l)\ CO_2 + 134{,}40\ (l)\ H_2O + 2813{,}40\ (kJ)$$

Bezogen auf 1 g Glucose:

$$1\ (g)\ C_6\ H_{12}\ O_6 + 0{,}75\ (l)\ O_2 \rightarrow 0{,}75\ (l)\ CO_2 + 0{,}75\ (l)\ H_2O + 15{,}63\ (kJ)$$

Palmitinsäure

$$1\ (g)\ C_{16}\,H_{32}\,O_6 + 2{,}01\ (l)\ O_2 \rightarrow 1{,}40\ (l)\ CO_2 + 1{,}40\ (l)\ H_2O + 38{,}79\ (kJ)$$

Tripalmitylglycerid

$$1\ (g)\ C_{51}\,H_{98}\,O_9 + 1{,}86\ (l)\ O_2 \rightarrow 1{,}42\ (l)\ CO_2 + 1{,}36\ (l)\ H_2O + 39{,}02\ (kJ)$$

Alanin (hier physiologischer Abbau zu Harnstoff als N-haltiges Endprodukt)

$$1\ (g)\ C_3\,H_7\,O_2\,N + 0{,}76\ (l)\ O_2 \rightarrow 0{,}63\ (l)\ CO_2 + 0{,}63\ (l)\ H_2O + 0{,}34\ (g)\ N_2\,CO\,H_4 + 14{,}65\ (kJ)$$

Flugbenzin (obere Brennwertklasse)

$$1\ (g)\ \text{Flugbenzin} + 2{,}41\ (l)\ O_2 \rightarrow 1{,}59\ (l)\ CO_2 + 1{,}31\ (g)\ H_2O + 43{,}20\ (kJ)$$

Verbrennung von	Beispiel	Formel	Molmasse * M_{mol} g mol^{-1}	Brennwert B_s kJ g^{-1}	B_m kJ mol^{-1}
Kohlenhydrat	Glucose	$C_6\,H_{12}\,O_6$	180	15,63	2813,40
Fett	Tripalmitylglycerid	$C_{51}\,H_{98}\,O_9$	854	≈ 39,02**	≈ 31449**
	Palmitinsäure	$C_{16}\,H_{32}\,O_6$	256	38,79	9930,24
	Glycerin	$C_3\,H_8\,O_3$	92	18,02	1657,84
Eiweiß	Alanin	$C_3\,H_7\,O_2\,N$	89	14,65 (physiol.: Abbau	1303,85 zu Harnstoff)
				18,22 (vollständige	1621,58 Verbrennung)
	Harnstoff	$N_2\,CO\,H_4$	60	10,56	633,60
Flugbenzin	Kerosin			43,20	

Abb. 15-19: Beispiele für Brennwerte der wichtigsten Vertreter der drei Nahrungsstoff-Klassen und deren Abbauprodukte im Vergleich mit Flugbenzin
*Zur Berechnung der Molmassen: O = 16 g mol^{-1}, C = 12 g mol^{-1}, H = 1 g mol^{-1}, N = 14 g mol^{-1}; z.B. Glukose: $C_6\,H_{12}\,O_6$: $6 \cdot 12$ (g mol^{-1}) + $12 \cdot 1$ (g mol^{-1}) + $6 \cdot 16$ (g mol^{-1}) = 180 (g mol^{-1}).
**Wert durch Addition der Brennwerte von Palmitinsäure und Glycerin ermittelt.

Zu dieser Zusammenstellung noch zwei Bemerkungen, einerseits zur energetischen Ausbeutung von Eiweißstoffen im Stoffwechsel, andererseits zum Energiegehalt der besten biologischen und technischen Betriebsstoffe.

Der stoffphysiologisch nutzbare Energiegehalt von Eiweißstoffen ist vergleichsweise gering, da mit dem N-haltigen Endprodukt eine noch beachtlich energiereiche Verbindung ausgeschieden, wird und somit nicht mehr genutzt wird.

Die relativ geringe energetische Ausbeutung von Alanin im urotelen Stoffwechsel berechnet sich beispielsweise wie folgt:

Verbrennung von Alanin im Bombenkalorimeter: $B_m = 1620{,}6\ (\text{kJ mol}^{-1})$;
Verbrennung von Harnstoff im Bombenkalorimeter: $B_m = 633{,}7\ (\text{kJ mol}^{-1})$;

Bilanz für den Abbau von 4 Alanin:

$$4\, C_3\, H_7\, O_2\, N + 12\, O_2 \rightarrow 10\, CO_2 + 10\, H_2O + 2\, N_2\, CO\, H_4 + 5215\ (\text{kJ})$$

$$4 \cdot 1620{,}6\ (\text{kJ mol}^{-1}) - 2 \cdot 633{,}7\ (\text{kJ mol}^{-1}) = 6482{,}4\ (\text{kJ}) - 1267{,}4\ (\text{kJ}) = 5215{,}0\ (\text{kJ})$$

Das bedeutet: Die noch im ausgeschiedenen Harnstoff steckende Energie wird im Stoffwechsel nicht genutzt. Der physiologische Brennwert für ein Mol Alanin beträgt:

$$\frac{5215{,}0}{4} = 1303{,}75\ \text{kJ mol}^{-1}$$

Für genaue Berechnungen sind weitere Korrekturfaktoren nötig; Ansätze und Mittelwerte gibt Wieser (1986).

Der beste biologische Betriebsstoff - ein günstiges Fettgemisch - besitzt einen physiologisch nutzbaren Brennwert von nahezu 40 kJ g $^{-1}$; sehr gutes Flugbenzin erreicht etwa 43 kJ g $^{-1}$. Die beiden „Super-Treibstoffe“ sind somit fast gleichwertig.

15.5.5 Respiratorische Austauschrate RA und Respiratorischer Quotient RQ

(dimensionslos; Einheit: [-])

Als Respiratorische Austauschrate RA bezeichnet man den Quotienten aus dem in der Zeiteinheit abgegebenen Volumen CO_2 und dem in der (gleichen) Zeiteinheit aufgenommen Volumen O_2:

$$RA = \left(\frac{\dot{V}_{CO_2}}{\dot{V}_{O_2}}\right)_{\text{vom Organismus ausgetauscht}}$$

Als Respiratorischer Quotient RQ wird der entsprechende Quotient der im Stoffwechsel verbrauchten bzw. freigesetzten Gasvolumina bezeichnet:

$$RQ = \left(\frac{\dot{V}_{CO_2}}{\dot{V}_{O_2}}\right)_{\text{im Stoffwechsel umgesetzt}}$$

Sofern kein anaerober Stoffwechsel und keine CO_2-Retention vorkommen, gilt RA = RQ. Man schreibt dann gerne (wenngleich methodisch nicht ganz korrekt):

$$RQ = \left(\frac{\dot{V}_{CO_2}}{\dot{V}_{O_2}} \right)_{\text{vom Organismus umgesetzt}}$$

Die Maßeinheit für die Volumina bei der Berechnung von RA und RQ ist wegen der Quotientenbildung gleichgültig.

Aus den Demonstrationsgleichungen von Abschnitt 15.5.4 (Abb. 15-19) folgt unter leichter Rundung:

$$RQ_{Kohlenhydrat} = 1{,}00$$
$$RQ_{Fett} = 0{,}71$$
$$RQ_{Eiweiß} = 0{,}81$$

Aus der momentanen Größe des RQ kann man also auf die momentan verbrannten Betriebsstoffe schließen (Abb. 15-16, rechte Hälfte). Allerdings kann beispielsweise RQ = 0,85 reine Eiweißverbrennung oder Verbrennung eines Fett-Kohlenhydrat-Gemisches bedeuten. Da mit ersterer aber für die meisten betrachteten Fälle nicht zu rechnen ist, kann man bei einigermaßen eiweißarmer Nahrung mit dem RQ recht gut auf die prozentualen Anteile von Fett und Kohlehydraten, die verbrannt werden, schließen. Für praktische Zwecke reicht dies fast stets aus. Hierfür liegen Tabellen vor. Für genauere Berechnungen ist auf Eiweißanteil zu korrigieren; (vergl. dazu Lb. d. Stoffwechselphysiologie). Eine Zuordnung in relativ groben Schritten, die man aber notfalls linear interpolieren kann, ist in Abbildung 15-20 gegeben.

Verbrennung von	Respiratorischer Quotient RQ	Zusammensetzung des eiweißfreien Brennstoffs		Oxikalorisches Äquivalent OÄ	
	[-]	für Kohlenhydrate %	für Fette %	für 1 l O_2 kJ $l_{O_2}^{-1}$	für 1 mol O_2 kJ $mol_{O_2}^{-1}$
Kohlen-hydrat-Fett-Gemisch	0,707	0	100,0	19,59	438,82
	0,750	14,7	85,3	19,81	443,74
	0,800	31,7	68,3	20,03	448,67
	0,850	48,8	51,2	20,25	453,60
	0,900	65,9	34,1	20,47	458,53
	0,950	82,9	17,1	20,69	463,46
	1,000	100,0	0	20,91	468,38
Eiweiß	0,81	-	-	18,8	421,12

Abb. 15-20: Prozentuelle Zuordnung von Nahrungsanteilen (Fetten und Kohlenhydraten bei eiweißfreier Kost), respiratorischen Quotienten RQ und oxikalorischen Äquivalenten OÄ. In der untersten Zeile ist ein charakteristischer Wert für Proteine zusätzlich angegeben. Zwischen den Werten kann man linear interpolieren. Das oxikalorische Äquivalent pro Mol berechnet sich aus dem oxikalorischen Äquivalent pro Liter Sauerstoff durch Multiplikation mit dem Molarvolumen 22,4 (mol^{-1}). Nach Wehner-Gehring (1994), unterste Zeile nach Gnaiger aus Wieser (1986)

15.5.6 Oxikalorisches Äquivalent OÄ

(Dimension: M L2 T^{-2} · M^{-3}; Einheit: J l_{O2}^{-1})

Der Vergleich der Abbaugleichungen zeigt, daß pro 1 Liter Sauerstoff aus den Nährstoffen bei der Verbrennung leicht unterschiedliche Energiemengen freigesetzt werden. Als (oxi)kalorisches Äquivalent wird die pro Volumeneinheit verbrauchten Sauerstoffs freigesetzte Energiemenge bezeichnet:

$$OÄ\ (J\ l_{O_2}^{-1}) = W\ (J\ l_{O_2}^{-1})$$

Bei der vollständigen Umwandlung der gewonnenen Energie W in Wärme Q gilt

$$OÄ\ (J\ l_{O_2}^{-1}) = Q\ (J\ l_{O_2}^{-1}).$$

Zunächst mag es seltsam erscheinen, daß aus den relativ energiearmen Kohlenhydraten mehr Energie pro Volumen Sauerstoff freigesetzt wird als aus den sehr energiereichen Fetten (vergl. Abb. 15-16, rechte Hälfte), doch ergibt sich dies aus den stöchiometrischen Betrachtungen.

Bei Kenntnis des Respiratorischen Quotienten RQ und den verbrannten Nährstoffen kann man das Oxikalorische Äquivalent OÄ in Tabellen nachschauen. Die Kenntnis des Oxikalorischen Äquivalents OÄ wiederum ermöglicht es, die Energiefreisetzung durch den oxidativen Abbau eines biologischen Betriebs- oder Nahrungsstoffs zu berechnen. Die Stoffwechselleistung P_m berechnet sich als das Produkt des Sauerstoffverbrauchs V_{O2} pro Zeit und des Oxikalorischen Äquivalents OÄ;

$$P_m\ (W) = \frac{V_{O_2}}{\Delta t\ (s)}\ (l_{O_2}) \cdot OÄ\ (kJ\ l_{O_2}^{-1}) = \dot{V}\ (l_{O_2} s^{-1}) \cdot OÄ\ (kJ\ l_{O_2}^{-1})$$

oder sinngemäß in anderen Einheiten. Einen Ansatz zeigt das nächste Beispiel.

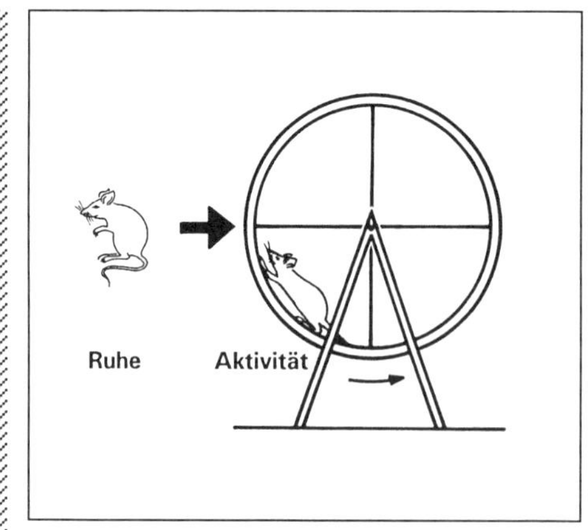

Abb. 15-21: Beispiel für eine Ruhe- und Leistungsstoffwechsel-Berechnung

Beispiel *(Abb. 15-21): Eine weiße Maus mit einer Körpermasse von M = 21 g verbraucht in Ruhe* $\dot{V}_{O2\ Ruhe} = 2{,}80 \cdot 10^3\ ml_{O2}\ kg^{-1}\ h^{-1}$*, beim Laufen im „Tretrad" verbraucht sie* $\dot{V}_{O2\ Laufen} = 2{,}12 \cdot 10^4\ ml_{O2}\ kg^{-1}\ h^{-1}$*. Wie groß ist der Steigerungsfaktor a, welchen Sauerstoffverbrauch* $\dot{V}_{O2}$ *pro Stunde hat die Maus in Ruhe und welche Stoffwechselleistungen* P_m *(und letztlich Wärmeabgabeleistung) hat sie beim Laufen und in Ruhe? (Man geht dabei davon aus, daß die Maus Fett und Kohlenhydrate verbrennt bei einem Respiratorischen Quotienten RQ = 0,85.)*

Der Steigerungsfaktor a beträgt:

$$a = \frac{\dot{V}_{O_2\,Laufen}}{\dot{V}_{O_2\,Ruhe}} = \frac{21{,}20 \cdot 10^3\ (ml_{O_2} \cdot kg^{-1}\,h^{-1})}{2{,}80 \cdot 10^3\ (ml_{O_2} \cdot kg^{-1}\,h^{-1})} = 7{,}57$$

Der Sauerstoffverbrauch in Ruhe $\dot{V}_{O2\,Ruhe}$ *beträgt:*

$$\dot{V}_{O_2} = \dot{V}_{O_2\,Ruhe} \cdot M$$

$$\dot{V}_{O_2\,Ruhe} = 2{,}8 \cdot 10^3\ (ml_{O_2}\ kg^{-1}\,h^{-1}) = 2{,}8 \cdot 10^3\ (10^{-3}\ l_{O_2} \cdot (10^3\ g)^{-1}\ h^{-1}) =$$

$$= 2{,}8 \cdot 10^{-3}\ l_{O_2}\ g^{-1}\ h^{-1}$$

$$\dot{V}_{O_2} = 2{,}8 \cdot 10^{-3}\ (l_{O_2}\ g^{-1}\ h^{-1}) \cdot 21\ (g) = 5{,}88 \cdot 10^{-2}\ l_{O_2}\ h^{-1}$$

Die Maus verbraucht ein Volumen von $5{,}88 \cdot 10^{-2}$ *l Sauerstoff pro Stunde.*

Die Ruhe-Stoffwechselleistung $P_{m\,Ruhe}$ *berechnet sich zu:*

$$P_{m\,Ruhe} = \dot{V}_{O_2\,Ruhe} \cdot OÄ\ (RQ)$$

$$OÄ\ (RQ = 0{,}85) = 20{,}25\ kJ\ l_{O_2}^{-1} = 20250\ J\ l_{O_2}^{-1}$$

$$\dot{V}_{O_2\,Ruhe} = 5{,}88 \cdot 10^{-2}\ (l_{O_2}\ h^{-1}) = 5{,}88 \cdot 10^{-2}\ (l_{O_2}\ (3600\,s)^{-1}) = 1{,}633 \cdot 10^{-5}\ l_{O_2}\ s^{-1}$$

$$P_{m\,Ruhe} = 1{,}633 \cdot 10^{-5}\ (l_{O_2}\ s^{-1}) \cdot 20250\ (J\ l_{O_2}^{-1}) = 0{,}33\ J\ s^{-1} = 0{,}33\ W$$

Die Stoffwechselleistung beim Laufen $P_{m\,Laufen}$ *berechnet sich zu:*

$$P_{m\,Laufen} = P_{m\,Ruhe} \cdot \text{Steigerungsfaktor } a = 0{,}33\ W \cdot 7{,}57 \approx 2{,}50\ W$$

15.6 Kalorimetrie

Energieumsätze bzw. Leistungen können kalorimetrisch gemessen werden. Man unterscheidet indirekte und direkte Kalorimetrie. Ein gewisser Ersatz dieser aufwendigen Messungen könnte in Zukunft über **Thermographie** möglich sein.

T 19D p 368

15.6.1 Indirekte Kalorimetrie

Wie erläutert kann man die Stoffwechselleistung P_m über den Sauerstoffverbrauch $\dot{V}_{O2}$ berechnen, wenn der respiratorische Quotient RQ und damit das Oxikalorische Äquivalent OÄ von Sauerstoff bekannt ist. Ein Teil dieser Stoffwechselleistung wird im allgemeinen in mechanische Arbeit umgesetzt werden, der größere Teil wird als Wärme frei. Eine Sauerstoffverbrauchs-Messung faßt die beiden Teile zusammen. Dieses Meßverfahren bezeichnet man, wie angegeben, auch als indirekte Kalorimetrie, und es basiert auf der oben angeführten Berechnung

$$P_m = \dot{V}_{O_2} \cdot \text{OÄ (RQ)}$$

Der Begriff „indirekte Kalorimetrie" ist nicht sehr gut gewählt, da „Kalorimetrie" *Wärmemessung* bezeichnet und da bei der indirekten Kalorimetrie ja keine Wärme sondern ein Sauerstoffverbrauch *gemessen* wird; Wärmeumsätze können daraus dann freilich *berechnet* werden. Den O_2-Verbrauch und die CO_2-Produktion kann man über Respirationsmessungen (**Atemmaske**) erfassen.

T 19B p 368

15.6.2 Direkte Kalorimetrie

Unter der obengenannten Voraussetzung, daß jede im Stoffwechsel freigesetzte Energiemenge W letztlich als Wärmemenge Q erscheint, kann man die Stoffwechselleistung P_m auch dadurch bestimmen, daß man die abgegebene Wärme mißt, sei es durch Bestimmung der Temperaturerhöhung $\Delta\vartheta$ einer isolierten Wassermenge M_{H2O} (Bomben-Kalorimeter), sei es durch Bestimmung der Temperaturdifferenz $\Delta\vartheta$ vor und hinter dem Versuchsgefäß in einem Wasserstrom $\dot{V}$, der das Versuchsgefäß umströmt (Durchstrom-Kalorimeter). In beide Gleichungen geht die Wärmekapazität von Wasser $c_{s\,H2O}$ ein. Sie beträgt:

$$c_{s\,H_2O} = 29{,}31\ \text{J g}^{-1}\ \text{K}^{-1}$$

Für das Bomben-Kalorimeter gilt:

$$P_m(\text{W}) = \frac{M_{H_2O}\,(\text{g}) \cdot c_{s\,H_2O}\,(\text{J g}^{-1}\,\text{K}^{-1}) \cdot \Delta\vartheta\ (\text{K})}{\Delta t\,(\text{s})}$$

Für das Durchstrom-Kalorimeter gilt:

$$P_m\,(\text{W}) = \dot{V}_{H_2O}\,(\text{ml s}^{-1}) \cdot c_{s\,H_2O}\,(\text{J g}^{-1}\,\text{K}^{-1}) \cdot \Delta\vartheta\ (\text{K})$$

Da es heute höchst präzise und zugleich erschwingliche miniaturisierte Thermo-Meßeinrichtungen ebenso gibt wie höchst isolierende Materialien, sind Kalorimeteraufbauten selbst für kleine Lebewesen vergleichsweise einfach realisierbar geworden. Die Auflösungsgrenzen verschieben sich immer mehr in kleinste Bereiche; es erscheint beispielsweise prinzipiell möglich, die Stoffwechselleistung einzelner Protozoen über deren Wärmeabgabe zu messen. Die prinzipiell einfachen Grundgleichungen dürfen allerdings nicht darüber hinwegtäuschen, daß die Messung, Konstanthaltung und Korrektur einer Reihe von Randbedingungen experimentell nicht trivial ist.

Die Grundprinzipien der drei genannten kalorimetrischen Verfahren werden im folgenden Beispiel verglichen.

Beispiel *(Abb. 15-22): Eine ruhig im Warburg-Respirometer (A) sitzende Honigbiene (Apis mellifica) verbraucht nach Messungen von Rothe und Nachtigall (1989) bei einer Außentemperatur von $T_a \approx 15°C$ und einem Respiratorischen Quotienten von RQ = 1,0 ein Sauerstoffvolumen von etwa $\dot{V}_{O2} = 6 \cdot 10^{-4}\ ml_{O2}\ min^{-1}$. (Dies ist ein Erfahrungswert und kennzeichnet nicht unbedingt reinen Ruhestoffwechsel, da leichte thermoregulatorische Aktivität nicht auszuschließen ist). Im Mikro-Kalorimeter (B) (Funktionsprinzip „Bombenkalorimeter") mit einem Wassermantel von M_{H2O} = 10 g erwärmt sich das Wasser in Δt = 80 min von ϑ_{t1} = 14,605°C zu Beginn des Versuchs, auf ϑ_{t2} = 14,608°C am Ende des Versuchs. Die Wärmekapazität von Wasser beträgt $c_{s\,H2O} = 29,31\ J\ g^{-1}\ K^{-1}$ Im Durchstrom-Kalorimeter (C), das mit $\dot{V}_{H2O} = 0,1\ ml\ min^{-1}$ mit Wasser von ϑ_1 = 16,0315°C durchströmt wird, beträgt ϑ_2 nach Einschwingen 16,0360°C.*

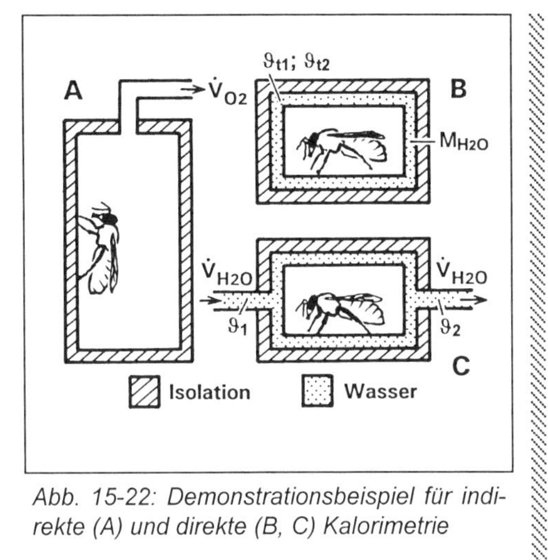

Abb. 15-22: Demonstrationsbeispiel für indirekte (A) und direkte (B, C) Kalorimetrie

Wie groß sind die Stoffwechselleistungen in den drei Fällen?

Für das Warburg-Respirometer gilt:

$$P_m = \dot{V}_{O_2}\ (l_{O_2}\ s^{-1}) \cdot OÄ\ (J\ l_{O_2})$$

$$OÄ\ (\text{bei RQ} = 1,00) = 20,91\ kJ\ l_{O_2}^{-1} = 20910\ J\ l_{O_2}^{-1}$$

$$\dot{V}_{O_2} = 6 \cdot 10^{-4}\ (10^{-3}\ l_{O_2}\ (60\ s)^{-1}) = 10^{-8}\ l_{O_2}\ s^{-1}$$

$$P_m = 10^{-8}\ (l_{O_2}\ s^{-1}) \cdot 209,10\ (J\ ml_{O_2}^{-1}) \approx 2,1 \cdot 10^{-4}\ W$$

Für das Mikro-Kalorimeter gilt:

$$P_m\ (W) = \frac{M_{H_2O}\ (g) \cdot c_{s\,H_2O}\ (J\ g^{-1}\ K^{-1}) \cdot \Delta\vartheta\ (K)}{\Delta t\ (s)}$$

$$\Delta\vartheta\ (K) = \vartheta_2\ (°C) - \vartheta_1\ (°C) = 14,608\ (°C) - 14,605\ (°C) = 0,003\ K$$

$$\Delta T\ (s) = 80\ (60\ s) = 4800\ s$$

$$P_m\ (W) = \frac{10\ (g) \cdot 29,31\ (J\ g^{-1}\ K^{-1}) \cdot 0,003\ K}{4800\ s} = 9,16 \cdot 10^{-4}\ W$$

Für das Durchstromkalorimeter gilt:

$$P_m\,(W) = \dot{V}_{H_2O}\,(g\,s^{-1}) \cdot c_s\,(J\,g^{-1}\,K^{-1}) \cdot \Delta\vartheta\,(K)$$

$$\dot{V}_{H_2O}\,(ml\,s^{-1}) = 0{,}1\,(ml\,(60\,s)) = 0{,}001\overline{6}\,ml\,s^{-1}$$

$$\Delta\vartheta\,(K) = \vartheta_2\,(°C) - \vartheta 1\,(°C) = 16{,}0360\,°C - 16{,}0315\,°C = 0{,}0045\,K$$

$$P_m\,(W) = 0{,}001\overline{6}\,(ml\,s^{-1}) \cdot 29{,}31\,(J\,g^{-1}\,K^{-1}) \cdot 0{,}0045\,(K) = \sim 2{,}2 \cdot 10^{-4}\,W$$

15.7 Energiebilanzen

In der klassischen Zeit der Arbeitsphysiologie - den 20ger und 30ger Jahren - wurden Grund- und Leistungsumsätze des Menschen und vieler Haustiere kalorimetrisch bestimmt, die ersteren für alle nur denkbaren körperlichen Tätigkeiten. Aufgrund dieser Daten wurden Energie- und Leistungsbilanzen aufgestellt. Solche Bilanzen bildeten im letzten Krieg die Basis für die „Kalorienzuteilung" über die Lebensmittelkarten. Insbesondere für schwere körperliche Tätigkeiten (die heutzutage ja immer mehr abnehmen) wurden solche Leistungsbilanzen auch später noch durchgeführt. Das nächste Beispiel kennzeichnet die Berechnungen des Gesamtumsatzes für einen saarländischen Bergmann der 50iger Jahre.

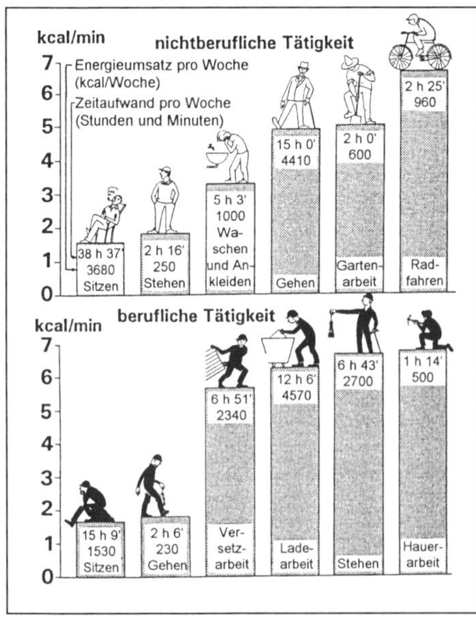

Abb. 15-23: Beispiel für eine Energiebilanz: Wöchentlicher Gesamtumsatz

Beispiel *(Abb. 15-23): Die linksstehende Abbildung zeigt, welche Zeit ein saarländischer Bergmann (vor 1955) im Wochenmittel mit welcher Tätigkeit beschäftigt war und welcher Energieaufwand damit verbunden war. Welches ist demnach der mittlere tägliche Energieaufwand für seine berufliche Tätigkeit, seine nichtberufliche Tätigkeit und für Schlaf (58 Stunden 30 Minuten; 1,05 kal min* $^{-1}$*). Wie hoch ist der Tages - Gesamtumsatz? Wie groß sind die Faktoren, um die einerseits der Leistungsumsatz, andererseits der Gesamtumsatz den Grundumsatz von 6.300 kJ überschritten haben?*

Energieaufwand für nichtberufliche Tätigkeiten pro Tag:

$$\frac{3680 + 250 + 1000 + 4410 + 600 + 960 \text{ (kcal Woche}^{-1}\text{)}}{7 \text{ (Tage Woche}^{-1}\text{)}} = 1557{,}14 \text{ kcal Tag}^{-1}$$

Energieaufwand für beruflicher Tätigkeit pro Tag:

$$\frac{1530 + 230 + 2340 + 4570 + 2700 + 500 \text{ (kcal Woche}^{-1}\text{)}}{7 \text{ (Tage Woche}^{-1}\text{)}} = 1695{,}71 \text{ kcal Tag}^{-1}$$

Energieaufwand während der Zeit des Schlafs beträgt:

$$\frac{58{,}5 \text{ (h Woche}^{-1}\text{)}}{7 \text{ (Tage Woche}^{-1}\text{)}} \cdot 1{,}05 \text{ (kcal min}^{-1}\text{)} \cdot 60 \text{ (min h}^{-1}\text{)} = 526{,}5 \text{ kcal Tag}^{-1}$$

Der Tages-Gesamtumsatz beträgt:

$$1557{,}14 + 1695{,}71 + 526{,}5 \text{ (kcal Tag}^{-1}\text{)} = 3779{,}35 \text{ kcal Tag}^{-1}$$

$$3779{,}35 \text{ (kcal Woche}^{-1}\text{)} \cdot 4{,}1868 \text{ (kJ kcal}^{-1}\text{)} = 15823{,}38 \text{ kJ Tag}^{-1}$$

Der Leistungsumsatz beträgt:

$$\text{Gesamtumsatz - Grundumsatz} = 15823{,}38 \text{ (kJ Tag}^{-1}\text{)} - 6300 \text{ (kJ Tag}^{-1}\text{)} =$$

$$= 9523{,}38 \text{ (kJ Tag}^{-1}\text{)}.$$

Die Faktoren betragen:

$$\text{Faktor}_{\text{Gesamtumsatz}} = \frac{15823 \text{ (kJ Tag}^{-1}\text{)}}{6300 \text{ (kJ Tag}^{-1}\text{)}} = 2{,}51$$

$$\text{Faktor}_{\text{Leistungsumsatz}} = \frac{9523 \text{ (kJ Tag}^{-1}\text{)}}{6300 \text{ (kJ Tag}^{-1}\text{)}} = 1{,}51$$

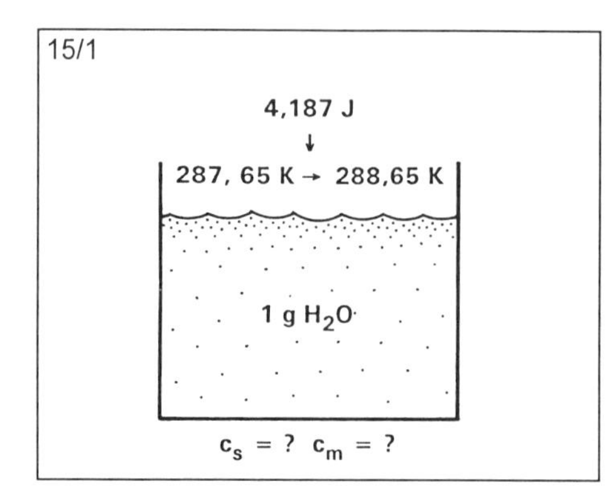

ÜBUNGSAUFGABEN

Ü 15/1: Welche spezifische Wärmekapazität c_s und welche molare Wärmekapazität c_m besitzt Wasser, wenn sich M = 1 g durch die Wärmemenge Q = = 4,187 J von der Temperatur ϑ = = 287,65 K auf die Temperatur ϑ = = 288,65 K erhitzen läßt?

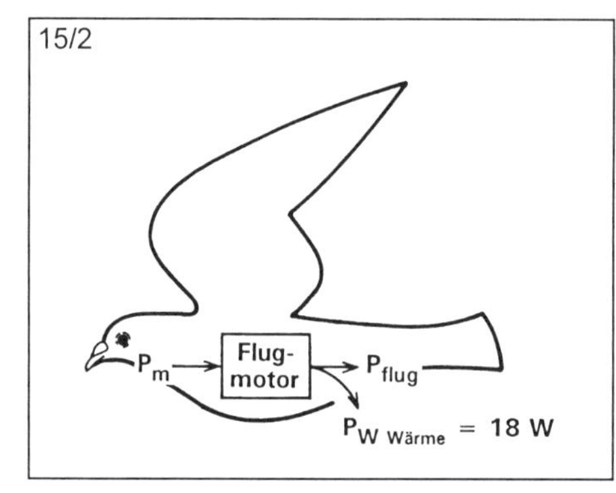

Ü 15/2: Eine mit 45 km h^{-1} streckenfliegende Haustaube (Columba livia), mit einer Körpermasse M = 320 g und einer spezifischen Wärmekapazität $c_s \approx 3 \cdot 10^3$ J kg^{-1} K^{-1}) setzt nach Messungen von Rothe, Biesel und Nachtigall (1984) bei der Umwandlung der Stoffwechselleistung P_m in mechanische Flugleistung P_{flug} in der Sekunde P_W = 18 J Abwärme frei. Ihre Wärmeabgabeleistung beträgt also $P_{Wärme} = \Phi$ = 18 W. Wie lange kann sie ohne Wärmetransfer auf die umströmende Luft in etwa fliegen, wenn sie eine Erhöhung ihrer Kerntemperatur von etwa ϑ = 40°C um $\Delta\ \vartheta$ = 2°C verträgt?

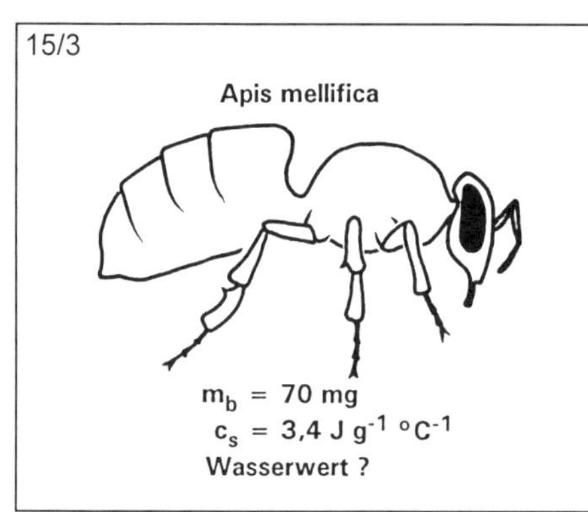

Ü 15/3: Welchen Wasserwert besitzt eine Biene (M = 70 mg; c_s = 3,4 J g^{-1} K^{-1}, der letztere Wert nach Chappell 1984), wenn bei Raumtemperatur $c_{s\ Wasser}$ = = 4,182 · 10^3 J kg^{-1} K^{-1} beträgt?

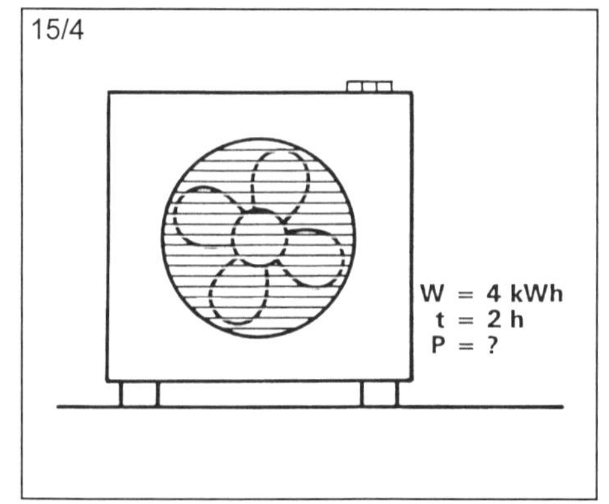

Ü 15/4: Wenn man einen Heizlüfter zwei Stunden laufen läßt, ist der Elektrozähler beispielsweise um 4 kWh weitergelaufen. Mit welcher Wärmeabgabeleistung arbeitet der Heizlüfter, wenn er elektrische Energie praktisch vollständig in Wärme umsetzt?

Ü 15/5: Die Abbildung kennzeichnet den Wärmeleitkoeffizienten λ als Funktion der Materialdichte ρ bei Baubetonen. Um welchen Faktor unterscheidet sich demnach der Wärmeleitkoeffizient λ für eine Wand aus hochdichtem Normalbeton ($\rho = 2{,}4 \cdot 10^3$ kg m $^{-3}$) gegenüber einer Wand aus Gasbeton ($\rho = 0{,}5 \cdot 10^3$ kg m $^{-3}$)? Wie dick müßte man die Wand aus Normalbeton ausführen um dieselbe Wärmestromdichte q wie mit einer Wand aus $s_{Gasbeton} = 25$ cm breiten Gasbeton-Bausteinen zu erhalten?

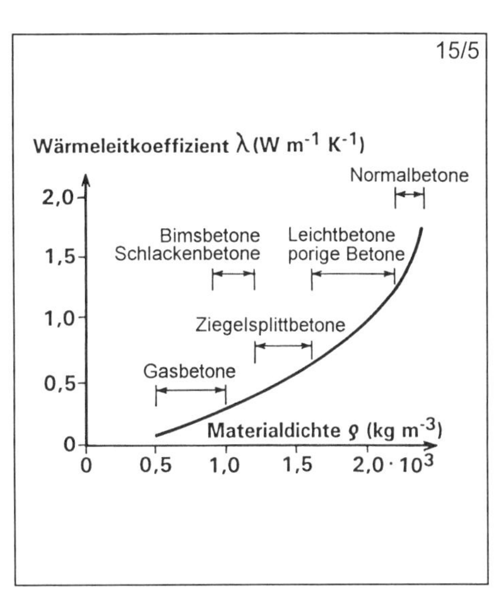

Ü 15/6: Ein Mensch (Körpermasse M = 75 kg; Körperoberfläche A = 1,9 m^2, Körpertemperatur 37°C), der unter den Meßbedingungen für den Grundumsatz P (= Φ = 6300 kJ d^{-1}) nackt auf einer Ruhebank liegt, hat einen Wärmeübergangskoeffizienten $k \approx 6{,}4$ W m^{-2} K^{-1}. Angenommen sei, daß der Grundumsatz vollständig als Wärme frei wird. Die Temperatur der umgebenden Luft wird langsam erhöht. Bis zu welcher Lufttemperatur kann er seine Abwärme rein durch Konvektion, also ohne Transpiration, abführen? Wieviel Schwitzwasser müßte er *theoretisch* (unter den gegebenen Bedingungen geht das nicht!) pro Sekunde verdunsten, um die produzierte Wärme rein evaporativ abzuführen?

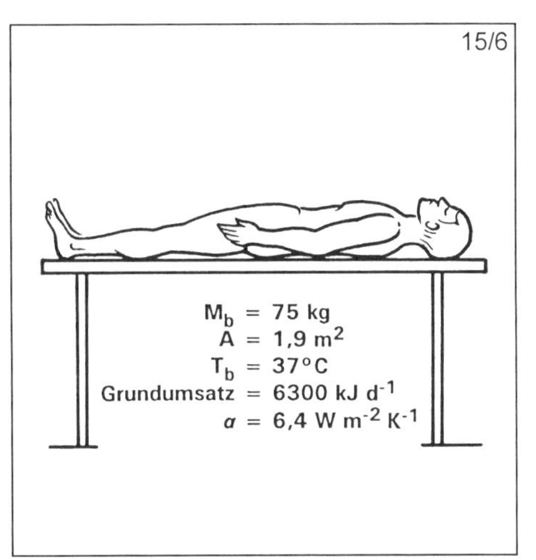

Ü 15/7: Der in Ü 15/6 gekennzeichnete Mensch wird im Gedankenversuch in eine absolut wärmeisolierende Hülle gepackt. Welcher Wärmeanstieg würde allein der Grundumsatz von P = 73 W bedingen, wenn man annimmt, daß der Wasserwert der Versuchsperson WW = 67 kg beträgt? Die spezifische Wärmekapazität von Wasser beträgt $c_{s\,H2O}$ = 4186,8 J kg^{-1} K^{-1}. Nach welcher Zeit könnten die Lebensfunktionen nicht mehr aufrechterhalten werden?

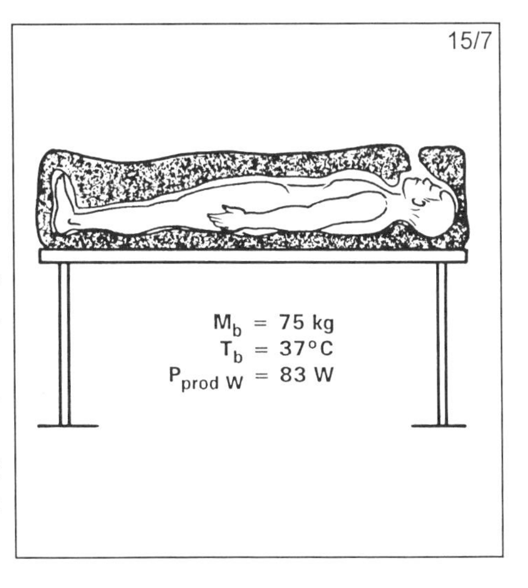

15/8

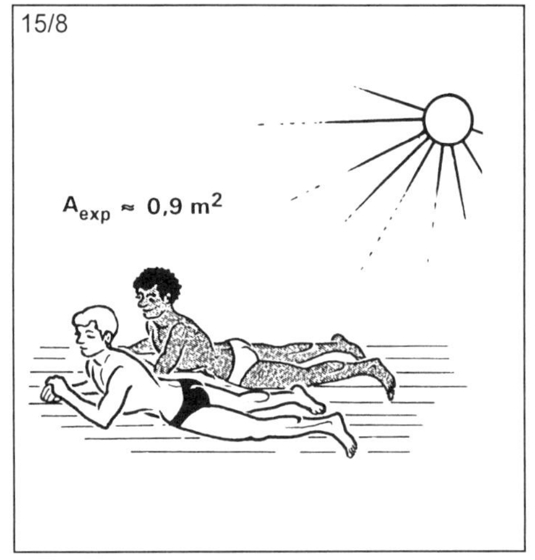

Ü 15/8: Die Einstrahlungsleistung $q_{Strahlung}$ der Sonne beträgt auf der Erde bei senkrechtem Strahleneinfall etwa 8,4 J cm^{-2} min^{-1} („Solarkonstante“). Welcher Strahlungsleistung $\Phi_{Einstrahlung\ Mensch}$ (in kW) wird ein Mensch ausgesetzt, wenn die exponierte Körperoberfläche A ca. 0,9 m^2 beträgt? Welche Wärme wird ein (ungebräunter) Weißer mit einem Absorptionsgrad $\alpha \approx 0,5$ und ein tiefdunkler Afrikaner ($\alpha \approx 0,85$) dabei pro Zeiteinheit aufnehmen, wenn 40 % der Einstrahlung im Infrarotbereich liegt? Wie groß ist diese Wärmeaufnahmeleistung im Vergleich mit der Ruhestoffwechselleistung (ca. 70 W)? Was ist der Effekt dieser Wärmeaufnahme?

15/9

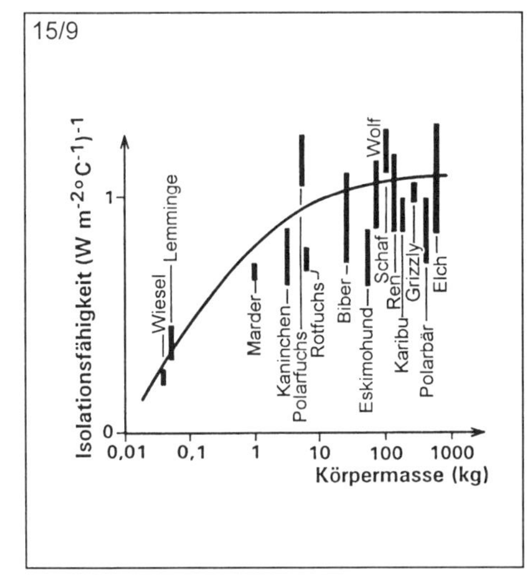

Ü 15/9: In der nebenstehenden Abbildung ist die Isolationsfähigkeit arktischer Tiere als Funktion ihrer Körpermasse aufgetragen. Man kann davon ausgehen, daß größere (schwerere) Tiere längeres und damit besser isolierendes Fell entwickeln können. Wie ersichtlich steigt die Isolationsfähigkeit bei Tieren etwa ab Polarfuchsgröße nicht mehr mit der Körpermasse. Woran könnte das liegen?

15/10

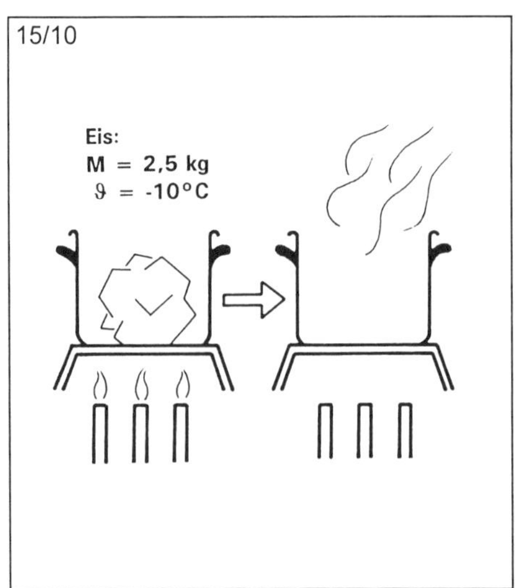

Ü 15/10: In einem Topf wird ein Eisbrocken der Masse M = 2,5 kg und der Temperatur ϑ = - 10°C vorsichtig erhitzt, bis nichts mehr im Topf ist. Welche Energie (in MJ) ist dafür aufzuwenden?

Ü 15/11: Ein in einer Senke gelegenes, etwa kreisförmiges, waldumstandenes Hochmoor von d = 3 km Durchmesser, dessen Oberschicht einen Wassergehalt von 75% aufweist, ist im Winter bis zu einer Tiefe von h = 25 cm durchgefroren. Welche Wärmemenge ist für das Auftauen nötig und welche ökologischen Konsequenzen ergeben sich?

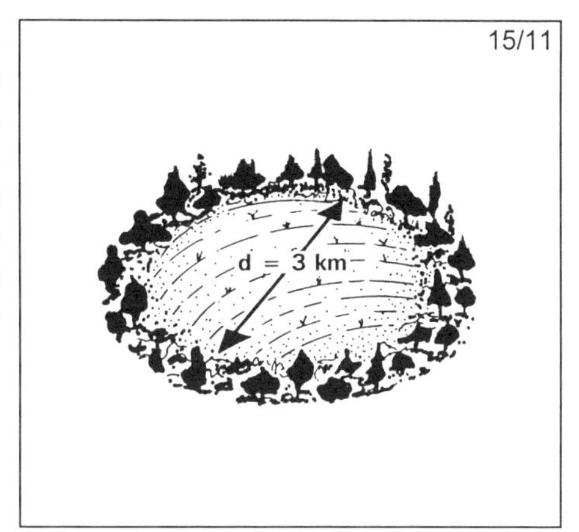

Ü 15/12: Im Winter 1962/63 gab es am Bodensee (Oberfläche A = 571,5 km^2) die bisher letzte „Seegfrörne“; der See bedeckte sich mit einer etwa h = 20 cm dicken Eisschicht. Welche Gefrierwärme (Erstarrungswärme) wurde dabei frei?

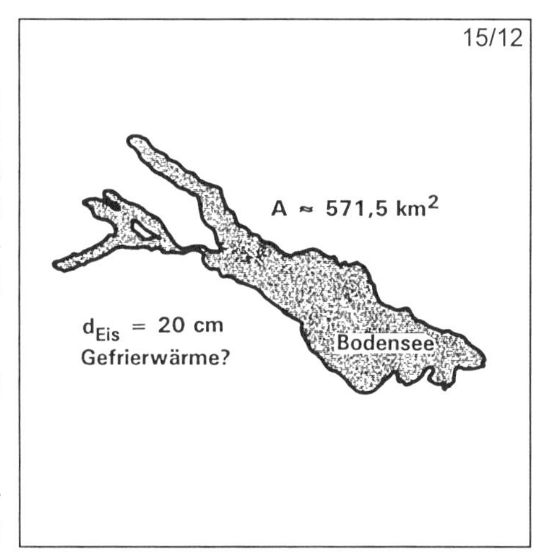

Welche Schmelzwärme wurde zum Auftauen dieser Eismasse benötigt?

Ein kommerzieller kleiner Elektroheizlüfter verbraucht etwa Φ = 1 kW und heizt ein mittelgroßes Zimmer. Wie viele derartige Geräte könnten über eine Heizperiode (7 Monate) mit dieser Kondensationswärme theoretisch laufen?

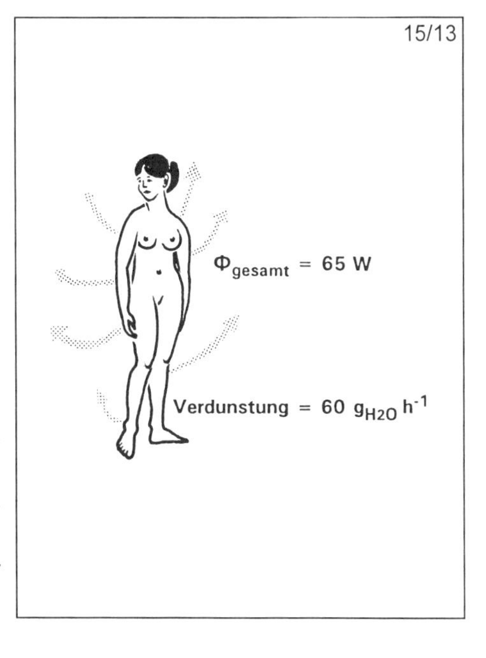

Ü 15/13: Ein mittelgroßer Mensch erzeugt unter Ruhestoffwechselbedingungen bei Umgebungstemperatur (Wände des Meßraums) von 20°C einen Wärmestrom Φ_{ges} von etwa 65 W. Wie viele Prozent dieser Wärme können evaporatorisch abgeführt werden, wenn er in der Stunde 60 ml Transpirationswasser verdunstet?

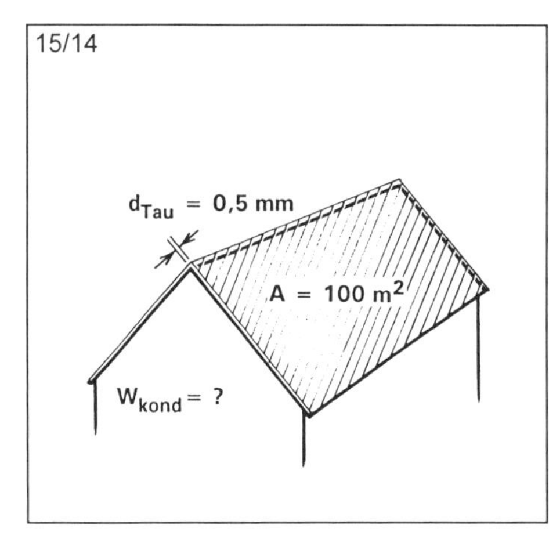

Ü 15/14: An einem Einfamilienhaus ist die Dachfläche von A = 100 m² nach einer kühlen Märznacht d = 0,5 mm mit Tau bedeckt. Welche Kondensationswärme wurde bei der Taubildung frei?

Der Tageswärmebedarf eines kleinen mitteleuropäischen Einfamilienhauses werde im März von rund 25 l Heizöl gedeckt (volumenbezogener Brennwert $B_{V\ Öl}$ = 26 MJ l^{-1}) das in der (leicht betagten) Heizung mit einem Wirkungsgrad von 70% in Wärme umgesetzt werde. Wieviel Prozent der Heizwärme könnte man in diesem Fall einsparen, wenn es gelänge, 30% der obengenannten Kondensationswärme wärmetechnisch zu nutzen?

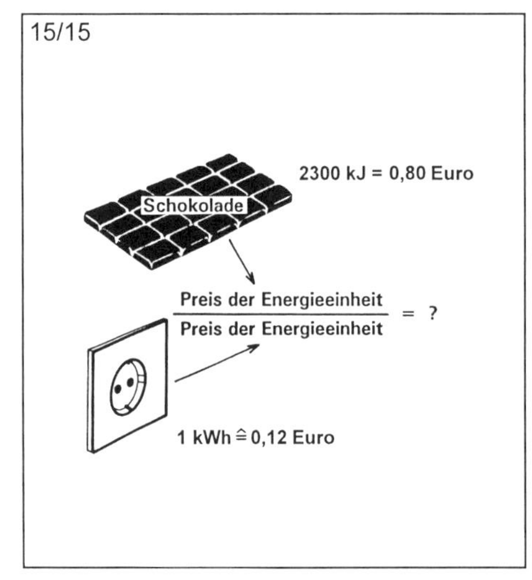

Ü 15/15: Eine 100 g-Tafel Schokolade kostet derzeit 80 Cents; ihr physiologischer Brennwert beträgt 2300 kJ. Um welchen Faktor ist die Energie in diesem hochveredelten Nahrungsmittel teurer als Energie aus der Steckdose, wenn 1 kWh derzeit 12 Cents kostet?

Ü 15/16: Bayern ernähren sich bekanntlich von Bier, denn dieses hat einen hohen Nährwert (Brennwert $B_v \approx$ $\approx$ 2 MJ l^{-1}) und macht beim Trinken Spaß, wenn es gut gekühlt ist, sagen wir auf 9°C. Der Nährwert wird aber leider dadurch beeinträchtigt, daß - formal - ein Teil der Energie benutzt werden muß, um es im Magen auf Körperwärme $\vartheta_{Körper}$ = 38 °C zu bringen. Wieviel ist das Bier dann noch wert, energetisch gesehen?

Ü 15/17: Ein Tier baut jeweils 1 g Maltose (als Beispiel für ein Kohlenhydrat). und 1 g Ölsäure (als Beispiel für einen Fettbestandteil) vollständig oxidativ ab. Formulieren Sie die Abbaugleichungen einschließlich der Energiebilanz (zumindest in einem der beiden Fälle in Molmassen- Massen- und gemischter Schreibweise). Berechnen sie jeweils den respiratorischen Quotienten und lesen Sie aus der Abbildung 15-19 die Oxikalorischen Äquivalente ab. Welche Energiemenge Φ (W) holt 1 l Sauerstoff aus diesen beiden Betriebsstoffen heraus? (Formeln und Brennwerte sind in der Abbildung eingetragen)

15/17

1.) Maltose $C_{12}H_{22}O_{11}$
($B_{s\ physiol.}$ = 16,47 kJ g^{-1})

2.) Ölsäure $C_{18}H_{34}O_{2}$
($B_{s\ physiol.}$ = 39,3 kJ g^{-1})

Ü 15/18: Ein Mensch (Körpermasse M = = 70 kg, Körperoberfläche A = 1,9 m^2) ernährt sich von der Idealdiät: pro Tag M_{KH} = 395 g Kohlenhydrate (B_{SKH} = = 15,63 kJ g^{-1}), M_{Fett} = 80 g Fette ($B_{S\ Fett}$ = = 39,02 kJ g^{-1}) und $M_{Eiweiß}$ = 77 g Eiweiße ($B_{S\ Eiweiß}$ = 13,5 kJ g^{-1}). Welche Gesamtenergie nimmt er damit pro Tag auf? Für die folgenden Berechnungen sei angenommen, daß er die pro Tag aufgenommene Energiemenge als Tages-Gesamtumsatz Q_{gesamt} wieder verbraucht. Wie hoch ist sein Grundumsatz Q_{Grund}, auf die Einheit der Körpermasse bezogen (Q_M) und auf die Einheit der Körperoberfläche bezogen (Q_A), wenn sich beim relativ ruhigen Sitzen der Gesamtumsatz Q_{gesamt} zum Grundumsatz Q_{Grund} 1,73 : 1 verhält? Welchen Leistungen P (in W) entsprechen die berechneten Werte?

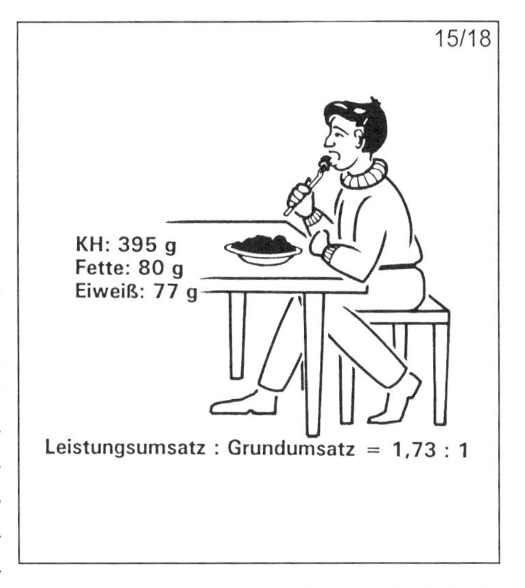

Ü 15/19: Der in Ü 15/18 gekennzeichnete Mensch lebt normalerweise vorschriftsmäßig von der angegebenen Mischkost. Eines Tages hat er nur Roggenbrot im Haus und ernährt sich ausschließlich von diesem (B_s = 11,6 kJ g^{-1}). Wieviel muß er essen um den gleichen Grundumsatz zu erreichen?

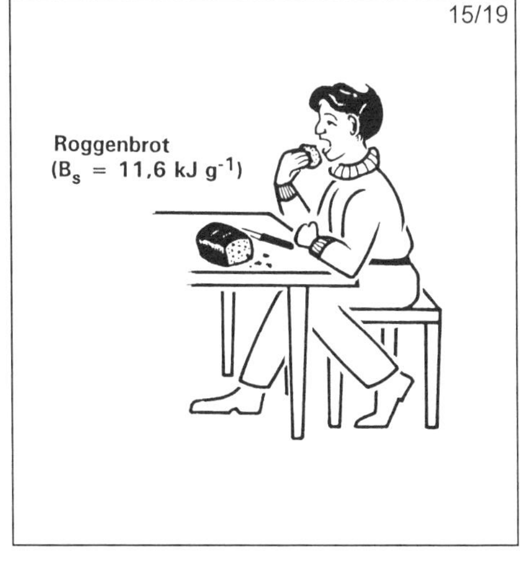

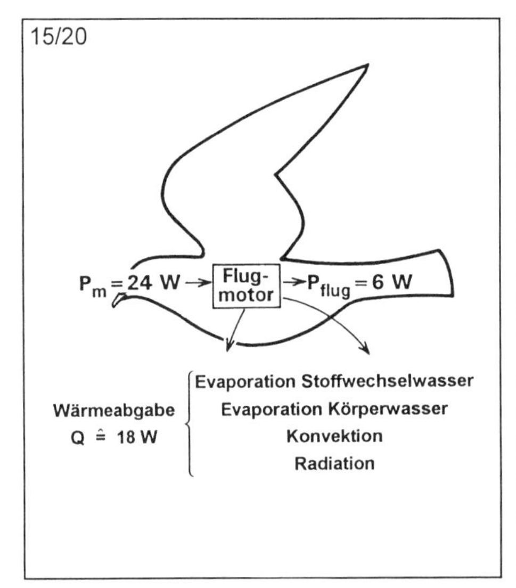

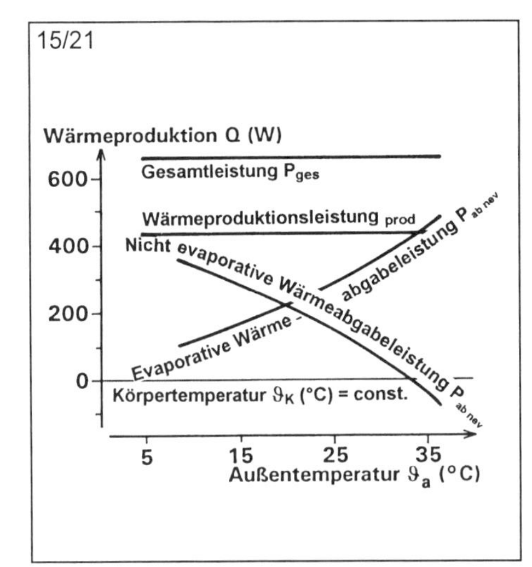

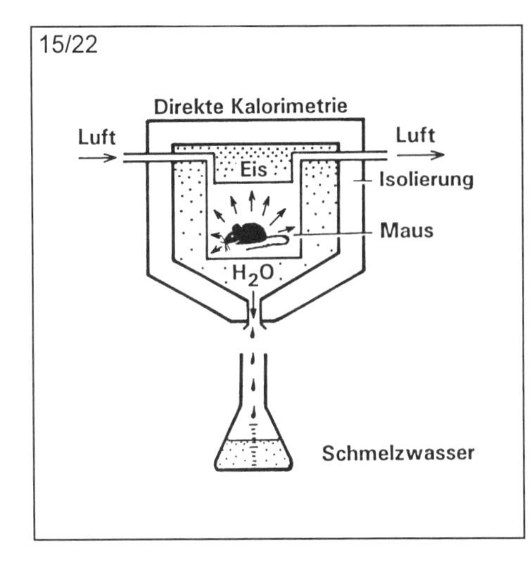

Ü 15/20: Die Flugmuskulatur der in Ü 15/2 beschriebenen Haustaube von M = 330 g Körpermasse, die beim mittelschnellen Horizontalflug nach Messungen von Rothe, Biesel und Nachtigall (1984) einer Stoffwechselleistung von etwa P_m = 24 W bedarf, arbeite mit einem Wirkungsgrad von η = 0,25. Nehmen Sie an, sie verbrennt als Fett-Treibstoff nach Ü 15/17 reine Ölsäure ($C_{18}H_{34}O_2$) (was natürlich nicht stimmt, aber in die richtige Größenordnung kommt). Das dabei entstehende Stoffwechselwasser kann sie zur „evaporativen Kühlung des Flugmotors" als wärmebeladenen Wasserdampf ausatmen. Wieviel Prozent der Abwärme kann sie damit abführen? Welche weiteren Wärmeabgabemechanismen stehen für den Rest zur Verfügung und welche Konsequenzen hat dies für die Flugdauer?

Ü 15/21: Die Abbildung zeigt - nach klassischen Messungen von Nielsen (1938) - die Wärmeverhältnisse eines mit 150 W arbeitenden nackten Menschen bei unterschiedlichen Umgebungstemperaturen. (Jeder Meßpunkt wurde nach 1 h Arbeit bei der jeweiligen Umgebungstemperatur ϑ_a ermittelt; die Körpertemperatur ϑ_K blieb immer konstant.) Interpretieren Sie die Darstellung. Wieviel g Schweiß hat die Versuchsperson bei der niedersten ($\vartheta_{a\,min}$ = 9 °C) und bei der höchsten ($\vartheta_{a\,max}$ = 37 °C) gemessenen Außentemperatur pro Stunde verdunstet?

Ü 15/22: Lavosier (1743-1794) hat bereits das Prinzipverfahren zur „Direkten Kalorimetrie" angewandt. Angenommen, die ruhig sitzende Hausmaus von M = 25 g Körpermasse erzeugt in der Stunde 2,5 ml Schmelzwasser. Welches ist ihr „Ruheumsatz" und ihr massenbezogener Ruheumsatz (auf den Tag bezogen)?
Schmelzwärme Eis = 334 J g^{-1})

Ü 15/23: Die in Ü 15/22 gekennzeichnete Hausmaus von M = 25g Körpermasse sitzt in dem gekennzeichneten Respirometer, verbraucht in der Stunde 42,5 ml Sauerstoff und produziert in der gleichen Zeit 36,1 ml CO_2. Wie groß ist der Respiratorische Quotient RQ, das zugehörige oxikalorische Äquivalent KÄ von Sauerstoff und der damit berechnete „Ruheumsatz“? Stimmt dieser indirekt-kalorimetrische Meßwert mit dem direkt-kalorimetrischen nach Ü 15/22 überein?

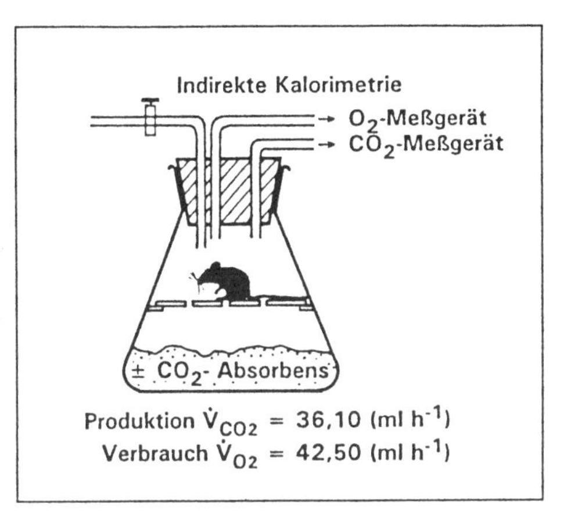

Bildtafel 18: **Schlangen-Kriechen.** Diese kriechende Schlange stößt sich mindestens an den drei „Punkten“ 1, 2, 3 vom Untergrund ab. Kräfteschema bei 1. Die Gegenkraft $-F_{res}$ der aus Reibungskraft F_R und Druckkraft F_D zusammengesetzten resultierenden Kraft F_{res} weist mit der Vortriebskomponente F_V in Bewegungsrichtung. Die Seitentriebskomponenten F_S an allen Berührungspunkten addieren sich der Größe und Richtung nach insgesamt zu Null. (Foto: Nachtigall)

Bildtafel 19: **Starenflug im Windkanal.** A Freifliegender Star. B Starenmodell (Polyester) mit Atemmaske und -schlauch zur Bestimmung des Zusatzwiderstands. Messungen an Staren selbst müssen veterenärmedizinisch genehmigt sein und werden tierschützerisch überwacht. C Vor dem Abflug im Windkanal sitzender Star. D Thermobild des Staren nach C. Aus der Thermobild-Differenz Flug-Sitzen kann man auf die metabolische Flugleistung schließen. Ergebnisse in Ward et al (1997). (Fotos: Möller, Nachtigall, Speakman, Ward)

E SIMILARITÄTEN

16 Größeneffekte und biologische Ähnlichkeit

Für fast keine Lebensäußerung ist es gleichgültig, wie groß ein Lebewesen ist. Somit sind auch die allermeisten biomechanischen Kenngrößen masseabhängig. Und wenn zwei Kenngrößen, y und x, in bestimmter Weise von der Masse abhängen - geschrieben y (M) und x (M) -, so ist auch die Abhängigkeit y (x) durch die Masseabhängigkeit der Variablen x und der Invariablen y vorgegeben. Trägt man also x über M oder y über M oder y über x auf, und wählt man das Koordinatensystem so, daß sich die Auftragung jeweils als Gerade darstellt, so wird sich die Art der Abhängigkeit im wesentlichen in der Steigung dieser Geraden ausdrücken.

In einer Vielzahl von Fällen kann man die zu erwartende Steigung theoretisch vorformulieren. Trägt man dann die Meßwerte in der angesprochenen Form auf und liest die Steigung der Ausgleichsgeraden ab, so lassen sich die theoretisch erwartete und die experimentell erhaltene Steigung vergleichen. Damit läßt sich prüfen, ob die Theorie das Experiment beschreibt. Wenn Diskrepanzen auftreten - und dann wird es oft erst interessant -, lassen sich aus dem Vergleich bereits Hinweise dafür gewinnen, wie die Theorie zu verändern ist.

Von Aspekten solcher Art handelt dieser letzte Abschnitt.

16.1 Einführungsbeispiel: Oberflächen-Volumen-Verhältnis bei kugelförmigen Organismen

Die Aussage, daß es für fast keine Lebensäußerung gleichgültig ist, wie groß ein Lebewesen ist, kann bereits durch sehr einfache geometrische Überlegungen verdeutlicht werden, wie das folgende Beispiel zeigt. Und die Größen und Massen sind **extrem unterschiedlich**.

T 21
p 390

Beispiel *(Abb. 16-1): Der kleinste kugelförmige Eukariont hat etwa r = 0,4 µm Radius, die größten liegen im Bereich einiger Zentimeter. Wie ändern sich die Oberfläche A, das Volumen V und das Oberflächen - Volumen - Verhältnis A/V mit der Größe und welche stoffwechselphysiologischen Probleme resultieren aus der letzteren Abhängigkeit?*

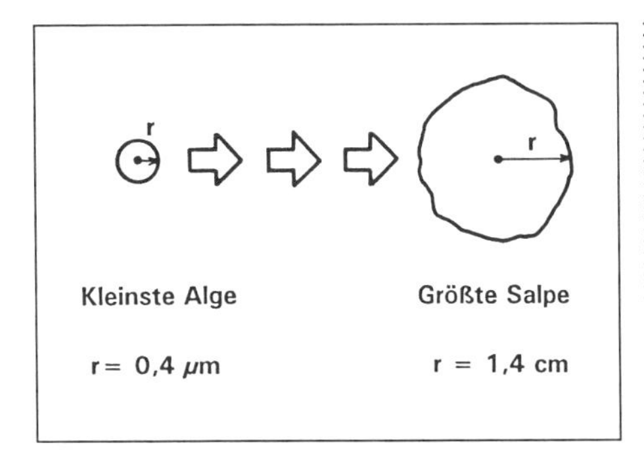

Abb. 16-1: Radien extrem kleiner und extrem großer angenähert kugelförmiger Organismen

Für Kugeln gelten die Beziehungen:

$$A = 4\,r^2\,\pi;\; V = \frac{4}{3}\,r^3\,\pi. \text{ Damit wird } \frac{A}{V} = \frac{4\,r^2 \cdot \pi}{\frac{4}{3}\,r^3 \cdot \pi} = 3\,r^{-1}$$

Mit steigender Körpergröße r verringert sich das A/V-Verhältnis. Daran kann man eine biologisch sehr weitreichende Überlegung knüpfen.

Der Sauerstoffverbrauch („Stoffwechsel") ist proportional der sauerstoffverbrauchenden Masse und damit dem Volumen V. Die Sauerstoffzufuhr („Atmung") dagegen ist proportional der Oberfläche A, durch die der Sauerstoff diffundieren kann. Da mit steigender Körpergröße das Verhältnis A/V immer kleiner wird, reicht ab einer bestimmten Größe die „Atmung über die Körperoberfläche" zur Versorgung des sauerstoffverbrauchenden Gewebes nicht mehr aus. Diese Größe ist bei Radien von einigen wenigen Zentimetern erreicht. Größere Tiere müssen daher zwangsläufig Mechanismen zur Vergrößerung der gasaustauschenden Oberfläche entwickeln, entweder Ausstülpungen (→ Kiemen) oder Einstülpungen (→ Lungen).

Der biologische Schluß, der sich aus einfachsten geometrischen Vergleichen ergibt, führt also überraschend weit.

Das einführende Beispiel ist aber auch in Bezug auf die allgemeine Darstellung solcher Probleme interessant.

Trägt man die Beziehungen als Wertetabelle auf, so ergeben sich beispielsweise die Werte von Abb. 16-2.

r (μm)	A (μm^2)	V (μm^3)	A/V (μm^{-1})
$1 = 10^0$	12,57	4,19	$3{,}00 = 3 \cdot 10^0$
$10 = 10^1$	1256,64	4188,79	$0{,}30 = 3 \cdot 10^{-1}$
$100 = 10^2$	125663,71	4188790,21	$0{,}03 = 3 \cdot 10^{-2}$
$1000 = 10^3$	etc.	etc.	$0{,}003 = 3 \cdot 10^{-3}$
$10000 = 10^4$	etc.	etc.	$0{,}0003 = 3 \cdot 10^{-4}$

Abb. 16-2: Geometrische Kenngrößen für kugelförmige Organismen

Die Auftragung dieser Tabelle ist in Abschnitt 16.2 weiterbetrachtet.

16.2 Auftragung und Ablesung im doppelt logarithmischen Koordinatensystem

Formulierungen in Potenzschreibweise lassen sich besonders gut im doppelt logarithmischen Koordinatensystem auftragen, da sich Potenzfunktionen in diesem Netz als Gerade darstellen:

$$\frac{A}{V} = 3\,r^{-1}$$

logarithmiert: $$\log \frac{A}{V} = \log 3 + (-1) \log r$$

allgemein: $$y = a + bx$$ Geradengleichung

In der Abbildung 16-3 ist die Gerade eingezeichnet, die der Potenzfunktion $A/V = 3\,r^{-1}$ entspricht. Sie ist durch die beiden Geradenkenngrößen „Steigung b“ = -1 und „Ordinatenabschnitt a“ = log 3 gekennzeichnet.

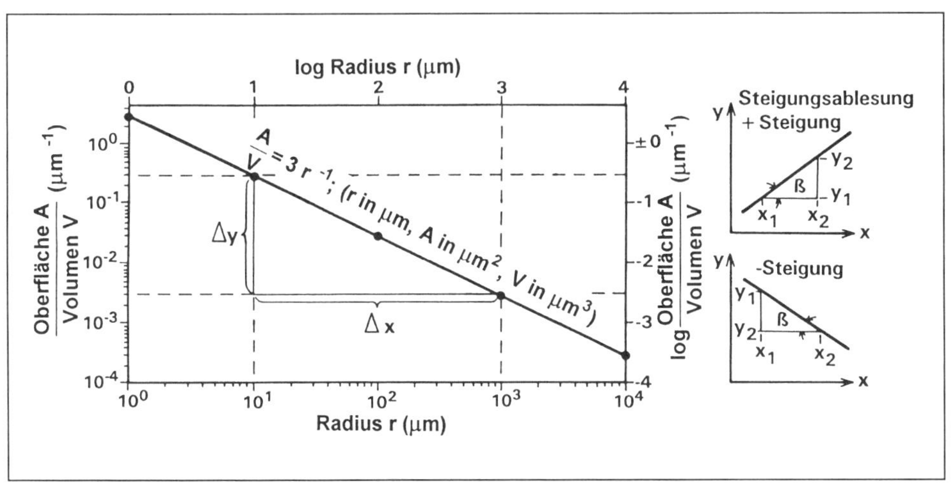

Abb. 16-3: Auftragung der Tabelle von Abb. 16-2 im doppelt logarithmischen Koordinatensystem und Ablesung der Steigungskenngrößen für positive und negative Steigung

16.2.1 Koordinateneinteilungen

Für die Koordinatenkennzeichnung kann man entweder die Numeri (untere Abszisse und linke Ordinate; logarithmisch geteilt) oder die Logarithmen (obere Abszisse und rechte Ordinate; linear geteilt) verwenden. Üblich ist die erstgenannte Koordinatenbezeichnung. In der Abbildung 16-3 sind zum Vergleich beide Bezeichnungsweisen eingetragen.

16.2.2 Kenngrößenablesung

Liegt umgekehrt eine Gerade im doppelt logarithmischen Koordinatensystem vor, deren Gleichung nicht angegeben ist, so lassen sich deren Kenngrößen b und a ablesen, und daraus läßt sich die Gleichung formulieren.

Hierbei muß man folgendes beachten. Bei Ablesung von den logarithmischen Skalen der Numeri müssen in die untenstehende Formel die Logarithmen der Skalenteile eingesetzt werden. Liest man von den Skalen der Logarithmen ab, können die dort angegebenen Zahlenwerte selbstredend direkt eingesetzt werden. Bei negativen Steigungen vertauschen sich die Lagen von y_2 und y_1; vergl. Abb. 16-3, rechts. Wenn Ordinate und Abszisse gleichartig unterteilt sind (eine Dekade = gleiche Zeichenstrecke in beiden Koordinaten), kann man b über den Steigungswinkel β direkt ablesen: $\tan \beta = \Delta y / \Delta x = b$; vergl. Abb. 16-13.

Für den vorliegenden Fall kann man beispielsweise ablesen:

Steigung b:
$$\frac{\Delta y}{\Delta x} = \frac{\log y_2 - \log y_1}{\log x_2 - \log x_1} = \frac{\log 3 \cdot 10^3 - \log 3 \cdot 10^{-1}}{\log 10^3 - \log 10^1} =$$

$$= \frac{3{,}47712 - 1{,}47712}{(-3) - (-1)} = \frac{2}{-2} = -1$$

Ordinatenabschnitt a: (abzulesen für x = 1, da log 1 = 0):

$$a = (3 \cdot 10^0) = 3$$

Damit wird:
$$\log y = \log a + b \log x$$

inv. log:
$$y = a \cdot x^b = 3 \cdot x^{-1}.$$

Die Potenzfunktions-Darstellung hat sich auch für biologische Phänomene gerade deshalb sehr bewährt, weil sich - wie aufgezeigt - Potenzfunktionen im doppelt logarithmischen Netz als Gerade darstellen. Das ist für Ablesung und Vergleich sehr komfortabel. Im nächsten Abschnitt wird dieser Gesichtspunkt am Beispiel von Wachstumsvergleichen näher erläutert.

16.3 Relatives Wachstum in Potenzfunktions-Darstellung

Das folgende Beispiel erläutert schematisch die Darstellung eines Meßergebnisses: Teile eines Körpers entwickeln sich schneller, gleichschnell oder langsamer als der Körper selbst.

Beispiel *(Abb. 16-4): Angenommen, man mißt im Abstand von je einem Monat dreimal (Zeitpunkt t_1, t_2 und t_3) die Körperlänge l_K und die Teillängen l_T dreier Körperteile (z.B. Armlänge etc.) eines Vertebraten. Was kann man aus der nebenstehenden vergleichenden Auftragung l_T (l_K) im doppelt logarithmischen Koordinatensystem entnehmen?*

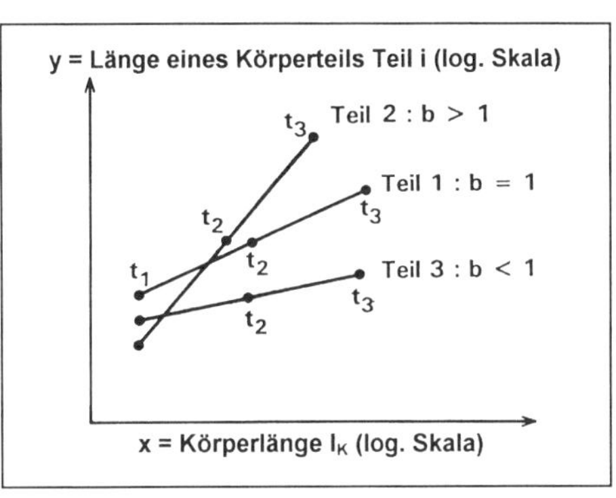

Abb. 16-4: Schematische Darstellung des Längenwachstums dreier Körperteile im Verhältnis zur Länge des Gesamtkörpers

Wenn sich die Teillängen proportional zur Körperlänge entwickeln (also zu jedem Zeitpunkt einen und denselben Bruchteil der Körperlänge ausmachen), wäre für die Proportion Teillänge ~ Körperlänge ^{b} ein Exponent b = 1,00 zu erwarten. Eilt die Teillänge l_T der Vergleichslänge l_K voraus, so äußerst sich das in b > 1. Bleibt l_T im Vergleich zu l_K zurück, so resultiert b < 1.

16.3.1 Isometrisches und allometrisches Wachstum

Bei b = 1,00 spricht man von isometrischem Wachstum des Teils relativ zum Körper. Für b $\neq$ 1 spricht man von allometrischem Wachstum, und zwar bei b > >1 von positiv allometrischem Wachstum, bei b < 1 von negativ allometrischem Wachstum. Ganz allgemein spricht man auch von einer allometrischen Darstellung, der Allometriegeraden (im doppelt logarithmischen System) und dem allometrischen Exponenten b.

Fast regelmäßig entwickeln sich in der Embryogenese Teile eines Körpers nicht gleichschnell wie der Körper (Allometrie), schwenken aber irgendwann auf Isometrie ein - sonst würde sich der Körper ja ins Unermeßliche verzerren. Im nächsten Beispiel ist dieser Gesichtspunkt am Beispiel der Armlänge relativ zur Körperlänge in der frühkindlichen bis jugendlichen Entwicklung des Menschen dargestellt.

Beispiel *(Abb. 16-5): In der Abbildung nach Medawar (1945) sind von Versuchspersonen unterschiedlichen Alters die Mittelwerte der Armlängen l_A als Funktion der Körperlänge l_K im doppelt logarithmischen Koordinatensystem aufgetragen. Bei den Meßpunkten ist das jeweilige Alter angegeben. Wie ist die Graphik hinsichtlich des relativen Wachstums von l_A in Bezug auf l_K zu interpretieren?*

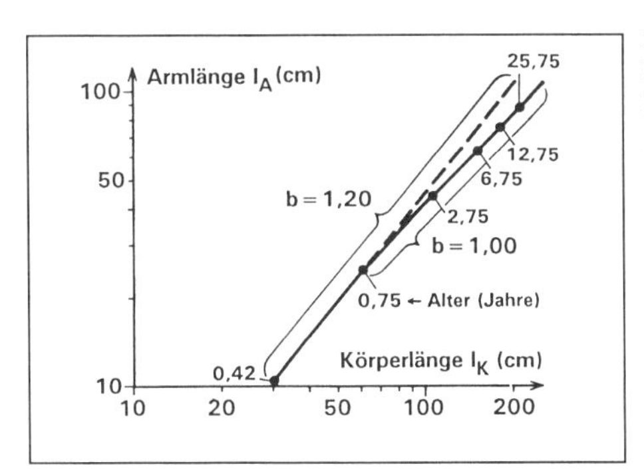

Abb. 16-5: Wachstum der Armlänge im Verhältnis zur Körperlänge beim Menschen im Alter zwischen 5 Monaten und 25 Jahren

Würde der Arm so schnell wie der Körper wachsen (isometrisches Wachstum), so wäre der Koeffizient b = 1,00. In der frühen Kindheit ist b = 1,20, später ist b = 1,00. Der Arm wächst relativ zum Körper (Kenngröße: Körperlänge) also zunächst rascher (positiv allometrisches Wachstum), dann gleich rasch (isometrisches Wachstum).

16.3.2 Hilfsmittel für Zeichnung und Ablesung logarithmischer Skalen

In Abbildung 16-8 werden Zwischenwerte von logarithmischen Skalen abzulesen sein. Dazu vorher eine für die Praxis hilfreiche Bemerkung.

Logarithmische Skalen haben den unschätzbaren Vorteil, daß sie jede Dekade gleichwertig darstellen und damit gleich gut ablesbare Graphiken auch über sehr große Bereiche ermöglichen. Ein unbestreitbarer Nachteil liegt freilich darin, daß die Interpolation bei der Ablesung schwierig wird, wenn auf Zeichnungen nur die Dekadengrenzen (also beispielsweise 10-100-1000 etc.) mit Strichen angegeben sind. Hier kann die in Abbildung 10-6 angegebene, proportional gezeichnete Ablesehilfe gute Dienste tun. Sie ist für die Dekade 1-10 eingeteilt, kann natürlich aber analog für jede Dekade verwendet werden. Man kopiert sie sich am besten auf Folie.

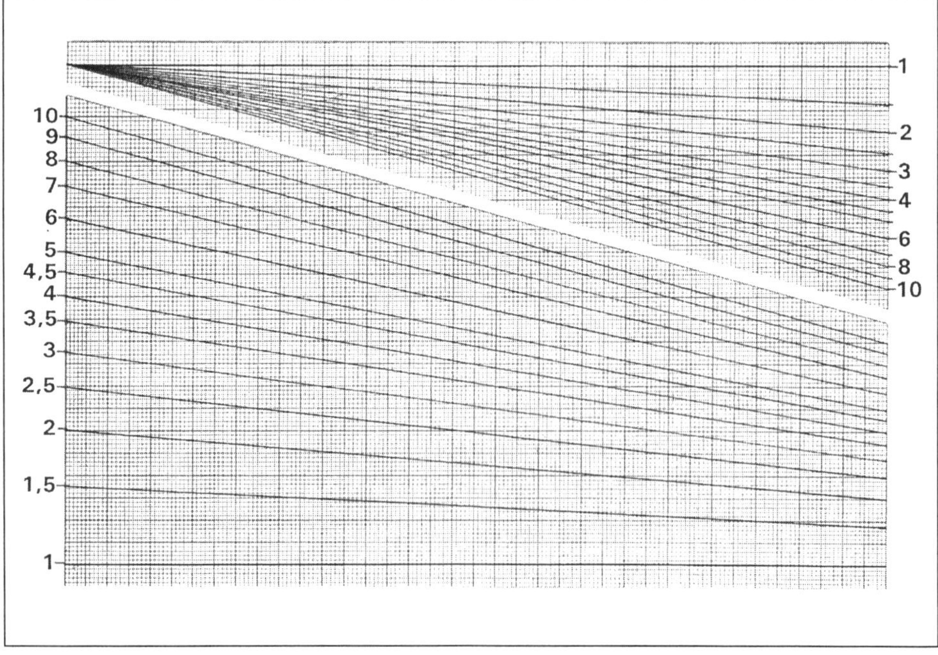

Abb. 16-6: Zeichenhilfsmittel für Einteilung und Ablesung logarithmischer Skalen (vergl. Abb. 16-7)

Beispiel *(Abb. 16-7): Die sonst schwer abschätzbaren Koordinaten y_P und x_P des eingezeichneten Punkts P kann man mit der Zeichenhilfe unschwer ablesen zu*

$$y_P = 2{,}25 \cdot 10^{-2}$$

und

$$x_P = 7{,}00 \cdot 10^{2}.$$

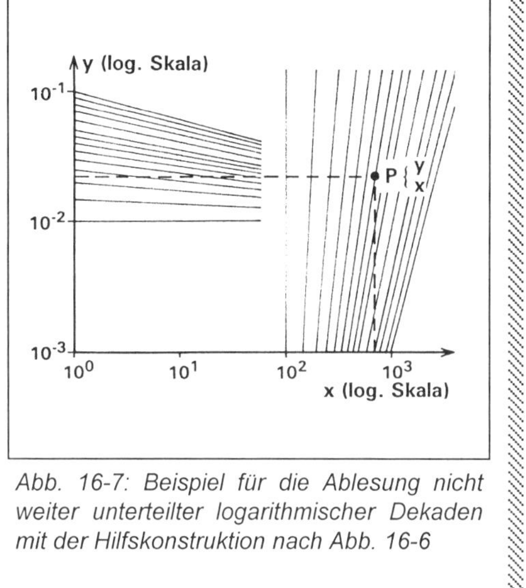

Abb. 16-7: Beispiel für die Ablesung nicht weiter unterteilter logarithmischer Dekaden mit der Hilfskonstruktion nach Abb. 16-6

16.4 Geometrische und „statische" Ähnlichkeit

Geometrische Ähnlichkeiten erscheinen bisweilen trivial. Alle kugelförmigen Organismen sind einander ähnlich - eben kugelförmig -, und ihr Volumen ist, wie im Einführungsbeispiel in Erinnerung gerufen worden ist, stets 4,19 mal so groß wie die dritte Potenz des Radius. Bei Quadrat bzw. Kubus sind Flächeninhalt bzw. Volumen stets so groß wie die zweite bzw. dritte Potenz der Kantenlänge. Auch Lebewesen können von solchen planimetrischen oder stereometrischen Kenngrößen bestimmt sein. So verhalten sich die Oberflächen kleinerer und größerer Hunde (wenn man von Extremrassen mal absieht) in etwa geometrisch ähnlich. Die „abwickelbare" Körperoberfläche - eine für den Wärmehaushalt bedeutsame Größe - ist bei den Hunden stets um den gleichen Faktor größer als das Quadrat der Körperlänge.

Betrachtet man Lebewesen allerdings auf einer größeren Längenskala, so können statische Notwendigkeiten die stereometrischen Ähnlichkeiten überdecken. Damit verändern sich äußere oder innere Proportionen mit der Körpergröße. Die beiden nächsten Beispiele kennzeichnen diesen Gesichtspunkt.

16.4.1 Isometrie: Beispiel Schleimpilzen

Schleimpilze sind sehr kleine aber auch sehr schlanke „Hochbaukonstruktionen". Gerade deshalb sind sie für statische Betrachtungen interessant.

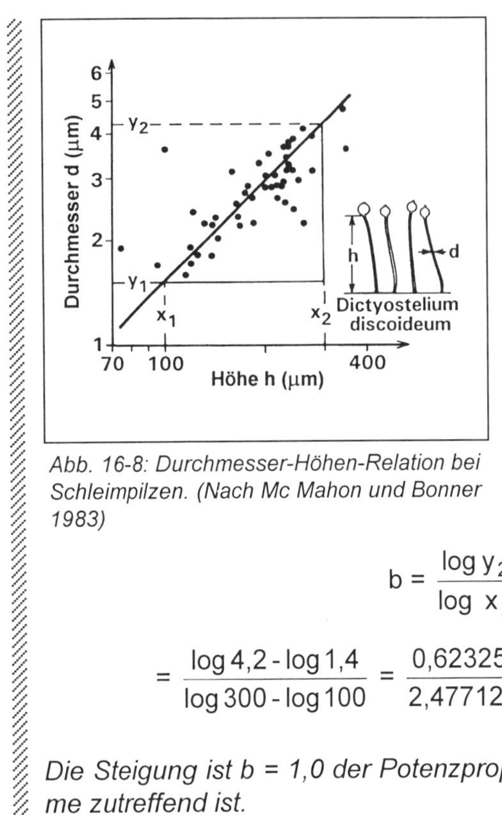

Abb. 16-8: Durchmesser-Höhen-Relation bei Schleimpilzen. (Nach Mc Mahon und Bonner 1983)

***Beispiel** (Abb. 16-8): Die Abbildung zeigt die Abhängigkeit des Durchmessers d von der Höhe h bei Fruchtkörpern von Schleimpilzen. Nach mikroskopischer Beobachtung scheinen solche „Trägestrukturen" unabhängig von der Absolutgröße h immer gleiche Proportionen aufzuweisen; doppelt so hohe Träger müßten demnach doppelt so dick sein. Unterstützt die Auftragung diese Annahme?*

Die Ablesung der Regressionsgeraden ergibt beispielsweise (abgelesene Werte in μm):

$$b = \frac{\log y_2 - \log y_1}{\log x_2 - \log x_1} =$$

$$= \frac{\log 4{,}2 - \log 1{,}4}{\log 300 - \log 100} = \frac{0{,}62325 - 0{,}14613}{2{,}47712 - 2{,}00000} = \frac{0{,}47712}{0{,}47712} = 1{,}000$$

Die Steigung ist b = 1,0 der Potenzproportion $d \sim l^{1,0}$ zeigt klar, daß die Annahme zutreffend ist.

Bei diesen sehr kleinen, „baumförmigen" Organismen von deutlich weniger als 1 mm Höhe herrscht also lineare Proportionalität in der Durchmesser-Höhen-Beziehung. Ist dies auch bei pflanzlichen Großbauten - Bäumen mit Längen bis über 100 m - der Fall? Im Übergangsbereich befinden sich vielleicht noch **sehr kleine Pilze**.

T 4D p 50

16.4.2 Allometrie: Beispiel Bäume

Bäume als „Hochbaukonstruktionen" sind bereits im 19. Jahrhundert ausführlich untersucht worden.

***Beispiel** (Abb. 16-9): Die Abbildung zeigt einen Ausschnitt aus dem klassischen, sehr umfangreichen Meßmaterial, das der Biomathematiker G. Greenhill (1881) an amerikanischen Bäumen gewonnen hat. Bei 576 Arten ist jeweils vom größten aufgefundenen Baum der Stammdurchmesser nahe dem Boden über der Höhe aufgetragen: eine Arbeit, die Meßgeschichte gemacht hat. Wenn überhaupt, dann ließe sich aus einer solchen Auftragung $d \sim h^b$ ein mittlerer allometrischer Exponent b für große Bäume bestimmen. Welcher Exponent b ist abzulesen und wie stimmt das Ergebnis mit der visuellen Erfahrung überein?*

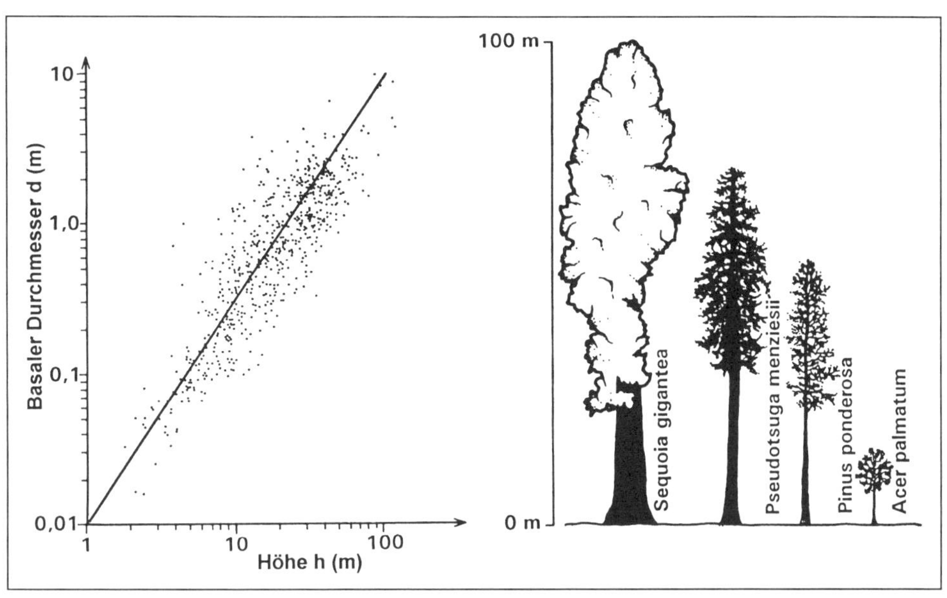

Abb. 16-9: Durchmesser-Höhen-Relation bei nordamerikanischen Bäumen und Höhenvergleich einiger dieser Bäume

Man kann unter Nutzung der gesamten Geradenlänge beispielsweise ablesen (abgelesene Werte in m):

$$b = \frac{\log y_2 - \log y_1}{\log x_2 - \log x_1} =$$

$$= \frac{\log 10 - \log 0{,}01}{\log 100 - \log 1} = \frac{1{,}00000 - (-2{,}00000)}{2{,}00000 - 0{,}00000} = \frac{3{,}0}{2} = 1{,}5$$

Da b > 1 herrscht positiv allometrisches Wachstum. Bäume von großer Höhe haben einen unverhältnismäßig großen Durchmesser, wirken also plumper. Dies stimmt mit dem visuellen Eindruck überein, den man von Bäumen hat.

Bei den Bäumen herrscht demnach keine geometrische Ähnlichkeit, aber doch wohl irgendeine „statische Ähnlichkeit", die sich in dem Exponenten b = 1,50 widerspiegeln sollte. Das bereits im 19. Jahrhundert formulierte „Barba-Kick'sche Gesetz der proportionalen Widerstände" macht dies verständlich. Demnach wächst - bei derartigen „linearen Hochbaukonstruktionen" besonders klar formulierbar - die Eigenbelastung B mit der Masse M (und damit dem Volumen oder der dritten Potenz der Höhe h), die Widerstandsfähigkeit W gegen eine derartige Belastung dagegen nur mit der Querschnittsfläche $A = (d/2)^2 \pi$ (und damit mit der zweiten Potenz des Durchmessers d):

$$B \sim M \sim h^3$$

$$W \sim A \sim d^2$$

T 4C p 50 **Höhere Bäume** geraten also bei gleicher Geometrie in immer größere Diskrepanzen zwischen ihrer Eigenlast und ihrer Widerstandsfähigkeit gegen eben diese Eigenlast. Diese Diskrepanz wird ausgeglichen durch die Proportion:

$$d^2 \sim h^3 \text{ bzw. } d \sim \sqrt[2]{h^3} \sim h\,\sqrt[2]{h} \sim h^{\frac{2}{3}} \sim h^{1,5}$$

T 4B p 50 Das heißt: Geometrische Ähnlichkeit würde $d \sim h^{1,00}$ bedeuten. Statische Ähnlichkeit erzwingt bei Bauten größerer Höhe eine **zunehmende „Verplumpung"**, die sich in der Proportion $d \sim h^{1,5}$ niederschlägt. Alle Bauten, die dieser Proportionalität folgen, sind - unabhängig von ihrer absoluten Höhe - im Prinzip gleich sicher gegen ein eventuelles Versagen unter ihrer Eigenlast. Dies gilt auch für das Denkbeispiel eines „Riesengetreidehalms".

Trägt man Skizzen von Bäumen unterschiedlicher Höhe nebeneinander auf (Abb.16-9, rechts), so fällt der mit größerer Absoluthöhe zunehmende „Verplumpungsgrad" unmittelbar auf.

16.5 Physikalische Ähnlichkeitstheorie (MLT-System)

Theoretische Exponenten können für alle physikalischen Kenngrößen formuliert werden. Im Bereich der Mechanik lassen sich sowohl die Grundgrößen Masse M, Länge L und Zeit T als auch alle abgeleiteten Größen aus Potenzen der drei Grundgrößen M, L, T multiplikativ zusammensetzen. Die Theorie bezieht jede Größe auf die Masse M. Für irgendeine Größe y gilt dann: $y \sim M^{b_{yM}}$. (Der Exponent b_{yM} wird gelesen: Steigung b bei der Auftragung y über M).

Diese Theorie wird hier nur skizziert (vergl. entspr. Lb.). Sie gilt für zwei - im Grunde recht naheliegende - Randbedingungen. Zum einen soll die Dichte konstant sein. Man kann also nicht ein Modell aus Holz und eine Großausführung aus Stahl direkt vergleichen. Zum anderen soll die Beschleunigung konstant sein. Man kann also nicht ein Modell auf dem Mond mit einer Großausführung auf der Erde direkt vergleichen. Nach der Alltagserfahrung liegt es tatsächlich nahe, als wichtigste Querbeziehung die Massenabhängigkeit physikalischer Größen zu betrachten. Sowohl die drei Grundgrößen M, L und T als auch jede beliebige zusammengesetzte Größe y können als massenabhängig betrachtet werden.

16.5.1 Abhängigkeit der Grundgrößen von der Masse

$M \sim M^1$; $b_{MM} = 1,00$ (→ Identität)

$L \sim \sqrt[3]{M} \sim M^{1/3} \sim M^{0,3\overline{3}}$; $b_{LM} = 0,3\overline{3}$ (erstgenannte Konstanzbedingung; leicht einsehbar)

$T \sim M^{1/6} \sim M^{0,1\overline{6}}$; $b_{TM} = 0,1\overline{6}$ (zweitgenannte Konstanzbedingung; nicht ohne weiteres einsehbar (Ableitung s. entsprechendes Lb.))

16.5.2 Abhängigkeit zusammengesetzter Größen von der Masse

Allgemeine Formulierung:

$$y \sim M^{b_{yM}} \cdot M^{b_{yL}} \cdot M^{b_{yT}}$$

Der Gesamtexponent für die physikalische Größe y beträgt dann:

$$b_{y_{ges}} = b_{yM} + b_{yL} + b_{yT}$$

Physikalische Ähnlichkeitstheorie	Biologische ÄTh
Fläche $A \sim L^2 \sim (M^{1/3})^2 \sim M^{0,6\overline{6}}$; $b_{ges} = 0,6\overline{6}$	$b_{ges} = 0,6\overline{6}$
Volumen $V \sim L^3 \sim (M^{1/3})^3 \sim M^{1,0\overline{0}}$; $b_{ges} = 1,0\overline{0}$	$b_{ges} = 1,0\overline{0}$
Dichte $\rho = ML^{-3} \sim M^1 \cdot (M^{1/3})^{-3} \sim M^{0,0\overline{0}}$; $b_{ges} = 0,0\overline{0}$	$b_{ges} = 0,0\overline{0}$
Frequenz $f = T^{-1} \sim M^0 \cdot M^0 \cdot (M^{0,1\overline{6}})^{-1} \sim M^{-0,1\overline{6}}$; $b_{ges} = -0,1\overline{6}$	$b_{ges\ korr} = -0,27$
Geschwindigkeit $v \sim LT^{-1} \sim M^{1/3} \cdot (M^{0,1\overline{6}})^{-1} \sim M^{0,1\overline{6}}$; $b_{ges} = -0,1\overline{6}$	$b_{ges\ korr} = 0,07$
Leistung $P \sim ML^2T^{-3} \sim M^1 \cdot (M^{0,3\overline{3}})^2 \cdot (M^{0,1\overline{6}})^{-3} \sim M^{1,18}$; $b_{ges} = 1,18$	$b_{ges\ korr} = 0,73$

Abb. 16-10: Sechs Beispiele für Berechnung der Exponenten b nach der physikalischen Similaritätstheorie (links), verglichen mit den Werten der im folgenden skizzierten biologischen Similaritätstheorie (rechts)

In der linken Hälfte der Abbildung 16-10 sind für sechs physikalisch und biologisch besonders wichtige abgeleitete Größen die Exponenten b für die Abhängigkeit dieser Größe von der Masse angegeben. In der rechten Hälfte stehen die nach der weiter unten betrachteten biologischen Similaritätstheorie berechneten Exponenten.

Wie ersichtlich, stimmen diejenigen zusammengesetzten Größen, in denen die Zeit nicht enthalten ist, in beiden Theorien überein. Größen, die die Zeit enthalten, stimmen nicht überein. Offensichtlich muß die physikalische Similaritätstheorie in ihrer Anwendung auf Lebewesen in geeigneter Weise erweitert werden. Dieses leisten biologische Similaritätstheorien.

16.6 Biologische Ähnlichkeitstheorie (MLT-System) (Beispiel)

Vergleicht man biologische Originalmessungen für f (M), v (M) und P (M), für zeitbehaftete Größen also, die beispielhaft in Abbildung 16-10 angeführt sind, so stimmen die aus den Regressionsgeraden berechneten Exponenten b entweder genau mit den theoretischen biologischen Exponenten b oder doch weitaus besser mit diesen als mit den physikalischen überein (Beispiel: Ü 16-2).

Offensichtlich hat die biologische Similaritätstheorie die nötigen Schritte erfaßt, über die die physikalische Similaritätstheorie auf Lebewesen erweitert werden muß. Es gibt hierfür unterschiedliche Ansätze, so daß man eigentlich von unterschiedlichen biologischen Similaritätstheorien sprechen muß. Ich schildere hier den Ansatz von Günther (1971), ohne ihn in allen Aspekten zu teilen. Dieser pars-pro-toto-Aspekt mag genügen, da die Formulierung einer allgemeinen, allgemein-erklärenden und allgemein anerkannten biologischen Similaritätstheorie noch aussteht.

16.6.1 Unterschiede zur physikalischen Ähnlichkeitstheorie

Die wesentlichen Schritte des ebengenannten Ansatzes sind die Einführung eines anderen Zeitexponenten und einer sogenannten operationellen Zeit. Danach gilt für biologische Vorgänge:

$$M \sim M^{1};\ b_{MM} = 1{,}00$$

$$L \sim M^{1/3};\ b_{LM} = 0{,}33$$

$$T \sim M^{1/3};\ b_{TM} = 0{,}33$$

Der Gesamtexponent b_{ges} wurde entsprechend der physikalischen Similaritätstheorie formuliert, jedoch durch einen Summanden c korrigiert:

$$b_{ges\ korr} = b_{ges} + c$$

Die Werte für c betragen

$$c = 0,$$

wenn T im Meßverfahren nicht enthalten ist (z.B. Dichte, Dimension ML^{-3})*

$$c = +\ 0{,}065,$$

wenn T im Dimensionsansatz im Sinne einer „Frequenz" verwendet wird, was meist der Fall ist (z.B. Geschwindigkeit, Dimension $L\ T^{-1}$)

$$c = -0{,}065,$$

wenn T im Dimensionsansatz im Sinne einer „Periode" verwendet wird (z.B. Periodendauer, Dimension T).

*(Bemerkung: T kann durchaus im Dimensionsansatz, aber nicht im Meßverfahren enthalten sein. So ist die Dimension des Drucks $M\ L^{-1}\ T^{-2}$, und T steht quadratisch im Nenner. Doch wird bei der Druckbestimmung keine Zeitmessung benötigt. Deshalb ist für den Druck der Korrektionsfaktor c gleich Null. Für eine Ableitung dieser etwas willkürlich erscheinenden Festlegungen muß auf die Originalliteratur verwiesen werden).

Biologische Ähnlichkeitstheorie	Korrigierter Exponent $b_{ges\ korr}$
Länge	0,33
Masse	1,00
Zeit (Periode)	0,27
Fläche	0,66
Volumen	1,00
Dichte	0,00
Geschwindigkeit	0,07
Beschleunigung	-0,27
Kraft	0,66
Arbeit, Energie	1,00
Leistung	0,73
Frequenz	-0,27
Druck, Spannung	0,00
Dynamische Zähigkeit	0,40
Dehnbarkeit (Compliance)	1,00

Abb. 16-11: Theoretische Exponenten b für die Abhängigkeit einiger biologisch relevanter physikalischer Kenngröße von der Masse, berechnet nach der biologischen Similaritätstheorie nach Günther (1971)

Mit diesen korrigierten Gesamtexponenten $b_{ges\ korr}$ ergeben sich die in der Abbildung 16-11 zusammengestellten theoretischen Exponenten b für die Abhängigkeit biologisch relevanter physikalischer Kenngrößen von der Masse. Wie erwähnt, unterscheiden sich im physikalischen und im biologischen Ansatz nur diejenigen Kenngrößen in ihren Exponenten, in die die Zeit eingeht. Die Rechnung im biologischen Ansatz erfolgte analog den folgenden Beispielen:

Leistung P: Dimension $M\ L^2\ T^{-3}$; $P \sim M^1 \cdot (M^{0,33})^2 \cdot (M^{0,33})^{-3}$

$$b_{ges} = 1{,}00 + 0{,}66 - 1{,}00 = 0{,}66;$$

$$b_{ges\ korr} = 0{,}667 + 0{,}056 = 0{,}732 \approx 0{,}73 \text{ (vergl. Ü 16/2)}$$

Periodendauer T: Dimension $M^0\ L^0\ T^1$; $T \sim M^0\ M^0\ M^{0,33}$;

$$b_{ges} = 0 + 0{,}33 = 0{,}33;$$

$$b_{ges\ korr} = 0{,}333 - 0{,}065 = 0{,}268 \approx 0{,}27$$

16.6.2 Erweiterung: Abhängigkeit einer massenproportionalen Größe y von einer anderen massenproportionalen Größe

Die Berechnung und doppelt logarithmische Auftragung von physiologisch und biomechanisch wichtigen physikalischen Kenngrößen als Funktion der Masse ist zweifellos die wichtigste Vorgehensweise für die Analyse von Größenabhängigkeiten. Sie ist aber nicht die einzig mögliche. Im Grunde kann die Abhängigkeit einer jeden Größe von jeder anderen betrachtet, dargestellt und theoretisch vorbedacht werden. Durch entsprechende Auftragung von Versuchsergebnissen kann dann geprüft werden, ob die Theorie mit der Realität übereinstimmt. Diese Vorgehensweise ist also von grundlegender allgemeiner Bedeutung.

Wenn y über x aufgetragen werden soll, gibt es zwei Möglichkeiten. Entweder ist für die Proportion $y \sim x^{byx}$ der Exponent b_{yx} aus theoretischen Zusammenhängen zu erschließen bzw. leicht erkennbar. Dann ist das graphische Prüfverfahren sowieso problemlos. Im anderen Fall kann b_{yx} über die bekannten Exponenten der Massenabhängigkeit von y und von x berechnet werden.

Man liest zunächst die Exponenten b_{yM} und b_{xM} der beiden Beziehungen $y \sim M^{b_{yM}}$ und $y \sim M^{b_{xM}}$ aus Tabellen ab oder berechnet sie. Der gesuchte Exponent der Abhängigkeit y von x berechnet sich dann nach:

$$b_{yx} = \frac{b_{yM}}{b_{xM}}$$

Diese Ansätze sind nötig und hilfreich, wenn man über den graphischen Vergleich von Meßwertauftragungen Theorien prüfen will.

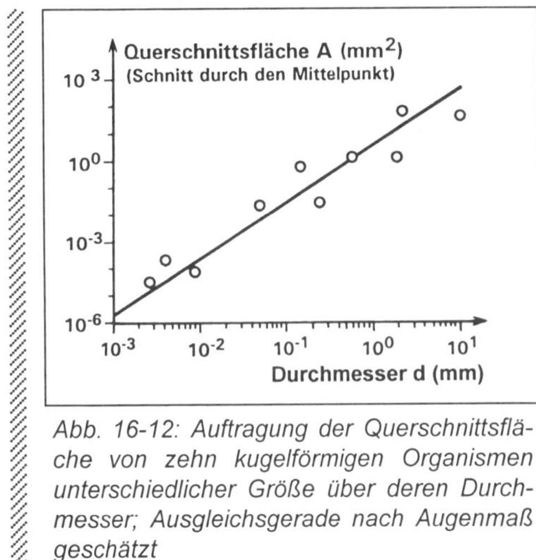

Abb. 16-12: Auftragung der Querschnittsfläche von zehn kugelförmigen Organismen unterschiedlicher Größe über deren Durchmesser; Ausgleichsgerade nach Augenmaß geschätzt

Beispiel *(Abb. 16-12): Die doppeltlogarithmische Auftragung der Querschnittsfläche A von kugelförmigen Kleinorganismen unterschiedlicher Größe über den Durchmesser d sollte nach Fläche ~ Länge² eine Steigung* $b = \Delta A / \Delta d = 2,00$ *ablesen lassen. Dies folgt auch aus* $A \sim M^{0,66}$ *und* $L \sim M^{0,33}$ *über* $b_{Ad} = 0,66/0,33 = 2$. *Stützt die Verteilung der Meßpunkte diese einfache theoretische Überlegung?*

Die Ablesung

$$b = \frac{\log 1 - \log 0{,}001}{\log 0{,}5 - \log 0{,}02} = \frac{0 - (-3)}{(-0{,}301) - (-1{,}699)} = \frac{3}{1{,}398} \approx 2{,}15$$

bestätigt die quadratische Abhängigkeit der Kreisfläche vom Radius.

***Beispiel** (Abb. 16-13): In diesem Beispiel wird der Ansatz von Abschnitt 10.2.2.4 noch einmal aufgegriffen. In der doppelt logarithmischen Auftragung (gleicher Koordinatenmaßstab!) des Körperwiderstands F_W über der Schwimmgeschwindigkeit v haben Nachtigall und Bilo (1965) bei dem Wasserkäfer Dytiscus marginalis einen mittleren Steigungswinkel der Ausgleichsgeraden von ß = 63,4° bestimmt. Analog resultierten nach Nachtigall und Hanauer-Thieser (1992) für die Honigbiene Apis mellifica ß = 56,3°. Ist das Newton'sche Widerstandsgesetzt erfüllt, nach dem die Proportion $F_W \sim v^2$ zu erwarten wäre?*

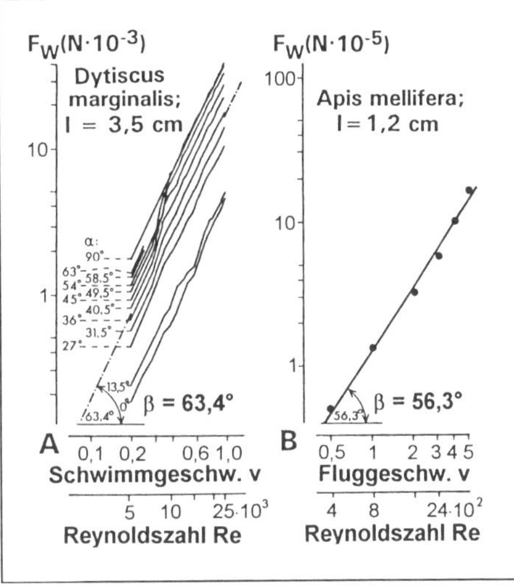

Abb. 16-13: Abhängigkeit des Schwimm- bzw. Flugwiderstands zweier Insekten von der Bewegungsgeschwindigkeit bzw. Reynoldszahl

Die zu erwartende Steigung ist

$$b_{F_W v} = 2{,}00.$$

Für Dytiscus gilt:

$$\text{arc tan}\ \beta = 63{,}4°;\ \tan\beta = \frac{\Delta F_W}{\Delta v} = b_{F_W v} = 1{,}99695 \approx 2$$

Für Apis gilt:

$$\text{arc tan}\ \beta = 56{,}3°;\ \tan\beta = b_{F_W v} = 1{,}49944 \approx 1{,}5$$

Der bei $5 \cdot 10^3 < Re < 2{,}5 \cdot 10^4$ schwimmende Wasserkäfer folgt also exakt dem Newton'schen Widerstandsgesetz, während bei der bei kleineren Reynoldszahlen $4 \cdot 10^2 < Re < 3{,}5 \cdot 10^3$ fliegende Honigbiene eine Abweichung auftritt, die noch nicht interpretierbar ist.

Bemerkung: Die direkte Winkelablesung ist nur zulässig, weil die Koordinatenmaßstäbe gleich sind.

Waren bei den beiden letztgenannten Beispielen die Ergebnisse unschwer vorhersagbar oder doch vorstellbar, so gilt dies für die Abhängigkeit einer komplexer zusammengesetzten abgeleiteten Größe von einer anderen derartigen Größe nicht mehr ohne weiteres. Gerade hier bewährt sich die rechnerische und graphische Dimensionsanalyse als vorzügliches Instrument für die Aufdekkung von Zusammenhängen.

Das zeigen die beiden nächsten und letzten Beispiele.

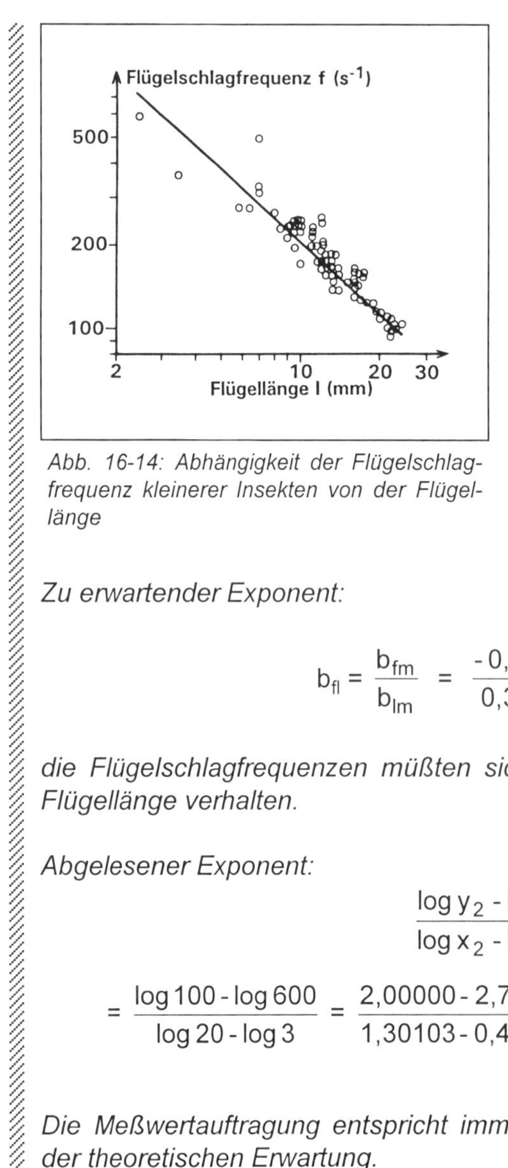

Abb. 16-14: Abhängigkeit der Flügelschlagfrequenz kleinerer Insekten von der Flügellänge

***Beispiel** (Abb. 16-14): Greenewalt (1975) hat in der Abbildung die Flügelschlagfrequenzen f von Dipteren und Hymenopteren als Funktion der Flügellänge l doppeltlogarithmisch aufgetragen. Welcher Exponent b_{fl} ist für die Proportion $f \sim l^{bfl}$ zu erwarten, und entspricht das Ergebnis der Erwartung? (Bemerkung: Der Autor rechnet hier mit der physikalischen Similaritätstheorie, weil nach seiner Meinung $v_{Pm\ min}$ eher von aerodynamischen als von stoffwechselphysiologischen Kenngrößen bestimmt wird.)*

Zu erwartender Exponent:

$$b_{fl} = \frac{b_{fm}}{b_{lm}} = \frac{-0{,}27}{0{,}33} = -0{,}82 \approx -1;$$

die Flügelschlagfrequenzen müßten sich in etwa umgekehrt proportional zur Flügellänge verhalten.

Abgelesener Exponent:

$$\frac{\log y_2 - \log y_1}{\log x_2 - \log x_1} =$$

$$= \frac{\log 100 - \log 600}{\log 20 - \log 3} = \frac{2{,}00000 - 2{,}77815}{1{,}30103 - 0{,}47712} = \frac{0{,}77815}{0{,}82391} = -0{,}94446 \approx -1$$

Die Meßwertauftragung entspricht immerhin grob (mit 16%-iger Abweichung) der theoretischen Erwartung.

Vögel können mit unterschiedlichen ausgezeichneten Geschwindigkeiten fliegen. Die Maximalgeschwindigkeit ist die bekannteste derartige Kenngröße. Ökologisch wichtiger ist aber die Geschwindigkeit für geringstmögliche Leistungsausgabe, $v_{Pm\ min}$. Bei dieser Geschwindigkeit können die Vögel mit einem gegebenen Energievorrat (Fettspeicher) die größtmögliche Zeit in der Luft bleiben. Eine aerodynamisch und ökologisch bedeutsame und leicht formulierbare Kenngröße ist die Flächenbelastung FB. Man versteht darunter das Gewicht bzw. die Masse eines Vogels, bezogen auf die gesamte tragende Flügelfläche. Hoch flächenbelastete Vögel (ein Extrem: Eissturmvogel) fliegen viel schneller und auch weniger feinsteuerbar als nieder flächenbelastete (ein Extrem: Fregattvogel). Für energetische Rechnungen zum Vogelflug ist nun unter anderem die Beantwortung der Frage bedeutsam, wie die Geschwindigkeit für geringstmögliche Leistungsausgabe, $v_{Pm\ min}$, mit der Flächenbelastung FB skaliert.

Beispiel *(Abb. 16-15): Ein Vogel habe die Flächenbelastung FB = 50 kg m^{-2}; seine mittlere Geschwindigkeit für geringstmögliche Stoffwechselleistungsausgabe $v_{Pm\ min}$ ist nach der von Mc Mahon und Bonner (1983) gegebenen Abbildung $v_{P\ min}$ = 30 km h^{-1}. Wie groß ist demnach $v_{Pm\ min}$ für einen Vogel von FB = 150 kg m^{-2}? Man formuliere die abgelesene Steigung möglichst allgemein und vergleiche sie mit dem theoretischen Erwartungswert.*

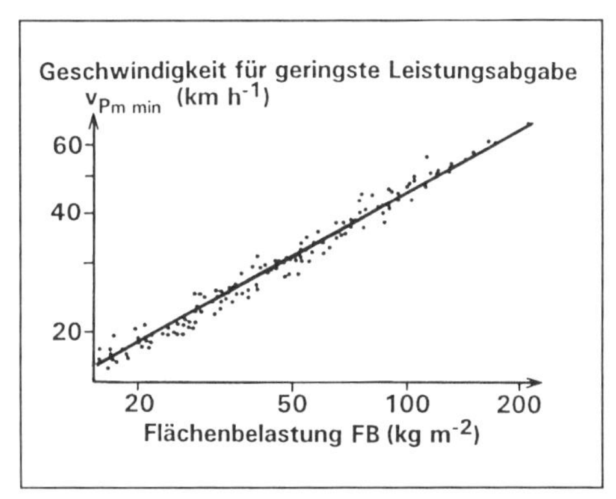

Abb. 16-15: Abhängigkeit der Geschwindigkeit für geringstmögliche Leistungsausgabe von der Flächenbelastung bei Vögeln

Mit den Einheiten der Koordinaten kann beispielsweise abgelesen werden:

$$b_{abgelesen} = \frac{\log 43 - \log 18}{\log 100 - \log 20} = 0{,}54108 \approx \frac{1}{2}$$

<u>Theorie:</u>

Dimension Geschwindigkeit v: LT^{-1}; $v \sim M^{0,3\overline{3}} \cdot (M^{0,1\overline{6}})^{-1}$;

$$b_{vM} = 0{,}3\overline{3} + 0{,}1\overline{6}\,(-1) = 0{,}3\overline{3} - 0{,}1\overline{6} = 0{,}1\overline{6}$$

Dimension Flächenbelastung FB: $ML^{-2} \sim M^1 \cdot (M^{0,3\overline{3}})^{-2}$;

$$b_{FB\,M} = 1 + 0{,}3\overline{3} \cdot (-2) = 1 - 0{,}6\overline{6} = 0{,}3\overline{3}$$

$$b_{vB} = \frac{0{,}1\overline{6}}{0{,}3\overline{3}} = \frac{1}{2}$$

Es gilt also in guter Näherung: Geschwindigkeit ~ Flächenbelastung$^{1/2}$ ~ ~ $\sqrt{\textit{Flächenbelastung}}$. *Damit beantwortet sich die Frage wie folgt (v Geschwindigkeit für minimale Stoffwechselleistung, FB Flächenbelastung):*

$$\frac{v_2}{v_1} = \frac{FB_2}{FB_1} \; ; \quad v_2 = v_1 \cdot \sqrt{\frac{FB_2}{FB_1}} \; ;$$

$$v_2 = 30\,(\mathrm{km\ h^{-1}}) \cdot \sqrt{\frac{150\,(\mathrm{kg\,m^{-2}})}{50\,(\mathrm{kg\,m^{-2}})}} = 52\ \mathrm{km\ h^{-1}}.$$

Der Vogel mit der - großen - Flächenbelastung von 150 kg m $^{-2}$ *(entsprechend 1472 N m* $^{-2}$*) müßte mit einer Geschwindigkeit von 52 km h* $^{-1}$ *fliegen, wenn er bei gegebenem Treibstoffeinsatz möglichst lange in der Luft bleiben will.*

Die für Zugvögel ökologisch bedeutsame - und im Grunde einfache, doch nicht ohne weiteres zu erwartende - Beziehung, daß die Geschwindigkeit für geringstmögliche Leistungsausgabe der Wurzel aus der Flächenbelastung proportional sein sollte, ergibt sich also überraschend deutlich sowohl theoretisch als auch experimentell.

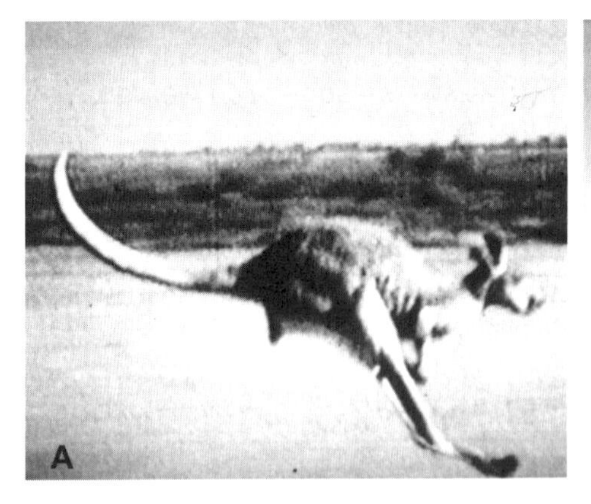

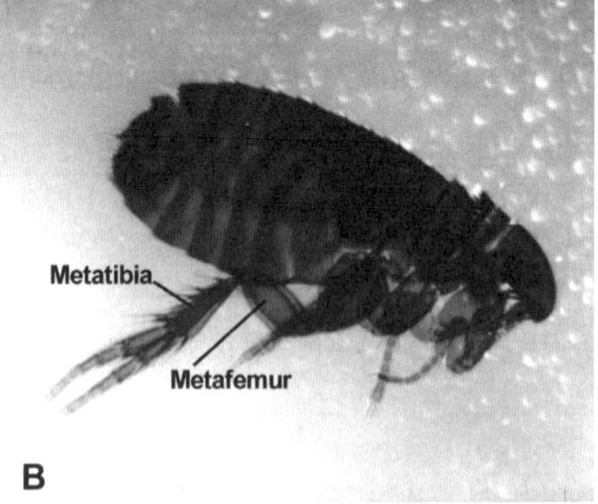

Bildtafel 20: **Springen bei Vertebraten und Invertebraten.** A Ein Känguruh, Sprungphasen-Bild im Moment der Bodenberührung durch die Hinterbeine. Muskel und Sehnen federn den Aufsatzstoß ab (Energiespeicherung). Der Schwanz wirkt als Balancierstange. B Ein Floh. Erkennbar ist das massive, die Sprungmuskulatur enthaltene Metafemur (Hinterschenkel), sowie die dünne „Sprungstange" der Metatibia (Hinterschiene). (A nach einem Videomitschnitt, Herkunft unbekannt. B Foto Nachtigall)

ÜBUNGSAUFGABEN

Ü 16/1: Die Gleichung $y = 2 \cdot 10^{-2} \cdot x^{1,55}$ ist eine Potenzfunktion der Art $y = a\, x^b$. Tragen Sie sie im doppelt linearen Koordinatensystem für die x-Werte 1-10-100-1000 (wenn zeichnerisch nötig mit Zwischenwerten) auf. Überzeugen Sie sich durch Auftragung der genannten vier Punkte im doppelt logarithmischen Koordinatensystem, daß sich der Graph in gleichartiger Teilung als Gerade darstellt und schreiben Sie die Gleichung bei dem Graphen an. In das doppelt logarithmische Koordinatensystem ist bereits ein anderer Graph eingetragen. Formulieren Sie dessen Gleichung und schreiben Sie sie an den Graphen an.

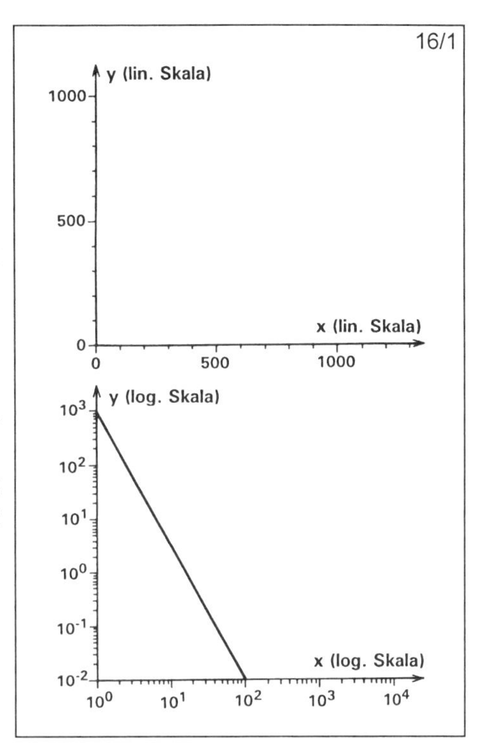

Ü 16/2: Welcher Exponent b ist für die Abhängigkeit der Stoffwechselleistung P_m von der Körpermasse M anzunehmen? Stimmt dieser mit dem allometrischen Exponenten b, der aus der nebenstehenden, von Hemmingsen (1960) gegebenen Abbildung für einen geradezu astronomisch großen Massebereich von Lebewesen zu entnehmen ist, überein?

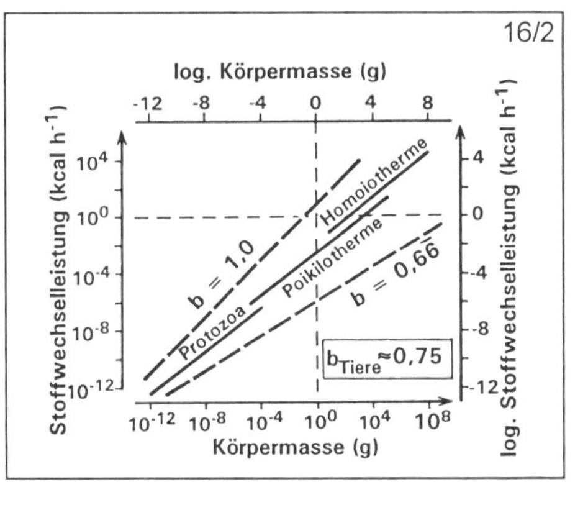

Ü 16/3: Welcher Exponent ist für die Abhängigkeit der spezifischen (massebezogenen) Stoffwechselleistung von der Körpermasse anzusetzen? Stimmt dieser mit dem Exponenten b, der aus der nebenstehenden Abbildung für einen sehr großen Massenbereich von Warmblütern zu entnehmen ist, überein? Was besagen die angegebenen Graphen für Placentalia und Marsupialia?

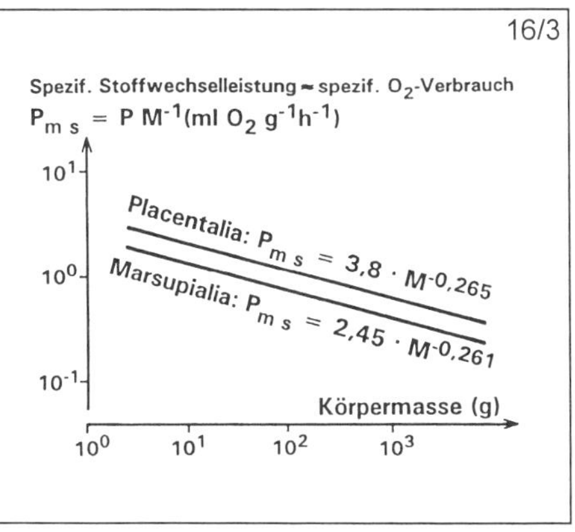

16/4

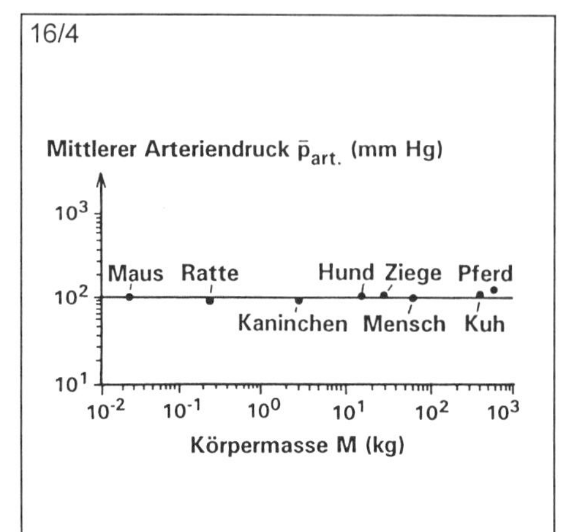

Ü 16/4: Die nebenstehende Abbildung zeigt nach Daten von Prosser (1973) die Abhängigkeit des mittleren arteriellen Blutdrucks p_{art} von der Körpermasse M bei Säugetieren. Auf den ersten Blick mag es erstaunen, daß sich p_{art} mit der Körpermasse M nicht ändert. Ist dies dimensionsanalytisch zu verstehen?

16/5

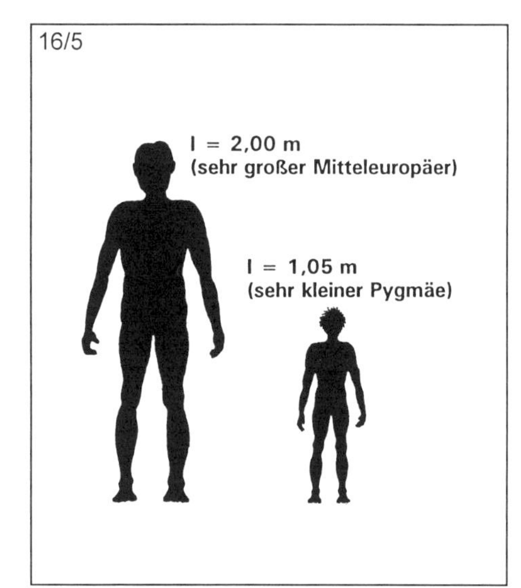

Ü 16/5: Die nebenstehende Abbildung zeigt sehr unterschiedlich große, „real existierende“ Menschen, nämlich einen sehr großen Mitteleuropäer von l_M = 2,00 m Körperlänge und einen sehr kleinen Pygmäen von l_P = 1,05 m Körperlänge im Größenvergleich. In welcher Relation stehen die Längen l, die Körperoberflächen A, die Volumina V, die Stoffwechselleistungen P_m, die spezifischen (massebezogenen) Stoffwechselleistungen $P_{m\ s}$ dieser beiden Menschen? Um wieviel müßte der größere beim Einkleiden und beim Lufttransport mehr bezahlen als der kleinere, wenn die Kosten für einen Anzugsstoff flächenproportional, die Flugkosten (was eigentlich vernünftig wäre) massenproportional wären?

16/6

Ü 16/6: In seiner Erzählung „Gullivers Reisen“ schrieb Jonathan Swift 1726 Gulliver (Körperlänge l_G = 180 cm) jeweils 1728 Tagesrationen eines Liliputaners (Körperlänge l_L = 15 cm) zu. Der Bewegungsphysiologe E.J. Slijper (1967) hat sich überlegt, ob das nach der biologischen Similaritätstheorie stimmen kann. Was meinen Sie?

Ü 16/7: Die nebenstehende Abbildung zeigt sieben typische Verläufe A bis G von Potenzfunktionen. Welchem Typus sind die folgenden elf physiologisch relevanten Funktionen a bis l zuzuordnen und warum (Kurzformeln angeben!)?

a) Massenbezogene Stoffwechselleistung (Körpermasse); b) Herzmasse (Körpermasse); c) Lungenoberfläche (Körperoberfläche); d) Lungenoberfläche (Körpermasse); e) Sauerstoffverbrauch (Körpermasse); f) spezifischer (massenbezogener) Sauerstoffverbrauch (Körpermasse); g) Armlänge (Körpermasse); h) Armdurchmesser (Körperlänge); i) Armquerschnittsfläche (Körperlänge); k) Blutdruck (Körpermasse); l) Viskosität (Körpermasse); (Dimension Viskosität: $M^1 L^{-1} T^{-1}$).

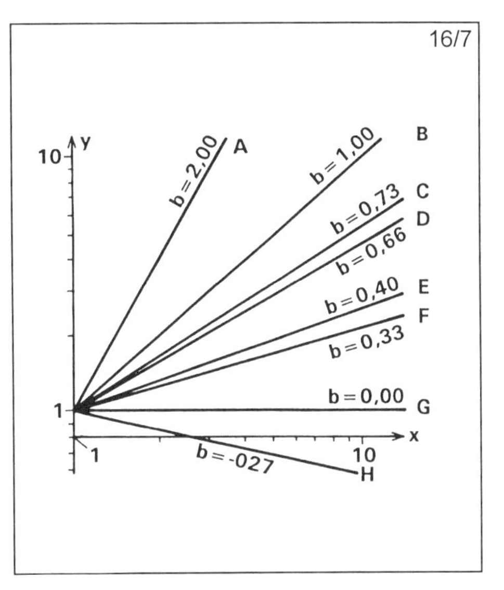

Ü 16/8: Bei fliegenden Vögeln wird chemische Stoffwechselleistung P_m in mechanische Flugleistung P_{flug} umgewandelt. Flugfähige Vögel können sehr unterschiedliche Körpermassen M von einigen wenigen Gramm bis etwa zwei Dutzend Kilogramm (dann allerdings sind sie nicht mehr zum aktiven Dauerflug fähig) aufweisen. P_m ist $M^{0,73}$ proportional; P_{flug} ist $M^{1,17}$ proportional (Pennycuick 1972). Interpretieren Sie die nebenstehende Abbildung.

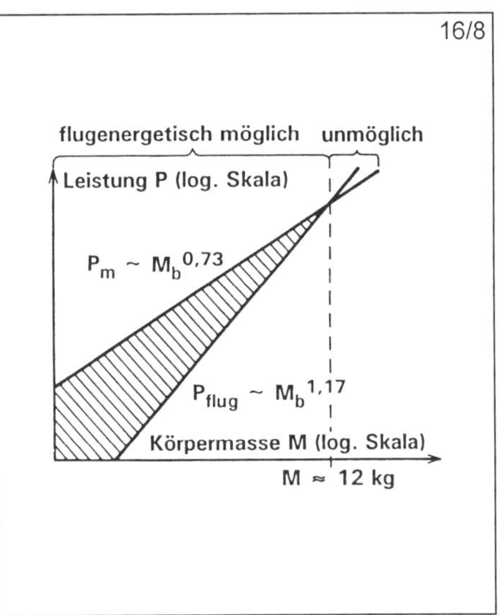

Das wär's also. Der AUTOR hofft, daß dem Leser nun nichts mehr schreckt, so daß er in der Lage ist, biomechanische Problemstellungen aus der Literatur so richtig zu genießen (!?) oder selbst welche anzugehen.

T 22B p 396

Schreiben Sie mir (Zoologie sowie technische Biologie und Bionik, Universität des Saarlandes, 66041 Saarbrücken), wenn Sie Fehler oder Schrägformulierungen entdecken - oder auch, wenn Ihnen etwas besonders gut gefällt?

Bildtafel 21: **Massenspanne bei Insekten.** A Der schwerste, kurzfristig noch flugfähige Käfer ist der Goliathkäfer, *Goliathus giganteus*, Flügelspannweite ca. 17 cm. Seine Masse beträgt etwa 35 g. B Zu den kleinsten und leichtesten Insekten überhaupt gehören neben Thripsen kleine Schlupfwespen. Hier ein im Bernstein eingeschlossene winzige Wasserschlupfwespe (*Mymaridae*) von < 1 mm Körperlänge und < 2 mm Spannweite. Sie dürfte weniger als 1 mg wiegen. (Fotos: Nachtigall, B nach einer Postkarte des Museums Schloß Rosenstein, Stuttgart)

Ausführliche Legenden zu einigen Bildtafeln

Zu Bildtafel 3 (p 50): **Hochbaukonstruktionen und Schlankheit**

A (Kleinere) Pflanzen besitzen in der Regel eine höhere Schlankheit als "lineare", technische Konstruktionen. Daran ist nichts Geheimnisvolles; vergl. den Text. B Wäre ein Getreidehalm so hoch gebaut wie der schlankste Fabrikschornstein der Welt (die Halsbrücke Esse bei Freiberg in Sachsen), so müßte sein Erscheinungsbild mindestens ebenso plump, wegen der baustatisch unterlegenen biologischen Materialien sogar noch plumper ausfallen. C Ein größerer Baum, hier eine Buche, *Fagus sylvatica*, besitzt eo ipso eine geringere Schlankheit. D Kleiner Pflanzengebilde - hier ein wenige Zentimeter hoher Pilz, ein Schwindling *Marasmius spec.* - , können aus den gleichen physikalischen Gründen viel schlanker ausgeformt sein. Dieser Pilz wuchs windgeschützt in einer Dose bis zum äußersten Schlankheitsextrem, wozu er seine Turgorspannung mitbenutze. Beim Austrocknen (nachlassen des Turgor) knickte er ab.

Zu Bildtafel 4 (p. 66): **Biegesteifigkeit bei Pflanzen**

A Der Schaft des Riesenbärenklau, *Heracleum montegazzianum*, stellt ein "wandständig ausgeschäumtes" Hohlrohr von etwa 5 cm Außendurchmesser dar. Die versteifenden, zugfesten Sklerenchymfasern (Teile sind abgerissen und umgebogen) liegen weit peripher und ergeben damit einen Sklerenchymmantel hohen Flächenträgheitsmoments. B Abgeschnittene Agavenblätter. Sie sind sowohl in der Formgebung (obere und untere Konturenlinie), als auch in der Art der Zugversteifung (periphere und oberseitige Zugbänder) und in der Aussteifung (schaumartige Füllung aus abgestorbenem Parenchymzellen) als biegesteifer Leichtbau ausgelegt. C Messung des Elastizitätsmoduls eines Grashalm-Teils durch Registrierung der Aufwölbung (über Meßmikroskop) bei Biegebelastung (Zwei Gewichte, jeweils peripher der beiden Schneiden; vergl. Abb. 7-5, p. 124). D Abbiegung eines ca. 1 m langen Halms des Taumellolches, *Lolium perenne* bei seitlicher Windbelastung mit 8 m s^{-1}; Windkanal der Arbeitsgruppe Nachtigall an der Universität des Saarlandes, Anströmung von links. Nach einem überzeichneten Foto.

Zu Bildtafel 8 (p. 160): **Biegebeanspruchung, Kerbspannungsminimierung u.a.**

A Die Ausladung dieses Astes einer Buche, *Fagus sylvatica,* an einem Waldrand beträgt immerhin fünf Meter! Bei Schneelast ist der Ast einer ausgesprochenen Streckenbelastung (besser: einer gleichmäßigen Last auf einer langezogenen Fläche) unterworfen. B Hätte die Baumgabel („Baumzwiesel") eine halbkreisförmige Kontur - wie sie z.B. bei technischen Gußteilen immer noch vielfach verwendet wird - so ergäben sich sehr unterschiedlich hohe Kerbspannungen mit hohen Spannungsspitzen: Bruchgefahr! Bäume wachsen so, daß sich Kerbspannungen minimieren, wie die nach Mattheck abgewickelte baumtypische Kontur zeigt. Die Anwendung solcher Konturen in der Technik im Sinne einer **bionischen Übertragung**, etwa für Operationsschrauben und Motorenträger (Mattheck 1992) führt im Grenzfall zu scheinbar paradoxen "Kerben ohne Kerbspannungen".

Im Bild (p. 392) ist die vorzeichenfreie v. Mises -Vergleichsspannung aufgetragen, definiert wie folgt:

$$\sigma_{mises} = \frac{1}{\sqrt{2}} \cdot \sqrt{(\sigma_1 - \sigma_2)^2 + (\sigma_2 - \sigma_3)^2 + (\sigma_3 - \sigma_1)^2}$$

Die drei angegebenen Spannungen sind die Hauptnormalspannungen, die senkrecht zu den drei Flächen eines Würfels stehen, der so orientiert ist, daß in dieser Fläche keine Tangentialspannungen auftreten). C Längsschnitt durch eine Zweigverwachsung. Hier gilt für die beiden Zwickel Sinngemäßes.(Bild zu A und Einschaltbild in diesem Text nach Mattheck 1992)

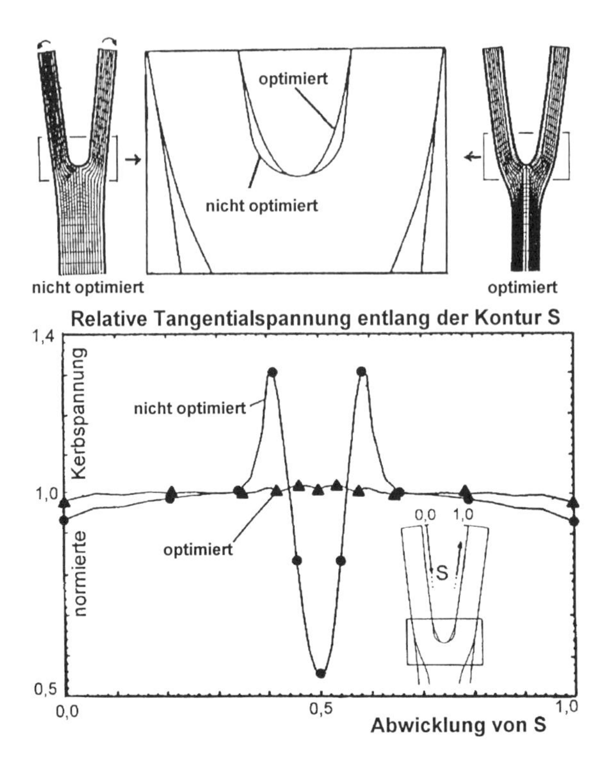

Zu Bildtafel 15 (p. 318): **Kleinvogelflug**

A Ein Kolibri im steilen Steigflug. Der Körper steht fast vertikal, die Flügel - hier im beginnenden Abschlag geblitzt - schlagen angenähert horizontal. Es kompensieren sich alle Luftkraftkomponenten der beiden Flügel bis auf den Hub F_H. B Kohlmeise, *Parus major*, während eines Bremsschlags beim Landeanflug. Arm- und Handfittich sind aufs Äußerste gespreizt; die maximal mögliche Flügelfläche erzeugt, in Flugrichtung geschlagen, sehr großen Widerstand F_W. Der abgespreizte Daumenfittiche wirkt als Hochauftriebserzeuger. Er verhindert teilweise eine Strömungsablösung auf der Flügeloberseite und erhöht den Auftrieb mindestens um 15 %. Analog wirken die ausfahrbaren Vorflügel von Flugzeugen. (Fotos: A, Nachtigall, D Rüppell).

Zu Bildtafel 17 (p. 328): **Insektenflug**

A Vor dem Windkanal fixiert fliegende Wüstenheuschrecke, *Schistocerca gregaria*. Das Tier kann mittels des Tragestäbchens, an das es ventralseitig angeklebt ist, um die Hochachse rotiert werden. Muskelphysiologische Aktivitäten führen zu Links-Rechts-Flügelschlagunsymmetrien, mit denen das Tier die Nullage wieder zu erreichen sucht. Diese Aktivitäten können über feine Elektroden in den Flugmuskulaturen registriert werden. B Auf einem Hitzdraht aufgereihte Öltröpfchen werden schlagartig elektrisch verdampft. Mit einer darunter gehaltenen Wüstenheuschrecke, *Schistocerca gregaria*, wird der "Strömungstrichter" demonstriert, der typisch ist für den Schwirrflug. C Drei Bilder aus einem Dreitafelprojektions-Hochfrequenzfilm einer Glanzfliege *Phormia regina*, die an einer Mehrkomponentenwaage vor einer Windkanaldüse flog. Aufgenommen auf 16 mm Film mit 8 000 Bildern pro Sekunde. Die drei Abbildungen zeigen die Flügel am oberen Umkehrpunkt. Die Fliege ist im Durchlicht gleichzeitig jeweils von hinten (rechts oben), von der Seite (links oben; vergrößert wegen der Benutzung einer Ausgleichslinse) und von oben (links unten) aufgenommen. Daraus kann man die räumliche Flügelbahn rekonstruieren.

Literatur

Angegeben sind ausschließlich die im Text oder in den Abbildungslegenden zitierten Literaturstellen

Alexander, McNeill (1968): Animal mechanics. Sidgwick, Jackson, London

Bannasch, R. (1996): Widerstandsarme Strömungskörper - Optimalform nach Patenten der Natur. In: Nachtigall, W., Wisser, A. (Hrsg.): BIONA-report 10. Technische Biologie und Bionik 3. Bionik-Kongreß Mannheim 1996, 151-176, Akad. Wiss. Lit. Mainz, Fischer, Stuttgart

Barthlott, W., Neinhuis C. (1997): Purity of the sacred lotus or escape from contamination in biological surfaces. Planta 202, 1- 8

Bennett-Clark, H.C., Lucey E.C.A. (1967): The jumping of the flea: a study of the energetics and a model of the mechanism. J. Exp. Biol. 47, 59-76

Bechert, D. W., Bruse, M., Hage, W., Meyer, R. (2000): Fluid mechanics of biological surfaces and their technological application. Naturwiss. (in press)

Biesel, W., Butz, H. und Nachtigall, W. (1985): Einsatz spezieller Verfahren der Windkanaltechnik zur Untersuchung des freien Gleitflugs von Vögeln. In: Nachtigall, W. (ed.): BIONA-report 3, Akad. d. Wiss. u. d. Lit., Mainz: G. Fischer, Stuttgart, New York, 109-122

Bilo, D. (1971): Flugbiophysik von Kleinvögeln. I Kinematik und Aerodynamik des Flügelabschlags beim Haussperling (*Passer domesticus*). Z. Vergl. Physiol. 71, 382-454

Bilo, D., Lauck, A., Wedekind, F., Rothe, H.J., Nachtigall, W. (1982): Linear accelerations of a pigeon flying in a wind tunnel. Naturwiss. 69, 345-346

Bilo, D., Nachtigall, W. (1977): Biophysics of bird flight. Questions and results. In: Nachtigall, W. (ed.): Physiology of movement-Biomechanics. Fortschr. Zool. 24 (2/3), 217-234. Fischer, Stuttgart

Böge, A. (1974): Mechanik und Festigkeitslehre. Unter Mitarbeit von W. Schlemmer und W. Weißbach. 15. Aufl., Vieweg & Sohn, Braunschweig

Brill, Chr., Mayer-Kunz, P., Nachtigall, W. (1988): Wing profile data of a free-gliding bird. Naturwiss., 76, 39-40

Brodskii A. K, Ivanov, V.D. (1984): The role of vortices in insect flight. Zool. Zh. 63, 197-208

Brown, R.H. (1967): Mechanism of locust jumping. Nature (London) 214, 939

Bull, Hassell, M.P. (1976): The dynamics of competition and predation. In: Studies in Zoology 72, 68. Arnold, London

Cavagna, G.A. (1977): Walking, running and galloping: Mechanical similarities between different animals. In: Pedley, T. J. (Hersg.): Scale effects in animal locomotion. Academic Press, London, New York, San Francisco

Dagg A. J. (1977): Running, walking and jumping. Basingstoke, London, Wykeham

Darnhofer-Demar, B. (1969): Zur Fortbewegung des Wasserläufers *Gerris lacustris L.* auf der Wasseroberfläche. Verh. dt. Zool. Ges., Innsbruck, 32, 430-439

Dickinson, M. H., Lehmann, F.-O., Sane, S.P. (1999): Wing rotation and the aerodynamic basis of insect flight. Science 284, 1954-1960

Domagk, G. F. (1972): Ernährung. In: Gauer, O.H., Kramer, K., Jung, R. (Hrsg.): Physiologie des Menschen, Band 8, 1 -13. Urban & Schwarzenberg, München

Dubs, F. (1990): Aerodynamik der reinen Unterschallströmung. 6. Aufl., Birkhäuser, Basel

Dudley, R. (2000): The biomechanics of insect flight. Form, function, evolution. Princeton Univ. press, Princeton, New Jersey

Ellington, C.P. (1980): Vortices and hovering flight. In: Nachtigall, W. (Hrsg.): Instationäre Effekt an schwingenden Tierflügeln. Funktionsanalyse biologischer Systeme 6, 64-101. Akad. Wiss. Lit. Mainz, Steiner, Wiesbaden

Ellington, C.P. (1984): The aerodynamics of hovering in insect flight. Phil. Trans. Roy. Soc. Lond. B, 305, 1-181

Feldmann, E. (1944): Windkanaluntersuchungen am Modell einer Möwe. Luftfahrttechnik 19, 219-222

Flettner, A. (1924): Rotorschiff "Buckau" (Atlantiküberfahrt 1926)

Gnaiger, E. (1983): Heat dissipation and energetic efficiency in animal anoxibiosis: Economy versus power. J. Exp. Zool. 228, 471-490

Greenhill A. G, (1881): Determination of the greatest hight consistent with stability that a vertical pole or mast can be made, and of the greatest hight to which a tree of given proportions can grow. Proc. Cambridge Philosoph. Soc. 4, 65-73

Greenwalt, C.H. (1975): The flight of birds. Trans. Amer. Philos. Soc. 65, part 4

Günther, B. (1971): Stoffwechsel und Körpergröße. Dimensionsanalyse und Similaritätstheorien. In: Gauer, O.H., Kramer, K., Jung, R. (Hersg.): Physiologie des Menschen, Band 2, 117-151. Urban & Schwarzenberg, München

Harwarth, H. (1992): Physikalische Übungsaufgaben für Biologen und Mediziner. O. J. Hochschultaschenbuch Bd 651. Wissenschaftsverlag, Mannheim etc.

Helmholtz, H. v. (1858): Über Integrale der hydrodynamischen Gleichungen, welche den Wirbelbewegungen entsprechen. Crelles Journ. 55, 25 (vergl. Ostwalds Klassiker Nr. 79)

Hemmingsen, A. M. (1960): Energy metabolism as related to body size and repiratory surfaces, and its evolution. Rep. Steno Memorial Hosp. Copenh. and the Nordisk. Insulinlab. 9, part 2, 7-110

Hering, E., Martin, R., Stohrer, M. (1989): Physik für Ingenieure. VDI-Verlag, Düsseldorf

Hertel, H. (1963): Biologie und Technik. Struktur, Form, Bewegung. Krausskopff, Mainz

Hildebrand, M (1965): Symmetrical gaits in horses. Science 150, 701-708

Hoerner S. F. (1965): Fluid dynamic drag. Selbstverlag

Ker, R.F. (1981): Dynamic tensile properties of the plantaris tendon of sheep (Ovis aries). J. Exp. Biol. 93, 283-302

Kesel, A. B., Labisch, S. A. (1996): Schlanke Hochbaukonstruktion Gras - Adaptive Materialanordnung im Hohlrohrquerschnitt. BIONA-report 10. Technische Biologie und Bionik 3. Bionik-Kongreß Mannheim 1996, 133-149, Akad. Wiss. Lit. Mainz, Fischer, Stuttgart

Küttner, J. (1947): Über die Flugtechnik einiger Hochgebirsvögel. Kosmos, 384-389

Kummer, B. (1959): Bauprinzipien des Säugerskelettes. Thieme, Stuttgart

Kunz, L. (1988): Kinematische und fluidynamische Untersuchungen beim Haiwels (Pangasius sutchi). Diplomarbeit, MNF Univ. Saarbrücken (unpubl.)

Lüttge, W., Kluge, M., Bauer, G. (1988): Botanik. Ein grundlegendes Lehrbuch. VCH Verlagsgesellschaft, Weinheim
Magnus, G. (1853): Abh. Berliner Akademic 1852 (Poggendorf Anm. 1853, 1)
Mattheck, C. (1992): Design in der Natur. Der Baum als Lehrmeister. Rombach, Freiburg
Mc Mahon, T. A., Bonner, J. T. (1983): On size and life. Scientific American Books Inc., Freeman & Co, New York
Medawar, P. B. (1945): Size, shape and age. In: Le Gros Clark, W.E., Medawar, P. B. (eds): Essays on growth and form, presented to D'Arcy Thompson, 157-187. Claredon, Oxford
Möhl, B. (1990): Die Flugsteuerung der Wanderheuschrecken. Spektrum der Wissenschaft 7, 66-75
Morris, D. (1995): Catwatching. Die Körpersprache der Katze. Heyne
Morris, J. G. (1976): Physikalische Chemie für Biologen. Verlag Chemie, Weinheim, New York
Morrison, P. (1966): Insulative flexibility in the Guanaco. J. Mammalogy. 47, 18-23
Nabel, P. S, Jordan P.W. (1983): Transpiration stream of desert species: Resistances and capacitances for a C_3, a C_4, and a CAM plant.
Nachtigall, W. (1960): Über Kinematik, Dynamik und Energetik des Schwimmens einheimischer Dytisciden. Z. Vergl. Physiol. 43, 48-118
Nachtigall, W. (1966): Gläserne Schwingen. Aus einer Werkstatt biophysikalischer Forschung. Moos, München
Nachtigall, W. (1966): Die Kinematik der Schlagflügelbewegungen von Dipteren. Methodische und analytische Grundlagen zur Biophysik des Insektenflugs. Z. Vergl. Physiol. 52, 155-211
Nachtigall, W. (1977): Die aerodynamische Polare des Tipula-Flügels und eine Einrichtung zur halbautomatischen Polarenaufnahme. Fortschr. d. Zool., Bd. 24, Heft 2/3, 347-352
Nachtigall, W. (1979): Der Taubenflügel in Gleitflugstellung: Geometrische Kenngrößen der Flügelprofile und Luftkrafterzeugung. J. Ornithol. 120, 30-40
Nachtigall, W. (1979): Rasche Richtungsänderungen und Torsionen schwingender Fliegenflügel und Hypothesen über zugeordnete instationäre Strömungseffekte. J. Comp. Physiol. 133, 351-355
Nachtigall, W. (1984): Vogelflugforschung in Deutschland. J. Ornith. 125, 157-187
Nachtigall, W. (1985): Warum die Vögel fliegen. Rasch & Röhring, Hamburg
Nachtigall, W. (1986): Bewegungsphysiologie. Laufen-Schwimmen-Fliegen. In: Fisher, M. (Hrsg.): Handbuch der Zoologie. Bd IV Arthropoda: Insecta. Teilband 29. de Gruyter, Berlin, New York
Nachtigall, W. (1987): Vogelflug und Vogelzug. Rasch und Röhring, Hamburg
Nachtigall, W. (1997): Vorbild Natur. Bionik-Design für funktionelles Gestalten. Springer, Berlin etc.
Nachtigall, W. (1997a): Dipterenflug. In: Wisser A. et al. (eds): BIONA-report 11, 115-156, Akad. Wiss. Lit. Mainz, Fischer, Stuttgart
Nachtigall, W. (1997b): Methoden und Techniken. In: Wisser A. et al. (eds): BIONA-report 11, 1-56, Akad. Wiss. Lit. Mainz, Fischer, Stuttgart
Nachtigall, W. (1998): Starlings and starling models in wind tunnels. J. Avian Biol. 29, 478-484

Nachtigall, W. (1998): Bionik. Grundlagen und Beispiele für Ingenieure und Naturwissenschaftler. Springer, Berlin etc.

Nachtigall, W. (2001): Technische Biologie. In Vorber.

Nachtigall, W., Bilo, D. (1965): Die Strömungsmechanik des Dytiscus-Rumpfes. Z. Vergl. Physiol. 50, 371-401

Nachtigall, W., Dreher, A. (1987): Physiological aspects of insect locomotion: Running, Swimming, Flying. In: Dejours, P. et al. (eds.): Comparative Physiology: Life in water and on land. Fidia Res. Series, IX - Liviana Press, Padova, 323-341

Nachtigall, W., Bilo, D. (1965): Die Strömungsmechanik des Dytiscus-Rumpfes. Z. vergl. Physiol. 50, 371-401

Nachtigall, W., Gerber I. , Winter (in prep): Measuring the mean velocity distribution in the downwash of hovering bats.

Nachtigall, W., Hanauer-Thieser, U. (1992): Flight of the honey bee. V. Drag and lift coefficients of the bee's body; implications for flight dynamics. J. Comp. Physiol. B 162, 267-27

Nachtigall, W., Mees H. -P., Hofer H. (1985): Vortriebserzeugung bei der Regenbogenforelle durch phasisch gekoppelte Biege-Dreh-Schwingungen der Schwanzflosse: Eine meßtechnische Bestätigung der Hertel'schen Therorie nach Analysen des Schwimmens im Freiwasser und in einem Wasserkanal. Zool. Jb. Anat. 113, 513-519

Nachtigall, W., Nagel, R. (1988): Im Reich der Tausendstel Sekunde. Faszination des Insektenflugs. Gerstenberg, Hildesheim

Nachtigall, W., Schuhn, W., Glander, M. (1998): Untersuchungen zum Fischvortrieb und Modellmessungen auf dem Weg zu einem Tretbootantrieb. In: Blickhan, R., Wisser, A., Nachtigall, W. (eds): Motion systems. Proceedings - Jena 1997. BIONA-report 13, Akad. Wiss. Lit. Mainz, Fischer, Stuttgart etc.

Nachtigall, W., Wisser, A., Wisser, Chr. (1986): Pflanzenbiomechanik (Schwerpunkt Gräser). Konzepte, SFB 230, Heft 24, Stuttgart

Nachtigall, W., Wisser, Chr., Wisser, A. (1968): Pflanzenbiomechanik (Schwerpunkt Gräser). Konzepte SFB 230, Heft 24. Stuttgart

Oehme, H. (1970): Vergleichende Profiluntersuchungen an Vogelflügeln. Beitr. Vogelkunde 16, 301-312

Pennycuick, C.J. (1972): Soaring behaviour and performance of some East African birds, observed from a motor-glider. Ibis 114, 178-218

Peter, D., Kestenholz, M. (1998): Sturzflüge von Wanderfalke Falco peregrinus und Wüstenfalke F. peregrinoides. Der ornithologische Beobachter Jg. 95 Heft 2 S.107-112

Pauwels, F. (1950): Die Bedeutung der Bauprinzipien der unteren Extremität für die Beanspruchung des Beinskelettes. Zweiter Beitrag zur funktionellen Anatomie und kausalen Morphologie des Stützapparates. Z. Anat. Entwickl. Gesch. 114, 525-538

Prandtl, L.,Betz, A. (1927): Vier Abhandlungen für Hydrodynamik.Nachdruck Göttingen 1927) Springer, Berlin

Prandtl, L., Tietjens, O.G. (1929): Hydro und Aeromechanik. Bd.1. Springer, Berlin

Prosser, C.L. (1973): Comparative animal physiology. Saunders, Philadelphia

Rayner, J. M. V. (1979): A vortex theory of animal flight. J. Fluid. Mech. 91, 697-763

Rothe, H.J., Biesel, W., Nachtigall, W. (1987): Pigeon flight in a wind tunnel. II. Gas exchange and power requirements. J. Comp. Physiol. B, 157, 99 -109.

Rothe, U., Nachtigall, W. (1989): Flight of the honey bee: IV Respiratory quotients and metabolic rates during sitting, walking and flying. J. Comp. Physiol. B, 158, 739-749

Rüppell, G. (1980): Vogelflug. Rowohlt, Hamburg

Scholander, P.F., Walters, V., Hock, R., Irving, L. (1950): Body insulation of some arctic and tropical mammals and birds. Biol. Bull. 99, 225-236

Schuhn, W. (1996): Umsetzung von Schwingflossenantrieben nach biologischen Vorbildern in die Technik. Diplomarbeit, Math. Nat. Fak. Univ. d. Saarlandes, Saarbrücken, (unpubl.)

Slijper E.J. (1967): Riesen und Zwerge im Tierreich. Parey. Hamburg und Berlin.

Spedding, G.R. (1992): The aerodynamics of flight. In: Alexander, Mc. N. (ed.): Comperative and environmental physiology 11, 52-111

Swift, J. (1726): Travels into several remote nations of the world. By Samuel Gulliver, first a surgeon, and then a captain of several ships. London. Übersetzung: Reisen in verschiedene ... mehrerer Schiffe. K. H. Hansen, München 1958

Taneda, S. (1952): Studies on wake vortices (I). Rep. Res. Inst. for Appl. Mech., Vol. 1 (4)

Taneda, S. (1965): Experimental investigations of vortex streets. J. Phys. Soc. Japan 20, 1714

Tucker, V., Parrott, G.C. (1970): Aerodynamics of gliding flight in a falcon and other birds. J. Exp. biol. 52, 345-367

Ungerechts, B. (1977): Windkanalmessungen an einem starren Haifischmodell bei hohen Reynoldszahlen. In: Nachtigall, W. (ed.): Physiology of movements - Biomechanics. Fortschr. Zool. 24 (2/3), 177-181

Ward, S., Möller, U., Rayner, J.M.V., Jackson, D.M., Nachtigall, W., Speakman, J. R. (1997): Metabolic power requirement for starling, *Sturnus vulgaris* flight. J. Morphol. 232, 338

Wedekind, F. (1989): Untersuchungen zum stationären Gleitflug und schnellen Kurvenflug der Haustaube in einer speziellen Flugvoliere. Diplomarbeit, MNF Univ. Saarbrücken (unpubl.)

Wehner, R., Gehring, W.(1995): Zoologie, 23. Aufl. Thieme, Stuttgart etc.

Weis-Fogh (1973): Quick estimates of flight fitness in hovering animals, including novel mechanisms for lift production. J. Exp. Biol. 59, 169-230

Westphal, W. (1948): Kleines Lehrbuch der Physik. Springer, Berlin

Wieser, W. (1986): Bioenergetik. Energietransformationenen bei Organismen. Thieme, Stuttgart etc.

Zanker, J.M. (1990): The wing beat of Drosophila melanogaster. Phil. Trans. Roy. Soc. Lond. B, 327, 1-64

Zuntz, N., Hagemann, O. (1898): Untersuchungen über den Stoffwechsel des Pferdes. Landwirt. Jahrb. 27, Suppl. III, 438

Bildtafel 22: **Vögel und Vogelmodelle in der biomechanischen Forschung.** A Teilbild aus einer stereophotogrammetrischen Aufnahmeserie eines im Windkanal fliegenden Haussperlings, *Passer domesticus*, mit Kennzeichnung der Federspitzen. Die Raumbahnen der damit definierten Flügelpunkte können von 2 zu 2 Millisekunden bestimmt werden. Der Flügel befindet sich Abschlagsmitte (vergl. Ü 13/1, p. 319). B Der Autor dieses Buchs, der sich mit diesem letzten Foto auch einmal vorstellen will, mit dem Starenmodell von Bildtafel 13 B, p. 274. Resultate zu A in Bilo 1971. (Fotos: A Bilo, B Nach einer Aufzeichnung des Bayr. Fernsehens)

Lösungen

Kapitel 2

ad Ü 2/1:

$$s=\sqrt{(3{,}5(m)-0{,}8\,(m))^2+(3{,}6\,(m)-0{,}7\,(m)^2}=3{,}96\,m$$

ad Ü 2/2:

$$\Delta l = l - l_0 = 0{,}36\ (m) - 0{,}32\ (m) = 0{,}04\ m$$

$$\varepsilon=\frac{\Delta l}{l_0}=\frac{0{,}04\,(m)}{0{,}32(m)}=0{,}125 \mathrel{\hat{=}} 12{,}5\,\%$$

ad Ü 2/3:

$$A = a \cdot h = a \cdot b \cdot \sin\alpha =$$
$$= 0{,}8\ (cm) \cdot 0{,}4\ (cm) \cdot \sin 30° = 0{,}8\ (cm) \cdot 0{,}4\ (cm) \cdot 0{,}5 =$$
$$= 0{,}16\ (cm^2) = 1{,}6 \cdot 10^{-5}\ m^2$$

ad Ü 2/4:

$$V = r^2 \cdot \pi \cdot l =$$
$$= (0{,}01\ (m))^2 \cdot \pi \cdot 0{,}05\ (m) = 1{,}57 \cdot 10^{-5}\ m^3$$

ad Ü 2/5:

$$1(°) \mathrel{\hat{=}} \frac{1}{57{,}29578}(rad)=0{,}0174533\,(rad)$$

$$\Delta\alpha=(145\,(°)-50\,(°))\cdot 0{,}0174533\,(rad/°)=1{,}66\,rad$$

ad Ü 2/6:

$$r_{Kugel} = 5\ m + 0{,}1\ m = 5{,}1\ m$$

$$A_{Kugelkreis} = \pi \cdot r_{Kopf}^{\;2} = \pi \cdot (0{,}1\ m)^2 = 0{,}03142\ m^2$$

$$\frac{A_{Kugelkreis}}{r_{Kegel}^{\;2}}=\frac{0{,}03142\,m^2}{(5{,}1(m))^2}=1{,}208\cdot 10^{-3}\ sr$$

Kapitel 3

ad Ü 3/1:

Nach $$T=2\,\pi\cdot\sqrt{\frac{l}{g}}$$

ist die Schwingungsdauer gleich

$$T \;=\; 2\,\pi\cdot\sqrt{\frac{2\,(m)}{9{,}81(m\,s^{-2})}} \;=\; 2{,}84\,s;$$

sie ist unabhängig von der Masse des Eichhörnchens. Nach der Wurfparabel ist die Fallzeit

$$t \;=\; \sqrt{2\cdot\frac{h}{g}} \;=$$

$$=\sqrt{2\cdot\frac{5\,(m)}{9{,}81\,m\,s^{-2}}} \;=\; \sqrt{1{,}0193679\,s^2} \approx 1{,}0\,s.$$

ad Ü 3/2:

$$\omega_2 = \omega_{\text{Bild Nr. } 3 \to 5} \approx \frac{90\,(°)}{2 \cdot 0{,}62\,(\text{ms})} = 72{,}6\,(°\ \text{ms}^{-1}) = 72600\,(°\ \text{s}^{-1});$$

$$\omega_1 = \omega_{\text{Bild Nr. } 2 \to 3} \approx \frac{0\,(°)}{0{,}62\,(\text{ms})} = 0\,(°\ \text{s}^{-1});$$

$$\alpha = \frac{\Delta\,\omega}{\Delta\,t} = \frac{\omega_2 - \omega_1}{\Delta\,t} =$$

$$= \frac{72600\,(°\,\text{s}^{-1}) - 0\,(°\,\text{s}^{-1})}{2 \cdot 0{,}62 \cdot 10^{-3}\,(\text{s})} = \frac{72600\,(°\,\text{s}^{-1})}{0{,}00124\,(\text{s})} = 58548387\,(°\,\text{s}^{2}) \approx 6 \cdot 10^{7}\,(°\,\text{s}^{2})$$

Sowohl Drehgeschwindigkeit als erst recht Drehbeschleunigung sind also unglaublich hoch.

ad Ü 3/3:

$$a_c = 2 \cdot v \cdot \omega =$$

$$= 2 \cdot 1{,}5\,(\text{m s}^{-1}) \cdot 72\,(°\ \text{s}^{-1}) \cdot 1{,}745329 \cdot 10^{-2}\,(\text{rad}/°) =$$

$$= 3{,}76991 \cdot 10^{-2}\ \text{m s}^{-2} \approx 0{,}4\ \text{g}$$

Kapitel 4

ad Ü 4/1:

$$m_{b\ \text{Pferd}} = 700\ \text{kg}$$

$$v_1 = 5\ \text{m s}^{-1}$$

$$v_2 = 7\ \text{m s}^{-1}$$

$$\text{Trägheitskraft } F_T = m_b \cdot a = m_b \cdot \frac{\Delta v}{\Delta t} = m_b \cdot \frac{v_2 - v_1}{\Delta t} =$$

$$= 700\,(\text{kg}) \cdot \frac{7\,(\text{m s}^{-1}) - 5\,(\text{m s}^{-1})}{0{,}1\,\text{s}} = 14000\ \text{N}$$

ad Ü 4/2:

$$|F_f| = |F_{rad}| = m \cdot \omega^2 \cdot r =$$

$$= 0{,}5\,(\text{kg}) \cdot (2\,\pi \cdot 1\,(\text{s}^{-1}))^2 \cdot 1\,(\text{m}) = 19{,}74\ \text{N}.$$

ad Ü 4/3:

$$F_c = m \cdot 2 \cdot v \cdot \omega_{\text{Erde}} \cdot \sin 45° =$$

$$= 20\,(\text{g}) \cdot 2 \cdot 50\,(\text{km h}^{-1}) \cdot 2\,\pi \cdot (24\ \text{h})^{-1} \cdot \sin 45° =$$

$$= 0{,}02\,(\text{kg}) \cdot 2 \cdot 50 \cdot 1000/3600\,(\text{m s}^{-1}) \cdot 2\,\pi/24 \cdot 3600\,(\text{s}^{-1}) \cdot \sin 45° =$$

$$= 2{,}8568 \cdot 10^{-5}\ \text{N}.$$

Bei einer Körpermasse von 0,02 (kg) und damit einem Körpergewicht von 0,02 (kg) · 9,81 (m s^{-2}) = 1,9620 · 10^{-1} (N) entspricht die Corioliskraft 0,0146 % des Körpergewichts. Sie weist nach Osten.

$$a_c = \frac{F_c}{m} =$$

$$= \frac{2{,}8568 \cdot 10^{-5}\,(N)}{0{,}02\,(kg)} = 1{,}43 \cdot 10^{-3}\ m\,s^{-2}$$

$$\frac{1{,}43 \cdot 10^{-3}\,(m\,s^{-2}) \cdot 100}{9{,}81\,(m\,s^{-2})} = 0{,}0146\ \%$$

Die Coriolisbeschleunigung beträgt $1{,}43 \cdot 10^{-3}$ m s^{-2}, dies entspricht 0,0146 % der Erdbeschleunigung. Sie weist ebenso wie die Corioliskraft nach Osten.

ad Ü 4/4:
Bei einer Verkippung um 60° verschiebt sich die Gelenkfläche des Femurkopfes um etwa:

$$\frac{60\,(°)}{360\,(°)} \cdot 2 \cdot \pi \cdot r = 0{,}1\overline{6} \cdot 2 \cdot \pi \cdot 0{,}02\,(m) \approx 0{,}02\ m$$

Die Normalkraft beträgt:

$$F_N = 1{,}6 \cdot 70\,(kg) \cdot 9{,}81\,(m\,s^{-2}) \approx 1100\ N$$

Die Gleitreibungskraft beträgt:

$$F_r = \mu \cdot F_N = 0{,}003 \cdot 1100\,(N) = 3{,}3\ N$$

Die im Vergleich zum Gewicht sehr geringe Gleitreibung dürfte weder die Muskulatur merklich beanspruchen noch eine merkliche Reibungswärme erzeugen.

Kapitel 5

ad Ü 5/1:
Die meist an Bug und Heck schwer beladenen Schiffe tendierten wegen der Biegemomente $M_{b1} = F_g \cdot l$ zum Durchhängen an den Enden (gewölbte, gestrichelte Linie; „hogging"). Durch die Zugkraft F_z des verzwirbelten Seilzugs wurden gegendrehende Biegemomente M_{b2} erzeugt, die das Durchhängen der Enden kompensieren (horizontale, kurzgestrichelte Linie):

$$M_{b2} = F_z \cdot \sin\alpha \cdot l$$

ad Ü 5/2:

$$M_b = 1{,}6\ kN \cdot 6\ m = 9{,}6 \cdot 10^3\ Nm;$$

$$\text{Sicherheitsfaktor}\ \frac{1{,}3 \cdot 10^5}{9{,}6 \cdot 10^3} \approx 14$$

ad Ü 5/3:
Massenträgheitsmoment:

$$I_p = (0{,}15\,(m))^2 \cdot 15\,(kg) + (0{,}30\,(m))^2 \cdot 9\,(kg) + (0{,}45\,(m))^2 \cdot 6\,(kg) +$$

$$+ (0{,}60\,(m))^2 \cdot 4{,}5\,(kg) + (0{,}75\,(m))^2 \cdot 3\,(kg) + (0{,}90\,(m))^2 \cdot 3\,(kg) +$$

$$+ (1{,}05\,(m))^2 \cdot 1{,}5\,(kg) + (1{,}20\,(m))^2 \cdot 3\,(kg) = 14{,}07\ kg\,m^2$$

ad Ü 5/4:
Abschätzung des Flächenträgheitsmoments durch „Abzählung": Einteilung des Körpers in fünf Flächenelemente. Da er symmetrisch zur x- und y-Achse ist, wird vorerst nur ein Viertel berechnet.

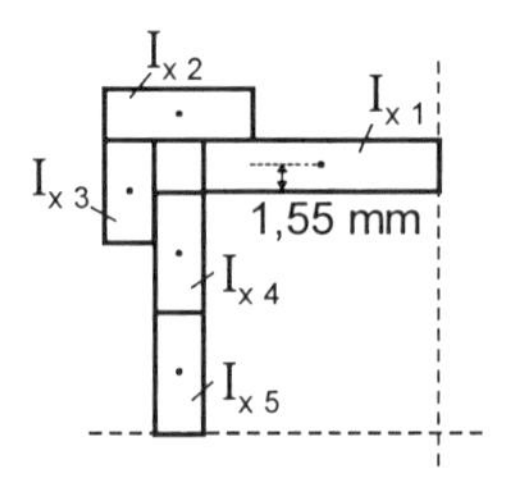

$$I_{x\,ges} = 4 \cdot (I_{x\,1} + I_{x\,2} + I_{x\,3} + I_{x\,4} + I_{x\,5})$$

Breite b der jeweiligen Flächen wird herausgezogen.

$$Ix_{ges} = 4 \cdot 0{,}3\,(mm) \cdot ((1{,}55\,(mm))^2 \,.\, 1{,}4\,(mm) + (1{,}85\,(mm))^2 \cdot 0{,}9\,(mm) +$$

$$+ (1{,}4\,(mm))^2 \cdot 0{,}6\,(mm) + (1{,}05\,(mm))^2 \cdot 0{,}7\,(mm) + (0{,}35\,(mm))^2 \cdot 0{,}7\,(mm)) =$$

$$= 1{,}2\,(mm) \cdot (3{,}36\,(mm^3) + 3{,}08\,(mm^3) + 1{,}18\,(mm^3) + 0{,}77\,(mm^3) + 0{,}09\,(mm^3) = = 10{,}17\ mm^4$$

(analytisch gerechnet: $Ix_{ges} = 10{,}28\ mm^4$)

$$W_{x\,ges} = \frac{I_x}{e_x} =$$

$$= 1{,}2\,(mm) \cdot \left(\frac{3{,}36\,(mm^3)}{1{,}70\,(mm)} + \frac{3{,}08\,(mm^3)}{2{,}00\,(mm)} + \frac{1{,}18\,(mm^3)}{1{,}70\,(mm)} + \frac{0{,}77\,(mm^3)}{1{,}40\,(mm)} + \frac{0{,}09\,(mm^3)}{0{,}70\,(mm)} \right) =$$

$$= 5{,}87\,mm^3. \text{ (Analytisch gerechnet: } W_{x\,ges} = 4{,}53\,mm^3)$$

Kapitel 6

ad Ü 6/1:

$$P_k = \tfrac{1}{2} \cdot m \cdot v^2$$

$$v_{Auto} = \frac{165\,(km\,h^{-1})}{3{,}6\,(s\,h^{-1}\,km\,m^{-1})} = 45{,}8\overline{3}\,m\,s^{-1}$$

$$v_{Bison} = \frac{55\,(km\,h^{-1})}{3{,}6\,(s\,h^{-1}\,km\,m^{-1})} = 15{,}2\overline{7}\,m\,s^{-1}$$

$$P_{k\,Auto} = 1260\ kJ$$

$$P_{k\,Bison} = 140\ kJ$$

ad Ü 6/2:
Für beide gilt:

$$W_e = \int_{\sigma_1}^{\sigma_2} \sigma \cdot d \cdot \varepsilon\,;$$

für Feder vereinfacht zu:

$$W_e = \tfrac{1}{2} \cdot \Delta\sigma \cdot \Delta\varepsilon$$

und

$$W_{e\ zurück} \approx W_e;$$

für Muskel:

$$W_{e\ zurück} = \int_{\sigma_1}^{\sigma_2} \sigma \cdot d \cdot \varepsilon$$

ad Ü 6/3:

$$W_{1m^2}\ (J\ oder\ Ws) = P\ (W) \cdot t\ (s) =$$

$$= \frac{20000\,(kJ)}{1(d)} \cdot 1\ (h) = \frac{20000\,(kJ)}{3600 \cdot 24\,(s)} \cdot 3600\ (s) = 833\ (kJ).$$

$$\eta_{ges} = \frac{P_{abgegeben}}{P_{zugeführt}} = \frac{W_{abgegeben}}{W_{zugeführt}} \cdot t\ = const.\ 24\ h =$$

$$= 50\ (g) \cdot \frac{16\,(kJ\,g^{-1})}{20000\,(kJ)} = 0{,}04 = 4\ \%.$$

(Bemerkung: Dieser Ansatz trifft die Größenordnung; Mais gehört zu den produktivsten biologischen Strahlungsumsetzern)

ad Ü 6/4:

Horizontalkraft

$$F_H = \mu \cdot F_G =$$

$$= 0{,}014 \cdot 100\ N = 1{,}4\ N$$

Verschiebungsleistung

$$P_V = \frac{1{,}4\ N \cdot 50\ m}{30\ s} = 2{,}\bar{3}\ W$$

ad Ü 6/5:

$$W_s = \frac{1}{2}\ F \cdot \Delta l =$$

$$= \frac{1}{2} \cdot 30\ (N) \cdot 0{,}15\ (m) = 2{,}25\ Nm\ oder\ 2{,}25\ J.$$

ad Ü 6/6:

$$P_h = \frac{F_g \cdot \Delta h}{t} =$$

$$= \frac{4500\,(kg) \cdot 9{,}81\,(m\,s^{-2}) \cdot 12{,}5\,(m)}{20\,(s)} = 27590\ kg\ m^2\ s^{-3} = 27590\ W \approx 28\ kW.$$

(Bemerkung: Wegen interner Leistungsverluste muß die Realleistung des Motors bei der Umsetzung der Motorenleistung in Hubleistung größer sein.)

ad Ü 6/7:

$$m = 600\ kg;\ \Delta t = 20\ s;\ \Delta v = 70\ km\ h^{-1} = 19{,}\bar{4}\ m\ s^{-1}$$

$$F_{Antrieb} = m \cdot a = m \cdot \frac{\Delta v}{\Delta t} =$$

$$= 600\,(kg) \cdot \frac{19{,}\bar{4}\,(m\,s^{-1})}{20\,(s)} = 583{,}\bar{3}\ N$$

$$P_{mech} = 583,\overline{3}\ (N) \cdot 19,\overline{4}\ (m\,s^{-1}) = 11{,}343\ kW \mathrel{\hat{=}} 15{,}4\ PS$$

ad Ü 6/8:

Impulserhaltung:

$$\left| m_{Wagen} \cdot v_{Wagen} \right| = \left| m_{Kugel} \cdot v_{Kugel} \right|$$

$$v_{Wagen} = \frac{m_{Kugel} \cdot v_{Kugel}}{m_{Wagen}} = \frac{g \cdot F_{G\ Kugel} \cdot v_{Kugel}}{g \cdot F_{G\ Wagen}};$$

$$v_{Kugel} = \sqrt{2 \cdot g \cdot h} = \frac{50\,(N) \cdot \sqrt{2 \cdot 9{,}81\,(m\,s^{-2}) \cdot 0{,}4\,(m)}}{70\,(N)} = 2{,}00\,m\,s^{-1}$$

ad Ü 6/9:

Flugimpuls

$$J_{Flug} = m \cdot v =$$

$$= 0{,}02\ (kg) \cdot \frac{45}{3{,}6}\ (m\,s^{-1}) = 0{,}25\ N\,s$$

ad Ü 6/10:

Unelastischer Stoß (Grasmücke (1); Glasscheibe (2)):

Impulserhaltung:

$$\underbrace{m_1 v_1 + m_2 v_2}_{\text{vor Stoß}} = \underbrace{(m_1 + m_2) \cdot v_{gemeinsam}}_{\text{nach Stoß}}$$

$$v_{gemeinsam} = \frac{m_1 v_1 + m_2 v_2}{m_1 + m_2} =$$

$$= \frac{0{,}02\,(kg) \cdot 12{,}5\,(m\,s^{-1}) + 100\,(kg) \cdot 0\,(m\,s^{-1})}{0{,}02\,(kg) + 100\,(kg)} = 2{,}50 \cdot 10^{-3}\,(m\,s^{-1}) = 2{,}5\,mm\,s^{-1}$$

Energie vor dem Aufprall:

$$E = \tfrac{1}{2} \cdot m \cdot v^2 =$$

$$= 0{,}5 \cdot 0{,}02\ (kg) \cdot (12{,}5\ (m\,s^{-1}))^2 = 1{,}56\ J$$

Energie nach dem Aufprall:

$$E = \tfrac{1}{2} \cdot m \cdot v^2 =$$

$$= 0{,}5 \cdot 0{,}02\ (kg) \cdot (2{,}5 \cdot 10^{-3}\ (m\,s^{-1}))^2 = 6{,}25 \cdot 10^{-8}\ J$$

Energieverlust:

$$\Delta E = 1{,}56\ (J) - 6{,}25 \cdot 10^{-8}\ (J) \approx 1{,}56\ J \mathrel{\hat{=}} 99{,}99\ \%$$

Bemerkung: Der aufprallende Vogel verliert schlagartig seine gesamte Energie, und diese wird fast vollständig zur Verformung seiner Körpersubstanz verbraucht. Der Vogel wird sicher nicht überleben. Anders wäre es, wenn der Vogel gegen eine große, sehr dünne Scheibe, gegen eine Folie oder gegen ein Netz fliegen würde. Hier würde die gesamte Energie zur Verschiebung des Gesamtsystems ausgenutzt, und der Vogel würde gegebenenfalls nicht verletzt werden.

ad Ü 6/11:

$$L_{vor\ Armanziehen} = L_{nach\ Armanziehen}$$

Keine Drehimpulssteigerung!

$$J_{vor} \cdot n_{vor} = J_{nach} \cdot n_{nach}$$

$$n_{nach} = \frac{J_{vor}}{J_{nach}} \cdot n_{vor} = \frac{5{,}5\,(\mathrm{kg\,m^2}) \cdot 1{,}8\,(\mathrm{s^{-1}})}{3{,}0\,(\mathrm{kg\,m^2})} = 3{,}3\,\mathrm{s^{-1}}$$

Kapitel 7

ad Ü 7/1:

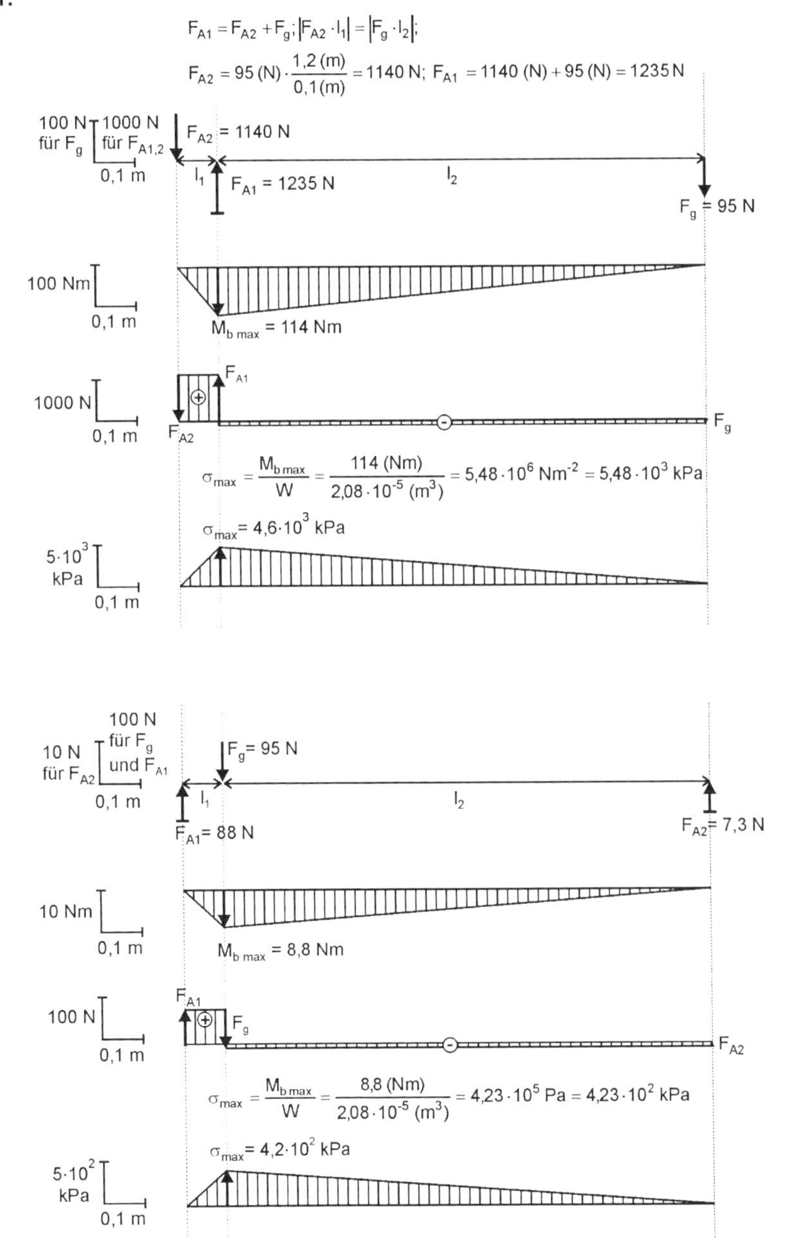

$$|M_{b\,max}| = F_g \cdot l = 95\ (N) \cdot 1{,}2\ (m) = 114\ Nm;$$

$$F_g = F_{A1} + F_{A2} = 95\ N;$$

$$F_{A1} \cdot l_1 = F_{A2} \cdot l_2;$$

$$F_{A1} = F_{A2} \cdot \frac{l_2}{l_1} = F_{A2} \cdot \frac{1{,}2\,(m)}{0{,}1(m)} = 12\ F_{A2};$$

$$13\ F_{A2} = 95\ N;$$

$$F_{A2} = 7{,}31\ N;$$

$$F_{A1} = 12 \cdot 7{,}31\ (N) = 87{,}69\ N;$$

$$|M_{b\,max}| = F_{A1} \cdot l_1 = F_{A2} \cdot l_2 = \left\langle \begin{matrix} 87{,}69\,(N) \cdot 0{,}1(m) \\ 7{,}31(N) \cdot 1{,}2\,(m) \end{matrix} \right\rangle = 8{,}77\,Nm$$

ad Ü 7/2:

Teilen in 4 Teile à 1 m;

Last pro Teil:

$$\sum V \cdot \rho \cdot g =$$

$$= 100 \cdot 10^{-4}\ (m^2) \cdot 1\ (m) \cdot 7 \cdot 10^2\ (kg\ m^{-3}) \cdot 9{,}81\ (m\ s^{-2}) + (0{,}1\ (m))^2 \cdot \pi \cdot 1\ (m) \cdot 2 \cdot 10^2\ (kg\ m^{-3}) \cdot$$

$$9{,}81\ (m\ s^{-2}) = 68\ (N) + 62\ (N) = 130\ N;$$

Radius$_a$:

$$\frac{d_a}{2} = \sqrt{\frac{80\,(cm^2)}{\pi}} \approx 5\,cm\,;$$

Widerstandsmoment bei a:

$$W_a = \frac{\pi \cdot {d_a}^3}{32} = \pi \cdot \frac{(0{,}1(m))^3}{32} = 10^{-4}\ m^3;$$

Teil-Nr.	4	3	2	1
l (m)	0,5	1,5	2,5	3,5
$M_b = 130\ (N) \cdot l\ (m)$	65	195	325	455
$\sigma_a = \frac{M_b}{W_a} = 10^4\ M_b\ (N\ m^{-2})$	$65 \cdot 10^4$	$195 \cdot 10^4$	$325 \cdot 10^4$	$455 \cdot 10^4$
	$\Sigma\ \sigma_a = 1040 \cdot 10^4\ Nm = 10{,}4\ N\ mm^{-2}$			

$$10{,}4\ N\ mm^{-2} < 120\ N\ mm^{-2}$$

Der Ast bricht nicht.

ad Ü 7/3:

Teilung in 3 Stücke à 0,4 m, ①, ②, ③ (zur Demonstration); Kraft = F' = const.

Einteilungseffekt (!):

$$M_{b①} \approx 0;$$

$$M_{b②} = 0{,}4\ (m) \cdot F';$$

$$M_{b③} = 0{,}4\ (m) \cdot F' + 1{,}0\ (m) \cdot F' = 1{,}4\ (m) \cdot F';$$

$$M_{b④} = 0{,}4\ (m) \cdot F' + 1{,}0\ (m) \cdot F' + 1{,}2\ (m) \cdot F' = 2{,}6\ (m) \cdot F';$$

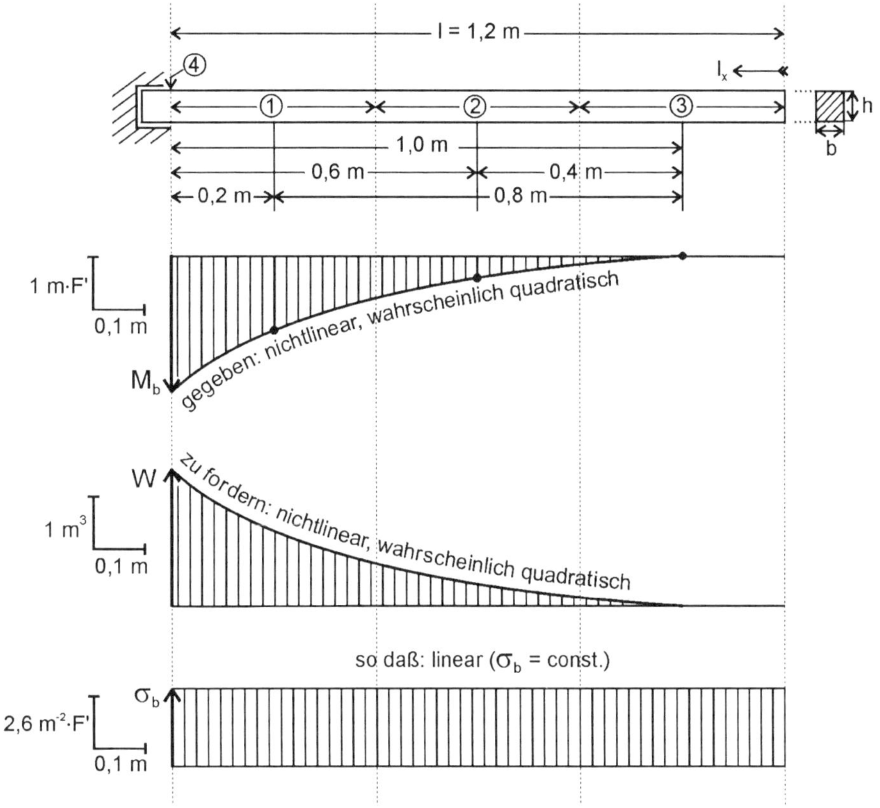

l = 1,2 m

④ l_x ① ② ③ h b

1,0 m

0,6 m 0,4 m

0,2 m 0,8 m

1 m·F' 0,1 m M_b gegeben: nichtlinear, wahrscheinlich quadratisch

W 1 m³ 0,1 m zu fordern: nichtlinear, wahrscheinlich quadratisch

so daß: linear (σ_b = const.)

σ_b 2,6 m⁻²·F' 0,1 m

$$\frac{M_{b\,max}}{M_{b\,l_x}} = \frac{W_{max}}{W_{l_x}}; \quad \frac{\frac{F' \cdot l^2}{2}}{\frac{F' \cdot l_x^2}{2}} = \frac{\frac{1}{6} \cdot b \cdot h_{max}^2}{\frac{1}{6} \cdot b \cdot h_x^2}; \quad \frac{l_2}{l_x^2} = \frac{h_{max}^2}{h_x^2};$$

$$h_x = \sqrt{\frac{l_x^2}{l^2} \cdot h_{max}^2} = \frac{l_x}{l} \cdot h_{max},$$ d. h. $h_x \sim l_x$: linearer Zusammenhang

l_x	1 l	0,75 l	0,5 l	0,25 l	b = const.
h_x	1 h_{max}	0,75 h_{max}	0,5 h_{max}	0,25 h_{max}	

l_x

Linearer Verlauf

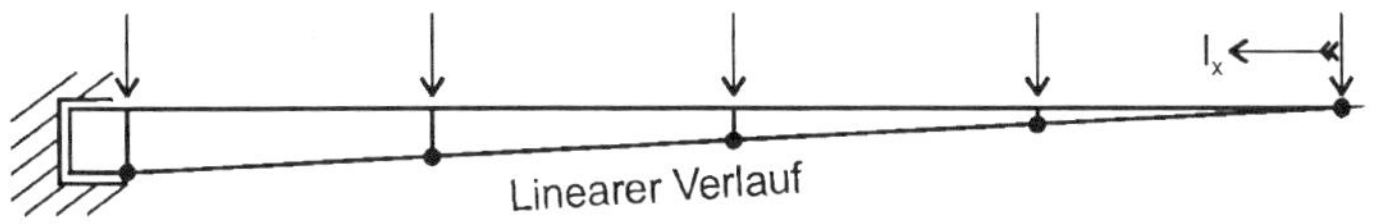

Fazit: Bei konstanter Streckenlast muß ein (überall gleich dicker) Träger konstanter Spannung in Form eines Dreiecks ausgemagert werden.

ad Ü 7/4:

A

$$E = \frac{\sigma}{\varepsilon} = \frac{10\,(kg)\cdot 9{,}81\,(m\,s^{-2})\cdot 2{,}5\,(m)}{2{,}5\cdot 10^{-7}\,(m^2)\cdot 4{,}9\cdot 10^{-3}\,(m)} = 2{,}00\cdot 10^{11}\,N\,m^{-2} \text{ oder } 200\,kN\,mm^{-2}$$

B

$$\text{Zugspannung} = \frac{5\,mN}{(2{,}5\,\mu m)^2\cdot\pi} = \frac{5\cdot 10^{-3}\,N}{1{,}96\cdot 19^{-11}\,m^2} = 2{,}55\cdot 10^{8}\,N\,m^{-2} \text{ oder Pa.}$$

Der Sicherheitsfaktor beträgt

$$\frac{4\cdot 10^{8}\,Pa}{2{,}55\cdot 10^{8}\,Pa} \approx 1{,}6.$$

Bemerkung : Normalerweise ist S viel höher, da die Fäden im Durchschnitt dicker und die Weibchen leichter sind.

ad Ü 7/5:

$$E = \frac{\sigma}{\varepsilon} = \frac{\frac{F}{A}}{\frac{\Delta l}{l}} = \frac{F\cdot l}{A\cdot\Delta l};$$

$$\Delta l\,(m) = \frac{F\,(N)\cdot l\,(m)}{A\,(m^2)\cdot E\,(Nm^{-2})} =$$

$$= \frac{20\,(kg)\cdot 9{,}81\,(m\,s^{-2})\cdot 0{,}3\,(m)}{5\cdot 10^{-4}\,(m^2)\cdot 10^{10}\,(Nm^{-2})} = 1{,}18\cdot 10^{5}\cdot\frac{1}{E\,(Nm^{-2})};$$

$$\Delta l_{Knochen} = \frac{1{,}18\cdot 10^{5}\,(Nm^{-1})}{10^{10}\,(Nm^{-2})} = 1{,}18\cdot 10^{-5}\,(m) = 11{,}8\,\mu m;$$

$$\Delta l_{Re\,silin} = \frac{1{,}18\cdot 10^{5}\,(Nm^{-1})}{1{,}8\cdot 10^{6}\,(Nm^{-2})} = 0{,}065\,(m) = 65\,mm;$$

$$F\,(N) = \frac{\Delta l\,(m)\cdot A\,(m^2)\cdot E\,(Nm^{-2})}{l\,(m)} = \frac{10^{-3}\,(m)\cdot 5\cdot 10^{-4}\,(m^2)\cdot E\,(Nm^{-2})}{0{,}3\,(m)} =$$

$$= 1{,}67\cdot 10^{-6}\cdot E\,(Nm^{-2});$$

$$F_{Knochen} = 1{,}67\cdot 10^{-6}\,(m^2)\cdot 10^{10}\,(Nm^{-2}) = 1{,}67\cdot 10^{4}\,N;$$

$$F_{Resilin} = 1{,}67\cdot 10^{-6}\,(m^2)\cdot 1{,}8\cdot 10^{6}\,(Nm^{-2}) = 3\,N;$$

Beim Knochen würde eine Zugspannung entstehen von

$$\frac{1{,}67\cdot 10^{4}\,(N)}{5\cdot 10^{-4}\,(m^2)} = 3{,}34\cdot 10^{7}\,Nm^{-2}.$$

Dies entspricht $\frac{3{,}34\cdot 10^{7}\,(Nm^{-2})\cdot 100}{10^{9}\,(Nm^{-2})} \mathrel{\hat{=}} 3{,}34\,\%$ seiner Bruchbelastung bzw. Reißfestigkeit.

Beim Resilin würde eine „unmerkliche" Zugspannung entstehen von

$$\frac{3\,(\mathrm{N})}{5\cdot 10^{-4}\,(\mathrm{m}^2)} = 6\cdot 10^3\ \mathrm{Nm}^{-2}.$$

Dies entspricht $\frac{6\cdot 10^3\,(\mathrm{Nm}^{-2})\cdot 100}{3\cdot 10^7\,(\mathrm{Nm}^{-2})} \mathrel{\hat{=}} 0{,}02\,\%$ seiner Bruchbelastung bzw. Reißfestigkeit. In beiden Fällen würde die Probe nicht reißen.

ad Ü 7/6:

$$\kappa = \frac{\dfrac{1(\mathrm{m}^3) - 0{,}9\,(\mathrm{m}^3)}{1(\mathrm{m}^3)}}{1\,\mathrm{GPa}} = 0{,}1\,\mathrm{GPa};$$

$$K = \frac{1}{\kappa} = 10\,\mathrm{GPa};$$

ad Ü 7/7:

$$\text{Scherspannung } \tau = \frac{F_t}{A} = \frac{1\cdot 10^3\,(\mathrm{N})}{0{,}1\,(\mathrm{m}^2)} = 1\cdot 10^4\ \mathrm{Pa}.$$

ad Ü 7/8:

$$\text{Scherspannung } \tau = \frac{10\,(\mathrm{N})}{0{,}01\,(\mathrm{m}^2)} = 1\,\mathrm{k\,Nm}^{-2} = 1\,\mathrm{k\,Pa};$$

$$\text{Schubmodul } G = \frac{\tau\,(\mathrm{N})}{\gamma\,(\mathrm{rad})} = \frac{1000\,(\mathrm{Nm}^{-2})}{10\,(°)\cdot 1{,}745\cdot 10^{-2}\,(\mathrm{rad}/°)} = 5729\,\mathrm{Pa}.$$

ad Ü 7/9:
Das Lager III wird zugbelastet, das Lager IV schrägbelastet. Die Stäbe 1, 3, 4 werden druckbelastet, und müssen deshalb zur Verhinderung von Ausknickungen genügend stark ausgebildet sein. Die Stäbe 2,5 sind zugbelastet und können entsprechend dünner ausgebildet sein.

ad Ü 7/10:
Die Züge A-A' des Bälkchensystems müssen überwiegend druckbeansprucht, die Züge B-B' überwiegend zugbeansprucht sein, da Bälkchenverläufe und Spannungstrajektorien prinzipiell übereinstimmen. Wenn sich die Einzelbälkchen dem System gegenseitig mehrminder vollständig biegeentlasten, handelt es sich um einen ideales Stabfachwerk: die Züge verlaufen „trajektoriell" in Richtung der Hauptspannungen. Wenn zudem die Spongiosadichte an jeder Stelle der dort wirkenden Spannung proportional ist, kann das System (bei gegebenen Materialkonstanten) zum Abfangen der gegebenen Kräfte und Momente nicht mehr leichter (massеärmer) gebaut werden: ein idealer Leichtbau.

ad Ü 7/11:
Die Gleichsetzung von

$$F_z = \frac{m\cdot v_{max}^{\;2}}{l}$$

und $F_g = m\cdot g$ ergibt

$$v_{max} = \sqrt{g\cdot l} = \sqrt{9{,}81(\mathrm{m\,s}^2)\cdot 0{,}9\,(\mathrm{m})} = 2{,}97\ \mathrm{m\,s}^{-1} = 10{,}7\ \mathrm{km\,h}^{-1}.$$

ad Ü 7/12:
Im Moment des Aufsetzens (Phase 1) steht das Bein schräg, belastet das Skelett noch nicht maximal ($F_v < F_{v\,max}$) und bremst (F_h negativ). Beim Schwingen über den senkrechten Stand (etwa Phase 2) wird maximale Vertikalkraft erreicht ($F_v = F_{v\,max}$), während keine Horizontalkraft auftritt ($F_h = 0$). Nach dem Überschwingen (etwa Phase 3) steht das Bein in der anderen Richtung schräg, die Vertikalkraft geht kontinuierlich gegen Null, und das Bein schiebt (F_h positiv).

ad Ü 7/13:
Langsames Gehen erfordert zwar weniger Leistung als langsamstmögliches Laufen, doch steigt der Leistungsaufwand beim schnellen Gehen exponentiell an. Bei einer Geschwindigkeit von etwa 2 m s^{-1} sind Gehen und Laufen energetisch gleichwertig; bei größerer Geschwindigkeit wird auf die Bewegungskinematik „Laufen" umgeschaltet; hierbei steigt der Leistungsaufwand nur noch linear an. Die Leistungsabgabe beim schnellstmöglichen Laufen verhält sich zu der des langsamstmöglichsten Gehens etwa wie 5 : 1.

ad Ü 7/14:
Die Geradengleichung lautet

$$y = mx + b.$$

Aus der Zeichnung ergibt sich beispielsweise

$$\Delta y = \Delta V_{O2\,rel} = 5 \text{ ml } O_2 \text{ g}^{-1} \text{ h}^{-1}$$

$$\text{für } \Delta x = \Delta v = 25 \text{ km h}^{-1}$$

$$\text{und damit } m = \frac{\Delta y}{\Delta x} = \frac{0{,}2\,(\text{ml } O_2 \text{ g}^{-1} \text{ h}^{-1})}{(\text{km h}^{-1})}.$$

Die extrapolierte Gerade schneidet die Ordinate etwa bei $b = 0{,}5$ ml O_2 g^{-1} h^{-1}.

Die Gleichung lautet:

$$\dot{V}_{O_2\,rel} = 0{,}2\,v + 0{,}5 \;(\dot{V}_{O_2} \text{ in ml } O_2 \text{ g}^{-1} \text{ h}^{-1}, v \text{ in km h}^{-1}).$$

Mit $\text{ml g}^{-1} \text{ h}^{-1} = 2{,}78 \cdot 10^{-4} \text{ ml g}^{-1} \text{ s}^{-1}$

und $1 \text{ km h}^{-1} = 2{,}78 \cdot 10^{-1} \text{ m s}^{-1}$

lautet die Gleichung: $\dot{V}_{O_2\,rel} = 5{,}56 \cdot 10^{-5}\, v + 1{,}39 \cdot 10^{-4}$

$(\dot{V}_{O_2\,rel} \text{ in ml } O_2 \text{ g}^{-1} \text{ s}^{-1}, v \text{ in m s}^{-1})$

ad Ü/7/15:

Mit $F_{Sprung} = m \cdot a,$

$$m = \frac{4{,}91 \cdot 10^{-6}\,(\text{N})}{9{,}81\,(\text{m s}^{-1})}$$

sowie $a = 100 \cdot 9{,}81 \; (\text{m s}^{-2})$

wird $F_{Sprung} = 4{,}91 \cdot 10^{-4}$ N

und der Faktor gleich 100.

Kapitel 8

ad Ü 8/1:

$$v_{sink}\,(m\,s^{-1}) = \frac{2\cdot(\rho_2 - \rho_1)\cdot g\cdot r^2}{9\cdot\eta};$$

$$v_{0°C} = \frac{2\cdot(1{,}08\cdot 10^3\,(kg\,m^{-3}) - 1{,}00\cdot 10^3\,(kg\,m^{-3}))\cdot 9{,}81\,(m\,s^{-2})\cdot(0{,}5\cdot 10^{-3}\,(m))^2}{9\cdot 1{,}79\cdot 10^{-3}\,Pa\,s} =$$

$$= 0{,}02433\,m\,s^{-1}$$

Analog: $v_{20°C} = 0{,}02914\ m\ s^{-1}$;

$$t\,(s) = \frac{50\,(m)}{v\,(m\,s^{-1})};$$

$$t_{0°C} = 2055\ s \mathrel{\hat{=}} 34{,}25\ min = 34\ min\ 15\ s;$$

$$t_{20°C} = 1716\ s \mathrel{\hat{=}} 28{,}60\ min = 28\ min\ 36\ s$$

ad Ü 8/2:

$$p_{osm}\,(Pa) = c\,(mol\,m^{-3})\cdot R\,(J\,mol^{-1}\,K^{-1})\cdot T\,(K)$$

Dimension rechts (gekürzt): $\frac{J}{m^3} = \frac{Nm}{m^3} = \frac{N}{m^2} = Pa$

$$c = \frac{1\,(mol)}{22{,}4\,(l)} = \frac{1\,(mol)}{22{,}4\cdot 10^{-3}\,(m^3)};$$

$$R = 8{,}31\ (J\,mol^{-1}\,K^{-1});$$

$$T = 0°C \mathrel{\hat{=}} 273{,}15\ K;$$

$$p_{osm} = \frac{1\cdot 8{,}31\cdot 273{,}15}{22{,}4\cdot 10^{-3}} = 1{,}01325\cdot 10^5\ Pa \mathrel{\hat{=}} 1\,atm;$$

$$h\,(m) = \frac{p_{osm}\,(Pa)}{\rho\,(kg\,m^{-3})\cdot g\,(m\,s^{-2})};$$

Dimension rechts: $\frac{kg\,m}{s^2}\cdot\frac{1}{m^2}\cdot\frac{m^3}{kg}\cdot\frac{s^2}{m} = m$

$$h = \frac{1{,}01\cdot 10^5}{10^3\cdot 9{,}81} = 10{,}30\,m.$$

ad Ü 8/3:

$$Re = \frac{v\cdot l}{\nu_{Wasser}} = \frac{3\,(m\,s^{-1})\cdot 1{,}5\,(m)}{1{,}01\cdot 10^{-6}\,(m^2\,s^{-1})} = 4{,}46\cdot 10^6;$$

$$Re_{Wasser} = Re_{Luft};$$

$$\frac{v_{Wasser}\,(m\,s^{-1})\cdot l(m)}{\nu_{Wasser}\,(m^2\,s^{-1})} = \frac{v_{Luft}\,(m\,s^{-1})\cdot l(m)}{\nu_{Luft}\,(m^2\,s^{-1)}};$$

$$v_{Luft} = v_{Wasser}\cdot\frac{\nu_{Luft}}{\nu_{Wasser}} = v_{Wasser}\cdot\frac{1{,}51\cdot 10^{-5}\,(m^2\,s^{-1})}{1{,}01\cdot 10^{-6}\,(m^2\,s^{-1})} = 14{,}95\cdot v_{Wasser};$$

$$v_{Luft} = 14{,}95\cdot 3\,(m\,s^{-1}) = 44{,}85\;m\,s^{-1} \mathrel{\hat{=}} 162\;km\,h^{-1}$$

ad Ü 8/4:

$$p_{osm}{}^* = 0{,}35\cdot 10^3\,(mol\,m^{-3})\cdot 8{,}31\,(J\,mol^{-1}\,K^{-1})\cdot 293\,(K)\cdot 1{,}3 = \\ = 1{,}108\cdot 10^6\;Pa = 11{,}1\;bar;$$

$$p_S = p_{osm}{}^* - p_T = 11{,}1\,(bar) - 8{,}0\,(bar) = 3{,}1\;bar$$

ad Ü 8/5:
A Die Zellen Z würden „querellipsoider" und damit den Spalt an den Endstellen E schließen.

B Die Zellen würden sich ausdehnen, aber unten mehr als oben, damit die Hälften des Spaltöffnungsapparats um die Punkte P nach außen verkippen und an den Endstellen E schließen.

ad Ü 8/6:
$\rho_{Eis}\cdot V_{Kubus} = \rho_{Seewasser}\cdot V_{eingetaucht}$;

$$V_{eingetaucht} = \frac{\rho_{Eis}}{\rho_{Seewasser}}\cdot V_{Kubus} =$$

$$= \frac{0{,}917\cdot 10^3\,(kg\,m^{-3})}{1{,}020\cdot 10^3\,(kg\,m^{-3})}\cdot h^3\,(m^3) = 0{,}90\cdot h^3\,(m^3);$$

Der Eisberg ragt also mit ca. 10% seines Volumens aus dem Wasser.

ad Ü 8/7:

$$\rho_{Krabbe} = \rho_{Wasser}\;\frac{F_{g\,Luft}}{F_{g\,Luft} - F_{g\,eingetaucht}} =$$

$$= 0{,}9998\cdot 10^3\,(kg\;m^{-3})\cdot\frac{0{,}39\,(N)}{0{,}39\,(N) - 0{,}09\,(N)} = 1{,}30\;kg\;l^{-1};$$

ad Ü 8/9:

$$\Delta p = 2\cdot\frac{\sigma}{r} = 2\cdot\frac{7{,}2\cdot 10^{-2}\,(Nm^{-1})}{6\cdot 5\cdot 10^{-5}\,(m)} = 480\;Nm^{-2} = 0{,}48\;kPa$$

ad Ü 8/10:

$$\alpha = \arccos\left(\frac{\sigma_{LB} - \sigma_{WB}}{\sigma_{LW}}\right) = \arccos\left(\frac{3{,}20 - 3{,}75}{0{,}73}\right) = \arccos(-0{,}75342) = 139°$$

Da 90° < α < 180° ist, wird der Wassertropfen das Blatt nicht benetzen.

ad Ü 8/11:
Die Druckverhältnisse sind umgekehrt proportional den Flächenverhältnissen.

$$\frac{p_{Innenohr}}{p_{Trommelfell}} = \frac{A_{Trommelfell}}{A_{Innenohr}} = \frac{55\;mm^2}{3{,}5\;mm^2} = 15{,}7$$

Im Innenohr ergibt sich etwa eine 15,7-fache Druckverstärkung.

Kapitel 9

ad Ü 9/1

$$v_{Arterien} = \frac{1}{4} v_{Aorta} \cdot \frac{A_{Aorta}}{A_{Arterien}} = \frac{1}{40} \cdot 0{,}6\,(m\,s^{-1}) \cdot \frac{(\frac{0{,}01}{2}(m))^2 \pi}{(\frac{0{,}003}{2}(m))^2 \pi} = 0{,}17\ m\,s^{-1}.$$

Der Ansatz über die Kontinuitätsgleichung ist nicht unproblematisch, da die „biologischen Röhren" nicht ideal starr sind und an unterschiedlichen Stellen abzweigen wodurch diese Gleichung nicht exakt gilt. Doch trifft der Ansatz die richtige Größenordnung.

ad Ü 9/2:

$$q = \tfrac{1}{2}\,\rho \cdot v^2 =$$

$$= \tfrac{1}{2} \cdot 1{,}23\,(kg\,m^{-3}) \cdot (3\,(m\,s^{-1}))^2 = 5{,}54\ Pa$$

$$F_W = c_W \cdot A \cdot q =$$

$$= 0{,}6 \cdot 8 \cdot 10^{-6}\,(m^2) \cdot 5{,}54\,(Pa) = 2{,}66 \cdot 10^{-5}\ N;$$

ad Ü 9/3:

$$\text{Mach } 1{,}2 = 1{,}2 \cdot 344\ m\,s^{-1} = 413\ m\,s^{-1};$$

$$F_W = c_W \cdot A \cdot q = c_W \cdot A \cdot \tfrac{1}{2}\,\rho_{Luft} \cdot v^2 =$$

$$= 0{,}6 \cdot 3 \cdot 10^{-5}\,(m^2) \cdot \tfrac{1}{2} \cdot 1{,}23\,(kg\,m^{-3}) \cdot (413\,(m\,s^{-1}))^2 = 1{,}89\ N$$

Kommentar: Das wäre größenordnungsmäßig das Zehntausendfache der Kraft, die nach Ü 9/2 auf die angenähert mit Höchstgeschwindigkeit fliegende Schmeißfliege wirkt. Die Gewichtskraft von rund 2 N entspricht einem Fünftel der Masse eines Kilogrammgewichts, die man sich gedanklich auf dem Fliegenkopf vorstellen muß (Teilabbildung B). Der Kopf würde sofort zerdrückt werden.

Bemerkung 1: Tatsächlich gehört *Cephenomya* zu den schnellsten Fluginsekten, fliegt aber kaum 45 km h^{-1} (12,5 m s^{-1}).

Bemerkung 2: Für genauere Berechnungen muß die Abhängigkeit des Widerstandsbeiwerts c_W des Kopfes bzw. Gesamtkörpers von der Reynoldszahl Re einbezogen werden (vergl. Abb. 10-3). Die Belastung liegt aber in jedem Fall weit über der kritischen Belastung für die Kopfkapsel. Die Zeitungsente wurde denn auch in einem Leserbrief mit eben dieser Rechnung und weiteren Überlegungen zum Energieverbrauch, die zu grotesken Werten führen, entkräftet.

ad Ü 9/4:

Wegen des einengenden Düseneffekts bei A ist nach Bernoulli (p + q = const.) $v_A > v_B$, damit $q_A > q_B$, damit $p_A < p_B$. Somit wird eine zwangslüftende Strömung von B durch den Bau nach A induziert.

Wegen des rotationssymmetrischen Aufschüttkegels ist der Durchströmungseffekt unabhängig von der Windrichtung.

ad Ü 9/5:

Nach Bernoulli ist

$$p + \tfrac{1}{2} \cdot \rho \cdot v^2 = p_{gesamt}.$$

Im Staupunkt A ist $v = 0$ und damit $p = p_{gesamt}$: Zwischen A und B nimmt v zu („beschleunigte Strömung") und damit p ab („Druckabfall"). Zwischen B und C nimmt v ab („verzögerte Strömung") und damit p zu („Druckanstieg"). Ein wanderndes Teilchen gelangt problemlos von A nach B und gewinnt dabei kinetische Energie. Wenn diese groß genug ist, den Druckanstieg von B nach C zu überwinden, kann es sich wandnah bis C bewegen („anliegende Strömung"). Andernfalls kommt es zum Stillstand, ev. zum Rückströmen, und die Strömung „reißt ab".

ad Ü 9/6:
Da die Druckverteilung spiegelbildlich zur median-vertikalen Anströmebene ist, heben sich diejenigen Druckkomponenten, die nicht in dieser Ebene verlaufen, auf. Da die vorderen Überdrükke erkennbar größer sind als die hinteren Unterdrücke, resultiert ein mittlerer Druckvektor und damit auch ein mittlerer Kraftvektor in Richtung der Anströmung: reine Widerstandserzeugung („Druckwiderstand").

Kantenlänge des Referenzquadrats:

$$\frac{d\,(m) \cdot \pi}{24} = 0{,}025 m;$$

Fläche des Referenzquadrats:

$$A = (0{,}025\ (m))^2 = 6{,}25 \cdot 10^{-4}\ m^2;$$

Größe des mittleren Druckvektors:

$$\bar{\vec{p}} = \sum(+p_i) - \sum(-p_i);$$

nach graphischer Konstruktion ergibt sich $\bar{\vec{p}} = 2400\,Pa$;

$$F_{res\ \text{"Referenzring"}} = F_{W\ \text{"Referenzring"}} =$$

$$= \sum(+F_{Wi}) - \sum(-F_{Wi}) = \sum(+p_i\ A) + \sum(-p_i\ A) = A\sum(+p_i) - A\sum(-p_i) =$$

$$= A\left(\sum(+p_i) - \sum(-p_i)\right) = A \cdot \bar{\vec{p}} = 6{,}25 \cdot 10^{-4}\ (m^2) \cdot 2400\ (N\,m^{-2}) = 1{,}5\,N;$$

Auf $l = 1$ m kommen $\frac{1\,(m)}{0{,}025\,(m)} = 40$ derartige Ringe.

$$F_{res\ ges} = F_{Wi\ ges} = 40 \cdot 1{,}5\ (N) = 60\ N;$$

ad Ü 9/7:

$$v = \sqrt{\frac{2 \cdot p_{ein}}{\rho \cdot \left[1 - \left(\frac{d_{aus}}{d_{ein}}\right)^4\right]}} = \sqrt{\frac{2 \cdot 1{,}2 \cdot 10^5\ (Pa)}{1{,}02 \cdot 10^3\ (kg\,m^{-3}) \cdot \left[1 - \left(\frac{\frac{0{,}00015 (m^2) \cdot 4}{\pi}}{\frac{0{,}0007 (m^2) \cdot 4}{\pi}}\right)^4\right]}} = 15{,}36\,m\,s^{-1};$$

$$F_R = \frac{p_{ein} \cdot d_{aus}{}^2 \cdot \pi}{2 \cdot \left[1 - \left(\frac{d_{aus}}{d_{ein}}\right)^4\right]} = \frac{1{,}2 \cdot 10^5\ (Pa) \cdot 1{,}5 \cdot 10^{-4}\ (m^2)}{2\left[1 - \left(\frac{0{,}00015\ (m^2}{0{,}0007\ (m^2)}\right)^4\right]} = 9{,}02\,N;$$

ad Ü 9/8:

$$F_x = \rho \cdot A\,(v_{Strahl} - v_{Wand})^2 \cdot \sin\alpha$$

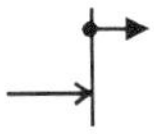

$v_{Wand} = 0$

$$F_x = 1 \cdot 10^3\,(kg\,m^{-3}) \cdot (0{,}02\,(m))^2 \cdot \pi \cdot (15\,(m\,s^{-1}) - 0\,(m\,s^{-1}))^2 \cdot \sin 90° = 1{,}257 \cdot 15^2 \cdot 1 = 283\text{ N};$$

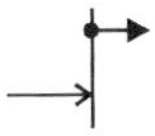

$v_{Wand} = 5\text{ m s}^{-1}$

$$F_x = 1{,}257 \cdot (15 - 5)^2 \cdot 1 = 126\text{ N};$$

$v_{Wand} = 0$

$$F_x = 1{,}257 \cdot 15^2 \cdot 0{,}71 = 200\text{ N};$$

$v_{Wand} = 5\text{ m s}^{-1}$

$$F_x = 1{,}257 \cdot (15 - 5)^2 \cdot 0{,}71 = 89\text{ N};$$

ad Ü 9/9:

$$\Delta p_{Verlust} = \frac{\rho}{2} \cdot (v_1^2 - v_2^2) = \frac{1{,}23\,(kg\,m^{-3})}{2} \cdot (5^2\,(m\,s^{-1}) - 2{,}5^2\,(m\,s^{-1})) = 11{,}53\text{ Pa};$$

ad Ü 9/10:

$$① \quad F_S = \rho \cdot \dot{V} \cdot (v_{aus} - v_{ein})$$

$$② \quad \dot{V} = v_S \cdot A_S = \left(\frac{v_{aus} + v_{ein}}{2}\right) \cdot A_S$$

$$\dot{V} = \dot{V};$$

$$\frac{F_S}{\rho \cdot (v_{aus} - v_{ein})} = \left(\frac{v_{aus} + v_{ein}}{2}\right) \cdot A_S;$$

$$v_{ein} = \frac{10\,(km\,h^{-1})}{3{,}6\,(km\,m^{-1} \cdot s\,h^{-1})} = 2{,}78\,m\,s^{-1};$$

$$\left(\frac{v_{aus} + 2{,}78\,(m\,s^{-1})}{2}\right) \cdot (v_{aus} - 2{,}78\,(m\,s^{-1})) = \frac{F_S}{\rho \cdot A_S} = \frac{10000\,(N)}{10^3\,(kg\,m^{-3}) \cdot \frac{(1\,(m))^2}{4} \cdot \pi} =$$

$$= 12{,}73\,(m^2\,s^{-2});$$

$$(\frac{v_{aus}}{2} + 1{,}39\,(m\,s^{-1}) \cdot (v_{aus} - 2{,}78\,(m\,s^{-1}) = 12{,}73\,(m^2\,s^{-2});$$

$$\tfrac{1}{2} \cdot v_{aus}^2 + 1{,}39\,(m\,s^{-1}) \cdot v_{aus} - 1{,}39\,(m\,s^{-1}) \cdot v_{aus} - 3{,}86\,(m^2 s^{-2}) = 12{,}73\,(m^2\,s^{-2});$$

$$v_{aus}^2 = (12{,}73\,(m^2\,s^{-2}) + 3{,}86\,(m^2\,s^{-2})) \cdot 2 = 33{,}18\,(m^2\,s^{-2});$$

$$v_{aus} = \sqrt{33{,}18\,(m^2\,s^{-2})} = 5{,}76\,m\,s^{-1};$$

in ① :

$$\dot{V} = \frac{F_S}{\rho \cdot (v_{aus} - v_{ein})} = \frac{10000\,(N)}{10^3\,(kg\,m^{-3}) \cdot (5{,}76\,(m\,s^{-1}) - 2{,}78\,(m\,s^{-1}))} = 3{,}36\,m^3\,s^{-1}$$

ad Ü 9/11:

$$v_{ein} = \frac{100\,(km\,h^{-1})}{3{,}6\,(km\,m^{-1} \cdot s\,h^{-1})} = 27{,}78\,m\,s^{-1};$$

$$v_{aus} = \frac{145\,(km\,h^{-1})}{3{,}6\,(km\,m^{-1} \cdot s\,h^{-1})} = 40{,}28\,m\,s^{-1};$$

$$v_S = \frac{27{,}78\,(m\,s^{-1}) + 40{,}28\,(m\,s^{-1})}{2} = 34{,}03\,m\,s^{-1};$$

$$d = 0{,}2\ m;$$

$$A = \frac{d^2 \cdot \pi}{4} = \frac{(0{,}2\,(m))^2 \cdot \pi}{4} = 0{,}0314\,m^2;$$

$$F_S = \rho \cdot A \cdot v_S \cdot (v_{aus} - v_{ein}) =$$

$$= 1{,}23\ (kg\ m^{-3}) \cdot 0{,}0314\ (m^2) \cdot 34{,}03\ (m\ s^{-1}) \cdot (40{,}28\ (m\ s^{-1}) - 27{,}78\ (m\ s^{-1})) =$$

$$= 16{,}43\ N$$

$$C_S = \frac{{v_{aus}}^2 - {v_{ein}}^2}{{v_{ein}}^2} = \frac{(40{,}28\,(m\,s^{-1}))^2 - (27{,}78\,(m\,s^{-1}))^2}{(27{,}78\,(m\,s^{-1}))^2} = 1{,}10;$$

(damit wird im übrigen

$$F_S = C_S \cdot A_S \cdot \tfrac{1}{2} \cdot \rho \cdot {v_{ein}}^2 =$$

$$= 1{,}10 \cdot 0{,}0314\ (m^2) \cdot \frac{1}{2} \cdot 1{,}23\ (kg\ m^{-3}) \cdot (27{,}78\ (m\ s^{-1}))^2 = 16{,}43\ N!\ (s.\ o.));$$

$$P_{ab} = v_{ein} \cdot F_S = 27{,}78\ (m\ s^{-1}) \cdot 16{,}43\ (N) = 456{,}39\ W;$$

$$P_{zu} = v_S \cdot F_S = 34{,}03\ (m\ s^{-1}) \cdot 16{,}43\ (N) = 559{,}11\ W;$$

$$\eta_{theor} = \frac{P_{ab}}{P_{zu}} = \frac{456{,}39\,(W)}{559{,}11\,(W)} = 0{,}82 \mathrel{\hat{=}} 82\,\%;$$

$$\eta_{tats} = \eta_{theor} \cdot \eta_{Güte} = 0{,}82 \cdot 0{,}80 = 0{,}65 \mathrel{\hat{=}} 65\ \%;$$

ad Ü 9/12:

$$v_S = \sqrt{\frac{F_g}{\left(\frac{a}{2}\right)^2 \cdot \pi \cdot \rho}} = \sqrt{\frac{0{,}018\,(kg) \cdot 9{,}81\,(m\,s^{-2})}{\left(\frac{0{,}17}{2}\,(m)\right)^2 \cdot \pi \cdot 1{,}23\,kg\,m^{-3}}} = 2{,}51\,m\,s^{-1};$$

$$T = (45\ (s^{-1}))^{-1} = 0{,}022\ s;$$

$$\frac{\Delta I}{\Delta T} = F_g \cdot T = 0{,}1766\,(N) \cdot 0{,}022\,(s) = 0{,}0039\,N\,s;$$

oder:

$$\frac{\Delta I}{\Delta T} = \left(\frac{d}{2}\right)^2 \cdot \pi \cdot v_S{}^2 \cdot \rho \cdot T =$$

$$= \left(\frac{0{,}17\,(m)}{2}\right)^2 \cdot \pi \cdot (2{,}52\,(m\,s^{-1}))^2 \cdot 1{,}23\,(kg\,m^{-3}) \cdot 0{,}022\,(s) = 0{,}0039\,N\,s$$

Kapitel 10

ad Ü 10/1:

$$\delta_{lam} = 5 \cdot \sqrt{\frac{\nu \cdot x}{v_\infty}} = 5 \cdot \sqrt{\frac{1{,}51 \cdot 10^{-5}\,(m^2 s^{-1}) \cdot 0{,}3\,(m)}{10\,(m\,s^{-1})}} = 3{,}37 \cdot 10^{-3}\,(m) = 3{,}37\,mm;$$

$$l_U = \frac{\nu \cdot Re_{krit}}{v_\infty} = \frac{1{,}51 \cdot 10^{-5}\,(m^2 s^{-1}) \cdot 3{,}5 \cdot 10^5}{10\,(m\,s^{-1})} = 0{,}53\,(m)$$

$$\delta_{turb} = 0{,}37 \cdot \sqrt[5]{\frac{\nu \cdot y^4}{v_\infty}} =$$

$$= 0{,}37 \cdot \sqrt[5]{\frac{1{,}51 \cdot 10^{-5}\,(m^2 s^{-1}) \cdot (0{,}45\,(m))^4}{10\,(m\,s^{-1})}} = 0{,}01338\,(m) = 13{,}38\,mm;$$

ad Ü 10/2:

laminar: $\delta_{lam} = 3{,}37$ mm; $\frac{\Delta v^*}{\Delta z^*} \approx \frac{3}{1}$; s. Abbildung

turbulent: $\delta_{turb} = 13{,}38$ mm; $\frac{\Delta v^*}{\Delta z^*} \approx \frac{9}{1}$; s. Abbildung

(zur Zeichnung: $\frac{\Delta z^*}{\Delta v^*} = \frac{\frac{1}{3}}{1}$ (lam) bzw. $\frac{\frac{1}{9}}{1}$ (turb))

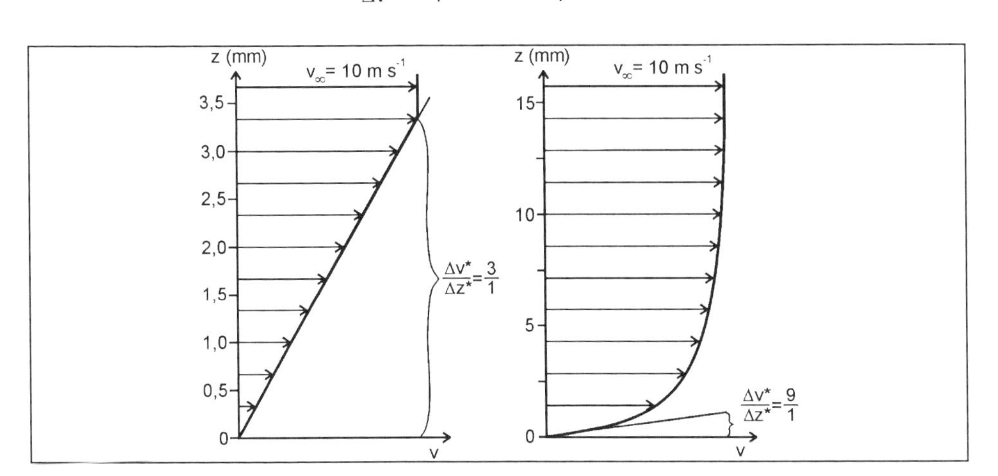

ad Ü 10/3:

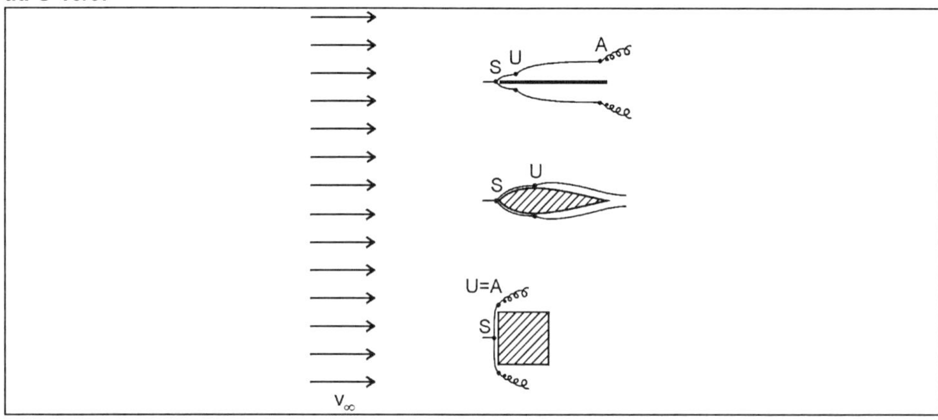

ad Ü 10/4:
Bei abfallender Körperkontur herrscht nach Bernoulli Druckanstieg; deshalb wird die Wandschubspannung größer, die Tangente d_v / d_z steiler; sobald es zu einer Rückströmung in der Grenzschicht in Wandnähe kommt, löst sie sich ab. Anders gesagt: Ein „Rückstromkeil" schiebt sich unter die Grenzschicht und hebt sich ab.

ad Ü 10/5:

$$Re = 10^6$$

$$\text{ad A: } c_{W_o} = \frac{1{,}328}{\sqrt{Re}} = \frac{1{,}328}{\sqrt{10^6}} = 0{,}00133;$$

$$\text{ad B: } c_{W_o} = \frac{0{,}0745}{\sqrt[5]{Re}} = \frac{0{,}0745}{\sqrt[5]{10^6}} = 0{,}00470;$$

$$\text{ad C: } c_{W_o} = \frac{0{,}455}{(\log Re)^{2{,}58}} = \frac{0{,}455}{(\log 10^6)^{2{,}58}} = 0{,}00447;$$

$$\text{ad D: } c_{W_o} = \frac{0{,}418}{(2+\log \frac{l}{R})^{2{,}53}} = \frac{0{,}418}{(2+\log 10^3)^{2{,}53}} = 0{,}00712;$$

ad Ü 10/6:

$$Re_{Trips} = \frac{v \cdot l}{\nu} = \frac{0{,}1(m\,s^{-1}) \cdot 0{,}002\,(m)}{1{,}51 \cdot 10^{-5}(m^2 s^{-1})} = 13;$$

die Trägheitskräfte überwiegen die Zähigkeitskräfte um den Faktor 13;

$$Re_{Wal} = \frac{v \cdot l}{\nu} = \frac{3{,}33\,(m\,s^{-1}) \cdot 30\,(m)}{1{,}78 \cdot 10^{-6}(m^2 s^{-1})} = 5{,}6 \cdot 10^7;$$

die Trägheitskräfte überwiegen die Zähigkeitskräfte um den Faktor $5{,}6 \cdot 10^7$;

ad Ü 10/7:

$$Re = \frac{v \cdot d}{\nu};$$

$$Re_{max} = 7{,}36 \cdot 10^4;$$

$$Re_{min} = 1{,}84 \cdot 10^4;$$

(In diesem Bereich ist nach Abb. 10-3 $c_{W\ Kreisscheibe}$ konstant und etwas größer als 1 (exakt 1,19)).

$$A = 7{,}85 \cdot 10^{-3}\ (m^2);$$

$$\rho = 1{,}23\ (kg\ m^{-3});$$

$$F_{Wi} = 0{,}00536 \cdot v^2,\ allg.\ F_{Wi} \sim v^2;$$

$v\ (km\ h^{-1})$	10	20	30	40
$v\ (m\ s^{-1})$	2,78	5,56	8,33	11,11
$F_{Wi}\ (N)$	0,041	0,166	0,372	0,662

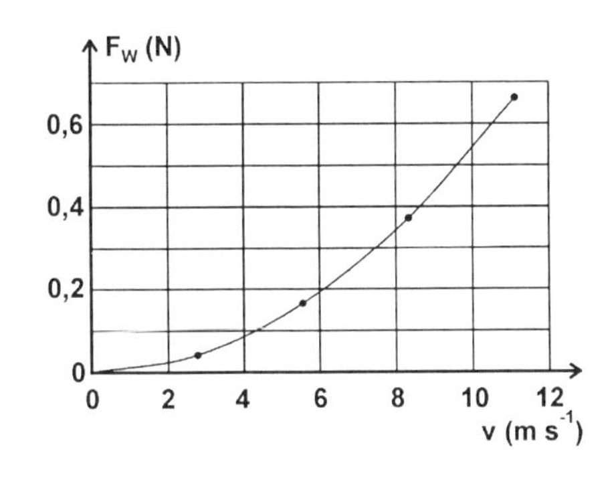

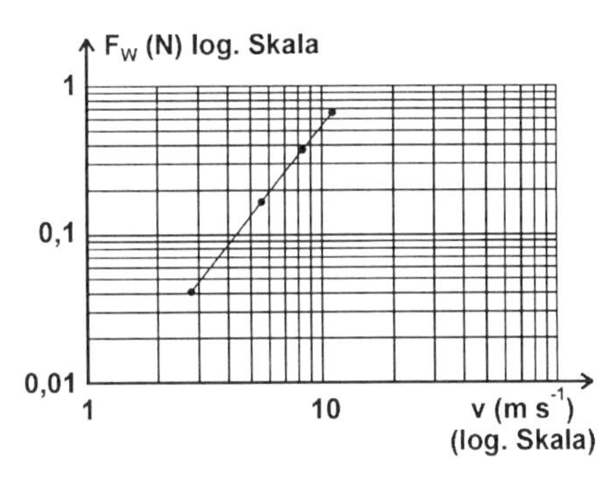

ad Ü 10/8:

Allgemein: W: Widerstand

$$W_{gesamt} = W_{Reibung} + W_{Druc}$$

$$W_{gesamt\ A,B} \approx W_{Reibung} + 0 \approx W_{Reibung}$$

$$W_{gesamt\ C} \approx 0 + W_{Druck} \approx W_{Druck}$$

Also: Für A, B Berechnung von F_{WO} und c_{WO}.

Für C Berechnung von F_{WD} und c_{WD}.

$$Re_A = \frac{v \cdot l}{\nu} = \frac{5\,(m\,s^{-1}) \cdot 0{,}5\,(m)}{1{,}01 \cdot 10^{-6}\,(m^2 s^{-1})} = 2{,}5 \cdot 10^6;$$

$$Re_B = \frac{1}{5} \cdot Re_A = 0{,}5 \cdot 10^6 = 5 \cdot 10^5;$$

$$Re_{krit} = 3{,}5 \cdot 10^5\ (s.\ Ü10/1);$$

$$l_U = \frac{\nu \cdot Re_{krit}}{v_\infty} = \frac{1{,}01 \cdot 10^{-6}\,(m^2 s^{-1}) \cdot 3{,}5 \cdot 10^5}{5\,(m\,s^{-1})} = 0{,}07\ m;$$

Umströmung also: Bei A zu 93% turbulent; in erster Näherung als turbulent angenommen. Bei B zu 70% laminar; in erster Näherung als laminar angenommen.

$$F_{W_O} = c_{W_O} \cdot A \cdot \tfrac{1}{2} \cdot \rho \cdot v^2;$$

$$A = 0{,}1\,(m) \cdot 0{,}5\,(m) = 0{,}05\,m^2$$

$$\rho = 10^3\,(kg\,m^{-3});$$

Für A:
$$F_{W_O} = 0{,}0035 \cdot 0{,}05\,(m^2) \cdot \tfrac{1}{2} \cdot 10^3\,(kg\,m^{-3}) \cdot (5\,(m\,s^{-1}))^2 = 2{,}19\,N;$$

Für B:
$$F_{W_O} = 2{,}19 \cdot \frac{0{,}002}{0{,}0035} = 1{,}25\,N;$$

Für C:
$$F_{W_D} = c_{W_D} \cdot A \cdot \tfrac{1}{2} \cdot \rho \cdot v^2 = 2{,}19 \cdot \frac{1{,}25}{0{,}0035} = 782{,}14\,N;$$

Damit entspricht A lediglich 0,28% von C, B lediglich 0,16% von C (!)

ad Ü 10/9:
Die Summe aus Reibungs- und Druckwiderstand sollte möglichst klein sein. Der erste ist klein bei laminarer Grenzschicht. Bei Körpern, deren Stirnfläche im Vergleich zur gesamten benetzten Oberfläche klein ist, überwiegt der erstere. Der Thunfisch sollte also durch glatte Oberfläche und Störstellenminimierung so lange wie möglich laminare Umströmung aufrecht erhalten, wodurch der Reibungswiderstandsanteil klein bleibt. Wenn im Gebiet des Druckanstiegs im letzten Körperdrittel Ablösung droht, sollte der Thunfisch (durch Schuppenrauhigkeit etc.) die Grenzschichtströmung turbulent machen. Die Abrißstelle verschiebt sich damit weiter nach hinten, in das Gebiet eines geringeren Abrißquerschnitts, wodurch der Druckwiderstandsanteil klein wird.

ad Ü 10/10:

$$F_{Wagen} = 1000\,(kg) \cdot 9{,}81\,(m\,s^{-2}) = 9810\,N$$

$$v_{Wagen} = \frac{250}{3{,}6} \approx 70\,m\,s^{-1};$$

$$v_{Wind} = \frac{70}{3{,}6} \approx 20\,m\,s^{-1};$$

Allgemein:
$$F\,(N) = c \cdot A\,(m^2) \cdot q\,(N\,m^{-2})$$

$$q = \frac{1}{2} \cdot \rho\,(kg\,m^{-3}) \cdot (v\,(m\,s^{-1}))^2$$

$$F_W = c_W : A \cdot \tfrac{1}{2} \cdot \rho \cdot v_{Front}^{\;2}$$

$$v_{Front} = v_{Wagen} + v_{Wind} \cdot \cos 30° = 87{,}3\,m\,s^{-1}$$

$$F_W = 0{,}17 \cdot 1{,}4\,(m^2) \cdot \tfrac{1}{2} \cdot 1{,}23\,(kg\,m^{-3}) \cdot (87{,}3\,(m\,s^{-1}))^2 =$$

$$= 1116\,N \mathrel{\widehat{=}} 11{,}4\,\%\text{ von } F_{Wagen}$$

$$F_A = c_A \cdot A \cdot \tfrac{1}{2} \cdot \rho \cdot v_{Front}^{\;2} =$$

$$= 0{,}8 \cdot 1{,}4\,(m^2) \cdot \tfrac{1}{2} \cdot 1{,}23\,(kg\,m^{-3}) \cdot (87{,}3\,(m\,s^{-1}))^2 =$$

$$= 5250\,N \mathrel{\widehat{=}} 53{,}5\,\%\text{ von } F_{Wagen}\text{ (Gefahr des Abhebens!)}$$

$$F_S = c_S \cdot A_{Seite} \cdot \tfrac{1}{2} \cdot \rho \cdot v_{Seite}^2$$

$$v_{Seite} = v_{Wind} \cdot \sin 30° = 10 \text{ m s}^{-1}$$

$$F_S = 0{,}7 \cdot 2\,(\text{m}^2) \cdot \tfrac{1}{2} \cdot 1{,}23\,(\text{kg m}^{-3}) \cdot (10\,(\text{m s}^{-1}))^2 = 86 \text{ N} \mathrel{\widehat{=}} 0{,}9\ \% \text{ von } F_{Wagen}$$

$$P = F_W \cdot v_{Wagen} = 1116\,(\text{N}) \cdot 87{,}3\,(\text{m s}^{-1}) = 97{,}43 \text{ kW}$$

Infolge der Abtriebserzeugung durch den Heckspoiler wird die Hinterachse belastet. Damit werden die Reifen angedrückt, die Bodenhaftung wird verbessert und die Gefahr des Abhebens wird verringert.

ad Ü 10/11:
Durch das Abheben des (Model)- Schwanzes ergibt sich infolge der Erzeugung einer abwärts gerichteten Kraftkomponente hinter dem Schwerpunkt ein aufrichtendes Kippmoment, wie es zur Einleitung eines schrägen Steigflugs nötig ist.

ad Ü 10/12:
Durch die nun rechts höhere Auftriebskraft ergibt sich ein linksdrehendes Rollmoment, zusätzlich ein geringes (kleiner Drehabstand!) aufrichtendes Kippmoment. Durch die gleichzeitig rechts leicht größere Widerstandskraft ergibt sich zusätzlich ein geringes rechtsdrehendes Giermoment.

ad Ü 10/13:
Es ergibt sich (zumindest) ein linksdrehendes Giermoment, das durch ein anderweitig erzeugtes rechtsdrehendes Giermoment kompensiert werden muß, will Pteranodon nicht in eine Linkskurve gezwungen werden sondern weiter geradeaus fliegen.

ad Ü 10/14:
Die Brustflosse erzeugt ein aufrichtendes Kippmoment $F_A \cdot s_{F_A}$,

die Schwanzflosse ein den Kopf abwärts drehendes Kippmoment $F_V \cdot s_{F_V}$.

Die beiden Momente müssen numerisch gleich sein.

ad Ü 10/15:
Querruder: Rollmomente um Längsachse
Seitenruder: Giermomente um Hochachse
Höhenruder: Kippmomente um Querachse

Wenn F_A hinter S angreife, ergibt sich ein (die Nase senkendes) negatives Kippmoment

$$|F_A \cdot s_{F_A}|.$$

Dieses kann ausgeglichen werden durch ein leichtes Heben der Höhenruder, wodurch ein (Nase hebendes) positives Kippmoment erzeugt wird

$$|-F_{A\,\text{Höhenruder}} \cdot s_{F_A\,\text{Höhenruder}}|.$$

ad Ü 10/16:

$$\eta = \nu \cdot \rho = 4 \cdot 10^{-5}\,(\text{m}^2\,\text{s}^{-1}) \cdot 900\,(\text{kg m}^{-3}) = 3{,}60 \cdot 10^{-2} \text{ kg m}^{-1}\,\text{s}^{-1};$$

$$\bar{v} = \frac{\dot{V}}{d^2 \cdot \frac{\pi}{4}} = \frac{2\,(\text{m}^3\,\text{s}^{-1}) \cdot 4}{3600 \cdot (0{,}03\,(\text{m}))^2 \cdot \pi} = 7{,}86 \cdot 10^{-1} \text{m s}^{-1} = 0{,}79 \text{ m s}^{-1};$$

$$Re = \frac{\bar{v} \cdot d}{\nu} = \frac{0{,}79\,(m^3\,s^{-1}) \cdot 0{,}03\,(m)}{4 \cdot 10^{-5}\,(m^2\,s^{-1})} = 593;$$

Da 593 < 2320 ist, ist die Rohrströmung laminar.

$$\text{Rohrreibungszahl}\,\lambda = \frac{64}{Re} = \frac{64}{593} = 0{,}11;$$

$$\text{Druckverlust}\ p_2 - p_1 = \Delta p = \lambda \cdot \frac{l}{d} \cdot \frac{\rho}{2} \cdot \bar{v}^2 =$$

$$= 0{,}11 \cdot \frac{100\,(m)}{0{,}03\,(m)} \cdot \tfrac{1}{2} \cdot 900\,(kg\,m^{-3}) \cdot (0{,}74\,(m\,s^{-1}))^{-2} = 9{,}04 \cdot 10^4\,N\,m^{-2} = 0{,}90\,bar;$$

ad Ü 10/17:

Hagen-Poiseuille:

$$\dot{V} = \frac{\pi \cdot r^4\,(p_2 - p_1)}{8 \cdot \eta \cdot l} = \underbrace{\frac{\pi \cdot r^4}{8 \cdot \eta \cdot l}}_{\text{Konstante c}} \cdot \Delta p;$$

$$\dot{V} = c \cdot \Delta p;$$

Geradengleichung der Form $y = m \cdot x$ (durch Ursprung; Steigung $m = c$).

$$\dot{V} = \frac{\pi \cdot r^4}{8 \cdot \eta \cdot l} \cdot \Delta p^a;$$

$$\eta_{\text{Blut in Kapillaren}} \approx 2 \cdot \eta_{\text{Wasser}} \approx 2 \cdot 10^{-3}\,(kg\,m^{-1}\,s^{-1});$$

$$1 mm\ Hg \mathrel{\widehat{=}} 133{,}3\ N\,m^{-2};$$

$$\dot{V}_{\text{Niederdruck}} = \frac{\pi \cdot (2 \cdot 10^{-5}\,(m))^4 \cdot (30 \cdot 133{,}3)^{1,5}\,(Nm^{-2})}{8 \cdot 2 \cdot 10^{-3}(kg\,m^{-1}\,s^{-1}) \cdot 2 \cdot 10^{-3}\,(m)} = 3{,}97 \cdot 10^{-9}\,m^3\,s^{-1};$$

$$\dot{V}_{\text{Hochdruck}} = \frac{\pi \cdot (2{,}7 \cdot 10^{-5}\,(m))^4 \cdot (35 \cdot 133{,}3)^{1,5}\,(Nm^{-2})}{8 \cdot 2 \cdot 10^{-3}(kg\,m^{-1}\,s^{-1}) \cdot 2 \cdot 10^{-3}\,(m)} = 1{,}66 \cdot 10^{-8}\,m^3\,s^{-1};$$

$$\frac{1{,}66 \cdot 10^{-8}}{3{,}97 \cdot 10^{-9}} = 4{,}19;$$

der Volumenstrom erhöht sich etwa um den Faktor 4.

ad Ü 10/18:
Durch die zentrale Widerstandserhöhung im Bereich der sich überkreuzenden Haare muß - zumindest bei gleichem Volumenstrom - die Geschwindigkeit in Wandnähe größer sein, was Konsequenzen für den Feuchtigkeits- und Wärmeübergang haben muß.

Kapitel 11

ad Ü 11/1:

- Wegen bilateralsymmetrischer Anströmung heben sich alle nichtparallelen Komponenten zu $\bar{v}$ auf und addieren sich alle parallelen Komponenten zu $\bar{v}$ zu F_W.

- Wegen Mitrotation der angrenzenden Fluidschicht infolge von Zähigkeitseffekten herrscht - in der Orientierung der Zeichnung - oben größere Geschwindigkeit ($\bar{v}$ -v_{rot}), so daß nach Bernoulli oben ein Unterdruck und damit eine Kraft $\perp$ $\bar{v}$ nach oben entsteht; Kräfte $\perp$ Anströmung heißen Auftrieb.
- Da die abgewickelte Profillänge am oben stärker gewölbten Tragflügel oben größer als unten ist, muß bei Gültigkeit ungestörter Abflußbedingungen oben eine größere Geschwindigkeit und damit nach Bernoulli ein Unterdruck relativ zu unten entstehen.
- Die Stromlinien drängen sich in den beiden letzteren Fällen oben zusammen.

ad Ü 11/2:

Für α = 10°, c_A = 1,0, c_W = 0,2, A = 10 m^2, ρ = 1,23 kg m^{-3} und v_∞ = 70 m s^{-1} ergibt sich:

$$F_A = c_A \cdot A \cdot \tfrac{1}{2} \cdot \rho \cdot v^2 =$$

$$= 1{,}0 \cdot 10\,(m^2) \cdot \tfrac{1}{2} \cdot 1{,}23\,(kg\,m^{-3}) \cdot (70\,(m\,s^{-1}))^2 = 30135\,N;$$

$$F_W = 30135\,(N) \cdot \frac{\frac{1}{5}}{1} = 6027\,N;$$

Berechnet:

$$F_{res} = \sqrt{F_A{}^2 + F_W{}^2} = \sqrt{(30135\,(N))^2 + (6027\,(N))^2} = 30732\,N;$$

$$F_N = F_A \cdot \cos\alpha + F_W \cdot \sin\alpha = 31050\,N \approx F_A;$$

$$F_T = F_W \cdot \cos\alpha - F_A \cdot \sin\alpha = 703\,N \approx 0;$$

Abgelesen: 38 mm ZE : 1 m Natur = 10 mm ZE : x m Natur

$$x = 0{,}26\,m;$$

$$M = F_N \cdot s = 30135\,(N) \cdot 0{,}26\,(m) = 7930\,Nm;$$

Berechnet:

$$M = F_N \cdot s = 31060\,(N) \cdot 0{,}26\,(m) = 8134\,Nm;$$

$$M = c_M \cdot A \cdot \frac{1}{2} \cdot \rho \cdot v^2 \cdot t;$$

$$c_M = \frac{M}{A \cdot \frac{1}{2} \cdot \rho \cdot v^2 \cdot t} =$$

$$= \frac{8134\,(Nm)}{10\,(m^2) \cdot \frac{1}{2} \cdot 1{,}23\,(kg\,m^{-3}) \cdot (70\,(m\,s^{-1}))^2 \cdot 1\,(s)} = 0{,}27\,Nm$$

Für α = 20° und sonst gleichen Bedingungen ergibt sich (wo möglich berechnet):

F_A = 19588 N;
F_W = 11451 N;
F_{res} = 22690 N;
F_N = 22323 N;
F_T = 4061 N;
x = 0,26 m (abgelesen);
M = 5804 N;
c_M = 0,20 Nm;

ad Ü 11/3:

Es entsteht jeweils oben Unterdruck $-p_o$ (mit einer breiten „Spitze“ im Anlaufbereich), unten Überdruck $+p_u$. Im ersten Fall sind $-p_o$ und $+p_u$ relativ klein, und $|+p_u| \approx 1/3\ |-p_o|$. Im letzteren Fall sind insbesondere $-p_o$, aber auch $+p_u$ größer, und $|+p_u| \approx 1/5\ |-p_o|$.

ad Ü 11/4:

Bei dem größeren Anstellwinkel $\alpha_2 > \alpha_1$ sind die Unterdrücke auf der Flügeloberseite und die Überdrücke auf der Flügelunterseite jeweils größer, dabei aber ist der Anteil der Unterdrücke am gesamten, auftriebserzeugendem Druckverlauf geringer. Das Druckmittel liegt relativ weiter vorne.

ad Ü 11/5:

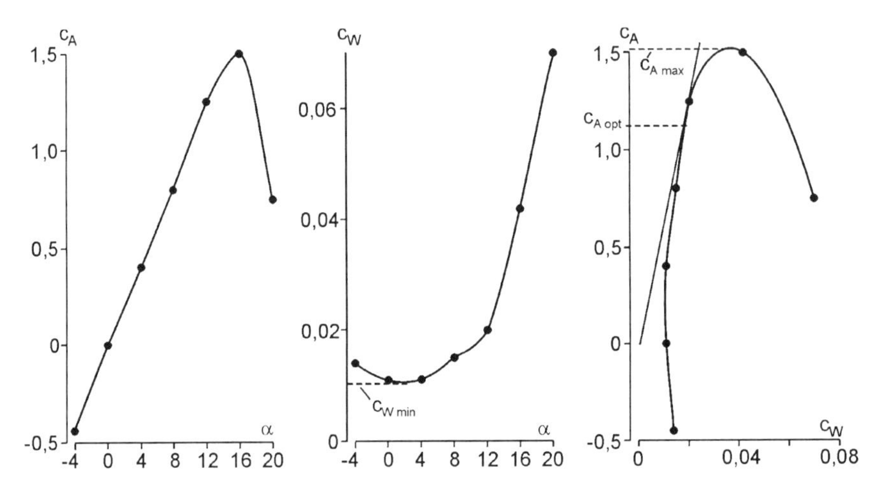

Abgelesen:

$$c_{A_{max}} \approx 1{,}5; \quad c_{W_{min}} \approx 0{,}011; \quad c_{A_{opt}} \approx 1{,}1;$$

$$\varepsilon_{max}^{-1} = \frac{c_{A_{opt}}}{(c_W \text{ bei } c_{A_{opt}})} \approx \frac{1{,}1}{0{,}02} = 55; \quad \varepsilon \approx 0{,}02;$$

ad Ü 11/6:

Beim Tragflügel ist die Polarenlage (d. h. insbesondere c_A bei gegebenem, geringen c_W) günstiger bei größerer Re-Zahl. Bei der gekrümmten Platte gibt es keine auffallende Re-Abhängigkeit. Dafür werden die höchsten gemessenen c_A-Werte bei kleineren Re-Zahlen erreicht als beim (gewölbten und profilierten) Tragflügel.

Vögel fliegen mit gewölbten und profilierten Flügeln bei eher höheren Re-Zahlen, Insekten mit schwach gewölbten, unprofilierten Flügeln bei eher kleineren Re-Zahlen. Jede Gruppe benutzt also die jeweils besonders geeignete Flügelform.

ad Ü 11/7:

Für jede Flügelform steigt ε^{-1} mit Re, doch sind die ε^{-1}-Werte bei kleineren Re-Zahlen für Platten größer als für Profile; die letzteren werden erst ab $Re \geq 7 \cdot 10^4$ besser. Insekten, die mit kleineren Re-Zahlen sogar noch mit ebenen Platten als Flügel besser bedient.

ad Ü 11/8:

$$c_{W_i} = \frac{c_A^{\,2}}{\pi} \cdot \lambda; \quad \lambda = \frac{1}{5}; \quad c_{W_i} = 0{,}06366 \cdot c_A^{\,2};$$

Zeichnung:
$c_{Wi} = 1$ entspricht, bei gleicher Skalierung wie c_W, einer Zeichenstrecke von 145 mm ZE.

Tabelle:

c_A	c_{Wi}	c_{Wi} in mm ZE
0	0	0
0,4	0,01	1,45
0,8	0,04	5,8
1,2	0,09	13,1
1,6	0,16	23,6

Wie bei $c_A \approx 1{,}2$ eingezeichnet setzt sich der Gesamtwiderstand ($\rightarrow c_W$) zum größeren Teil (mehr als 3/4) aus induziertem Widerstand ($\rightarrow c_{Wi}$), zum geringeren Teil (weniger als 1/4) aus Druck- und Reibungswiderstand zusammen. Das Verhältnis ist in erster Näherung unabhängig vom Anstellwinkel.

Größeres Seitenverhältnis, z. B. $\Lambda = \frac{10}{1}$ (schmäler und längerer Flügel) bedeutet kleinere Streckung λ, z. B. $\lambda = \frac{1}{10}$. Hierfür wird z. B. für $c_A = 1{,}2$ der Wert für c_{Wi} gleich $\frac{1{,}2^2}{\pi} \cdot \frac{1}{10} = 0{,}046 \mathrel{\hat{=}} 6{,}6\,\text{mm ZE}$.

Die Parabel des induzierten Widerstands würde vom Ursprung aus steiler steigen; der Anteil von c_{Wi} würde relativ kleiner, der Anteil von $c_{W\,D/R}$ relativ größer werden.

ad Ü 11/9:

Nach $c_{Wi} \sim \lambda \cdot c_A^2$ erhält man Parabeln der Art $y = a \cdot x^2$ wenn man c_{Wi} auf der y-Achse, c_A auf der x-Achse aufträgt; mit größerem λ steigen sie steiler. Die Auftragung c_A (c_{Wi}) entspricht der Konvention nach der Polarendarstellung. Hier müssen die Kurven also mit kleinerem λ steiler steigen, mit den bei Ü 11/8 diskutierten Konsequenzen, je langgestreckter ein Flügel ist, desto geringer wirken sich die den induzierten Widerstand erhöhenden Ausgleichströmungen um die Flügelenden ($\rightarrow$-Wirbelzöpfe!) aus.

Für $\lambda = \frac{1}{5}$ wird beispielsweise nach Ü 11/8:

c_A	c_{Wi}
0	0
0,8	0,4
1,6	0,16

Die Punkte liegen befriedigend auf der eingezeichneten Parabel für $\lambda = \frac{1}{5}$.

ad Ü 11/10:

$$\varepsilon^{-1} = \frac{l}{h} = \frac{v_{grund}}{v_{sink}} = \frac{F_A}{F_W} = \frac{c_A}{c_W} = \cot\beta;$$

$$F_G = 3{,}5\,(\text{kg}) \cdot 9{,}81\,(\text{m s}^{-2}) = 34{,}34\,\text{N} = F_{res\,\perp\,Horizont},$$

$$\cos\beta = \frac{F_A}{F_{res}} = \left|\frac{F_A}{F_G}\right|;$$

$$F_A = F_g \cdot \cos\beta = 34{,}34\ (N) \cdot \cos 7° = 34{,}08\ (N);$$

$$\sin\beta = \frac{F_W}{F_{res}} = \left|\frac{F_W}{F_G}\right|;$$

$$F_W = F_g \cdot \sin\beta = 34{,}34\ (N) \cdot \sin 7° = 4{,}19\ (N);$$

$$F_A = c_A : A \cdot \tfrac{1}{2} \cdot \rho \cdot v_{gleit}^{2};$$

$$c_A = \frac{F_A}{A \cdot \frac{1}{2} \cdot \rho \cdot v_{gleit}^{2}} = \frac{34{,}08\,(N)}{0{,}5\,(m^2) \cdot \frac{1}{2} \cdot 1{,}23\,(kg\,m^{-3}) \cdot (11\,(m\,s^{-1}))^2} = 0{,}92;$$

$$\frac{c_A}{c_W} = \frac{F_A}{F_W} = \frac{34{,}08\,(N)}{4{,}19\,(N)} = \frac{8{,}13}{1};$$

$$c_W = \frac{c_A}{8{,}13} = \frac{0{,}92}{8{,}13} = 0{,}11;$$

$$\varepsilon = 8{,}13^{-1} = 0{,}12;$$

$$v_{sink} = v_{gleit} \cdot \sin 7° = 11\ (m\,s^{-1}) \cdot \sin 7° = 1{,}34\ m\,s^{-1};$$

$$v_{grund} = v_{gleit} \cdot \cos 7° = 11\ (m\,s^{-1}) \cdot \cos 7° = 10{,}92\ m\,s^{-1};$$

Kapitel 12

ad Ü 12/1:

A Der Strich steht jeweils radiär: Starrer („rotatorischer“) Wirbel.

B Der Strich bleibt jeweils parallel zur eingezeichneten Stellung: Potentialwirbel („nichtrotatorischer Wirbel“)

ad Ü 12/2:

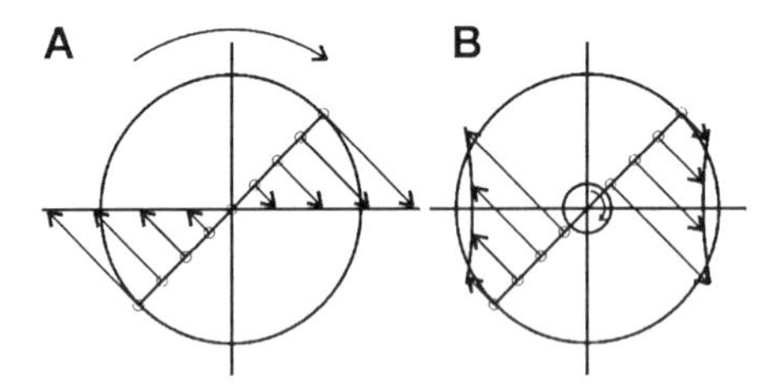

ad Ü 12/3:

Der vorliegende Wirbel ist ein Rankine-Wirbel, dessen Kern mit konstanter Winkelgeschwindigkeit ω rotiert. Deshalb ist der innenliegende Ast ① zu beschreiben mit:

$$\frac{v_t}{r} = \text{const.}$$

$$(v_t = \omega \cdot r; \quad \omega = \frac{v_t}{r} = \text{const.})$$

Der außenliegende Ast ist mit $r \cdot v_t = \text{const.}$ zu beschreiben (hypobolischer Abfall von v_t mit r; $v_t \sim 1/r$; $v_t \cdot r = \text{const.}$)

ad Ü 12/4:

$$F_A = \rho \cdot v \cdot s \cdot \Gamma;$$

$$\Gamma = \frac{F_A}{\rho \cdot v \cdot s} = \frac{6600\,(\mathrm{kg}) \cdot 9{,}81\,(\mathrm{m\,s^{-2}})}{1{,}23\,(\mathrm{kg\,m^{-3}}) \cdot \frac{195}{3{,}6}(\mathrm{m\,s^{-1}}) \cdot 29\,(\mathrm{m})} = 33{,}5\,\mathrm{m^2\,s^{-1}};$$

$$\Gamma = v_z \cdot U;$$

$$v_z = \frac{\Gamma}{U} = \frac{33{,}5\,(\mathrm{m^2\,s^{-1}})}{9{,}3\,(\mathrm{m})} = 3{,}6\,\mathrm{m\,s^{-1}};$$

$$Re = \frac{v \cdot s}{\nu} = \frac{\frac{195}{3{,}6}(\mathrm{m\,s^{-1}}) \cdot 4{,}3\,(\mathrm{m})}{1{,}51 \cdot 10^{-5}\,(\mathrm{m^2\,s^{-1}})} = 1{,}54 \cdot 10^7;$$

ad Ü 12/5:

$$Re = \frac{v \cdot d}{\nu};$$

$$d = 0{,}025\ \mathrm{m};$$

$$\nu \approx 10^{-6}\ \mathrm{m^2\,s^{-1}};$$

$$Re_{A\,max} \approx 101;\ v = 0{,}4\ \mathrm{mm\,s^{-1}};$$

$$Re_{B\,max} \approx 4 \cdot 10^{-1};\ v = 1{,}6\ \mathrm{mm\,s^{-1}};$$

$$Re_{C\,max} \approx 2 \cdot 10^5;\ v_{max} = 8{,}0\ \mathrm{mm\,s^{-1}}$$

(theoretisch; wahrscheinlich aufgenommen im unteren Bereich der Wirbelstraßenbildung);

Die Teilabbildung D muß fotografiert worden sein, nachdem der Tragflügel ca. eine Flügeltiefe t lang durch den Wassertank geschleppt worden ist. Man sieht den sich etablierenden Zirkulationswirbel und den bereits um die Strecke t zurückgelassenen Anfahrwirbel.

ad Ü 12/6:

$$v_{\infty\,min} = 0{,}5\ \mathrm{m\,s^{-1}};$$

$$f_{aus} = \tfrac{1}{2} \cdot \frac{St \cdot v_\infty}{a};$$

$$Re = \frac{v_\infty \cdot d}{\nu};$$

$$Re_{min} = \frac{0{,}5\,(\mathrm{m\,s^{-1}}) \cdot 0{,}001\,(\mathrm{m})}{1{,}78 \cdot 10^{-6}\,(\mathrm{m^2\,s^{-1}})} = 280;$$

$$\frac{7}{0{,}5} = 14;$$

$$Re_{max} = 14 \cdot 280 \approx 4000;$$

Im Bereich Re_{min} bis Re_{max} ist $St \approx 0{,}2;$

$$f_{aus\,min} = \frac{0{,}5 \cdot 0{,}2 \cdot 0{,}5\,(m\,s^{-1})}{0{,}001\,(m)} = 50\ s^{-1};$$

$$f_{aus\,max} = 700\ s^{-1};$$

ad 12/7:

Am oberen Umkehrpunkt klatschen die Flügel zusammen und öffnen sich dann „buchförmig", wobei die Hinterränder zunächst noch in Kontakt bleiben. Durch Kantenumströmung induziert sich eine Zirkulation um jedes Blatt, die in dem Moment, da sich die Flügel trennen, bereits voll ausgebildet ist und somit vollen Auftrieb $F_A \sim \Gamma$ $(= \rho \cdot v \cdot b \cdot \Gamma)$ erzeugen kann. (Ansonsten müßte der Flügel um eine Strecke, die mindestens 1 bis 2 Flügeltiefen entspricht, weitergewandert sein, bevor volle Zirkulation und damit voller Auftrieb erzeugt werden kann (Wagner-Effekt). Er wäre dann bereits mitten im Abschlag).

Kapitel 13

ad Ü 13/1:

$$13\ mm\ ZE : 1\ N = x\ mm\ ZE : y\ N;$$

abgelesen: $F_{res} \mathrel{\widehat{=}} y_{res} = 3{,}1\ N$; $F_H = 2{,}7\ N$; $F_V = 1{,}3\ N$;

Die momentane Resultierende von $F_{res} = 3{,}1$ N ist nach vorne - oben gerichtet und zerlegt sich in eine Vortriebskomponente $F_V = 1{,}3$ N und eine Hubkomponente $F_H = 2{,}7$ N.

Rechnerisch:

$$f_{res} = \sqrt{F_A{}^2 + F_W{}^2} = \sqrt{(2{,}9\,(N))^2 + (0{,}8\,(N))^2} = 3{,}00\,N;$$

$$\tan\beta = \frac{F_W}{F_A} = 0{,}27586;$$

$$\beta = 15°;$$

$$\delta = 45° - 15° = 30°;$$

Die Resultierende F_{res} steht $\delta = 30°$ von der Vertikalen nach vorne geneigt.

$$F_V = F_{res} \cdot \sin\delta = 3\ (N) \cdot \sin 30° = 1{,}5\ N;$$

$$F_H = F_{res} \cdot \cos\delta = 3\ (N) \cdot \cos 30° = 2{,}6\ N;$$

ad Ü 13/2:

$$r = 0{,}1\ m;\ d = 0{,}2\ m;\ n_p = 178\ s^{-1};\ \omega = 2 \cdot \pi \cdot n\ (s^{-1}) = 2 \cdot \pi \cdot 178\ (s^{-1}) = 1120\ s^{-1};$$

$$v_{U\,spitze} = r\,(m) \cdot \omega\,(s^{-1}) = 0{,}1\ m \cdot 1120\ (s^{-1}) = 112\ m\,s^{-1};$$

$$v_{flug} = 28\ m\,s^{-1};$$

$$\lambda = \frac{v_{flug}}{v_{U\,Spitze}} = \frac{28\,(m\,s^{-1})}{112\,(m\,s^{-1})} = \frac{1}{4} = 0{,}25;$$

$$F_S = \frac{k_S \cdot \rho \cdot v_{U\,Spitze}{}^2 \cdot \pi \cdot d^2}{8} =$$

$$= \frac{0{,}07 \cdot 1{,}23\,(kg\,m^{-3}) \cdot (112\,(m\,s^{-1}))^2 \cdot \pi \cdot (0{,}2\,(m))^2}{8} = 16{,}96\,N \approx 17\,N\,;$$

$$M_D = \frac{k_D \cdot \rho \cdot v_{U\,Spitze}{}^2 \cdot \pi \cdot d^3}{16} =$$

$$\frac{0{,}02 \cdot 1{,}23\,(kg\,m^{-3}) \cdot (112\,m\,s^{-1}))^2 \cdot \pi \cdot (0{,}2\,(m))^3}{16} = 0{,}48\,Nm;$$

$$P_{ab} = F_S \cdot v_{flug} = 17\,(N) \cdot 28\,(m\,s^{-1}) = 476\,W;$$

$$P_{zu} = M_D \cdot \omega = 0{,}48\,(Nm) \cdot 1120\,(s^{-1}) = 542\,W;$$

$$\eta_{theor} = \frac{P_{ab}}{P_{zu}} = \frac{476\,(W)}{542\,(W)} = 0{,}88\,;$$

$$\text{oder} \quad \eta_{theor} = \frac{k_S}{k_D} \cdot \lambda = \frac{0{,}07}{0{,}02} \cdot 0{,}25 = 0{,}88\,;$$

ad Ü 13/3:

$$\lambda = \frac{v_{flug}}{v_{U\,Spitze}} = 0{,}25\,; \quad \tan\gamma = \frac{v_{flug}}{v_{Spitze}} = 0{,}25\,; \quad \gamma = \arctan 0{,}25 = 14°\,;$$

$$\alpha_{geom} = \alpha_{fluid} + \gamma = 10° + 14° = 24°\,;$$

ad Ü 13/4:
Es handelt sich um die Wirbelstraße einer aktiven Schlagbewegung.

ad Ü 13/5:

$$M = 0{,}025\,kg;$$

$$F_g = 0{,}025\,(kg) \cdot 9{,}81\,(m\,s^{-2}) \approx 0{,}25\,N$$

$$T = \frac{1}{f} = \frac{1}{20\,(s^{-1})} = 0{,}05\,s\,;$$

$$\rho = 1{,}23\,kg\,m^{-3};$$

$$A_{auf} = 0{,}01\,m^2;$$

$$A_{ab} = 0{,}02\,m^2;$$

$$\Gamma = 4 \cdot 10^{-1}\,m^2\,s^{-1};$$

$$\overline{F}_H = \frac{1}{T} \cdot \rho \cdot \Gamma \cdot (A_{ab} \cdot \cos\psi + A_{auf} \cdot \cos\psi) =$$

$$= \frac{1}{0{,}05\,(s)} \cdot 1{,}23\,(kg\,m^{-3}) \cdot 4 \cdot 10^{-1}\,(m^2 s^{-1}) \cdot (0{,}02\,(m^2) \cdot \cos 30° + 0{,}01 (m^2) \cdot \cos 30°) = 0{,}25\,N;$$

$$\left|\overline{F}_V\right| = \left|\overline{F}_W\right| =$$

$$= \frac{1}{0{,}05\,(s)} \cdot 1{,}23\,(kg\,m^{-3}) \cdot 4 \cdot 10^{-1}(m^2 s^{-1}) \cdot (0{,}02\,(m^2) \cdot \sin 30° - 0{,}01(m^2) \cdot \sin 30°) = 0{,}05\,N$$

$$\frac{\overline{F}_H}{\overline{F}_W} = \frac{0{,}25}{0{,}05} = \frac{5}{1};$$

Kapitel 14

ad Ü 14/1:

$$100\,(K) \mathrel{\widehat{=}} (100 - 273{,}15)\,(°C) = -173{,}15\,°C;$$

$$20\,(°C) \mathrel{\widehat{=}} (20 + 273{,}15)\,(K) = 293{,}15\,K;$$

ad Ü 14/2:

$$\vartheta_{Mischung} = \frac{M_{Blei} \cdot c_{s\,Blei} \cdot \vartheta_{Blei} + M_{H_2O} \cdot c_{H_2O} \cdot \vartheta_{H_2O}}{M_{Blei} \cdot c_{s\,Blei} + M_{H_2O} \cdot c_{H_2O}} =$$

$$= \frac{1(kg) \cdot 126\,(J\,kg^{-1}\,°C^{-1}) \cdot 40\,(°C) + 1(kg) \cdot 4190\,(J\,kg\,°C^{-1}) \cdot 20\,(°C)}{1(kg) \cdot 126\,(J\,kg^{-1}\,°C^{-1}) + 1(kg) \cdot 4190\,(J\,kg^{-1}°C^{-1})} =$$

$$= \frac{(5040 + 83800)\,(J\,kg^{-1}\,°C^{-1}\,°C)}{4316\,(J\,kg^{-1}\,°C^{-1})} = 20{,}6\,°C;$$

$$(1\ J\,kg^{-1}\,K^{-1} \equiv 1\ J\,kg^{-1}\,°C^{-1})$$

ad Ü 14/3:

$$M_{Kern} = \rho \cdot V = 500\,(kg\,m^{-3}) \cdot \frac{4}{3} \cdot (0{,}1(m))^3 \cdot \pi = 2{,}09\,kg;$$

$$M_{Ameise} = 10^4 \cdot 20 \cdot 10^{-6}\,(kg) = 0{,}2\,kg;$$

$$\vartheta_{Mischung} = \frac{M_{Kern} \cdot C_{Kern} \cdot \vartheta_{Kern} + M_{Ameise} \cdot C_{Ameise} \cdot \vartheta_{Ameise}}{M_{Kern} \cdot C_{Kern} + M_{Ameise} \cdot C_{Ameise}} =$$

$$= \frac{2{,}09\,(kg) \cdot 1000\,(J\ kg^{-1}K^{-1}) \cdot 7\,(°C) + 0{,}2\,(kg) \cdot 3000\,(J\ kg^{-1}K^{-1}) \cdot 18\,(°C)}{2{,}09\,(kg) \cdot 1000\ (J\ kg^{-1}K^{-1}) + 0{,}2\,(kg) \cdot 3000\,(J\ kg^{-1}K^{-1})} = 9{,}45\,°C$$

ad Ü 14/4:

$$l_2 = l_1\,(1 + a\,(\vartheta_2 - \vartheta_1);$$

$$l_1 = 20\ m;$$

$$\vartheta_2 - \vartheta_1 = +55\,(°C) - (-25\,(°C)) = 80°C;$$

$$l_2 = 20\,(m) \cdot (1 + 1{,}1 \cdot 10^{-5}\,(\,m\,m^{-1}\,°C^{-1}) \cdot 80\,(°C)) = 20{,}0176\ m.$$

Die temperaturbedingte Längenänderung beträgt 1,76 cm. Der Ausgleich erfolgt durch Wärmeableitung Schiene → Schwelle → Schotterbett.

ad Ü 14/5:

$$V_2 = V_1 \cdot (1 + \gamma \cdot \Delta\vartheta);$$

$$V_1 = 0{,}5 \cdot 10^{-6}\,(m^3);$$

$$V_2\,(m^3) = 0{,}5 \cdot 10^{-6}\,(m^3) \cdot (1 + 1{,}82 \cdot 10^{-4}\,(m^3\,m^{-3}\,K^{-1}) \cdot 1\,(K) = 0{,}500091 \cdot 10^{-6}\,m^3;$$
$$\Delta V = V_2 - V_1 = 0{,}500091 \cdot 10^{-6}\,(m^3) - 0{,}50 \cdot 10^{-6}\,(m^3) = 0{,}000091 \cdot 10^{-6}\,(m^3);$$

$$0{,}000091 \cdot 10^{-6}\,(m^3) = h\,(m) \cdot (r\,(m))^2 \cdot \pi = h\,(m) \cdot (0{,}4 \cdot 10^{-3}\,(m))^2 \cdot \pi =$$
$$= h\,(m) \cdot 0{,}5024 \cdot 10^{-6}\,(m^2);$$

$$h = \frac{0{,}000091 \cdot 10^{6}\,(m^3)}{0{,}5024 \cdot 10^{-6}\,(m^3)} = 0{,}00018113\,(m) = 0{,}181\,mm;$$

ad Ü 14/6:

Nach $\vartheta_2 > \vartheta_1$, $\rho_{2Wasser} = \frac{M_{Wasser}}{V_{2\,Wassr}}$ und $V_{2\,Wasser} = (1 + \gamma_{Wasser}\,(\vartheta_2 - \vartheta_1)_{Wasser})$

sinkt mit steigender Temperatur ϑ die Wasserdichte ρ. Es sinkt auch die Gesamtdichte des Karpfens, aber nicht so stark, da $\gamma_{Karpfen} < \gamma_{Wasser}$. Damit wird $\rho_{Karpfen} > \rho_{Wasser}$. Der Karpfen tendiert also zum Absinken und muß zum Ausgleich mehr Gas aus der Gasdrüse in die Schwimmblase sezernieren.

ad Ü 14/7:

Bei tiefen Seen liegt die Wassertemperatur über Grund bei etwa 4°C, weil Wasser bei dieser Temperatur am dichtesten und damit am stärksten abgesunken ist. Höhere Schichten können höhere oder tiefere Temperaturen besitzen. Wegen ihrer jeweils geringeren Dichten sinken sie in keinem Fall ab, so daß die Schichtung erhalten bleibt. Wegen der relativ geringen Wärmeleitfähigkeit des Wassers kommt es nur zu beschränktem Temperaturausgleich des Bodenwassers. Die Bodenwassertemperatur bleibt somit auch dann knapp über dem Gefrierpunkt konstant, wenn der See in einem strengen Winter von oben her zufriert. So können Bodenlebewesen über das ganze Jahr existieren. Eis ist weniger dicht als Wasser und schwimmt deshalb auf. Die Tatsache, daß Seen nicht („durch absinkendes Eis") von unten her zufrieren können, ist von essentieller ökologischer Bedeutung.

ad Ü 14/8:

Masse: $M = 1{,}5\,(l) \cdot 1{,}23\,(g\,l^{-1}) = 1{,}845\,(g);$

Molzahl: $p \cdot V = n \cdot R \cdot \vartheta;$

$$1{,}01325 \cdot 10^5\,(Pa) \cdot 1{,}5 \cdot 10^{-3}\,(m^3) = n\,(mol) \cdot 8{,}314510\,(J\,mol^{-1}\,K^{-1}) \cdot 307\,(K);$$

daraus: $n = 0{,}059543\,mol;$

Teilchenzahl: $N = n \cdot L$

$$N = 0{,}059543\,(mol) \cdot 6{,}022045 \cdot 10^{23}\,(mol^{-1}) = 3{,}58570 \cdot 10^{22};$$

ad Ü 14/9:

$$E = \frac{\sigma}{\varepsilon};\quad \sigma = E \cdot \varepsilon;\quad \varepsilon = \frac{\Delta l}{l_1} = \frac{l_2 - l_1}{l_1};$$

$$l_2 = l_1\,(1 + \alpha \cdot (\vartheta_2 - \vartheta_1));$$

$$l_1 = 1\ \text{m};$$

$$l_2 = 1\ (\text{m}) \cdot (1 + 1{,}1 \cdot 10^{-5}\ (\text{m m}^{-1}\ \text{K}^{-1}) \cdot 25\ (\text{K}) = 1{,}000275\ \text{m};$$

$$\Delta l = l_2 - l_1 = 1{,}000275\ \text{m};$$

$$\varepsilon = \frac{\Delta l}{l_1} = \frac{0{,}000275\,(\text{m})}{1\,(\text{m})} = 0{,}000275;$$

$$\sigma = E \cdot \varepsilon =$$

$$= 2 \cdot 10^{11}\ (\text{N m}^{-2}) \cdot 0{,}000275 = 5{,}50 \cdot 10^{7}\ \text{N m}^{-2} = 5{,}5 \cdot 10^{4}\ \text{k N m}^{-2}\ \text{oder k Pa}.$$

Kapitel 15

ad Ü 15/1:

Spezifische Wärmekapazität: $c_s = \dfrac{Q}{M \cdot \Delta\vartheta} =$

$$= \frac{4{,}187\,(\text{J})}{10^{-3}\,(\text{kg}) \cdot 1\,(\text{K})} = 4{,}187 \cdot 10^{3}\ \text{J kg}^{-1}\ \text{K}^{-1}$$

Die Molmasse von Wasser beträgt: $M_{mol} = 18\ \text{g mol}^{-1} = 1{,}8 \cdot 10^{-2}\ \text{kg mol}^{-1}$

Damit beträgt die molare Wärmekapazität:

$$c_m = c_s \cdot M_{mol} =$$

$$= 4187\ (\text{J kg}^{-1}\ \text{K}^{-1}) \cdot 1{,}8 \cdot 10^{-2}\ (\text{kg mol}^{-1}) = 75{,}366\ \text{J mol}^{-1}\ \text{K}^{-1}$$

ad Ü 15/2:

Wärmespeicherkapazität: $Q = c_s \cdot M \cdot \Delta\vartheta \approx$

$$\approx 3 \cdot 10^{3}\ (\text{J kg}^{-1}\ \text{K}^{-1}) \cdot 0{,}320\ (\text{kg}) \cdot 2\ (\text{K}) = 1920\ \text{J}$$

Tolerierte Flugzeit $t = \dfrac{Q\,(\text{J})}{P\,(\text{J s}^{-1})} = \dfrac{1920\,(\text{J})}{18\,(\text{J s}^{-1})} = 106{,}6\ \text{s} \approx 1{,}8\ \text{min}$

ad Ü 15/3:

Wasserwert der Biene: $WW_{Biene} = \dfrac{M_{Biene} \cdot c_{s\,Biene}}{c_{s\,Wasser}} =$

$$= \frac{7 \cdot 10^{-5}(\text{kg}) \cdot 3{,}4 \cdot 10^{3}\ (\text{J kg}^{-1}\ \text{K}^{-1})}{4{,}182 \cdot 10^{3}\ (\text{J kg}^{-1}\ \text{K}^{-1})} = 5{,}7 \cdot 10^{-5}\ \text{kg}$$

ad Ü 15/4:

Die Wärmeabgabeleistung beträgt: $\Phi = \dfrac{4\,(\text{kWh})}{2\,(\text{h})} = 2\ \text{kW}.$

ad Ü 15/5:

Aus der Abbildung abgelesen:

$$\lambda_{Normalbeton} = \lambda_{Nb} = 1{,}75\ \text{W m}^{-1}\ \text{K}^{-1}$$

$$\lambda_{Gasbeton} = \lambda_{Gb} = 0{,}1\ W\,m^{-1}\,K^{-1}$$

Der Faktor berechnet sich zu:

$$\frac{\lambda_{Nb}}{\lambda_{Gb}} = \frac{1{,}75\,(W\,m^{-1}\,K^{-1})}{0{,}1(W\,m^{-1}\,K^{-1})} = 17{,}5$$

Gleiche Wärmestromdichte:

$$q_{Nb} = q_{Gb} = \frac{\lambda_{Nb}\cdot\Delta\vartheta}{s_{Nb}} = \frac{\lambda_{Gb}\cdot\Delta\vartheta}{s_{Gb}} = \frac{\lambda_{Nb}}{s_{Gb}}$$

$$s_{Nb} = \frac{s_{Gb}\cdot\lambda_{Nb}}{\lambda_{Gb}} = \frac{0{,}25\,(m)\cdot 1{,}75\,(W\,m^{-1}\,K^{-1})}{0{,}1(W\,m^{-1}\,K^{-1})} = 0{,}25\,(m)\cdot 17{,}5 \approx 4{,}38\,m\,(!)$$

ad Ü 15/6:

Wärmeproduktionsleistung in Watt: $P = 6300\ kJ\ d^{-1} = \frac{6300\cdot 10^3\,(kJ)}{24\cdot 3600\,(s)} \approx 73\ W$;

Flächenbezogene Wärmeproduktionsleistung = Wärmestromdichte $q = \frac{P}{A}$

$$q = \frac{73\,(W)}{1{,}9\,(m^2)} = 38{,}42\ W\,m^{-2}$$

Kritische Temperaturdifferenz: $\Delta\vartheta_{krit} = \frac{q}{k} = \frac{38{,}42\,(W\,m^{-2})}{6{,}4\,(W\,m^{-2}\,K^{-1})} = 6\ K$

Für $\Delta\vartheta = 6$ K sind flächenbezogene Abgabeleistung und Produktionsleistung gleich.

Kritische Lufttemperatur:

Lufttemperatur (°C) = Körperoberflächentemperatur (°C) - 6 (K) ≈

≈ 37 (°C) - 6 (K) = 31 °C

Die Verdampfungswärme von 1 $g_{H2O}\ s^{-1}$ führt (bei Körpertemperatur) 2400 J s^{-1} ab. Um die Wärmemenge P evaporativ abzuführen, muß die folgende Wassermenge x pro Sekunde verdunstet werden:

$$\frac{2400\,(J\,s^{-1})}{1(g_{H_2O}\,s^{-1})} = \frac{73\,(J\,s^{-1})}{x\,(g_{H_2O}\,s^{-1})}$$

$$x = \frac{1(g_{H_2O}\,s^{-1})\cdot 73\,(J\,s^{-1})}{2400\,(J\,s^{-1})} = 0{,}03\ g_{H_2O}\ s^{-1}$$

ad Ü 15/7:

Speicherbare Wärmemenge: $Q = WW \cdot c_s =$

$$= 67\ (kg)\cdot 4186{,}8\ (J\,kg^{-1}\,K^{-1}) \approx 280516\ J\,K^{-1};$$

$$\frac{\text{Temperaturanstieg}\ \Delta\vartheta}{\text{Zeit}\ t} = \frac{\text{Wärmeproduktion}\ P}{\text{Wärmekapazität}\ Q} =$$

$$= \frac{73\,(J\,s^{-1})}{280516\,(J\,K^{-1})} = 2{,}6\cdot 10^{-4}\,(K\,s^{-1}) = 2{,}6\cdot 10^{-4}\cdot 3600\,(K\,h^{-1}) = 0{,}94\,K\,h^{-1}$$

Da ca. 41,5°C an Fieber gerade noch toleriert werden, würde die Lage nach

$$t = \frac{41{,}5\,(°C) - 37{,}0\,(°C)}{0{,}94\,(K\,h^{-1})} \approx 4{,}8\ h$$

kritisch werden.

ad Ü 15/8:

$$q_{Strahlung} = 8{,}4\ (J\ cm^{-2}\ min^{-1}) = 8{,}4\ (J\ (10^{-2}\ m)^{-2}\ (60\ s)^{-1}) =$$

$$= 8{,}4 \cdot 10^{4} \cdot 60^{-1}\ (J\ m^{-2}\ s^{-1}) = 1400\ W\ m^{-2} = 1{,}4\ kW\ m^{-2};$$

Auftreffende Strahlungsleistung:

$$\Phi_{Einstrahlung\ Mensch} = q_{Strahlung} \cdot A =$$

$$= 1{,}4\ (kW\ m^{-2}) \cdot 0{,}9\ (m^{2}) = 1{,}26\ kW.$$

Strahlungsinduzierte Wärmeleistung:

$$\Phi_{Wärme} = \Phi_{Einstrahlung\ Mensch} \cdot \text{Infrarotanteil der Strahlung} \cdot \alpha$$

$$\Phi_{Weißer} = 1260\ (W) \cdot 0{,}4 \cdot 0{,}5 = 250\ W;$$

$$\Phi_{Schwarzer} = 1260\ (W) \cdot 0{,}4 \cdot 0{,}85 = 428{,}4 \approx 430\ W;$$

Relation strahlungsinduzierte Wärme und stoffwechselinduzierte Wärme:

$$\text{Weißer: } \frac{250\ W}{70\ W} = 3{,}6$$

$$\text{Schwarzer: } \frac{430\ W}{70\ W} = 6{,}1$$

Die strahlungsinduzierte Wärmemenge ist bei einem Weißen 3,6 mal und bei einem Schwarzen 6,1 mal größer als die stoffwechselinduzierte Wärme.

Effekt: Die Körpertemperatur steigt besonders bei dunkler Haut - eventuell gefährlich stark -, wenn nicht verstärkte Konvektion und vor allem Evaporation für einen Wärmeausgleich sorgen.

ad Ü 15/9:
Da die Isolationsfähigkeit des Felles mit der Absolutlänge der Fellhaare zunimmt, sind kleinere Tiere, die relativ kurzes Fell tragen müssen, „unterisoliert" und müssen sich durch spezielle Verhaltensweisen - Schutzregionen aufsuchen, hohe Thermogenese etc. - vor Auskühlung schützen. Bei Tieren von Polarfuchsgröße scheint diejenige Isolationsfähigkeit auszureichen, die durch die hier mögliche Felldicke gegeben ist. Größere Tiere brauchen deshalb im allgemeinen kein noch längeres Fell zu entwickeln und müssen somit die Isolation nicht noch weiter steigern.

ad Ü 15/10:
Werte der thermischen Kenngrößen werden aus Abb. 15-13 entnommen.

Wärmemenge für das Erwärmen von 1 kg Eis von -10°C bis 0°C:

$$Q_1 = c_{s\ Eis} \cdot \Delta\vartheta = 2093\ (J\ kg^{-1}\ K^{-1}) \cdot 10\ (K) = 20930\ (J\ kg^{-1})$$

Wärmemenge für das Schmelzen von 1 kg Eis zu Wasser:

$$Q_2 = c_{Schmelzwärme\ Eis} = 334000\ (J\ kg^{-1})$$

Wärmemenge für das Erwärmen von 1 kg Wasser von 0°C bis 100°C:

$$Q_3 = c_{s\ Wasser} \cdot \Delta\vartheta = 4182 (J\ kg^{-1}\ K^{-1}) \cdot 100\ (K) = 418200\ (J\ kg^{-1})$$

Wärmemenge für das Verdampfen von 1 kg Wasser zu Dampf:

$$Q_4 = c_{Verdampfungswärme\ Wasser} = 2256000\ (J\ kg^{-1})$$

$$Q_1 + Q_2 + Q_3 + Q_4 = Q_{ges} = 3029130\ J\ kg^{-1} \approx 3029\ kJ\ kg^{-1}$$

$$Q = Q_{ges} \cdot M = 2{,}5\ (kg) \cdot 3029\ (kJ\ kg^{-1}) = 7{,}57\ MJ$$

ad Ü 15/11:
Die Wärmemenge zum Schmelzen des Eises beträgt:

$$Q_{Schmelz} = M \cdot Q_{s\ Schmelz} = A \cdot h \cdot \rho \cdot Q_{s\ Schmelz} =$$

$$= (1500\ (m))^2\ \pi \cdot 0{,}25\ (m) \cdot 1000\ (kg\ m^{-3}) \cdot 0{,}33\ (MJ\ kg^{-1}) = 5{,}83 \cdot 10^8\ MJ.$$

Beim Auftauen kühlt die Luft wegen des Wärmeübergangs von der Luft auf das schmelzende Eis im Moor ab, bleibt in der umschlossenen Niederung als Kaltluftblase stehen. Die Temperaturangleichung an das Umfeld wird um Wochen verzögert (Kaltluftsee, geeignet für das Überleben von Glazialrelikten).

ad Ü 15/12:
Die freiwerdende Gefrierwärme beträgt:

$$Q_{Gefrier} = M \cdot Q_{s\ Gefrier\ Wasser} = A \cdot h \cdot \rho \cdot Q_{s\ Gefrier\ Wasser} =$$

$$= 571{,}5 \cdot 10^6\ (m^2) \cdot 0{,}2\ (m) \cdot 10^3\ (kg\ m^{-3}) \cdot 3{,}83 \cdot 10^5\ (J\ kg^{-1}) = 4{,}38 \cdot 10^{16}\ J.$$

Gefrierwärme und Schmelzwärme sind gleich groß.

Ein Heizlüfter liefe:

$$t = \frac{Q}{\Phi} = \frac{3{,}817 \cdot 10^{16}\ (J)}{1000\ (J\ s^{-1})} = 3{,}817 \cdot 10^{13}\ s$$

Eine Heizperiode umfaßt cirka $7 \cdot 30 \cdot 24 \cdot 3600\ s = 1{,}81 \cdot 10^7\ s$.

Formale Zahl der Heizlüfter, die theoretisch laufen könnten:

$$\frac{3{,}817 \cdot 10^{13}\ (s)}{1{,}81 \cdot 10^7\ (s)} = 2{,}1 \cdot 10^6$$

ad Ü 15/13:

Wärmeabfuhr durch Evaporation:

$$60\ (g) \cdot (3600\ (s))^{-1} \cdot 2400\ (J\ g_{H2O}^{-1}) = 40\ J\ s^{-1};$$

$$\frac{\Phi_{gesamt}}{100(\%)} = \frac{\Phi_{Evaporation}}{x(\%)} \rightarrow \frac{65\ (J\ s^{-1})}{100(\%)} = \frac{40\ (J\ s^{-1})}{x(\%)} \rightarrow x = 62\ \%$$

ad Ü 15/14:
Kondensationswärme $Q_{kond} = M \cdot Q_{s\ kond} = V \cdot \rho \cdot Q_{s\ kond} = A \cdot d \cdot \rho \cdot Q_{s\ kond} =$

$$= 100\ (m^2) \cdot 0{,}0005\ (m) \cdot 10^3\ (kg\ m^{-3}) \cdot 2256\ (kJ\ kg_{H2O}^{-1}) = 112800\ kJ = 112{,}8\ MJ$$

Wärmebedarf des Hauses:

$$Q_{Haus} = V_{Öl} \cdot B_{V\,Öl} \cdot \text{Anteil der als Wärme genutzten Energie}$$

$$25\,(l_{Heizöl}) \cdot 26\,(MJ\; l_{Heizöl}^{-1}) \cdot 0{,}7 = 455\; MJ$$

30 % der Kondensationswärme: $0{,}3 \cdot 112{,}8\,(MJ) = 33{,}84\; MJ$

Prozentuale Deckung des Wärmebedarfs $\approx$ 7,5 %.

Der theoretisch interessante Effekt erscheint also bereits relevant, ist aber praktisch nicht nutzbar.

ad Ü 15/15:

$$\text{Preis für: } 1\; kJ_{Schokolade} = \frac{80\,(Cent)}{2300\,(kJ)} = 0{,}03478\; Euro\; kJ^{-1}$$

$$\text{Preis für: } 1\; kW_{Strom}\, h = 1\,(kW) \cdot 1\,(h) = 1\,(kJ\; s^{-1}) \cdot 3600\,(s) = 3600\; kJ$$

$$1\; kJ_{Strom} \mathrel{\hat{=}} \frac{12\,(Cent)}{3600\,(kJ)} = 0{,}00333\; Euro\; kJ^{-1}$$

Die Energie aus Schokolade ist um den Faktor $\frac{0{,}03478\,(Euro\; kJ^{-1})}{0{,}00333\,(Euro\; kJ^{-1})} = 10{,}44$ teurer.

ad 15/16:

$$1\; l_{Bier} \mathrel{\hat{=}} 1\; kg$$

Spezifische Wärmekapazität:

$$c_{s\,Bier} \approx c_{s\,Wasser} = 4182\; J\; kg^{-1}\; K^{-1}$$

Temperaturdifferenz:

$$\Delta\vartheta = 38\,(°C) - 9(°C) = 31°C = 31\; K$$

Zur Erwärmung nötige Energie:

$$Q = M \cdot c_s \cdot \Delta\vartheta =$$
$$= 1\,(kg) \cdot 4182\,(J\; kg^{-1}\; K) \cdot 31\,(K) = 129642\; J \approx 0{,}13\; MJ$$

Das Bier ist energetisch immerhin noch fast „95%ig".

ad 15/17:

Molmassen: $O = 16\; g\; mol^{-1}$; $C = 12\; g\; mol^{-1}$; $H = 1\; g\; mol^{-1}$

Molmasse Maltose = $12 \cdot 12\; g\; mol^{-1} + 22 \cdot 1\; g\; mol^{-1} + 11 \cdot 16\; g\; mol^{-1} = 342\; g\; mol^{-1}$;

Molmasse Ölsäure = $18 \cdot 12\; g\; mol^{-1} + 34 \cdot 1\; g\; mol^{-1} + 2 \cdot 16\; g\; mol^{-1} = 282\; g\; mol^{-1}$;

Molarer Brennwert Maltose = $342\,(g\; mol^{-1}) \cdot 17{,}6\,(kJ\; g^{-1}) = 6019{,}2\; kJ\; mol^{-1}$

Molarer Brennwert Ölsäure = $282\,(g\; mol^{-1}) \cdot 39{,}3\,(J\; g^{-1}) = 11082{,}6\; kJ\; mol^{-1}$

MALTOSE:

Molmassenschreibweise:

$$1\; C_{12}H_{22}O_{11} + 12\; O_2 \rightarrow 12\; CO_2 + 11\; H_2O + 6019{,}2\,(kJ)$$

Massenschreibweise:

$$1 \cdot 342\ (g\ mol^{-1})\ C_{12}H_{22}O_{11} + \quad 12 \cdot 32\ (g\ mol^{-1})\ O_2 \rightarrow$$

$$12 \cdot 45\ (g\ mol^{-1})\ CO_2 + 11 \cdot 18\ (g\ mol^{-1})\ H_2O + 6019{,}2\ (kJ\ mol^{-1})$$

$$1\ (g)\ C_{12}H_{22}O_{11} + 1{,}12\ (g)\ O_2 \rightarrow 1{,}58\ (g)\ CO_2 + 0{,}58\ (g)\ H_2O + 17{,}6\ (kJ)$$

Gemischte Schreibweise:

$$1 \cdot 342\ (g\ mol^{-1})\ C_{12}H_{22}O_{11} + 12 \cdot 22{,}4\ (l\ mol^{-1})\ O_2 \rightarrow$$

$$12 \cdot 22{,}4\ (l\ mol^{-1})\ CO_2 + 11 \cdot 18\ (g\ mol^{-1})\ H_2O + 6019{,}2\ (kJ\ mol^{-1})$$

$$1\ (g)\ C_{12}H_{22}O_4 + 0{,}079\ (l)\ O_2 \rightarrow 0{,}079\ (l)\ CO_2 + 0{,}072\ (l)\ H_2O + 17{,}6\ (kJ)$$

$$\text{Respiratorischer Quotient RQ} = \frac{12\,(mol)\,CO_2}{12\,(mol)\,O_2} = \frac{0{,}79\,(l)\,CO_2}{0{,}79\,(l)\,O_2} = 1{,}00$$

OÄ, abgelesen für RQ = 1,00 aus Abb. 15-20: 20,91 kJ l_{O2}

Ein Liter Sauerstoff setzt aus Maltose 20,91 kJ frei

ÖLSÄURE:

$$2\ C_{18}H_{34}O_2 + 51\ O_2 \rightarrow 36\ CO_2 + 34\ H_2O + 11082{,}6\ kJ$$

Schreibweisen analog zur Maltose

$$RQ = \frac{36\,(mol)\,CO_2}{51\,(mol)\,O_2} = 0{,}71$$

OÄ für RQ = 0,71 nach Abb. 15-20 interpoliert = 19,6 (kJ l_{O_2});

1 Liter Sauerstoff setzt aus Ölsäure 19,6 kJ frei

ad Ü 15/18:

Gesamtenergieaufnahme pro Tag:

$$Q_{gesamt} = Q_{KH} + Q_{Fett} + Q_{Eiweiß} = B_{SKH} \cdot M_{KH} + B_{S\ Fett} \cdot M_{Fett} + B_{S\ Eiweiß} \cdot M_{Eiweiß} =$$

$$= 395\ (g) \cdot 15{,}63\ (kJ\ g^{-1}) + 80\ (g) \cdot 39{,}02\ (kJ\ g^{-1}) + 77\ (g) \cdot 13{,}5\ (kJ\ g^{-1}) = 10335\ (kJ)$$

Die selbe Energiemenge wird pro Tag wieder verbraucht.

$$\frac{\text{Grundumsatz } Q_{Grund}}{\text{Gesamtumsatz } Q_{ges}} = \frac{1}{1{,}73}$$

$$Q_{Grund} = \frac{1}{1{,}73} \cdot 10335\ (kJ) = 5974\ kJ;$$

$$\text{Massenbezogener Grundumsatz } Q_m = \frac{5974\,(kJ)}{70\,(kg)} = 85{,}3\ kJ\ kg^{-1};$$

$$\text{Oberflächenbezogener Grundumsatz } Q_A = \frac{5974\,(kJ)}{1{,}9\,(m^2)} = 3144\ kJ\ m^{-2};$$

Stoffwechselleistung $P_{ges} = \frac{5974 \cdot 10^3\,(J)}{24 \cdot 3600\,(s)} = 69{,}14$ W;

Massenbezogene Stoffwechselleistung $P_M = \frac{85{,}3 \cdot 10^3\,(J\,kg^{-1})}{24 \cdot 3600\,(s)} = 0{,}99\ W\,kg^{-1}$;

Oberflächenbezogener Grundumsatz $P_A = \frac{3144 \cdot 10^3\,(J\,m^{-2})}{24 \cdot 3600\,(s)} = 36{,}39\ W\,m^{-2}$

ad Ü 15/19:

$$M\,(g) = \frac{Q_{ges}\,(kJ)}{B_s\,(kJ\,g^{-1})} = \frac{10335\,(kJ)}{11{,}6\,(kJ\,g^{-1})} = 891\,(g)$$

ad Ü 15/20:

In Wärme freiwerdende Leistung:

$$\Phi = 1 \cdot \text{Wirkungsgrad} \cdot P_m = 0{,}75 \cdot 24\ W = 18\ W = 18\ J\,s^{-1}$$

$$2\ Mol\ C_{18}H_{34}O_2 + 51\ Mol\ O_2 \rightarrow 36\ Mol\ CO_2 + 34\ Mol\ H_2O + 11082{,}6\ kJ$$

Um 24 W = 24 J s^{-1} zur Verfügung zu haben, muß die Taube pro Sekunde x Mol Ölsäure verbrennen:

$$\frac{2\,Mol\,C_{18}H_{34}O_2}{11082{,}6kJ} = \frac{x}{24\,J}$$

$$x = \frac{2\,Mol\,C_{18}H_{34}O_2 \cdot 24}{11082{,}6 \cdot 10^3} = 4{,}33 \cdot 10^{-6}\,Mol\,C_{18}H_{34}O_2$$

Bei der Verbrennung von $4{,}33 \cdot 10^{-6}$Mol $C_{18}H_{34}O_2$ werden $4{,}33 \cdot 10^{-6} \cdot 17$ Mol = $7{,}36 \cdot 10^{-5}$ Mol H_2O frei.

Freigesetzte Wassermasse pro Sekunde:

$$M_{H2O} = 18\,(g\,mol^{-1}) \cdot 7{,}36 \cdot 10^{-5}\,(mol) = 1{,}33 \cdot 10^{-3}\,g$$

Wärmeabgabe über Stoffwechselwasser:

$$1{,}33 \cdot 10^{-3}\,(g_{H2O}\,s^{-1}) \cdot 2400\,(J\,g_{H2O}^{-1}) = 3{,}192\,(J\,s^{-1}) \approx 3{,}2\ W;$$

Verhältnis zwischen Wärmeproduktion und Wärmeabgabe über das Stoffwechselwasser:

$$\frac{3{,}2\,W}{18\,W} = 0{,}1\overline{7} = 17\,\%$$

Bei vollständiger Abatmung als Stoffwechselwasser können 17 % der gebildeten Wärme abgeführt werden.

Es stehen darüber hinaus an „ungefährlichen" Wärmeabgabemechanismen nur noch Konvektion und Radiation zur Verfügung. Wenn diese nicht ausreichen, beginnt die Taube auszutrocknen (Körperwasser zu verlieren) und muß ihren Langstreckenflug unterbrechen um Wasser nachzutrinken, sobald der Austrocknungsgrad gefährlich geworden ist (was ungefähr 5-10% der Körpermasse ausmacht).

ad Ü 15/21:

Der Wirkungsgrad η der - nicht näher spezifizierten, aber mit 150 W nicht unbeachtlich hohen - Dauerleistung η beträgt:

$$P_{prod} = (1 - \eta) \cdot P_{m\,ges} = \eta = 1 - Q_{prod}/P_{m\,ges} = 1 - 0{,}67 = 0{,}33.$$

Die Wärmeabgabeleistung war stets gleich der Wärmeproduktionsleistung. Bei jeder Umgebungstemperatur ϑ_a war:

$$P_{prod} = P_{ab\,ne} + P_{ab\,ev},$$

so daß ϑ_K konstant geblieben sein muß, was ja auch der Text angibt. Bei $\vartheta_a = 20°C$ wird jeweils die Hälfte der produzierten Wärme durch Konvektion + Strahlung ($P_{ab\,ne}$) sowie durch Schweißverdunstung ($P_{ab\,ev}$) abgegeben. Bei $\vartheta_a > 34°C$ ist offensichtlich $\vartheta_a > \vartheta_K$, da $P_{ab\,ne}$ negativ wird, das heißt, der Körper muß durch Konvektion + Strahlung Wärme aus der Umgebung aufnehmen. Da symmetrisch dazu $P_{ab\,ev} > P_{prod}$, wird dies aber durch erhöhtes Schwitzen ausgeglichen, so daß ϑ_K weiter konstant bleiben kann.

Bei $\vartheta_{a\,min} \approx 9°C$ läßt sich aus der Abbildung $P_{ab\,ev} = 100 \text{ kJ h}^{-1}$ ablesen.

$$\lambda_{H_2O} \approx 2{,}4 \text{ kJ } g_{H_2O}^{-1};$$

$$\dot{M}_{H_2O} = \frac{P_{ab\,ev}}{\lambda_{H_2O}} = \frac{420\,(\text{kJ h}^{-1})}{2{,}4\,(\text{kJ g}^{-1})} = 175 \; g_{H_2O} \; h^{-1};$$

Bei $\vartheta_{a\,max} \approx 37°C$ läßt sich $P_{ab\,ev} = 500 \text{ kJ h}^{-1}$ ablesen.

Der Wert ist 5 mal so groß, weshalb die Wassermasse auch 5 mal so groß sein muß.

$$\dot{M}_{H2O} = 5 \cdot 175\,(g_{H2O}\,h^{-1}) = 875\; g_{H2O}\,h^{-1}.$$

ad Ü 15/22:

Ruheumsatz:

$$2{,}5\,(g_{H2O}\,h^{-1}) \cdot 24\,(h\,d^{-1}) \cdot 334\,(J\,g_{H2O}^{-1}) = 20040 \text{ J d}^{-1} = 20{,}04 \text{ kJ d}^{-1}$$

„Massenbezogener Ruheumsatz“:

$$\frac{20{,}04\,(\text{kJ d}^{-1})}{0{,}025\,(\text{kg})} = 801{,}6 \text{ kJ d}^{-1}\,\text{kg}^{-1}$$

ad Ü 15/23:

$$RQ = \frac{\dot{V}_{CO_2}}{\dot{V}_{O_2}} = \frac{36{,}10\,(\text{ml h}^{-1})}{42{,}50\,(\text{ml h}^{-1})} = 0{,}85;$$

Das kalorische Äquivalent für Sauerstoff bei RQ = 0,85 beträgt (nach Abb.15-20) 20,25 J ml_{O2}^{-1}.

Der Ruheumsatz auf den Tag bezogen berechnet sich damit zu:

$$42{,}5\,(ml_{O2}\,h^{-1}) \cdot 24\,(h\,d^{-1}) \cdot 20{,}25\,(J\,ml_{O2}^{-1}) = 20655\,(J\,d^{-1}) = 20{,}66 \text{ kJ d}^{-1}$$

Der Wert stimmt mit dem von Ü 15/22 gut überein.

Kapitel 16

ad Ü 16/1:

$$b = \frac{\log 10^{-2} - \log 10^{3}}{\log 10^{2} - \log 10^{0}} = \frac{-2-(+3)}{2-0} = \frac{-5}{2} = -2{,}5$$

$$a = 10^{3}$$

$$y = 10^{3}\, x^{-2{,}5}$$

ad Ü 16/2:
Stoffwechselleistung P_m hat die Dimension $M^1\, L^2\, T^{-3}$; nach der biologischen Similaritätstheorie gilt:

$$P_m \sim M^1\,(M^{0{,}33})^2 \cdot (M^{0{,}33})^{-3};$$

$$b_{ges} = 1 + 0{,}33 \cdot 2 + 0{,}33 \cdot (-3) = 1 + 0{,}66 - 1 = 0{,}66;$$

$$b_{ges\ korr} = 0{,}666 + 0{,}065 = 0{,}731.$$

Aus der Abbildung ist die Steigung maßstabsbedingt nicht genau ablesbar, doch liegt sie nach Augenmaß ungefähr mittig zwischen den angegebenen Grenzen 1,00 und 0,66, so daß Übereinstimmung angenommen werden kann.

ad Ü 16/3:

Spezifische Leistung $P_{m\,s}$ hat die Dimension $\frac{M^1\, L^2\, T^{-3}}{M} = L^2\, T^{-3};$

Nach der biologischen Similaritätstheorie gilt:

$$P_{m\,s} \sim M^0\,(M^{0{,}33})^2\,(M^{0{,}33})^{-3};$$

$$b_{ges} = 0 + 0{,}33 \cdot 2 + 0{,}33\,(-3) = -0{,}33;$$

$$b_{ges\ korr} = -0{,}333 + 0{,}065 = -0{,}268 = -0{,}27;$$

oder:

$$P_{m\,s} = \frac{P_m}{M} \rightarrow \sim \frac{M^{0{,}731}}{M^1} = M^{0{,}731-1} = M^{-0{,}269};$$

$$b_{ges\ korr} = -0{,}27.$$

Die eingezeichneten Steigungsangaben entsprechen also der theoretischen Erwartung. Alle Warmblüter sind durch den gleichen Exponenten b gekennzeichnet, der gleiche Massenabhängigkeit der spezifischen Stoffwechselleistung signalisiert. Doch haben Marsupialia einen lediglich $\frac{2{,}45}{3{,}8} = 0{,}64$-fach so hohen Stoffwechsel wie Placentalia gleicher Masse.

ad Ü 16/4:

$$\text{Druck} = \frac{\text{Kraft}}{\text{Fläche}} = \frac{\text{Masse} \cdot \text{Weg}}{\text{Zeit}^2 \cdot \text{Fläche}} \rightarrow \frac{M\,L}{T^2\,L^2} = M\,L^{-1}\,T^{-2}.$$

Nach der biologischen Similaritätstheorie gilt:

$$\text{Druck} \sim M^1\,(M^{0{,}33})^{-1}\,(M^{0{,}33})^{-2};$$

$$b_{ges} = 1 + 0{,}33\,(-1) + 0{,}33\,(-2) = 1{,}000 - 0{,}333 - 0{,}667 = 0{,}000;$$

$$b_{ges\ korr} = b_{ges} + 0 = 0{,}0.$$

Damit wird verständlich, daß der mittlere Arteriendruck unabhängig von der Körpermasse ist.

ad Ü 16/5:

$$\frac{l_P}{l_M} = \frac{1{,}05\,(m)}{2{,}00\,(m)} = 0{,}525;$$

$$\frac{A_P}{A_M} = \frac{(1{,}05\,(m))^2}{(2{,}00\,(m))^2} = \frac{1}{3{,}63};$$

M bezahlt 3,63 mal soviel für das Einkleiden wie P.

$$\text{Für } \rho = \text{const:}\ \frac{V_P}{V_M} = \frac{M_P}{M_M} = \frac{(1{,}05\,(m))^3}{(2{,}00\,(m))^3} = \frac{1}{6{,}91};$$

M bezahlt 6,91 mal soviel für die Flugkarte wie P.

$$P_m \sim M^{2/3};$$

$$P_{m\,s} \sim M^{-1/4}.$$

Damit ergibt sich:

$$\frac{P_m\,P}{P_m\,M} = \frac{\left[(1{,}05\,(m))^3\right]^{2/3}}{\left[(2{,}00\,(m))^3\right]^{2/3}} = \frac{1}{3{,}63};$$

M setzt insgesamt 3,63 mal mehr um als P (vergl. $\frac{A_P}{A_M}$).

$$\frac{P_{m\,s\,P}}{P_{m\,s\,M}} = \frac{\left[(1{,}05\,(m))^3\right]^{-1/4}}{\left[(2{,}00\,(m))^3\right]^{-1/4}} = \frac{1{,}62}{1};$$

P setzt pro kg Körpermasse 1,62 mal mehr um als M.

ad Ü 16/6:

Nach der biologischen Similaritätstheorie gilt für die Stoffwechselleistung P_m von Gulliver (G) und eines Liliputaners (L):

$$\frac{l_G}{l_L} = \frac{180\,(cm)}{15\,(cm)} = 12:1.$$

Die Stoffwechselleistung P_M ist oberflächenproportional; die Masse ist proportional dem Kubus der Länge; die Oberfläche ist also proportional der Masse $^{2/3}$ bzw. dem Wert $(\text{Länge}^3)^{2/3}$. Damit ergibt sich:

$$\frac{P_{mG}^{\ 2/3}}{P_{mL}^{\ 2/3}} \sim \frac{(12^3)^{2/3}}{(1^3)^{2/3}} = \frac{\sqrt[3]{(12^3)^2}}{1} = 12^2 = 144;$$

Gulliver muß nur 144 Liliputaner-Portionen bekommen.

ad Ü 16/7:

a) $\rightarrow$ H; $b_{P_m M} = 0{,}73$; $b_{M\,M} = 1{,}00$; $b_{P_m M} = 0{,}73 - 1{,}00 = -0{,}27$;

b) $\rightarrow$ B; $b_{M_{Herz} M} = 1{,}00$; $b_{M_{Herz} M} = 1{,}00$;

c) → B; $V_{A_{Lunge} M} = 0{,}66$; $b_{A_{Körper} M} = 0{,}66$; $b_{A_{Körper} A_{Lunge}} = 0{,}66/0{,}66 = 1{,}00$;

d) → D; $b_{A_{Lunge} M} = 0{,}66$;

e) → C; $V_{O_2} = P_m$; $b_{P_m M} = 0{,}73$;

f) → H; $V_{O_2 s} = P_{ms}$; $b = - 0{,}27$ (s.o.);

g) → F; $b_{l M} = 0{,}33$;

h) → B; $b_{l_{Arm} M} = 0{,}33$; $b_{l_K M} = 0{,}33$; $b_{l_{Arm} l_K} = 0{,}33/0{,}33 = 1{,}00$;

i) → A; $b_{A_{Arm} M} = 0{,}66$; $b_{l_K M} = 0{,}33$; $b_{A_{Arm} l_K} = 0{,}66/0{,}33 = 2{,}00$;

k) → G; $b_{P_{Blut} M} = 0{,}00$;

l) → E; $b_{ges} = 1 + 0{,}33(-1) + 0{,}33(-1) = 0{,}33$; $b_{ges\ korr} = 0{,}333 + 0{,}065 = 0{,}40$;

ad Ü 16/8:
Im doppelt logarithmischen Koordinatensystem stellen sich Potenzfunktionen der Art $y = a\ x^b$ als Gerade dar. Da $b_{flug} > b_m$ verläuft die Gerade $P_{flug} \sim M^{b_{flug}}$ steiler als die Gerade $P_m \sim M^{b_m}$ und schneidet somit die letztere. Da nur die Proportionen $P \sim M^b$, nicht aber die Gleichung $P = a\ M^b$ bekannt sind, kann man jede Gerade gegebener Steigung zu sich parallel in Richtung der Abszisse verschieben, so daß man den Schnittpunkt ($P_{flug} = P_m$) nicht lokalisieren kann. Unter diesem Schnittpunkt läge die Körpermasse für die größten flugfähigen Vögel, da P_{flug} > als P_m nicht möglich ist. (Wegen $\eta < 1$ ist schon ein Nahekommen von P_{flug} an P_m nicht möglich.) Man ist deshalb offensichtlich umgekehrt vorgegangen und hat die Geraden bei der Körpermasse der größten, bekannten, längere Zeit flugfähigen Vögel (Höckerschwan, Großtrappe, Kalifornischer Kondor, große afrikanische Geier), nämlich bei M = 12 kg, sich schneiden lassen. Sollte dies die Verhältnisse richtig wiedergeben (einiges spricht dafür), könnte man umgekehrt nun die Ordinatenabschnitte für die beiden Geraden ablesen und damit aus den Proportionen Gleichungen machen. So mutvoll war man dann aber doch nicht.

Sachwortverzeichnis

Kursive Seitenzahlen beziehen sich auf Abbildungen

Weitere Titel aus dem Programm

Alfred Böge
Technische Mechanik
Statik - Dynamik -
Fluidmechanik - Festigkeitslehre
24., überarb. Aufl. 1999.
XVIII, 409 S. mit 547 Abb.,
21 Arbeitsplänen, 16 Lehrbeisp.,
40 Übungen und 15 Tafeln.
(Viewegs Fachbücher der Technik)
Geb. DM 49,80
ISBN 3-528-24010-5

Alfred Böge,
Walter Schlemmer
Aufgabensammlung
Technische Mechanik
15., überarb. Aufl. 1999. XII, 216 S.
mit 516 Abb. und 907 Aufg.
(Viewegs Fachbücher der Technik)
Br. DM 39,80
ISBN 3-528-14011-9

Alfred Böge
Formeln und Tabellen
Technische Mechanik
17., überarb. Aufl. 1999. IV, 52 S.
(Viewegs Fachbücher der Technik)
Br. DM 19,80
ISBN 3-528-34012-6

Alfred Böge, Walter Schlemmer
Lösungen zur
Aufgabensammlung
Technische Mechanik
10., überarb. Aufl. 1999. IV, 200 S. mit
743 Abb. Diese Aufl. ist abgestimmt
auf die 15. Aufl. der Aufgabensammlung TM. (Viewegs Fachbücher
der Technik) Br. DM 38,00
ISBN 3-528-94029-8

Alfred Böge (Hrsg.)
Das Techniker Handbuch
Grundlagen und Anwendungen der
Maschinenbau-Technik
15., überarb. und erw. Aufl. 1999.
XVI, 1720 S. mit 1800 Abb.,
306 Tab. und mehr als 3800 Stich-
wörtern. Geb. DM 148,00
ISBN 3-528-34053-3

Abraham-Lincoln-Straße 46
65189 Wiesbaden
Fax 0611.7878-400
www.vieweg.de

Stand 1.4.2000
Änderungen vorbehalten.
Erhältlich im Buchhandel oder im Verlag.

Weitere Titel aus dem Programm

Lothar Papula
Mathematik für Ingenieure und Naturwissenschaftler 1
Ein Lehr- und Arbeitsbuch für das Grundstudium
9., verb. Aufl. 2000. XXII, 670 S. mit zahlr. Beisp. aus Naturwissenschaft und Technik, 485 Abb. und 303 Übungsaufg. mit ausführl. Lösungen
(Viewegs Fachbücher der Technik) Br. DM 54,00
ISBN 3-528-84236-9

Lothar Papula
Mathematik für Ingenieure und Naturwissenschaftler 2
Ein Lehr- und Arbeitsbuch für das Grundstudium
9., verb. Aufl. 2000. XX, 800 S. mit 377 Abb., zahlr. Beisp. aus Naturwissenschaft und Technik, 377 Abb. und 310 Übungsaufg. mit ausführl. Lösungen
(Viewegs Fachbücher der Technik) Br. DM 58,00
ISBN 3-528-84237-7

Lothar Papula
Mathematik für Ingenieure und Naturwissenschaftler 3
Vektoranalysis, Wahrscheinlichkeitsrechnung, Mathematische Statistik, Fehler- und Ausgleichsrechnung
3., verb. Aufl. 1999. XVIII, 832 S. mit 548 Abb., zahlr. Beisp. aus Naturwissenschaft und Technik und 284 Übungsaufg. mit ausführl. Lös.
(Viewegs Fachbücher der Technik) Br. DM 62,00
ISBN 3-528-24937-4

Lothar Papula
Mathematische Formelsammlung
Für Ingenieure und Naturwissenschaftler
6., durchges. Aufl. 2000. XXVI, 411 S. mit zahlr. Abb., Rechenbeisp. und einer ausführl. Integraltafel.
(Viewegs Fachbücher der Technik) Br. DM 48,00
ISBN 3-528-44442-8

Abraham-Lincoln-Straße 46
65189 Wiesbaden
Fax 0611.7878-400
www.vieweg.de

Stand 1.4.2000
Änderungen vorbehalten.
Erhältlich im Buchhandel oder im Verlag.

Weitere Titel aus dem Programm

Jens Borken, Andreas Patyk, Guido A. Reinhardt

Basisdaten für ökologische Bilanzierungen

Basisdaten für ökologische Bilanzierungen
Einsatz von Nutzfahrzeugen in Transport, Landwirtschaft und Bergbau
1999. XIV, 223 S. Geb. DM 89,00
ISBN 3-528-03118-2
Für den Einsatz von Nutzfahrzeugen in Gütertransporten, Landwirtschaft und Bergbau werden in diesem Buch Daten zu Energieeinsatz, Ressourcenverbrauch und Schadstoffemissionen differenziert und mit einheitlichem Bezug quantifiziert. Die zum Teil neuen Daten und methodische Neuerungen werden transparent dargestellt und mit zahlreichen Anhängen ergänzt.

Iris Rötzel-Schwunk, Adolf Rötzel

Praxiswissen Umwelttechnik – Umweltmanagement

Umweltmanagement Technische Verfahren und betriebliche Praxis
1998. XII, 420 S. mit 260 Abb., 60 Tab. Geb. DM 136,00
ISBN 3-528-03854-3
Diese umfassende normgerechte Darstellung von Maschinenelementen für den Unterricht ist in ihrer Art bislang unübertroffen. Durch fortwährende Überarbeitung sind alle Bestandteile des Lehrsystems ständig auf dem neuesten Stand und in sich stimmig. Die ausführliche Herleitung von Berechnungsformeln macht die Zusammenarbeit und Hintergründe transparent

Günter Fehr (Hrsg.)

Nährstoffbilanzen für Flusseinzugsgebiete

Ein Beitrag zur Umsetzung der EU-Wasserrahmenrichtlinie
1999. VIII, 205 S. Geb. DM 148,00
ISBN 3-528-07719-0
Es wird in dem Buch ein Instrument geliefert, die Gewässergüteplanung ökologisch und ökonomisch abschätzen zu können und eine Umweltverträglichkeitsprüfung durchzuführen.

Abraham-Lincoln-Straße 46
65189 Wiesbaden
Fax 0611.7878-400
www.vieweg.de

Stand 1.4.2000
Änderungen vorbehalten.
Erhältlich im Buchhandel oder im Verlag.